河南矿山
HENAN MINE

<<产品展示 企业介绍>>

Product Display Enterprise Introductions

大跨度造船门式起重机

地铁专用双主梁门式起重机

通用双主梁桁架门式起重机

欧式单梁桥式起重机

欧式葫芦双梁小车

YZS280吨四梁铸造起重机

320吨通用桥式起重机

河南省矿山起重机有限公司是一家股份制企业，主要从事“矿源”牌电动葫芦、单、双梁桥、门式、铸造、防爆等系列起重机及配件的制造与销售。公司占地面积68万平方米，员工2700余人，拥有资产5.3亿元，380余家销售服务机构，各类生产检测设备1600余台（套），能独立完成车、铣、刨、磨、热处理等20余道工艺流程。业务涉及冶金、矿山、机械、水利、电力、港口、造船等众多行业。服务国内外大小企业上万家。产品畅销全国30多个省、市、自治区，并出口到澳大利亚、越南、印度、泰国及东南亚各国。年产销双梁起重机4000余台，单梁起重机23000余台，单、双梁电动葫芦及配件33000余台（套），其中单梁产销量已连续七年蝉联全国第一。

公司先后荣获“中国驰名商标”、“河南省名牌产品”、“新乡市市长质量奖”、“河南省高新技术企业”、“守合同重信用企业”、“中国起重运输机械行业50强单位”等120余项荣誉称号。

质量铸就品牌，诚信编制未来，您的理想就是“矿源”的追求，您的追求就是“矿源”牌系列产品，希望“矿源”能为您经济产业的腾飞做出贡献。

河南省矿山起重机有限公司
HENAN MINE CRANE CO.,LTD.

服务电话：400-0373-818
传真：0373-8735333 8735695
地址：河南省长垣县长恼工业区18号
邮编：453400

公司官网：www.hnks.com
E-mail：hnksky@126.com

河南矿山
HENAN MINE

凯澄 KITO 江阴凯澄起重机械有限公司
JIANGYIN KITO CRANE CO.,LTD.

地址：江苏省江阴市澄江东路18号
电话：0510-86196611 86199600
传真：0510-86199668 86196633
http：//www.kaicheng.com
E-mail：Kaicheng@public1.wx.js.cn
邮编：214429

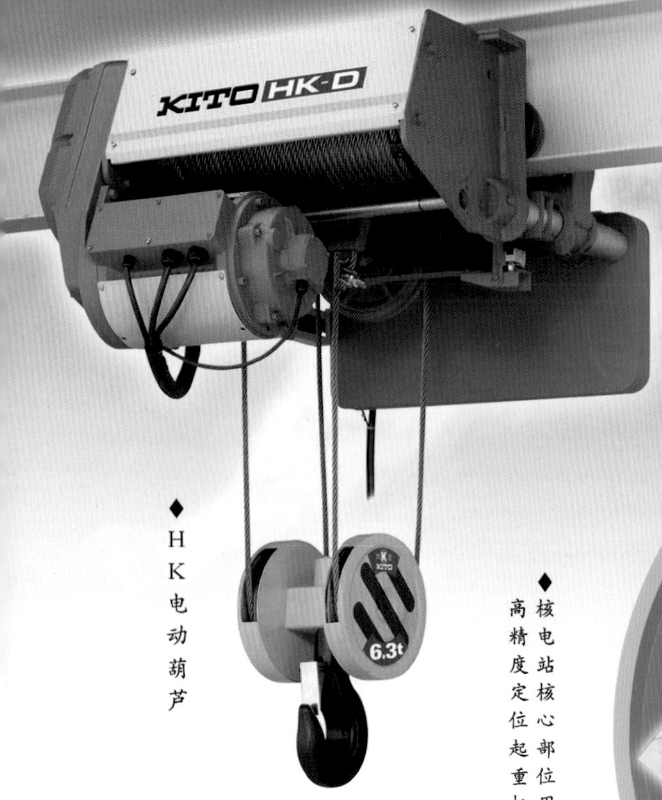

◆HK电动葫芦

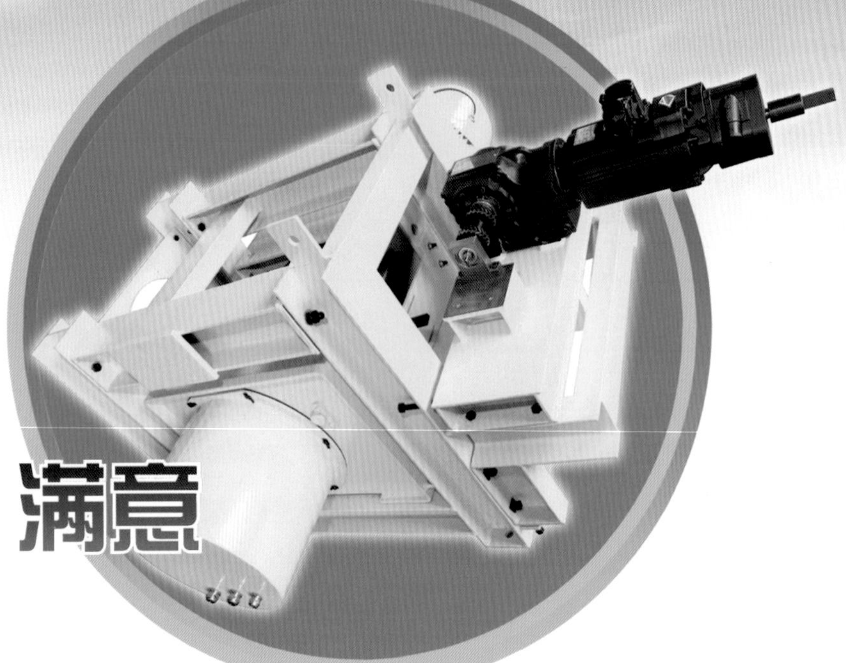

◆核电站核心部位用高精度定位起重机

信任·放心·满意

公司简介 Company introduction

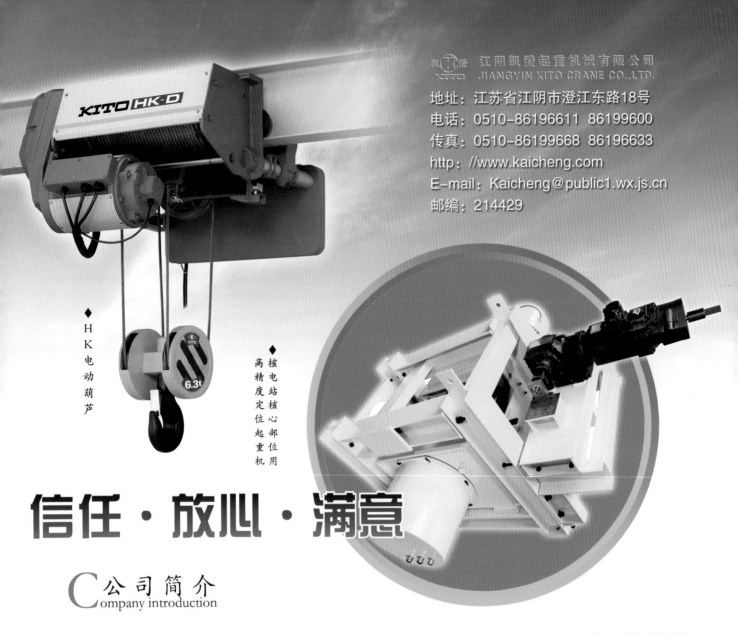

江阴凯澄起重机械有限公司创业于1958年，1995年6月与日本KITO株式会社合资，始更名为江阴凯澄起重机械有限公司。公司占地面积255亩，建筑面积近10万平方米，投入资金4500万美元，拥有员工600多名，年产值5亿元左右。公司合资后，通过吸收引进国外先进管理经验和技术，已发展成为集生产CD/MD钢丝绳电动葫芦、变频电动葫芦、船用电动葫芦、冶金用电动葫芦、防爆电动葫芦、HJ电动葫芦、HK电动葫芦和单双梁起重机、门式起重机、变频起重机、葫双起重机等为一体的国内知名起重机械专业生产企业，是目前世界上年产钢丝绳电动葫芦产量最多的生产厂家之一。公司钢丝绳电动葫芦多次获江苏省名牌产品称号，2006年来多次获江苏省质量管理奖，是中国重型机械工业协会常务理事单位，中国起重葫芦行业协会副理事长单位。

公司产品品种齐全、质量可靠、价格合理、售后服务周到，还可根据用户需要，设计各种非标电动葫芦与起重机。本公司愿与国内外客户精诚合作，与关心支持凯澄发展的各届同仁一起，携手并进，共创未来。

凯澄 KITO 江阴凯澄起重机械有限公司
JIANGYIN KITO CRANE CO.,LTD.

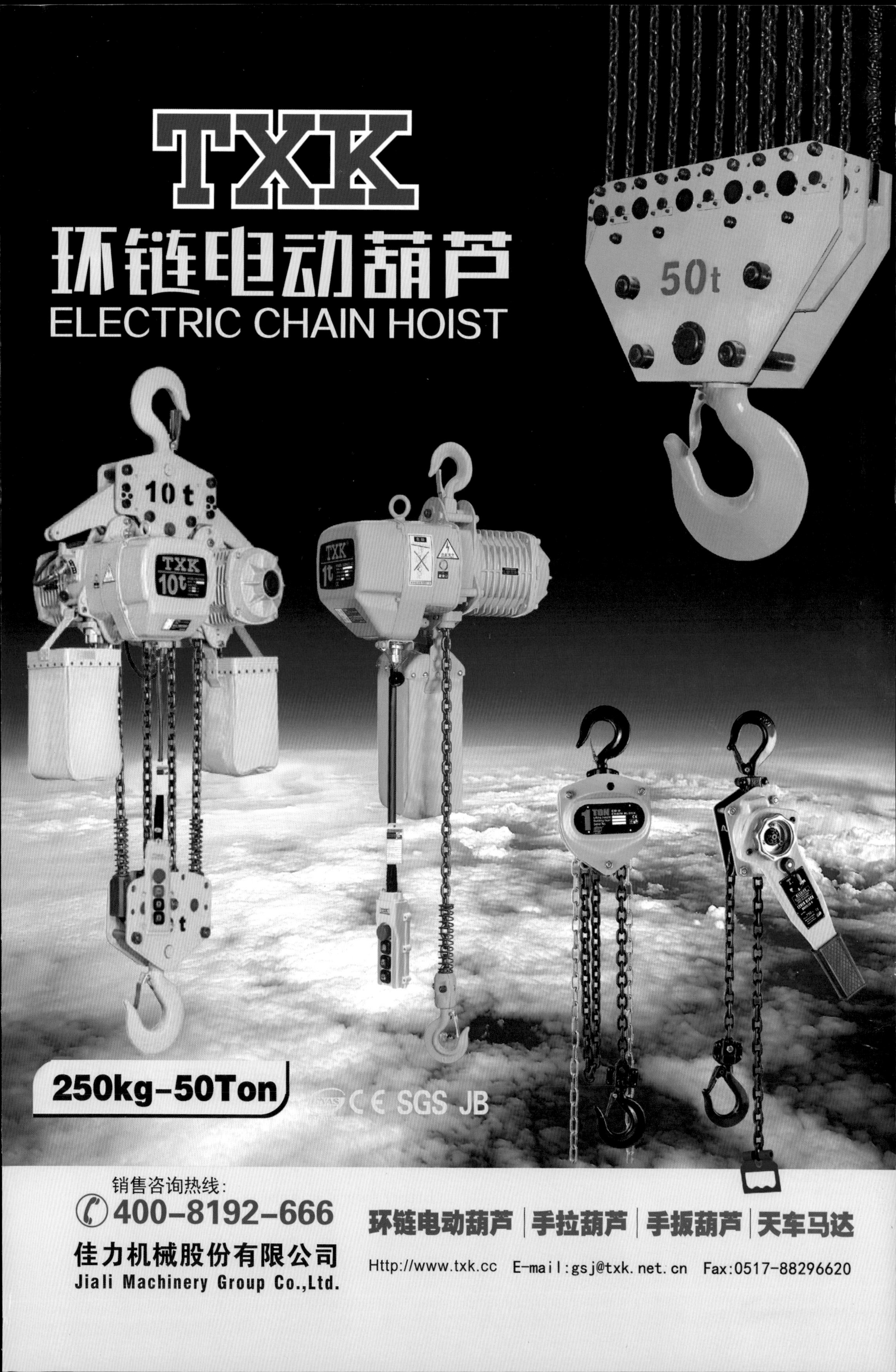
TXK
环链电动葫芦
ELECTRIC CHAIN HOIST
50t
10 t
250kg–50Ton
CE SGS JB
销售咨询热线：
400–8192–666
佳力机械股份有限公司
Jiali Machinery Group Co.,Ltd.
环链电动葫芦 | 手拉葫芦 | 手扳葫芦 | 天车马达
Http://www.txk.cc E-mail:gsj@txk.net.cn Fax:0517-88296620

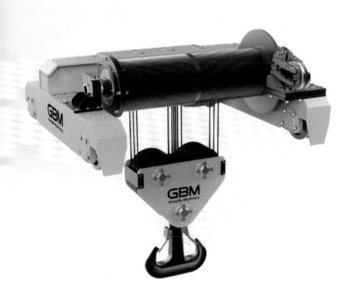

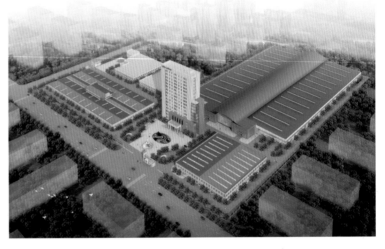

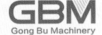

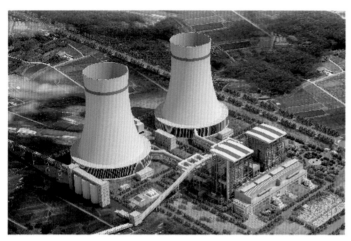

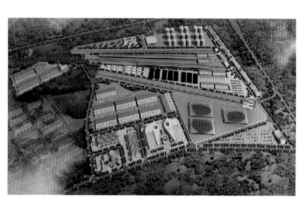

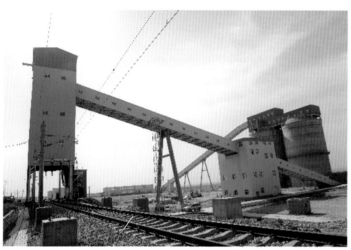

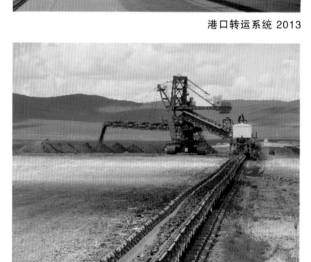

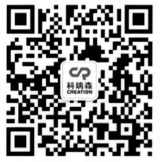

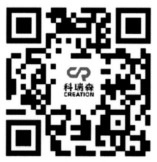

山西东杰智能物流装备股份有限公司

东杰装备

Shanxi Oriental Material Handling Co ., Ltd.

质量目标：追求世界级质量，我们要做精品

质量方针：品质第一、速度第一、服务第一

公司的总部和技术中心坐落于太原市尖草坪区（太原市新兰路51号）；生产基地位于太原市国家级经济开发区（太原市经济技术开发区唐槐路84号）

东杰装备（OMH）属光机电一体化行业，主要产品包括：自动化生产线设备、自动化立体仓库、输送线、仓储设备、涂装设备、自动监控系统、自动化配送中心、立体停车库、工业机器人等，是国内大型的物流装备生产企业之一。

东杰装备（OMH）坚持“科技立企，以高品质、高科技产品服务于社会”的经营发展战略，注重企业技术创新，并成立了“OMH企业技术中心”，中心每年都有多项新产品和新技术问世，不同类型的智能装备新产品获得了国家级优秀新产品的称号，许多新产品和科技成果的研究达到了国际先进水平。企业被省经贸委认定为“科技型企业”和“省级企业技术中心”；被省科技厅、省财政厅、省国税局、省地税局复审认定为“高新技术企业”；被省经信委认定为“山西省百强潜力企业”。

东杰装备（OMH）注重企业管理，已通过ISO9001国际质量体系认证，按ISO 9001:2008 标准建立了质量体系并实施了有效运行。公司建立健全了技术开发、生产、安全和企业管理等方面的规章制度，建立了适合企业发展的《OMH管理模式》，使企业进入了程序化管理。

东杰装备（OMH）具有一流的生产加工能力，生产厂房面积40000 m^2，拥有13m大型激光数控加工中心，自动通过式静电喷涂线，各类数控机床等先进加工设备。

客户及产品遍及国内外。汽车行业：一汽、二汽、上汽、北汽、广汽、长安、奇瑞、吉利汽车等集团企业；冶金行业：首钢、宝钢、马钢、兰铝、包铝、贵铝等；工程机械：中联重科、徐工、临工、柳工、玉柴等；其他：青岛啤酒、山西汾酒、武汉双鹤、安徽开米、天津大冢等国内大型企业集团；国外：美国卡特彼勒、德国大众、法国cinetic、日本丰田等世界级企业集团等。

地 址：太原市新兰路51号　No.51,Xinlan Road,Taiyuan,Shanxi,China

邮 编：030008　电 话：0351-3633918　Website: www.omhgroup.com　E-mail:info@omhgroup.com

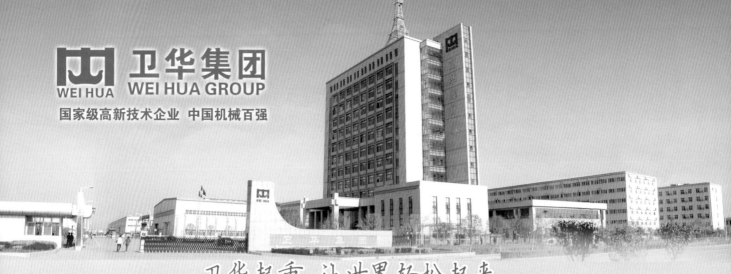

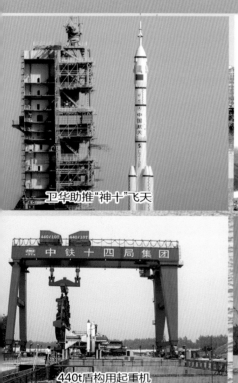

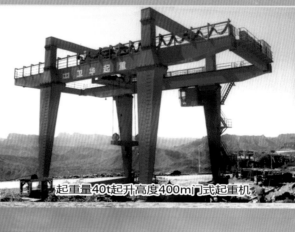

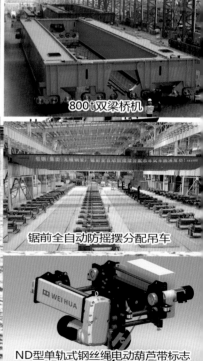

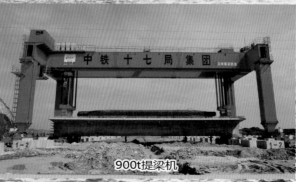

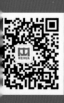

天津起重设备有限公司

天津起重设备有限公司是我国第一台钢丝绳电动葫芦和第一台电动单梁起重机诞生厂——天津起重机械厂，于1991年晋升国家一级企业，是中国重型机械工业协会常务理事单位，葫芦、单双梁起重机专业分会理事长单位，是军工产品的定点生产单位。

公司主导产品是钢丝绳电动葫芦式起重机，商标“天起牌”是天津市著名商标。产品包括：CD、MD、AS型钢丝绳电动葫芦和以CD、MD、AS型电动葫芦为起升机构的单梁、悬挂、桥式、门式、多支点起重机；BCD（三级）、HBTex（三级、四级）型防爆钢丝绳电动葫芦和以BCD、HBTex型防爆葫芦为起升机构的防爆单梁、悬挂、桥式起重机；旋臂、抓斗、通用门式起重机、通用桥式起重机等共 20 大系列，上万种规格，产品广泛应用于汽车、冶金、机械、石油、化工、能源、运输、造纸、航空、航天、电力、军工等行业。如航天工程用的辅助设备，核工业、核电站用的专用起重设备，航空系统维修用的多支点起重机，石油、化工单位所用的防爆（dⅡCT4级）起重设备等。大亚湾核电站、岭澳核电站、上海宝钢、全国各大机场、西飞、沈飞、三峡工程、西昌卫星发射中心、航天科技集团、国防建设等国家重点工程均选用“天起牌”产品。公司产品以先进的技术水平和可靠的质量获得多项荣誉。LD型电动单梁起重机1978年荣获国家科技大会奖，1981年获国家质量银质奖；AS型钢丝绳电动葫芦1988年获国家质量银质奖，1991年获天津市政府颁发的一流产品称号证书，1997年获国家经济贸易委员会颁发的国家重点新产品证书；LHT型电动葫芦桥式起重机获“八五”国家级重点新产品证书；DXT型多支点电动葫芦悬挂起重机2001年获国家经济贸易委员会颁发的国家重点新产品证书。LD型电动单梁起重机和AS型钢丝绳电动葫芦是行业中仅有的两种银质奖产品。“天起牌”电动葫芦式起重机2004年8月获天津市名牌产品称号。

公司于1999年通过ISO9001：1994质量体系认证，2002年完成质量管理体系2000版换版认证工作，并获得质量体系认证证书，2012年我公司获得军工认证体系证书 。公司设计、制造力量雄厚，拥有市级技术中心，于1995年和2003年连续承担了两届生产许可证和特种设备制造许可证的电动葫芦型式试验检测工作。2003~2004年在行业主管机构组织下，公司作为主要企业参与了钢丝绳电动葫芦和梁类产品标准的重新修订工作，使电动葫芦和梁类产品标准更加完善。

公司在原有产品基础上派生变种延伸并应用高科技提升产品技术含量，研制生产遥控变频、电脑自动控制、光电定位、声光定位、声光报警等功能的起重机适应市场需要。防爆变频起重机将防爆变频技术、热管散热技术、PLC集成自动控制技术融为一体，是目前中国市场上具有最先进水平的起重机。公司研制开发的加气混凝土专用起重运输成套设备集机械传动、液压传动、气动控制、声光报警以及变频技术、PLC集成自动控制技术、各类传感器应用于一体，是具有高技术含量的自动控制加气生产成套设备，现已形成系列。研制开发的智能型特种桥式起重机在技术上有多个创新点，实现了计算机智能化控制，人机对话；定位精度高，可达到±5mm。

“为顾客提供满意的符合法律、法规要求的‘天起牌’起重设备”是天起公司的质量方针，我们将本着“重合同、守信誉，顾客第一、质量第一”的服务宗旨，竭诚与国内外宾朋携手合作，本着商企一家利益共享的原则共创辉煌。

地址：天津市开发区西区中南一街29号

电话：022-65382323　65382357

电挂：5039

传真：022-65382322

邮编：300462

网址：www.tjqzsb.com

山起股份

山起重型机械股份公司

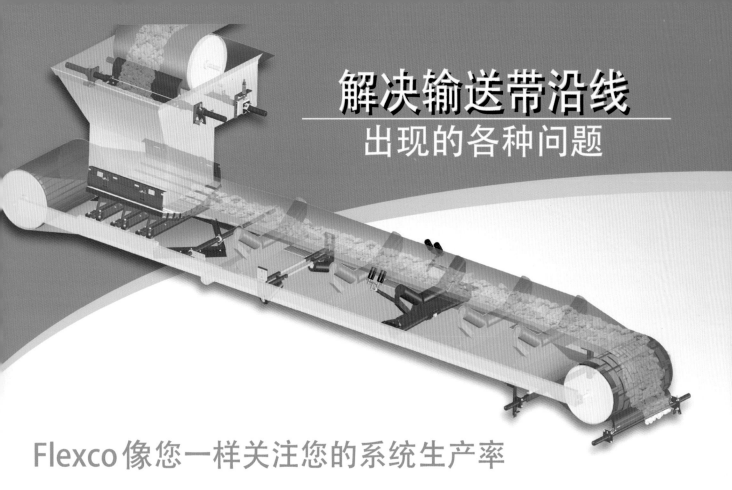

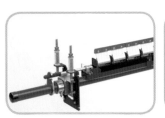

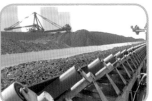

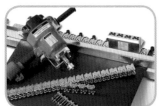

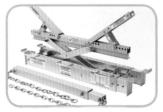

DM3220

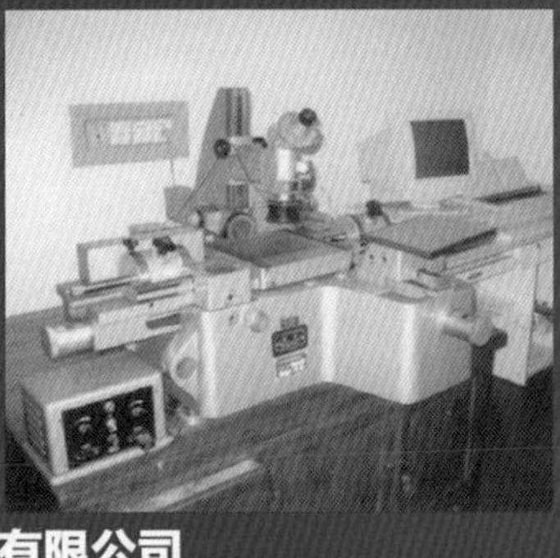

45
中原圣起
圣起起重 中国力量
中原圣起有限公司
ZHONGYUAN CO.,LTD.
网址：www.zycranes.com

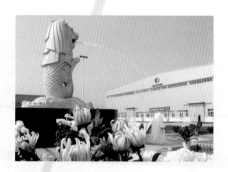

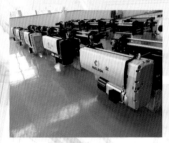

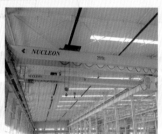

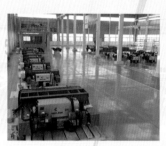

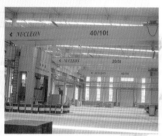

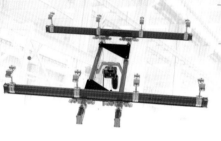

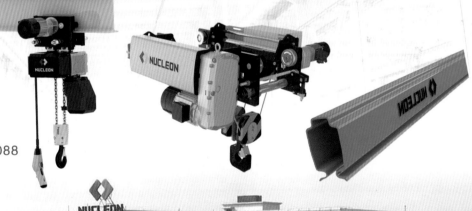

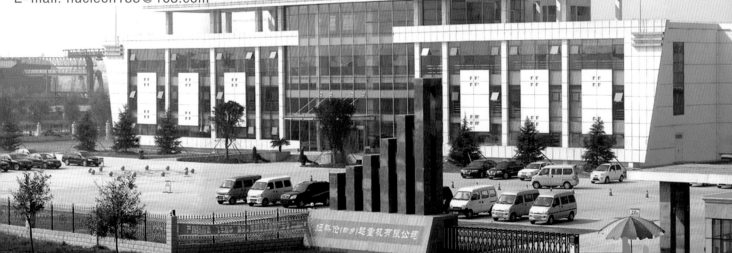

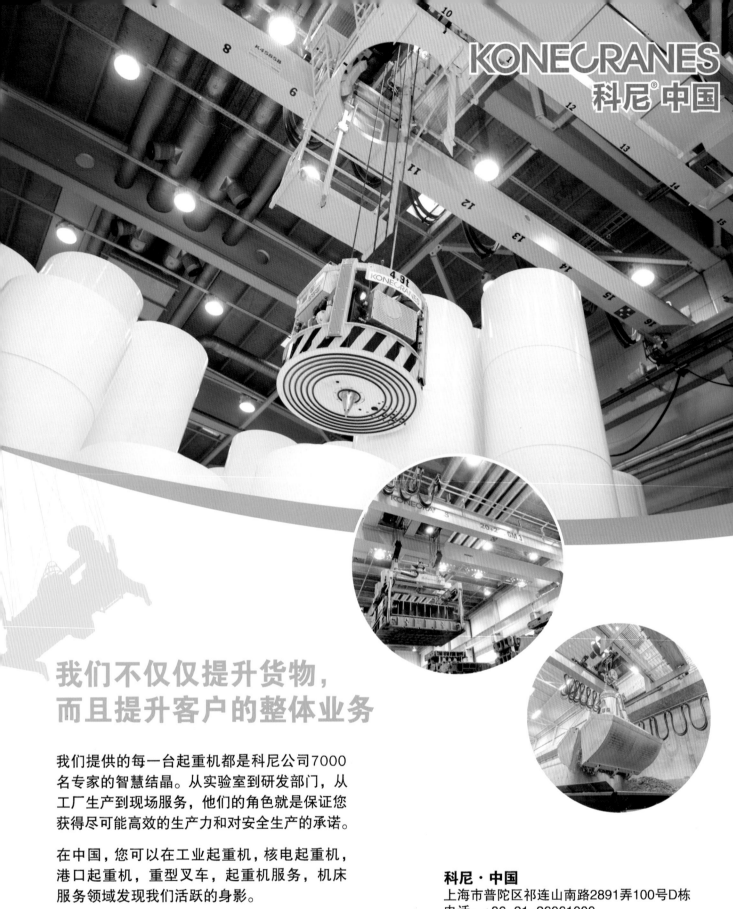

株洲天桥起重机股份有限公司

株洲天桥起重机股份有限公司成立于1999年，传承了株洲起重机厂（1956年成立）40余年的起重机制造经验，是我国南方地区最大的桥、门式起重设备制造商。2010年，公司股票在深交所挂牌上市（证券简称：天桥起重；证券代码：002523），成为我国第一家专业从事高端起重装备制造业务的上市企业。公司是中国重型机械工业协会常务理事单位、全国起重机械标准化技术委员会委员单位，公司商标被国家工商总局评定为中国驰名商标。

目前，公司注册资本为3.328亿元，总资产逾14亿元，净资产逾10亿元，年营业收入逾6亿元。公司下辖三家控股子公司，共拥有厂房面积约10.2万平方米，员工1140名，技术人员140名。公司主要从事桥、门式起重机的研发、设计、生产、销售业务，产品主要包括电解铝多功能机组、阳极焙烧炉用多功能机组、阳极炭块堆垛机组、铝电解槽集中大修转运系统、铸造起重机、夹钳起重机、电磁挂梁起重机、电解铜（铅、锌）多功能机组、核电数控起重机、欧式起重机、通用桥（门）式起重机、港口门座式起重机、450t×2提梁机、公路架桥设备等。产品销售网络覆盖全国30多个省、市、自治区，并出口德国、阿曼、俄罗斯、越南、赞比亚、委内瑞拉等国家。

近年来，公司获得了31项国家专利技术，“中国机械工业科学技术进步奖”、“中国有色金属工业科学技术奖”、“湖南省科学技术进步奖”、历年省级创新指导项目，并获得了历年省市级“重合同守信用单位”、“2011年度中国投资者知情权保护表现优秀的上市公司”等一系列荣誉。在未来的发展道路上，公司将继续秉承“诚信、敬业、自强、卓越”的企业精神，奉行“天道酬勤”的核心价值观，立足起重行业，耕耘起重行业，为践行“服务社会和国家经济的和谐发展、致力客户和企业价值的稳定提升、立足员工和股东利益的持续实现”而不懈努力。

铜电解专用吊车

电解槽集中大修转动系统

铝冶炼阳极焙烧专用起重机

欧式起重机

地址：湖南省株洲市石峰区田心北门

电话：0731-22337000-8010（企划部）、8046（技术中心）、8043（质保部）28432961（销售部）

传真：0731-22337000-8009

E-mail：tqcc@tqcc.cn　网址：www.tqcc.cn

斗轮堆取料机

城市固体垃圾发酵处理设备

混匀取料机

大型集装箱检查系统传送装置分系统

圆形料场堆取料机

台架式起重机

冶金设备——圆筒混合机

郑州机械研究所

郑州机械研究所为中央直属大型科技型企业，现为齿轮传动技术研究中心和齿轮产品开发基地，拥有4个产业园区。

F系列起重减速器拥有自主知识产权，具有承载能力高、质量轻、防渗漏、安装方便等优点，已成功服务于鞍钢、本钢、上海临港重工、美国EDERER公司等国内外知名企业的1300余台起重设备，最大吨位已达到700t+700t。

KJ运行机构减速器

FC系列轻型减速器

FQ系列铸造起重机用减速器

F系列减速器加载实验

FC减速器安装现场

FK减速器使用现场

期待服务于您的起重设备！

地址：郑州市嵩山南路81号　邮编：450052　联系人：杨立强　传真：0371-67718502
电话：0371-67710572　13007528243　E-mail:chinagear@163.com

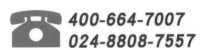

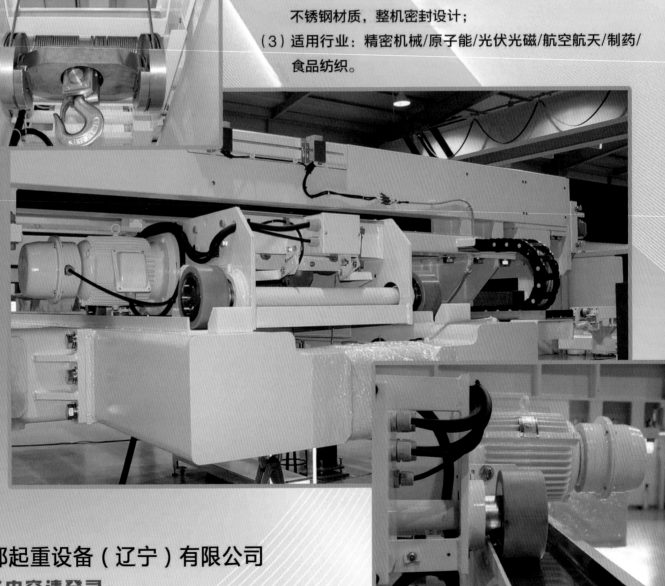

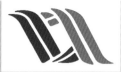

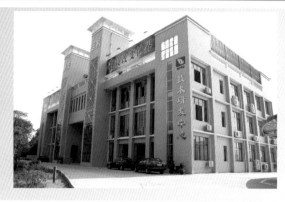

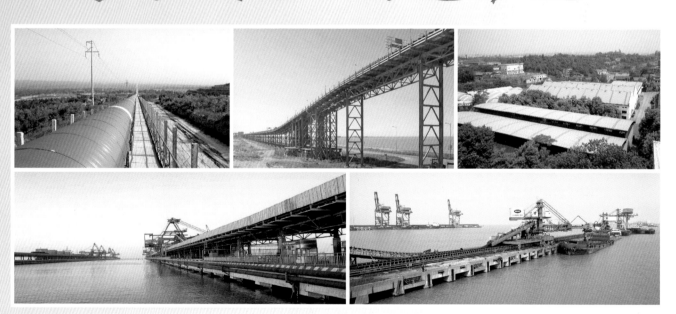

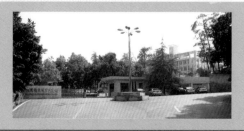

集团介绍 INTRODUCTION

泰富重装集团有限公司(简称泰富重装)是一家以投资、重型机械制造及系统总承包为主的综合性集团公司，注册资金12亿元。生产基地位于湖南省湘潭市九华国家级经济技术开发区奔驰路6号，占地1800亩，总投资35亿元。

公司业务涉及港口装卸系统、海洋工程设备系统、煤矿、铁矿等采料场地面物料输送系统、钢铁厂原料场输送系统、火力发电站输煤系统、水泥厂散料输送系统等领域，主要提供上述领域的大型设备设计、研发、制造、销售、安装、调试、金融租赁的系统总承包服务。

目前，集团拥有五家子公司，分别为：泰富国际工程有限公司、泰富重工制造有限公司、泰富租赁有限公司、泰富置业有限公司、泰富自控有限公司。并在长沙市芙蓉中路一段593号湖南国际金融大厦20层设立了金融中心，在中国香港、北京、上海、大连、深圳等地成立了分公司。

公司秉承“创新成就未来”的核心理念，立足自主创新，每年将销售收入的5%投入到技术研发，获得了一大批具有自主知识产权的专有技术。与此同时，通过与意大利凡塔西等国外同行先进企业及湖南大学等国内高等院校密切开展技术合作，成功掌握了海上移动码头和全智能无人化料场装卸输送系统等行业前沿技术，填补了国际、国内的技术空白。上述技术已被列入国家发改委、湖南省、湘潭市战略性新兴产业、新型工业化等重大专项，获得了国家、省、市近2000万元的产业资金支持。

公司创立三年多来，销售业绩持续攀升，业务版图已从国内扩至巴西、印度、韩国、东南亚、澳大利亚等海外市场。截至2013年底，集团年销售额已突破150亿元大关。泰富的飞速发展，引起了凤凰卫视、《湖南日报》、《潇湘晨报》等媒体的重点关注，纷纷推出大型专题报道，公司品牌形象也获得飞速提升。

未来，泰富重装将积极创新企业经营模式，采取融资租赁、直接投资、BT、BOT等多种方式参与项目运营。以专业的技术、专业的精神，竭诚为客户提供最佳一体化解决方案，最终将企业打造成中国乃至全球一流的散状物料输送设备和系统集成的专业服务商。

国际一流的散料输送设备制造商
行业领先的散料输送系统总体解决方案提供者

E 企业竞争力 ENTERPRISE COMPETITIVENESS

技术竞争力 / TECHNOLOGY COMPETITIVENESS

泰富集团自创立以来，一直致力于企业研发能力的提升，每年坚持不小于销售额5%的研发投入。并秉承“科技是第一生产力”的理念，大力引进德国、意大利等知名同行企业的先进技术，与中冶京诚、湖南大学、宝信软件等国内科研院所建立了战略合作及产学研合作关系，着眼前沿技术和未来产品的研发，引领行业发展方向。

◎强大技术队伍 / STRONG TECHNICAL TEAM

泰富集团总部设立技术研究院，为集团总体产品开发研究提供技术指导服务。通过与高等院校、专业研究院合作，就港口、煤炭、冶金行业输送系统、电气自动化控制、数字化技术等领域进行专项研发，形成一个完整的研发设计体系。目前公司设有海工装备研究所、散料输送机械研究所、带式输送机械研究所、控制研究所、系统研究所、新产品研究所。

◎大力开展技术合作 / TECHNOLOGY COOPERATION

集团广泛开展与国内外高校、研究机构、海外公司之间的技术合作，并与湖南大学合作成立联合设计中心，与中冶京诚工程技术有限公司、上海航交院等10多个专业研究院开展联合技术攻关，着力打造全球一流的港口、冶金、矿山物料输送专用设备研发平台。

M 主要产品 MAIN PRODUCTS

海上散货转运系统、海洋工程设备系统

◎大型海上过驳移动码头

主要由抓斗、起重机、料斗、带式传送系统和装船机等组成。该系统的功能是从煤驳船上抓取大量散装工业用煤，然后通过料斗和带式输送系统输送到装船机上，最后将煤炭装载在散装货轮的货舱里。

◎海上风电吊装平台

· 主要用于沿海风电设备安装。其工程主要包括基座安装，支撑塔架和机舱、叶片吊装以及打桩作业。

· 本船为钢制四桩腿非自航式风电安装起重船，首部设有1台最大起重能力700 t，最大吊高126m（距主甲板）的全回转液压起重机用于起吊及打桩作业。

· 可适用于沿海区域，无冰区作业。作业水深为2.2~30m（包括潮差）。在水深很浅的地方可以趁涨潮进入。

◎浮吊

主要安装在船上用于装卸货物和吊装设备构建等，可在港口水域、近岸、内河、浅海、深海调遣作业，并可根据起重机的上层结构是否有回转能力，分为回转式和固定臂架式两种类型。可用于海上油气田开发工程、救援打捞、水运重大件吊装、大型桥梁安装、港口建设等。

煤矿、铁矿石全智能无人化地面物料输送系统

通过运用先进的机器人视觉控制技术，建立料场的料堆三维可视化模型，并运用于斗轮堆取料机的自动控制，实现斗轮堆取料机的机上无人全自动控制。

◎堆取料机

堆取料机是一种连续、高效的散状物料装卸输送机械，它广泛应用于火电厂、港口码头、钢铁冶金、建材水泥、矿山、化工、煤炭与焦化厂等原料储运场，可实现煤炭、矿石、化工原料等散状物料的堆取、转运、装卸的连续作业。

◎翻车机

翻车机用于翻卸敞车装载的煤、矿石、焦炭等散状物料,有单车、双车、三车和四车等多种形式，有转筒式翻车机、侧卸式翻车机、端卸式翻车机和复合式翻车机。

◎圆管带式输送机

圆管带式输送机是凝聚 20 年优化工艺发展起来的一种新型散状物料连续输送设备，克服了带式输送机固有的缺陷与使用范围的局限性，特别适用于必须跨绕建筑或江河、街道等复杂地形的施工，广泛应用于高环保要求的冶金、建材、化工、火电及港口散货码头的作业，输送矿石、煤炭、原料、废渣、垃圾等物体。我公司主要生产管径为ϕ200～600mm，运距为200～7200m之间的各种规格圆管带式输送机。

港口装卸系统

结合国际行业的先进设计与制造理念，根据港口特点，为客户提供成套设备或总承包最佳一体化解决方案。

◎港口装卸船机

装卸船机是大型港口散货码头散状货物装、卸船重要装备之一，适用于包括煤、矿石、水泥、化工原料、粮食等散状货物的装卸。

◎门座式起重机

结构新颖、外形美观、重量轻、安装方便，工作幅度大，对环境的适应性强。广泛应用于港口码头货船的货物装卸任务、船厂的船体组装和水电站的建筑工程中。特别是在水利、电力基建施工中可节省栈桥，并有效提高生产效率。

钢铁厂原料场储存输送系统

根据原料场特点，采取设备成套或总承包的操作模式，为客户提供一体化解决方案。

■火力发电站输煤系统

可提供从原煤卸载到进入堆场直至送入储煤仓的设备成套或总承包最佳解决方案。

■水泥厂散料输送系统

为水泥厂散料输送系统及配套工程提供成套设备，或提供总承包一体化解决方案。

■其他配套产品

链斗卸车机　螺旋卸车机　液压翻板　卸料车　犁式卸料器　叶轮给料机

电话：0731-52837000

总部：湖南省长沙市芙蓉中路1段593号湖南国际金融大厦20楼

营销热线：0731-52837288 52837222

基地：湖南省湘潭市九华经济示范区奔驰路6号

公司简介 BRIEF INTRODUCTION

四川省自贡运输机械集团股份有限公司创建于2003年9月，系收购四川省自贡运输机械总厂而新组建的股份制企业集团，是中国散料输送机械设计、制造和安装领军企业之一，国家火炬计划重点高新技术企业，中国西部地区最大的输送机械设计、制造商。

公司主要从事通用带式输送机、管状带式输送机、曲线带式输送机、斗式提升机、螺旋输送机、驱动装置和逆止装置的设计制造和系统EPC。公司占地面积287亩，总建筑面积15万平方米，拥有专业技术人员近100人，员工千余人，拥有一支优秀的技术研发人才团队和高素质的专业制造团队，其中有享受国务院特殊津贴专家2人，中高级技术职称50余人。

公司自创立以来，始终致力于为广大客户提供可靠、稳定的散料输送解决方案，构建了完善的散料输送设备制造体系以及科学合理的产品链，产品涉及电力、钢铁、煤炭、交通、水利、化工、冶金、石油、建材等领域，并出口印度、尼日利亚、塞内加尔、巴基斯坦、印尼、老挝、越南、马来西亚、美国、马里、缅甸等国家，取得了良好业绩。

公司现已成为中国散料输送机械市场最具创造力和发展的品牌，并以对技术发展方向及客户需求的精准把握，顺应节能环保的需要，成为国内散料输送机械设计制造方面的领军者之一。

未来，公司将继续以品牌创新、管理创新、技术创新作为依托，将员工视为亲人，将客户的满意度视为生命，建立起科学的管理体系和产品链，打造拥有强大市场驾驭能力与核心竞争力的民族品牌，成为产权清晰、责权明确、管理科学，并具时代气息、时代文化的现代化散料输送机械制造商。

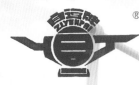

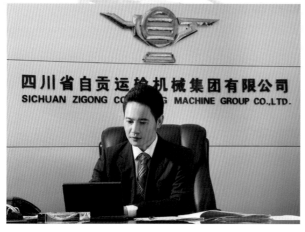

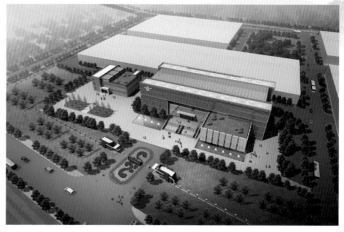

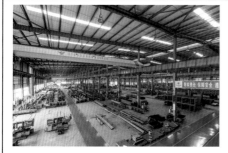

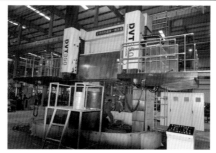

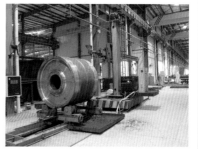

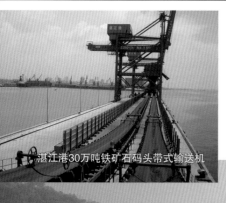

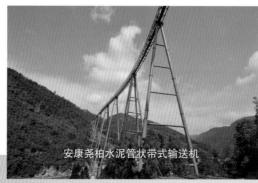

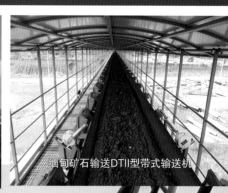

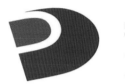

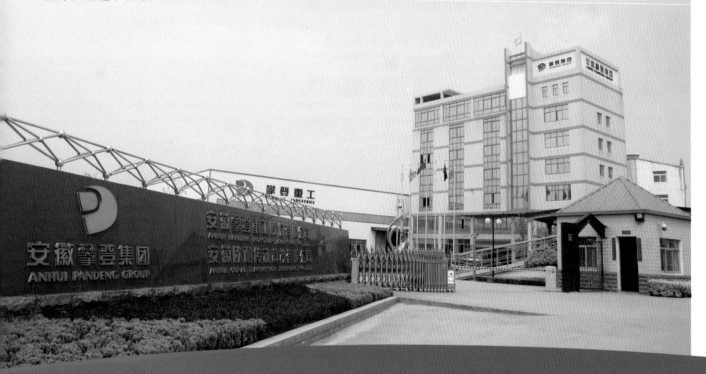

主要资质荣誉

中国驰名商标

安徽省名牌产品

国家级守合同重信用企业

国家高新技术企业

集团主要资质荣誉：国家级“守合同重信用”企业、中国“驰名商标”企业、国家“高新技术企业”、国家煤矿安全标志“MA”认证企业、安徽省“著名商标”企业、安徽省“名牌产品”企业、首届安徽省“十大强省品牌”企业、安徽省“省认定企业技术中心”企业、ISO9001质量体系认证企业、银行“AAA”信用等级企业等。

集团主要产品

矿用(通用)型带式输送机、管状带式输送机、斗式提升机、螺旋输送机、矿用(普通)钢丝绳芯输送带、矿用PVC(PVG)整芯阻燃输送带、织物芯分层输送带、垂直提升设备专用输送带、蛇形弹簧联轴器、NJD(DSN)型逆止器、NJ(NYD)型逆止器、限矩(调速)型液力耦合器、工业及民用钢结构工程、带式输送机栈桥等。

通用型带式输送机

90°大倾角带式输送机

管状带式输送机

N-TGD1000钢丝绳芯斗式提升机

输送带

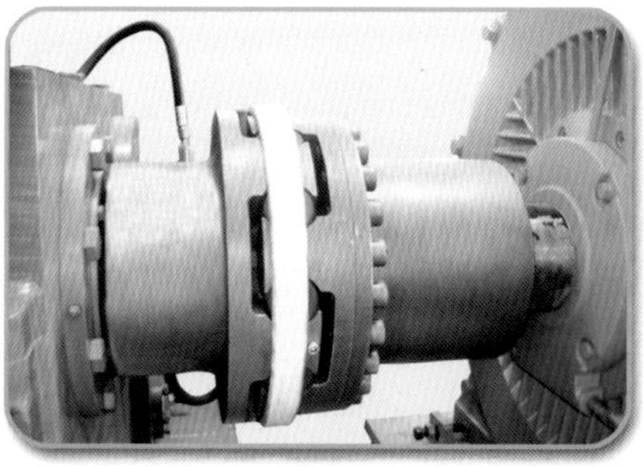

联轴器

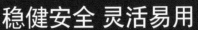

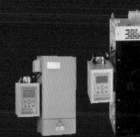

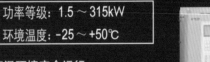

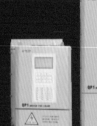

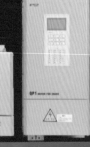

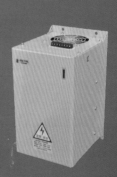

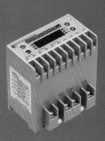

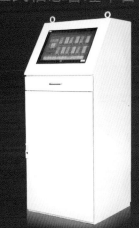

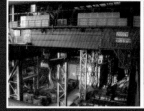

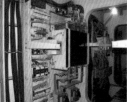

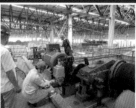

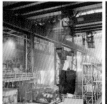

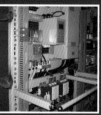

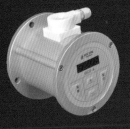

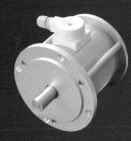

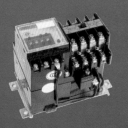

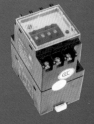

企业简介

company profile

浙江五一机械有限公司前身是创办于1972年的浙江五一机械厂。2002年4月，经批准改组为国有独资有限责任公司，是省政府批准的“五个一批”企业之一，为国家大型二档工业企业。浙江五一机械有限公司是全国手动葫芦行业中的骨干型企业，主要生产和销售“双鸽”牌，“五一”牌葫芦，年产手动葫芦45万台。

“金奖品质，五一制造”，优异的品质使得“双鸽”牌，“五一”牌葫芦在国内外市场赢得了较高的声誉，成为国家名牌产品。持续改进和稳定的生产工艺，使得“双鸽”牌、“五一”牌葫芦在市场上始终主导着我国手动葫芦行业的发展方向。1985年、1990年公司手拉葫芦系列产品两次荣获国家金质奖，成为行业内唯一获此殊荣的企业。

金奖的品质也收获了浙江省名牌产品、97采购首选品牌、浙江省可靠产品等众多荣誉。管理出品质，在企业管理上，先后获得了省、部质量管理奖，安全级企业，全国现场管理先进单位等荣誉60余项。

公司始终坚持“我们的产品质量就是使用单位生产安全的保证”的理念，在葫芦行业中最早通过ISO 9001 质量体系认证，是行业内首家获得三位一体化管理体系认证的企业，所有产品质量责任险由中国人民财产保险股份有限公司承保。

生产与质量管理

最完整的生产制造、检验流程

从原材料入场理化检验开始，锻造、铸造、模具加工、热处理、机械加工、链条生产、涂装和装配等生产厂一应俱全。

拥有22套最先进的德制链条编焊机组和3条专业葫芦装配流水线，确保强大的自主生产能力。

大吨位动载试拉台

小吨位轻载试拉台组

动载试拉

100吨材料试验机

中频淬火机

起重链条校验机

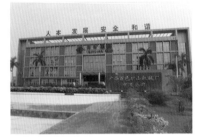

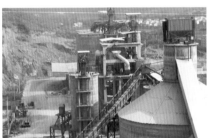

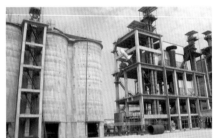

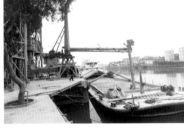

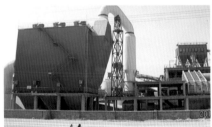

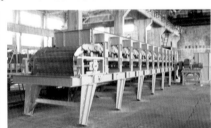

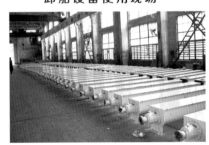

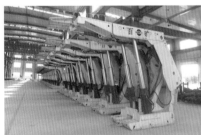

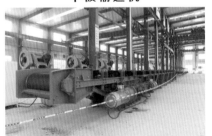

宁夏天地奔牛银起设备有限公司

陈总

宁夏天地奔牛银起设备有限公司，前身是银川起重机器厂。2007年与天地奔牛集团公司重组为宁夏天地奔牛银起设备有限公司，其上级主管公司为天地科技有限公司。公司是国家最早定点生产起重机和减速器的大型骨干企业，是全国500家最大机械工业企业之一。

宁夏天地奔牛银起设备有限公司有50余年的起重机和减速器制造历史，在过去的半个世纪中，公司始终以世界起重机、减速器前沿技术为目标，以核心技术、关键技术攻关为重点，以先进的机械制造软件、硬件为依托，在国内起重机、减速器产品的配套性、高效性、可靠性、智能化方面占据了领先地位。“银起”和“银鹰”两大商标，曾4次获“宁夏著名商标”称号。具有国际先进水平的ZY型硬齿面减速器，被列为国家推荐的更新换代产品。“银起”牌起重机、“银鹰”牌减速器荣获省、部级多项科技成果奖及国家优质产品奖。公司为二重集团生产的起重量达550t 的桥式起重机，达到了同类产品国际先进水平。

公司的起重机产品，现已形成3大种类、30个系列、1200个品种规格。公司研发的铸造起重机、旋转电磁起重机、夹钳起重机、料耙起重机、淬火起重机、抓斗起重机、防爆起重机、绝缘起重机、水电站机房起重机、集装箱门式起重机、火力发电厂装卸桥等，在首钢、宝钢、重钢、大峡电站等近30家大型钢铁公司及水电站、火电厂及其他行业应用。部分产品出口到法国、东南亚、中亚等国家和地区。公司研发的5～550t 通用桥式起重机，是原中国机械工业部最早推荐的159种可靠性机械产品中的起重机产品。

公司减速器产品有硬齿面、中硬齿面、软齿面平行轴减速器及行星减速器。产品有22个基本型式，42种系列，5000 多个品种规格。公司减速器研究所是原中国机械工业部最早确立的全国省属企业减速器研究所之一，是中国最早研制硬齿面减速器、各种大型专用减速器的研究机构之一。近年来，与德国及国内多所大专院校、科研院所合作研发了多种新型减速器。在齿轮寿命、油膜浮动、密封防渗漏等重大课题上取得了突破性进展。毛主席纪念堂、葛洲坝水电站、出口美国的石油抽油机都使用了我公司生产的减速器。

宁夏天地奔牛银起设备有限公司，凭借天地科技有限公司雄厚的经济实力和稳健的发展劲势，借助宁夏天地奔牛集团公司现代化的科学管理及精良装备，加之其生产起重机、减速器两大名牌产品40余年的研制经验，这将使得天地奔牛银起公司取长补短、尽显己长，优势互补、迅速发展。这也为天地奔牛银起公司最大范围地扩大产品市场、最大限度地提高产品技术含量和适用性，全面提升企业综合能力和市场竞争力，提供了最佳时机并创造了得天独厚的优势条件。

宁夏天地奔牛银起设备有限公司于2009年12月31日已经整体搬迁到新厂区，其占地面积16.4万平方米，建筑面积7.8万平方米，具有起重机和减速器生产基地。主要生产设备近200多台，有先进的机械加工设备英国产机械加工中心、数控高速镗铣床、德国产赫夫勒高速磨齿机和数控成形磨齿机，先进的热处理自动化生产线等。

QZJ5300起重机专用减速器

干熄焦

550～250t桥式起重机

岸边40t门吊

120～20t门吊

225t冶金

21t喷枪卷扬系统

地　址：宁夏银川市西夏区银川经济技术开发区金波南路　邮 编：750021
办公室电话：0951-3068032　办公室传真：0951－3066008　销售部电话：0951-3068336　3067833　3071884
销售部传真：0951-3071884　http://www.yinqi.cn　E-mail:yinqi@yinqi.cn

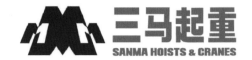

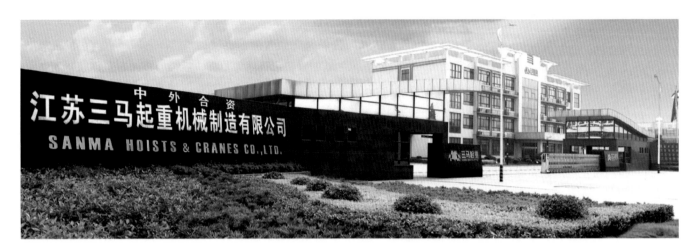

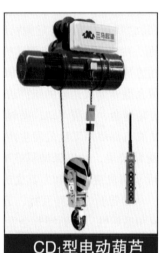

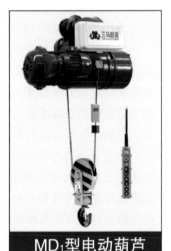

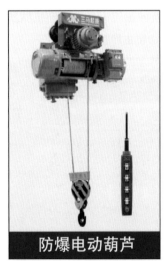

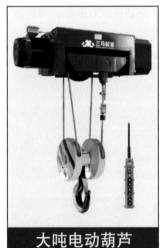

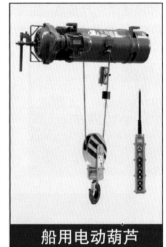

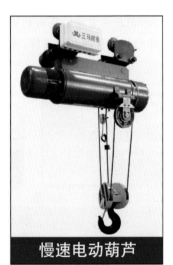

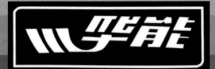

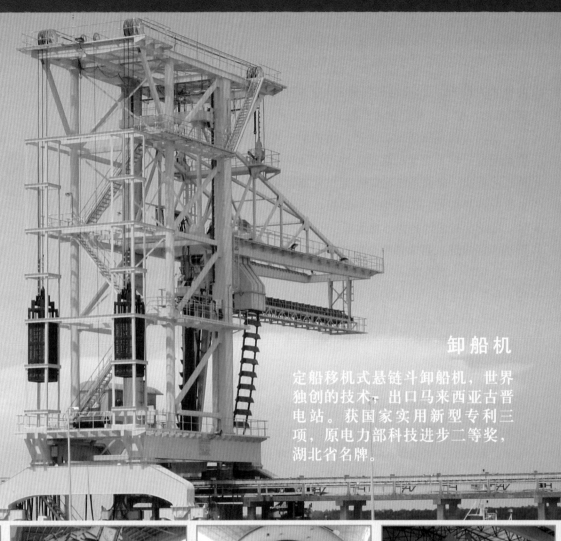

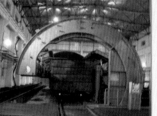

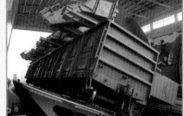

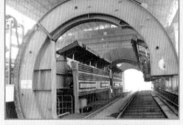

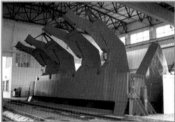

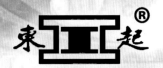

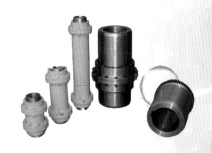

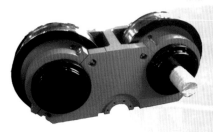

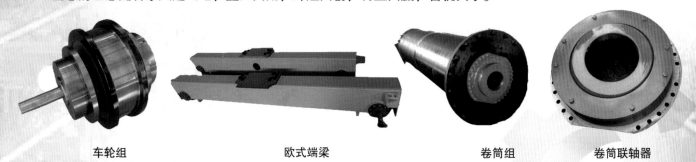

了解产品说明，请登录中锐网站：www.zhongruiqz.com
河南中锐
众智创新 · 锐意创造
*中锐传动 让世界永不停步
Joyr Transmission Let the world never pause
●中锐产品 国家专利号：
>200620031958.8 201130193105.0 >200520032133.3 201130193103.1
>200620031957.3 201130193188.3 >200520032132.9 201130193102.7
>200520032131.4 201130193104.6
北京起重运输机械设计研究院 技术支撑 产品监制
本公司产品适用于单双梁、桥门式起重机、路桥设备、矿山水工机械等，产品获得国家专利10余项，填补了行业空白。
全国免费客服热线
4006-521-789
CNAB
IAF
ISO9001
河南中锐起重设备有限公司 河南长垣起重工业园区华豫大道108号 电话：0373-8610555 8610556 传真：0373-8610557

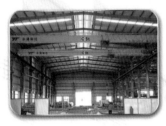

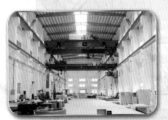

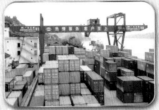

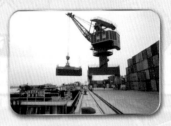

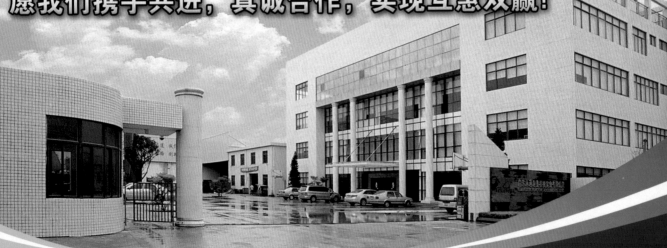

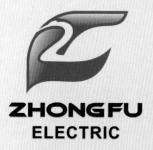

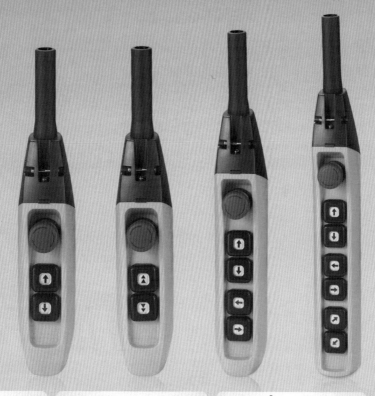

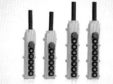

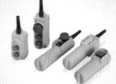

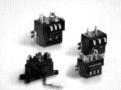

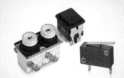

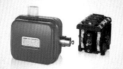

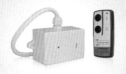

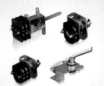

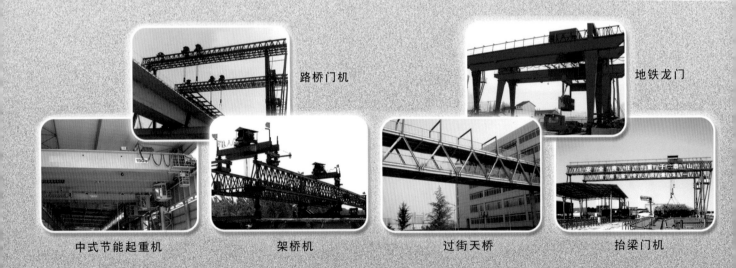

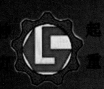

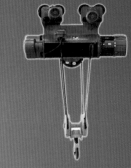

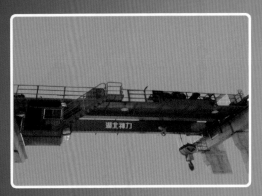

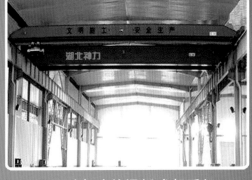

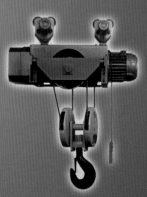

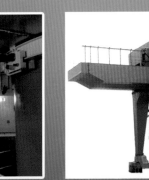

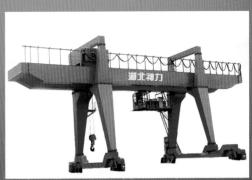

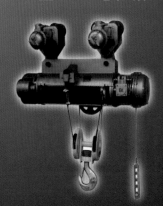

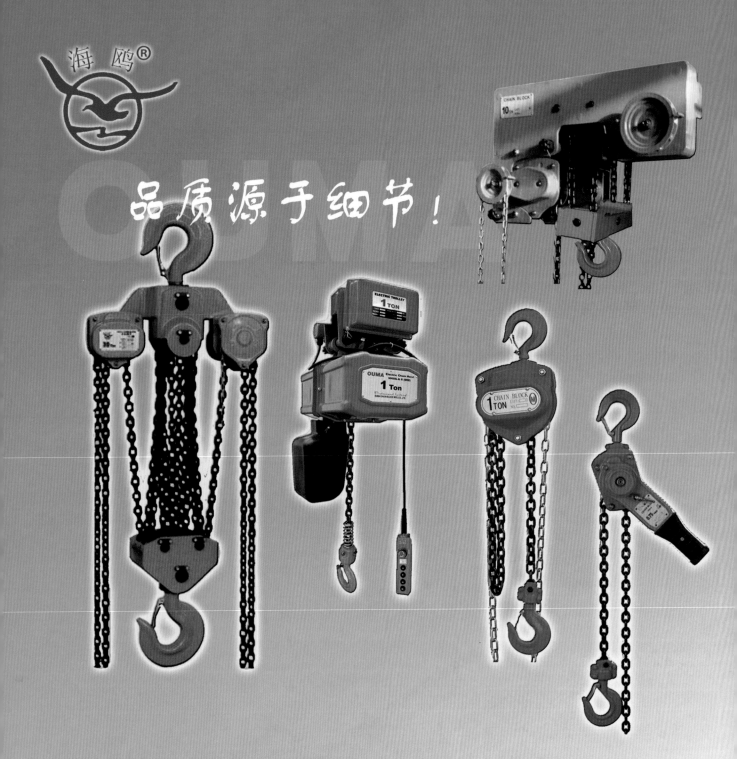

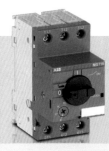

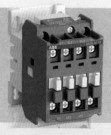

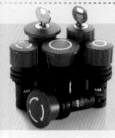

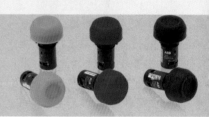

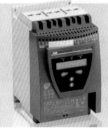

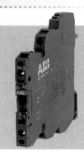

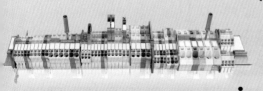

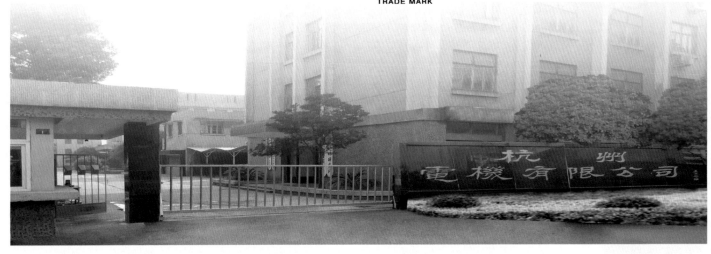

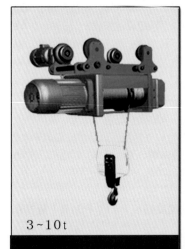

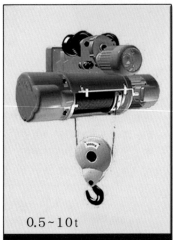

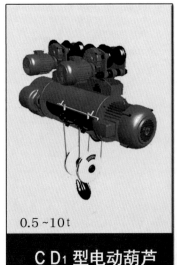

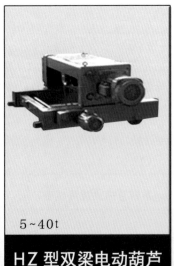

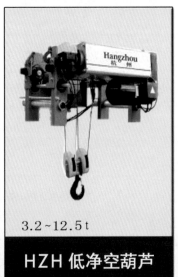

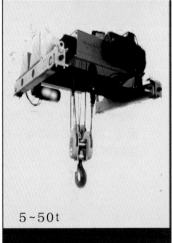

中国重型机械选型手册

（物料搬运机械）

中国重型机械工业协会 编

北 京
冶 金 工 业 出 版 社
2015

内 容 提 要

《中国重型机械选型手册》以介绍产品性能、结构特点、工作原理、技术参数、外形和安装尺寸以及应用案例等内容为主，以冶金及重型锻压设备，矿山机械，物料搬运机械，重型基础零部件四个分册分别出版。本手册全面反映我国重型机械行业在产品转型升级、科技创新、信息化等方面的科研成果，满足电力、钢铁、冶金、煤炭、交通、石化、国防、机械、港口及水利等业主及工程设计单位对先进技术及装备采购的需要，为产业链企业所需重型机械在投资、采购、招标、建设中提供方便、完善、详实的产品信息。

本分册为物料搬运机械，共有5章，第1章起重机械；第2章输送机械；第3章装卸机械与给料机械；第4章物流仓储设备及相关物料搬运设备；第5章机械式停车设备。

本分册介绍了物料搬运机械中各种产品的工作原理、技术特征、适用范围等，收集了国内主要生产企业产品的技术性能和参数，为使用单位提供了部分产品选型计算方法。

本套书可供重型机械装备中的物料搬运机械生产企业及电力、钢铁、冶金、煤炭、交通、石化、国防、机械、港口、水利等行业的业主及工程设计单位的学者、研究人员、采购人员、工程技术人员及相关专业的高校学生参考阅读。

图书在版编目(CIP)数据

中国重型机械选型手册. 物料搬运机械/中国重型机械工业协会编. —北京：冶金工业出版社，2015. 4

ISBN 978-7-5024-6829-3

Ⅰ. ①中…　Ⅱ. ①中…　Ⅲ. ①机械—重型—选型—中国—手册　②物料搬运—搬运机械—选型—中国—手册　Ⅳ. ①TH-62　②TH2-62

中国版本图书馆 CIP 数据核字(2014) 第 295446 号

出 版 人　谭学余
地　　址　北京市东城区嵩祝院北巷 39 号　邮编　100009　电话　(010)64027926
网　　址　www. cnmip. com. cn　电子信箱　yjcbs@ cnmip. com. cn
责任编辑　杨盈园　美术编辑　彭子赫　版式设计　孙跃红
责任校对　王永欣　责任印制　牛晓波
ISBN 978-7-5024-6829-3
冶金工业出版社出版发行；各地新华书店经销；北京百善印刷厂印刷
2015 年 4 月第 1 版，2015 年 4 月第 1 次印刷
210mm×297mm；26. 25 印张；30 彩页；998 千字；410 页
188. 00 元

冶金工业出版社　投稿电话　(010)64027932　投稿信箱　tougao@cnmip. com. cn
冶金工业出版社营销中心　电话　(010)64044283　传真　(010)64027893
冶金书店　地址　北京市东四西大街 46 号(100010)　电话　(010)65289081(兼传真)
冶金工业出版社天猫旗舰店　yjgy. tmall. com

编 委 会

前　言

21 世纪以来，在社会主义市场经济的新形势下，重型机械行业取得了迅猛的发展与长足的进步。我国现已成为重型机械领域的制造大国。特别是近年来，重型机械行业在加强科技创新能力建设、推动产业升级方面取得了可喜的成绩，涌现出一批接近或达到国际先进水平的新产品和新技术。应行业广大读者的要求，中国重型机械工业协会组织有关单位，编写了《中国重型机械选型手册》(以下简称《手册》)。《手册》共分为四个分册：冶金及重型锻压设备、矿山机械、物料搬运机械、重型基础零部件。《手册》在内容编排上主要包含产品概述、分类、工作原理、结构特点、主要技术性能与应用、选型原则与方法和生产厂商等。供广大读者在各类工程项目中为重型机械产品的选型、订货时参考。

《中国重型机械选型手册　物料搬运机械》主要包括起重机械、输送机械、装卸机械与给料机械、物流仓储设备及相关物料搬运设备和机械式停车设备。

本《手册》由北方中冶（北京）工程咨询有限公司进行资料的收集和整理，同时得到了行业相关单位的大力支持，在此表示衷心的感谢！由于编写时间短，收集的产品资料覆盖不够全面，向广大读者表示歉意。

《中国重型机械选型手册》编委会
2015 年 1 月

前 言

目　　录

1 起 重 机 械

起重机械是一种以间歇作业方式对物料进行起升、下降和水平移动的搬运机械。起重机械的作业通常带有重复循环的性质。一个完整的作业循环一般包括取物、起升、平移、下降、卸载，然后返回原处等环节。经常启动、制动、正向和反向运动是起重机械的基本特点。起重机械广泛用于工业、交通运输业、建筑业、商业和农业等国民经济各部门及人们日常生活中。

起重机械由运动机构、承载机构、动力源和控制设备以及安全装置、信号指示装置等组成。

只有起升机构的单动作起重机械只能在固定点输送物料或人员，如各种滑车、葫芦、升降机和电梯等。带有运行机构的电葫芦可以沿一定线路装卸物料。

起重机则可以在一定的空间中搬运物料，它除起升机构外还有使物料作平移的机构。根据实现移动的方式不同，起重机分为桥式、回转式两大类型。桥式类型主要依靠起重机的运行机构和小车运行机构的组合实现平移；回转类型则依靠起重机回转机构和变幅机构改变回转半径实现平移。

起重机的驱动多为电力，内燃机、人力驱动只用于轻小型起重设备或特殊的场合。

1.1 轻小型起重设备

轻小型起重设备包括千斤顶、滑车、手动葫芦、电动葫芦、气动葫芦、卷扬机等。其特点是结构紧凑，操作方便，适用于在空间狭小的场合进行流动性和实时性作业。千斤顶、滑车、手动葫芦可在无电源场合使用，特别是在抢险救援中发挥作用。

1.1.1 千斤顶

1.1.1.1 概述

千斤顶是以刚性顶举件作为工作装置，利用油压或机械传动通过顶部托座或底部托爪在小行程内顶升重物的轻小型起重工具。主要用于厂矿、交通运输等部门作为起重、车辆修理及其他起重、支撑等作业；可在抢险救援中用于扩张、支撑空间。其结构轻巧坚固、灵活可靠，一人即可携带和操作。

千斤顶分类如下：

- 千斤顶
  - 油压千斤顶
    - 立式油压千斤顶
    - 车库用油压千斤顶
    - 分离式油压千斤顶
    - 卧式油压千斤顶
  - 机械千斤顶
    - 螺旋千斤顶
    - 齿条千斤顶

1.1.1.2 主要技术性能参数

主要技术性能参数见表 1.1.1～表 1.1.13。

表 1.1.1 YLA 卧式液压千斤顶主要技术参数（上海义力机械设备有限公司 www. yilijixie. com）

型　号	起重量/t	最低高度/mm	最高高度/mm	净重/kg	毛重/kg
YLA-20601	2	135	340	9.0	9.2
YLA-20602	3	135	360	36	38
YLA-20603	5	160	580	95	107
YLA-20604	8	180	580	105	115
YLA-20605	10	180	580	140	158
YLA-20606	20	200	580	160	180

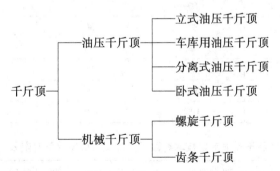

表 1.1.2 YLI 系列双节式千斤顶技术参数（上海义力机械设备有限公司 www.yilijixie.com）

型 号	起重量/t	本体高度/mm	第一节行程/mm	第二节行程/mm	备 注
YLI-05200	5	280	100	100	双作用
YLI-10200	10	280	100	100	
YLI-20200	20	280	100	100	
YLI-30180	30	280	90	90	

表 1.1.3 YLH 系列双节式千斤顶主要技术参数（上海义力机械设备有限公司 www.yilijixie.com）

型 号	起重量/t	本体高度/mm	第一节行程/mm	第二节行程/mm	备 注
YLH-05110	5	180	60	50	单作用
YLH-05220	5	270	100	120	
YLH-10110	10	180	60	50	
YLH-10220	10	270	100	120	
YLH-20110	20	180	60	50	
YLH-20220	20	270	100	120	
YLH-30110	30	180	60	50	
YLH-30220	30	270	100	120	
YLH-50110	50	180	60	50	
YLH-50220	50	270	100	120	
YLH-05025	5	60	15	10	
YLH-05050	5	80	30	20	
YLH-05080	5	100	45	35	
YLH-10025	10	60	15	10	
YLH-10050	10	80	30	20	
YLH-10070	10	100	40	30	
YLH-20025	20	60	15	10	
YLH-20050	20	80	30	20	
YLH-20070	20	100	40	30	
YLH-30025	30	60	15	10	
YLH-30050	30	80	30	20	
YLH-30070	30	100	40	30	
YLH-50025	50	60	15	10	
YLH-50050	50	80	30	20	
YLH-50065	50	100	40	25	

表 1.1.4 超高压电动液压千斤顶主要技术参数（上海义力机械设备有限公司 www.yilijixie.com）

型 号	起重量/t	行程/mm	本体高度/mm	油缸外径/mm	油缸内径/mm	活塞杆外径/mm	公称压力/MPa
YH-DYG5016	50	160	335	128	100	70	63
YH-DYG10016	100	160	345	178	140	100	63
YH-DYG15016	150	160	345	218	180	125	63
YH-DYG20016	200	160	345	273	200	150	63
YH-DYG32020	320	200	400	325	250	180	63
YH-DYG50020	500	200	440	420	320	250	63
YH-DYG63020	630	200	460	480	350	260	63

表 1.1.5 YRC 系列单作用千斤顶主要技术参数（上海义力机械设备有限公司 www.yilijixie.com）

型 号	吨位/t	行程/mm	液压缸有效面积/cm^2	液压油容量/cm^3	本体高度/mm	伸展高度/mm	外径/mm	质量/kg
YRC-50	5	16	6.4	10	41	57	48	1
YRC-51		25	6.4	16	110	136	48	1
YRC-53		76	6.4	49	165	241	48	1.5
YRC-55		127	6.4	81	216	343	48	1.9
YRC-57		178	6.4	114	273	451	48	2.4
YRC-59		232	6.4	148	324	556	48	2.8
YRC-101	10	25	14.4	36	90	115	58	1.8
YRC-102		54	14.4	78	121	176	58	2.3
YRC-104		105	14.4	151	171	276	58	3.3
YRC-106		156	14.4	225	248	403	58	4.4
YRC-108		203	14.4	292	298	502	58	5.4
YRC-1010		257	14.4	370	349	607	58	6.4
YRC-1012		305	14.4	439	400	705	58	6.8
YRC-1014		356	14.4	513	451	806	58	8.2
YRC-151	15	25	20.3	51	124	149	70	3.3
YRC-152		51	20.3	104	149	200	70	4.1
YRC-154		102	20.3	207	200	302	70	5
YRC-156		152	20.3	309	272	424	70	6.8
YRC-158		203	20.3	412	322	526	70	8.2
YRC-1510		254	20.3	516	373	627	70	9.5
YRC-1512		305	20.3	619	424	729	70	10.9
YRC-1514		356	20.3	723	475	830	70	11.8
YRC-251	25	25	33.2	83	140	165	86	5.9
YRC-252		51	33.2	169	165	216	86	6.4
YRC-254		102	33.2	339	216	318	86	8.2
YRC-256		159	33.2	528	273	432	86	10
YRC-258		210	33.2	697	324	533	86	12.3
YRC-2510		260	33.2	863	375	635	86	14.1
YRC-2512		311	33.2	1033	425	737	86	16.3
YRC-2514		362	33.2	1202	476	838	86	17.1
YRC-308	30	210	41.9	880	387	597	102	18.1
YRC-502	50	51	71.3	364	176	227	127	15
YRC-504		102	71.3	727	227	329	127	19.1
YRC-506		159	71.3	1134	283	441	127	23.2
YRC-5013		337	71.3	2403	461	797	127	37.7
YRC-756	75	156	102.6	1601	286	441	146	29.5
YRC-7513		334	102.6	3427	492	826	146	59
YRC-1006	100	168	133.2	2238	357	526	178	59
YRC-10010		260	133.2	3463	449	710	178	72.6

表 1.1.6 RRH 双作用千斤顶（双动式空心千斤顶）主要技术参数（上海义力机械设备有限公司 www.yilijixie.com）

型　号	承载能力/t	行程/mm	本体高度/mm	伸展高度/mm	外径/mm	中心孔径/mm	质量/kg
RRH-307	30	178	330	508	114	33.3	22
RRH-3010		257	432	689	114	33.3	27
RRH-603	60	89	248	337	159	53.8	28
RRH-606		165	324	489	159	53.8	35
RRH-6010		257	438	695	159	53.8	46
RRH-1001	100	38	165	203	213	79.2	39
RRH-1003		76	254	330	213	79.2	61
RRH-1006		152	342	495	213	79.2	79
RRH-10010		257	460	718	213	79.2	107
RRH-1508	150	203	349	552	248	79.5	111

表 1.1.7 CLL 自锁式千斤顶主要技术参数（上海义力机械设备有限公司 www.yilijixie.com）

型　号	承载能力/t(kN)	行程/mm	液压缸有效面积/cm²	液压油容量/cm³	本体高度/mm	伸展高度/mm	外径/mm	质量/kg
CLL-502	55(489)	50	71.3	356.5	164	214	125	16
CLL-504		100		713	214	314		21
CLL-506		150		1069.5	264	414		26
CLL-508		200		1426	314	514		31
CLL-5010		250		1782.5	364	614		36
CLL-5012		300		2139	414	714		41
CLL-1002	100(889)	50	133.3	666.5	187	237	165	31
CLL-1004		100		1333	237	337		39
CLL-1006		150		1999.5	287	437		48
CLL-1008		200		2666	337	537		57
CLL-10010		250		3332.5	387	637		65
CLL-10012		300		3999	437	757		74
CLL-1502	150(1333)	50	198	990	209	259	205	53
CLL-1504		100		1980	259	359		66
CLL-1506		150		2970	309	459		78
CLL-1508		200		3960	359	559		92
CLL-15010		250		4950	409	659		105
CLL-15012		300		5940	459	759		118
CLL-2002	200(178)	50	266.5	1332.5	243	293	235	83
CLL-2006		150		3997.5	343	493		118
CLL-20010		250		6662.5	443	693		153
CLL-2502	280(2489)	50	366.4	1832	249	299	275	116
CLL-2506		150		5496	349	499		163
CLL-25010		250		9160	449	699		210
CLL-3002	350(3111)	50	457	2285	295	345	310	173
CLL-3006		150		6855	395	545		233
CLL-30010		250		11425	495	745		293
CLL-4002	430(3821)	50	559	2795	335	385	350	251
CLL-4006		150		8385	435	585		327
CLL-40010		250		13975	535	785		403

续表 1.1.7

型号	承载能力/t(kN)	行程/mm	液压缸有效面积/cm^2	液压油容量/cm^3	本体高度/mm	伸展高度/mm	外径/mm	质量/kg
CLL-5002	565(5022)	50	730	3650	375	425	400	367
CLL-5006		150		10950	475	625		467
CLL-50010		250		18250	575	825		568
CLL-6002	660(5866)	50	857	4285	395	445	430	447
CLL-6006		150		12855	495	645		563
CLL-60010		250		21425	595	845		680
CLL-8002	880(5866)	50	1179	5895	455	505	505	711
CLL-8006		150		5895	555	705		871
CLL-80010		250		29475	655	905		1031
CLL-10002	1080(9600)	150	1465	7325	495	545	560	951
CLL-10006		50		21975	595	745		1143
CLL-100010		250		36625	695	945		1335

表 1.1.8 JRCS 系列超薄型千斤顶主要技术参数（上海义力机械设备有限公司 www. yilijixie. com）

型号	工作能力/t	缸体内径/mm	缸体外径/mm	行程/mm	本体高度/mm
JRCS-101	10	45	60	38	88
JRCS-201	20	65	86	44	98
JRCS-302	30	80	98	60	117
JRCS-502	50	100	128	60	122
JRCS-1002	100	140	190	56	141

表 1.1.9 手动双作用超高压液压千斤顶主要技术参数（德州东泰液压机具有限公司 www. dzdongtai. com）

型号	推力/kN	行程/mm	缸径/mm	外径/mm	杆径/mm	安装螺孔		最小高度 L_1/mm	接头/mm			凸出长度 L_2/mm	质量/kg
						孔径 4m	圆周 D_4/mm		L_3	L_4	H_1		
QF100-20	1000	200	ϕ140	ϕ175	ϕ100	M20	ϕ110	370	25	258	50	15	56
QF200-20	2000		ϕ200	ϕ250	ϕ140	M24	ϕ160	380	35	259	50	6	115
QF320-20	3200		ϕ250	ϕ320	ϕ180	M24	ϕ220	410	45	263	50	7	216
QF500-20	5000		ϕ320	ϕ400	ϕ250	M24	ϕ300	460	60	273	50	7	359

表 1.1.10 液压锁双作用千斤顶主要技术参数（德州东泰液压机具有限公司 www. dzdongtai. com）

型号	缸径/mm	活塞杆径/mm	额定压力/MPa	吨位/t		工作行程/mm	备注
				推	拉		
LL45/100LL	45	39	63	10		100	单作用缸 弹簧复位
LL45/160LL						160	
LL45/200LL						200	
LL45/250LL						250	
LL63/100LL	63	55	63	20		100	单作用缸
LL63/160LL						160	
LL63/200LL						200	
LL63/250LL						250	

续表 1.1.10

型 号	缸径/mm	活塞杆径/mm	额定压力/MPa	吨位/t		工作行程/mm	备 注
				推	拉		
Z63/50	63	45	63			50	单作用缸 弹簧复位
Z80/50	80	80	63			50	
LF100/200LB	100	90	63			200	单作用缸 弹簧复位
CL63/100	63	45				100	双作用缸
CL63/160			63	20	10	160	
CL63/200					10	200	
CL63/250					10	250	
CL80/50	80	55	63	32	17	50	双作用缸
CL80/160						160	
CL100/250	100	70	63	56	25	250	双作用缸
CL100/320						320	
QF100/200	140	100		100		200	最小高度 370mm
QF320/200	200	140		200		200	最小高度 380mm
QF500/200	250	180		320		200	最小高度 400mm
QF500/200	320	250		500		200	最小高度 460mm

表 1.1.11 千斤顶系列主要技术参数（德州东泰液压机具有限公司 www.dzdongtai.com）

型 号	推力/t	理论拉力/t	工作行程/mm	外径/mm	杆径/mm	本体高度/mm	质量/kg
QF140/100	100	40	100	180	100	288	48
QF140/150			150			338	57
QF140/200			200			397	66
QF140/300			300			497	80
QF140/500			500			712	110
QF200/100	200	80	100	245/272	150	316	84
QF200/150			150			366	92
QF200/200			200			416	106
QF200/300			300			546	141
QF200/500			500			766	203
QF250/100	320	120	100	320	180	355	182
QF250/150			150			405	210
QF250/200			200			455	237
QF250/300			300			555	291
QF250/500			500			785	412
QF280/100	400	160	100	350	200	368	186
QF280/150			150			418	211
QF280/200			200			468	244
QF280/300			300			598	297
QF280/500			500			799	414
QF320/100	500	200	100	410	250	440	420
QF320/150			150			490	441
QF320/200			200			550	461
QF320/300			300			650	511
QF320/500			500			852	719

续表 1.1.11

型号	推力/t	理论拉力/t	工作行程/mm	外径/mm	杆径/mm	本体高度/mm	质量/kg
QF360/100	630	260	100	430	270	472	513
QF360/150			150			522	533
QF360/200			200			572	553
QF360/300			300			672	593
QF360/500			500			874	684
QF400/100	800	340	100	500	320	488	669
QF400/200			200			598	802
QF400/300			300			698	920
QF460/100	1000	480	100	600	360	530	1086
QF460/200			200			630	1232
QF460/300			300			760	1463

表 1.1.12 多节液压千斤顶主要技术参数（德州东泰液压机具有限公司 www.dzdongtai.com）

型号	使用级别	工作能力/mm	行程/mm	本体高度/mm	油容量/cm^3
HT01027	2	10	270	250	810
	1	30	135		
HT01043	3	10	435	280	2250
	2	30	290		
	1	65	145		
HT01530	2	16	300	280	1308
	1	43	150		
HT01550	3	16	500	320	3543
	2	43	340		
	1	84	170		
HT03030	2	30	300	304	2088
	1	65	150		
HT03060	3	30	600	366	6803
	2	65	400		
	1	138	200		

表 1.1.13 扁形千斤顶主要技术参数（德州东泰液压机具有限公司 www.dzdongtai.com）

型号/同步薄型顶（TYZM）	承载能力/t	行程 $B-A$/mm	本体高度 A/mm	伸展高度 B/mm	油缸外径 D/mm	油缸内径 E/mm	工作压力/MPa
TYZM-50	5	6	26	32	50	35	63
TYZM-100	10	12	35	47	70	45	63
TYZM-200	20	11	42	53	92	60	63
TYZM-300	30	13	49	62	102	75	63
TYZM-500	50	16	57	73	127	100	63
TYZM-750	75	16	66	82	146	115	63
TYZM-1000	100	16	70	86	165	130	63
TYZM-1500	150	16	84	100	205	160	63

生产厂商：上海义力机械设备有限公司，德州东泰液压机具有限公司。

1.1.2　起重滑车

1.1.2.1　概述

滑车按轮数的多少分为单轮滑车、双轮滑车和多轮滑车。按滑车与吊物的连接方式可分为吊钩式滑车、链环式滑车、吊环式滑车和吊架式滑车四种。一般中小型的滑车多属于吊钩式、链环式和吊环式，而大型滑车采用吊环式和吊梁式。按轮和轴的接触不同可分为轮轴间装滑动轴承及滚动轴承两种。按夹板是否可以打开来分，有开口滑车和闭口滑车。开口滑车的夹板是可以打开的，便于装绳索，一般的都是单轮滑车，它常用于扒杆底脚处作导向滑车用。滑车按使用的方式不同又分为定滑车和动滑车。使用方便，用途广泛，可以手动，机动。主要用于工厂，矿山，农业，电力，建筑的生产施工，码头，船坞，仓库的货物起吊、机器安装等。也可与其他设备配套使用。在抢险救援无电源动力情况下，可单独采用人力使用。

1.1.2.2　主要技术性能参数

主要技术性能参数见表 1.1.14 ~ 表 1.1.18。

表 1.1.14　起重滑车主要技术参数（天津劲凯起重设备商贸有限公司　www. cnjinkai. com）

名　称	型　号	额定起重量/t	试验载荷/kN	钢丝绳直径/mm		轮槽直径/mm	机体质量/kg
				适用	最大		
二轮吊钩链环型滑车	HQG(L)2-1	1	16	6. 2	7. 7	71	3. 15
	HQG(L)2-2	2	32	7. 7	11	85	6
	HQG(L)2-3. 2	3. 2	51. 2	11	14	112	11
	HQG(L)2-5	5	80	12. 5	15. 5	132	20
	HQG(L)2-8	8	128	15. 5	18. 5	160	35
	HQG(L)2-10	10	160	17	20	180	47
	HQG(L)2-16	16	224	23	24. 5	240	75

表 1.1.15　单轮滑车主要技术参数（保定三龙起重机械有限公司　www. hbsanlong. com）

名　称	型　号	额定起重量/t	实验载荷/kN	外形尺寸					钢丝直径		钩口和环腔尺寸				质量/kg
				h	h_1	b	l_{max}	$_q	适用	最大	d	O	r_1	r	
				mm											
单轮闭口滑车	hqgz1-0. 32	0. 32	5. 12	230	200	90	48	—	—	—	28	≥20	10	—	1. 58
	hqlz1-0. 32	0. 32	5. 12	230	200	90	48	—	—	—	28	≥20	10	—	1. 44
	hqgz1-0. 32	0. 32	5. 12	230	200	90	48	—	—	—	28	≥20	10	—	1. 80
	hqg1-0. 32	0. 32	5. 12	230	200	90	48	—	—	—	28	≥20	10	—	1. 66
	hqgz1-0. 5	0. 5	8	260	230	98	54	—	—	—	31. 5	≥22	11	—	2. 32
	hqlz1-0. 5	0. 5	8	260	230	98	54	—	6. 2	7. 7	31. 5	≥22	11	—	2. 10
	hqg1-0. 5	0. 5	8	260	230	98	54	—	6. 2	7. 7	31. 5	≥22	11	—	2. 30
	hql1-0. 5	0. 5	8	260	230	98	54	—	6. 2	7. 7	31. 5	≥22	11	—	2. 08
	hqgz1-1	1	16	315	285	116	63	—	7. 7	11	37. 5	≥27	14	—	3. 78
	hqlz1-1	1	16	315	285	116	63	—	7. 7	11	37. 5	≥27	14	—	3. 41
	hqg1-1	1	16	315	285	116	63	—	7. 7	11	37. 5	≥27	14	—	3. 75
	hql1-1	1	16	315	285	116	63	—	7. 7	11	37. 5	≥27	14	—	3. 38
	hqgz1-2	2	32	405	370	152	79	—	11	14	45	≥32	19	—	6. 64
	hqlz1-2	2	32	405	370	152	79	—	11	14	45	≥32	19	—	6. 06
	hqg1-2	2	32	405	370	152	79	—	11	14	45	≥32	19	—	6. 71
	hql1-2	2	32	405	370	152	79	—	11	14	45	≥32	19	—	6. 13
	hqgz1-3. 2	3. 2	51. 20	470	440	176	90	—	12. 5	15. 5	50	≥37	21	—	10. 24

续表 1.1.15

名称	型号	额定起重量/t	实验载荷/kN	外形尺寸 h	h_1	b	l_{max}	$\$_q$	钢丝直径 适用	最大	钩口和环腔尺寸 d	O	r_1	r	质量/kg
				mm											
单轮闭口滑车	hqlz1-3.2	3.2	51.20	470	440	176	90	—	12.5	15.5	50	≥37	21	—	9.50
	hqg1-3.2	3.2	51.20	470	440	176	90	—	12.5	15.5	50	≥37	21	—	12.17
	hql1-3.2	3.2	51.20	470	440	176	90	—	12.5	15.5	50	≥37	21	—	11.43
	hqgz1-5	5	80	570	540	212	105	—	15.5	18.5	60	≥42	26.5	—	16.94
	hqlz1-5	5	80	570	540	212	105	—	15.5	18.5	60	≥42	26.5	—	15.97
	hqg1-5	5	80	570	540	212	105	—	15.5	18.5	60	≥42	26.5	—	18.46
	hql1-5	5	80	570	540	212	105	—	15.5	18.5	60	≥42	26.5	—	17.49
	hqgz1-8	8	128	730	685	280	125	—	20	23	75	≥56	33.5	—	31.28
	hqlz1-8	8	128	730	685	280	125	—	20	23	75	≥56	33.5	—	29.21
	hqg1-8	8	128	730	685	280	125	—	20	23	75	≥56	33.5	—	35.98
	hql1-8	8	128	730	685	280	125	—	20	23	75	≥56	33.5	—	33.91
	hqgz1-10	10	160	810	775	316	144	—	23	24.5	85	≥61	37.5	—	46.49
	hqlz1-10	10	160	810	775	316	144	—	23	24.5	85	≥61	37.5	—	44.43
	hqg1-10	10	160	810	775	316	144	—	23	24.5	85	≥61	37.5	—	46.40
	hql1-10	10	160	810	775	316	144	—	23	24.5	85	≥61	37.5	—	44.17
	hqgz1-16	16	224	1010	960	406	169	—	28	31	106	≥81	50	—	109.84
	hqlz1-16	16	224	1010	960	406	169	—	28	31	106	≥81	50	—	103.23
	hqg1-20	20	280	150	1065	452	180	—	31	35	118	≥90	52.5	—	155.17
	hql1-20	20	280	150	1065	452	180	—	31	35	118	≥90	52.5	—	145.12
	hqg1-32	32	512	1480	1400	580	240	—	35	38	140	≥106	—	—	300
	hql1-32	32	512	1480	1400	580	240	—	35	38	140	≥106	—	—	290

表 1.1.16 多轮滑车主要技术参数（保定三龙起重机械有限公司 www.hbsanlong.com）

名称	型号	额定起重量/t	实验载荷/kN	外形尺寸 h	h_1	b	l_{max}	$\$_q$	钢丝直径 适用	最大	钩口和环腔尺寸 d	O	r_1	r	质量/kg
				mm											
吊环型四轮滑车	hqd4-8	8	128	470	—	152	208	20	11	14	—	—	—	46	29
	hqd4-10	10	160	540	—	176	240	24	12.5	15.5	—	—	—	52	40.95
	hqd4-16	16	224	670	—	212	292	28	15.5	24.5	—	—	—	52	40.95
	hqd4-20	20	280	735	—	236	304	32	17	20	—	—	—	65	93.59
	hqd4-32	32	448	940	—	316	384	42	25	2435	—	—	—	76	196
	hqd4-50	50	700	1155	—	406	445	50	28	31	—	—	—	95	347.9

表 1.1.17 三轮滑车技术参数（保定三龙起重机械有限公司 www.hbsanlong.com）

名称	型号	额定起重量/t	实验载荷/kN	外形尺寸 h	h_1	b	l_{max}	$\$_q$	钢丝直径 适用	最大	钩口和环腔尺寸 d	O	r_1	r	质量/kg
				mm											
吊环型三轮滑车	hqd3-3.2	3.2	51.20	330	—	116	128	14	7.7	11	—	—	—	23.5	9.24
	hqd3-5	5	80	435	—	152	156	20	11	14	—	—	—	28	15.35
	hqd3-8	8	128	515	—	176	185	24	12.5	15.5	—	—	—	33	25.27
	hqd3-10	10	160	610	—	212	216	28	15.5	18.5	—	—	—	40	45.32
	hqd3-16	16	224	68	—	236	233	32	17	20	—	—	—	42	58.17
	hqd3-20	20	280	770	—	280	266	36	20	23	—	—	—	47	85.59
	hqd3-32	32	448	945	—	364	305	48	26	28	—	—	—	52	187.86
	hqd3-50	50	7000	1220	—	452	369	56	31	35	—	—	—	64	359.98

表 1.1.18　双轮滑车主要技术参数（保定三龙起重机械有限公司　www.hbsanlong.com）

名　称	型　号	额定起重量/t	实验载荷/kN	外形尺寸					钢丝直径		钩口和环腔尺寸				质量/kg
				h	h_1	b	l_{max}	\$q	适用	最大	d	O	r_1	r	
				mm											
吊钩链环双轮开口滑车	hqgk2-1	1	16	335	310	98	90	12	6.2	7.7	37.5	≥27	14	—	3.59
	hqgk2-1	1	16	335	310	98	90	12	6.2	7.7	37.5	≥27	14	—	3.21
	hqgk2-2	2	32	420	395	116	106	14	7.7	11	45	≥32	19	—	6.70
	hqgk2-2	2	32	420	395	116	106	14	7.7	11	45	≥32	19	—	6.29
	hqgk2-3.2	3.2	51.20	525	505	152	130	20	11	14	50	≥37	21	—	11.44
	hqgk2-3.2	3.2	51.20	525	505	152	130	20	11	14	50	≥37	21	—	10.67
	hqgk2-5	5	80.00	625	600	176	150	24	12.5	15.5	60	≥42	26.5	—	19.97
	hqgk2-5	5	80.00	625	600	176	150	24	12.5	15.5	60	≥42	26.5	—	18.94
	hqgk2-8	8	128	775	745	212	175	28	15.5	18.5	75	≥56	33.5	—	35.51
	hqgk2-8	8	128	775	745	212	175	28	15.5	18.5	75	≥56	33.5	—	33.33
	hqgk2-10	10	160	845	825	236	186.5	32	17	20	85	≥61	37.5	—	47.38
	hqgk2-10	10	160	845	825	236	186.5	32	17	20	85	≥61	37.5	—	45.15

生产厂商：保定三龙起重机械有限公司，天津劲凯起重设备商贸有限公司。

1.1.3　手动葫芦

手动葫芦是一种使用简单、携带方便的手动起重机械，也称手动环链葫芦或倒链。起重量一般不超过 100t。适用于小型设备和货物的短距离吊运；可在抢险救援中使用。

1.1.3.1　手拉葫芦

A　概述

手拉葫芦是一种使用简易、携带方便的手动起重机械，又称为起重葫芦、吊葫芦等。手拉葫芦操作简便，携带方便深受用户喜爱，适用于工厂，矿山，电力，建筑工地生产施工，农业生产以及码头，船坞，仓库等用作安装机器，起吊货物和装卸车辆，尤其是对于露天及无电源作业，更有其重要之功用。

手拉葫芦向上提升重物时，顺时针拽动手动链条、手链轮转动，下降时逆时针拽动手拉链条，制动座与刹车分离，棘轮在棘爪的作用下静止，五齿长轴带动起重链轮反方向运行，从而平稳下降重物。手拉葫芦一般采用棘轮摩擦片式单向制动器，在载荷下能自行制动，棘爪在弹簧的作用下与棘轮啮合，使制动器安全工作。

B　主要特点

(1) 符合国际标准，安全可靠，经久耐用，维修方便。

(2) 性能好、手拉力小、起吊力大。

(3) 韧性大，体积小、质量轻、携带方便。

(4) 结构紧凑先进、外形美观。

(5) 无电源地区起吊货物。

C　产品种类

常用于手拉葫芦是 HS 型和 HSZ 型（全级）。按外形也可以分为圆形手拉葫芦、三角形手拉葫芦、K 型手拉葫芦、菱形手拉葫芦、V 型手拉葫芦、T 型手拉葫芦、迷你型手拉葫芦、360°手拉葫芦等。对特殊使用场合的有防爆手拉葫芦。如图 1.1.1 所示。

D　主要技术性能参数

主要技术性能参数见表 1.1.19 ~ 表 1.1.29。

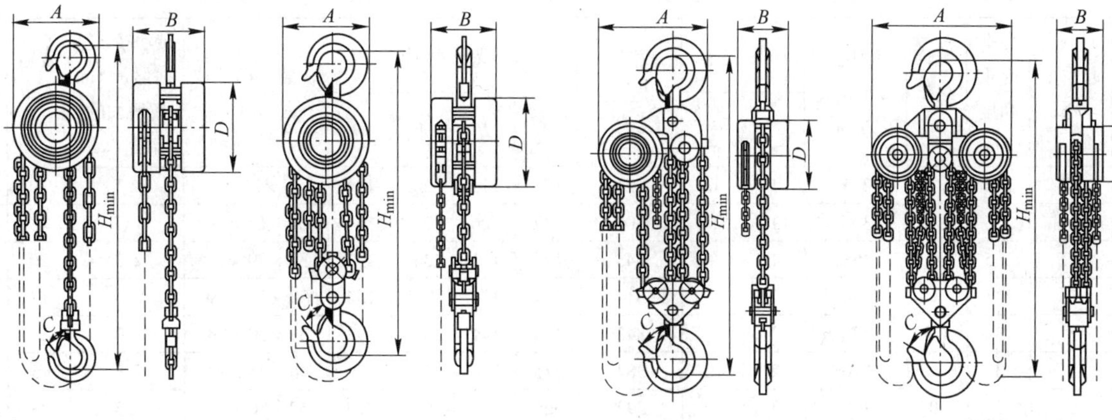

图 1.1.1 0.5～30t HS 型手拉葫芦

表 1.1.19 0.5～30t HS 型手拉葫芦主要技术参数（浙江五一机械厂有限公司 www.ZJ51.com）

型号	起重量/t	标准起重高度/m	实验载荷/t	两钩间最小距离/mm	起重链条		载满时手链拉力/N	主要尺寸/mm				装箱尺寸/cm×cm×cm	起重高度每增加1m所增加的质量/kg	装箱毛重/kg	净重/kg
					行数	直径/mm		A	B	C	D				
HS0.5	0.5	2.5	0.75	240	1	6	221	120	108	24	120	28×21×17	1.7	10	8
HS1	1	2.5	1.5	270	1	6	304	142	122	28	142	30×24×18	1.7	13	10
HS1.5	1.5	2.5	2.25	347	1	8	343	178	139	34	178	34×29×20	2.3	20	16
HS2	2	2.5	3	380	2	6	314	142	122	34	142	33×28×19	2.5	17	14
HS3	3	3	4.5	470	2	8	343	178	139	38	178	38×38×20	3.7	28	24
HS5	5	3	6.25	600	2	10	381	210	162	48	210	45×39×24	5.3	45	36
HS8	8	3	10	700	3	10	392	356	162	64	210	62×50×28	7.3	70	58
HS10	10	3	12.5	700	4	10	392	358	162	64	210	55×51×29	9.7	83	68
HS16	16	3	20	820	6	10	392	400	196	69	210	68×60×34	14.1	127	112
HS20	20	3	28	1000	8	10	392	580	189	82	210	70×46×75	19.4	193	155
HS30	30	3	37.5	1100	12	10	431	697	291	72	224	80×66×84	27.8	320	260

HS-C 型手拉葫芦如图 1.1.2 所示。

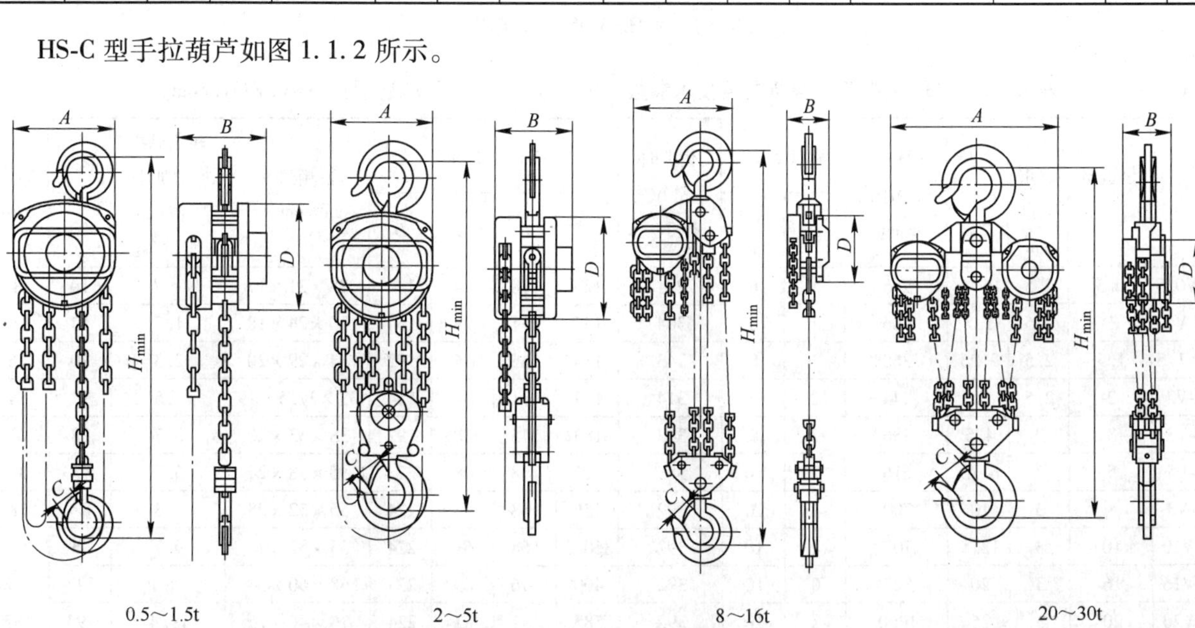

图 1.1.2 HS-C 型手拉葫芦

表 1.1.20 HS-C 型手拉葫芦主要技术参数（浙江五一机械厂有限公司 www.ZJ51.com）

型号	起重量 /t	标准起重高度 /m	实验载荷 /t	两钩间最小距离 /mm	起重链条		载满时手链拉力 /N	主要尺寸/mm				装箱尺寸 /cm×cm×cm	起重高度每增加1m所增加的质量/kg	装箱毛重 /kg	净重 /kg
					行数	直径 /mm		*A*	*B*	*C*	*D*				
HS-C0.5	0.5	2.5	0.75	255	1	6	221	125	111	24	134	28×21×7	1.7	10	8
HS-C1	1	2.5	1.5	306	1	6	304	147	126	28	154	30×24×18	1.7	13	10
HS-C1.5	1.5	2.5	2.25	368	1	8	343	183	141	34	192	34×29×20	2.3	20	16
HS-C2	2	2.5	3	444	2	6	314	147	126	34	154	33×25×19	2.5	17	14
HS-C3	3	3	4.5	486	2	8	343	183	141	38	192	38×30×24	3.7	28	24
HS-C5	5	3	6.25	616	2	10	383	215	126	48	224	45×35×24	5.3	45	36
HS-C8	8	3	10	700	3	10	392	356	163	64	210	62×50×28	7.3	83	68
HS-C10	10	3	12.5	700	4	10	392	360	162	64	224	62×50×28	9.7	83	68
HS-C16	16	3	20	820	6	10	392	400	196	69	210	68×60×34	14.1	127	112
HS-C20	20	3	25	1000	8	10	392	585	191	82	224	70×45×75	19.4	194	156
HS-C30	30	3	37.5	1100	12	10	431	697	291	72	224	80×66×84	27.8	320	260

HS-V 型手拉葫芦如图 1.1.3 所示。

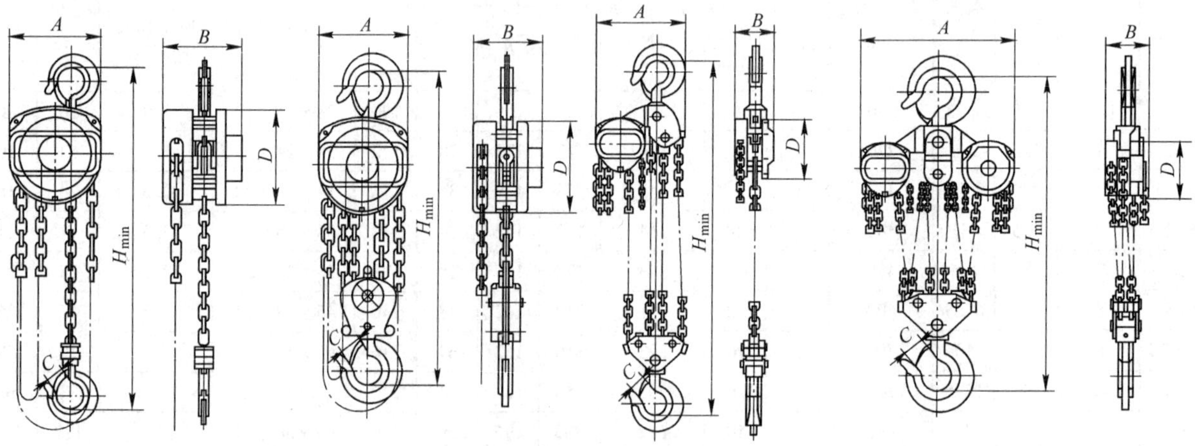

0.5～1.5t　　2～5t　　8～16t　　20～30t

图 1.1.3 HS-V 型手拉葫芦

表 1.1.21 HS-V 型手拉葫芦主要技术参数（浙江五一机械厂有限公司 www.ZJ51.com）

型号	起重量 /t	标准起重高度 /m	实验载荷 /t	两钩间最小距离 /mm	起重链条		载满时手链拉力 /N	主要尺寸/mm				装箱尺寸 /cm×cm×cm	起重高度每增加1m所增加的质量/kg	装箱毛重 /kg	净重 /kg
					行数	直径 /mm		*A*	*B*	*C*	*D*				
HS-V0.5	0.5	2.5	0.75	255	1	6	221	125	118	24	134	28×21×17	1.7	10	8
HS-V1	1	2.5	1.5	306	1	6	304	147	131	28	154	30×24×18	1.7	13	10
HS-V1.5	1.5	2.5	2.25	368	1	8	343	183	145	34	192	34×29×20	2.3	20	16
HS-V2	2	2.5	3	444	2	6	314	147	131	34	154	33×27.5×19	2.5	17	14
HS-V3	3	3	4.5	486	2	8	343	183	145	38	192	38×33×20	3.7	28	24
HS-V5	5	3	6.25	616	2	10	383	215	168	48	224	45×38×24	5.3	45	36
HS-V8	8	3	10	700	3	10	392	356	168	64	224	55×52×28	7.3	83	68
HS-V10	10	3	12.5	700	4	10	392	360.5	168	64	224	55×52×28	9.7	83	68
HS-V16	16	3	20	820	6	10	392	400	196	69	224	68×60×34	14.1	127	112
HS-V20	20	3	25	1000	8	10	392	585	191	82	224	70×46×75	19.4	193	155
HS-V30	30	3	37.5	1100	12	10	431	697	291	72	224	80×66×84	27.8	320	260

0.5～5t HS-T 型手拉葫芦如图 1.1.4 所示。

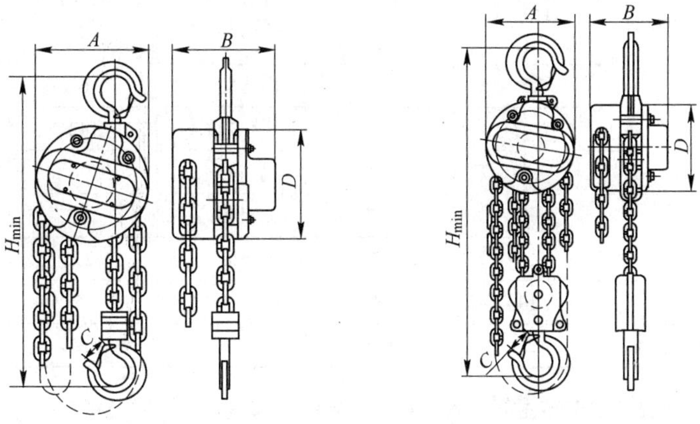

0.5～1.5t　　　　2～5t

图 1.1.4　0.5～5t HS-T 型手拉葫芦

表 1.1.22　0.5～5t HS-T 型手拉葫芦主要技术参数（浙江五一机械厂有限公司　www.ZJ51.com）

型号	起重量/t	标准起重高度/m	实验载荷/t	两钩间最小距离/mm	起重链条		载满时手链拉力/N	主要尺寸/mm				装箱尺寸/cm×cm×cm	起重高度每增加 1m 所增加的质量/kg	装箱毛重/kg	净重/kg
					行数	直径/mm		*A*	*B*	*C*	*D*				
HS-T0.5	0.5	2.5	0.75	255	1	6	221	125	111	24	134	28×21×17	1.7	10	8
HS-T1	1	2.5	1.5	306	1	6	304	147	126	28	154	30×24×18	1.7	13	10
HS-T1.5	1.5	2.5	2.25	368	1	8	343	183	141	34	192	34×29×20	2.3	20	16
HS-T2	2	2.5	3	444	2	6	314	147	126	34	154	33×28×19	2.5	17	14
HS-T3	3	3	4.5	486	2	8	343	183	141	38	192	38×38×20	3.7	28	24
HS-T5	5	3	6.25	616	2	10	383	215	163	48	224	45×35×24	5.3	45	36

表 1.1.23　HSZ 型手拉葫芦主要技术参数（南京宝龙起重机械有限公司　www.njbaolong.com）

型　号		HSZ0.5		HSZ1		HSZ1.6		HSZ2		HSZ2.5		HSZ3.2		HSZ5		HSZ10		HSZ20	
起重量/t		0.5		1		1.6		2		2.5		3.2		5		10		20	
起重高度/m		2.5	3	2.5	3	2.5	3	2.5	3	2.5	3	3	5	3	5	3	5	3	5
两钩间最大距离/mm		280		300		360		380		430		470		600		730		1000	
满载时手链拉力/N		167		314		387		324		402		398		412		441		441	
主要尺寸/mm	*A*	142		142		178		142		210		178		210		358		580	
	B	126		126		142		126		165		142		165		165		189	
	C	24		28		32		34		36		38		48		64		82	
	D	142		142		178		142		210		178		210		210		210	
净重/kg		9.5	10.5	10	11	15	16	14	15.5	28	30	24	31.5	36	47	68	88	150	189

表 1.1.24　HS-C 型手拉葫芦主要技术参数（南京宝龙起重机械有限公司　www.njbaolong.com）

型　号	HS-C0.5	HS-C1	HS-C1.5	HS-C2	HS-C3	HS-C5
起重量/t	0.5	1	1.5	2	3	5
起重高度/m	3	3	3	3	3	3
实验载荷/t	0.75	1.5	2.25	3	4.5	6.25
两钩间最大距离/mm	280	335	410	440	480	600
满载时手链拉力/N	160	314	363	324	333	412

续表 1. 1. 24

型　号		HS-C0. 5	HS-C1	HS-C1. 5	HS-C2	HS-C3	HS-C5
起重链行数		1	1	1	2	2	2
起重链条圆钢直径/mm		6	6	8	6	8	10
主要尺寸/mm	*A*	142	142	178	142	178	210
	B	126	126	142	126	142	165
	C	142	142	178	142	178	210
	D	18	22	28	27	34	44
净重/kg		10	11	17	16	25	38
起重高度每增加 1m 应增加的质量/kg		1. 7	1. 7	2. 3	2. 5	3. 7	5. 3

表 1. 1. 25　HSZ-K 型手拉葫芦主要技术参数（常熟海鸥起重机械有限公司　www. cn-seagull. com）

型　号	起重量/t	起升高度/m	手拉力/N	链条直径/mm	链条行数	技术特点
HSZ-K0. 5	0. 5	2. 5	262	5	1	外形采用等边三角结构，线条柔和，造型美观
HSZ-K1	1		324	6	1	
HSZ-K1. 5	1. 5		395	7. 1	1	
HSZ-K2	2		330	6	2	
HSZ-K3	3	3	402	7. 1	2	
HSZ-K5	5		430	10	2	
HSZ-K10	10		438	10	4	
HSZ-K20	20		438	10	8	
HSZ-K30	30		442	10	10	

HSZ-A 型手拉葫芦外形尺寸如图 1. 1. 5 所示。

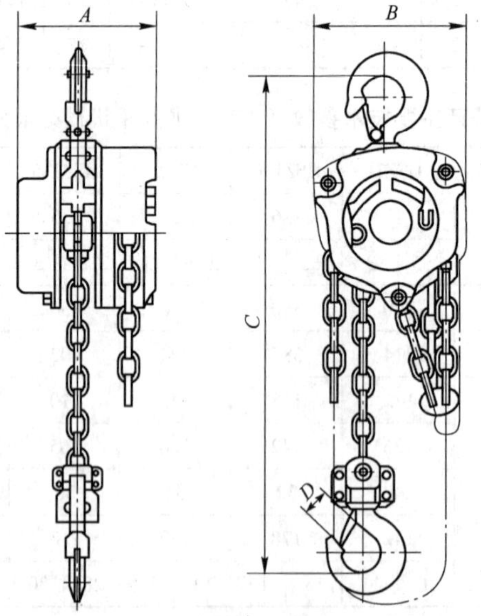

图 1. 1. 5　HSZ-A 型手拉葫芦外形尺寸

表 1. 1. 26　HSZ-A 型手拉葫芦技术参数（江苏欧玛机械有限公司　www. oumahoist. com）

额定载荷/t	0. 5	1	1. 5	2	3	5	10	20	30	50	75		100
标准提升高度/m	2. 6		2. 5	2. 5	3	3	3	3	3	3	3	3	3
试验载荷/kN	6. 3		12. 5	18. 8	25	37. 5	62. 5	125	250	375	625	937	1250
额定手拉力/N	231		309	320	320	360	414	420 × 2	450 × 2	450 × 2	450 × 2	450 × 2	450 × 2
起重链行数	1		1	1	1	2	2	4	8	12	22	30	38

续表 1.1.26

额定载荷/t		0.5	1	1.5	2	3	5	10	20	30	50	75		100
起重链直径/mm		5		6	7.1	8	7.1	9	10	10	10	10	10	10
主要尺寸/mm	*A*	115		143	148	152	148	181	181	192	330	410	570	675
	B	136		156	182	198	182	266	365	630	670	900	900	900
	C	270		317	399	414	465	636	798	890	1000	1950	2100	2300
	D	25		27	34	36	38	48	57	84	84	130	160	180
净重/kg		7		10.5	17	18	22	40	70	162	228	1065	1600	1800
起升高度每增加1m增加的质量/kg		1.5		1.8	2.1	2.3	4.2	4.6	9.8	19.6	26.3	50	63	87
包装尺寸(长×宽×高)/cm×cm×cm		20×16×19		23×18×20	27×22×22	27×22×22	31×23×21	42×28×24	54×49×28	78×72×34	88×78×42	160×130×75	160×130×90	180×150×90

HSZ-D 型手拉葫芦外形尺寸如图 1.1.6 所示。

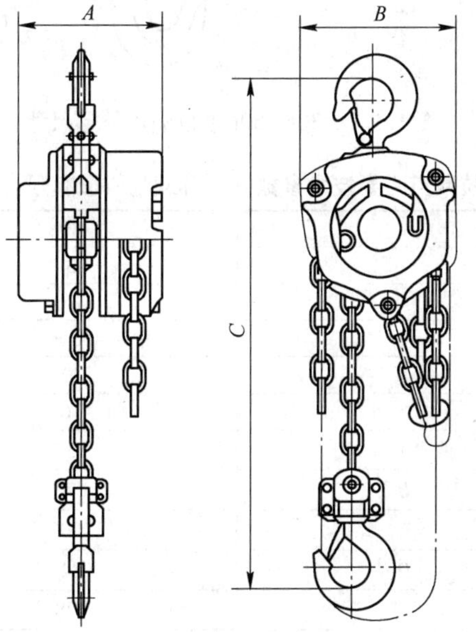

图 1.1.6 HSZ-D 型手拉葫芦外形尺寸

表 1.1.27 HSZ-D 型手拉葫芦主要技术参数（江苏欧玛机械有限公司 www.oumahoist.com）

额定载荷/t		0.5	1	1.5	2	3	5	10	20	30
标准提升高度/m		2.5	2.5	2.5	3	3	3	3	3	3
试验载荷/kN		6.3	12.5	20	25	40	62.5	125	250	375
额定手拉力/N		210	260	265	273	280	358	370	370×2	370×2
起重链行数		1	1	1	1	2	2	4	8	12
起重链直径/mm		5	6	7.1(8)	8	7.1(8)	9(10)	10	10	10
主要尺寸/mm	*A*	126.5	143	148	152	156	181	181	192	330
	B	136	156	182	198	214	266	365	630	670
	C	266	324	302	407	465	636	798	890	1000
	D	36	40	52	52	60	68	85	106	106
	K	25.5	28	38	38	42	50	57	84	84
净重/kg		7	10.5	17(17.5)	18	21(22.5)	42(45.5)	72.8	162	228
起升高度每增加1m增加的质量/kg		1.5	1.8	2.1(2.3)	2.3	3.1(3.8)	4.6(5.4)	9.8	19.6	28.3
包装尺寸(长×宽×高)/cm×cm×cm		20×16×19	23×18×20	27×22×22	29×22×22	31×23×21	42×28×24	54×49×30	78×72×34	88×78×42

30t、50t 手拉葫芦外形尺寸如图 1.1.7 所示。

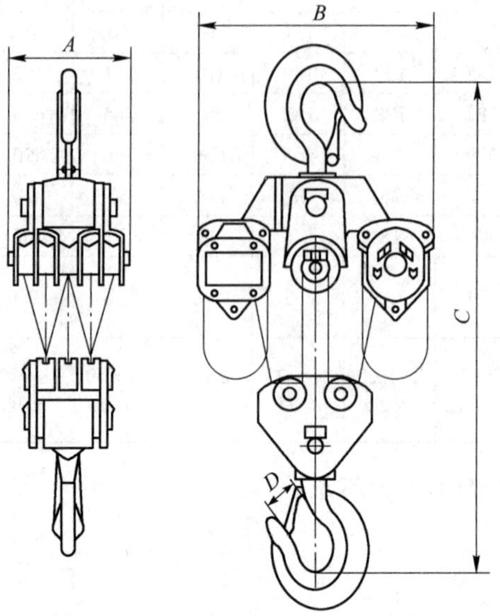

图 1.1.7 30t、50t 手拉葫芦外形尺寸

表 1.1.28 30t、50t 手拉葫芦主要技术参数（江苏欧玛机械有限公司 www.oumahoist.com）

额定载荷/t		30	50
标准提升高度/m		3	3
试验载荷/kN		375	625
额定手拉力/N		450×2	450×2
起重链行数		12	22
起重链直径/mm		10	10
主要尺寸/mm	*A*	330	410
	B	670	900
	C	1000	1950
	D	84	130
净重/kg		228	1085
起升高度每增加 1m 增加的质量/kg		28.3	50
包装尺寸(长×宽×高)/cm×cm×cm		88×78×42	160×130×75

表 1.1.29 HSZ 型手拉葫芦主要技术参数（南阳起重机械厂有限公司 nanyang34997.cn.qicou.com）

型 号		HSZ0.5	HSZ1	HSZ1.6	HSZ2	HSZ3.2	HSZ5	HSZ10	HSZ20
额定起重量/t		0.5	1	1.6	2	3.2	5	10	20
标准起重高度/m		2.5	2.5	2.5	2.5	3	3	3	3
试验载荷/t		0.63	1.25	2	2.5	4	6.3	12.5	25
满载时手拉力/N		235	340	390	340	390	420	450	450
两钩间最小距离/mm		250	300	360	380	470	600	730	1040
起重链条直径 ϕ/mm		6	6	8	6	8	10	10	10
起重链条行数		1	1	1	2	2	2	4	8
主要尺寸/mm	*A*	121	142	178	142	178	210	338	580
	B	112	126	142	126	142	165	165	200
	C	20	24	28	30	34	44	60	75
净重/kg		8	10	15	14	24	36	68	164
起重高度每增加 1m 增加的质量/kg		1.7	1.7	2.3	2.5	3.7	5.3	9.7	19.4

生产厂商：浙江五一机械有限公司，江苏欧玛机械有限公司，南京宝龙起重机械有限公司，南阳起重机械厂有限公司，常熟市海鸥起重机械有限公司。

1.1.3.2　手扳葫芦

A　概述

手扳葫芦是由人力通过手柄扳动钢丝绳或链条，来带动取物装置运动的起重葫芦。它广泛用于船厂的船体拼装焊接和电力部门高压输电线路的接头拉紧，农、林业和交通运输部门的起吊装车、物品捆扎、车辆曳引以及工厂、建筑、邮电等部门的设备安装、校正和机件牵引等。

手扳葫芦按其承载不同分为钢丝绳手扳葫芦和环链手扳葫芦。钢丝绳手扳葫芦的提升或牵引距离随选用的钢丝绳长度而定，理论上不受限制。0.75～9t HSH-E 型手扳葫芦如图 1.1.8 所示。

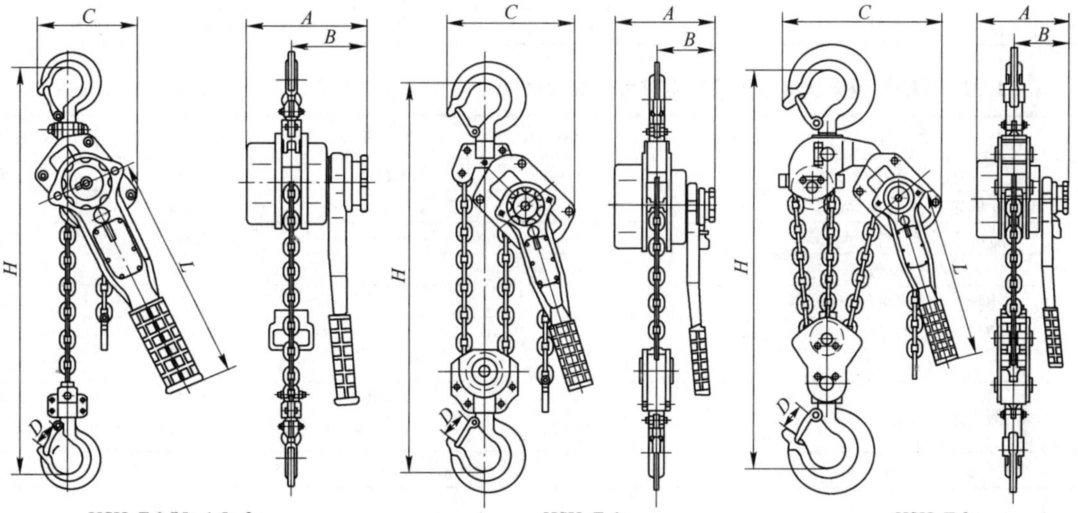

HSH–E 0.75t、1.5t、3t　　HSH–E 6t　　HSH–E 9t

图 1.1.8　0.75～9t HSH-E 型手扳葫芦

B　主要技术参数

主要技术参数见表 1.1.30～表 1.1.36。

表 1.1.30　0.75～9t HSH-E 型手扳葫芦主要技术参数（浙江五一机械厂有限公司　www.ZJ51.com）

型　号	起重量 /t	标准起重高度 /m	实验载荷 /t	两钩间最小距离 /mm	起重链条		载满时手链拉力 /N	主要尺寸/mm					装箱尺寸 /cm×cm×cm	起重高度每增加 1m 所增加的质量/kg	装箱毛重 /kg	净重 /kg
					行数	直径 /mm		A	B	C	ϕ	D				
HSH-E0.75	0.75	1.5	1.125	325	1	6	140	153	95	136	40	29	37×13×17	0.8	280	7
HSH-E1.5	1.5	2.5	2.25	380	1	8	220	180	106	160	50	30	51×14×19	1.4	410	11
HSH-E3	3	1.5	4.5	480	1	10	320	205	120	200	55	38	54×19×22	2.2	410	21
HSH-E6	6	1.5	7.5	620	2	10	340	205	120	235	153	47	54×19×22	4.4	410	31
HSH-E9	9	1.5	11.25	700	3	10	360	205	120	340	85	56	55×29×22	6.6	410	47

0.75～9t HSH-D 型手扳葫芦如图 1.1.9 所示。

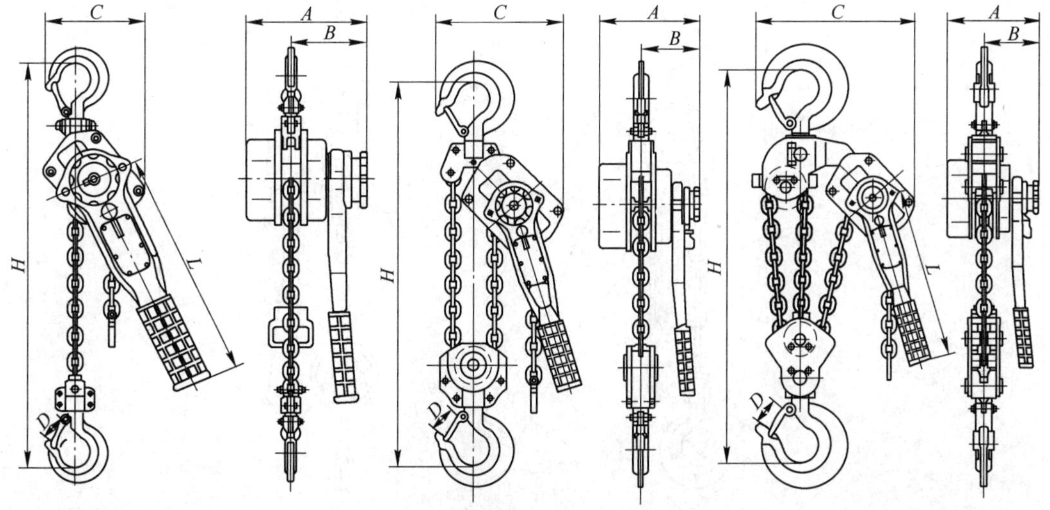

图 1.1.9　0.75～9t HSH-D 型手扳葫芦

表 1.1.31 0.75～9t HSH-D 型手扳葫芦主要技术参数（浙江五一机械厂有限公司 www.ZJ51.com）

型号	起重量/t	标准起重高度/m	实验载荷/t	两钩间最小距离/mm	起重链条		载满时手链拉力/N	主要尺寸/mm					装箱尺寸/cm×cm×cm	起重高度每增加1m所增加的质量/kg	装箱毛重/kg	净重/kg
					行数	直径/mm		*A*	*B*	*C*	*ϕ*	*D*				
HSH-D0.75	0.75	1.5	1.125	325	1	6	140	148	90	136	35	29	37×13×17	0.8	280	7
HSH-D1.5	1.5	1.5	2.25	380	1	8	220	172	98	160	47	38	51×14×19	1.4	410	11
HSH-D3	3	1.5	4.5	480	1	10	320	200	115	180	54	44	54×19×22	2.2	410	21
HSH-D6	6	1.5	7.5	620	2	10	340	200	115	235	62	52	54×19×22	4.4	410	31
HSH-D9	9	1.5	11.25	700	3	10	360	200	115	340	85	56	55×29×22	6.6	410	47

表 1.1.32 NHSS 型钢丝绳手扳葫芦主要技术参数（南京宝龙起重机械有限公司 www.njbaolong.com）

型号	NHSS1.0	NHSS0.8	NHSS1.6	NHSS3.2
额定起重量/kg	1000	800	1600	3200
额定前进行程/mm	≥52		≥55	≥28
前进手柄有效长度/mm	825		1200	1200
传动极数	1		1	2
钢丝绳公称直径/mm	8		11	16
钢丝绳标准长度/mm	10；20		10；20	10
机体净重/kg	6		12	23
额定前进手扳力/kg·f	≤353 ≤36	≤284 ≤29	≤412 ≤42	≤441 ≤45
最大外形尺寸/mm×mm×mm	428×64×235		545×97×286	660×116×350

表 1.1.33 HSH-V 型手扳葫芦主要技术参数（常熟海鸥起重机械有限公司 www.cn-seagull.com）

型号	起重量/t	起升高度/m	手扳力/N	链条直径/mm	链条行数	技术特点
HSH-V0.25	0.25	1	217	4	1	外形采用国际常用款式，新颖美观大方。离合装置采用输入齿轮脱离啮合来实现起重链条的快速拖曳
HSH-V0.5	0.5	1.5		5	1	
HSH-V0.8	0.8		140	6	1	
HSH-V1	1		185	8	1	
HSH-V1.6	1.6		234	7.1	1	
HSH-V2	2		251	8	1	
HSH-V3.2	3.2		363	10	1	
HSH-V6.3	6.3		370	10	2	
HSH-V9	9		375	10	3	

HSH-A 型手扳葫芦外形尺寸如图 1.1.10 所示。

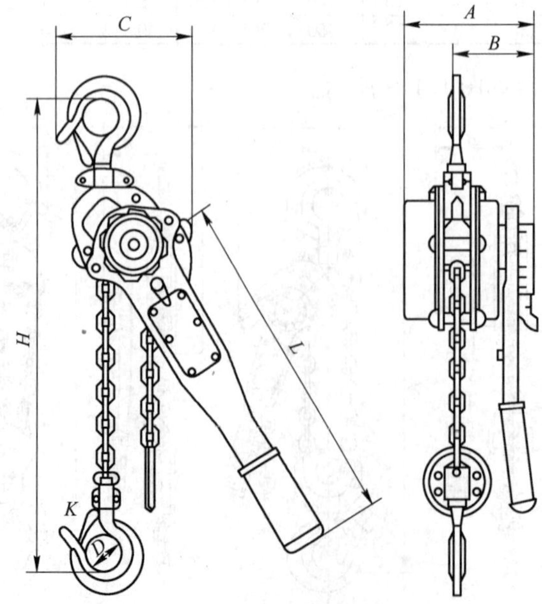

图 1.1.10 HSH-A 型手扳葫芦外形尺寸

表 1.1.34 HSH-A 型手扳葫芦主要技术参数（江苏欧玛机械有限公司 www.oumahoist.com）

额定载荷/t		0.25	0.5	0.75	1	1.6	3	6	9
标准提升高度/m		1	1.5	1.5	1.5	1.5	1.5	1.5	1.5
试验载荷/kN		3.75	7.5	11	15	22.5	37.5	75	112.5
额定手拉力/N		250	340	140	140	220	320	340	360
起重链行数		1	1	1	1	1	1	2	3
起重链直径/mm		4	5	6	6	7.1	10	10	10
主要尺寸/mm	*A*	92	105	148	148	172	200	200	200
	B	72	78	90	90	98	115	115	115
	C	85	80	136	136	160	180	235	330
	D	30	35	40	40	44	50	64	85
	H	230	260	320	320	380	480	600	700
	L	160	300	280	280	410	410	410	410
	K	25	25	27	27	34	38	48	57
净重/kg		1.8	4	7	7	10	17.5	28.5	45
起升高度每增加 1m 增加的质量/kg		0.41	0.52	0.8	0.8	1.1	2.2	4.4	6.6
包装尺寸(长×宽×高)/cm×cm×cm		22×18×11	37×12×11	37×16×15	37×16×15	51×17×15	62×20×18	54×20×20	56×32×23

表 1.1.35 HSH-X 型手扳葫芦技术参数（江苏欧玛机械有限公司 www.oumahoist.com）

额定载荷/t		0.75	1.5	3	6	9
标准提升高度/m		1.5	1.5	1.5	1.5	1.5
试验载荷/kN		0.9375	1.5	1.5	1.5	1.5
两钩间最小距离/mm		320	380	480	600	740
额定载荷手扳力/N		180	380	450	500	500
起重链条行数		1	1	1	2	3
起重链直径/mm		$\phi6\times18$	$\phi8\times24$	$\phi10\times30$	$\phi10\times30$	$\phi10\times30$
主要尺寸/mm	*A*	148	172	200	200	200
	B	90	98	115	115	115
	C	136	160	180	235	335
	D	40	52	60	68	85
	K	28	38	42	50	57
	L	250	300	375	375	375
净重/kg		7.4	11.6	20	29.4	45
起升高度每增加 1m 增加的质量/kg		0.8	1.1	2.2	4.4	6.6
包装尺寸(长×宽×高)/cm×cm×cm		37×16×15	51×17×15	52×20×18	54×20×20	58×32×23

表 1.1.36 HSH-A 型手扳葫芦主要技术参数（南阳起重机械厂有限公司 nanyang 34997.cn.qicou.com）

型　号	HSH-3/4A	HSH-1 1/2A	HSH-3A	HSH-6A
额定起重量/t	0.75	1.5	3	6
标准起重高度/m	1.5	1.5	1.5	1.5
试验载荷/t	0.94	1.88	3.75	7.5
满载时手扳力/N	140	220	320	340
两钩间最小距离/mm	325	380	480	620

续表 1.1.36

型　号		HSH-3/4A	HSH-1 1/2A	HSH-3A	HSH-6A
起重链条直径 φ/mm		6	8	10	1
起重链条行数		1	1	1	2
主要尺寸/mm	*A*	145	170	196	196
	B	90	95	109	109
	C	135	155	200	260
	D	28	32	40	50
	L	260	415	415	415
净重/kg		7.2	11.5	21	31
起重高度每增加 1m 增加的质量/kg		0.92	1.6	2.4	4.8

生产厂商：浙江五一机械有限公司，南阳起重机械厂有限公司，南京宝龙起重机械有限公司，江苏欧玛机械有限公司，常熟市海鸥起重机械有限公司。

1.1.4　电动葫芦

电动葫芦结构紧凑，自重轻，效率高，操作简单，既可单独使用，配备运行小车后也可作架空单轨起重机、电动单梁、电动悬挂、电动葫芦门式、堆垛、壁行、回臂及电动葫芦双梁等起重机的起升机构。

电动葫芦的机构工作级别一般按 M3 ~ M6 选用。设计时的基准工作级别为 M3 或 M4。根据寿命设计原则，电动葫芦在需要时也可用于 M7 或 M8 级的场合，但其额定起重量要按一定的比例下降，同时在某些结构上也应作相应的考虑（如采用双制动器等）。

电动葫芦有钢丝绳式、环链式和板链式三种，后者用得较少。电动葫芦的性能及主要参数见表 1.1.37。

表 1.1.37　电动葫芦的性能及主要参数

性能及参数	钢丝绳式电动葫芦	环链式电动葫芦	板链式电动葫芦
工作平稳性	平　稳	稍　差	稍　差
承载件及其弯折方向	钢丝绳，任意方向	环链，任意方向	板链，只能在一个平面内
额定起重量/t	一般为 0.1 ~ 10，根据需要可达 63 甚至更大	一般为 0.1 ~ 4，最大不超过 20	0.1 ~ 3
起升高度/m	一般为 3 ~ 30，需要时可达 120	一般为 3 ~ 6，最大不超过 20	一般为 3 ~ 4，最大不超过 10
自　重	较　大	较　小	小
起升速度/$m \cdot min^{-1}$	一般为 4 ~ 10（大起重量宜取小值），需要高速的可达 16、24 甚至更高；有慢速要求时可选双速型，其常速与慢速之比为 1∶6 ~ 1∶12	一般为 4 ~ 8，需要时可达 12 甚至更高，也可有双速，其常速与慢速之比为 1∶3 ~ 1∶6	
运行速度/$m \cdot min^{-1}$	一般为 20 或 30（均为地面操纵），需要时可达 60（司机室操纵）	一般为手动小车，当用电动小车时，一般采用 20 的运行速度	

1.1.4.1　钢丝绳电动葫芦

A　概述

钢丝绳电动葫芦用得最普遍，取物装置以吊钩用得最多，也可在吊钩上装起重电磁铁或用两台电动葫芦组装成梁式抓斗起重机。钢丝绳电动葫芦除一般用途外，还有防爆、防腐及冶金、船用等专用的。电动葫芦多数采用地面操作，也可用司机室操纵，或用有线、无线遥控。

B 主要特点

钢丝绳电动葫芦由电机、传动机构、卷筒和钢丝绳组成。以电机和卷筒相互位置不同大致可分为四种类型：

（1）电机轴线垂直于卷筒轴线的电动葫芦采用蜗轮传动装置，宽度方面尺寸大，结构笨重，机械效率低，加工较困难。已没有厂家生产这种结构形式的产品了。

（2）电动机轴线平行于卷筒轴线的电动葫芦，其优点为高度与长度尺寸小。其缺点为宽度尺寸大，分组性，制造与装配复杂。轨道转弯半径大。

（3）电机装在卷筒里面的电动葫芦，其优点为长度尺寸小，结构紧凑。其主要缺点为电机散热条件差，分组性差，检查、安装、维护电机不便，供电装置复杂。

（4）电机装在卷筒外面的电动葫芦，其优点为分组性好、通用化程度高、改变起升高度容易、安装检修方便。其缺点为：长度尺寸大。

C 应用领域

钢丝绳电动葫芦主要用于各种提升、装卸重物。如各种大中型混凝土、钢结构及机械设备的安装和移动，适用于船舶、机械与汽车制造，冶金、电力、矿山、公路、桥梁、边坡隧道井道治理防护以及厂矿的建筑工程施工等基础建设工程。

D 主要用途

钢丝绳电动葫芦可以单独安装在架空工字梁上做直线或曲线运动，也可以配套安装在专门制造的单梁、双梁、悬臂梁、龙门梁等起重机上使用，是厂矿、码头、仓库、货场、水坝、发电工程等常用的起重设备之一。

E 组成部件

钢丝绳电动葫芦组成为：减速器、卷筒装置、起升电机、电动小车、锥形制动器、调整螺母、导绳器、联轴器、吊钩装置、控制按钮、空心轴、箱体、密封圈、09 齿轮、06 齿轮轴、05 齿轮轴、04 齿轮轴、球轴承、滚针轴承、箱盖、透气塞。

其中各部分的作用及功能如下：

（1）减速器：采用三级定轴斜齿轮传动机构，齿轮和齿轮轴均用经过热处理的合金钢制成，箱体、箱盖由优质铸铁制成，装配严密，密封良好。

（2）控制箱：采用能在紧急情况下切断主电路，并带有一个上下行程保护段火限位器的装置。

（3）钢丝绳：采用起重钢丝绳，它保证了经久耐用。

（4）锥形电动机：起升电机采用较大的动力矩锥形转子制动异步电动机，无须外加制动器。

（5）按钮开关：采用手操式，轻巧灵便，分有绳操纵和无绳遥控两种方式。

F 主要技术性能参数

主要技术性能参数见表 1.1.38 ~ 表 1.1.53。

ND 运行式钢丝绳电动葫芦如图 1.1.11 所示。

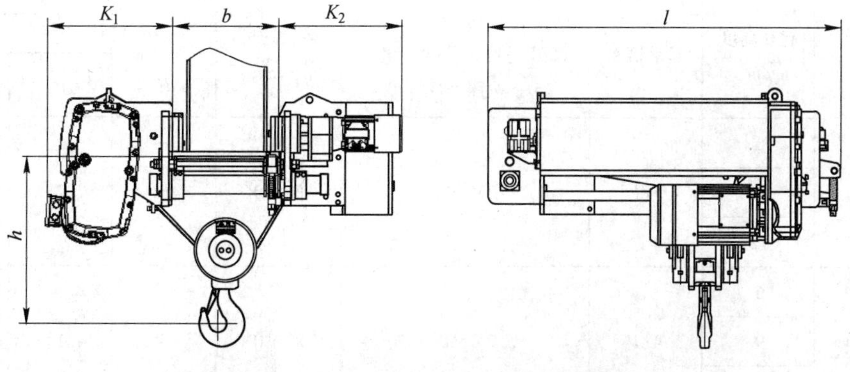

图 1.1.11 ND 运行式钢丝绳电动葫芦

表 1.1.38 ND 运行式钢丝绳电动葫芦主要技术参数（纽科伦(新乡)起重机有限公司 www.nucleon.com.cn）

葫芦型号	起重量/t	起升速度 /m·min^{-1}	起升高度 /m	起重倍率	工作级别 FEM/ISO (2M 是按照 FEM 标准，M5 是按照 ISO 标准)	运行速度 /m·min^{-1}	适应梁宽 b /mm	主要尺寸/mm			
								K_1	K_2	h	l
ND320D	3.2	0.8/5.0	6	1/4	2M/M5	2～20	250～400	500	451	450	1093
			9								1313
			12								1533
ND630D	6.3	0.8/5.0	6	1/4	2M/M5	2～20	300～450	490	450	500	1093
			9								1323
			12								1553
ND1000D	10	0.8/5.0	6	1/4	2M/M5	2～20	300～450	550	540	650	1142
			9								1312
			12								1482
ND1250D	12.5	0.66/4.0	6	1/4	2M/M5	2～20	300～450	560	550	700	1172
			9								1352
			12								1532

双梁小车式钢丝绳电动葫芦如图 1.1.12 所示。

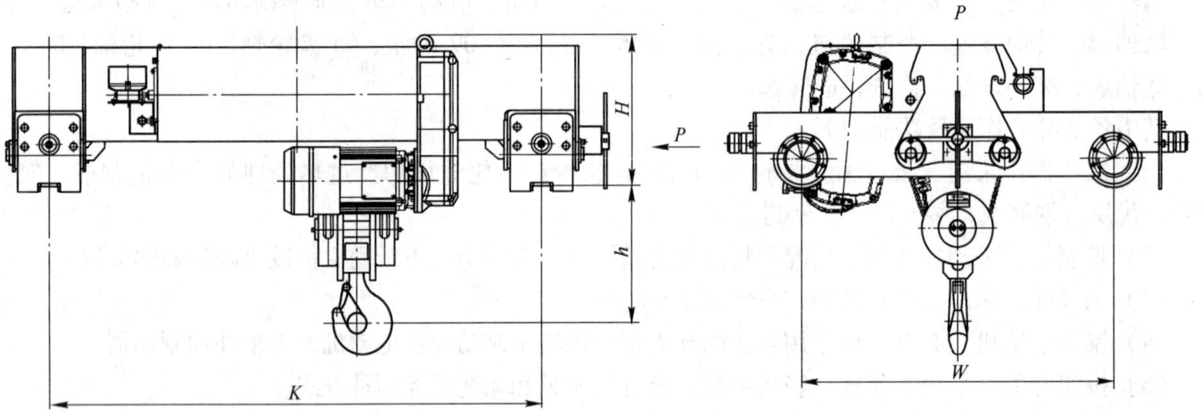

图 1.1.12 双梁小车式钢丝绳电动葫芦

表 1.1.39 双梁小车式钢丝绳电动葫芦主要技术参数（纽科伦(新乡)起重机有限公司 www.nucleon.com.cn）

起重量/t	起升速度 /m·min^{-1}	起升高度 /m	起重倍率	工作级别 FEM/ISO (2M 是按照 FEM 标准，M5 是按照 ISO 标准)	运行速度 /m·min^{-1}	主要尺寸/mm			
						H	h	K	W
3.2	0.8/5.0	6	4/1	2M/M5	2～20	461	225	1500	1000
		9							
		12							
5	0.8/5.0	6	4/1	2M/M5	2～20	440	431.5	1600	1000
		9							
		12							

续表 1.1.39

起重量/t	起升速度/m·min^{-1}	起升高度/m	起重倍率	工作级别 FEM/ISO（2M 是按照 FEM 标准，M5 是按照 ISO 标准）	运行速度/m·min^{-1}	主要尺寸/mm			
						H	*h*	*K*	*W*
10	0.8/5.0	6	4/1	2M/M5	2~20	440	506.5	1600	1000
		9							
		12							
16	0.66/4.0	6	4/1	2M/M5	2~20	518	666	1700	1300
		9							
		12							
20	0.66/4.0	6	4/1	2M/M5	2~20	584	608	1800/2200	1400
		9							
		12							
32	0.8/3.3	6	6/1	2M/M5	2~20	699	1001	2300	1700
		9							
		12							
40	0.82~4.9	6	8/1	2M/M5	2~20	731	1516	2300	1770
		9							
		12							
50	0.53~3.2	6	12/2	2M/M5	2~20	821	1500	2300	2000
		9						2800	
		12						3300	
63	0.4~2.4	6	16/2	2M/M5	2~20	1050	1650	2200	2000
		9						2800	
		12						3400	
80	0.4~2.4	6	16/2	2M/M5	2~20	1110	1650	2300	2000
		9						3000	
		12						3700	

表 1.1.40 HZ 型双梁电动葫芦主要技术参数（杭州电机有限公司 www.hoist.com）

起重量/kg	起升高度/m	起升速度/m·min^{-1}	起升功率/kW	行走速度/m·min^{-1}	行走功率/kW	工作级别（ISO）	行走工作级别（ISO）	滑轮倍率	车轮工作直径/mm	轨道型号
5000	6、9、12、15、18	8.0/0.8	7.5/0.8	12.5、20	0.8	M4	M5	4/2	150	P9
10000	6、9、12、15、18	6.3/0.63	13/1.5	12.5、20	1.5	M4	M5	4/2	200	P15
20000	6、9、12、15、18	4.0/0.4	15/1.5	12.5、20	1.5	M4	M5	8/2	200	P22
30000	6、9、12、15、18	2.7/0.27	15/1.5	12.5、20	1.5×2	M4	M5	6/1	200	P30
40000	6、9、12、15、18	4.0/0.4	15×2	12.5	1.5×2	M4	M5	16/4	200	P38

表 1.1.41　HZX 型箱梁电动葫芦主要技术参数（杭州电机有限公司　www. hoist. com）

起重量 /kg	起升高度 /m	起升速度 /m · min^{-1}	起升功率 /kW	行走速度 /m · min^{-1}	行走功率 /kW	工作级别 (ISO)	行走工作级别 (ISO)	滑轮倍率	车轮工作直径/mm	轨道宽度 /mm
3000	6、9、12、15、18、24、36	8.0/0.8	4.5/0.68	12.5、20	0.4	M4	M5	2/1	125	250 ~ 350
5000	6、9、12、15、18、24、36	8.0/0.8	7.5/0.8	12.5、20	0.8	M4	M5	2/1	150	300 ~ 400
10000	6、9、12、15、18、24、36	6.3/0.63	13/1.5	12.5、20	1.5	M4	M5	2/1	150	350 ~ 450

表 1.1.42　HZH 低净空电动葫芦主要技术参数（杭州电机有限公司　www. hoist. com）

起重量 /kg	起升高度 /m	葫芦代码	起升速度 /m · min^{-1}	起升功率 /kW	行走速度 /m · min^{-1}	行走功率 /kW	工作级别 (FEM/ISO)	行走工作级别 (FEM/ISO)	滑轮倍率
3200	6	HZHS031413FBLA	5.0/0.8	3.2/0.45	5/20	0.37	2M/M5	2M/M5	4/1
	9	HZHS031413FBLB	5.0/0.8	3.2/0.45	5/20	0.37	2M/M5	2M/M5	4/1
	12	HZHS031413FBLC	5.0/0.8	3.2/0.45	5/20	0.37	2M/M5	2M/M5	4/1
	15	HZHS031413FBLD	5.0/0.8	3.2/0.45	5/20	0.37	2M/M5	2M/M5	4/1
	18	HZHS031413FBLE	5.0/0.8	3.2/0.45	5/20	0.37	2M/M5	2M/M5	4/1
5000	6	HZHS051415FELA	5.0/0.8	6.1/1	5/20	0.37	2M/M5	2M/M5	4/1
	9	HZHS051415FELB	5.0/0.8	6.1/1	5/20	0.37	2M/M5	2M/M5	4/1
	12	HZHS051415FELC	5.0/0.8	6.1/1	5/20	0.37	2M/M5	2M/M5	4/1
	15	HZHS051415FELD	5.0/0.8	6.1/1	5/20	0.37	2M/M5	2M/M5	4/1
	18	HZHS051415FELE	5.0/0.8	6.1/1	5/20	0.37	2M/M5	2M/M5	4/1
10000	6	HZHS102411FHLA	5.0/0.8	9.5/1.5	5/20	0.75	2M/M5	2M/M5	4/1
	9	HZHS102411FHLB	5.0/0.8	9.5/1.5	5/20	0.75	2M/M5	2M/M5	4/1
	12	HZHS102411FHLC	5.0/0.8	9.5/1.5	5/20	0.75	2M/M5	2M/M5	4/1
	15	HZHS102411FHLD	5.0/0.8	9.5/1.5	5/20	0.75	2M/M5	2M/M5	4/1
	18	HZHS102411FHLE	5.0/0.8	9.5/1.5	5/20	0.75	2M/M5	2M/M5	4/1
12500	6	HZHS122411FJLA	4.0/0.6	12.5/2	5/20	0.75	1Am/M4	2M/M5	4/1
	9	HZHS122411FJLB	4.0/0.6	12.5/2	5/20	0.75	1Am/M4	2M/M5	4/1
	12	HZHS122411FJLC	4.0/0.6	12.5/2	5/20	0.75	1Am/M4	2M/M5	4/1
	15	HZHS122411FJLD	4.0/0.6	12.5/2	5/20	0.75	1Am/M4	2M/M5	4/1
	18	HZHS122411FJLE	4.0/0.6	12.5/2	5/20	0.75	1Am/M4	2M/M5	4/1

低建筑小车电动葫芦（滑轮倍率 4/1）如图 1.1.13 所示。

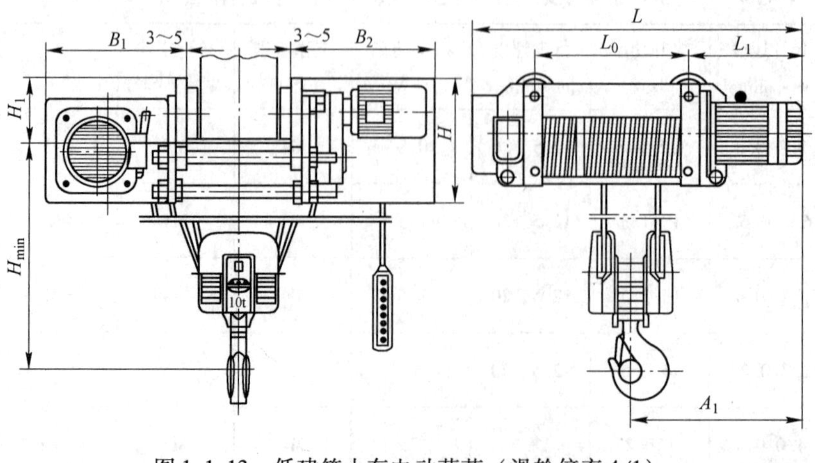

图 1.1.13　低建筑小车电动葫芦（滑轮倍率 4/1）

表 1.1.43 低建筑电动葫芦主要技术参数（杭州浙起机械有限公司 www.sinohoist.com）

型号	起重量/t	起升速度/m·min^{-1}	滑轮倍率	工作级别	H_{min}/mm	L，L_0/mm H_4	H_6	H_9	H_{12}	H_{15}	H_{18}	H_{24}	H_{30}	A_1 L_1/mm	B_1 B_2/mm	H H_1/mm	自重/kg	推荐轨道
ZH200D	2	8，8/2.6	2/1	M4	720 —	—	1125 340	1230 445	1335 550	1440 655	1545 760	1755 970	1965 1180	545 445	439 456	370 150	450	22a～36c
	2.5	6.3，6.3/2.1	2/1	M3														
	2	8，8/2.6	4/2	M4	550 15	1335 550	1440 665	1545 760	1755 970	1965 1180	2140 1355	2490 1705	—	— 445	439 456	370 150	580	22a～36c
	2.5	6.3，6.3/2.1	4/2	M3														
	3.2	4，4/1.3	4/1	M4	650 —	1230 445	1335 550	1545 760	1755 970	—	—	—	—	607 445	439 456	370 150	700	22a～40c
	4	3.2，3.2/1.0	4/1	M4														
ZH320D	3.2	8，8/2.0	2/1	M4	800 —	—	1165 365	1275 475	1385 585	1495 695	1605 805	1825 1025	2045 1245	627 514	394 523	387 157	520	25a～40c
	4	6.3，6.3/1.6	2/1	M3														
	3.2	8，8/2.0	4/2	M4	600 10.5	1385 585	1495 695	1065 805	1825 1025	2045 1245	2170 1370	2550 1750	—	— 514	394 523	650	—	25a～40c
	4	6.3，6.3/1.6	4/2	M3														
	5	5，5/1.3	4/1	M4	710 —	1275 475	1385 585	1065 805	1825 1025	2045 1245	—	—	—	754 514	486 537	401 178	720	28a～45c
	6.3	4，4/1.0	4/1	M4														
ZH500D	5	8，8/2.0	2/1	M4	960 —	—	—	1230 400	1335 505	1445 615	1555 725	1660 830	1875 1045	2090 1260	646 519	466 178	850	28a～45c
	6.3	6.3，6.3/1.6	2/1	M3														
	5	8，8/2.0	4/2	M4	680 17	1445 615	1555 725	1660 830	1875 1045	2090 1260	2205 1375	2530 1700	—	— 519	476 607	476 178	1020	28a～45c
	6.3	6.3，6.3/1.6	4/2	M3														
	8	5，5/1.3	4/1	M4	890 —	1335 505	1445 615	1660 830	1875 1045	2090 1260	—	—	—	816 519	578 626	500 243	1100	36a～56c
	10	4，4/1.0	4/1	M4														
	12.5	3.2，3.2/0.8	4/1	M3														
ZH1000D	10	6.3，8，10 6.3/1.6	2/1	M4	1150 —	—	1440 445	1495 510	1600 615	1705 720	1805 820	2015 1030	2225 1240	751 620	628 784	618 243	1400	36a～56c
	12.5	6.3，8	2/1	M3														
	10	6.3，8，10 6.3/1.6	2/1	M4	830 27	1600 615	1705 720	1805 820	2015 1030	2225 1240	2330 1605	2635 1650		— 620	628 784	618 243	1700	36a～56c
	12.5	6.3，8	2/1	M3														
	16	3.2，4，5 3.2/0.8	4/1	M5	1090 —	1495 510	1600 615	1805 820	2015 1030	2225 1240	—	—	—	835 620	738 748	678 243	1980	40a～63c
	20	3.2，4，5 3.2/0.8	4/1	M4														
	25	3.2，4	4/1	M3														

ZH×××BS 标准双梁小车式电动葫芦如图 1.1.14 所示。

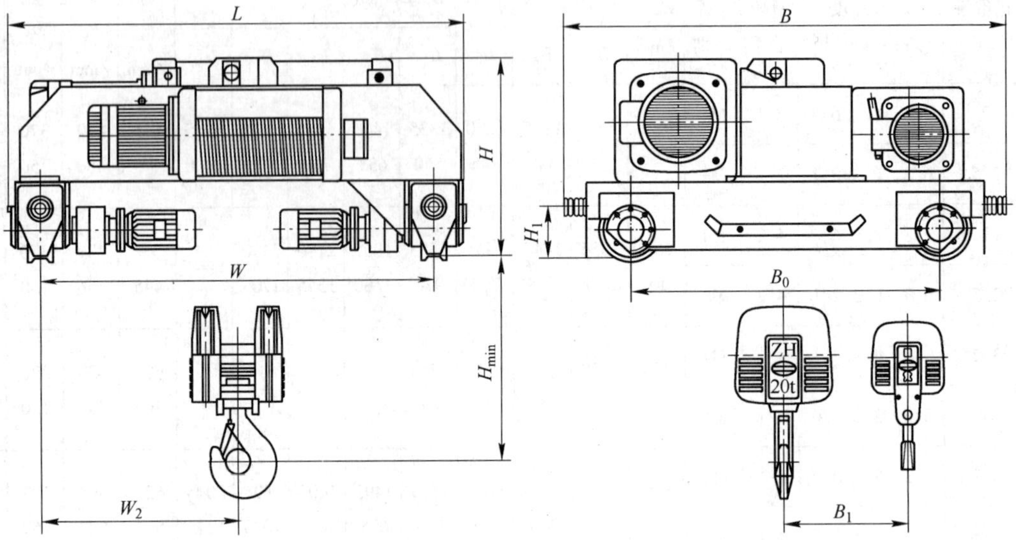

图 1.1.14 ZH×××BS 标准双梁小车式电动葫芦

表 1.1.44 ZH×××BS 标准双梁小车式电动葫芦主要技术参数（杭州浙起机械有限公司 www.sinohoist.com）

型号	起重量 /t	起升速度 /m·min^{-1}	滑轮倍率	工作级别	H_{min} /mm	W，L_0/mm							A_1 L_1 /mm	B_1 B_2 /mm	H H_1 /mm	H_9 自重 /kg	主轮直径与踏面 /mm×mm
						H_4	H_6	H_9	H_{12}	H_{15}	H_{18}	H_{24}					
ZH320BS	3.2	8，8/2.0	4/2	M4	400	1200 585	1200 695	1400 805	1600 1025	1800 1245	2000 1370	2200 1750	1600 1100	580 146	—	650	φ160×55
	4	6.3，6.3/1.6	4/2	M3													
	5	5，5/1.3	4/1	M4	450	1200 475	1200 585	1600 805	2000 1025	2500 1245	—	—	1600 1100	580 146	—	730	φ160×55
	6.3	4，4/1.0	4/1	M4													
ZH500BS	5	8，8/2.0	4/2	M4	450	1200 615	1200 725	1400 830	1600 1045	1800 1260	2000 1375	2000 1700	1600 1100	645 146	—	1000	φ160×55
	6.3	6.3，6.3/1.6	4/2	M3													
	8/3.2	5，5/1.3	4/1	M4	600	1400 505	1400 615	1600 830	2000 1045	2500 1260	—	—	1720 1200	710 180	—	1400	φ200×60
	10/3.2	4，4/1.0	4/1	M4													
	12.5/3.2	3.2，3.2/0.8	4/1	M3													
ZH100BS	10/3.2	6.3，8，10，6.3/1.6	4/2	M4	600	1400 615	1400 615	1400 720	1600 1030	1800 1240	2000 1345	2200 1650	1720 1200	810 180	500	1500	φ200×60
	12.5/3.2	6.3，8	4/2	M3													
	16/3.2	3.2，4，5，4/1.0	4/1	M4	700	1600 510	1600 615	1800 820	2000 1030	2500 1240	—	—	2020 1400	880 222	560	2600	φ250×70
	20/5	3.2，4，5，3.2/0.8	4/1	M4													
	25/5	3.2，4	4/1	M4													
	25/5	2.5，3.2，2.5/0.8	6/1	M4	1000	2000 615	2000 820	2500 1135	—	—	—	—	2380 1800	955 275	600	3200	φ315×80
	32/5	2，2.5，3.2，2/0.5	6/1	M4													

ZH×××BS 标准双梁小车式电动葫芦如图 1.1.15 所示。

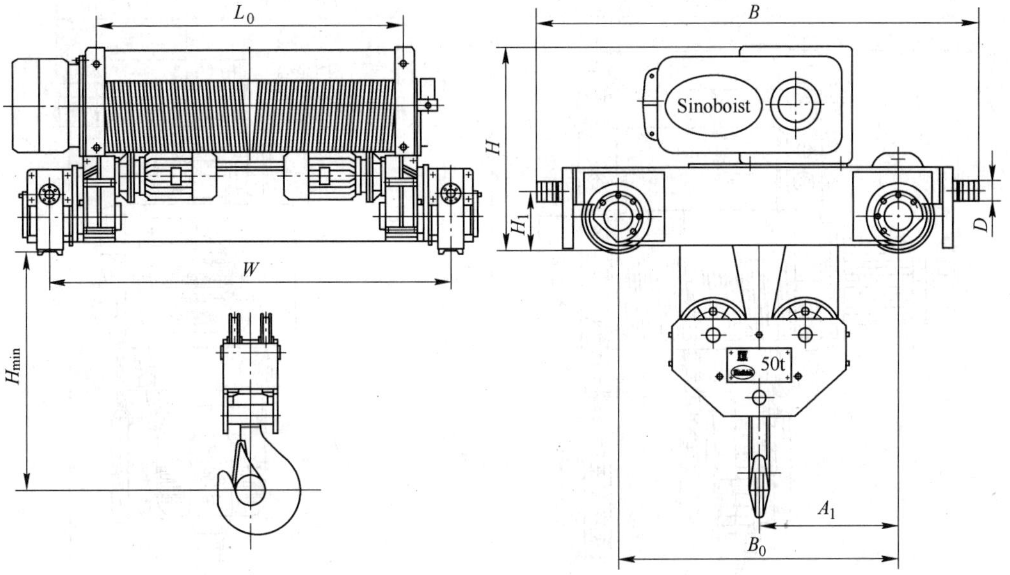

图 1.1.15 ZH×××BS 标准双梁小车式电动葫芦

表 1.1.45 ZH×××BS 标准双梁小车式电动葫芦主要技术参数（杭州浙起机械有限公司 www.sinohoist.com）

型号	起重量/t	起升速度 /m·min⁻¹ 主钩	起升速度 /m·min⁻¹ 副钩	滑轮倍率	工作级别	H_{min} /mm	W, L_0/mm H_4	H_6	H_9	H_{12}	H_{15}	H_{18}	H_{24}	B /mm	H /mm	H_9 自重 /kg	主轮直径和踏面 /mm×mm
ZH1600BS	12.5,12.5/3.2	6.3, 8, 10	8, 8/2.0	4/2	M5	850	—	1800 700	1800 890	1800 1080	2000 1270	2200 1460	2500 1840	2020 1400	905 222	3000	$\phi250\times70$
	16, 16/3.2	6.3, 8, 10	8, 8/2.0	4/2	M4												
	20, 20/5	6.3, 8	8, 8/2.0	4/2	M3												
	25, 25/5	3.2, 4, 5	8, 8/2.0	8/2	M5	1300	2000 890	2000 1080	2200 1460	2500 1840	2800 2200	3200 2600	4000 3360	2380 1600	1010 275	4000	$\phi315\times80$
	32, 32/5	3.2, 4, 5	8, 8/2.0	8/2	M4												
	40, 40/10	3, 4	6.3, 8, 6.3/1.6	8/2	M3												
ZH2000BS	20, 20/5	5, 6.3, 8	8, 8/2.0	4/2	M5	950	—	2000 740	2000 920	2000 1100	2000 1280	2200 1460	2500 1820	2380 1600	1140 275	4000	$\phi315\times80$
	25, 25/5	5, 6.3, 8	8, 8/2.0	4/2	M4												
	32, 32/5	5, 6.3	8, 8/2.0	4/2	M3												
	40, 40/10	2.5, 3.2, 4	6.3, 8, 6.3/1.6	8/2	M5	1400	2200 920	2200 1100	2200 1460	2500 1820	2800 2180	3200 2540	4000 3260	2675 1700	1225 345	5500	$\phi400\times90$
	50, 50/10	2.5, 3.2, 4	6.3, 8, 6.3/1.6	8/2	M4												
	63, 63/10	2.5, 3.2	6.3, 8, 6.3/1.6	8/2	M3	1500	2200 920	2200 1100	2200 1460	2500 1820	2800 2180	3200 2540	4000 3260	2675 1700	1225 345	5800	$\phi400\times90$

ZHZ×××X 冶金电动葫芦（滑轮倍率4/1）如图1.1.16所示。

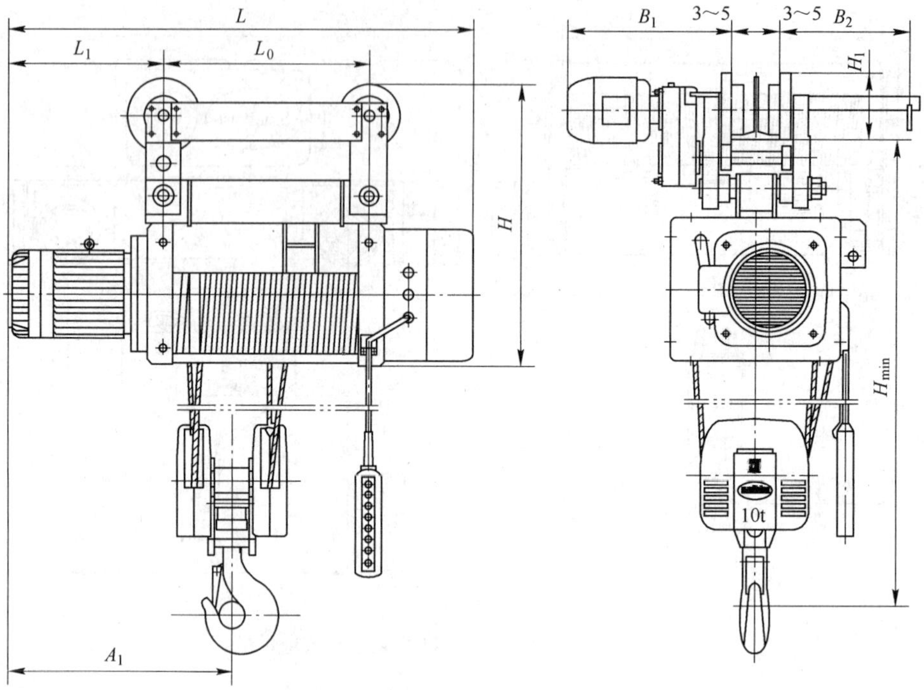

图1.1.16 ZHZ×××X 冶金电动葫芦（滑轮倍率4/1）

表1.1.46 ZHZ×××X 冶金电动葫芦主要技术参数（杭州浙起机械有限公司 www.sinohoist.com）

型 号	起重量 /t	起升速度 /m·min^{-1}	滑轮倍率	工作级别	H_{min} /mm	L, L_0/mm								A_1 L_1 /mm	B_1 B_2 /mm	H H_1 /mm	自重 /kg	推荐轨道
						H_4	H_6	H_9	H_{12}	H_{15}	H_{18}	H_{24}	H_{30}					
ZHZ320X	2.0	8, 8/2.0	2/1	M6	1250	—	1165	1275	1385	1495	1605	1825	2045	627	411	387	450	25a～
	2.5	6.3, 8, 6.3/1.6	2/1	M5	—		365	475	585	695	805	1025	1245	514	457	157		40c
	2.0	8, 8/2.0	4/2	M6	1050	1385	1495	1605	1825	2045	2170	2550	—	—	411	387	530	25a～
	2.5	6.3, 8, 6.3/1.6	4/2	M5	10.5	585	695	805	1025	1245	1370	1750		514	457	157		40c
	3.2	5, 5/1.3	4/1	M6	1250	1275	1385	1605	1825	2045	—	—	—	754	570	401	590	28a～
	4.0	4, 4/1.0	4/1	M6	—	475	585	805	1025	1245				514	491	178		45c
ZHZ500X	3.2	8, 8/2.0	2/1	M6	1450	—	1230	1335	1445	1555	1660	1875	2090	646	570	466	620	28a～
	4.0	6.3, 8, 6.3/1.6	2/1	M5	—		400	505	615	725	830	1045	1260	519	468	178		45c
	3.2	8, 8/2.0	4/2	M6	1200	1445	1555	1660	1875	2090	2205	2530	—	—	570	466	750	28a～
	4.0	6.3, 8, 6.3/1.6	4/2	M5	17	615	725	830	1045	1260	1700	1700		519	468	178		45c
	5.0	5, 5/1.3	4/1	M6	1450	1335	1445	1660	1875	2090	—	—	—	816	641	500	900	36a～
	6.3	4, 4/1.0	4/1	M6	—	505	615	830	1045	1260				519	491	243		56c
ZHZ1000X	5.0, 6.3	6.3, 8, 1.0	2/1	M6	1750	—	1440	1495	1600	1705	1805	2016	2225	751	641	618	1050	36a～
	8	6.3, 8	2/1	M5	—		455	510	615	720	820	1030	1240	620	491	243		56c
	5, 6.3	6.3, 8, 1.0	4/2	M6	1480	1600	1705	1805	2015	2225	2330	2635	—	—	641	618	1300	36a～
	8	6.3, 8	4/2	M5	27	615	720	820	1030	1240	1345	1650		620	491	243		56c
	8	3.2, 4, 5	4/1	M6	1750	1495	1600	1805	2015	2225	—	—	—	835	606	678	1600	40a～
	10	3.2, 4, 5	4/1	M6	—	510	615	820	1030	1240				620	466	243		63c

ESQ 系列钢丝绳电动葫芦如图 1. 1. 17 所示。

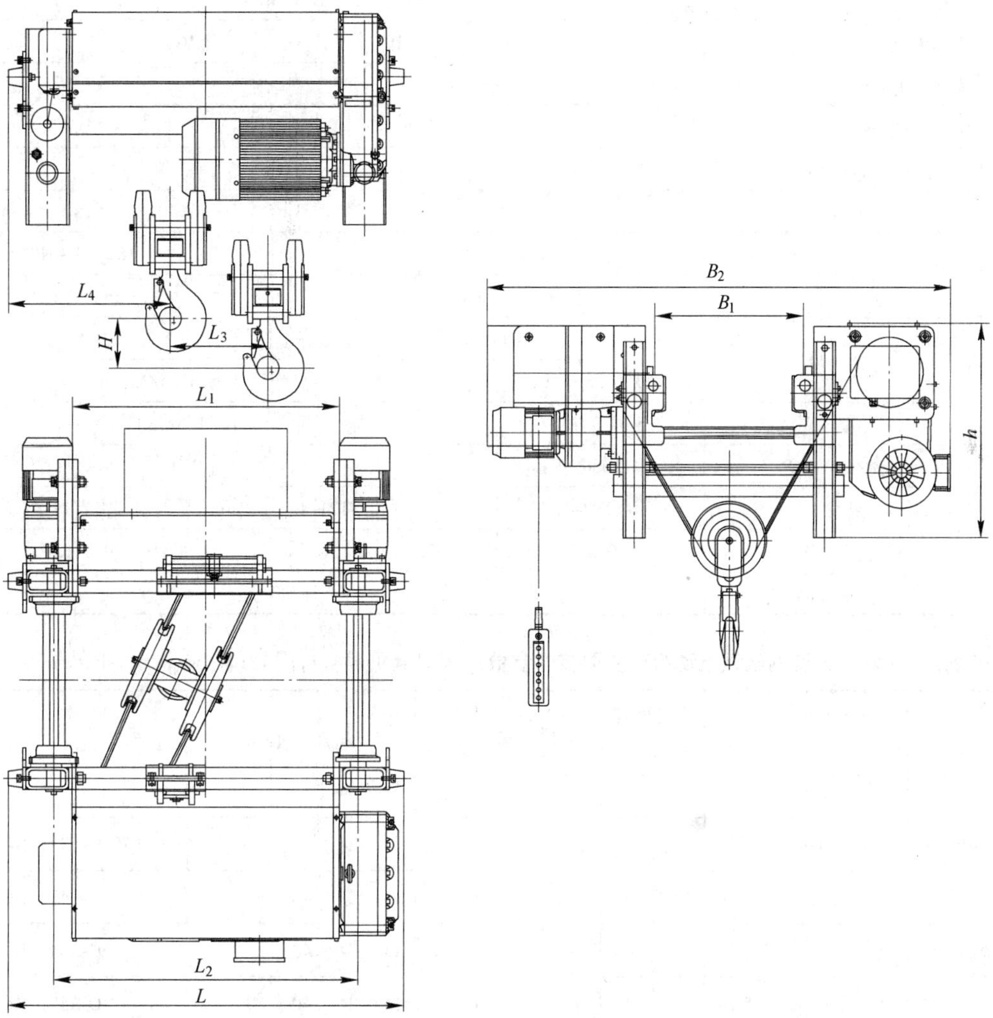

图 1. 1. 17　ESQ 系列钢丝绳电动葫芦

表 1. 1. 47　CD1、MD1 钢丝绳电动葫芦主要技术参数（南阳起重机械厂有限公司　nanyang34997. cn. qicou. com）

型　号		CD1、MD1			
起重量/t		0. 5	1	2	3
起升高度/m		6 ~ 18		6 ~ 30	
起升速度/m · min^{-1}		8(0. 8/8)			
运行速度/m · min^{-1}		20			
钢丝绳	绳径/mm	5. 1	7. 4	11	13
	结　构	6 × 19 + NF		6 × 37 + NF	
运行轨道		16 ~ 28b	20a ~ 32c		20a ~ 45c
起升电机	型　号	ZD121-4	ZD122-4	ZD131-4	ZD141-4
		ZDS10. 2/0. 8	ZDS10. 2/1. 5	ZDS10. 4/3	ZDS10. 5/4. 5
	功率/kW	0. 8(0. 2/0. 8)	1. 5(0. 2/1. 5)	3(0. 4/3)	4. 5(0. 5/4. 5)
	转速/m · min^{-1}	1380			
运行电机	型　号	ZDY111-4		ZDY112-4	
	功率/kW	0. 2		0. 4	
	转速/m · min^{-1}	1380			

表 1.1.48　CD1、MD1 钢丝绳电动葫芦主要技术参数（南阳起重机械厂有限公司　nanyang34997. cn. qicou. com）

型　号		CD1、MD1			
起重量/t		5	10	16	20
起升高度/m		6 ~ 30		6 ~ 24	
起升速度/m · min⁻¹		8(0.8/8)	7(0.7/7)	3.5(0.35/3.5)	
运行速度/m · min⁻¹		20			
钢丝绳	绳径/mm	15		18	
	结　构	6 × 37 + NF		18 × 19 + NF	
运行轨道		28a ~ 63c		36a ~ 32c	
起升电机	型　号	ZD141-4		ZD151-6	
		ZDS10.8/7.5	ZDS101.5/13		
	功率/kW	7.5(0.8/7.5)	13(1.5/13)		
	转速/m · min⁻¹	1380	930		
运行电机	型　号	ZDY112-4F	ZDY121-4	ZDY121-4(大法兰)	
	功率/kW	0.5	0.5 × 0.2	0.8 × 2	
	转速/m · min⁻¹	1380			

表 1.1.49　AS 型钢丝绳电动葫芦主要技术参数（天津起重设备有限公司　www. tjqzsb. com）

起重量 /kg M4(1Am)	型号	起升速度 /m · min⁻¹		型号	起升速度 /m · min⁻¹		运行速度 /m · min⁻¹	倍率	起升高度/m					小 车 型 号
		快	慢		快	慢			L_1	L_2	L_3	L_4	L_5	
500	AS205-20	20	3.3				8、10、12.5、16、20、25、16/4、20/5、32/8、40/10	1/1	14	24	40			U-C32、DU-A32
1000	AS310-16	16	2.6	AS310-24	24	4			14	24	40			U-C43、DU-A43
1600	AS416-16	16	2.6	AS416-24	24	4			14	24	40			U-A54、DU-A54
2500	AS525-16	16	2.6	AS525-24	24	4			14	24	40	80		U-A55、DU-A55
5000	AS650-12	12	2	AS650-20	20	2			24	40	60	80	120	U-A76
1000	AS205-20	10	1.6					2/1	7	12	20			U-C32、DU-A32、K-C42、O-B06
2000	AS310-16	8	1.3	AS310-24	12	2			7	12	20			U-C43、DU-A43、K-C43、O-B06
3200	AS416-16	8	1.3	AS416-24	12	2			7	12	20			U-A54、DU-A54、K-A54、O-B06
5000	AS525-16	8	1.3	AS525-24	12	2			7	12	20	40		U-A65、DU-A65、K-A65、O-B06
10000	AS650-12	6	1	AS650-20	10	1			12	20	30	40	60	U-A76、K-A76、O-B08
2000	AS205-20	5	0.8					4/1	3.5	6	8.75			U-C42、DU-A42、K-C42、O-B06
4000	AS310-16	4	0.7	AS310-24	6	1			3.5	6	10			U-C53、DU-A53、K-C53、O-B06
6300	AS416-16	4	0.7	AS416-24	6	1			3.5	6	10			U-A74、DU-A74、K-A74、O-B06
10000	AS525-16	4	0.7	AS525-24	6	1			3.5	6	10	20		U-A75、DU-A75、K-A75、O-B08
20000	AS650-12	3	0.5	AS650-20	5	0.5			6	10	—	15	25	U-A776、K-A776、O-B09
16000	AS525-16	2.7	0.5	AS525-24	4	0.7		6/1			6	10.5		O-B08
32000	AS650-12	2	0.33	AS650-20	3.3	0.33			4	6.5	10	12	18	O-B09
40000	AS650-12	1.5	0.25	AS650-20	2.5	0.25		8/1		5	7.5	9	14	O-B10
50000(M3)	AS6663-12	1.5	0.25	AS6663-20	2.5	0.25				5	7.5	9	14	O-B10

表 1.1.50 HBT 型防爆钢丝绳式电动葫芦主要技术参数（天津起重设备有限公司 www.tjqzsb.com）

起重量 /kg M4(1Am)	型 号	起升速度 /m·min^{-1}		运行速度 /m·min^{-1}		倍率	起升高度/m					小 车 型 号
		快	慢	dⅡ BT4	dⅡ CT4		L_1	L_2	L_3	L_4	L_5	
500	HBT205-20	20	3.3	8、10、12.5、16、20、16/4、20/5	8、10、12.5、16、16/4	1/1	14	24	40			U-C32、DU-A32
1000	HBT310-24	24	4				14	24	40			U-C43、DU-A43
1600	HBT416-16	16	2.6				14	24	40			U-A54、DU-A54
2500	HBT525-24	24	4				14	24	40	80		U-A55、DU-A55
5000	HBT650-12	12	2				24	40	60	80	120	U-A76
1000	HBT205-20	10	1.6			2/1	7	12	20			U-C32、DU-A32、K-C42、O-B06
2000	HBT310-24	12	2				7	12	20			U-C43、DU-A43、K-C43、O-B06
3200	HBT416-16	8	1.3				7	12	20			U-A54、DU-A54、K-A54、O-B06
5000	HBT525-24	12	2				7	12	20	40		U-A65、DU-A65、K-A65、O-B06
10000	HBT650-12	6	1				12	20	30	40	60	U-A76、K-A76、O-B08
2000	HBT205-20	5	0.8			4/1	3.5	6	8.75			U-C42、DU-A42、K-C42、O-B06
4000	HBT310-24	6	1				3.5	6	10			U-C53、DU-A53、K-C53、O-B06
6300	HBT416-16	4	1				3.5	6	10			U-A74、DU-A74、K-A74、O-B06
10000	HBT525-24	6	1				3.5	6	10	20		U-A75、DU-A75、K-A75、O-B08
20000	HBT650-12	3	0.5				6	10	—	15	25	U-A776、K-A776、O-B09
16000	HBT525-24	4	0.7			6/1			6	10.5		O-B08
32000	HBT650-12	2	0.33				4	6.5	10	12	18	O-B09
40000	HBT650-12	1.5	0.25					5	7.5	9	14	O-B10
50000(M3)	HBT6663-12	1.5	0.25					5	7.5	9	14	O-B10

表 1.1.51 钢丝绳电动葫芦主要技术参数（江苏启江起重设备有限公司 www.dlqzjx.com）

产品型号	使用方法	额定电压 /V	输入功率 /W	额定起重量/kg	起升速度 /m·min^{-1}	起升高度 /m	每件数量 (pcs)	包装尺码 /cm×cm×cm	毛重/净重 /kg
HGS-B200 PA200A	单钩	220/230	480	100	10	12	2	47×37×16	24/22
	双钩			200	5	6			
HGS-B250 PA250A	单钩	220/230	510	125	10	12	2	47×37×16	24/22
	双钩			250	5	6			
HGS-B300 PA300A	单钩	220/230	600	150	10	12	2	47×37×16	25/23
	双钩			300	5	6			
HGS-B400 PA400A	单钩	220/230	950	200	10	12	2	52×42×17	35/33
	双钩			400	5	6			
HGS-B500 PA500A	单钩	220/230	1020	250	10	12	2	52×42×17	35/33
	双钩			500	5	6			
HGS-B600 PA600A	单钩	220/230	1200	300	10	12	2	52×42×17	35/33
	双钩			600	5	6			
HGS-B700 PA700A	单钩	220/230	1250	350	8	12	2	52×45×17	39/37
	双钩			700	4	6			

续表 1.1.51

产品型号	使用方法	额定电压/V	输入功率/W	额定起重量/kg	起升速度/m·min^{-1}	起升高度/m	每件数量(pcs)	包装尺码/cm×cm×cm	毛重/净重/kg
HGS-B800 PA800A	单钩	220/230	1300	400	8	12	2	52×45×17	39/37
	双钩			800	4	6			
HGS-B1000 PA1000A	单钩	220/230	1600	500	8	12	1	51×34×18	33/32
	双钩			1000	4	6			

表 1.1.52 CDI、MDI 型钢丝绳电动葫芦主要技术参数（重庆市飞鹰起重设备有限责任公司 www.qincai.net）

温度	T_1(450℃)	T_2(300℃)	T_3(200℃)	T_4(135℃)
dⅠ	甲 烷			
dⅡA	乙烷、丙烷、丙酮、甲醇甲苯、苯乙烯、氯乙烯、一氧化碳、氯苯、醋酸、乙酯、苯胺	丁烷、醋酸丁酯、乙醇、环戊烷丁、丙烯、醋酸、醇戊酯	戊烷、庚烷、辛烷、癸烷、汽油	乙 醛
dⅡB	丙炔、丙烯	环氧乙烷、乙烯、丁二烯	硫化氢、二甲醚	二乙醚、二丁醚

ND 型运行式钢丝绳电动葫芦如图 1.1.18 所示。

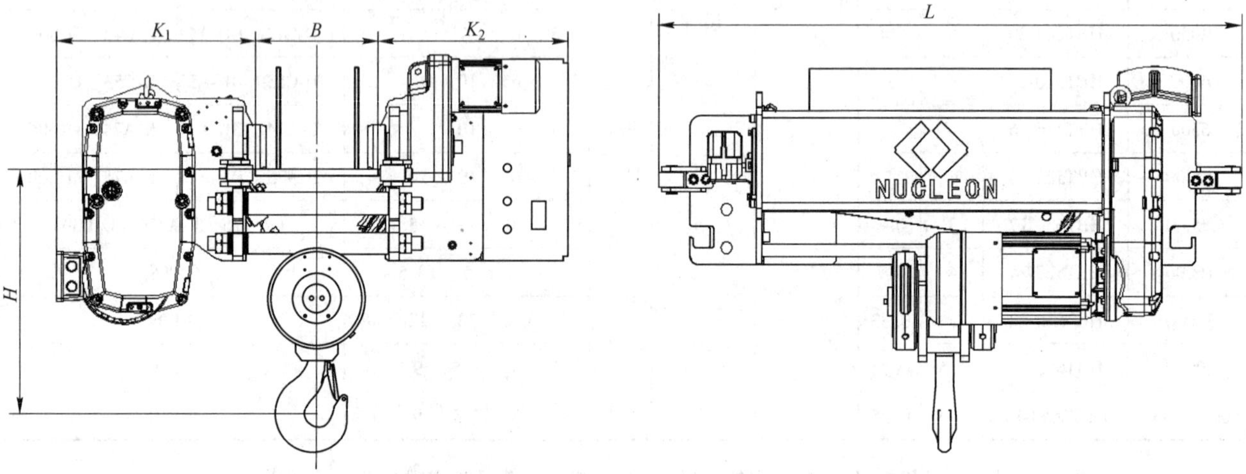

图 1.1.18 ND 型运行式钢丝绳电动葫芦

表 1.1.53 ND 型运行式钢丝绳电动葫芦主要技术参数（河南卫华重型机械股份有限公司 www.craneweihua.com）

起重量/t	1.6			2.5			3.2			6.3			8			10			10			12.5		
起升高度/m	6	9	12	6	9	12	6	9	12	6	9	12	6	9	12	6	9	12	6	9	12	6	9	12
工作制	M6			M6			M5			M5			M6			M5			M6			M5		
起升速度/m·min^{-1}	1.6/10			0.8/5.0			0.8/5.0			0.8/5.0			0.8/5.0			0.8/5.0			0.66/4.0			0.66/4.0		
滑轮倍率	2/1			4/1			4/1			4/1			4/1			4/1			4/1			4/1		
运行速度/m·min^{-1}	2~20			2~20			2~20			2~20			2~20			2~20			2~20			2~20		

生产厂商：科尼起重机设备（上海）有限公司，江苏启江起重设备有限公司，纽科伦（新乡）起重机有限公司，杭州电机有限公司，南阳起重机械厂有限公司，杭州浙起机械有限公司，天津起重机设备有限公司，重庆市飞鹰起重设备有限责任公司，河南卫华重型机械股份有限公司。

1.1.4.2 环链电动葫芦

A 概述

环链电动葫芦起重量一般为 0.1~100t，起升高度为 3~120m。

环链电动葫芦的特点：性能结构先进，体积小，质量轻，性能可靠，操作方便，适用范围广，对起吊重物、装卸工作、维修设备、吊运货物非常方便，它还可以安装在悬空工字钢、曲线轨道、旋臂吊导轨及固定吊点上吊运重物。

B 结构特点

（1）环链电动葫芦合金强度高，外观美丽，结构紧凑，尺寸小，质量轻，采用二级齿轮传动，高速级为斜齿轮传动，因而传动平稳，噪声小。

（2）盘磁刹车：最新设计磁力产生器，其特性为产磁，可在电源切断的同时刹车，保证吊重时刹车绝对确保安全。

（3）超强度进口载重链：采用 FEC80 级合金钢链条，极大地增强了抗疲劳和抗磨损的性能。

（4）极限开关：葫芦在上下运行都有极限开关装置，使电机自动停止，防止链条超出，确保安全。

（5）逆相保护器：特殊电路控制，当电源线错相时，控制电路不工作。

（6）吊钩：经热锻造，不易断裂，下吊钩可 360°旋转，安全舌片，确保操作安全。

C 适用范围

环链电动葫芦的使用范围很广，主要应用于各大厂房、仓库、风力发电、物流、码头、建筑等行业，用于吊运或者装卸货物，也可以将重物吊起来方便工作或修理大型机器。环链电动葫芦由操作人员用按钮在地面跟随操纵，也可在操控室内操纵或采用有线（无线）远距离控制。环链电动葫芦既可固定悬挂使用，又可配电动单轨小车及手推/手拉单轨小车行走使用。

环链电动葫芦的吨位：0.1t，0.25t，0.5t，1.5t，1t，2t，3t，5t，10t，15t，20t，25t，30t，50t，60t，100t。

D 用途

葫芦单梁、桥式起重机、门式起重机、悬挂起重机上可以配单梁工字钢使用，也可以配双梁小车使用。因此，电动葫芦是工厂、矿山、港口、仓库、货场、商店等常用的起重设备之一，是提高劳动效率与改善劳动条件的必备机械。

E 主要技术性能参数

主要技术性能参数见表 1.1.54 ~ 表 1.1.73。

表 1.1.54 XN 固定式环链起升机构主要技术参数（科尼起重机设备(上海)有限公司 www.konecranes.com.cn）

产品种类	型 号	起重量 /kg	单/双链	电机功率 /kW	起升速度 /m·min^{-1}	技术特点	应用行业
固定式环链起升机构滑车型号包括：手动、电动和净空	XN01 0128 b1	125	1	0.2/0.05	8.0/2.0	技术先进 品质优良 用途广泛 安全可靠 终生服务 XN 系列是一种结构紧凑、运行高效的电动环链起升机构，它是集造型与可靠性，操作与安全性，现代设计与先进工艺的完美结合	食品工业、农业、化学工业和其他精细工业
	XN05 1216 b2	125	1	0.8/0.2	16.0/4.0		
	XN05 258 b2	250	1	0.8/0.2	8.0/2.0		
	XN05 2516 b1	250	1	0.8/0.2	16.0/4.0		
	XN05 508 b1	500	1	0.8/0.2	8.0/2.0		
	XN10 508 b2	500	1	1.7/0.4	8.0/2.0		
	XN10 5016 b1	500	1	1.7/0.4	16.0/4.0		
	XN10 1008 b1	1000	1	1.7/0.4	8.0/2.0		
	XN10 1008 b2	1000	1	3.5/0.9	8.0/2.0		
	XN16 1608 b1	1600	1	3.5/0.9	8.0/2.0		
	XN20 1608 b2	1600	1	3.5/0.9	8.0/2.0		
	XN10 2004 b1	2000	2	1.7/0.4	4.0/1.0		
	XN20 2008 b1	2000	1	3.5/0.9	8.0/2.0		
	XN25 2006 b2	2000	1	3.5/0.9	6.3/1.6		
	XN20 2504 b2	2500	2	3.5/0.9	4.0/1.0		
	XN25 2506 b1	2500	1	3.5/0.9	6.3/1.6		
	XN16 3204 b1	3200	2	3.5/0.9	4.0/1.0		
	XN20 4004 b1	4000	2	3.5/0.9	4.0/1.0		
	XN25 5003 b1	5000	2	3.5/0.9	3.2/0.75		
	XN20 6302 b1	6300	3	3.5/0.9	2.7/0.7		
	XN25 7502 b1	7500	3	3.5/0.9	2.1/0.5		

表 1.1.55　CLX 环链葫芦主要技术参数（科尼起重机设备（上海）有限公司　www.konecranes.com.cn）

产品种类	型　号	起重量 /kg	单/双链	电机功率 /kW	起升速度 /m·min^{-1}	技 术 特 点	应用行业
CLX 环链葫芦	CLX02 10 1 006 6	63	1	0.45	10/2.5	大部分型号采用单链；500kg 和 1000kg 采用 6∶1 速率比，使主起升速度更快，副起升速度更慢；运行采用双速起降，运行变频（标配）； 开创性的 5 个链轮，带 5 个中间链齿； 对链条磨损更小； 标准起升限位开关	食品工业、农业、化学工业和其他精细工业
	CLX02 20 1 006 6		1	0.45	20/5		
	CLX02 08 1 012 6	125	1	0.45	8/2		
	CLX02 16 1 012 5		1	0.45	16/4		
	CLX02 08 1 016 6	160	1	0.45	8/2		
	CLX02 16 1 016 4		1	0.45	16/4		
	CLX02 08 1 025 5	250	1	0.45	8/2		
	CLX05 16 1 025 5		1	0.9	16/2.6		
	CLX02 08 1 032 4	320	1	0.45	8/2		
	CLX05 16 1 032 4		1	0.9	16/2.6		
	CLX05 04 1 050 5	500	1	0.45	4/1.3		
	CLX05 08 1 050 5		1	0.9	8/1.3		
	CLX10 16 1 050 5		1	1.8	16/2.6		
	CLX05 04 1 063 4	630	1	0.45	4/1.3		
	CLX05 08 1 063 4		1	0.9	8/1.3		
	CLX10 16 1 063 4		1	1.8	16/2.6		
	CLX10 04 1 100 5	1000	1	0.9	4/1.3		
	CLX10 08 1 100 5		1	1.8	8/1.3		
	CLX10 04 1 125 4	1250	1	1.8	4/1.3		
	CLX10 08 1 125 4		1	1.8	8/1.3		
	CLX10 04 2 160 5	1600	2	0.9	4/0.7		
	CLX10 04 2 200 5	2000	2	1.8	4/0.7		
	CLX10 04 2 250 4	2500	2	1.8	4/0.7		

NLG 型环链电动葫芦如图 1.1.19 所示。

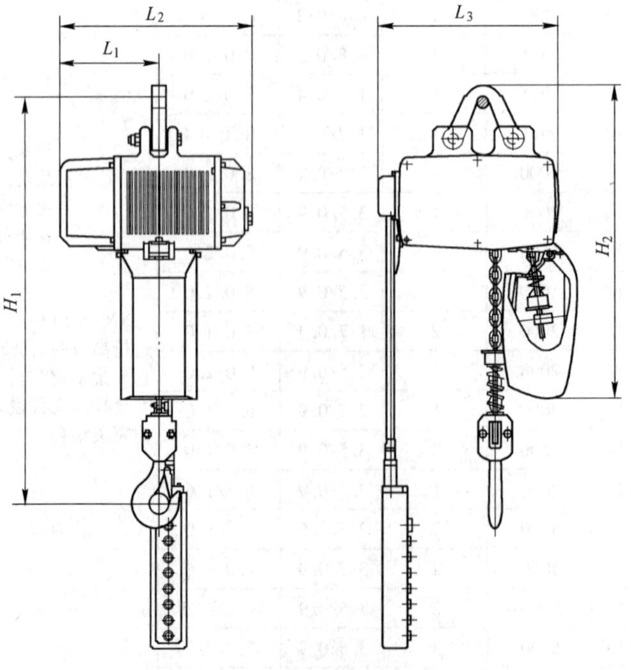

图 1.1.19　NLG 型环链电动葫芦

表 1.1.56 NLG 型环链电动葫芦主要技术参数（纽科伦(新乡)起重机有限公司 www.nucleon.com.cn）

起重量/t	型 号	起升速度/m·min^{-1}	电机功率/kW	起升高度/m	起重倍率	工作级别 FEM/ISO	外形尺寸/mm				
							L_1	L_2	L_3	H_1	H_2
0.5	NLG20500	2.0/8.0	0.18/0.75	3～8	1/1	1AM/M4	165	327	360	684	567
1	NLG31000	2.5/10	0.45/1.90		1/1	1BM/M3	196	375	460	747	588
2	NLG32000	1.25/5.0	0.45/1.90		2/1	1AM/M4	196	375	460	747	551
3	NLG33000	1.25/5.0	0.75/3.0		2/1	1AM/M4	225	425	560	810	590
5	NLG35000	1.25/5.0	1.2/4.8		2/1	1AM/M4	266	520	680	880	600

表 1.1.57 SSDHL 型环链电动葫芦（单速）主要技术参数（江苏佳力起重机械制造有限公司 www.txk.cc）

型 号	SSDHL												
	0.5-01S	01-01S	1.5-01S	02-01S	02-02S	03-01S	03-02S	05-02S	7.5-03S	10-04S	15-06S	25-10S	50-20S
额定载荷/t	0.5	1	1.5	2	2	3	3	5	7.5	10	15	25	50
起升速度/m·min^{-1}	7.2	6.6	8.8	6.6	3.3	5.4	4.4	2.7	1.8	2.7	1.8	1.1	0.54
电机功率/kW	0.8	1.5	3.0	3.0	1.5	3.0	3.0	3.0	3.0	3.0×2	3.0×2	3.0×2	3.0×2
转速/r·min^{-1}	1440												
电机绝缘等级	F												
工作电压	3-phase 380V 50Hz												
控制电压	24V、36V、48V												
链条回数	1	1	1	1	2	1	2	2	3	4	6	10	20
链条规格	ϕ6.3	ϕ7.1	ϕ10.0	ϕ10.0	ϕ7.1	ϕ11.2	ϕ10.0	ϕ11.2	ϕ11.2	ϕ11.2	ϕ11.2	ϕ11.2	ϕ11.2

表 1.1.58 SSDHL 型环链电动葫芦（双速）主要技术参数（江苏佳力起重机械制造有限公司 www.txk.cc）

型 号	SSDHL												
	0.5-01D	01-01D	1.5-01D	02-01D	02-02D	03-01D	03-02D	05-02D	7.5-03D	10-04D	15-06D	25-10D	50-20D
额定载荷/t	0.5	1	1.5	2	2	3	3	5	7.5	10	15	25	50
起升速度/m·min^{-1}	7.2/2.4	6.9/2.3	9.0/3.0	6.9/2.3	3.3/1.1	5.4/1.8	4.5/1.5	2.7/0.9	1.8/0.6	2.7/0.9	1.8/0.6	1.2/0.4	0.54/0.18
电机功率/kW	0.8/0.27	1.8/0.6	3.0/1.0	3.0/1.0	1.8/0.6	3.0/1.0	3.0/1.0	3.0/1.0	3.0/1.0	3.0×2/1.0×2	3.0×2/1.0×2	3.0×2/1.0×2	3.0×2/1.0×2
转速/r·min^{-1}	2880/960												
电机绝缘等级	F												
工作电压	3-phase 380V 50Hz												
控制电压	24V、36V、48V												
链条回数	1	1	1	1	2	1	2	2	3	4	6	10	20
链条规格	ϕ6.3	ϕ7.1	ϕ10.0	ϕ10.0	ϕ7.1	ϕ11.2	ϕ10.0	ϕ11.2	ϕ11.2	ϕ11.2	ϕ11.2	ϕ11.2	ϕ11.2

挂钩式环链电动葫芦如图 1.1.20 所示，运行式环链电动葫芦如图 1.1.21 所示。

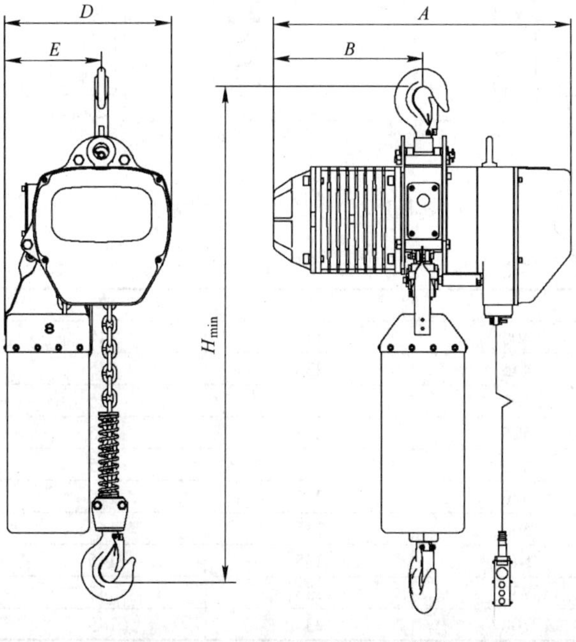

图 1.1.20 挂钩式环链电动葫芦

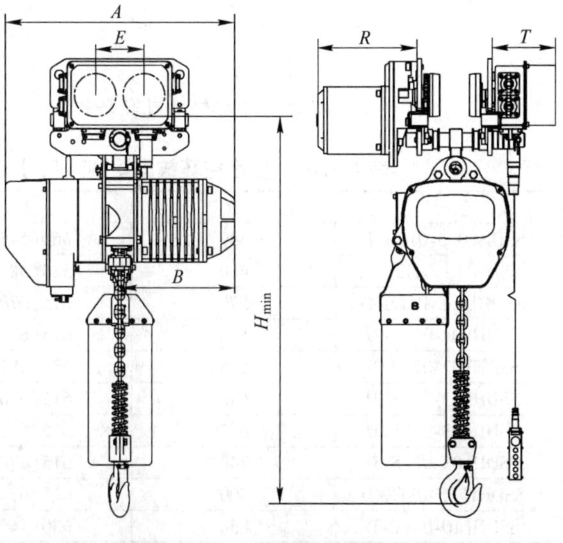

图 1.1.21 运行式环链电动葫芦

表 1.1.59　挂钩式环链电动葫芦尺寸规格（江苏佳力起重机械制造有限公司　www.txk.cc）

型　号	*H*	*A*	*B*	*D*	*E*
SSDHL0.5-01S/D	530	460(545)	230(260)	288	178
SSDHL01-01S/D	650	520(582)	260(280)	300	176
SSDHL1.5-01S/D	800	615(670)	295(315)	430	265
SSDHL02-01S/D	800	615(670)	295(315)	430	265
SSDHL02-02S/D	835	520(582)	260(280)	300	236
SSDHL2.5-01S/D	845	615(670)	295(315)	430	265
SSDHL03-01S/D	845	615(670)	295(315)	430	265
SSDHL03-02S/D	950	615(670)	295(315)	430	320
SSDHL05-02S/D	1030	615(670)	295(315)	430	325

注：括号内为双速葫芦尺寸；S—单速；D—双速。

表 1.1.60　运行式环链电动葫芦尺寸规格（江苏佳力起重机械制造有限公司　www.txk.cc）

型　号	*H*	*A*	*B*	*E*	*R*	*T*
SSDHL0.5-01S/D	635	460(545)	230(260)	111	235	145
SSDHL01-01S/D	650	520(582)	260(280)	111	235	145
SSDHL1.5-01S/D	770	615(670)	295(315)	127	235	145
SSDHL02-01S/D	770	615(670)	295(315)	127	235	145
SSDHL02-02S/D	815	520(582)	260(280)	127	235	145
SSDHL2.5-01S/D	830	615(670)	295(315)	140	235	145
SSDHL03-01S/D	830	615(670)	295(315)	140	235	145
SSDHL03-02S/D	930	615(670)	295(315)	140	235	145
SSDHL05-02S/D	1015	615(670)	295(315)	156	235	145

注：括号内为双速葫芦尺寸；S—单速；D—双速。

低净空环链电动葫芦如图 1.1.22 所示，双钩环链电动葫芦如图 1.1.23 所示。

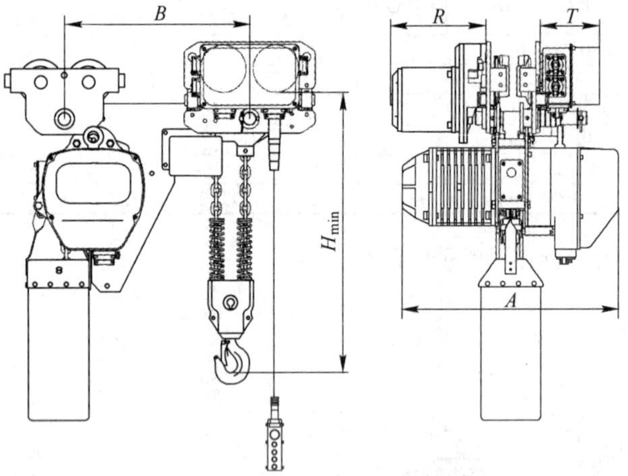

图 1.1.22　低净空环链电动葫芦

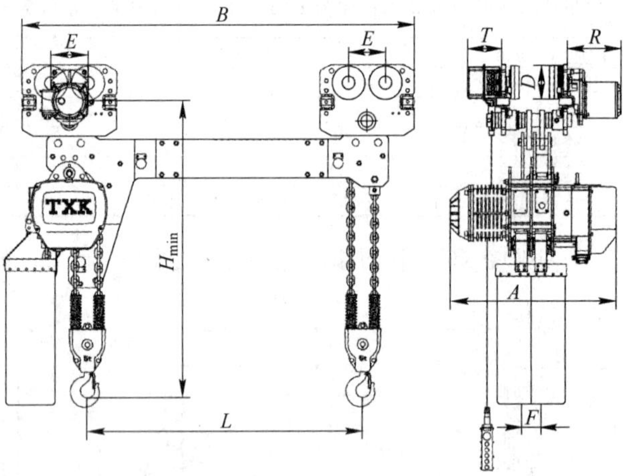

图 1.1.23　双钩环链电动葫芦

表 1.1.61　低净空环链电动葫芦尺寸规格（江苏佳力起重机械制造有限公司　www.txk.cc）

型　号	*H*	*A*	*B*	*R*	*T*
SSDHL0.5-01LS/D	440	460(545)	400	235	145
SSDHL01-01LS/D	480	520(582)	445	235	145
SSDHL1.5-01LS/D	570	615(670)	505	235	145
SSDHL02-01LS/D	570	615(670)	505	235	145
SSDHL02-02LS/D	535	520(582)	445	235	145
SSDHL03-01LS/D	640	615(670)	526	235	145
SSDHL03-02LS/D	685	615(670)	503	235	145
SSDHL05-02LS/D	740	615(670)	541	235	145
SSDHL7.5-03LS/D	900	615(670)	730	235	145
SSDHL10-04LS/D	850	630(740)	700	235	145

注：括号内为双速葫芦尺寸；S—单速；D—双速。

表 1.1.62　双钩环链电动葫芦主要技术参数（江苏佳力起重机械制造有限公司　www.txk.cc）

型　号	额定载荷 /t	起升速度 /m·min^{-1}	电机功率 /kW	转速 /r·min^{-1}	电机绝缘等级	工作电压	控制电压	链条回数	链条规格
SSDHL0.25t+0.25t	0.5	7.2	0.8	1440	F	3-phase 380V 50Hz	24V 36V 48V	2×1	ϕ6.3
SDHL0.5t+0.5t	1	6.6	1.5					2×1	ϕ7.1
SSDHL1t+1t	2	6.6	3.0					2×1	ϕ10.0
SSDHL1.5t+1.5t	3	5.4	3.0					2×1	ϕ10.0
SSDHL2.5t+2.5t	5	2.7	3.0					2×2	ϕ11.2

表 1.1.63　双钩环链电动葫芦尺寸规格及主要技术参数（江苏佳力起重机械制造有限公司　www.txk.cc）

型　号	*H*	*A*	*B*	*D*	*E*	*R*	*T*	*F*
SSDHL0.25t+0.25t	675	530	*L*+320	95	111	235	145	62
SSDHL0.5t+0.5t	665	600	*L*+320	95	111	235	145	68
SSDHL1t+1t	800	705	*L*+330	110	127	235	145	90
SSDHL1.5t+1.5t	840	705	*L*+340	125	140	235	145	90
SSDHL2.5t+2.5t	1100	705	*L*+500	140	156	235	145	90

TCMD 型天车马达如图 1.1.24 所示。

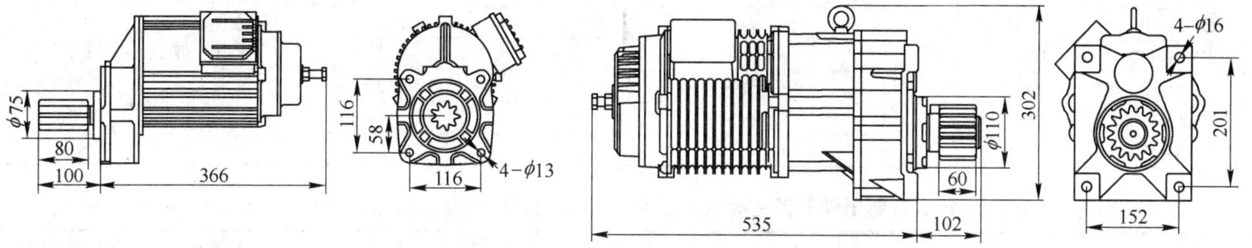

图 1.1.24　TCMD 型天车马达

表 1.1.64　TCMD 型天车马达主要技术参数（江苏佳力起重机械制造有限公司　www.txk.cc）

型　号	功率/kW	级数/P	减速比	输出转速/r·min^{-1}		电压/V	输出齿模数	输出齿齿长 /mm
				50Hz	60Hz			
TCMD-0.37	0.37	6	6.5∶1	153	183	380	M3、M4	80
TCMD-0.6	0.6	6	6.5∶1	153	183	380	M3、M4	80
TCMD-0.75	0.75	4	7.7∶1	189	228	380	M3、M4、M5	80
TCMD-1.1	1.1	4	13∶1	112	135	380	M4、M5、M6	80
TCMD-1.5	1.5	4	16∶1	92	110	380	M4、M5、M6	80
TCMD-2.2	2.2	4	16∶1	92	110	380	M4、M5、M6	80

CB-B 型手拉葫芦如图 1.1.25 所示。

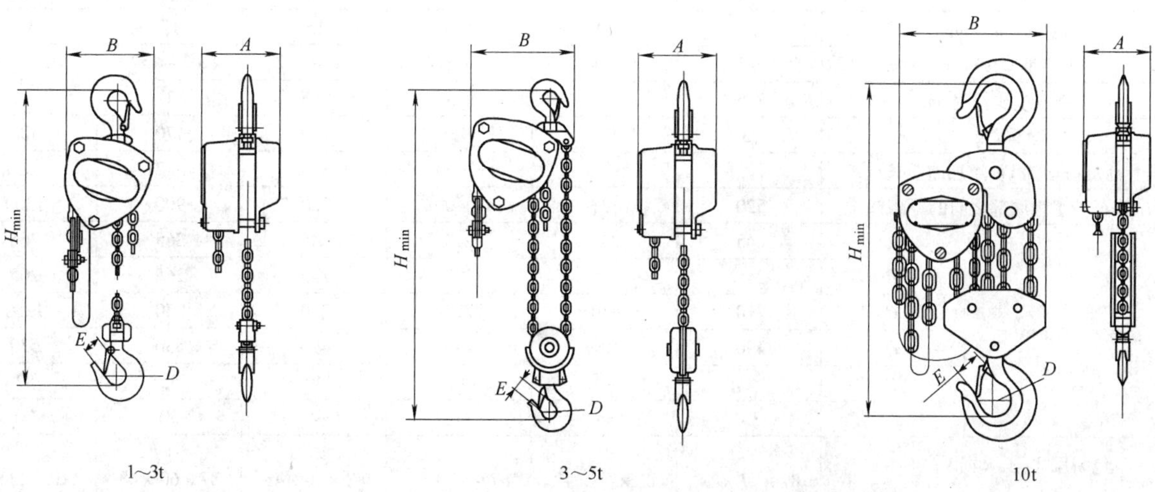

图 1.1.25　CB-B 型手拉葫芦

表 1.1.65 CB-B 型手拉葫芦主要技术参数（江苏佳力起重机械制造有限公司 www.txk.cc）

起重量/kg		250	500	1000	1500	2000	3000	3000	5000	10000	20000
起重链	行 数	1	1	1	1	1	1	2	2	4	8
	直径×节距/mm×mm	4×12	5×15	6×18	7×21	8×24	10×30	7×21	9×27	9×27	9×27
净重(不含链条)/kg		235	240	250	265	335	363	260	360	380	620
手拉力/N		4	4.8	6.8	11.8	12.1	21.2	14.7	24.5	48.8	80
起升高度 3m 链条质量/kg		1.2	1.8	2.6	3.5	4.4	6.9	7	11.3	22.6	45.2
主要尺寸/mm	*A*	114	132	151	173	175	176	190	189	189	215
	B	121	148	172	196	210	230	250	280	483	650
	E	21	30	30	36	36	40	40	50	65	85
	D	31	35	37	45	45	50	50	64	80	95
	H_{min}	280	345	376	442	470	565	600	688	780	880

表 1.1.66 HHXG 系列环链电动葫芦主要技术参数（常熟海鸥起重机械有限公司 www.cn-seagull.com）

型 号	起重量/kg	链条行数	输入电压/V	电机功率/kW	起升速度/m·min^{-1}	技 术 特 点
HHXG205	500	1	220	0.8	5.2	采用钢板结构，强度高，维护方便。 采用五槽链轮，运行平稳
HHXG210	1000	1		1.2	5.2	
HHXG220	2000	2		1.2	2.6	
HHXG230	3000	3		1.2	1.7	
HHXG305	500	1	380	0.8	6.3	
HHXG310	1000	1		1.6	6.3	
HHXG320	2000	2		1.6	3.2	
HHXG330	3000	3		1.6	2.1	
HHXG350	5000	5		1.6	1.3	

表 1.1.67 运行式环链电动葫芦主要技术参数（江苏欧玛机械有限公司 www.oumahoist.com）

型 号		HH-B×0.5	HH-B×10	HH-B×20	HH-B×30	HH-B×50	HH-B×100
额定载荷/t		0.5	1	2	3	5	10
起升速度/m·min^{-1}		7	7	3.5	2.3	2.6	2.6
运行电动功率/kW		0.2	0.2	0.3	0.4	0.4	0.4×2
提升电动功率/kW		0.8	1.6	1.6	1.6	3	3×2
电 源		380V 50Hz					
控制电压/V		24					
绝缘等级		F					
负载持续率/%		40					
链条规格			ϕ7.1×21			ϕ9×27	
链条行数		1	1	2	3	3	6
工作级别		M4	M4	M4	M3	M3	
试验载荷/t		0.625	1.25	2.5	3.75	6.25	12.5
运行速度/m·min^{-1}		20	20	20	15	15	15
工字钢宽度/mm		74~124	74~124	74~124	102~152	102~152	102~152
控制电缆线长度/m		2.5	2.5	2.5	2.5	3	3
净重/kg		83	90	95	130	170	400
提升高度每增加 1m 增加的质量/kg		1.1	1.1	2.2	3.3	5.2	10.4
下吊钩至工字钢底部之间的距离/mm		520	520	640	720	900	1200
主要尺寸/mm	*A*	245	245	245	245	265	265
	B	245	245	245	245	265	265
	C	710	710	710	710	950	1250
	D	490	490	490	490	530	530
	E	40	40	40	40	52	82
	F	34	34	40	45	50	70
包装尺寸(长×宽×高)/cm×cm×cm		87×47×42	87×47×42	87×47×42	87×56×45	87×60×48	110×80×80

表 1.1.68 DHS 型快速环链电动葫芦主要技术参数（江苏启江起重设备有限公司 www.dlqzjx.com）

额定载荷/t	实验载荷/t	电机功率/kW	电源	提升速度/m·min^{-1}	起重链条行数	标准起升高度/m	圆钢直径/mm	主要尺寸/mm				净重/kg	装箱尺寸/cm×cm×cm	起重高度每增加1m所增加的质量/kg
								A	*B*	*C*	*H*			
1	1.5	0.3	380V 50Hz	2.25	1	2.5	6	200	230	28	290	20	33×34×34	0.835
2	3	0.3	380V 50Hz	1.85	2	2.5	6	200	230	34	400	24	33×34×34	1.67
3	4.5	0.5	380V 50Hz	1.1	2	3	8	235	240	38	470	31	33×34×34	2.92
5	6.25	0.75	380V 50Hz	0.9	2	3	10	235	262	48	640	54	43×36×43	4.52
10	12.5	0.75	380V 50Hz	0.45	4	3	10	380	262	64	700	88	50×50×43	9.04
20	25	0.75	380V 50Hz	0.45	8	3	10	600	262	82	1000	195	72×72×85	18.08

表 1.1.69 DHK 环链电动葫芦主要技术参数（江苏启江起重设备有限公司 www.dlqzjx.com）

型 号	DHK0.5-01	DHK1-01	DHK1-02	DHK2-01	DHK2-02	DHK3-02	DHK5-03	DHK10-04	DHK20-08
额定起重量/t	0.5	1	1	2	2	3	5	10	
试验载荷/t	0.75	1.25	1.25	2.5	2.5	3.75	6.25	12.5	
电 源									
电机功率/kW	0.4	0.8	0.4	1.1	0.8	1.1	1.5	1.8	
提升速度/m·min^{-1}	6	5.5	3	5	3	2.5	2	1.5	
链条行数	1	1	2	1	2	2	3	4	8
链条直径/mm	6	8	6	10	8	10	10	10	
两钩间最小距离/mm	260	280	300	360	380	470	600		
标准提升高度/m	6								
净重/kg	38	45	42	48	50	55	62	100	
毛重/kg	39	46	43	49	51	56	64	103	
每增高1m增加质量/kg	0.4	0.9	0.82	1.5	1.7	2.9	4.42	8.84	
包装尺寸(长×宽×高)/cm×cm×cm	40×32×32	40×32×32	40×32×32	58×35×35					

表 1.1.70 HH-B 型单速环链电动葫芦主要技术参数（江苏启江起重设备有限公司 www.dlqzjx.com）

型 号		HH-B025	HH-B05	HH-B10	HH-B20	HH-B30	HH-B30S	HH-B50	HH-B100
额定载荷/t		0.25	0.5	1	2	3	3	5	10
标准提升高度/m		3	3	3	3	3	3	3	3
起升速度/m·min^{-1}		8	7	7	3.5	2.3	4	2.6	2.6
电机功率/kW		0.45	0.8	1.6	1.6	1.6	3.0	3.0	2×3.0
电 源		3-Phase/380V 50Hz							
绝缘等级		F							
负载持续率/%		40							
链条规格		ϕ5×15	ϕ7.1×21				ϕ9×27		
链条行数		1	1	1	2	3	2	3	6
实验载荷/t		0.31	0.625	1.25	2.5	3.75	3.75	6.25	12.5
控制电缆线长度/m		2.5	2.5	2.5	2.5	2.5	2.5	2.5	3
净重/kg		25	50	55	60	65	78	100	260
提升高度增加1m所增质量/kg		0.55	1.1	1.1	2.2	3.3	3.5	5.3	10.6
最小钩间距离/mm		430	500	520	630	710	800	850	1150
主要尺寸/mm	*A*	210	245	245	245	245	265	265	265
	B	210	245	245	245	245	265	265	265
	C	116	158	158	124	124	127	127	338
	D	104	142	142	176	176	205	205	338
	E	262	350	350	350	350	393	393	800
	F	500	600	600	610	620	738	738	950

表 1.1.71 KOIO 环链电动葫芦主要技术参数（江苏启江起重设备有限公司 www.dlqzjx.com）

型号	起重量/t	起升速度/m·min^{-1}	起升电机					运行电机						工字钢梁轨道/mm
			功率/kW	转速/r·min^{-1}	相数	电压/V	频率/Hz	功率/kW	转速/r·min^{-1}	运行速度/m·min^{-1}	相数	电压/V	频率/Hz	
HHBB 01-01	1	6.8	1.5	1440	3	380	50	0.4	1440	11/21	3	380	50	68～130
HHBB 02-02	2	3.4	1.5	1440	3	380	50	0.4	1440	11/21	3	380	50	82～153
HHBB 03-01	3	5.6	3.0	1440	3	380	50	0.75	1440	11/21	3	380	50	82～153
HHBB 03-02	3	4.4	3.0	1440	3	380	50	0.75	1440	11/21	3	380	50	82～153
HHBB 05-02	5	2.8	3.0	1440	3	380	50	0.75	1440	11/21	3	380	50	100～178

1～20t DHT-Z 电动环链提升机如图 1.1.26 所示。

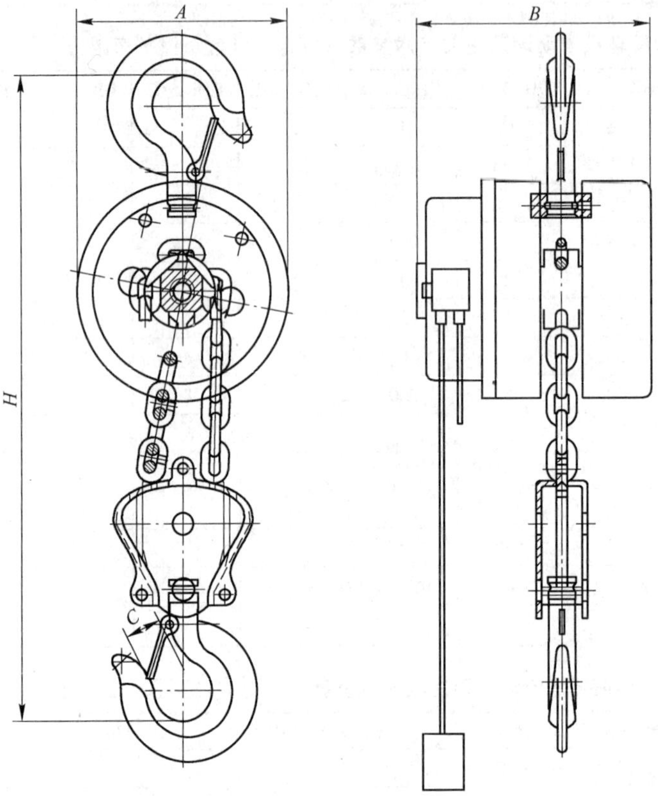

图 1.1.26 1～20t DHT-Z 电动环链提升机

表 1.1.72 1～20t DHT-Z 电动环链提升机主要技术参数（浙江五一机械厂有限公司 www.ZJ51.com）

型号	额定载荷/t	实验载荷/t	电机型号	电机功率/kW	开关类型	电源	提升速度/m·min^{-1}	两钩间最小距离/mm	其中链行数	标准提升高度/m	起重链圆钢直径/mm	主要尺寸/mm				净重/kg	装箱毛重/kg	装箱尺寸/cm×cm×cm	起重高度每增加1m所增加的质量/kg
												A	B	C	H				
DHT-Z1	1	1.5	YHHP	0.3	防雨型直控开关	380V 50Hz	1.33	270	1	2.5	6	200	230	28	290	20	26	33×34×34	0.835
DHT-Z1.5	1.5	2.25	YHHP	0.5		380V 50Hz	1.33	350	1	2.5	8	235	240	34	370	26	32	33×34×34	1.46
DHT-Z2	2	3	YHHP	0.3		380V 50Hz	0.67	380	2	2.5	6	200	230	34	400	24	30	33×34×34	1.67
DHT-Z3	3	4.5	YHHP	0.5		380V 50Hz	0.67	470	2	3	8	235	240	38	470	31	37	33×34×34	2.92
DHT-Z5	5	6.25	YHHP	0.75		380V 50Hz	0.53	600	2	3	10	235	262	48	640	54	65	43×36×43	4.52
DHT-Z8	8	10	YHHP	0.5		380V 50Hz	0.23	650	3	3	10	235	262	82	650	82	96	50×50×43	6.84
DHT-Z10	10	12.5	YHHP	0.75		380V 50Hz	0.26	700	4	3	10	235	262	64	700	88	102	50×50×43	9.04
DHT-Z20	20	25	YHHP	0.75		380V 50Hz	0.26	1000	8	3	10	235	262	82	1000	195	235	72×72×85	18.08

5～20t DHT-M 电动环链提升机如图 1.1.27 所示。

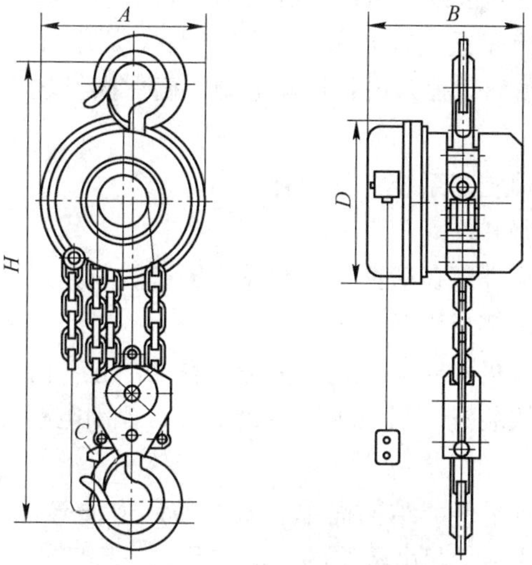

图 1.1.27 5～20t DHT-M 电动环链提升机

表 1.1.73 5～20t DHT-M 电动环链提升机主要技术参数（浙江五一机械厂有限公司 www.ZJ51.com）

型号	额定载荷/t	实验载荷/t	电机型号	电机功率/kW	开关类型	电源	提升速度/m·min^{-1}	两钩间最小距离/mm	其中链行数	标准提升高度/m	起重链圆钢直径/mm	主要尺寸/mm					净重/kg	装箱毛重/kg	装箱尺寸/cm×cm×cm	起重高度每增加1m所增加的质量/kg
												A	B	C	D	H				
DHT-M5	5	6.25	YHHP	0.5	防雨型直控开关	380V 50Hz	0.18	600	2	3	10	240	262	48	240	640	53.5	65	72×72×85	4.52
DHT-M8	8	10	YHHP	0.5		380V 50Hz	0.12	650	1	3	10	240	262	64	240	700	73	87	50×50×43	6.84
DHT-M10	10	12.5	YHHP	0.3		380V 50Hz	0.09	700	2	3	10	240	262	64	240	700	24	30	33×34×34	1.67
DHT-M20	20	25	YHHP	0.5		380V 50Hz	0.09	1000	2	3	10	240	262	64	240	1000	31	37	33×34×34	2.92

生产厂商：科尼起重机设备（上海）有限公司，江苏欧玛机械有限公司，纽科伦（新乡）起重机有限公司，常熟市海鸥起重机械有限公司，浙江五一机械有限公司，江苏启江起重设备有限公司，江苏佳力起重机械制造有限公司。

1.1.4.3 单相微型电动葫芦

A 概述

微型电动葫芦又称为民用电动葫芦或小型电动葫芦。微型电动葫芦最小起重量是100kg，最大起重量是1000kg。单钩提升高度最高可至25m。双钩最高可提升至12m。特别适用于高层楼房的住户能方便地从楼下吊起不方便人工搬运的生活用品，并适用于各种场合吊卸小件货物。加上其安装方便和单相电220V作为动力源，用途十分广泛。这种民用电动葫芦被广泛应用于机械制造、电子、汽车、造船、工件总装以及高新技术工业区等现代化工业的生产线、流水线、装配机、物流输送等场合。

B 主要结构

起重电机：该电机为傍磁式单向电容电机，采用B级绝缘，电机设计有停转即制动傍磁机构，安全可靠。

减速箱：采用二级减速装置，齿轮、轴采用优质钢制造，经调质处理。电机与减速箱构成一体，壳体采用合金压铸而成，结构紧凑耐用美观。

绳筒、底架：绳筒用优质钢板冲压成形与钢管焊接而成，装于输出轴上，转动钢丝绳吊物件。底架采用优质钢板冲压、焊接而成。作支撑整体提升机及固定之用。

吊钩：选用环眼单钩式吊钩，起重额定质量；选用活轮式吊钩，起重量增加一倍。

开关、电器：操纵形状为二挡按钮收式开关。手按向上（提升），手按向下（下降），复位时停止。同时上升物件到限位时，限位器拨动行程开关，切断电源，确保操作之安全。

C 主要特点

(1) 高效、质轻电机，无石棉刹车系统，低能耗。

(2) 冲压钢构壳体，轻巧而坚硬。

(3) 高强度安全吊钩，承受意外超负荷冲击不会发生断裂，只是逐渐变形。

(4) 轻巧、美观而耐用的塑制链袋。

(5) 极限开关：吊上吊下都有极限开关装置，使电机自动停止，防止链条超出，确保安全。

(6) 逆相保护装置：特殊电线装置，当电源连线错误时，控制电路无法动作。

D 主要用途

由于微型电动葫芦体积小、质量轻、结构简单、安装使用方便等优势，被用于各种场合吊卸小件货物，特别适用于高层楼房的住户使用，起吊较重的生活用品。

这种新型的微型电动葫芦还被广泛应用于机械制造、电子、汽车、造船、工件总装以及高新技术工业区等现代化工业的生产线、流水线、装配机、物流输送等场合。

微型电动葫芦对在仓库、码头、配料、吊篮和空间较窄小的工作场地作业，更能显示出它的优良品质，是定柱式、墙壁式旋臂起重机的最佳配套产品。

E 主要技术性能参数

主要技术性能参数见表1.1.74～表1.1.80。

表1.1.74 悬挂式微型电动葫芦主要技术参数（保定三龙起重机械有限公司 www.hbsanlong.com）

型号	HXS-100F	HXS-150F	HXS-200F	HXS-250F
额定载荷/kg	100	150	200	250
额定电压/V	AC 100/110/120/220/230/240 50/60Hz			
输入功率/W	580	780	1050	1200
钢丝绳直径/mm	ϕ3.8		ϕ4.2	
起升速度/m·min^{-1}	15		12	
起升高度/m	20			
包装尺寸/mm×mm×mm	430×370×370			
毛重/净重/kg	28/27		30/29	

表1.1.75 微型电动葫芦PA200～PA990主要技术参数（保定三龙起重机械有限公司 www.hbsanlong.com）

型号	HGS-B200-PA200		HGS-B250-PA250		HGS-B300-PA300		HGS-B400-PA400		HGS-B500-PA500		HGS-B600-PA600		HGS-B700-PA700		HGS-B800-PA800		HGS-B1000-PA990	
使用方法	单钩	双钩	单钩	双钩	单钩	双钩	单钩	双钩	单钩	双钩	单钩	双钩	单钩	双钩	单钩	双钩	单钩	双钩
额定电压/V	AC 220/230/240 50/60Hz																	
输入功率/W	480		510		600		950		1020		1200		1250		1300		1600	
额定起重量/kg	100	200	125	250	150	300	200	400	250	500	300	600	350	700	400	800	500	1000
起升速度/m·min^{-1}	10	5	10	5	10	5	10	5	10	5	10	5	8	4	8	4	8	4
起升高度/m	12	6	12	6	12	6	12	6	12	6	12	6	12	6	12	6	12	6
每件数量（pcs）	2																1	
包装尺寸/mm×mm×mm	490×430×160						520×480×170						540×505×195				560×250×350	
毛重/净重/kg	26/24						37/35						41/39				35/33	

表 1.1.76 微型电动葫芦 PA200D～PA990D 技术参数（保定三龙起重机械有限公司 www.hbsanlong.com）

型号	HGS-B200-PA200D		HGS-B250-PA250D		HGS-B300-PA300D		HGS-B400-PA400D		HGS-B500-PA500D		HGS-B600-PA600D		HGS-B700-PA700D		HGS-B800-PA800D		HGS-B1000-PA990D	
使用方法	单钩	双钩	单钩	双钩	单钩	双钩	单钩	双钩	单钩	双钩	单钩	双钩	单钩	双钩	单钩	双钩	单钩	双钩
额定电压/V	AC 220/230/240 50/60Hz																	
输入功率/W	480		540		600		950		1020		1200		1250		1300		1500	
额定起重量/kg	100	200	125	250	150	300	200	400	250	500	300	600	350	700	400	800	500	990
起升速度/m·min^{-1}	10	5	10	5	10	5	10	5	10	5	10	5	8	4	8	4	8	4
起升高度/m	12	6	12	6	12	6	12	6	12	6	12	6	12	6	12	6	12	6
每件数量（pcs）	2																1	
包装尺寸/mm×mm×mm	490×425×155						525×450×165						540×505×170				620×240×350	
毛重/净重/kg	24/22						36/34						38/36				33/32	

表 1.1.77 微型电动葫芦 PA200B～PA600B 主要技术参数（保定三龙起重机械有限公司 www.hbsanlong.com）

型号	HGS-B200-PA200B		HGS-B400-PA400B		HGS-B600-PA600B	
使用方法	单钩	双钩	单钩	双钩	单钩	双钩
额定电压/V	AC 100/110/120/220/230/240 50/60Hz					
输入功率/W	510		980		1200	
额定起重量/kg	100	200	200	400	300	600
起升速度/m·min^{-1}	10	5	10	5	10	5
起升高度/m	12	6	12	6	12	6
每件数量（pcs）	2					
包装尺寸/mm×mm×mm	470×370×180		520×450×230			
毛重/净重/kg	24/22		35/33			

表 1.1.78 微型电动葫芦 PA200A～PA1200A 主要技术参数（保定三龙起重机械有限公司 www.hbsanlong.com）

型号	HGS-B200-PA200A		HGS-B250-PA250A		HGS-B300-PA300A		HGS-B400-PA400A		HGS-B500-PA500A		HGS-B600-PA600A		HGS-B700-PA700A		HGS-B800-PA800A		HGS-B1000-PA1000A		HGS-B1200-PA1200A	
使用方法	单钩	双钩	单钩	双钩	单钩	双钩	单钩	双钩	单钩	双钩	单钩	双钩	单钩	双钩	单钩	双钩	单钩	双钩	单钩	双钩
额定电压/V	AC 220/230/240 50/60Hz																			
输入功率/W	480		510		600		950		1020		1200		1250		1300		1600		1800	
额定起重量/kg	100	200	125	250	150	300	200	400	250	500	300	600	350	700	400	800	500	1000	600	1200
起升速度/m·min^{-1}	10	5	10	5	10	5	10	5	10	5	10	5	8	4	8	4	8	4	8	4
起升高度/m	12	6	12	6	12	6	12	6	12	6	12	6	12	6	12	6	12	6	12	6
每件数量（pcs）	2																1			
包装尺寸/mm×mm×mm	470×370×160				520×420×170												560×250×350			
毛重/净重/kg	24/22		25/23		35/33						39/37						33/32			

表 1.1.79 微型电动葫芦主要技术参数（保定三龙起重机械有限公司 www.hbsanlong.com）

产品型号	使用方法	额定电压/V	输入功率/W	额定起重量/kg	起升速度/m·min^{-1}	起升高度/m	每件数量（pcs）	包装尺寸/cm×cm×cm	毛重/净重/kg
HGS-B200-PA200A	单钩	220/230	480	100	10	12	2	47×37×16	24/22
	双钩			200	5	6			
HGS-B250-PA250A	单钩	220/230	510	125	10	12	2	47×37×16	24/22
	双钩			250	5	6			

续表 1.1.79

产品型号	使用方法	额定电压/V	输入功率/W	额定起重量/kg	起升速度/m·min⁻¹	起升高度/m	每件数量(pcs)	包装尺寸/cm×cm×cm	毛重/净重/kg
HGS-B300-PA300A	单钩	220/230	600	150	10	12	2	47×37×16	25/23
	双钩			300	5	6			
HGS-B400-PA400A	单钩	220/230	950	200	10	12	2	52×42×17	35/33
	双钩			400	5	6			
HGS-B500-PA500A	单钩	220/230	1020	250	10	12	2	52×42×17	35/33
	双钩			500	5	6			
HGS-B600-PA600A	单钩	220/230	1200	300	10	12	2	52×42×17	35/33
	双钩			600	5	6			
HGS-B700-PA700A	单钩	220/230	1250	350	8	12	2	52×45×17	39/37
	双钩			700	4	6			
HGS-B800-PA800A	单钩	220/230	1300	400	8	12	2	52×45×17	39/37
	双钩			800	4	6			
HGS-B1000-PA1000A	单钩	220/230	1600	500	8	12	1	51×34×18	33/32
	双钩			1000	4	6			

表 1.1.80 微型电动葫芦主要技术参数（江苏启江起重设备有限公司 www.dlqzjx.com）

规 格		TD0.5	TD1
规定载荷/t		0.5	1.0
实验载荷/t		0.6	1.2
标准运行高度/m		3	3
运行速度/m·min⁻¹		13	13
电压/V		110/120/220/240 50/60Hz	110/120/220/240 50/60Hz
电机参数	功率/W	60	300
	转速/r·min⁻¹	1400	1400
能通过的最小弯道半径/m		1	1.5
推荐使用工字钢	工字钢型号	10~18	14~22
	轨宽/mm	68~94	90~110
净重/kg		14	17

生产厂商：保定三龙起重机械有限公司，江苏启江起重设备有限公司。

1.1.5 气动葫芦

1.1.5.1 概述

气动葫芦是目前世界上最理想的防爆起重设备。由于气动葫芦的防爆性能良好，被广泛地应用在石油/化工、煤矿/纺织、喷漆、物流、码头等易燃、易爆、高温、高粉尘、腐蚀性强的作业场所。由于它具有高频率，无级变速的特点，深受产量大，连续作业性强的汽车、拖拉机、电机、电冰箱等制造行业以及物流行业的青睐，是企业安全生产，提高效率、降低成本的必不可少的设备。特别是一些工业发达的国家明确规定，石油、化工、汽车、矿山等易燃易爆场合，必须强制使用气动葫芦。

1.1.5.2 产品分类与结构

气动葫芦有环链气动葫芦，超低型气动葫芦（低净空气动葫芦），迷你气动葫芦等。气动葫芦可配合防爆型手拉小车或气动小车组成移动式气动起重工具。

常用的气动葫芦有叶片式、活塞式和气缸式三种。汽缸式也是目前主流的；叶片式以德国 JDN 为代表；活塞式则有很多公司在生产，相比较，叶片式将成为今后的发展方向。

目前较普遍的是采用钢丝绳载重，也有用环链的气动葫芦，相对而言，环链的更加坚固耐用。

环链气动葫芦总共由三部分组成：

（1）起吊机构；（2）行走机构；（3）配气系统。

起吊机构包括气动马达、行星减速器、吊挂总成、制动器、起重链条、吊钩总成和主控阀。起吊机构通过控制主控阀，来实现起吊重物的升、降，通过开闭制动器达到起升、下降定位制动。环链气动葫芦确保起吊作业的安全，耶鲁气动葫芦起吊机构整体可固定使用，也可置于行走机构下方移动使用。

气动葫芦行走机构采用气动行走小车，由主动车轮、被动车轮、墙板组成，通过主控阀控制气动马达、行星减速器驱动主动车轮行走，实现起吊重物的水平移动。

配气系统是以压缩空气作为动力源，控制气路操纵葫芦的起升和行走。

1.1.5.3 主要特点

（1）定位精确：避免普通起重产品定位不精确的问题，能够将载重物定位精确到“厘米”。

（2）可调速度：在提升或下降时，可无级调速；运行速度快，是电动葫芦的 3 倍；手拉葫芦的 5 ~ 10 倍。

（3）操作简单：拉杆控制操作简单易于控制，在提升或下降时，可以迅速的响应手柄输出的动作。

（4）清洁环保、安全可靠：内部润滑系统消除了空气污染。适合在潮湿、高粉尘等特殊或恶劣的环境里工作。

（5）搬运省力：气动葫芦除了注重外形的美观，比电动葫芦体积小，质量轻，易于搬运，以及产品结构设计坚实，使得操作可靠、维护量小。

（6）过载保护：JM 气动葫芦在工艺上完全掌握了最关键性的制动器系统及低维护量的生产技术，避免载重物超载对产品造成损伤。

（7）断气保护：避免气源突然中断造成载重物突然掉落。使产品拥有更进一步的品质保证，从而消除了终端用户对遭受提升或者脱落带来的困扰。

（8）经久耐用：气动葫芦经久耐用，使用寿命比一般同类产品有明显延长。从而大幅度减少了最终用户对产品品质问题的投诉。

1.1.5.4 主要技术性能参数与应用

主要技术性能参数与应用见表 1.1.81 ~ 表 1.1.88。

表 1.1.81 QDH 型环链气动葫芦主要技术参数（北京双泰气动设备有限公司 www.bjshuangtai.com）

型号	QDH 5.0D	QDH 6.0D	QDH 10.0-4D	QDH 10.0S	QDH 12.0S	QDH 10.0D	QDH 12.5D	QDH 16.0-3D	QDH 20.0S	QDH 25.0-4D	QDH 25.0S	QDH 32.0-3D	QDH 50.0-4D
起重量/t	5.0	6.0	10.0	10.0	12.5	10.0	12.5	16.0	20.0	25.0	25.0	32.0	50.0
起升高度/m	0 ~ 20												
最大起升速度 /m·min^{-1}	1.6	1.4	0.35	0.8	0.7	1.2	1.0	0.5	0.6	0.35	0.5	0.4	0.25
最大下降速度 /m·min^{-1}	2.5	2.7	0.8	1.25	1.35	2.1	2.0	1.0	1.2	0.7	1.0	0.9	0.5
风压/MPa	0.6												
最大耗气量 /m^3·min^{-1}	3.4	3.4	2.9	3.4	3.4	4.7	4.7	3.4	4.7	3.4	4.7	3.4	4.7
参考质量/kg	90	110	140	150	150	160	160	180	190	240	240	280	350

表 1.1.82 气动钢丝葫芦主要技术参数（北京双泰气动设备有限公司 www.bjshuangtai.com）

型 号	QDG 0.10D	QDG 0.25S	QDG 0.25D	QDG 0.5S	QDG 0.5D	QDG 1.0S	QDG 1.0D	QDG 2.0S	QDG 3.0S	QDG 5.0S	QDG 10.0S
起重量/t	0.10	0.25		0.5		1.0		2.0	3.0	5.0	10.0
起升高度/m	0~60										
起升速度/m·min⁻¹	8	4	8	4	8	4	8	4	5	2.5	2
下降速度/m·min⁻¹	10	5	10	5	10	5	10	5	6	4	3
风压/MPa	0.6										
耗气量/m³·min⁻¹	0.5		1		1.2		1.5		2.1		2.5
参考质量/kg	10	18	22	30	36	42	48	52	120	210	260

QDH25.0 气动葫芦、小车安装及外形如图 1.1.28 所示。

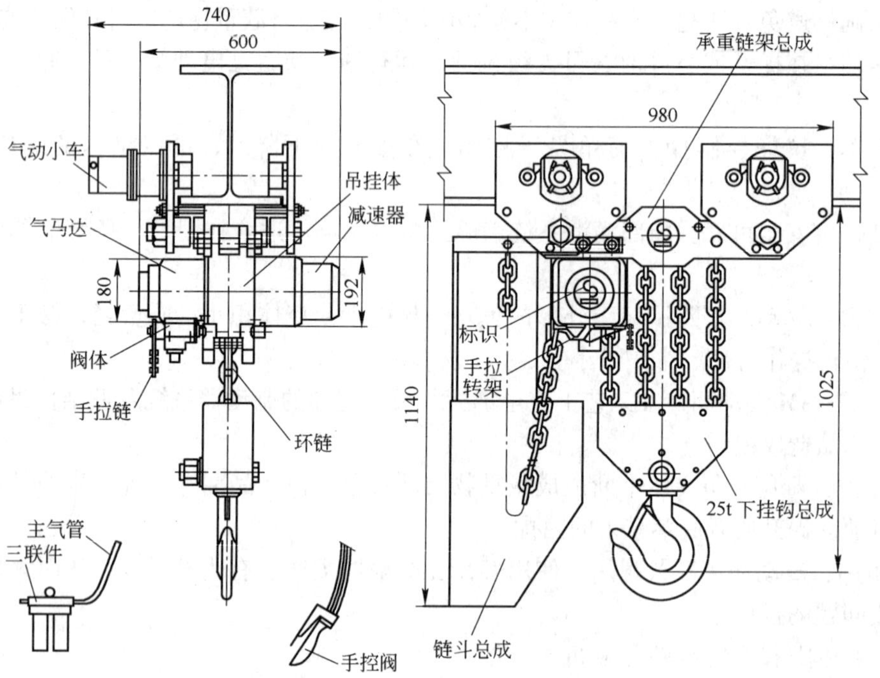

图 1.1.28 QDH25.0 气动葫芦、小车安装及外形

应用案例：山东枣庄矿务局，中国石油昆仑公司，中国石化仪征化纤股份公司，山西露安煤业集团，山东兖州矿务局，出口到欧美等国家。

表 1.1.83 125~250kg 气动葫芦主要技术参数（上海孚风机电设备有限公司 www.shfufeng.com.cn）

型 号	MINI125	MINI250	型 号	MINI125	MINI250
提升能力/kg	125	250	气管接头	G3/8″	G3/8″
链条数	1	1	管路尺寸（内径）/mm	9	9
马达输出功率/kW	0.4	0.4	标配质量（3m 提升高度）/kg	9.5	10.5
气压/bar	6	6	链条尺寸/mm	4×12	4×12
满载提升速度/m·min⁻¹	15	8	每米链条质量/kg	0.35	0.35
空载提升速度/m·min⁻¹	40	20	提升高度/m	3/5/8	3/5/8
满载下降速度/m·min⁻¹	30	16	控制线长度/m	2/4/6	2/4/6
空载下降速度/m·min⁻¹	24	12	带消声器满载噪声-提升/dB	79	79
满载耗气量-提升/m³·min⁻¹	0.5	0.5	带消声器满载噪声-下降/dB	80	80
满载耗气量-下降/m³·min⁻¹	0.7	0.7			

注：1bar=0.1MPa。

表 1.1.84 500～980kg 气动葫芦主要技术参数（上海孚风机电设备有限公司 www. shfufeng. com. cn）

型号	MINI500	MINI1000	型号	MINI500	MINI1000
提升能力/kg	500	980	气管接头	G1/2″	G1/2″
链条数	1	1	管路尺寸（内径）/mm	13	13
马达输出功率/kW	1.0	1.0	标配质量（3m 提升高度）/kg	21	23
气压/bar	6	6	链条尺寸/mm	7×21	7×21
满载提升速度/m·min⁻¹	10	5	每米链条质量/kg	1.1	1.1
空载提升速度/m·min⁻¹	20	10	提升高度/m	3/5/8	3/5/8
满载下降速度/m·min⁻¹	18	10	控制线长度/m	2/4/6	2/4/6
空载下降速度/m·min⁻¹	12	6	带消声器满载噪声-提升/dB	77	77

表 1.1.85 0.25～2t PROFI 气动葫芦主要技术参数（上海孚风机电设备有限公司 www. shfufeng. com. cn）

型号	025TI		05TI		1TI		2TI	
气压/bar	4	6	4	6	4	6	4	6
提升能力/t	0.16	0.25	0.32	0.5	0.63	1	1.25	2
链条数	1		1		1		2	
马达输出功率/kW	0.6	1	0.6	1	0.6	1	0.6	1
满载提升速度/m·min⁻¹	20	20	10	11	5	5.5	2.5	2.7
空载提升速度/m·min⁻¹	37.5	42	16	19	10	11	5	5.5
满载下降速度/m·min⁻¹	38	38	17	17	10	11	5	5.5
满载耗气量-提升/m³·min⁻¹	0.7	1.2	0.7	1.2	0.7	1.2	0.7	1.2
满载耗气量-下降/m³·min⁻¹	0.8	1.5	0.8	1.5	0.8	1.5	0.8	1.5
气管接头	G1/2″		G1/2″		G1/2″		G1/2″	
管路尺寸（内径）/mm	13		13		13		13	
标配质量（3m 提升高度）/kg	27		27		28		34	
链条尺寸/mm	7×21		7×21		7×21		7×21	
每米链条质量/kg	1		1		1		1	
标准提升高度/m	3		3		3		3	
标准控制线长度/m	2		2		2		2	
带消声器满载噪声-提升/dB	73	74	74	75	74	76	74	76
带消声器满载噪声-下降/dB	77	78	77	78	77	78	77	78

表 1.1.86 3～20t PROFI 气动葫芦主要技术参数（上海孚风机电设备有限公司 www. shfufeng. com. cn）

型号	3TI		6TI		10TI		16TI		20TI	
气压/bar	4	6	4	6	4	6	4	6	4	6
提升能力/t	3		6		10		16		20	
链条数	1		2		2		3		4	
马达输出功率/kW	1.8	3.5	1.8	3.5	1.8	3.5	1.8	3.5	1.8	3.5
满载提升速度/m·min⁻¹	2.5	5	1.2	2.5	0.8	1.6	0.5	1	0.4	0.7
空载提升速度/m·min⁻¹	6	10	3	5	2	3.2	1.3	2	1	1.4
满载下降速度/m·min⁻¹	7.5	10.8	3.6	5.4	2.5	3.4	1.6	2.1	1.2	1.6
满载耗气量-提升/m³·min⁻¹	2	4	2	4	2	4	2	4	2	4
满载耗气量-下降/m³·min⁻¹	3.5	5.5	3.5	5.5	3.5	5.5	3.5	5.5	3.5	5.5

续表 1.1.86

型　号	3TI		6TI		10TI		16TI		20TI	
气管接头	G3/4″		G3/4″		G3/4″		G3/4″		G3/4″	
管路尺寸（内径）/mm	19		19		19		19		19	
标配质量（3m 提升高度）/kg	86		110		156		240		285	
链条尺寸/mm	13×36		13×36		16×45		16×45		16×45	
每米链条质量/kg	3.8		3.8		5.8		5.8		5.8	
标准提升高度/m	3		3		3		3		3	
标准控制线长度/m	2		2		2		2		2	
带消声器满载噪声-提升/dB	74	78	74	78	74	78	74	78	74	78
带消声器满载噪声-下降/dB	79	80	79	80	79	80	79	80	79	80

表 1.1.87　25～100t PROFI 气动葫芦主要技术参数（上海孚风机电设备有限公司　www.shfufeng.com.cn）

型　号	25TI	30TI	37TI	40TI	50TI	60TI	75TI	100TI
气压/bar	6							
提升能力/t	25	30	37	40	50	60	75	100
链条数	2	2	3	3	4	4	4	4
马达输出功率/kW	6.3						10.0	10.0
满载提升速度/$m \cdot min^{-1}$	1.25	1.0	0.75	0.7	0.55	0.45	0.45	0.45
空载提升速度/$m \cdot min^{-1}$	2.4	2.4	1.7	1.7	1.3	1.3	0.85	0.7
满载下降速度/$m \cdot min^{-1}$	2.8	2.8	2.0	2.0	1.6	1.6	1.0	0.8
满载耗气量-提升/$m^3 \cdot min^{-1}$	6.5						11	11
满载耗气量-下降/$m^3 \cdot min^{-1}$	2.9						12	12
气管接头	G11/2″							
管路尺寸（内径）/mm	35							
标配质量（3m 提升高度）/kg	550	550	850	850	940	940	2550	2640
链条尺寸/mm	23.5×66						32×90	
每米链条质量/kg	12.2						21.3	
标准提升高度/m	3							
标准控制线长度/m	2							
带消声器满载噪声-提升/dB	78						88	
带消声器满载噪声-下降/dB	82						89	

表 1.1.88　JDN BBH 系列气动提升机技术参数（上海孚风机电设备有限公司　www.shfufeng.com.cn）

型　号	BBH 1000-1	BBH 2000-1	型　号	BBH 1000-1	BBH 2000-1
吊钩数量	1	1	满载耗气量-行走小车/$m^3 \cdot min^{-1}$	0.6	
气压/bar	6	6	气管接头	G1/2″	G1/2″
提升能力/t	1	2	管路尺寸（内径）/mm	13	13
链条数	1	2	标配质量（3m 提升高度）/kg	130	137
葫芦马达输出功率/kW	0.7		链条尺寸/mm	7×21	7×21
小车马达输出功率/kW	0.2		每米链条质量/kg	1	1
满载提升速度/$m \cdot min^{-1}$	3.7	1.7	标准提升高度/m	3	
空载提升速度/$m \cdot min^{-1}$	7.5	3.5	标准控制线长度/m	2	
满载下降速度/$m \cdot min^{-1}$	10	5	满载噪声-提升/dB	76	
满载耗气量-提升/$m^3 \cdot min^{-1}$	1.4		满载噪声-下降/dB	78	
满载耗气量-下降/$m^3 \cdot min^{-1}$	1.2		满载噪声-行走小车/dB	80	

生产厂商：北京双泰气动设备有限公司，上海孚风机电设备有限公司。

1.1.6 卷扬机

1.1.6.1 概述

卷扬机（又称绞车）是由人力或机械动力驱动卷筒、卷绕绳索来完成牵引工作的装置。可以垂直提升、水平或倾斜拽引重物。卷扬机分为手动卷扬机和电动卷扬机两种。电动卷扬机由电动机、联轴节、制动器、齿轮箱和卷筒组成，安装在机架上。对于起升高度和装卸量大工作频繁的情况，调速性能好，空钩可快速下降。对安装就位或敏感的物料，可用较小速度。

1.1.6.2 主要技术性能参数

主要技术性能参数见表 1.1.89 ~ 表 1.1.98。

表 1.1.89 智能卷扬起重机主要技术参数（科尼起重机设备(上海)有限公司 www.konecranes.com.cn）

项 目	起重量/kg	起重跨度/mm	起升高度/mm	起升速度/m · min^{-1}	技术特点	应用行业
起重机工作级别 A3/A4/A5/A6/A7/A8	6300 8000 10000 12500 15000 16000 20000 25000 28000 30000 32000 36000 40000 45000 50000 56000 63000 70000 80000 90000 100000 112000 140000 160000 200000 224000 250000 双小车 最大起重量 250000 + 250000	13500 16500 19500 22500 25500 28500 31500 34500 36500 38500 41500 46500 49500	9700 ~ 13300 13900 ~ 17000 18500 ~ 19900 20100 ~ 24700 24800 ~ 25900 26500 ~ 29800 30900 ~ 34400 37100 ~ 39800 40100 ~ 44900 49600 50200 51500 51800 53500 53600 53600 55600 56100 59000 61800 62300 64300 66900 69000 74500 74800 77800 80300 85800 100000 104000 112000 129000	全变频无极调速，ESR速度会提高至额定速度的1.2 ~ 2倍 0 ~ 1.9 0 ~ 2.5 0 ~ 3.0 0 ~ 3.8 0 ~ 5.1 0 ~ 6.0 0 ~ 7.6 0 ~ 8.0 0 ~ 9.6 0 ~ 11 0 ~ 12 0 ~ 13.3 0 ~ 14.3 0 ~ 15 0 ~ 16.6 0 ~ 19.3 0 ~ 22 0 ~ 24 0 ~ 25 0 ~ 33 0 ~ 33.9 0 ~ 38.7	更智能的起重核心：电机/齿轮箱/控制装置是SMARTON® 的机电核心。我们将此装置称为"更智能的起重核心"是因为它以套件形式工作，专为起重机设计制造。 作为一台全变频、PLC 控制的智能起重机，很多智能的选项是标配的，如：PLC 起升制动器打开监控、起升超速监控、制动器打滑监控，远程服务模块，SCM 智能控制模块，SDU 服务显示单元（在大车电控箱上智能触摸式控制屏）。 多种智能选项可供选择： （1）PLC 起升制动器打开监控； （2）PLC 起升超速监控； （3）起升制动器打滑监控； （4）远程服务模块； （5）ESR-扩展的起升速度； （6）双钩调平； （7）微动功能； （8）载荷零速浮动； （9）微速功能； （10）额外上/下极限位置； （11）防冲击保护功能； （12）防松绳保护； （13）起升同步； （14）大小车防摇摆； （15）工作区域； （16）终点定位； （17）目标定位； （18）PLC 区域保护； （19）轨道梁载荷限制； （20）起重机偏斜控制； （21）两车互动抬吊； （22）限位式-区域保护 EL13； （23）Dynareg-制动能量回馈； （24）可折叠小车维修平台； （25）SCM 智能控制模块； （26）SDU 服务显示单元； （27）起升重锤式限位	汽车行业、钢铁行业、风电行业、变压器、造纸行业

表 1.1.90 JM 系列电控慢速卷扬机主要技术参数（河南崇鹏起重集团有限公司 www.cpqz.com）

型　号	额定拉力/kN	平均绳速/m·min⁻¹	容绳量/m	钢丝绳直径/mm	电机型号	电机功率/kW	外形尺寸/mm×mm×mm	整机质量/kg
JM1	10	15	80	φ9	Y112M-6	2.2	740×690×490	270
JM1.6	16	16	115	φ12.5	Y132M-6	5.5	940×900×570	500
JM2	20	16	100	φ13	Y160M-6	7.5	940×900×570	550
JM3.2	32	9.5	150	φ15.5	YZR160M-6	7.5	1430×1160×910	1100
JM5	50	9.5	190	φ21.5	YZR160L-6	11	1620×1260×948	1800
JM8	80	8	250	φ26	YZR180L-6	15	2180×1460×850	2900
JM10	100	8	200	φ30	YZR200L-6	22	2280×1500×950	3800
JM12.5	125	10	300	φ34	YZR225M-6	30	2880×2200×1550	5000
JM16	160	10	500	φ37	YZR250M-8	37	3750×2400×1850	8800
JM20	200	10	600	φ43	YZR280M-8	45	3950×2560×1950	9900
JM25	250	9	700	φ48	YZR280M-8	55	4350×2800×2030	13500
JM32	320	9	700	φ52	YZR315S-8	75	4500×2850×2100	20000
JM50	500	8	800	φ60	YZR315M-8	90	4930×3050×2250	38000
JM65	650	10	2400	φ64	LA8315-8AB	160	5900×4680×3200	46000

表 1.1.91 JK 系列电控快速卷扬机主要技术参数（河南崇鹏起重集团有限公司 www.cpqz.com）

型　号	额定拉力/kN	平均绳速/m·min⁻¹	容绳量/m	钢丝绳直径/mm	电机型号	电机功率/kW	外形尺寸/mm×mm×mm	整机质量/kg
JK0.5	5	22	110	φ7.5	Y100L2-4	3	710×690×490	200
JK1	10	22	80	φ9.3	Y112M-4	4	710×610×410	300
JK1.6	16	24	115	φ12.5	Y132S-4	5.5	940×900×570	500
JK2	20	24	110	φ13	Y132M-4	7.5	940×900×570	550
JK3.2	32	30	250	φ15.5	YZR180L-6	15	1640×1430×820	1150
JK5	50	30	240	φ21.5	YZR225M-6	30	1900×1738×985	2500
JK8	80	30	210	φ26	YZR280S-8	45	1980×1790×1100	3500
JK10	100	30	300	φ30	YZR315S-8	55	2250×2500×1300	5100

表 1.1.92 JKL 手控快速溜放卷扬机主要技术参数（河南崇鹏起重集团有限公司 www.cpqz.com）

型　号	额定拉力/kN	平均绳速/m·min⁻¹	容绳量/m	钢丝绳直径/mm	电机型号	电机功率/kW	外形尺寸/mm×mm×mm	整机质量/kg
JKL2	20	30	150	φ13	Y180L-6	15	1370×1650×1210	1200
JKL3	30	30	200	φ15	Y200L-6	22	1690×1740×1200	1800
JKL5	50	30	250	φ21	Y225S-6	37	2300×2100×1650	3000
JKL6	60	36	250	φ24	Y280S-6	45	2350×2100×1650	3200
JKL8	80	29	250	φ26	Y280M-6	55	2440×2500×1800	5500
JKL10	100	29	250	φ28	Y315S-5	75	2590×2540×1800	5800

表 1.1.93 JMM 电控摩擦卷扬机主要技术参数（河南崇鹏起重集团有限公司 www.cpqz.com）

型　号	钢丝绳额定拉力/kN	钢丝绳额定速度/m·min⁻¹	钢丝绳直径/mm	卷筒容绳量/m	电机型号	电机功率/kW	外形尺寸/mm			整机质量/kg
							长	宽	高	
JMM3	30	8	φ15.5	150	YZR160L-8	7.5	1590	1460	930	1050
JMM5	50	9	φ21.5	250	YZR180-8	11	2010	1580	1100	1700
JMM8	80	10	φ26	400	YZR225M-8	22	2160	2110	1180	3600

表 1.1.94 JK/JM0.5～5t 型电动卷扬机 A 型主要技术参数（上海神威机械有限公司 www.shshangwei.com.cn）

型号		JK 0.5 t	JK 1 t	JK 1.5 t
钢丝绳额定拉力/kN		5	10	15
总传动比（i）		36.6	40.59	54.38
卷筒	直径×长度/mm×mm	165×350	165×400	219×460
	钢丝绳(容绳量)/m	50(100)	70(160)	80(170)
钢丝绳	规格	6×19	6×19	6×19
	直径/mm	7.7	9.3	11
	提升速度/m·min^{-1}	22	22	22
电动机	型号	Y100L-4	Y132S-4	Y132M-4
	功率/kW	2.2	5.5	7.5
	转速/r·min^{-1}	1420	1440	1440
制动器型号		TJ2-100	TJ2-150	TJ2-200
外形尺寸(长×宽×高)/mm×mm×mm		700×620×340	753×740×400	890×870×500
整机质量/kg		130	220	330
型号		JK 2 t	JK 3 t	JM 5 t
钢丝绳额定拉力/kN		20	30	50
总传动比(i)		54.9	88.6	119.34
卷筒	直径×长度/mm×mm	219×535	1273×594	325×640
	钢丝绳(容绳量)/m	80(180)	100(150)	80(200)
钢丝绳	规格	6×19	6×19	6×19
	直径/mm	12.5	15.5	19.5
	提升速度/m·min^{-1}	22	16	9
电动机	型号	Y160M-4	Y160M-4	Y160L-6
	功率/kW	11	11	11
	转速/r·min^{-1}	1440	1440	970
制动器型号		TJ2-200	TJ2-200	YZW300/45
外形尺寸(长×宽×高)/mm×mm×mm		980×880×530	1130×1020×550	1310×1240×800
整机质量/kg		425	585	950

表 1.1.95 JM 2～5t 型电动卷扬机 B 型主要技术参数（上海神威机械有限公司 www.shshangwei.com.cn）

型号		JM 2 t	JM 3 t	JM 5 t
钢丝绳额定拉力/kN		20	30	50
总传动比（i）		54.9	88.6	119.34
卷筒	直径×长度/mm×mm	219×535	1273×594	325×640
	钢丝绳(容绳量)/m	80(180)	100(150)	80(200)
钢丝绳	规格	6×19	6×19	6×19
	直径/mm	12.5	15.5	19.5
	提升速度/m·min^{-1}	16	16	9
电动机	型号	YZR132M-6	YZR160M-6	YZR160L-6
	功率/kW	7.5	11	11
	转速/r·min^{-1}	960	960	960
制动器型号		TJ2-200	TJ2-200	YZW300/45
外形尺寸(长×宽×高)/mm×mm×mm		980×880×530	1130×1020×550	1310×240×800
整机质量/kg		425	585	950

表 1.1.96　JM8～50t 电控卷扬机系列主要技术参数（上海神威机械有限公司　www.shshangwei.com.cn）

型　号		JM 8 t	JM 10 t	JM 12 t	JM 16 t
钢丝绳额定拉力/kN		80	100	120	160
总传动比（i）		174.93	208.8	223.81	273.35
卷　筒	直径×长度/mm×mm	420×900	500×1000	630×1000	560×1200
	转速/r·min^{-1}	5.94	4.8	3.51	4.3
	钢丝绳（容绳量）/m	0(3000)	(300)	0(300)	(300)
钢丝绳	规　格	6×39	6×37	6×37	6×37
	直径/mm	26	30	36	32
	提升速度/m·min^{-1}	9	9	8	9
电动机	型　号	YZR180L-6	YZR200L-6	YZR250M-6	YZR225M-6
	功率/kW	15	22	37	30
	转速/r·min^{-1}	960	960	960	960
制动器型号		YZW300/45	YZW300/45	YZW300/45	YZW400/95
外形尺寸（长×宽×高）/mm×mm×mm		1710×1580×870	1920×1650×890	1920×1728×951	2170×1900×1200
整机质量/kg		1600	2200	2500	3600
型　号		JM 20 t	JM 25 t	JM 32 t	JM 50 t
钢丝绳额定拉力/kN		200	250	320	500
总传动比（i）		304.37	304.37	387.7	
卷　筒	直径×长度/mm×mm	700×1200	700×1200	630×1000	
	转速/r·min^{-1}	3.15	3.15	3.51	
	钢丝绳（容绳量）/m	0(400)	0(400)	0(300)	
钢丝绳	规　格	6×37	6×37	6×37	
	直径/mm	38	42	36	
	提升速度/m·min^{-1}	9	8	8	
电动机	型　号	YZR250M-6	YZR250M-6	YZR250M-6	
	功率/kW	45	45	37	
	转速/r·min^{-1}	960	960	960	
制动器型号		YZR400/95	YZR400/95	YZW400/95	
外形尺寸（长×宽×高）/mm×mm×mm		2400×2190×1600	2400×2190×1600	2400×2300×1850	
整机质量/kg		6500	7000	8500	

表 1.1.97　双卷筒卷扬机系列主要技术参数（上海神威机械有限公司　www.shshangwei.com.cn）

型　号		JM 5 t	JM 8 t	JM 10 t	JM 12 t
钢丝绳额定拉力/kN×个		25×2	40×2	50×2	6×20
总传动比（i）		119.34	174.93	208.8	223.81
卷　筒	直径×长度/mm×mm×个	325×700×2	420×900×2	500×1000×2	560×1200×2
	转速/r·min^{-1}	8	5.94	4.8	4.3
	钢丝绳（容绳量）/m	0(200)	0(300)	(300)	(300)
钢丝绳	规　格	6×37	6×39	6×37	6×37
	直径/mm	19.5	26	30	32
	提升速度/m·min^{-1}	9	9	9	9
电动机	型　号	YZR160L-6	YZR180L-6	YZR200L-6	YZR225M-6
	功率/kW	11	15	22	30
	转速/r·min^{-1}	960	960	960	960
制动器型号		YZW300/45	YZW300/45	YZW300/45	YZW300/45
外形尺寸（长×宽×高）/mm×mm×mm		1410×2140×800	1710×2730×870	1920×3080×890	1920×3168×951
整机质量/kg		1400	2000	2600	3000

续表 1.1.97

型　号		JM 16 t	JM 20 t	JM 25 t	JM 32 t
钢丝绳额定拉力/kN		160	200	250	320
总传动比(i)		273.35	304.37	304.37	387.7
卷　筒	直径×长度/mm×mm×根	630×1000×2	700×1200×2	700×1200×2	900×1300×2
	转速/r·min⁻¹	3.51	3.15	3.15	2.48
	钢丝绳(容绳量)/m	0(300)	0(400)	0(400)	(500)
钢丝绳	规　格	6×37	6×37	6×37	6×37
	直径/mm	36	38	42	54
	提升速度/m·min⁻¹	8	9	8	8
电动机	型　号	YZR250M-6	YZR250M-6	YZR250M-6	YZR280S-6
	功率/kW	37	45	45	63
	转速/r·min⁻¹	960	960	960	960
制动器型号		YZW400/95	YZR400/95	YZR400/95	YZW400/95
外形尺寸(长×宽×高)/mm×mm×mm		2170×3220×1200	2400×3700×1600	2400×3700×1600	2400×3900×1850
整机质量/kg		4600	7500	7500	10500

表 1.1.98　JM8～50t 变频调速卷扬机系列主要技术参数（上海神威机械有限公司　www.shshangwei.com.cn）

型　号		JM 8 t	JM 10 t	JM 12 t	JM 16 t
钢丝绳额定拉力/kN		80	100	120	160
总传动比（i）		174.93	208.8	223.81	273.35
卷　筒	直径×长度/mm×mm	420×900	500×1000	630×1000	560×1200
	转速/r·min⁻¹	5.94	4.8	3.51	4.3
	钢丝绳(容绳量)/m	0(300)	(300)	0(300)	(300)
钢丝绳	规　格	6×39	6×37	6×37	6×37
	直径/mm	26	30	36	32
	提升速度/m·min⁻¹	9	9	8	9
电动机	型　号	YVP180L-6	YVP200L-6	YVP250M-6	YVP225M-6
	功率/kW	15	22	37	30
	转速/r·min⁻¹	960	960	960	960
制动器型号		YZW300/45	YZW300/45	YZW300/45	YZW400/95
外形尺寸(长×宽×高)/mm×mm×mm		1710×1580×870	1920×1650×890	1920×1728×951	2170×1900×1200
整机质量/kg		1600	2200	2500	3600
型　号		JM 20 t	JM 25 t	JM 32 t	JM 50 t
钢丝绳额定拉力/kN		200	250	320	500
总传动比(i)		304.37	304.37	387.7	
卷　筒	直径×长度/mm×mm	700×1200	700×1200	630×1000	
	转速/r·min⁻¹	3.15	3.15	3.51	
	钢丝绳(容绳量)/m	0(400)	0(400)	0(300)	
钢丝绳	规　格	6×37	6×37	6×37	
	直径/mm	38	42	36	
	提升速度/m·min⁻¹	9	8	8	
电动机	型　号	YVP250M-6	YVP250M-6	YVP250M-6	
	功率/kW	45	45	37	
	转速/r·min⁻¹	960	960	960	
制动器型号		YZR400/95	YZR400/95	YZW400/95	
外形尺寸(长×宽×高)/mm×mm×mm		2400×2190×1600	2400×2190×1600	2400×2300×1850	
整机质量/kg		6500	7000	8500	

生产厂商：科尼起重机设备（上海）有限公司，上海神威机械有限公司，河南崇鹏起重集团有限公司。

1.1.7 单轨小车

1.1.7.1 概述

单轨小车又称为单轨行车，分为手推行车和手拉行车两种，手拉行车以手链驱动，手推行车以手推吊重物驱动，能自如地行走于工字钢轨的下翼缘上，而且车轮轮缘间距可以按工字钢轨道宽度要求调整，将手动葫芦悬挂在行车下方，可组成手动起重运输小车。

1.1.7.2 用途、适用范围

手拉单轨行车以手链驱动，行走于工字钢的轨道下缘处，配以手拉葫芦便可组成桥式、单梁或悬臂式起重机。单轨小车用于安装机器设备，吊运货物的场合，尤其适用于无电源地点的作业。广泛地适用于工厂、矿山、码头、仓库、建筑工地等。

1.1.7.3 主要特点

单轨小车使用安全，维护方便，结构紧凑，安装尺寸小，车轮间距调整方便，适用多种工字钢。单轨小车左、右墙板铰链联结，在重力的作用下可自行调整高度，使四个车轮受力均匀，传动效率高，手拉力小，并可在较小回转半径的弯道上运行。

1.1.7.4 主要技术性能参数

主要技术性能参数见表1.1.99～表1.1.102。

表1.1.99 GCL型手推单轨小车主要技术参数（南京宝龙起重机械有限公司 www.njbaolong.com）

型 号		GCL-0.5	GCL-1	GCL-1.6	GCL-2	GCL-3.2	GCL-5	GCL-10	GCL-20
额定载重量/t		0.5	1	1.6	2	3.2	5	10	20
试验载荷/kN		7.35	14.71	22.06	29.42	44.13	61.29	122.58	245.17
标准运行高度/m		2.5	2.5	2.5	2.5	2.5	2.5	3	3
满载时的手拉力(水平直道上)/N		25	50	70	90	95	140	240	250
能过的最小弯道半径/m		0.8	0.9	1.0	1.0	1.2	1.3	2.0	3.5
主要尺寸/mm	*A*	270 (220)	270 (263)	310 (272)	310 (286)	330 (308)	373 (340)	365 (510)	475 (600)
	B	194	200	230	230	270	340	424	555
	C	176	208	225	247	295	342	395	498
	H	95	111	121	134	157	185	190	233
	S	26	31	31	32	34	37	45	58
	F	1.5～3						2～3.5	
轨宽范围/mm		68～130 (50～102)	68～130 (64～132)	88～146 (74～138)	88～146 (88～146)	110～154 (100～154)	116～170 (100～170)	124～180 (124～305)	135～180 (136～305)
净重/kg		7.5	11.5	11.5	16.5	27	40	75	172

表1.1.100 GCT型手推单轨小车主要技术参数（南京宝龙起重机械有限公司 www.njbaolong.com）

型 号		GCT-0.5	GCT-1	GCT-1.6	GCT-2	GCT-3.2	GCT-5
额定载重量/t		0.5	1	1.6	2	3.2	5
试验载荷/kN		7.35	14.71	22.06	29.42	44.13	61.29
能过的最小弯道半径/m		0.8	0.9	1.0	1.0	1.2	1.3
主要尺寸/mm	*A*	236 (186)	303 (232)	310 (245)	317 (260)	333 (284)	335 (322)
	B	194	236	250	268	322	362
	C	176	208	225	247	295	342
	H	95	111	121	134	157	185
	S	26	31	31	32	34	37
	F	1.5～3					
轨宽范围/mm		68～130 (50～102)	68～130 (64～132)	88～146 (74～138)	88～146 (88～146)	110～154 (100～154)	116～170 (114～170)
净重/kg		5	9	11.5	14	24	37

0.5～30t GCL-AK 手链单轨小车如图 1.1.29 所示。

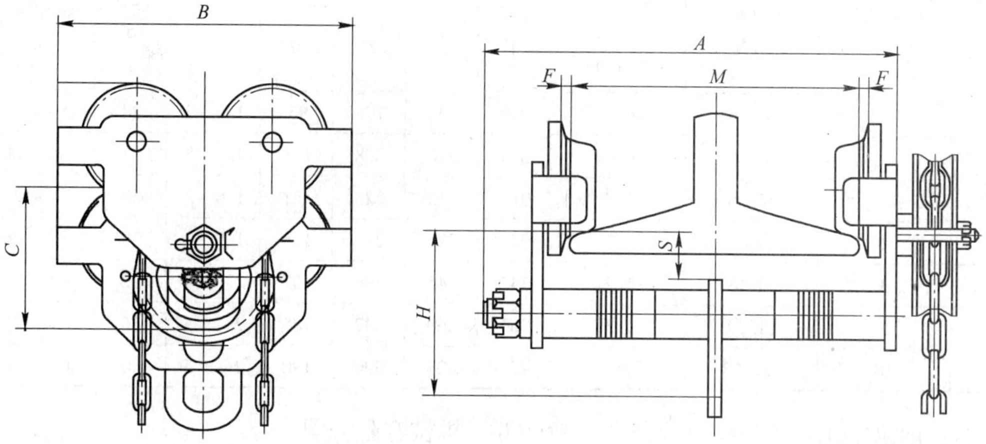

图 1.1.29　0.5～30t GCL-AK 手链单轨小车

表 1.1.101　0.5～30t GCL-AK 手链单轨小车主要技术参数（浙江五一机械厂有限公司　www.ZJ51.com）

型　号	额定载荷/t	标准运行高度/m	试验载荷/kN	能通过的最小弯道半径/m	满载时最大手拉力/N	主要尺寸/mm						轨宽范围/mm	净重/kg
						A	*B*	*C*	*H*	*F*	*S*（≥）		
GCL-AK1/2	0.5	2.5	7.35	0.8	25	272	194	176	95	1.5～3	28	50～152	9
GCL-AK1	1	2.5	14.71	0.9	50	336	236	208	111	1.5～3	28	64～203	13
GCL-AK1.5	1.5	2.5	22.06	1.0	70	338	250	225	121	1.5～3	30	74～203	16
GCL-AK2	2	2.5	29.42	1.0	90	350	268	247	134	1.5～3	30	88～203	18
GCL-AK3	3	3	44.13	1.2	95	358	322	295	157	2～3.5	32	100～203	29
GCL-AK5	5	3	61.29	1.3	140	373	362	342	185	2～3.5	36	114～203	42
GCL-AK10	10	3	122.58	2.0	240	23/52	424	396	190	2～3.5	40	124～203/124～305	88/94
GCL-AK20	20	3	245.7	3.5	240	98/60	555	498	233	2～3.5	45	136～203/136～305	165/174
GCL-AK30	30	3	367.74	6.0	250	673	710	598	285	2～3.5	50	175～305	337

0.5～10t GCT-AK 手推单轨小车如图 1.1.30 所示。

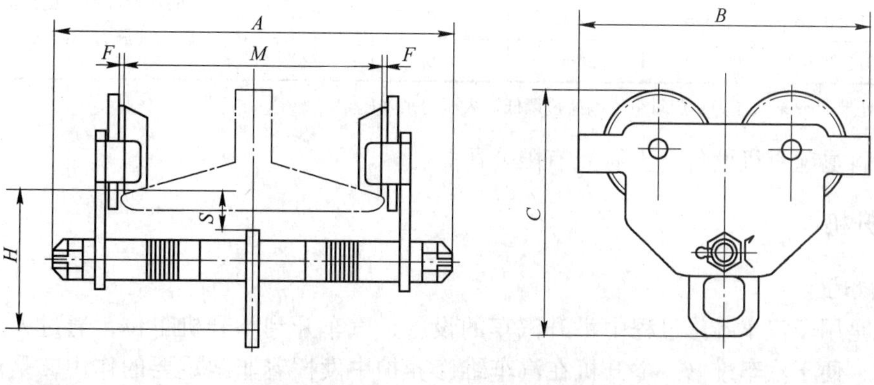

图 1.1.30　0.5～10t GCT-AK 手推单轨小车

表 1.1.102 0.5~10t GCT-AK 手推单轨小车主要技术参数（浙江五一机械厂有限公司 www.ZJ51.com）

型 号	额定载荷/t	试验载荷/kN	能通过的最小弯道半径/m	主要尺寸/mm						轨宽范围/mm	净重/kg
				A	*B*	*C*	*H*	*F*	*S*(≥)		
GCT-AK1/2	0.5	7.35	0.8	240	240	176	95	1.5~3	28	50~152	5.5
GCT-AK1	1	14.7	0.9	310	310	208	111	1.5~3	28	64~203	9.5
GCT-AK1.5	1.5	22.06	1.0	315	315	225	121	1.5~3	30	74~203	12
GCT-AK2	2	29.42	1.0	325	325	247	134	1.5~3	30	88~203	14.5
GCT-AK3	3	44.13	1.2	345	345	295	157	2~3.5	32	100~203	24.5
GCT-AK5	5	61.29	1.3	360	360	342	185	2~3.5	36	114~203	37.5
GCT-AK10	10	122.58	2.0	474	424	396	190	2~3.5	40	124~305	89

生产厂商：南京宝龙起重机械有限公司，浙江五一机械有限公司。

1.1.8 气动平衡器

1.1.8.1 概述

气动平衡器是利用气体动力学原理，实现物体的无重力状态的机具。气动平衡器具有平衡物料重力的功能，将重物浮在空中，操作者可轻松、方便地对重物实现各种要求的搬运、装配和特殊定位工作。在减轻劳动强度，保障作业安全，提高生产效率等方面发挥着越来越重要的作用。

气动平衡器的定位精确——弹性浮动特性能使双手自由无阻力的提起或下降以及移动重物，避免普通起重工具定位不精确的问题。操作手柄简单、易于控制，对较重物体实施高频率的搬运、定位、装配、抗扭、助力等操作将会变得得心应手。

气动平衡器的耗气量非常小，相当于气动葫芦的 1/50。可节省能源的消耗与成本，具有环保特性，内部润滑系统，清除了空气的污染。

气动平衡器具有很好的安全性能，提升能力是在最大的 1MPa(10bar) 压力时发挥作用，实际能力与实际压力成线性比例，例如：在 0.6MPa(6bar) 压置最多只能提升其能力的 60%。

1.1.8.2 主要技术性能参数

主要技术性能参数见表 1.1.103。

表 1.1.103 ATB 气动平衡器主要技术参数（科尼起重机设备（上海）有限公司 www.konecranes.com.cn）

产品种类	型 号	起重量/kg	起升高度/mm	活塞直径/mm	活塞长度/mm	技 术 特 点	应用行业
机械悬吊设备 气动选调装置 真空夹具 磁性悬吊装置	ATB 70-2000	70	2000	160	520	避免超载 不需要用电 消除了起升/下降过程中不平稳移 动 易维修 舒适的作业环境，更清洁安静 以空气压力作为动力源	制造业、汽车工业、食品工业和太阳能等行业
	ATB 120-2000	120	2000	200	520		
	ATB 120-3000	120	3000	250	520		
	ATB 160-2000	160	2000	250	520		
	ATB 225-1800	225	1800	250	520		
	ATB 350-1200	350	1200	250	520		
	ATB 350-2000	350	2000	250	720		

注：平衡器活塞处带 7bar 输入压力，起重量可以通过调低输入压力来降压。

生产厂商：科尼起重机设备（上海）有限公司。

1.1.9 汽车举升机

1.1.9.1 概述

汽车举升机是用于汽车维修过程中举升汽车的设备，汽车开到举升机工位，通过人工操作可使汽车举升一定的高度，便于汽车维修。举升机在汽车维修养护中发挥着非常重要的作用，是汽车维修厂的必备设备。

1.1.9.2 分类及主要特点

目前有佛山远山（PEAK）、河南意德力、JIG（金华）、汉麦克森、序达、元征、万力开 AMREOC、广力、高昌、繁宝、中大、鳌福（大车、公交车、重型车辆为主）等。生产的举升机的形式也比较繁多，从立柱构造来分类，主要有单柱式举升机、双柱式举升机、四柱式举升机、剪式举升机和地沟式举升机等。

A 单柱式举升机

单柱式举升机是将停放在地面上的轿车等交通工具举升到一定的高度以便更换车轮轮胎或对车辆底盘进行各种维修作业的机具，是汽车修理不可缺少的机具。单柱举升机操作容易、美观、不太占用空间便能将重物方便省力的举起，具有省时省力的效果。不用时完全放置于地面，方便汽车倒车和放置物品。单柱车辆举升机分可移动式的和固定式的两种型号。单柱移动式举升机适用于室内外场地，单柱固定式举升机适用于室内面积较为紧凑的场所。

B 双柱式举升机

双柱式汽车举升机是一种汽车修理和保养单位常用的专用机械举升设备，广泛应用于轿车等小型车的维修和保养。双柱式汽车举升机将汽车举升在空中的同时可以节省大量的地面空间，方便地面作业。

双柱式举升机有对称式和非对称式两种。对称式举升机四根臂的臂长大致相等，这样使得汽车重心（或质心）处于立柱的中间位置，对于皮卡和箱式货车等类型的汽车的日常维修来说这种对称式举升机可能是最佳的选择。但是对于一些柱间宽度不够大的对称式双柱式举升机来说，汽车举升后不能打开车门是一个很大的缺点。非对称式举升机的立柱向后旋转了一个角度（大约 30°），并且前臂比后臂稍微短一些。当把汽车停放到这种非对称式的举升机适当位置时，车的位置就向后移动了一些，能很容易地从车门进出。而且，这种非对称式举升机转动的立柱，可以确保车辆的重心安全地定位在立柱之间。

C 四柱式举升机

四柱式汽车举升机是一种大吨位汽车或货车修理和保养单位常用的专用机械举升设备。四柱式汽车举升机也很适合于四轮定位用，因为一般四柱式汽车举升机都有一四轮定位挡位，可以调整，可以确保水平。四柱举升机按其结构又分为上油缸式以及下油缸式两种。上油缸式四柱举升机其油缸置于立柱顶部（带横梁），下油缸式的油缸置于平板下面。上油缸式四柱举升机主要依靠四根链条拉起四个角，拉力油缸置于顶部，这种结构简单，但自重增加。多数上油缸式四柱举升机二次举升为手动或气动，修理工需要跑到底下操作，这对于经常使用二次举升的用户不方便和不安全。保险装置为气动装置，若没有气源则比较麻烦。下油缸四柱举升机主要依靠四根粗钢索拉起四角，拉力油缸置于平板下面，通过六个圆盘将力传达四面。这种结构比较紧凑，自重降低。二次举升一般为电动液压，和主泵连接在一起，只要转动转换阀即可，升降速度快，保险装置为楔块式，四个楔块利用拉杆联动，扳动拉杆就可打开保险装置，方便耐用。

D 剪式举升机

剪式举升机执行部分采用剪式叠杆形式，电力驱动机械传动结构，目前广泛用于大型车辆维修。双剪叉举升机的举升速度适中且不占用车坑位置，对于一些车型相对固定，工作强度大（如在公共汽车）的修理领域无疑是最好的选择。由于结构简单，同步性好，一般常用作四轮定位仪的平台。

剪式举升机分为大剪（子母式），小剪（单剪）举升机，超薄系列剪式举升机等几种类型。小剪举升机主要用于汽车维修保养，安全性高，操作方便。挖槽后与地面相平。大剪举升机是配合四轮定位仪的最佳设备，并可以作为汽车维修，轮胎，底盘检修用。可以挖槽，也可以直接安装在地面上。超薄系列剪式举升机无需挖槽，适用于任何修理厂，有一些楼板上不适合安装二柱举升机以及普通四柱举升机，而该机与楼板接触面广，这样可以安装在任何可以开车的楼板上面，解决客户场地问题，是今后的主流产品，国外大规模使用本类产品。

E 地沟式举升机

地沟式举升机是大型客车维修的理想设备，对空间较低的厂房更为实用，且物美价廉。该举升机安装于地沟上面两沿边轨道上，一般采用电动驱动方式，蜗杆、蜗轮减速，从而带动丝杠、举升大梁升降。这种设计方式使得地沟式举升机移动更灵活，举升力更大，升降平稳，操作安装极为方便，是各种针对大客车、货车进行维修的企业最为理想的举升设备。地沟跑道式四轮定位举升机前轮转角盘（选购件）位置可调，加长后轮滑板，适合各种车型定位测量。

1.1.9.3　驱动类型

举升机的驱动类型目前主要分为气动、液压、机械式三大类。其中尤以液压居多，机械式次之，气动最少，下面简单介绍液压类和机械类的举升机优劣。

A　机械式举升机

机械式举升机主要有单电机驱动的螺纹传动举升机和双电机驱动的螺纹传动举升机。该类举升机特点是同步性好，由于一般多为电机驱动，螺杆传动，它不存在漏油污染问题，且自锁保护简单易行。但由于机械磨损，维护成本高（经常需要更换铜螺母以及轴承），每年一台举升机的维修更换需要 1000 元左右，客户最终会将该产品更换为维护成本小的液压举升机。

B　液压式举升机

液压式举升机的特点是平稳、噪声小、力量大，缺点是用久之后易漏油，污染工作环境。但是液压式举升机维护成本低，油缸使用 5 ~ 10 年没问题，而且就举升机的发展趋势而言，一定是朝着安全、简便、使用寿命长、噪声小、价格低廉的方向发展，因此液压式举升机必将是今后举升机市场发展的主流产品。

液压举升机分为两种，一种是单缸举升机，一种是双缸举升机。

单缸液压举升机的优点是：同步性好，不存在颠簸现象，带厚底板，举升机的扭力靠底板抵消，容易调平，整机安全性好，适用于地基较差的地方。

双缸举升机又分为两种：龙门式举升机和薄地板举升机，由于是双缸，同步问题靠两根钢丝绳来平衡，油缸以及钢丝绳要调整得松紧一致，举升机才可以同步。

1.1.9.4　主要技术性能参数

主要技术性能参数见表 1.1.104 ~ 表 1.1.108。

表 1.1.104　举升机主要技术参数（济宁市煜信工矿设备有限公司　yjcrjglf. cn. china. cn）

举升能力/kg	3200	整机高度/mm	3700
整机宽度/mm	3307	立柱外侧宽度/mm	3067
限位距地高度/mm	3531	立柱内侧宽度/mm	2655
支臂最小长度/mm	733	支臂最大长度/mm	1110
举升掌距地面最小高度/mm	123	举升掌距地面最大高度/mm	1843
电压/V	80/220	举升时间/s	28

表 1.1.105　ECO1232 两柱龙门式 3.2t 汽车举升机主要技术参数（济宁市煜信工矿设备有限公司　yjcrjglf. cn. china. cn）

举升能力/kg	3200	整机高度/mm	3700
整机宽度/mm	3307	立柱外侧宽度/mm	3067
限位距地高度/mm	3531	立柱内侧宽度/mm	2655
支臂最小长度/mm	733	支臂最大长度/mm	1110
举升掌距地面最小高度/mm	123	举升掌距地面最大高度/mm	1843
电压/V	380/220	举升时间/s	28

表 1.1.106　ECO1132 双柱龙门式 4t 汽车举升机主要技术参数（济宁市煜信工矿设备有限公司　yjcrjglf. cn. china. cn）

举升能力/t	4.0	立柱内侧宽度/mm	2782
总高度/mm	3630	行车宽度/mm	2507
总宽度/mm	3358	举升掌距地面最小高度/mm	82.5
立柱高度/mm	3602	电源/V	220/380
立柱外侧宽度/mm	3138	最大举升高度/mm	1814.5（配增高器后：1954.5）

表 1.1.107 FPP208s 停车四柱举升机主要技术参数（济宁市煜信工矿设备有限公司 yjcrjglf. cn. china. cn）

举升能力/t	3.6	举升时间/s	55
总长度/mm	4454	柱间宽度/mm	2354
总宽度/mm	2664	立柱高度/mm	2140
最大举升高度/mm	1910	净重/kg	720
动力单元/(kW/HP)	2.2/3	毛重/kg	740
跑道宽度/mm	473	包装尺寸($L\times W\times H$)/mm×mm×mm	4300×540×650

表 1.1.108 ECO3142A 四柱四轮定位仪专用举升机主要技术参数（济宁市煜信工矿设备有限公司 yjcrjglf. cn. china. cn）

举升能力/t	3.6	举升时间/s	60
总长度/mm	4952	柱间宽度/mm	2534
总宽度/mm	2844	立柱高度/mm	2386
最大举升高度/mm	2162	净重/kg	780
动力单元/(kW/HP)	2.2/3	毛重/kg	800
跑道宽度/(mm/(″))	473/19	包装尺寸($L\times W\times H$)/mm×mm×mm	4300×540×650

生产厂商：济宁市煜信工矿设备责任有限公司。

1.2 桥架型起重机

1.2.1 梁式起重机

1.2.1.1 概述

起重小车在单根工字梁或其他组合断面梁上运行的桥架型起重机，统称为梁式起重机。广泛用于工厂、仓库、料场等不同场合吊运货物。

单梁起重机按桥架支承方式分为支承式和悬挂式两种。前者起重机车轮支承在承轨梁的轨道上运行；后者起重机车轮悬挂在起重机轨道上运行。按驱动方式分为手动、电动两种。手动单梁桥式起重机起重量较小，成本低，适用于无电源，对速度与生产率要求不高的场合。手动单梁桥式起重机（简称：手动单梁起重机）采用手动单轨小车作为运行小车，用手拉葫芦作为起升机构，桥架由主梁和端梁组成。电动单梁桥式起重机（简称电动单梁起重机）工作速度、生产率较手动的高，起重量也较大。电动单梁桥式起重机由桥架、大车运行机构、电动葫芦及电气设备等部分组成。

LD 型电动单梁起重机如图 1.2.1 所示。

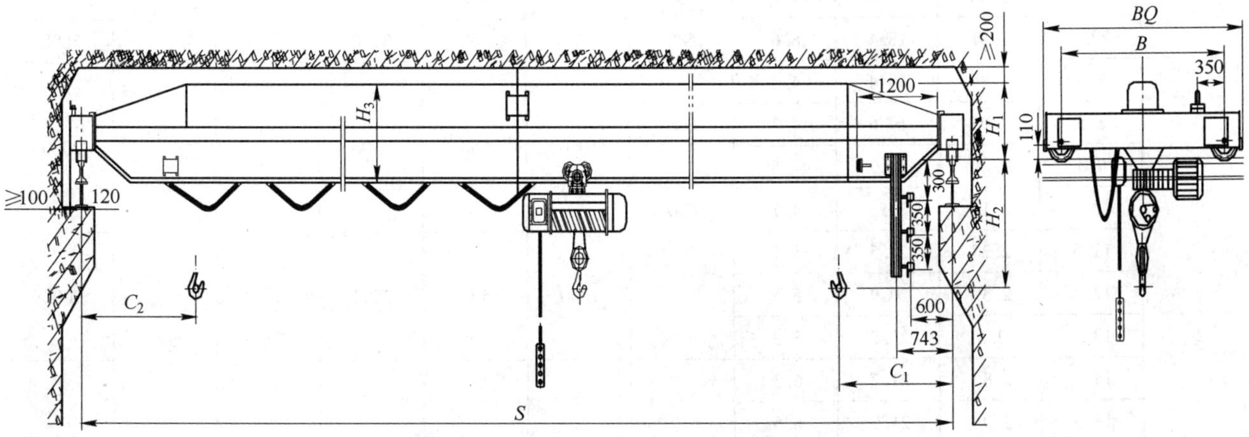

图 1.2.1 LD 型电动单梁起重机

1.2.1.2 主要技术性能参数与应用

主要技术性能参数与应用见表 1.2.1～表 1.2.9。

表 1.2.1　LD 型电动单梁起重机主要技术参数（一）（河南省矿山起重机有限公司　www.hnks.com）

<table>
<tr><td colspan="3">起重量/t</td><td>1 ~ 5</td><td>10</td><td>16 ~ 20</td></tr>
<tr><td rowspan="4">起重机运行机构</td><td colspan="2">运行速度/m · min⁻¹</td><td colspan="3">20；30</td></tr>
<tr><td rowspan="3">电动机</td><td>型　号</td><td>YSE80L1-4</td><td>YSE90L1-4</td><td>YSE100L1-4</td></tr>
<tr><td>功率/kW</td><td>2 × 0.8</td><td>2 × 1.5</td><td>2 × 2.2</td></tr>
<tr><td>跨度/m</td><td>7.5 ~ 22.5</td><td>7.5 ~ 22.5</td><td>7.5 ~ 22.5</td></tr>
<tr><td rowspan="5">起升机构
（电动葫芦）</td><td colspan="2">电动葫芦形式</td><td colspan="3">MD1 型　CD1 型</td></tr>
<tr><td colspan="2">起升速度/m · min⁻¹</td><td>8 或 8/0.8</td><td>7 或 7/0.7</td><td>3.5 或 3.5/0.35</td></tr>
<tr><td colspan="2">起升高度 H/m</td><td colspan="3">6、9、12、18、24、30</td></tr>
<tr><td colspan="2">运行速度/m · min⁻¹</td><td colspan="3">20</td></tr>
<tr><td colspan="2">电动机</td><td colspan="3">锥形鼠笼形</td></tr>
<tr><td colspan="3">工作级别</td><td colspan="3">A3</td></tr>
<tr><td colspan="3">电　源</td><td colspan="3">三相 380V　50Hz</td></tr>
<tr><td colspan="3">车轮直径/mm</td><td>ϕ270</td><td>ϕ270</td><td>ϕ370</td></tr>
<tr><td colspan="3">轨道面宽/mm</td><td colspan="3">37 ~ 70</td></tr>
</table>

表 1.2.2　LD 型电动单梁起重机主要技术参数（二）（河南省矿山起重机有限公司　www.hnks.com）

<table>
<tr><td rowspan="2">起重量/t</td><td rowspan="2">跨度/m</td><td rowspan="2">起重机总重/t</td><td rowspan="2">最大轮压/kN</td><td rowspan="2">最小轮压/kN</td><td colspan="7">基本尺寸/mm</td></tr>
<tr><td>H_1</td><td>H_2</td><td>H_3</td><td>BQ</td><td>C_1</td><td>C_2</td><td>B</td></tr>
<tr><td rowspan="13">1</td><td>7.5</td><td>1.65</td><td>13.8</td><td>4.0</td><td rowspan="11">490</td><td rowspan="7">810</td><td rowspan="7">550</td><td rowspan="7">2500</td><td rowspan="13">796</td><td rowspan="13">1274</td><td rowspan="4">2000</td></tr>
<tr><td>8.5</td><td>1.76</td><td>14.0</td><td>4.2</td></tr>
<tr><td>9.5</td><td>1.87</td><td>14.3</td><td>4.5</td></tr>
<tr><td>10.5</td><td>1.98</td><td>14.5</td><td>4.7</td></tr>
<tr><td>11.5</td><td>2.09</td><td>14.7</td><td>4.9</td><td rowspan="3">2000</td></tr>
<tr><td>12.5</td><td>2.2</td><td>15.1</td><td>5.3</td></tr>
<tr><td>13.5</td><td>2.31</td><td>15.4</td><td>5.6</td></tr>
<tr><td>14.5</td><td>2.46</td><td>15.8</td><td>6.0</td><td rowspan="4">860</td><td rowspan="4">595</td><td rowspan="5">3000</td><td rowspan="5">2500</td></tr>
<tr><td>15.5</td><td>2.57</td><td>16.1</td><td>6.3</td></tr>
<tr><td>16.5</td><td>2.68</td><td>16.3</td><td>6.5</td></tr>
<tr><td>17.5</td><td>2.73</td><td>16.5</td><td>6.7</td></tr>
<tr><td>19.5</td><td>3.40</td><td>17.4</td><td>7.6</td><td>530</td><td rowspan="2">870</td><td>650</td></tr>
<tr><td>22.5</td><td>3.81</td><td>18.4</td><td>8.6</td><td>580</td><td>700</td><td>3500</td><td>3000</td></tr>
<tr><td rowspan="13">2</td><td>7.5</td><td>1.84</td><td>19.4</td><td>4.0</td><td rowspan="7">490</td><td rowspan="4">1000</td><td rowspan="4">550</td><td rowspan="4">2500</td><td rowspan="13">871.5</td><td rowspan="13">1292.5</td><td rowspan="4">2000</td></tr>
<tr><td>8.5</td><td>1.95</td><td>19.6</td><td>4.2</td></tr>
<tr><td>9.5</td><td>2.06</td><td>19.9</td><td>4.5</td></tr>
<tr><td>10.5</td><td>2.17</td><td>20.1</td><td>4.7</td></tr>
<tr><td>11.5</td><td>2.28</td><td>20.5</td><td>5.1</td><td rowspan="3">1050</td><td rowspan="3">595</td><td rowspan="3">2500</td><td rowspan="3">2000</td></tr>
<tr><td>12.5</td><td>2.39</td><td>20.9</td><td>5.5</td></tr>
<tr><td>13.5</td><td>2.5</td><td>21.2</td><td>5.8</td></tr>
<tr><td>14.5</td><td>2.85</td><td>21.7</td><td>6.3</td><td rowspan="4">580</td><td rowspan="4">1060</td><td rowspan="4">700</td><td rowspan="4">3000</td><td rowspan="5">2500</td></tr>
<tr><td>15.5</td><td>2.98</td><td>21.9</td><td>6.5</td></tr>
<tr><td>16.5</td><td>3.11</td><td>22.1</td><td>6.8</td></tr>
<tr><td>17.5</td><td>3.17</td><td>22.3</td><td>6.9</td></tr>
<tr><td>19.5</td><td>4.05</td><td>24.8</td><td>9.4</td><td>600</td><td>1080</td><td>800</td><td>3000</td></tr>
<tr><td>22.5</td><td>5.07</td><td>26.8</td><td>11.4</td><td>785</td><td>1120</td><td>900</td><td>3500</td><td>3000</td></tr>
</table>

续表 1.2.2

起重量/t	跨度/m	起重机总重/t	最大轮压/kN	最小轮压/kN	基本尺寸/mm						
					H_1	H_2	H_3	BQ	C_1	C_2	B
3	7.5	2.05	24.5	4.1	530	1150	650	2500	818.5	1291	2000
	8.5	2.18	24.8	4.4							
	9.5	2.31	25.6	4.6							
	10.5	2.44	25.3	4.9							
	11.5	2.72	25.0	5.2	580		700	2500			2000
	12.5	2.87	26.1	5.7							
	13.5	2.99	26.4	6.0							
	14.5	3.57	27.8	7.4	660	1170	800	3000			2500
	15.5	3.71	28.2	7.8							
	16.5	3.85	28.5	8.1							
	17.5	3.93	28.7	8.3							
	19.5	4.68	31.0	10.6	745	1185	900	3000			
	22.5	5.23	32.4	12.0	820	1210	1000	3500			3000

表 1.2.3 LD 型电动单梁起重机主要技术参数（三）（河南省矿山起重机有限公司 www.hnks.com）

起重量/t	跨度/m	起重机总重/t	最大轮压/kN	最小轮压/kN	基本尺寸/mm						
					H_1	H_2	H_3	BQ	C_1	C_2	B
5	7.5	2.54	35.8	4.2	580	1380	720	2500	841.5	1310	2000
	8.5	2.65	36.0	4.4							
	9.5	2.77	36.3	4.7							
	10.5	2.88	36.6	5.0							
	11.5	3.35	37.8	6.2	660	1400	810	2500			2000
	12.5	3.52	38.3	6.7							
	13.5	3.67	38.7	7.1							
	14.5	4.09	39.8	8.2	785	1415	910	3000			2500
	15.5	4.27	40.2	8.6							
	16.5	4.42	40.6	9.0							
	17.5	4.52	40.8	9.2							
	19.5	5.15	42.3	10.7	820	1440	1010	3000			
	22.5	6.05	45.0	13.4	875	1485	1110	3500			3000
10	7.5	3.39	50.98	6.49	745	1470	910	2500	1230	1830	2000
	8.5	3.57	52.52	6.83							
	9.5	3.77	53.85	7.23							
	10.5	3.99	54.99	7.54							
	11.5	4.37	56.43	8.222	820	1495	1010	2500			2000
	12.5	4.61	57.38	8.58							
	13.5	4.84	58.30	8.99							
	14.5	5.10	64.22	9.5	855	1540	1110	3000			2500
	15.5	5.34	65.04	9.7							
	16.5	5.53	65.94	10.39							
	17.5	5.90	67.36	10.8	865	1600	1160	3000			2500
	18.5	6.13	68.13	11.22							
	19.5	6.69	68.91	12.8							
	22.5	7.76	71.5	18.4	875	1640	1210	3500	1293	1893	3000

表 1.2.4　LD 型电动单梁起重机主要技术参数（四）（河南省矿山起重机有限公司　www.hnks.com）

起重量/t	跨度/m	起重机总重/t	最大轮压/kN	最小轮压/kN	基本尺寸/mm						
					H_1	H_2	H_3	BQ	C_1	C_2	B
16	7.5	4.127	90.1	8.2	820	2300	1010	2500	1830	1230	2000
	8.5	4.336	91.4	8.8							
	9.5	4.589	91.8	9.4							
	10.5	4.892	92.3	10.0							
	11.5	5.174	93.0	10.5	875	2450	1158	2500			2000
	12.5	5.441	93.6	10.9							
	13.5	5.670	94.2	11.3							
	14.5	6.889	95.5	13.5	975	2500	1260	3000			2500
	15.5	7.200	96.1	13.8							
	16.5	7.498	96.7	14.3							
	17.5	8.344	97.5	16.3	1075	2525	1308	3500			3000
	18.5	8.676	98.0	16.9							
	19.5	8.987	98.8	17.5							
	22.5	10.137	101.4	18.3	1130	2565	1358	3500			
20	7.5	5.800	101.5	8.5	974	2700	1158	2500	1830	1230	2000
	8.5	6.000	104.3	9.1							
	9.5	6.332	107.1	9.7							
	10.5	6.570	109.9	10.3							
	11.5	7.265	113.0	12.0	1081	2725	1258	3000			2000
	12.5	7.539	113.4	12.9							
	13.5	7.813	113.8	13.7							
	14.5	8.634	116.5		1133	2755	1310	3000			2500
	15.5	9.010	117.1	15.9							
	16.5	9.276	117.7	16.3							
	17.5	9.930	122.0	17.5	1183	2775	1358	3500			3000
	18.5	10.330	123.2	18.3							
	19.5	10.758	134.4	19.1							
	22.5	12.070	139.0	21.1	1206	2795	1458	3500			

LD 型电动单梁起重机如图 1.2.2 所示。

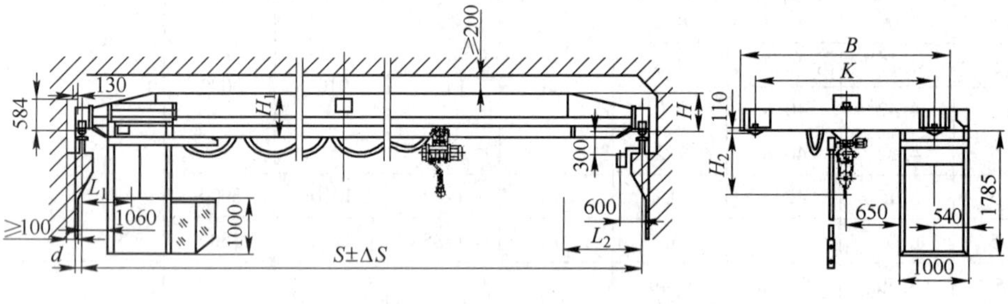

图 1.2.2　LD 型电动单梁起重机

表 1.2.5　LD 型电动单梁起重机主要技术参数（柳州起重机器有限公司　www.gxlq.cn）

起重量/t		1~5			10			16	20
起重运行机构	运行速度/m·min^{-1}	45	60	75	20（地）	30	45	20	20
	电动机/kW	2×0.8	2×1.5		2×0.8	2×1.5		2×3.0	2×3.0
起升机构及电动葫芦运行机构	电动葫芦	CD_1；MD_1			CD_1			CD_1	CD_1
	起升速度/m·min^{-1}	8；8/0.8			7			4.5	4
	起升高度/m	6(1~5t)；9；12；18；24；30							
	运行速度/m·min^{-1}	20；30							
	电动机	锥形鼠笼							
工作制度		A3~A5							
电　源		三相交流　50Hz　380V							
荐用轨道/kg·m^{-1}		P38；P43；P50							

HD 型电动单梁起重机如图 1.2.3 所示。

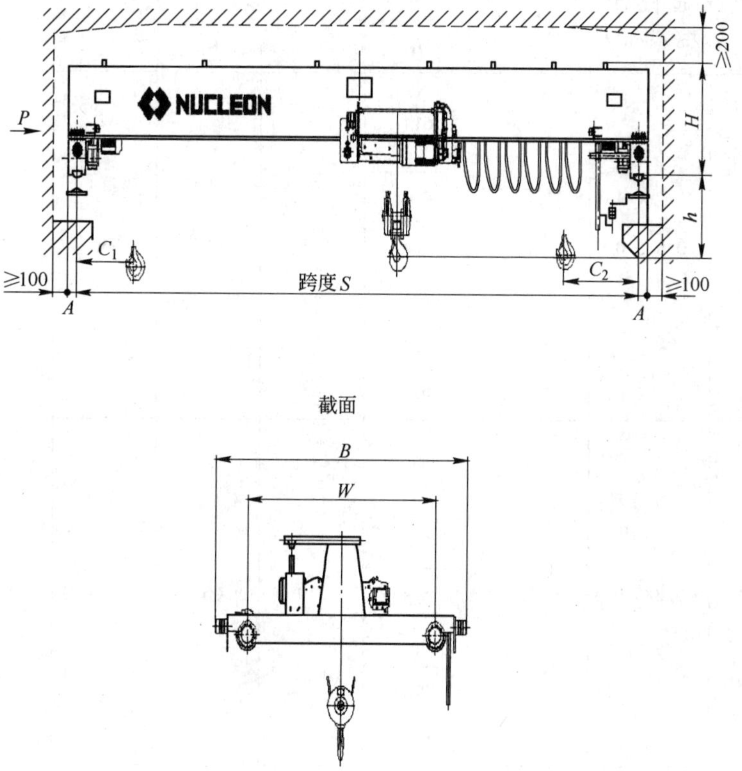

图 1.2.3 HD 型电动单梁起重机
（纽科伦（新乡）起重机有限公司）

LDP 偏挂单梁起重机如图 1.2.4 所示。

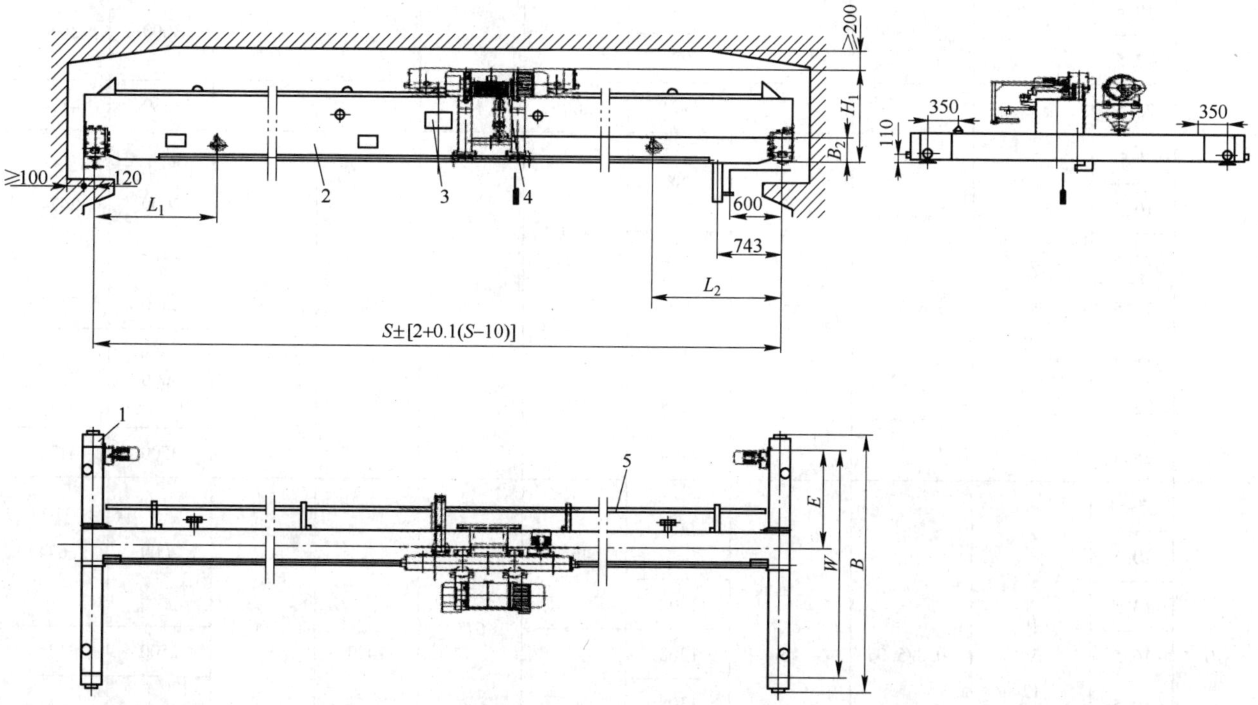

图 1.2.4 LDP 偏挂单梁起重机
（纽科伦（新乡）起重机有限公司）
1—端梁；2—主梁；3—吨位牌；4—角形小车；5—输电装置

表 1.2.6　HD 型电动单梁起重机（纽科伦(新乡)起重机有限公司　www. nucleon. com. cn）

起重量 /t	跨度 S /m	起升高度 /m	起升速度 /m · min^{-1}	工作级别	主要尺寸/mm						
					H	h	C_1	C_2	A	W	B
1	7.5	6 9 12	0.8/5.0	A5	614	358	665	940	100	2000	2674
	10.5										
	13.5				694						
	16.5				764					2500	3174
	19.5				794					3000	3674
	22.5				854						
	25.5				924					3500	4174
2	7.5	6 9 12	0.8/5.0	A5	704	360	665	940	100	2000	2674
	10.5										
	13.5				774						
	16.5				814					2500	3174
	19.5				884					3000	3674
	22.5				964						
	25.5				984					3500	4174
3.2	7.5	6 9 12	0.8/5.0	A5	754	360	665	940	100	2000	2674
	10.5										
	13.5				804						
	16.5				904					2500	3174
	19.5				944					3000	3674
	22.5				1024						
	25.5				1174	260				3500	4174
5	7.5	6 9 12	0.8/5.0	A5	788	410	665	940	100	2000	2674
	10.5										
	13.5				908						
	16.5				978					2500	3174
	19.5				1138	310				3000	3674
	22.5				1258						
	25.5				1288					3500	4174
10	7.5	6 9 12	0.8/5.0	A5	908	465	675	1020	100	2000	2674
	10.5										
	13.5				1008						
	16.5				1208	365				2500	3174
	19.5				1308					3000	3674
	22.5				1358						
	25.5				1482	345	695		120	3500	4174

表 1.2.7 电动单梁起重机 A5/A6 主要技术参数（科尼起重机设备(上海)有限公司 www. konecranes. com. cn）

产品种类	起重量/kg	起重跨度/mm	起升高度/mm	起升速度/m·min⁻¹	技术特点	应用行业
电动单梁起重机，起重机工作级别 A5/A6	2000	13500	6000～12000	6. 3/1. 1 8/1. 3 10/1. 7 变频 20(ESR30)	高级别的工作性能，简便、有效的物料输送，超强的可靠性和安全性节省空间设计，各种标准及附加功能选择。 作为一个智能化的平台，除了常规的功能以外，有些智能化模块是标准供货，如：无线远程服务模块，它能够让客户很清楚、很直观地观测到自己设备的实际运行状况，便于提前做出生产计划安排和起重机维修保养计划。 大小车运行全变频，起升双速、变频可选，当选择变频起升时 ESR（延伸速度范围——简单的说就是满载起升时额定速度，但当空钩回程时速度会自动增加到额定速度的 1.5 倍，以提高使用效率和增加安全系数）是标准配置。 多种智能选项可供选择： （1）PLC 起升制动器打开监控； （2）PLC 起升超速监控； （3）起升制动器打滑监控； （4）远程服务模块； （5）ESR——扩展的起升速度； （6）双钩调平； （7）微动功能； （8）载荷零速浮动； （9）微速功能； （10）额外上/下极限位置； （11）防冲击保护功能； （12）防松绳保护； （13）起升同步； （14）大小车防摇摆； （15）工作区域； （16）终点定位； （17）目标定位； （18）PLC 区域保护； （19）轨道梁载荷限制； （20）起重机偏斜控制； （21）两车互动抬吊； （22）限位式——区域保护 EL13	汽车行业、钢铁行业、风电行业、变压器、造纸行业
		16500	15000			
		19500	18000			
		22500	24000			
		25500	32000			
		28500	40000～97000			
	3200	13500	6000～12000	5/0. 83 6. 3/1. 1 8/1. 3 10/1. 7 变频 20(ESR30)		
		16500	15000			
		19500	18000			
		22500	24000			
		25500	32000			
		28500	40000～97000			
	5000	13500	6000～12000	5/0. 83 6. 3/1. 1 8/1. 3 10/1. 7 变频 20(ESR30)		
		16500	15000			
		19500	18000			
		22500	24000			
		25500	32000			
		28500	40000～97000			
	6300	13500	6000～12000	5/0. 83 6. 3/1. 1 8/1. 3 10/1. 7 变频 20(ESR30)		
		16500	15000			
		19500	18000			
		22500	24000			
		25500	32000			
		28500	40000～97000			
	8000	13500	6000～12000	5/0. 83 6. 3/1. 1 8/1. 3 10/1. 7 变频 20(ESR30)		
		16500	15000			
		19500	18000			
		22500	24000			
		25500	32000			
		28500	40000～97000			
	10000	13500	6000～12000	4/0. 67 5/0. 83 6. 3/1. 18/1. 3 10/1. 7 12. 5/2. 1 变频 20(ESR30)		
		16500	15000			
		19500	18000			
		22500	24000			
		25500	32000			
		28500	40000～97000			

表 1.2.8　电动悬挂起重机 A5/A6 主要技术参数（科尼起重机设备(上海)有限公司　www. konecranes. com. cn）

产品种类	起重量/kg	起重跨度/mm	起升高度/mm	起升速度/m · min^{-1}	技术特点	应用行业
电动悬挂起重机，起重机工作级别 A5/A6	2000	13500	6000 ~ 12000	5/0. 83 6. 3/1. 1 8/1. 3 10/1. 7 变频 20(ESR30)	高级别的工作性能，简便、有效的物料输送，超强的可靠性和安全性节省空间设计，各种标准及附加功能选择。 作为一个智能化的平台，除了常规的功能以外，有些智能化模块是标准供货，如：无线远程服务模块，它能够让客户很清楚、很直观地观测到自己设备的实际运行状况，便于提前做出生产计划安排和起重机维修保养计划。 大小车运行全变频，起升双速、变频可选，当选择变频起升时 ESR（延伸速度范围——简单的说就是满载起升时额定速度，但当空钩回程时速度会自动增加到额定速度的 1. 5 倍，以提高使用效率和增加安全系数）是标准配置。 多种智能选项可供选择： （1）PLC 起升制动器打开监控； （2）PLC 起升超速监控； （3）起升制动器打滑监控； （4）远程服务模块； （5）ESR——扩展的起升速度； （6）双钩调平； （7）微动功能； （8）载荷零速浮动； （9）微速功能； （10）额外上/下极限位置； （11）防冲击保护功能； （12）防松绳保护； （13）起升同步； （14）大小车防摇摆； （15）工作区域； （16）终点定位； （17）目标定位； （18）PLC 区域保护； （19）轨道梁载荷限制； （20）起重机偏斜控制； （21）两车互动抬吊； （22）限位式——区域保护 EL13	造纸业、航天业、汽车业、发动机、电机、能源业、风力技术、塑料行业、玻璃加工、陶瓷、冶金设备制造等
		16500	15000			
		19500	18000			
		25500	24000			
		28000	32000 ~ 97000			
	3200	13500	6000 ~ 12000	5/0. 83 6. 3/1. 1 8/1. 3 10/1. 7 变频 20(ESR30)		
		16500	15000			
		19500	18000			
		25500	24000			
		28000	32000 ~ 97000			
	5000	13500	6000 ~ 12000	5/0. 83 6. 3/1. 1 8/1. 3 10/1. 7 变频 20(ESR30)		
		16500	15000			
		19500	18000			
		25500	24000			
		28000	32000 ~ 97000			
	6300	13500	9000 ~ 11500	5/0. 83 6. 3/1. 1 8/1. 3 10/1. 7 变频 20(ESR30)		
		16500	12500 ~ 21000			
		19500	26000 ~ 38500			
		25500	38500 ~ 63500			
		28000	77000 ~ 98000			
	8000	13500	9000 ~ 11500	5/0. 83 6. 3/1. 1 8/1. 3 10/1. 7 变频 20(ESR30)		
		16500	12500 ~ 21000			
		19500	26000 ~ 38500			
		25500	38500 ~ 63500			
		28000	77000 ~ 98000			
	10000(1AM/M4) 10000(2M/M5) 10000(3M/M6)	13500	9000 ~ 11500	5/0. 83 6. 3/1. 1 8/1. 3 10/1. 7 变频 20(ESR30)		
		16500	12500 ~ 21000			
		19500	26000 ~ 38500			
		25500	38500 ~ 63500			
		28000	77000 ~ 98000			

表 1.2.9 电动葫芦桥式起重机 A4/A5/A6 主要技术参数（科尼起重机设备(上海)有限公司 www. konecranes. com. cn）

产品种类	起重量/kg	起重跨度/mm	起升高度/mm	起升速度/m · min^{-1}	技 术 特 点	应用行业
电动葫芦桥式起重机，起重机工作级别 A4/A5/A6	10000(1AM/M4) 10000(2M/M5) 10000(3M/M6)	13500	4500～11500	4/0.67 5/0.83 6.3/1.1 8/1.3 10/1.7 12.5/2.1 变频 20(ESR30)	高级别的工作性能，简便、有效的物料输送，超强的可靠性和安全性节省空间设计，各种标准及附加功能选择。 作为一个智能化的平台，除了常规的功能以外，有些智能化模块是标准供货，如：无线远程服务模块，它能够让客户很清楚、很直观地观测到自己设备的实际运行状况，便于提前做出生产计划安排和起重机维修保养计划。 大小车运行全变频，起升双速、变频可选，当选择变频起升时 ESR（延伸速度范围——简单的说就是满载起升时额定速度，但当空钩回程时速度会自动增加到额定速度的 1.5 倍，以提高使用效率和增加安全系数）是标准配置。 多种智能选项可供选择： （1）PLC 起升制动器打开监控； （2）PLC 起升超速监控； （3）起升制动器打滑监控； （4）远程服务模块； （5）ESR——扩展的起升速度； （6）双钩调平； （7）微动功能； （8）载荷零速浮动； （9）微速功能； （10）额外上/下极限位置； （11）防冲击保护功能； （12）防松绳保护； （13）起升同步； （14）大小车防摇摆； （15）工作区域； （16）终点定位； （17）目标定位； （18）PLC 区域保护； （19）轨道梁载荷限制； （20）起重机偏斜控制； （21）两车互动抬吊； （22）限位式——区域保护 EL13	造纸业、航天业、汽车业、发动机、电机、能源业、风力技术、塑料行业、玻璃加工、陶瓷、冶金设备制造等
		16500	12500～21000			
		19500	26000～38500			
		22500	38500～63500			
		25500	77000			
		28500	86500			
		31500	98000			
	16000(1AM/M4) 16000(2M/M5) 16000(3M/M6)	13500	4500～11500	4/0.67 5/0.83 6.3/1.1 8/1.3 10/1.7 12.5/2.1 变频 20(ESR30)		
		16500	12500～21000			
		19500	26000～38500			
		22500	38500～46000			
		25500	55500			
		28500	62500			
		31500	71000			
	20000(1AM/M4) 20000(2M/M5) 20000(3M/M6)	13500	4500～11500	4/0.67 5/0.83 6.3/1.1 8/1.3 10/1.7 变频 16(ESR24)		
		16500	12500～21000			
		19500	26000～38500			
		22500	38500～46000			
		25500	55500			
		28500	62500			
		31500	71000			
	32000(1AM/M4) 32000(2M/M5) 32000(3M/M6)	13500	6500～12500	3.2/0.53 4/0.67 5/0.83 6.3/1.1 变频 10(ESR15)		
		16500	13000			
		19500	15000			
		22500	18500			
		25500	23500			
		28500	31000			
		31500	35500			
	50000(1AM/M4) 50000(2M/M5)	13500	6500	2.5/0.42 3.2/0.53 4/0.67 变频 6.3(ESR9.4)		
		16500	9000			
		19500	12500			
		22500	15000			
		25500	18500			
		28500	20500			
		31500	23500			
	63000(1AM/M4) 63000(2M/M5)	13500	6500	2.5/0.42 3.2/0.53 变频 5(ESR7.5)		
		16500	9000			
		19500	11000			
		22500	13500			
		25500	15500			
		28500	17500			
		31500	23500			
	80000(1AM/M4)	13500	6500	2.5/0.42 变频 4(ESR6)		
		16500	9000			
		19500	11000			
		22500	13500			
		25500	15500			
		28500	17500			
		31500	21500			

生产厂商：河南省矿山起重机有限公司，柳州起重机器有限公司，纽科伦（新乡）起重机有限公司，科尼起重机设备（上海）有限公司。

1.2.2　桥式起重机

1.2.2.1　概述

桥式起重机由桥架和起重小车两大部分组成。桥架两端装有行走装置，支撑在厂房或露天货场上空的高架轨道上，沿轨道纵向运行；起重小车在桥架主梁上沿小车轨道横向运行。

桥式起重机有装在起重小车上的起升机构、小车运行机构和装在桥架上的大车运行机构三种工作机构，通常为电驱动。一般大车运行轨道为直线，起重机在长方形场地作业；大车运行轨道也可为圆弧形，起重机工作于圆形或环形场地上。桥式起重机起重量一般为5～250t，最大可达1200t；起重机跨度一般为10.5～31.5m，最大可达60m，桥式起重机形式多样，最常见、最典型的是通用桥式起重机。它是指用吊钩、抓斗或电磁吸盘作取物装置的一般用途的桥式起重机。

1.2.2.2　主要结构组成和性能特点

桥式起重机主要由5大部分构成：

（1）桥架：主要由主梁、端梁、司机室、梯子平台等钢结构组成；

（2）小车：主要由主、副起升机构、小车运行机构及小车架组成；

（3）大车运行机构：主要由驱动装置、主被动车轮组及缓冲器组成；

（4）电气系统：主要由配电、控制及照明系统等组成；

（5）附件：主要由随机工具、备件以及随机资料组成。

图1.2.5所示为DHQD08系列通用桥式起重机。

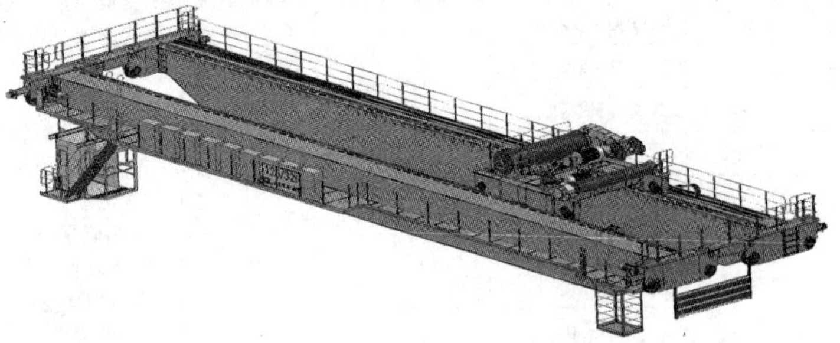

图1.2.5　DHQD08系列通用桥式起重机三维模型图

1.2.2.3　桥式起重机的工作环境及条件

（1）起重机的电源为三相交流（三相四线制），频率为50Hz/60Hz，电压≤1000V（根据需要也可为3kV、6kV或10kV）。供电系统在起重机馈电线接入处的电压波动不应超过额定电压的±10%。

（2）起重机运行的轨道安装应符合GB/T级公差要求。

起重机运行轨道的接地电阻值不应大于4Ω。

起重机安装使用地点的海拔不超过1000m（超过1000m时应按GB 755的规定对电动机进行容量校核，超过2000m时应对电器件进行容量校核）。

（3）吊运物品对起重机吊钩部位的辐射热温度不超过300℃。

（4）起重机在室内工作时的气候条件：

环境温度不超过+40℃，在24h内的平均温度不超过+35℃；

环境温度不低于-5℃；在+40℃的温度下相对湿度不超过50%。

（5）起重机在室外工作时的气候条件：

环境温度不超过+40℃，在24h内的平均温度不超过+35℃，环境温度不低于-20℃。环境温度不超过+25℃时的相对湿度允许暂时高达100%。

（6）工作风压不应大于：内陆150Pa（相当于5级风），沿海250Pa（相当于6级风）；非工作状态的最大风压：一般为800Pa（相当于10级风），也可另行约定。

1.2.2.4 桥式起重机主要技术性能

大连华锐重工起重机公司设计的 DHQD08、DHQDD 系列通用桥式起重机是以全新的设计理念和市场观念为基础；以最新的设计规范为依据；以产品功能、技术参数、技术特性等均达到国、内外先进水平为目标而研制的，该系列的多项创新举措，在性能与安全可靠性等方面均优于传统系列产品，具体体现为：

（1）自重轻、轮压小、能耗低。DHQD08 系列与传统系列产品相比：由于改变传统的起升、运行机构布置方案，加之优化设计，使结构受力更加明确合理，使小车重量降低 30% ~40%，进而减小作用在主梁上的载荷，带来整机重量降低 5% ~20%，最大轮压降低 5% ~15%，整机装机容量降低 10% ~15%。

（2）外形尺寸小、作业范围大。整机高度降低 10% ~15%；左右作业范围增加 5% 左右；高度方向作业范围增加 300 ~1000mm。

（3）三化程度高，备件通用性强。采用模块化与典型化设计，使产品具有更高的通用化程度，以较少的部件规格满足多规格产品的需要，适应用户要求能力及备件统一性强。

（4）人性化程度高，质量稳定，性能可靠。人性化程度高，贴近用户要求，便于设备的日常维护与维修；设计、工艺的典型化措施，使产品质量更加稳定。

（5）性价比高，适应市场能力强。产品设计制造满足 GB3811，更贴近 FEM 及 ISO 等国际先进标准。产品的性能先进，备件采购轻松方便，售后服务快速迅捷，可满足国、内外各类市场要求。

（6）部件材料性能优良。硬齿面焊接壳体减速器；高强度等级吊钩及钢丝绳；轧制滑轮；焊接卷筒；锻造车轮。各种安全防护装置齐全，产品使用更加安全、可靠。

（7）经济效益显著。由于轮压与外形尺寸的降低，可降低用户厂房建设费用 10% 左右；同时产品性能先进，质量稳定，传动环节少，易损备件少，维护、维修工作量少，能耗低，在使用过程中所需的附加费用可降至最低，使用成本降低。

1.2.2.5 主要技术性能参数与应用

主要技术性能参数与应用见表 1.2.10 ~ 表 1.2.30。

表 1.2.10 DHQD08 系列选型参数（大连华锐重工集团股份有限公司 www.dhidcw.com）

S/m		$V_{n主}$/m·min^{-1}	10	h/mm	W/mm	B/mm	V_k/m·min^{-1}	荐用轨道（大车轮总数）	P/kN	N/kW
16.5		$V_{n副}$/m·min^{-1}	—	1275	4000	4770	63	38kg/m(4)	58	18.6
19.5		V_t/m·min^{-1}	40						65	
22.5	5t	C_1/mm	—						69	
25.5	A5	C_2/mm	800		5000	5840			77	20.6
28.5		C_3/mm	1100						82	
31.5		C_4/mm	—						88	
—		C_h/mm	≥300						—	—
S/m		$V_{n主}$/m·min^{-1}	12.5	h/mm	W/mm	B/mm	V_k/m·min^{-1}	荐用轨道（大车轮总数）	P/kN	N/kW
16.5		$V_{n副}$/m·min^{-1}	—	1275	4000	4840	80	38kg/m(4)	59	22.6
19.5		V_t/m·min^{-1}	40						66	
22.5	5t	C_1/mm	—						70	
25.5	A6	C_2/mm	800		5000	5920			79	25.6
28.5		C_3/mm	1100						83	
31.5		C_4/mm	—						89	
—		C_h/mm	≥300						—	—
S/m		$V_{n主}$/m·min^{-1}	10	h/mm	W/mm	B/mm	V_k/m·min^{-1}	荐用轨道（大车轮总数）	P/kN	N/kW
16.5		$V_{n副}$/m·min^{-1}	—	1290	5000	6040	63	38kg/m(4)	90	33
19.5		V_t/m·min^{-1}	40						95	
22.5	10t	C_1/mm	—						100	
25.5	A5	C_2/mm	850						105	36
28.5		C_3/mm	1150						111	
31.5		C_4/mm	—						117	
—		C_h/mm	≥300						—	—

续表 1.2.10

S/m				h/mm	W/mm	B/mm	V_k/m · min^{-1}	荐用轨道(大车轮总数)	P/kN	N/kW
		$V_{n主}$/m · min^{-1}	10							
16.5		$V_{n副}$/m · min^{-1}	—						91	
19.5		V_t/m · min^{-1}	40			6040			96	41
22.5	10t A6	C_1/mm	—						101	
25.5		C_2/mm	850	1290	5000		80	38kg/m(4)	106	
28.5		C_3/mm	1150			6120			112	45
31.5		C_4/mm	—						118	
—		C_h/mm	≥300						—	—
S/m		$V_{n主}$/m · min^{-1}	8	h/mm	W/mm	B/mm	V_k/m · min^{-1}	荐用轨道(大车轮总数)	P/kN	N/kW
16.5		$V_{n副}$/m · min^{-1}	—						122	
19.5		V_t/m · min^{-1}	40						128	45.4
22.5	16t A5	C_1/mm	—						133	
25.5		C_2/mm	1000	1485	5000	6040	63	43kg/m(4)	141	
28.5		C_3/mm	1300						147	49.4
31.5		C_4/mm	—						159	
—		C_h/mm	≥300						—	—
S/m		$V_{n主}$/m · min^{-1}	10	h/mm	W/mm	B/mm	V_k/m · min^{-1}	荐用轨道(大车轮总数)	P/kN	N/kW
16.5		$V_{n副}$/m · min^{-1}	—						123	
19.5		V_t/m · min^{-1}	40			6040			129	51
22.5	16t A6	C_1/mm	—						134	
25.5		C_2/mm	1000	1485	5000		80	43kg/m(4)	142	
28.5		C_3/mm	1300			6120			148	58
31.5		C_4/mm	—						160	
—		C_h/mm	≥300						—	—
S/m		$V_{n主}$/m · min^{-1}	10.33	h/mm	W/mm	B/mm	V_k/m · min^{-1}	荐用轨道(大车轮总数)	P/kN	N/kW
16.5		$V_{n副}$/m · min^{-1}	14.76			7680			157	
19.5		V_t/m · min^{-1}	38.7	2150	4500			43kg/m(4)	164.3	
22.5	20/5t A5	C_1/mm	1050			7730	91.1		172.5	78
25.5		C_2/mm	1750						182.5	
28.5		C_3/mm	1600		4800	8030			195.4	
31.5		C_4/mm	2300	2252	5000	8230	92	43kg/m QU70(4)	203.9	85
34.5		C_h/mm	≥300		5500	8730			215.5	
S/m		$V_{n主}$/m · min^{-1}	11.7	h/mm	W/mm	B/mm	V_k/m · min^{-1}	荐用轨道(大车轮总数)	P/kN	N/kW
16.5		$V_{n副}$/m · min^{-1}	14.76	2210		7680	102.3		157.9	
19.5		V_t/m · min^{-1}	38.5	2212	4500				169.2	
22.5	20/5t A6	C_1/mm	1050			7730			178	95
25.5		C_2/mm	1800				102.7	43kg/m QU70(4)	188.3	
28.5		C_3/mm	1700		4800	8030			198.7	
31.5		C_4/mm	2450	2312	5000	8230			207.2	
34.5		C_h/mm	≥300		5500	8730			218.2	103

续表 1.2.10

S/m				h/mm	W/mm	B/mm	V_k/m·min^{-1}	荐用轨道(大车轮总数)	P/kN	N/kW
		$V_{\text{n主}}$/m·min^{-1}	10.41							
16.5		$V_{\text{n副}}$/m·min^{-1}	14.76	2210		7680			186.1	
19.5		V_t/m·min^{-1}	38.5	2212	4500		91.1	43kg/m(4)	197.3	88
22.5	25/5t	C_1/mm	1050			7730			200.8	
25.5	A5	C_2/mm	1800	2312					218.5	
28.5		C_3/mm	1700		4800	8030	92	43kg/m QU70(4)	230.2	95
31.5		C_4/mm	2450	2327	5000	8330			244	
34.5		C_h/mm	≥300		5500	8830			256.5	
S/m		$V_{\text{n主}}$/m·min^{-1}	10.41	h/mm	W/mm	B/mm	V_k/m·min^{-1}	荐用轨道(大车轮总数)	P/kN	N/kW
16.5		$V_{\text{n副}}$/m·min^{-1}	14.76	2212					191.8	
19.5		V_t/m·min^{-1}	38.5		4800	8030	102.7		201.6	96.4
22.5	25/5t	C_1/mm	1050	2312				43kg/m QU70(4)	211.2	
25.5	A6	C_2/mm	1800			8130			225.4	
28.5		C_3/mm	1700	2327	5000	8330	103.55		237.8	
31.5		C_4/mm	2450		5200	8530		QU70(4)	249.2	104.4
34.5		C_h/mm	≥300	2427	5500	8830			261.2	
S/m		$V_{\text{n主}}$/m·min^{-1}	8.12	h/mm	W/mm	B/mm	V_k/m·min^{-1}	荐用轨道(大车轮总数)	P/kN	N/kW
16.5		$V_{\text{n副}}$/m·min^{-1}	14.76						225.9	
19.5		V_t/m·min^{-1}	38.5	2312	4800	8030		43kg/m QU70(4)	236.6	
22.5	32/5t	C_1/mm	1050						247.4	
25.5	A5	C_2/mm	1800		5000	8330	92		262.9	96.4
28.5		C_3/mm	1700						274.3	
31.5		C_4/mm	2450	2327	5300	8630		QU70(4)	289	
34.5		C_h/mm	≥400		5500	8830			302.4	104.4
S/m		$V_{\text{n主}}$/m·min^{-1}	9.66	h/mm	W/mm	B/mm	V_k/m·min^{-1}	荐用轨道(大车轮总数)	P/kN	N/kW
16.5		$V_{\text{n副}}$/m·min^{-1}	14.76					43kg/m QU70(4)	329.6	
19.5		V_t/m·min^{-1}	38.5	2417	4800	8130			250.7	
22.5	32/5t	C_1/mm	1050				103.55		262.2	124.4
25.5	A6	C_2/mm	1850		5000	8330			275.5	
28.5		C_3/mm	1800					QU70 QU80(4)	287.4	
31.5		C_4/mm	2600	2517	5300	8630	103.2		303.2	138.4
34.5		C_h/mm	≥400		5500	8830			316.8	
S/m		$V_{\text{n主}}$/m·min^{-1}	7.76	h/mm	W/mm	B/mm	V_k/m·min^{-1}	荐用轨道(大车轮总数)	P/kN	N/kW
16.5		$V_{\text{n副}}$/m·min^{-1}	10.67	2417					278.7	
19.5		V_t/m·min^{-1}	38.5		5000	8330			290.7	
22.5	40/10t	C_1/mm	1100					QU70(4)	303.1	123.4
25.5	A5	C_2/mm	1900	2517			92		317.8	
28.5		C_3/mm	1800		5200	8530			330.7	
31.5		C_4/mm	2600					QU80(4)	349.8	131.4
34.5		C_h/mm	≥400	2519	5500	8870			364.1	

续表 1.2.10

S/m				h/mm	W/mm	B/mm	V_k/m·min^{-1}	荐用轨道(大车轮总数)	P/kN	N/kW
	40/10t A6	$V_{n主}$/m·min^{-1}	8							
16.5		$V_{n副}$/m·min^{-1}	10.67	2517	5000	8330	103.2	QU70(4)	282.6	147
19.5		V_t/m·min^{-1}	38.7						295.1	
22.5		C_1/mm	1100						308.2	
25.5		C_2/mm	2050		5200	8530		QU80(4)	328.2	
28.5		C_3/mm	2000	2519		8570	103.3		338.7	
31.5		C_4/mm	2950		5500	8870			356.6	
34.5		C_h/mm	≥400						371.1	
S/m	50/10t A5	$V_{n主}$/m·min^{-1}	6.36	h/mm	W/mm	B/mm	V_k/m·min^{-1}	荐用轨道(大车轮总数)	P/kN	N/kW
16.5		$V_{n副}$/m·min^{-1}	10.67	2517	5000	8330	81.67	QU70 QU80(4)	324.6	125
19.5		V_t/m·min^{-1}	38.7						342.6	
22.5		C_1/mm	1100	2519	5200	8570	81.69		359.8	
25.5		C_2/mm	2050						374.8	
28.5		C_3/mm	2000		5300	8670			391.7	133
31.5		C_4/mm	2950	2619	5500	8870			401.6	
34.5		C_h/mm	≥400						434.6	
S/m	50/10t A6	$V_{n主}$/m·min^{-1}	8	h/mm	W/mm	B/mm	V_k/m·min^{-1}	荐用轨道(大车轮总数)	P/kN	N/kW
16.5		$V_{n副}$/m·min^{-1}	10.67	2629	5500	8870	103.73	QU70 QU80(4)	347	150
19.5		V_t/m·min^{-1}	38.7						363.4	
22.5		C_1/mm	1100	2729	5700	9070	103.38		382.7	164
25.5		C_2/mm	2200						395.6	
28.5		C_3/mm	2050		5800	9170			410.5	
31.5		C_4/mm	3150	2927	6000	9330	103.2	QU70 QU80(8)	216.2	
34.5		C_h/mm	≥400						225.3	
S/m	63/16t A5	$V_{n主}$/m·min^{-1}	6.36	h/mm	W/mm	B/mm	V_k/m·min^{-1}	荐用轨道(大车轮总数)	P/kN	N/kW
16.5		$V_{n副}$/m·min^{-1}	11.54	2729	5200	8570	81.69	QU80 QU100(4)	418.8	142
19.5		V_t/m·min^{-1}	38.7						436.3	
22.5		C_1/mm	1200		5400	8770			453.4	150
25.5		C_2/mm	2300	2927		8730	81.67	QU80 QU100(8)	237.4	
28.5		C_3/mm	2050		5500	8830			246.2	
31.5		C_4/mm	3150		5700	9030			256.8	
34.5		C_h/mm	≥400						266.8	
S/m	63/16t A6	$V_{n主}$/m·min^{-1}	6.36	h/mm	W/mm	B/mm	V_k/m·min^{-1}	荐用轨道(大车轮总数)	P/kN	N/kW
16.5		$V_{n副}$/m·min^{-1}	11.54	2927	5500	8830	103.2	QU80 QU100(8)	218.1	179
19.5		V_t/m·min^{-1}	38.5						26.8	
22.5		C_1/mm	1200		5700	9030			236.2	
25.5		C_2/mm	2550						241.7	
28.5		C_3/mm	2100		5800	9130			253.7	
31.5		C_4/mm	3450		6000	9330	103.55		266.3	195
34.5		C_h/mm	≥400						276.4	

续表 1.2.10

S/m		$V_{n主}$/m·min^{-1}	5.72	h/mm	W/mm	B/mm	V_k/m·min^{-1}	荐用轨道(大车轮总数)	P/kN	N/kW
16.5		$V_{n副}$/m·min^{-1}	10.25	3057	6000	9330	72.4	QU100(8)	256.7	176
19.5		V_t/m·min^{-1}	38.5						270.6	
22.5	80/20t	C_1/mm	1200						277.8	
25.5	A5	C_2/mm	2550		6500	9830			289.6	
28.5		C_3/mm	2100						301.5	
31.5		C_4/mm	3450						311.8	
34.5		C_h/mm	≥400						322.3	
S/m		$V_{n主}$/m·min^{-1}	6.38	h/mm	W/mm	B/mm	V_k/m·min^{-1}	荐用轨道(大车轮总数)	P/kN	N/kW
16.5		$V_{n副}$/m·min^{-1}	10.25	3057	6400	9730	91.73	QU100(8)	263.5	210
19.5		V_t/m·min^{-1}	38.5						274.9	
22.5	80/20t	C_1/mm	1200						285.1	
25.5	A6	C_2/mm	2550		6800	10130			297.4	
28.5		C_3/mm	2100	3059		10170			311.5	
31.5		C_4/mm	3450				92		323.2	226
34.5		C_h/mm	≥400						333.9	
S/m		$V_{n主}$/m·min^{-1}	4.59	h/mm	W/mm	B/mm	V_k/m·min^{-1}	荐用轨道(大车轮总数)	P/kN	N/kW
16.5		$V_{n副}$/m·min^{-1}	10.25	3057	6400	9730	72.48	QU100(8)	310	176
19.5		V_t/m·min^{-1}	38.5						322.3	
22.5	100/20t	C_1/mm	1200						334.3	
25.5	A5	C_2/mm	2550	3059	6800	10170	72.37		350.7	190
28.5		C_3/mm	2100						363.8	
31.5		C_4/mm	3450						375.1	
34.5		C_h/mm	≥400						386.8	
S/m		$V_{n主}$/m·min^{-1}	5.15	h/mm	W/mm	B/mm	V_k/m·min^{-1}	荐用轨道(大车轮总数)	P/kN	N/kW
16.5		$V_{n副}$/m·min^{-1}	10.25	3059	6500	9870	92	QU100(8)	320.1	230
19.5		V_t/m·min^{-1}	38.5						332.3	
22.5	100/20t	C_1/mm	1200						345.3	
25.5	A6	C_2/mm	2550		7000	10370			360	
28.5		C_3/mm	2100						371.6	
31.5		C_4/mm	3450						384.4	
34.5		C_h/mm	≥400						398.8	

注：S—起重机跨度，$H_{主}$—主起升高度 = 16m，$H_{副}$—副起升高度 = 16m，$V_{n主}$—主起升速度，$V_{n副}$—副起升速度，V_t—小车运行速度，V_k—大车运行速度，P—最大轮压，N—整机总功率。

DHQD08 系列桥式起重机如图 1.2.6 所示。

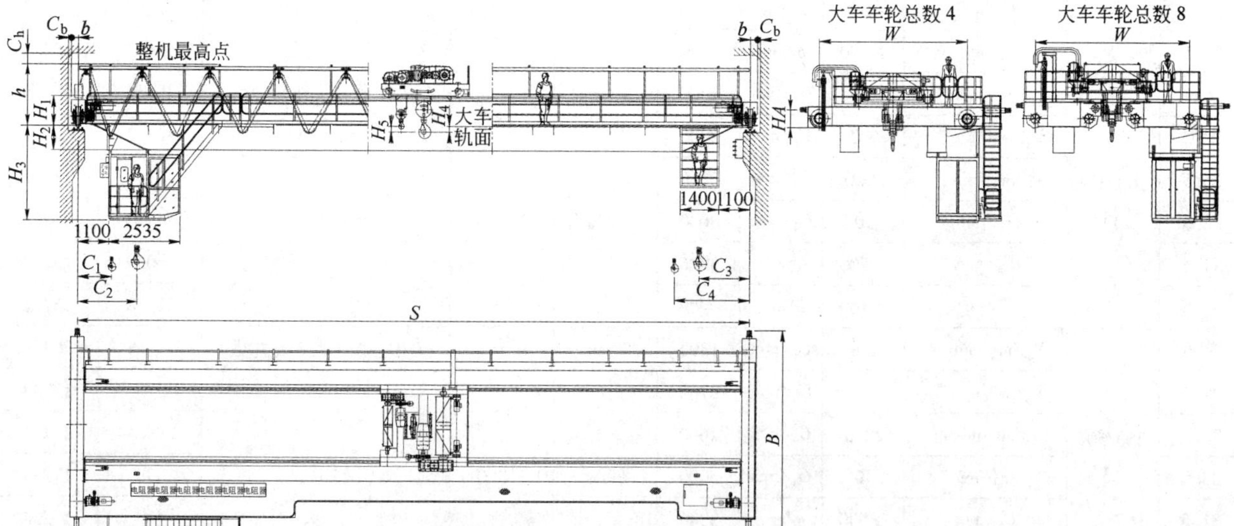

图 1.2.6 DHQD08 系列桥式起重机

DHQDD 系列桥式起重机如图 1. 2. 7 所示。

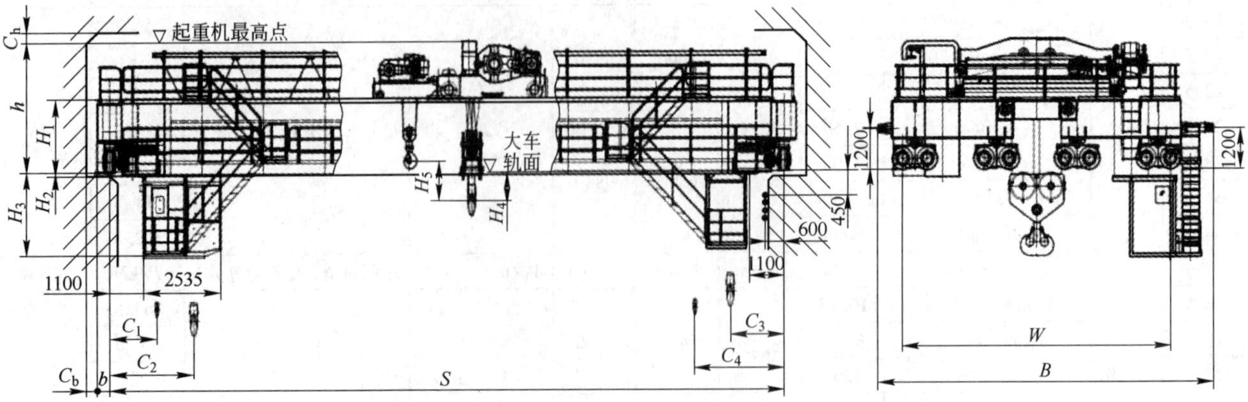

图 1. 2. 7　DHQDD 系列桥式起重机（大连华锐重工集团股份有限公司）

表 1. 2. 11　DHQDD 系列桥式起重机选型参数表（大连华锐重工集团股份有限公司　www. dhidcw. com）

S/m		V_m/m · min^{-1}	2. 6	C_1/mm	1100	W/mm	B/mm	荐用轨道（大车轮总数）	P/kN	N/kW
22. 5		V_a/m · min^{-1}	5. 1	C_2/mm	3100				269. 3	148. 2
25. 5	160/32t	V_t/m · min^{-1}	20. 0	C_3/mm	2400				277. 1	148. 2
28. 5	A3	V_k/m · min^{-1}	30	C_4/mm	4400	8700	11120	QU120(16)	286. 8	148. 2
31. 5		C_h/mm	≥500	h/mm	3506				296. 2	148. 2
34. 5		C_b/mm	≥100	b/mm	495				306. 0	148. 2
S/m		V_m/m · min^{-1}	3. 2	C_1/mm	1100	W/mm	B/mm	荐用轨道（大车轮总数）	P/kN	N/kW
22. 5		V_a/m · min^{-1}	8. 1	C_2/mm	3100				274. 5	212. 0
25. 5	160/32t	V_t/m · min^{-1}	20. 0	C_3/mm	2400				283. 7	212. 0
28. 5	A5	V_k/m · min^{-1}	50	C_4/mm	4400	8700	11120	QU120(16)	293. 6	212. 0
31. 5		C_h/mm	≥500	h/mm	3606				303. 2	212. 0
34. 5		C_b/mm	≥100	b/mm	495				315. 0	212. 0
S/m		V_m/m · min^{-1}	2. 0	C_1/mm	1200	W/mm	B/mm	荐用轨道（大车轮总数）	P/kN	N/kW
22. 5		V_a/m · min^{-1}	5. 1	C_2/mm	3600				318. 5	155. 2
25. 5	200/50t	V_t/m · min^{-1}	20. 0	C_3/mm	2500				329	163. 2
28. 5	A3	V_k/m · min^{-1}	30	C_4/mm	4900	8700	11120	QU120(16)	337. 7	163. 2
31. 5		C_h/mm	≥500	h/mm	3606				348	163. 2
34. 5		C_b/mm	≥100	b/mm	495				358. 3	163. 2
S/m		V_m/m · min^{-1}	2. 6	C_1/mm	1300	W/mm	B/mm	荐用轨道（大车轮总数）	P/kN	N/kW
22. 5		V_a/m · min^{-1}	6. 2	C_2/mm	3700				327. 2	232. 2
25. 5	200/50t	V_t/m · min^{-1}	20. 0	C_3/mm	2600				339	232. 2
28. 5	A5	V_k/m · min^{-1}	50	C_4/mm	5000	8700	11120	QU120(16)	349. 9	232. 2
31. 5		C_h/mm	≥500	h/mm	3906				360. 9	232. 2
34. 5		C_b/mm	≥100	b/mm	495				373. 8	232. 2
S/m		V_m/m · min^{-1}	1. 6	C_1/mm	1300	W/mm	B/mm	荐用轨道（大车轮总数）	P/kN	N/kW
22. 5		V_a/m · min^{-1}	5. 1	C_2/mm	3700				378	172. 4
25. 5	250/50t	V_t/m · min^{-1}	20. 0	C_3/mm	2600				388. 4	172. 4
28. 5	A3	V_k/m · min^{-1}	30	C_4/mm	5000	8900	11320	QU120(16)	398	172. 4
31. 5		C_h/mm	≥500	h/mm	3906				409	172. 4
34. 5		C_b/mm	≥100	b/mm	495				422. 0	172. 4

续表 1.2.11

S/m	250/50t A5	V_m/m·min^{-1}	2.0	C_1/mm	1400	W/mm	B/mm	荐用轨道（大车轮总数）	P/kN	N/kW
22.5		V_a/m·min^{-1}	6.2	C_2/mm	3800	8900	11320	QU120(16)	286.6	239.4
25.5		V_t/m·min^{-1}	20.0	C_3/mm	2700				401.4	255.4
28.5		V_k/m·min^{-1}	50	C_4/mm	5100				411.6	255.4
31.5		C_h/mm	≥500	h/mm	4206				423.4	255.4
34.5		C_b/mm	≥100	b/mm	495				437.0	255.4
S/m	300/63t A3	V_m/m·min^{-1}	1.4	C_1/mm	1500	W/mm	B/mm	荐用轨道（大车轮总数）	P/kN	N/kW
22.5		V_a/m·min^{-1}	3.2	C_2/mm	4100	8900	11320	QU120(16)	443.4	194.4
25.5		V_t/m·min^{-1}	20.0	C_3/mm	3100				457.2	194.4
28.5		V_k/m·min^{-1}	30	C_4/mm	5700				468.9	194.4
31.5		C_h/mm	≥500	h/mm	4236				480.1	194.4
34.5		C_b/mm	≥100	b/mm	495				491.1	194.4
S/m	300/63t A5	V_m/m·min^{-1}	1.6	C_1/mm	1500	W/mm	B/mm	荐用轨道（大车轮总数）	P/kN	N/kW
22.5		V_a/m·min^{-1}	5.1	C_2/mm	4100	8900	11320	QU120(16)	453.2	259.0
25.5		V_t/m·min^{-1}	20.0	C_3/mm	3100				465.9	259.0
28.5		V_k/m·min^{-1}	50	C_4/mm	5700				477.7	259.0
31.5		C_h/mm	≥500	h/mm	4326				490.7	259.0
34.5		C_b/mm	≥100	b/mm	495				505.3	259.0
S/m	350/80t A3	V_m/m·min^{-1}	1.2	C_1/mm	1500	W/mm	B/mm	荐用轨道（大车轮总数）	P/kN	N/kW
22.5		V_a/m·min^{-1}	3.2	C_2/mm	4100	9900	12000	QU120(16)	511.6	194.4
25.5		V_t/m·min^{-1}	20.0	C_3/mm	3100				526.6	194.4
28.5		V_k/m·min^{-1}	30	C_4/mm	5700				539.5	194.4
31.5		C_h/mm	≥500	h/mm	4401				551.7	194.4
34.5		C_b/mm	≥100	b/mm	495				568.8	194.4
S/m	350/80t A3	V_m/m·min^{-1}	1.2	C_1/mm	1500	W/mm	B/mm	荐用轨道（大车轮总数）	P/kN	N/kW
22.5		V_a/m·min^{-1}	3.2	C_2/mm	4100	9900	12000	QU120(16)	511.6	194.4
25.5		V_t/m·min^{-1}	20.0	C_3/mm	3100				526.6	194.4
28.5		V_k/m·min^{-1}	30	C_4/mm	5700				539.5	194.4
31.5		C_h/mm	≥500	h/mm	4401				551.7	194.4
34.5		C_b/mm	≥100	b/mm	495				568.8	194.4
S/m	400/100t A3	V_m/m·min^{-1}	1.0	C_1/mm	1600	W/mm	B/mm	荐用轨道（大车轮总数）	P/kN	N/kW
22.5		V_a/m·min^{-1}	3.6	C_2/mm	4300	9900	12700	QU120(16)	590.3	208.0
25.5		V_t/m·min^{-1}	20.0	C_3/mm	3200				607	208.0
28.5		V_k/m·min^{-1}	50	C_4/mm	5900				621.1	208.0
31.5		C_h/mm	≥500	h/mm	4590				635.6	208.0
34.5		C_b/mm	≥100	b/mm	495				652.4	208.0

续表 1.2.11

S/m		V_m/m·min^{-1}	1.2	C_1/mm	1600	W/mm	B/mm	荐用轨道（大车轮总数）	P/kN	N/kW
22.5	400/100t A5	V_a/m·min^{-1}	4.2	C_2/mm	4300	9900	12700	QU120(16)	600.4	288.0
25.5		V_t/m·min^{-1}	20.0	C_3/mm	3300				617.5	288.0
28.5		V_k/m·min^{-1}	50	C_4/mm	6000				635.9	288.0
31.5		C_h/mm		≥500	h/mm	4590			650.4	288.0
34.5		C_b/mm		≥100	b/mm	495			672.2	288.0

DHQDD 系列桥式起重机如图 1.2.8 所示。

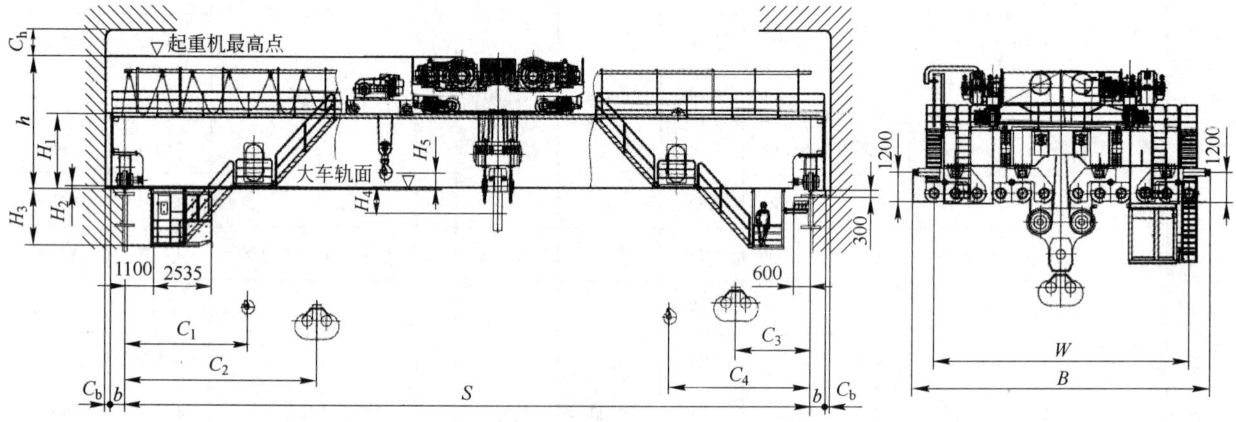

图 1.2.8 DHQDD 系列桥式起重机

表 1.2.12 DHQDD 系列桥式起重机主要技术参数（大连华锐重工集团股份有限公司 www.dhidcw.com）

S/m		V_m/m·min^{-1}	2.0	C_1/mm	1500	W/mm	B/mm	荐用轨道（大车轮总数）	P/kN	N/kW		V_m/m·min^{-1}	1.6	C_1/mm	1700	W/mm	B/mm	荐用轨道（大车轮总数）	P/kN	N/kW
22.5	500/100t A3	V_a/m·min^{-1}	3.6	C_2/mm	5900	10080	11760	QU120(24)	459.7	279.0	600/125t A3	V_a/m·min^{-1}	3.2	C_2/mm	6300	10680	12360	QU120(24)	551.6	350.0
25.5		V_t/m·min^{-1}	20.0	C_3/mm	3300				475.2	279.0		V_t/m·min^{-1}	20.0	C_3/mm	3500				573.2	350.0
28.5		V_k/m·min^{-1}	30	C_4/mm	7700				490.1	279.0		V_k/m·min^{-1}	30	C_4/mm	8100				589.6	350.0
31.5		C_h/mm	≥500	h/mm	4920				503.9	295.0		C_h/mm	≥500	h/mm	5200				606.7	350.0
34.5		C_b/mm	≥100	b/mm	600				519.7	295.0		C_b/mm	≥100	b/mm	600				625.3	350.0
S/m		V_m/m·min^{-1}	1.4	C_1/mm	1700	W/mm	B/mm	荐用轨道（大车轮总数）	P/kN	N/kW		V_m/m·min^{-1}	1.2	C_1/mm	2100	W/mm	B/mm	荐用轨道（大车轮总数）	P/kN	N/kW
22.5	700/125t A3	V_a/m·min^{-1}	5.1	C_2/mm	6300	11380	13060	QU120(24)	636.1	321.8	800/160t A3	V_a/m·min^{-1}	2.6	C_2/mm	7100	12080	13760	QU120(24)	706.4	335.8
25.5		V_t/m·min^{-1}	20.0	C_3/mm	3500				659	321.8		V_t/m·min^{-1}	20.0	C_3/mm	3500				733.7	335.8
28.5		V_k/m·min^{-1}	30	C_4/mm	8100				681.7	321.8		V_k/m·min^{-1}	30	C_4/mm	8500				759.6	335.8
31.5		C_h/mm	≥500	h/mm	5320				701.6	335.8		C_h/mm	≥500	h/mm	5660				786.9	335.8
34.5		C_b/mm	≥100	b/mm	600				722.5	335.8		C_b/mm	≥100	b/mm	600				811.0	335.8

注：S—起重机跨度，H_m—主起升高度 = 24m，H_a—副起升高度 = 26m，V_m—主起升速度，V_a—副起升速度，V_t—小车运行速度，V_k—大车运行速度，P—最大轮压，N—整机总功率 S3 40%。

表 1.2.13　应用案例（大连华锐重工集团股份有限公司　www.dhidcw.com）

系列	用户	系列	用户
5～125t DHQD08 通用桥式起重机系列	华锐风电科技有限公司	160～800t DHQDD 通用桥式起重机系列	山东通裕重工
	首钢		哈尔滨锅炉厂
	大连船舶工业船机配套有限公司		辽宁德马重工
	江苏洋河酒厂股份有限公司		大连船舶工业船机配套有限公司
	中国石油		大连宝原核设备有限公司
	本特勒长瑞汽车系统有限公司		华能沁北电厂
	宝鸡石油钢管有限责任公司		神华宁夏煤业集团有限责任公司
	一重核电设备制造有限公司		东方电气（广州）重型机器有限公司
	东方汽轮机有限公司		大连金重重工有限公司
	东北轻合金有限责任公司		杭州杭锅重型装备制造有限公司
	包钢集团机械设备制造有限公司		特变电工衡阳变压器有限公司
	太钢		山东泰安山口锻压有限公司
	瓦轴集团		青海康泰铸锻机械有限公司
	神华宁煤集团		湖北三环锻压设备有限公司
	长春汽车冲压件有限公司		咸阳宝石钢管钢丝有限公司
	大连橡胶塑料机械股份有限公司		威海石岛重工有限公司
	天津中际装备制造有限公司		江苏吉鑫风电有限公司
	大连汇程铝业有限公司		
	哈尔滨锅炉厂		
	大连宝源核设备有限公司		
	三一集团		
	杭州杭氧低温容器有限公司		

QD 型 5-50/10t 吊钩桥式起重机如图 1.2.9 所示。

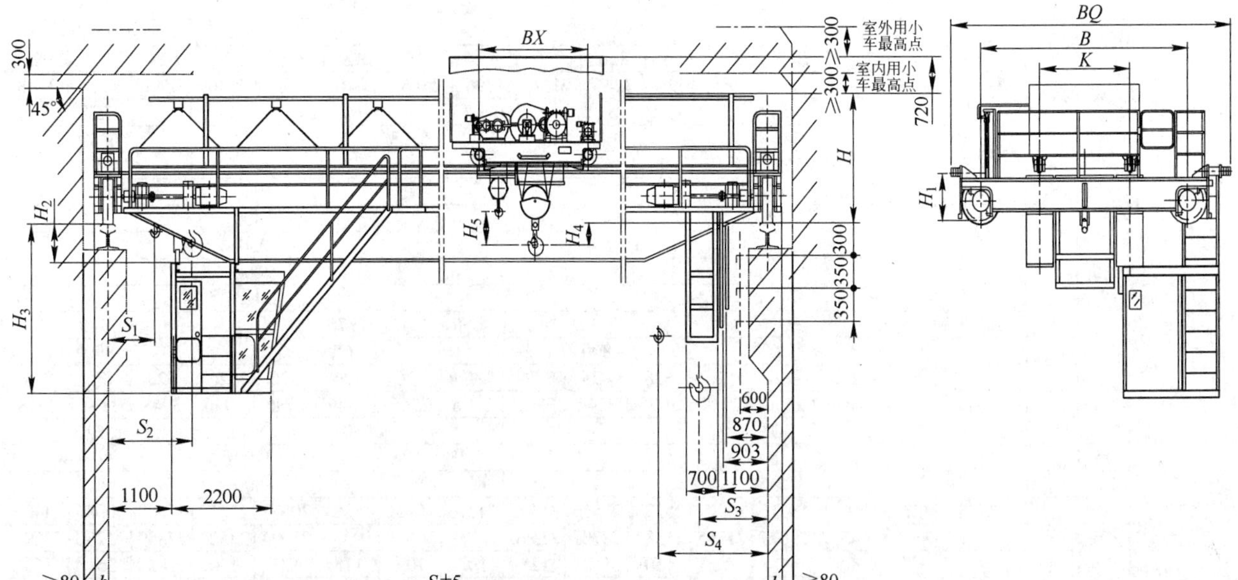

图 1.2.9　QD 型 5-50/10t 吊钩桥式起重机

QD 型 75/20-125/50t 吊钩桥式起重机如图 1. 2. 10 所示。

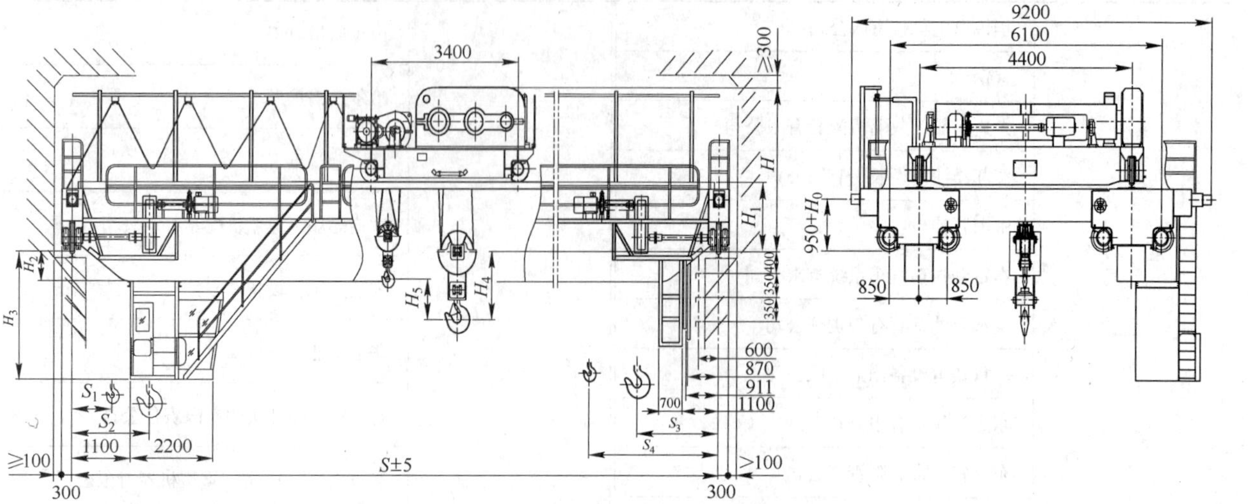

图 1. 2. 10　QD 型 75/20-125/50t 吊钩桥式起重机

表 1. 2. 14　QD 型吊钩桥式起重机主要技术参数（一）（河南省矿山起重机有限公司　www. hnksky. com）

起重量			t	5								10							
跨　度			m	10. 5	13. 5	16. 5	19. 5	22. 5	25. 5	28. 5	31. 5	10. 5	13. 5	16. 5	19. 5	22. 5	25. 5	28. 5	31. 5
最大起升高度			m	16								16							
速度	起升	A5	m/min	11. 3								8. 5							
		A6		15. 6								10. 4							
	小车运行			37. 2								43. 8							
	大车运行	A5		89. 8					91. 8			89. 8			91. 9		84. 7		
		A6		92. 7					93. 7			92. 7			93. 7		86. 5		
电动机	起升	A5	型号/kW	YZR180L-8/13								YZR180L-6/17							
		A6		YZR180L-6/15								YZR200L-6/22							
	小车运行			YZR112M-6/1. 8								YZR132M1-6/2. 5							
	大车运行	A5		YZR132M2-6/2 ×4					YZR160M1-6/2 ×6. 3			YZR132M2-6/2 ×4					YZR160M1-6/2 ×6. 3		
		A6		YZR160M1-6/2 ×5. 5					YZR160M2-6/2 ×7. 5			YZR160M1-6/2 ×5. 5					YZR160M2-6/2 ×7. 5		
主要尺寸/mm	A5	*BQ*		5054		5204			5948			5704		5882			5948		
		B		3400		3550			5000			4050					5000		
		S_2		800								1050							
		S_3		1250								1300							
		b		230								230							
		K		1400								2000							
		BX		1100								1400							
		H		1763								1876					1926		
		H_1		$765+H_0$								765					$815+H_0$		
		H_2		-24	126	226	376	526	676	826	976	-24	126	226	376	526	628	778	928
		H_3		2396	2546	2646	2796	2946	3096	3246	3396	2396	2546	2646	2796	2946	3048	3198	3348
		H_4		71								602					552		
	A6	*B*		5058		5208			6028			5708			5848		6388		
		W		3400		3550			5000			4050					5000		
		S_2		800								1050							
		S_3		1250								1300							
		b		230								230							
		K		1400								2000							
		BX		1100								1400							
		H		1763								1876					1926		
		H_1		765					800			765					850		
		H_2		-24	126	226	376	526	676	826	976	-24	126	226	376	526	628	778	928
		H_3		2396	2546	2646	2796	2946	3096	3246	3396	2396	2546	2646	2796	2946	3048	3198	3348
		H_4		71								602					552		
质量	小车	A5	kg	2500								3400							
		A6		2550								3500							
	总重	A5	kg	12715	14233	16061	18616	20977	25393	28516	31405	14270	16151	18881	20677	23517	27605	30986	34405
		A6		12991	14509	16337	19027	21395	25584	28707	31596	14719	16600	19330	21034	23523	27889	31280	34699
最大轮压		A5	kN	74	79	85	92	98	110	118	125	102	109	118	123	130	142	151	160
		A6		75	80	86	93	100	111	119	126	104	111	120	125	132	144	152	162
荐用钢轨				43kg/m															
电　源				三相交流、50Hz、380V															

表 1.2.15 QD 型吊钩桥式起重机主要技术参数（二）（河南省矿山起重机有限公司 www.hnksky.com）

起重量			t	16/3.2								20/5							
跨　度			m	10.5	13.5	16.5	19.5	22.5	25.5	28.5	31.5	10.5	13.5	16.5	19.5	22.5	25.5	28.5	31.5
最大起升高度	主钩		m	16								12							
	副钩			18								14							
速度	起升	主 A5	m/min	7.9								7.2							
		主 A6		10.7								9.8							
		副		14.6								15.5							
	小车运行			44.6								44.6							
	大车运行	A5		84.7			87.6					84.7			87.6				
		A6		76			89					76			89				
电动机	起升	主 A5	型号/kW	YZR225M-8/26								YZR225M-8/26							
		主 A6		YZR250M1-6/37								YZR250M2-6/45							
		副		YZR160L-6/13								YZR180L-6/17							
	小车运行			YZR132M2-6/4								YZR132M2-6/4							
	大车运行	A5		YZR160M1-6/2×6.3			YZR160M-6/2×8.5					YZR160M1-6/2×6.3			YZR160M2-6/2×8.5				
		A6		YZR160M2-6/2×7.5			YZR160L-6/2×11					YZR160M2-6/2×7.5			YZR160L-6/2×11				
主要尺寸/mm	A5		*BQ*	5864			5928		6438			5864			5928		6438		
			B	4000			4100		5000			4000			4100		5000		
			S_1	1040								1030							
			S_2	1850								1930							
			S_3	1500								1420							
			S_4	2310								2320							
			b	230			260					230			260				
			K	2000								2000							
			BX	2400								2400							
			H	2095			2185					2097			2187				
			H_1	815			905					815			905				
			H_2	80		180	240	388	583	688	838	80	82	182	242	390	540	690	840
			H_3	2500		2600	2660	2808	2958	3108	3258	2500	2502	2602	2662	2810	2960	3110	3260
			H_4	729			639					701			611				
			H_5	770								496							
	A6		*BQ*	6278			6188		6798			6278			6188		6798		
			B	4400					5000			4400					5000		
			S_1	1040(1100)								1030(1150)							
			S_2	1850(1910)								1930(2050)							
			S_3	1500								1420							
			S_4	2310								2320							
			b	230			260					230			260				
			K	2000								2000							
			BX	2400								2400							
			H	2095		2097	2187	2185				2097		2099	2189				
			H_1	815			940					815			940				
			H_2	80		180	240	390	540	690	840	80	82	184	244	392	542	692	842
			H_3	2500		2600	2660	2810	2960	3110	3260	2500	2502	2604	2664	2812	2962	3112	3262
			H_4	729	727		637	639				701	699		609				
			H_5	770								496							
质量	小车	A5	kg	6227								6856							
		A6		6427								7180							
	总重	A5		19128	20344	23391	26384	28810	33103	36372	39428	19947	21375	23541	27705	30304	34660	38352	41497
		A6		20045	21474	23629	27912	30413	34464	37967	41315	20984	22802	25190	29689	32426	36791	40589	44225
最大轮压		A5	kN	141	148	155	168	175	187	196	205	163	169	178	191	199	211	222	231
		A6		145	152	160	172	180	191	201	211	167	174	183	197	205	218	229	239
荐用钢轨				43kg/m 或 QU70															

表 1.2.16 QD 型吊钩桥式起重机主要技术参数（三）（河南省矿山起重机有限公司 www.hnksky.com）

起重量			t	32/5								50/10							
跨度			m	10.5	13.5	16.5	19.5	22.5	25.5	28.5	31.5	10.5	13.5	16.5	19.5	22.5	25.5	28.5	31.5
最大起升高度	主钩		m	16								12							
	副钩			18								16							
速度	起升	主 A5	m/min	7.5								5.9							
		主 A6		9.5								7.8							
		副		15.5								10.4							
	小车运行			42.4								38.5							
	大车运行	A5		87.6			74.2		74.6			74.6							
		A6		89			75.3		75.3			75			76.6				
电动机	起升	主 A5	型号/kW	YZR280S-10/42								YZR280M-10/55							
		主 A6		YZR280M-8/55								YZR315S-8/75							
		副		YZR180L-6/17								YZR200L-6/26							
	小车运行			YZR160M-6/6.3								YZR160M2-6/8.5							
	大车运行	A5		YZR160M2-6/2×8.5					YZR160L-6/2×13			YZR180L-8/2×13							
		A6		YZR160L-6/2×11					YZR180L-8/2×11			YZR180L-8/2×11			YZR200L-8/2×15				
主要尺寸/mm	A5		BQ	6478			6628		6928			6828			6858		7058		
			B	4650			4700		5000			4800					5000		
			S_1	1070								1005							
			S_2	2050								2200							
			S_3	1700								2000							
			S_4	2680								3195							
			b	260			300					300							
			K	2500								2500							
			BX	2800								3580							
			H	2337	2339		2469					2746			2752				
			H_1	905			1035					1055			1090				
			H_2	90	94	244	264	414	564	714	814	−79	96	102	252	402	552	702	802
			H_3	2510	2514	2664	2684	2834	2984	3134	3234	2541	2516	2522	2672	2822	2972	3122	3222
			H_4	705	701		571					1020			1014				
			H_5	790								948							
	A6		BQ	6588			6608		6828			6828			6858		7058		
			B	4650			4700		5000			4800					5000		
			S_1	1070								1005							
			S_2	2050								2200							
			S_3	1700								2000							
			S_4	2680								3195							
			b	260			300					300							
			K	2500								2500							
			BX	2800								3580							
			H	2337	2341		2471					2746		2748	2754				
			H_1	905			1070					1055			1090				
			H_2	90	94	244	264	414	564	714	814	−79	98	104	254	404	554	704	804
			H_3	2510	2514	2664	2684	2834	2984	3134	3234	2341	2518	2524	2674	2824	2974	3124	3224
			H_4	705	701		571					1020	1018		1012				
			H_5	790								948							
质量	小车	A5	kg	10877								15425							
		A6		11652								16400							
	总重	A5		26901	28662	32121	36522	39844	44962	49211	52748	35317	37788	42042	46140	50082	55590	59592	64880
		A6		28061	30292	33412	38607	42832	47023	50586	55272	36075	38929	43314	47720	51746	57614	61723	67242
最大轮压		A5	kN	237	250	262	275	289	305	317	327	333	345	373	385	404	421	434	450
		A6		242	255	268	285	299	312	322	335	336	357	377	395	410	428	441	457
荐用钢轨				QU70 或方钢 90								QU80 或方钢 100							
电源				三相交流、50Hz、380V															

表 1.2.17 QD 型吊钩桥式起重机主要技术参数（四）（河南省矿山起重机有限公司 www. hnksky. com）

起重量				t	75/20						
跨 度				m	13.5	16.5	19.5	22.5	25.5	28.5	31.5
最大起升高度	主 钩			m	20						
最大起升高度	副 钩			m	22						
速度	起升	主	A5	m/min	6.1						
速度	起升	主	A6	m/min	6.1						
速度	起升	副		m/min	7.2						
速度	小车运行			m/min	38.4						
速度	大车运行		A5	m/min	65						
速度	大车运行		A6	m/min	66.2						
电动机	起升	主	A5	kW	YZR315M-10/85						
电动机	起升	主	A6	kW	YZR355M-10/90						
电动机	起升	副		kW	YZR225M-8/26						
电动机	小车运行			kW	YZR180L-8/13						
电动机	大车运行		A5	kW	YZR200L-8/2 ×18.5						
电动机	大车运行		A6	kW	YZR225M-8/2 ×22						
主要尺寸/mm		A5		H	3427	3427	3431	3435	3433	3437	3439
主要尺寸/mm		A5		H_1	1318	1318	1332	1326	1324	1328	1330
主要尺寸/mm		A5		H_2	298	538	542	548	844	848	850
主要尺寸/mm		A5		H_3	2778	2918	2922	2926	3224	3228	3230
主要尺寸/mm		A5		H_4	1538	1588	1584	1580	1582	1578	1576
主要尺寸/mm		A5		H_0	0、50、100、150、200、250						
主要尺寸/mm		A6		H	3429	3429	3433	3437	3435	3439	3441
主要尺寸/mm		A6		H_1	1320	1320	1324	1328	1326	1330	1332
主要尺寸/mm		A6		H_2	400	540	544	548	846	850	852
主要尺寸/mm		A6		H_3	2780	2924	2920	2928	3226	3230	3232
主要尺寸/mm		A6		H_4	1586	1586	1582	1578	1580	1576	1574
主要尺寸/mm		A6		H_0	0、50、100、150、200、250						
质量	小 车	A5		kg	29150						
质量	小 车	A6		kg	29514						
质量	总 重	A5		kg	63360	67269	72321	78047	82898	89515	95548
质量	总 重	A6		kg	65020	69341	74406	80275	85148	92155	97923
最大轮压		A5		kN	274	287	299	309	318	330	341
最大轮压		A6		kN	286	302	313	324	334	346	355
荐用钢轨					QU 100						
电 源					三相交流、50Hz、380V						

表 1.2.18　QD 型吊钩桥式起重机主要技术参数（五）（河南省矿山起重机有限公司　www.hnksky.com）

起重量				t	100/20						
跨　度				m	13	16	19	22	25	28	31
最大起升高度	主　钩			m	22						
	副　钩				22						
速度	起升	主	A5	m/min	3.9						
			A6		4.9						
		副			7.2						
	小车运行				33.86						
	大车运行		A5		65.7						
			A6		65.7						
电动机	起升	主	A5	kW	YZR315M-10/85						
			A6		YZR355M-10/90						
		副			YZR225M-8/26						
	小车运行				YZR180L-8/13						
	大车运行		A5		YZR200L-8/2×18.5				YZR200L-8/2×26		
			A6		YZR225M-8/2×22				YZR225M-8/2×30		
主要尺寸/mm		A5		H	3655	3657	3659	3665	3665	3667	3669
				H_1	1330	1332	1334	1340	1340	1342	1344
				H_2	538	540	544	550	850	852	854
				H_3	2918	2920	2924	2930	3230	3232	3234
				H_4	1886	1884	1882	1876	1876	1874	1872
				H_0	0、50、100、150、200、250						
		A6		H	3657	3659	3661	3667	3667	3669	3671
				H_1	1332	1334	1336	1342	1342	1344	1348
				H_2	540	542	546	552	852	584	858
				H_3	2920	2922	2926	2932	3232	3234	3238
				H_4	1884	1882	1880	1874	1874	1872	1868
				H_0	0、50、100、150、200、250						
质量	小　车		A5	kg	35016						
			A6		35416						
	总　重		A5	kg	71563	75909	80943	88240	92898	100062	110530
			A6		73362	77856	83005	90459	95309	103655	116110
最大轮压			A5	kN	337	350	364	378	389	401	412
			A6		340	357	372	387	398	411	428
荐用钢轨					QU 100						
电　源					三相交流、50Hz、380V						

表 1.2.19 QD 型吊钩桥式起重机主要技术参数（六）（河南省矿山起重机有限公司 www.hnksky.com）

项目		单位	125 t	160 t	200 t	250 t	320 t
起重量	主钩起升	t	125	160	200	250	320
	副钩起升		32	50	50	50	50
跨度		m	13 16 19 22 25 28 31	13 16 19 22 25 28 31	13 16 19 22 25 28 31	13 16 19 22 25 28 31	13 16 19 22 25 28 31
起升高度		m	20	30	22	28	28
		m	22	32	26	32	32
工作级别			A5	A5	A5	A5	A5
速度	主钩起升	m/min	4.4	3.7	2.3	2.3	2
	副钩起升		9.4	7.8	7.8	7.8	7.8
	小车运行		41.4	28	28	28	20
	大车运行		78 / 68	68 / 66	66 / 58	43	25
电动机	主钩起升	型号/kW	YZR355M-10/110	YZR355M-10/110	YZR355M-10/110	YZR355M-10/110	YZR355L1-10/132
	副钩起升		YZR280S-8/52	YZR315S-8/75	YZR315S-8/75	YZR315S-8/75	YZR315S-8/75
	小车运行		YZR180L-6/17	YZR200L-6/26	YZR200L-6/26	YZR200L-6/26	YZR200L-6/26
	大车运行		YZR250ML-8/35×2	YZR250M1-8/35×2 / YZR200L-8/18.5×4	YZR200L-8/18.5×4	YZR200L8/18.5×4	YZR200L-8/18.5×4
荐用钢轨			QU120				
电源			三相交流、50Hz、380V				

400/80t 34m 超低空吊钩桥式起重机如图 1.2.11 所示，起重量 5～500t 跨度 7.5～60m 吊钩桥式起重机如图 1.2.12 所示。

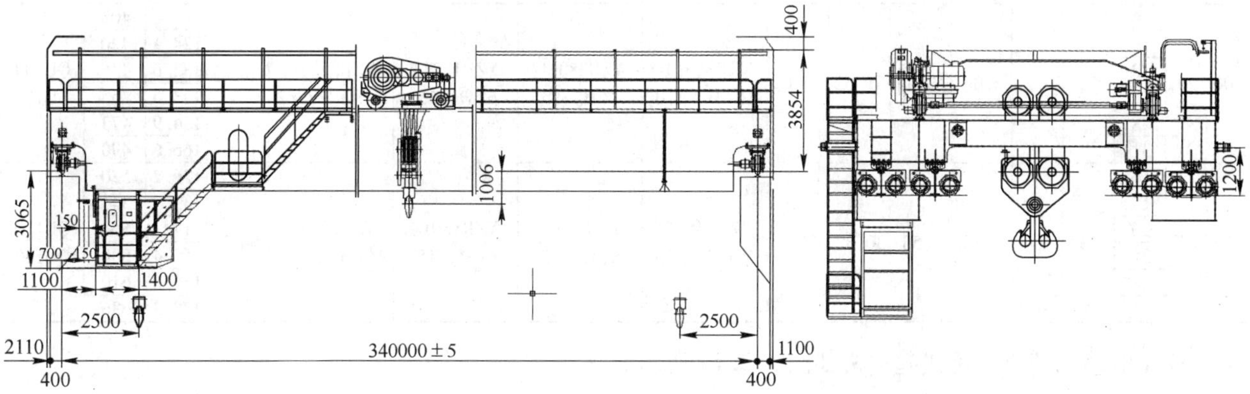

图 1.2.11 400/80t 34m 超低空吊钩桥式起重机

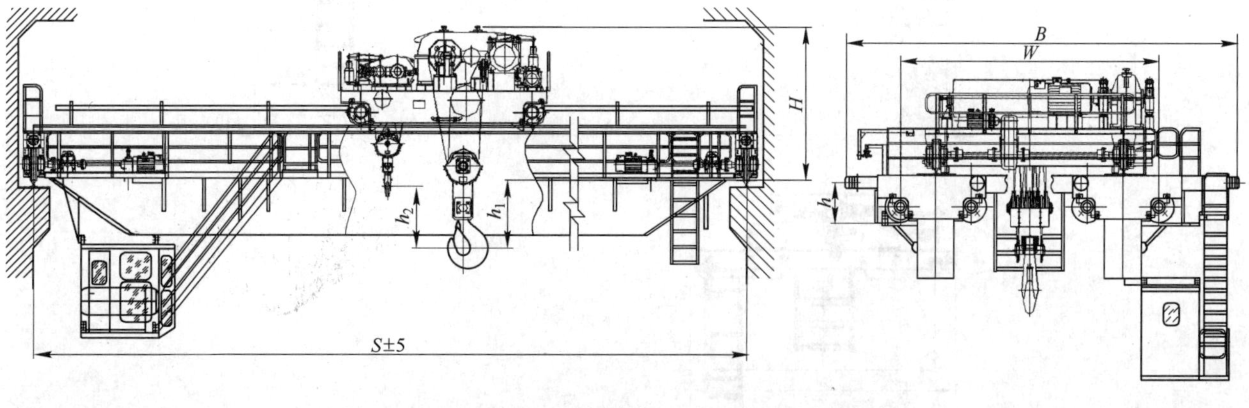

图 1.2.12 起重量 5～500t 跨度 7.5～60m 吊钩桥式起重机

YZ 型 63/16t 100/20t 冶金桥式起重机外形尺寸如图 1.2.13 所示。

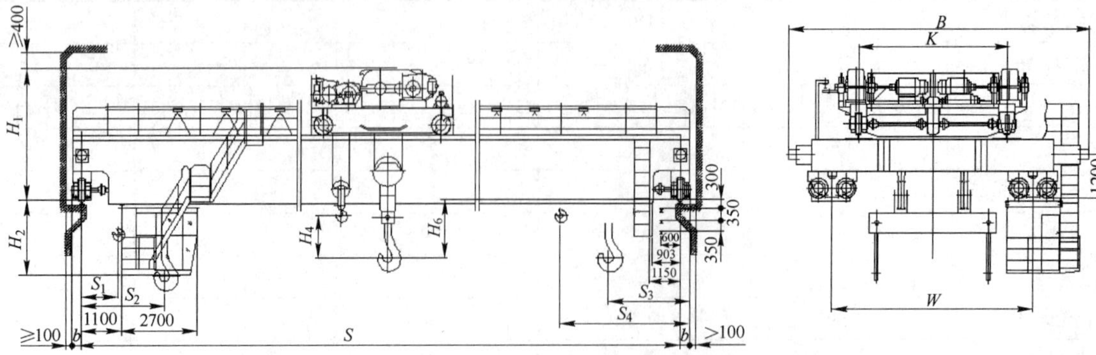

图 1.2.13 YZ 型 63/16t 100/20t 冶金桥式起重机外形尺寸

表 1.2.20 YZ 冶金桥式起重机主要技术参数（柳州起重机器有限公司 www.jtqzsb.com）

起重量		跨度	最大起升高度		速度				电动机				质量		最大轮压	荐用钢轨
					起升		运行		起升		运行		小车	总重		
主	副	S	主	副	主	副	小车	大车	主	副	小车	大车				
t			m		m/min				kW				t		kN	
63	16	16	22	24	7.94	13.21	38.2	100	YZR355L1-10(H)/110	YZR280S-8(H)/45	YZR180L-6(H)/15	YZR280S-8(H)/45×2	40.3	93.6	260	QU100 QU120
		19												105.2	271	
		22												112.2	283	
		25												119.9	296	
		28												129	308	
		31												141.2	321	
80	20	16	22	24	6.37	13.39	38.2	100	YZR355L1-10(H)/110	YZR280S-6(H)/55	YZR180L-6(H)/15	YZR280S-6(H)/55×2	41.5	106.2	343	QU100 QU120
		19												111.6	356	
		22												121	373	
		25												130.9	388	
		28												140.8	404	
		31												154	423	
100	20	16	22	24	5.06	13.39	31.32	80	YZR355L1-10(H)/110	YZR280M-8(H)/55	YZR180L-6(H)/15	YZR225M-8(H)/22×2	47.8	117.4	403	QU100 QU120
		19												124.1	420	
		22												133.6	436	
		25												143.5	455	
		28												154.9	473	
		31												166.6	490	
125	32	16	23	24	4.46	9.53	30.32	63	YZR355L1-10(H)/110	YZR315S-8(H)/75	YZR180L-6(H)/15	YZR225M-8(H)/22×2	54.7	126.2	520	QU100 QU120
		19												133.7	541	
		22												144	564	
		25												155.4	588	
		28												166.8	610	
		31												179.3	636	

NLH 电动葫芦双梁桥式起重机如图 1.2.14 所示。

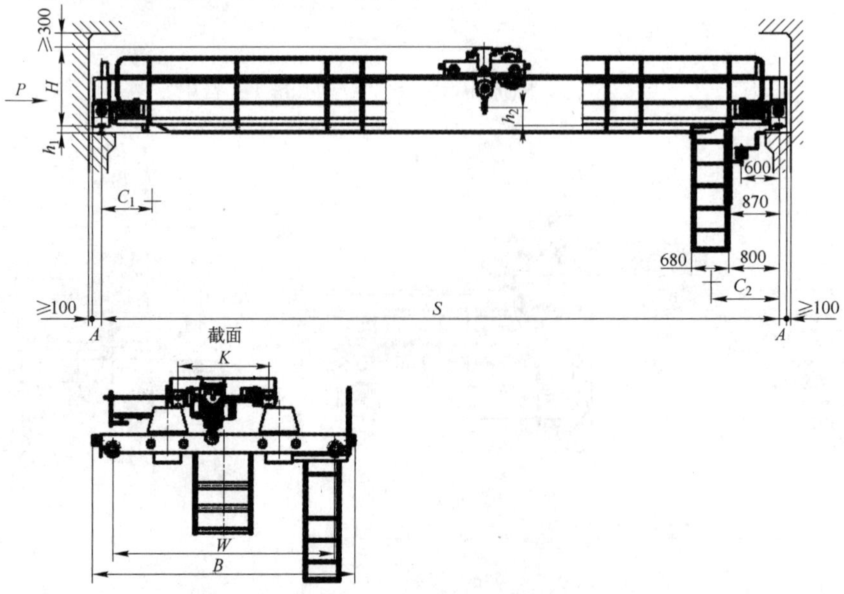

图 1.2.14 NLH 电动葫芦双梁桥式起重机

表 1.2.21 NLH 电动葫芦双梁桥式起重机主要技术参数（纽科伦（新乡）起重机有限公司 www.nucleon.com.cn）

起重量/t	跨度 S/m	起升高度/m	工作级别	起升速度/m·min⁻¹	小车速度/m·min⁻¹	大车速度/m·min⁻¹	主要尺寸/mm H	h_1	h_2	C_1	C_2	K	A	W	B
5	10.5	6 9 12	A5	5/0.8	2.0～20 3.0～30	3.0～30 4.0～40	1346	−254	475	838	1100	1600	113	3600	4274
	13.5						1396		525						
	16.5						1496		625					3700	4374
	19.5						1246	96	375		1200				
	22.5						1298		427		1450				
	25.5						1348	98	477		1600				
	28.5						1320	126	449		1800		115	4000	4674
	31.5							226			1950				
10	10.5	6 9 12	A5	5/0.8	2.0～20 3.0～30	3.0～30 4.0～40	1438	−246	492	838	1100	1600	115	3600	4274
	13.5						1188	104	242					3700	4374
	16.5						1290		344						
	19.5						1232	114	286		1200		140	3800	4474
	22.5						1302	144	356		1450				
	25.5							244			1600				
	28.5						1392	254	446		1800			4000	4674
	31.5						1442	354	496		1950				
16	10.5	6 9 12	A5	4/0.66	2.0～20 3.0～30	3.0～30 4.0～40	1302	80	118	985	1100	1700	140	3800	4474
	13.5						1402	82	218						
	16.5						1552		368						
	19.5						1452	183	268		1200			3850	4584
	22.5						1502	233	318		1450			3900	4634
	25.5							333			1600				
	28.5						1572	363	388		1800			4050	4784
	31.5						1622		438		1950				
20	10.5	6 9 12	A5	4/0.66	2.0～20 3.0～30	3.0～30 4.0～40	1418	82.5	226	1042	1100	1800	140	3850	4584
	13.5						1518		326						
	16.5						1620		428					3950	4684
	19.5						1520	183	328		1200			4000	4734
	22.5						1570	235	378		1450				
	25.5							384			1600	2200	188	4458	5132
	28.5							434			1800			4598	5272
	31.5						1620	534	428		1950				
32	10.5	6 9 12	A5	3.3/0.8	2.0～20 3.0～30	3.0～30 4.0～40	1575	94.5	−125	1251	1281	2300	188	4348	5152
	13.5						1675		−25					4448	5252
	16.5						1625	195	−75					4508	5312
	19.5						1677	247	−23						
	22.5						1727	347	27		1450				
	25.5						1729	397	29		1600			4648	5452
	28.5						1779	449	79		1800				
	31.5						1799	529	99		1950			4708	5512

QD 型 5-800/150t 吊钩桥式起重机如图 1.2.15 所示。

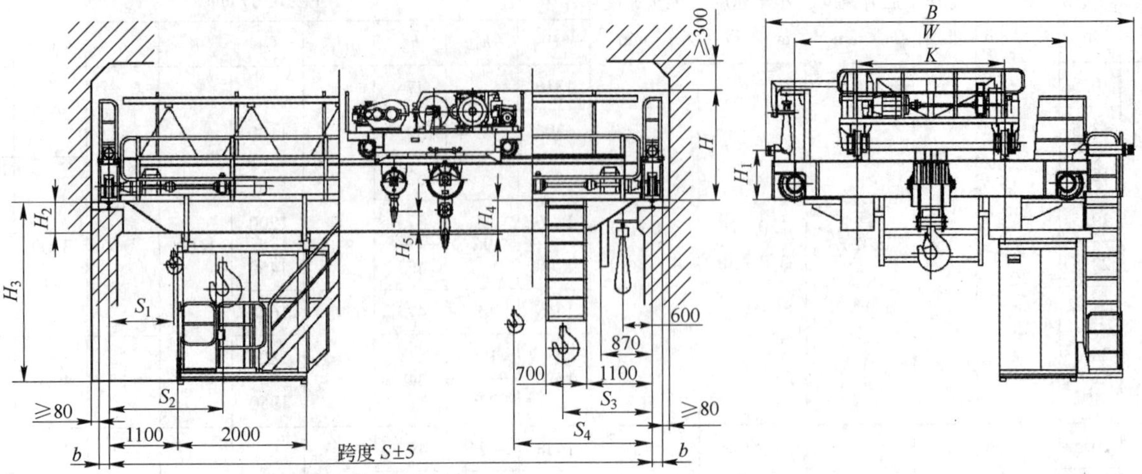

图 1.2.15 QD 型 5-800/150t 吊钩桥式起重机

表 1.2.22 QD 型 5-800/150t 吊钩桥式起重机主要技术参数

（河南卫华重型机械股份有限公司 www.craneweihua.com）

起重量/t		5		10		16/3.2		20/5		32/5		50/10	
跨度/m		10.5~16.5	19.5~31.5	10.5~22.5	25.5~31.5	10.5~25.5	28.5~31.5	10.5~25.5	28.5~31.5	10.5~16.5	19.5~31.5	10.5~16.5	19.5~31.5
起升高度/m		16		16		16/18		12/14		16/18		12/16	
工作制		A5(A6)		A5(A6)		A5(A6)		A5(A6)		A5(A6)		A5(A6)	
速度/m·min^{-1}	起升	9.2(12.6)		8.5(13.3)		7.9/11.2 (10.7/11.2)		7.1(9.7)		6.3/9.2(7.8/9.2)		5.9/8.5(7.8/8.5)	
	小车	37.2		37.2		36.3		36.6		29.8		31	
	大车	68.4 (90.6)	69 (92.8)	69 (70.9)	92.7 (93.7)	74.4 (86.5)	75.5 (87)	74.7 (86.5)	75.5 (87)	64.6 (89)	65.3 (89)	75 (75)	76 (76.4)
起重量/t		75/20		100/20		125/32		150/32	160/32	200/50	250/50	300/75	350/80
跨度/m		13.5~22.5	25.5~31.5	13~19	22~31	13~16	19~31	13~31	13~31	13~31	13~31	13~31	13~31
起升高度/m		20/22		18/20		18/20		22/24	20/22	20/22	20/22	24/26	24/26
工作制		A5(A6)		A5(A6)		A5(A6)		A5	A5	A5	A5	A5	A5
速度/m·min^{-1}	起升	3.8/7.2(5/7.2)		3.1/7.2(3.9/7.2)		3.5/7.5(3.6/7.5)		3.7/7.5	3.2/5.9	2.6/7.7	2.2/7.7	2.4/6.8	2.2/6.8
	小车	38.4		33.9		33		40	22.5	32	32	28	28
	大车	53.9 (77.8)	53.9 (67)	61.7 (61.8)	61.7 (61.8)	59.56 (59.7)	59.2 (67)	68	57	48	50	42	42
起重量/t		400/80		450/100		500/100		550/100		600/150		800/150	
跨度/m		13~31		13~31		13~31		13~31		34		34	
起升高度/m		23/25		24/26		20/22		22/24		24/26		26/28	
工作制		A5		A5		A5		A5		A5		A5	
速度/m·min^{-1}	起升	2.6/5.1		2.1/4.7		2/4.7		1.8/4.7		0.17~1.7/0.41~4.1		0.15~1.5/0.41~4.1	
	小车	31		27		26		26		1.5~15		1.3~13	
	大车	45		72		38		38		3.6~36		3.1~31	

5～50t 欧式吊钩桥式起重机如图 1.2.16 所示。

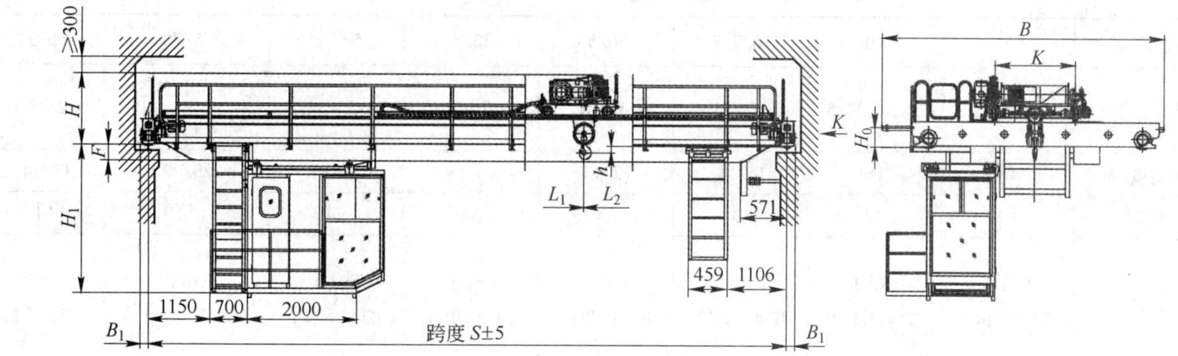

图 1.2.16 5～50t 欧式吊钩桥式起重机

表 1.2.23 5～50t 欧式吊钩桥式起重机主要技术参数

（河南卫华重型机械股份有限公司 www.craneweihua.com）

起重量/t		5	10	16/5	20/5	32/5		50/10	
跨度/m		10.5～31.5	10.5～31.5	10.5～31.5	10.5～31.5	10.5～19.5	22.5～31.5	10.5～19.5	22.5～31.5
起升高度/m		18	18	16/18	16/18	16/18		16/18	
工作制		A5	A5	A5	A5	A5		A5	
速度/m·min^{-1}	起升	1.07～10.7	0.81～81	0.73～7.3/1.07～10.7	0.58～5.8/1.07～10.7	0.49～4.9/1.07～10.7		0.4～4/0.81～8.1	
	小车	3.3～33	3.3～33	3.2～32	3.2～32	3.36～33.6		2.9～29	
	大车	6.8～68	6.8～68	5.4～54	5.4～54	5.6～56	5～50	5.4～54	4.8～48

起重量/t		75/20	100/20	125/32
跨度/m		13.5～31.5	16.5～31.5	16.5～31.5
起升高度/m		24/26	24/26	24/26
工作制		A5	A5	A5
速度/m·min^{-1}	起升	0.37～3.7/0.57～5.7	0.32～3.2/0.57～5.7	0.28～2.8/0.5～5
	小车	2.92～29.2	2.9～29	2.5～25
	大车	4.8～48	5.26～52.6	5.26～52.6

电厂用低净空				
	起重量/t		80/20	100/20
	跨度/m		10.5～31.5	10.5～31.5
	起升高度/m		28/30	24/30
	工作制		A3	A3
	速度/m·min^{-1}	起升	0.15～1.5/0.63～6.3	0.15～1.5/0.63～6.3
		小车	1.5～15	1.5～15
		大车	3～30	2～30

表 1.2.24 5～20t 抓斗桥式起重机主要技术参数

（河南卫华重型机械股份有限公司 www.craneweihua.com）

起重量/t		5		10		16		20
跨度/m		10.5～22.5	25.5～31.5	10.5～16.5	19.5～31.5	16.5～19.5	22.5～31.5	16.5～31.5
起升高度/m		20		18		28		26
工作制		A6		A6		A6		A6
速度/m·min^{-1}	起升	39.2		39.3		41.8		45.7
	小车	44.6		45.9		43.2		43.2
	大车	93.6	113.6	112.5	101	98	87.3	87.3

表 1.2.25 QB5-100/30t 防爆吊钩桥式起重机主要技术参数
（河南卫华重型机械股份有限公司 www. craneweihua. com）

起重量/t		5	10	16/3.2	20/5	32/5	50/10	75/20		100/30
跨度/m		10.5～31.5	10.5～31.5	10.5～31.5	10.5～31.5	10.5～31.5	10.5～31.5	13.5～22.5	25.5～31.5	28.5
起升高度/m		16	16	16/18	12/14	16/18	12/16	20/22		13/14
工作制		A4	A4	A4	A4	A4	A4	A4		A4
防爆等级		ExdⅡ BT4(CT4)	ExdⅡ BT4(CT4)	ExdⅡ BT4(CT4)	ExdⅡ BT4(CT4)	ExdⅡ BT4(CT4)	ExdⅡ BT4(CT4)	ExdⅡ BT4(CT4)		ExdⅡ BT4(CT4)
速度 /m·min^{-1}	起升	5	5	4.3/5.6	4.2/5	4.1/5	3/5	1.86/4.2		0.3～3/0.3～3
	小车	19.6（14.6）	20.5（14.6）	20.5（13）	20.5（13）	17.5（13）	15.1（15.1）	10		0.5～5
	大车	22.3（12）	22.3（12）	19（12.1）	19（12.1）	19.1（12.4）	17（14.5）	15.4（9.88）	15.7（9.9）	0.5～10

表 1.2.26 QC5-50/10t 电磁桥式起重机主要技术参数（河南卫华重型机械股份有限公司 www. craneweihua. com）

起重量/t		5		10			16/3.2		20/5		32/5			50/10	
跨度/m		≤22.5	≤31.5	≤16.5	≤22.5	≤31.5	≤16.5	≤31.5	≤16.5	≤31.5	≤16.5	≤22.5	≤31.5	≤16.5	≤31.5
起升高度/m		16		16			16/18		12/14		16/18			12/16	
工作制		A6		A6			A6		A6		A6			A6	
速度 /m·min^{-1}	起升	15.5		10.4			13/14.5		9.7/12.7		9.5/12.7			7.8/13.2	
	小车	37.2		39.5			44.6		44.6		42.4			38.5	
	大车	115.6	116.8	115.6	116.8	112.5	112.5	101.4	112.5	101.4	101.4	101.8	86.8	86.8	87.3

表 1.2.27 挂梁桥式起重机主要技术参数（河南卫华重型机械股份有限公司 www. craneweihua. com）

起重量/t		7.5+7.5	10+10	16+16	20+20
跨度/m		22.5～34.5	22.5～34.5	22.5～34.5	22.5～34.5
起升高度/m		16	16	15	16
工作制		A6	A6	A6	A6
速度 /m·min^{-1}	起升	13.2	12.6	12.5	11.7
	小车	36.7	36.2	37	37.5
	大车	101.4	89	87.3	87.3

表 1.2.28 电磁挂梁桥式起重机主要技术参数（河南卫华重型机械股份有限公司 www. craneweihua. com）

起重量/t		15	20	32	40
跨度/m		22.5～34.5	22.5～34.5	22.5～34.5	22.5～34.5
起升高度/m		16	16	15	16
工作制		A6/A7	A6/A7	A6/A7	A6/A7
速度 /m·min^{-1}	起升	13.2/15.8	12.6/15.8	12.5/15.1	11.7/15.3
	小车	36.7/36.6	36.2/42.8	37/43.3	37.5/43.2
	大车	101.4/103.9	89/103.9	87.3/104.3	87.3/113.9

上旋转挂梁桥式起重机如图 1.2.17 所示。

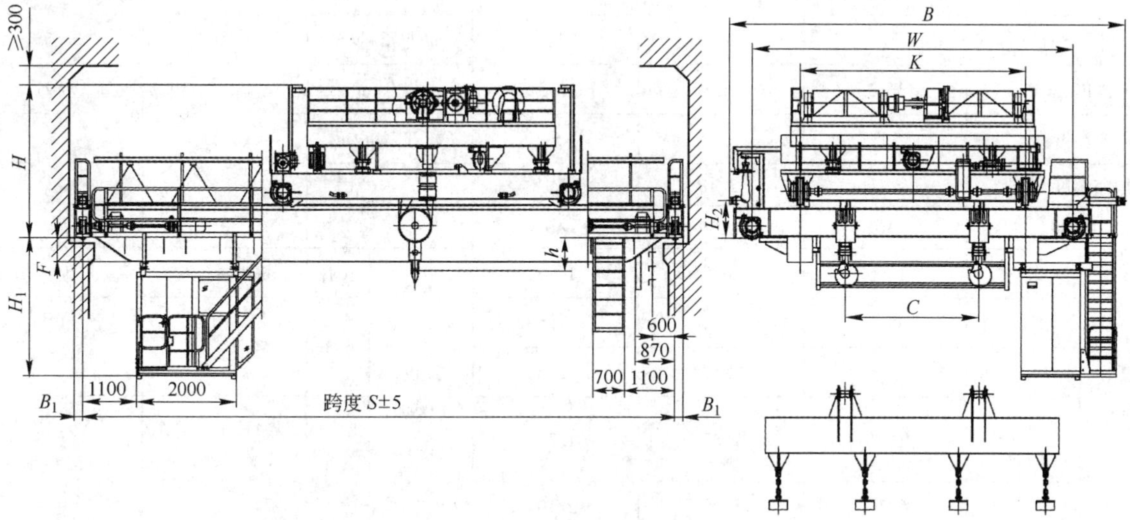

图 1.2.17 上旋转挂梁桥式起重机

下旋转挂梁桥式起重机如图 1.2.18 所示。

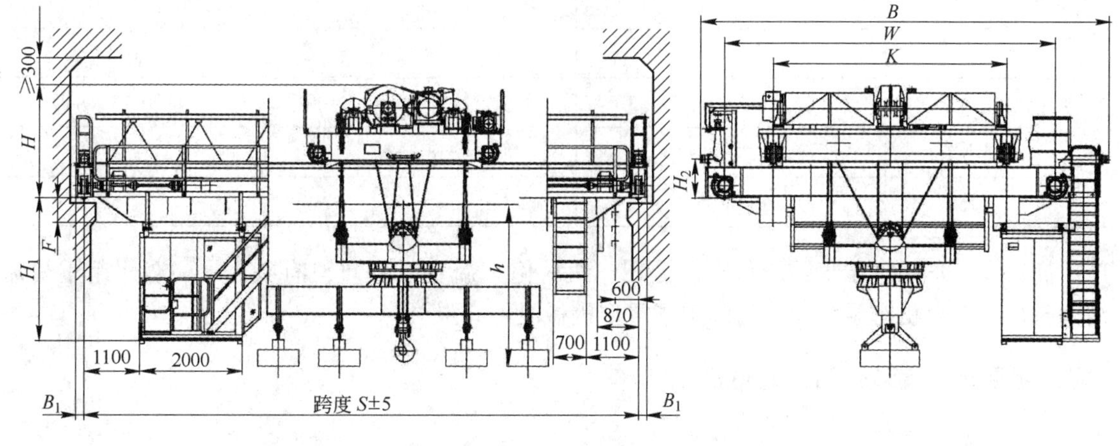

图 1.2.18 下旋转挂梁桥式起重机

表 1.2.29 旋转挂梁桥式起重机主要技术参数（河南卫华重型机械股份有限公司 www.craneweihua.com）

项 目		上旋转			下旋转			
起重量/t		20	32	40	20	25	32	40
跨度/m		19.5～34.5	19.5～34.5	19.5～34.5	19.5～34.5	19.5～34.5	19.5～34.5	19.5～34.5
起升高度/m		16	16	16	16	16	16	16
工作制		A6/A7	A6/A7	A6/A7	A6/A7	A6/A7	A6/A7	A6/A7
速度 /m·min⁻¹	起升	13.4/15.8	12.8/15	12/15	13.4/14.7	11.8/14.7	10.6/13.4	10.5/13.4
	旋转 /r·min⁻¹	1.6/1.6	1.64/1.64	1.56/1.64	1.2/1.2	1.2/1.2	1.3/1.3	1.3/1.3
	小车	37/43	32/43	33.5/43	37/43	37/43	38.5/43.1	37.5/43.1
	大车	87.3/104.3	90.8/106.4	90.8/106.4	87.3/104.3	87.3/104.3	103.8/113.9	103.8/106.4

续表 1.2.29

下旋转伸缩挂梁电磁桥式起重机				
起重量/t		15	25	30
跨度/m		34.3	46.3	53.3
起升高度/m		5.5	5	5
伸缩幅度/m		9/13	13/18	15/18
工作制		A6	A6	A6
速度 /m·min⁻¹	起升	10.6	10.5	10.5
	小车	38.5	37.5	37.5
	大车	82.5	82.5	82.5
	旋转 /r·min⁻¹	1.21	1.37	1.37
	伸缩	5/10	5/10	5/10

超长电磁挂梁电磁桥式起重机			
净起重量/t		30	55
跨度/m		38.7	27
起升高度/m		7.5	5.5
工作制		A7	A7
速度 /m·min⁻¹	起升	0.76~7.6	1.54~15.4
	小车	4.2~42	4.2~42
	大车	9.1~91	8.7~8.7

表 1.2.30 35~65t 夹钳桥式起重机主要技术参数（河南卫华重型机械股份有限公司 www.craneweihua.com）

起重量/t		35	50	65
跨度/m		27.5	37	35.5
起升高度/m		12	12	12
工作制		A7	A7	A7
速度 /m·min⁻¹	起升	1.2~12	0.95~9.5	0.78~7.8
	小车	4.2~42	3.8~38	3.8~38
	大车	8.5~85	8~80	7.5~75

生产厂商：大连华锐重工集团股份有限公司，纽科伦（新乡）起重机有限公司，柳州起重机器有限公司，河南省矿山起重机有限公司，河南卫华重型机械股份有限公司。

1.2.3 门式起重机、集装箱门式起重机

1.2.3.1 门式起重机

A 概述

门式起重机（又称龙门起重机）是桥架通过两侧支腿支撑在地面轨道上的桥架型起重机。在结构上由门架、大车运行机构、起重小车和电气部分等组成。有的门式起重机只在一侧有支腿，另一侧支撑在厂房或栈桥上运行，称作半门式起重机。门式起重机的门架上部桥架（含主梁和端梁）、支腿、下横梁等部分构成。为了扩大起重机作业范围，主梁可以向一侧或两侧伸出支腿以外，形成悬臂。也可采用带臂架的起重小车，通过臂架的俯仰和旋转扩大起重机作业范围。

B 门式起重机的主要构成及性能特点

（1）门式起重机主要由5大部分构成：

1）门架：主要由主梁、端梁、支腿、下横梁、司机室、梯子平台等钢结构组成；

2）小车：主要由主、副起升机构、小车运行机构及小车架组成；

3）大车运行机构：主要由驱动装置、主被动车轮组及缓冲器组成；

4）电气设备：主要由配电、控制及照明系统等组成；

5）附件：主要由随机工具、备件以及随机资料组成。

（2）门式起重机的工作环境及条件：

起重机的电源为三相交流（三相四线制），频率为50Hz/60Hz，电压≤1000V（根据需要也可为3kV、

6kV 或 10kV)。供电系统在起重机馈电线接入处的电压波动不应超过额定电压的 ±10%。

起重机运行的轨道安装应符合 GB/T 公差要求。

起重机运行轨道的接地电阻值不应大于 4Ω。

起重机安装使用地点的海拔不超过 1000m(超过 1000m 时应按 GB 755 的规定对电动机容量进行校核,超过 2000 m 时应对电器件进行容量校核)。

吊运物品对起重机吊钩部位的辐射热温度不超过 300℃的环境。

(3)起重机工作时的气候条件:

环境温度不超过 +40℃,在 24h 内的平均温度不超过 +35℃,环境温度不低于 -20℃;当门式起重机的使用环境温度为 -40 ~60℃,当环境温度低于 -20℃或高于 40℃时,应在订货合同中说明。

环境温度不超过 +25℃时的相对湿度允许短时达 100%;

工作风压不应大于:内陆 150Pa(相当于 5 级风),沿海 250Pa(相当于 6 级风);

非工作状态的最大风压:一般为 800Pa(相当于 10 级风),也可另行约定。

(4)大连华锐重工起重机有限公司门式起重机主要技术性能:

设计、制造通用桥门式起重机的总体原则是:严格按国家有关标准设计、制造,在全面满足用户的要求的前提下,突出先进性、安全性、可靠性的特点,使用性能和整机造型均符合现代企业对起重设备的要求,有以下特点:

使用成本低。由于轮压与外形尺寸的降低,可降低起重机基础建设费用 10% 左右;同时产品性能先进,质量稳定,传动环节少,易损备件少,维护、维修工作量少,能耗低,在使用过程中所需的附加费用可降至最低,使用成本降低。

自重轻、轮压小、能耗低。与传统系列产品相比:由于改变传统的起升、运行机构布置方案,加之优化设计,使结构受力更加明确合理,在不降低设计安全裕度的前提下,小车重量降低 20% ~40%,进而减小作用在主梁上的载荷,使整机重量降低 5% ~20%,最大轮压降低 5% ~15%,整机装机容量降低 10% ~15%。

外形尺寸小、作业范围大。相同跨度时,左右作业范围增加 5% 左右;高度方向作业范围增加300 ~1000mm。

三化程度高,备件通用性强。采用模块化与典型化设计,使产品具有更高的通用化程度,以较少的部件规格满足多规格产品的需要,适应用户要求能力及备件统一性强。

人性化程度高,质量稳定,性能可靠。人性化程度高,贴近用户要求,便于设备的日常维护与维修;设计、工艺的典型化措施,使产品质量更加稳定,各种安全防护装置齐全,产品使用更加安全、可靠。

性价比高,适应市场能力强。产品设计遵守 GB/T 3811,同时满足 FEM 及 ISO 等国际先进标准要求。产品的性能先进,备件采购轻松方便,售后服务快速迅捷,可满足国、内外各类市场要求。

10 ~125t DHMDA 系列无悬臂双梁门式起重机如图 1.2.19 所示,10 ~125t DHMDB 系列双悬臂双梁门式起重机如图 1.2.20 所示。

图 1.2.19 10 ~125t DHMDA 系列无悬臂双梁门式起重机

图 1.2.20 10 ~125t DHMDB 系列双悬臂双梁门式起重机

DHMDA 系列 16～125t 无悬臂门式起重机如图 1.2.21 所示。

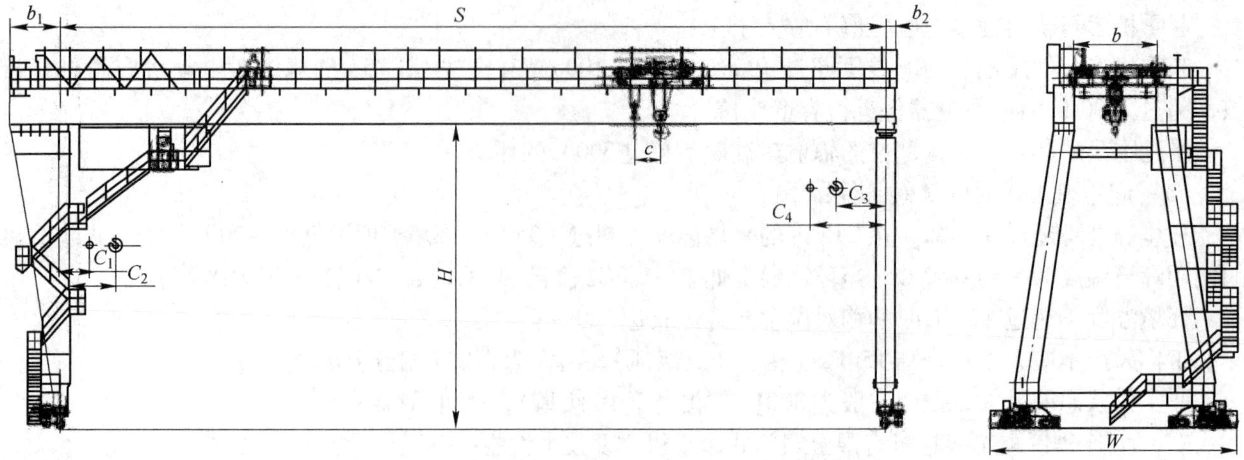

图 1.2.21　DHMDA 系列 16～125t 无悬臂门式起重机

C　主要技术性能参数与应用

主要技术性能参数与应用见表 1.2.31～表 1.2.43。

表 1.2.31　DHMDA 系列 16～125t 无悬臂门式起重机主要技术参数

（大连华锐重工集团股份有限公司　www.dhidcw.com）

16t A5	V_m/m·min^{-1}	8.0	V_a/m·min^{-1}		S/m	H/mm	W/mm	P/kN	N/kW	大车轮总数
	C/mm		V_t/m·min^{-1}	30	22	15830	8850	223	49.0	4
	C_1/mm		b/mm	2300	26	15825	8850	239	49.0	4
	C_2/mm	650	b_1/mm	1070	30	15625	8850	255	56.0	4
	C_3/mm	1340	b_2/mm	250	35	15625	9350	288	56.0	4
	C_4/mm		荐用轨道	43kg/m	40	15425	9350	310	56.0	4
20/5t A5	V_m/m·min^{-1}	8.0	V_a/m·min^{-1}	13.0	S/m	H/mm	W/mm	P/kN	N/kW	大车轮总数
	C/mm	800	V_t/m·min^{-1}	30	22	15765	8850	253	60.0	4
	C_1/mm	650	b/mm	2500	26	15750	8850	271	60.0	4
	C_2/mm	1450	b_1/mm	1070	30	15550	8850	287	67.0	4
	C_3/mm	1400	b_2/mm	250	35	15550	9350	327	67.0	4
	C_4/mm	2200	荐用轨道	QU70	40	15350	10200	179	67.0	8
32/5t A5	V_m/m·min^{-1}	6.4	V_a/m·min^{-1}	13.0	S/m	H/mm	W/mm	P/kN	N/kW	大车轮总数
	C/mm	800	V_t/m·min^{-1}	30	22	15860	8850	331	69.3	4
	C_1/mm	650	b/mm	2500	26	15850	8850	353	84.3	4
	C_2/mm	1450	b_1/mm	1470	30	15650	9700	197	84.3	8
	C_3/mm	1630	b_2/mm	250	35	15640	10200	212	84.3	8
	C_4/mm	2430	荐用轨道	QU70	40	15440	10200	225	84.3	8
50/10t A5	V_m/m·min^{-1}	5.5	V_a/m·min^{-1}	13.0	S/m	H/mm	W/mm	P/kN	N/kW	大车轮总数
	C/mm	1020	V_t/m·min^{-1}	30	22	16870	9700	233	97.5	8
	C_1/mm	650	b/mm	3300	26	16670	9700	244	97.5	8
	C_2/mm	1670	b_1/mm	1390	30	16660	9700	257	97.5	8
	C_3/mm	1810	b_2/mm	250	35	16460	10200	275	106.0	8
	C_4/mm	2830	荐用轨道	QU70	40	16260	10200	290	106.0	8

续表 1.2.31

63/10t A5	V_m/m·min^{-1}	5.4	V_a/m·min^{-1}	10.0	S/m	H/mm	W/mm	P/kN	N/kW	大车轮总数
	C/mm	1100	V_t/m·min^{-1}	25	22	16070	9700	283	126.0	8
	C_1/mm	650	b/mm	3300	26	15870	9700	294	126.0	8
	C_2/mm	1750	b_1/mm	1740	30	15670	9700	307	126.0	8
	C_3/mm	1620	b_2/mm	350	35	15470	10200	324	126.0	8
	C_4/mm	2720	荐用轨道	QU70	40	15450	11050	236	126.0	12
80/20t A5	V_m/m·min^{-1}	4.2	V_a/m·min^{-1}	8.0	S/m	H/mm	W/mm	P/kN	N/kW	大车轮总数
	C/mm	1240	V_t/m·min^{-1}	25	22	16260	10550	225	126.0	12
	C_1/mm	650	b/mm	3500	26	15870	10550	234	126.0	12
	C_2/mm	1890	b_1/mm	1750	30	15670	10550	244	126.0	12
	C_3/mm	1980	b_2/mm	350	35	15660	11050	262	140.0	12
	C_4/mm	3220	荐用轨道	QU70	40	15250	11050	279	140.0	12
100/20t A5	V_m/m·min^{-1}	3.5	V_a/m·min^{-1}	8.0	S/m	H/mm	W/mm	P/kN	N/kW	大车轮总数
	C/mm	1480	V_t/m·min^{-1}	25	22	16400	10550	266	126.0	12
	C_1/mm	700	b/mm	3500	26	16200	10550	282	126.0	12
	C_2/mm	2180	b_1/mm	2090	30	16200	10550	293	126.0	12
	C_3/mm	2100	b_2/mm	420	35	16000	10550	297	140.0	12
	C_4/mm	3580	荐用轨道	QU70	40	15600	11050	316	140.0	12
125/25t A5	V_m/m·min^{-1}	3.2	V_a/m·min^{-1}	6.4	S/m	H/mm	W/mm	P/kN	N/kW	大车轮总数
	C/mm	1400	V_t/m·min^{-1}	25	22	16570	10550	306	167.0	12
	C_1/mm	740	b/mm	3500	26	16370	10550	314	167.0	12
	C_2/mm	2140	b_1/mm	2090	30	16160	10550	325	167.0	12
	C_3/mm	2300	b_2/mm	420	35	15770	11050	339	167.0	12
	C_4/mm	3700	荐用轨道	QU70	40	15760	11900	280	167.0	16

注：S—起重机跨度，L—起重机总宽，H_m—主起升高度 = 16m，H_a—副起升高度 = 16m，V_m—主起升速度，V_a—副起升速度，V_t—小车运行速度，V_k—大车运行速度 = 40m/min，P—最大轮压，N—整机总功率。

DHMDB 系列 16～125t 双悬臂门式起重机如图 1.2.22 所示。

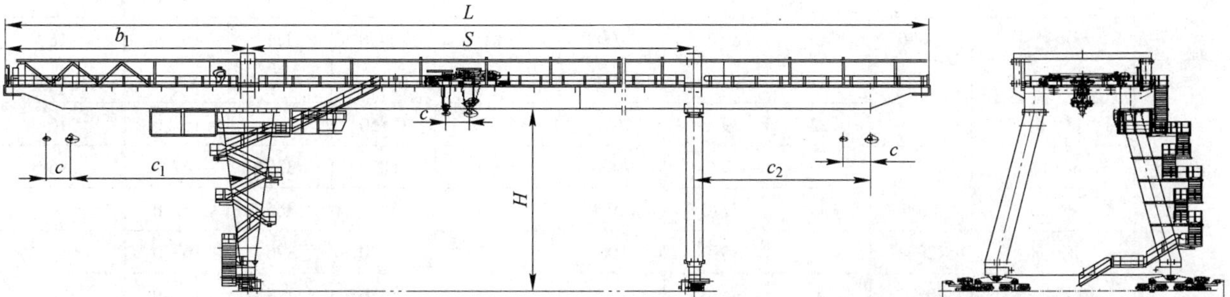

图 1.2.22 DHMDB 系列 16～125t 双悬臂门式起重机

表 1.2.32　DHMDB 系列 16～125t 双悬臂门式起重机主要技术参数（大连华锐重工集团股份有限公司　www.dhidcw.com）

16t A5	V_m/m · min^{-1}	8.0	S/m	L/mm	b_1/mm	c_1/c_2/mm	H/mm	P/kN	N/kW	大车轮总数
	V_a/m · min^{-1}		22	37000	7300	6000	15550	165	67.0	8
	V_t/m · min^{-1}	30.0	26	41000	7300	6000	15550	171	67.0	8
	c/mm		30	45000	9300	8000	15350	185	75.0	8
	W/mm	11200	35	50000	9300	8000	15350	199	75.0	8
	荐用轨道	43kg/m	40	55000	9300	8000	15350	210	75.0	8
20/5t	V_m/m · min^{-1}	8.0	S/m	L/mm	b_1/mm	c_1/c_2/mm	H/mm	P/kN	N/kW	大车轮总数
	V_a/m · min^{-1}	10.0	22	37000	7300	6000	15600	187	60.0	8
	V_t/m · min^{-1}	30.0	26	41000	7300	6000	15595	194	60.0	8
	c/mm	791	30	49000	9300	8000	15210	217	67.0	8
	W/mm	11200	35	54000	9300	8000	15200	232	67.0	8
	荐用轨道	QU70	40	59000	9300	8000	15200	243	67.0	8
32/5t A5	V_m/m · min^{-1}	8.0	S/m	L/mm	b_1/mm	c_1/c_2/mm	H/mm	P/kN	N/kW	大车轮总数
	V_a/m · min^{-1}	10.0	22	37000	7300	6000	15720	248	69.3	8
	V_t/m · min^{-1}	30.0	26	41000	7300	6000	15720	256	84.3	8
	c/mm	798	30	49000	9300	8000	15510	287	84.3	8
	W/mm	11200	35	54000	9300	8000	15320	291	84.3	8
	荐用轨道	QU70	40	59000	9300	8000	15310	303	84.3	8
50/10t A5	V_m/m · min^{-1}	6.3	S/m	L/mm	b_1/mm	c_1/c_2/mm	H/mm	P/kN	N/kW	大车轮总数
	V_a/m · min^{-1}	10.0	22	38200	8200	6000	15650	336	97.5	8
	V_t/m · min^{-1}	30.0	26	42200	8200	6000	15640	344	97.5	8
	c/mm	1020	30	50200	10200	8000	15430	260	106.0	12
	W/mm	12050	35	55200	10200	8000	15440	273	106.0	12
	荐用轨道	QU70	40	60200	10200	8000	15430	285	106.0	12
63/10t A5	V_m/m · min^{-1}	6.3	S/m	L/mm	b_1/mm	c_1/c_2/mm	H/mm	P/kN	N/kW	大车轮总数
	V_a/m · min^{-1}	10.0	22	38900	8500	6000	15550	262	126.0	12
	V_t/m · min^{-1}	25.0	26	42900	8500	6000	15540	272	126.0	12
	c/mm	1097	30	50900	10500	8000	15520	312	126.0	12
	W/mm	12050	35	55900	10500	8000	15130	310	126.0	12
	荐用轨道	QU70	40	60900	10500	8000	15130	244	126.0	16
80/20t A5	V_m/m · min^{-1}	5.0	S/m	L/mm	b_1/mm	c_1/c_2/mm	H/mm	P/kN	N/kW	大车轮总数
	V_a/m · min^{-1}	8.0	22	38900	8500	6000	15730	323	126.0	12
	V_t/m · min^{-1}	25.0	26	42900	8500	6000	15730	330	126.0	12
100/20t A5	V_m/m · min^{-1}	4.0	S/m	L/mm	b_1/mm	c_1/c_2/mm	H/mm	P/kN	N/kW	大车轮总数
	V_a/m · min^{-1}	8.0	22	39700	9000	6000	16350	378	140.0	12
	V_t/m · min^{-1}	37.0	26	43700	9000	6000	16340	288	140.0	16
	c/mm	1474	30	51700	11000	8000	15950	309	140.0	16
	W/mm	12900	35	56700	11000	8000	15750	314	140.0	16
	荐用轨道	QU70	40	61700	11000	8000	15550	326	162.0	16
125/32t A5	V_m/m · min^{-1}	3.2	S/m	L/mm	b_1/mm	c_1/c_2/mm	H/mm	P/kN	N/kW	大车轮总数
	V_a/m · min^{-1}	8.0	22	39700	9000	6000	15850	336	167.0	16
	V_t/m · min^{-1}	25.0	26	43700	9000	6000	15850	339	167.0	16
	c/mm	1405	30	51700	11000	8000	15445	365	167.0	16
	W/mm	12900	35	56700	11000	8000	15440	376	167.0	16
	荐用轨道	QU70	40	61700	11000	8000	15430	388	167.0	16

注：S—起重机跨度，L—起重机总宽，H_m—主起升高度 = 16m，H_a—副起升高度 = 16m，V_m—主起升速度，V_a—副起升速度，V_t—小车运行速度，V_k—大车运行速度，P—最大轮压，N—整机总功率。

DHMDC 系列 160～600t 无悬臂门式起重机如图 1.2.23 所示。

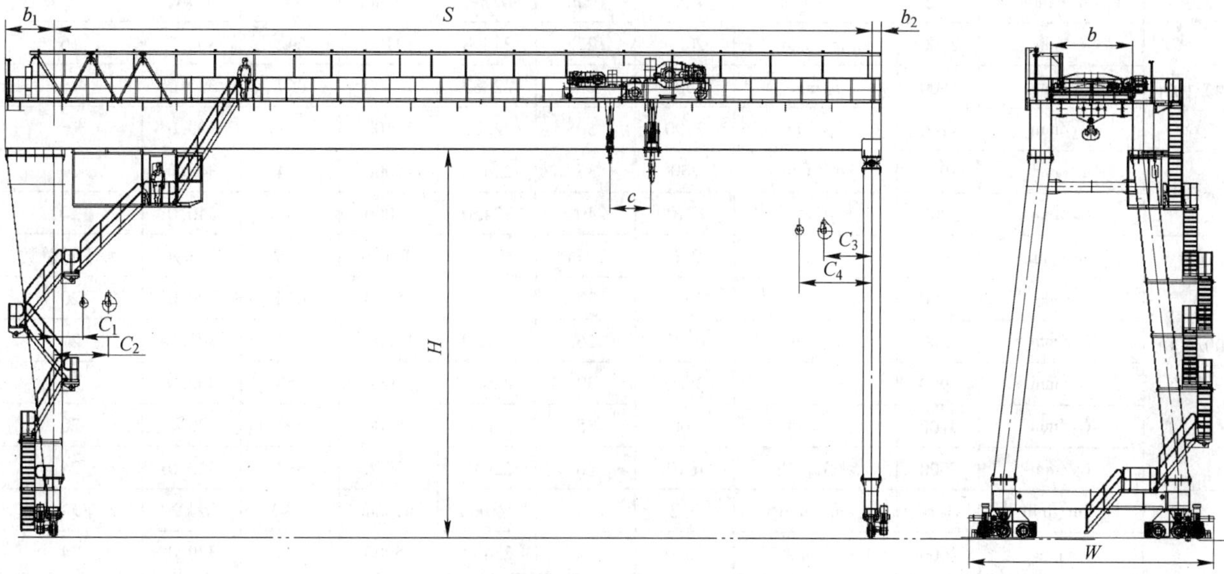

图 1.2.23 DHMDC 系列 160～600t 无悬臂门式起重机

表 1.2.33 DHMDC 系列 160～600t 无悬臂门式起重机主要技术参数(大连华锐重工集团股份有限公司 www.dhidcw.com)

160/32t A5	V_m/m·min^{-1}	3.2	V_a/m·min^{-1}	8.1	S/m	H/mm	W/mm	P/kN	N/kW	大车轮总数
	C/mm	2000	V_t/m·min^{-1}	20.0	22	23126	13150	423	222.0	12
	C_1/mm	1100	b/mm	5000	26	22918	13150	444	222.0	12
	C_2/mm	3100	b_1/mm	2350	30	22518	13150	462	222.0	12
	C_3/mm	2245	b_2/mm	500	35	22318	13150	488	222.0	12
	C_4/mm	4245	荐用轨道	QU80	40	22210	13150	512	222.0	12
200/50t A5	V_m/m·min^{-1}	2.6	V_a/m·min^{-1}	6.2	S/m	H/mm	W/mm	P/kN	N/kW	大车轮总数
	C/mm	2400	V_t/m·min^{-1}	20.0	22	22906	13150	506	232.0	12
	C_1/mm	1200	b/mm	4600	26	22798	13150	528	232.0	12
	C_2/mm	3600	b_1/mm	2580	30	22598	13150	547	232.0	12
	C_3/mm	2500	b_2/mm	600	35	22390	14050	432	232.0	16
	C_4/mm	4900	荐用轨道	QU80	40	22182	14050	452	232.0	16
50/50t A5	V_m/m·min^{-1}	2.0	V_a/m·min^{-1}	6.2	S/m	H/mm	W/mm	P/kN	N/kW	大车轮总数
	C/mm	2400	V_t/m·min^{-1}	20.0	22	22818	14050	449	262.0	16
	C_1/mm	1400	b/mm	5000	26	22710	14050	468	262.0	16
	C_2/mm	3800	b_1/mm	2580	30	22502	14050	488	262.0	16
	C_3/mm	2700	b_2/mm	600	35	22390	14050	514	262.0	16
	C_4/mm	5100	荐用轨道	QU100	40	22090	14050	533	262.0	16
300/63t A5	V_m/m·min^{-1}	1.6	V_a/m·min^{-1}	5.1	S/m	H/mm	W/mm	P/kN	N/kW	大车轮总数
	C/mm	2600	V_t/m·min^{-1}	20.0	22	22718	14050	519	272.0	16
	C_1/mm	1500	b/mm	6000	26	22510	14050	540	272.0	16
	C_2/mm	4100	b_1/mm	2580	30	22302	14050	561	272.0	16
	C_3/mm	2800	b_2/mm	600	35	22090	14050	588	302.0	16
	C_4/mm	5400	荐用轨道	QU100	40	22086	14050	624	302.0	16
350/80t A5	V_m/m·min^{-1}	1.4	V_a/m·min^{-1}	5.1	S/m	H/mm	W/mm	P/kN	N/kW	大车轮总数
	C/mm	2600	V_t/m·min^{-1}	20.0	22	22930	14050	593	282.0	16
	C_1/mm	1500	b/mm	6000	26	22722	14050	617	312.0	16
	C_2/mm	4100	b_1/mm	2580	30	22510	14050	641	312.0	16
	C_3/mm	2800	b_2/mm	600	35	22310	14050	673	312.0	16
	C_4/mm	5300	荐用轨道	QU100	40	22290	15850	581	312.0	20

续表 1.2.33

400/100t A5	V_m/m · min^{-1}	1.2	V_a/m · min^{-1}	4.2	S/m	H/mm	W/mm	P/kN	N/kW	大车轮总数
	C/mm	2700	V_t/m · min^{-1}	20.0	22	22898	14100	642	300.0	16
	C_1/mm	1500	b/mm	6500	26	22882	14100	667	300.0	16
	C_2/mm	4200	b_1/mm	2700	30	22870	14100	711	300.0	16
	C_3/mm	3000	b_2/mm	250	35	22470	15000	604	340.0	20
	C_4/mm	5700	荐用轨道	QU100	40	22450	15000	636	340.0	20
500/100t A5	V_m/m · min^{-1}	2.0	V_a/m · min^{-1}	3.6	S/m	H/mm	W/mm	P/kN	N/kW	大车轮总数
	C/mm	4400	V_t/m · min^{-1}	20.0	22	22898	15000	628	300.0	20
	C_1/mm	1500	b/mm	6000	26	22880	15000	631	300.0	20
	C_2/mm	5900	b_1/mm	3600	30	22682	15000	655	300.0	20
	C_3/mm	3100	b_2/mm	800	35	22650	15000	697	320.0	20
	C_4/mm	7500	荐用轨道	QU100	40	22646	15900	633	320.0	24
600/125t A5	V_m/m · min^{-1}	1.6	V_a/m · min^{-1}	3.2	S/m	H/mm	W/mm	P/kN	N/kW	大车轮总数
	C/mm	4600	V_t/m · min^{-1}	20.0	22	23482	15900	625	370.0	24
	C_1/mm	1700	b/mm	6500	26	23082	15900	621	370.0	24
	C_2/mm	6300	b_1/mm	3600	30	23074	15900	651	370.0	24
	C_3/mm	3300	b_2/mm	800	35	23078	16800	612	390.0	28
	C_4/mm	7900	荐用轨道	QU100	40	22966	16800	643	390.0	28

注：S—起重机跨度，L—起重机总宽，H_m—主起升高度 = 16m，H_a—副起升高度 = 16m，V_m—主起升速度，V_a—副起升速度，V_t—小车运行速度，V_k—大车运行速度 = 40m/min，P—最大轮压，N—整机总功率。

表 1.2.34 DHMDC 系列 160 ~ 600t 无悬臂门式起重机应用案例（大连华锐重工集团股份有限公司 www.dhidcw.com）

序 号	起重量/t	跨度/m	用 户	数 量	制造年份
1	600/80	36	神华宁夏煤业集团有限责任公司	2	2012
2	300/80 + 300	36	神华宁夏煤业集团有限责任公司	2	2012
3	550/50/10	24/24/30	四川乐山市川江港航开公司	各 1	1996
4	2 × 180	20	叙利亚水电站	1	1994
5	200	34	吉林白山水电站	1	1989
6	2 × 160		广西大化水电站	1	1978
7	100/20	36	神华宁夏煤业集团有限责任公司	1	2012
8	75/25	45	青岛宝石重工有限公司	1	2012
9	68	32	中冶京诚工程技术有限公司	1	2012
10	50	26	北京首钢京唐联合钢铁有限公司	1	2009
11	30	55	中床国际物流集团吉林有限公司	1	2009
12	30	48	张家港宏昌高线有限公司	1	2006
13	30	17.6	宝山钢铁股份有限公司	2	2004
14	2 × 80 + 100/20	65	马尾造船厂	1	2001
15	32/10	30	北京市政工程机械公司	1	2001
16	80 + 80	30	大连北方重型减速机制造有限公司	1	2000
17	80/20	40	大连北方重型减速机制造有限公司	2	2000
18	32/5	26	大连中侨石材有限公司	1	2000
19	82/10	30	大连北方重型减速机制造有限公司	1	1999
20	32/5	26	辽源五一企业集团物资站	1	1999
21	100	6	巴基斯坦	1	1998
22	32/5	35	神华神府精煤公司	1	1998
23	80/20	40	大连造船厂实业开发总公司	1	1997

地铁门式起重机如图 1.2.24 所示。

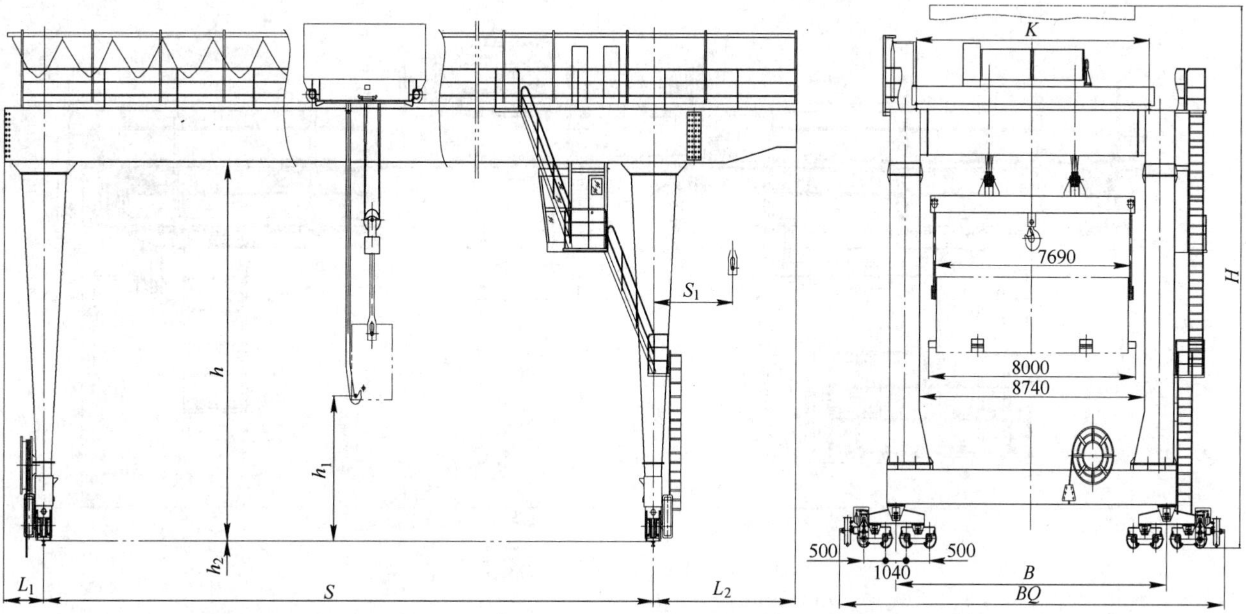

图 1.2.24 地铁门式起重机

表 1.2.35 地铁门式起重机主要技术参数（河南省矿山起重机有限公司 www.hnks.com）

起重量/t		75	45
跨度 S/m		30	16
起升高度/m	地上 h	10	10
	地下 h_1	30 ~ 45	30 ~ 45
速度/m · min^{-1}	起 升	1 ~ 10	1 ~ 10
	小车运行	2 ~ 20	3 ~ 30
	大车运行	3 ~ 30	4 ~ 40
最大轮压/kN		248	372
大车车轮/mm		$\phi600 \times 16$	$\phi700 \times 8$
总功率/kW		215	173
荐用轨道/kg · m^{-1}		50	43
电 源		三相 50Hz 380V	
主要尺寸	H/mm	15705	13623
	H_1/mm	3500	3500
	K/mm	9000	8000
	B/mm	10540	8810
	BQ/mm	15180	11350
	S_1/mm	3500	3500
	L/mm	7000	7000
	L_1/mm	1600	1600

表 1.2.36 地铁门式起重机应用案例（河南矿山起重机有限公司 www.hnks.com）

中铁一局集团有限公司武汉地铁	中铁十八局集团有限公司深圳地铁
中铁十四局长株潭城际铁路	中铁十四局无锡轨道交通一号线

通用桥门式起重机如图 1. 2. 25 所示。

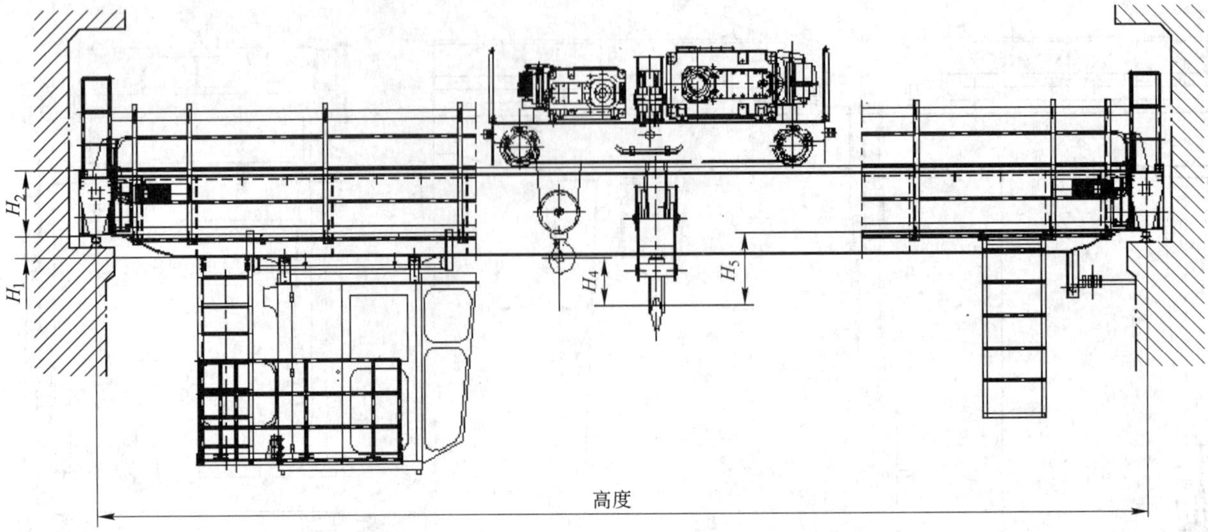

图 1. 2. 25　通用桥门式起重机

表 1. 2. 37　通用桥门式起重机主要技术参数（云南冶金昆明重工有限公司　www. khig. com. cn）

设 备 类 型	工作级别	起重吨位/t	跨度范围/m
LX 型电动单梁悬挂起重机	A3	0. 5 ~ 5	3 ~ 16
LD 型电动单梁桥式起重机	A3	1 ~ 20	7. 5 ~ 34. 5
LH 型电动葫芦桥式起重机	A5	5 ~ 32	10. 5 ~ 34. 5
QD 型通用桥式起重机	A5，A6	5 ~ 200	10. 5 ~ 34. 5
QDY 型铸造桥式起重机	A7，A8	5 ~ 74	10. 5 ~ 40. 5
QZ 型抓斗桥式起重机	A6，A7	5 ~ 20	10. 5 ~ 31. 5
QY 型绝缘桥式起重机	A6	5 ~ 50	10. 5 ~ 31. 5
L 型单梁门式起重机	A5，A6	5 ~ 50	18 ~ 35
A 型双梁门式起重机	A5，A6	5 ~ 75	18 ~ 35
MH 型电动葫芦门式起重机	A3	3 ~ 16	9 ~ 30
BMH 型电动葫芦半门式起重机	A3	3 ~ 16	9 ~ 30

MG 双梁门式起重机如图 1. 2. 26 所示。

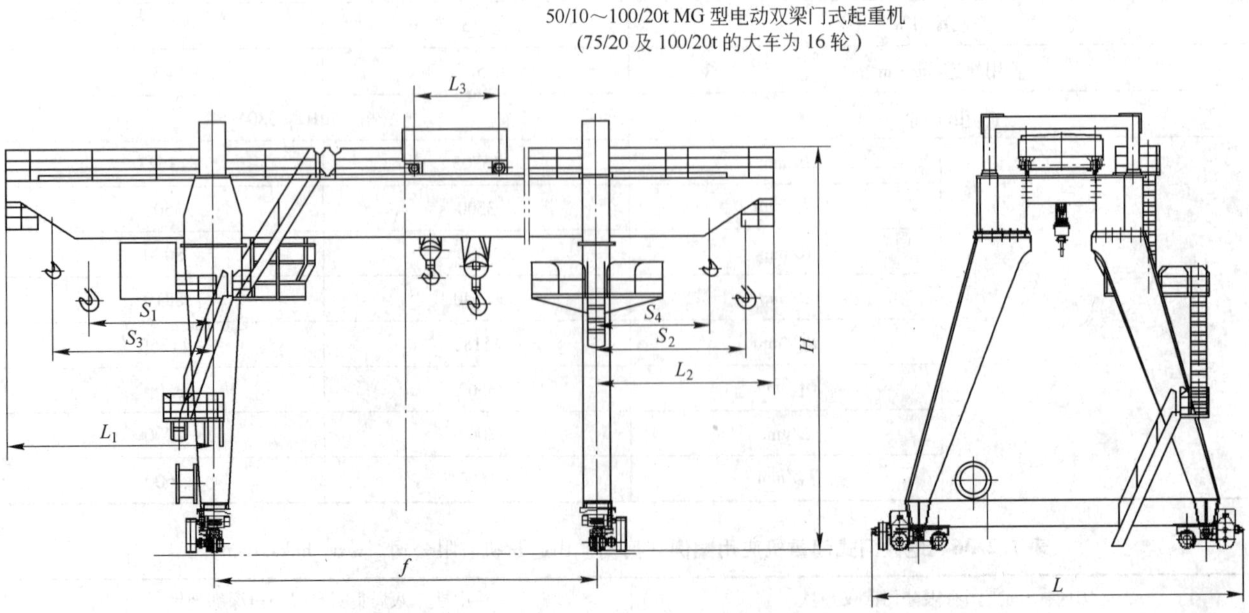

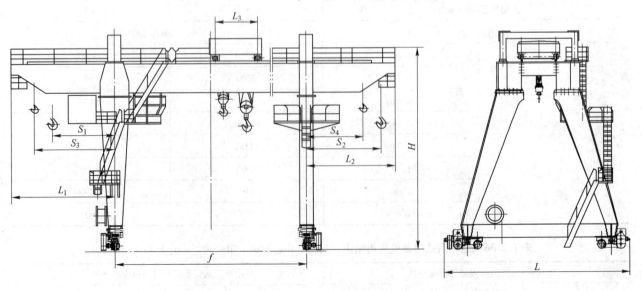

图 1. 2. 26　MG 双梁门式起重机

表 1.2.38 MG 双梁门式起重机部分主要技术参数（柳州起重机器有限公司 www.gxlq.cn）

起重量/t			主 钩	50		75		100	
			副 钩	10		20		20	
跨度/m				18~26	30、35	18~26	30、35	18~26	30、35
工作制度				A5		A5		A5	
起升高度/m			主 钩	10	12	10	12	10	12
			副 钩	10.9	12.9	11	13	11	13
速 度	主 钩		m/min	5.9		4.4		3.88	
	副 钩			13.2		9.28		7.2	
	运 行	小 车		38.5		31.2		25	
		大 车		36		30		20	
电动机	主 钩		类型/kW	YZR315S-10/55		YZR315M-10/75		YZR315M-10/75	
	副 钩			YZR250M1-8/30		YZR250M1-8/30		YZR250M2-8/37	
	运 行	小 车		YZR160M2-6/7.5		YZR180L-8/11		YZR180L-8/11	
		大 车		YZR225M-8/22×2 台		YZR160L-6/11×4 台		YZR180L-6/15×4 台	
荐用钢轨型号				QU80 QU100					

MDG 桁架门式起重机如图 1.2.27 所示。

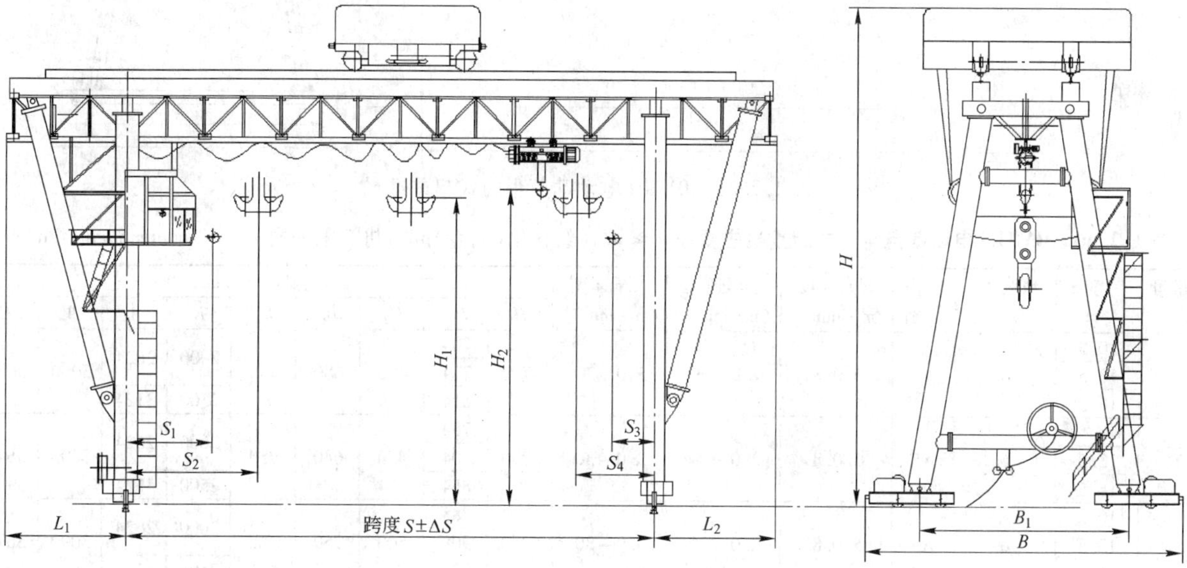

图 1.2.27 MDG 桁架门式起重机

表 1.2.39 MDG 型 50/10t~100/20t 单主梁门式起重机主要技术参数（柳州起重机器有限公司 www.gxlq.cn）

起重量/t				主 钩	50	100
				副 钩	10（电动葫芦）	10（电动葫芦）
跨度/m					24	21
工作制度					A5	
起升高度/m				主 钩	9	16
				副 钩	9	16
速 度	主 钩			m/min	5.3	4.3
	副 钩				6.7	6.7
	运 行	小 车	主小车		38	25.8
			葫 芦		20	20
		大 车			43	40
电动机	主 钩			kW	YZR250M1-8/30×2 台	YZR315M-10/75
	副 钩				13kW（电动葫芦）	YZR250M2-8/37
	运 行	小 车			YZR160M2-6/7.5	YZR200L-8/15
		大 车			YZR160L-8/15×2 台	YZR160L-6/11×4 台
操纵室质量				t	0.8	0.8
起重机总重					83.7	115
最大轮压/kN					315	48
荐用钢轨型号					P50 QU80	QU80 QU100

BMHN 电动葫芦半门式起重机如图 1. 2. 28 所示。

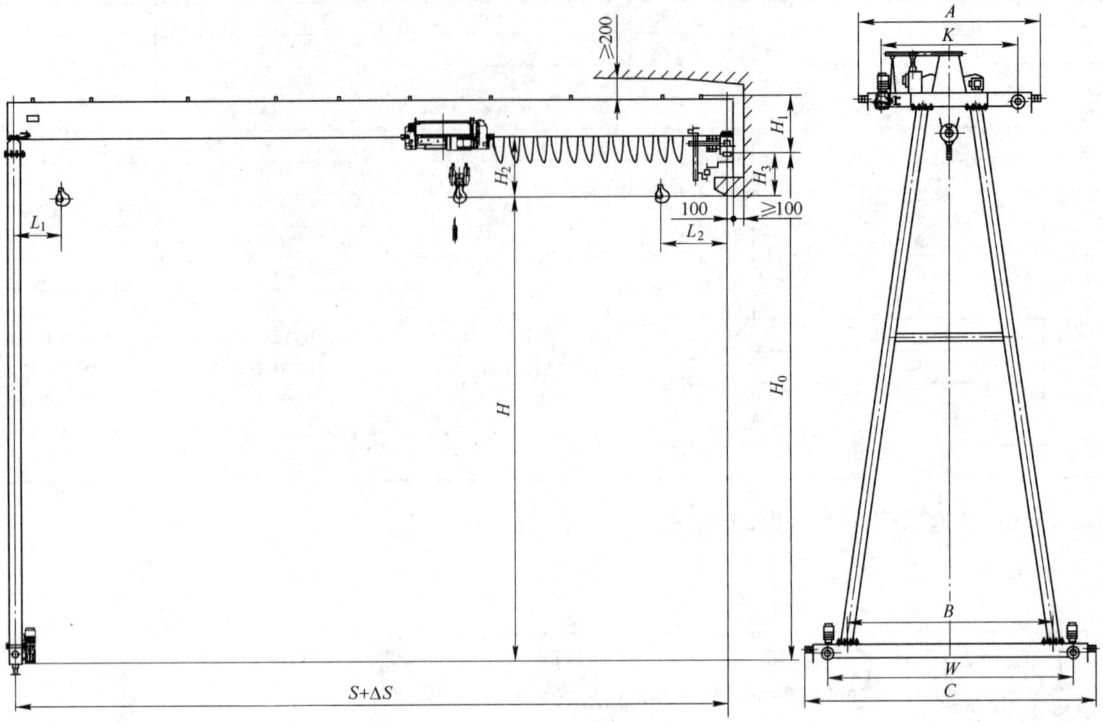

图 1. 2. 28　BMHN 电动葫芦半门式起重机

表 1. 2. 40　BMHN 电动葫芦半门式起重机主要技术参数（纽科伦(新乡)起重机有限公司　www. nucleon. com. cn）

起重量 /t	跨度 S /m	轨高 H_0 /m	工作级别	起升速度 /m · min^{-1}	小车速度 /m · min^{-1}	大车速度 /m · min^{-1}	主要尺寸/mm H	H_1	H_2	L_1	L_2	K	A	W	C
2	10. 5	6	A5	5/0. 8	2. 0 ~ 20	3. 0 ~ 30	5790	704	450	680	950	2000	2624	3000	3674
	13. 5							774							
	16. 5							814				2500	3124		
3	10. 5	6	A5	5/0. 8	2. 0 ~ 20	3. 0 ~ 30	5790	754	450	680	950	2000	2624	3000	3674
	13. 5							804							
	16. 5							864				2500	3124		
5	10. 5	6	A5	5/0. 8	2. 0 ~ 20	3. 0 ~ 30	5740	788	500	750	1020	2000	2624	3000	3674
	13. 5							908							
	16. 5							978				2500	3124		
10	10. 5	6	A5	5/0. 8	2. 0 ~ 20	3. 0 ~ 30	5580	908	650	820	1080	2000	2624	3000	3674
	13. 5							1008							
	16. 5							1208				2500	3124		

MHA 电动葫芦门式起重机如图 1. 2. 29 所示。

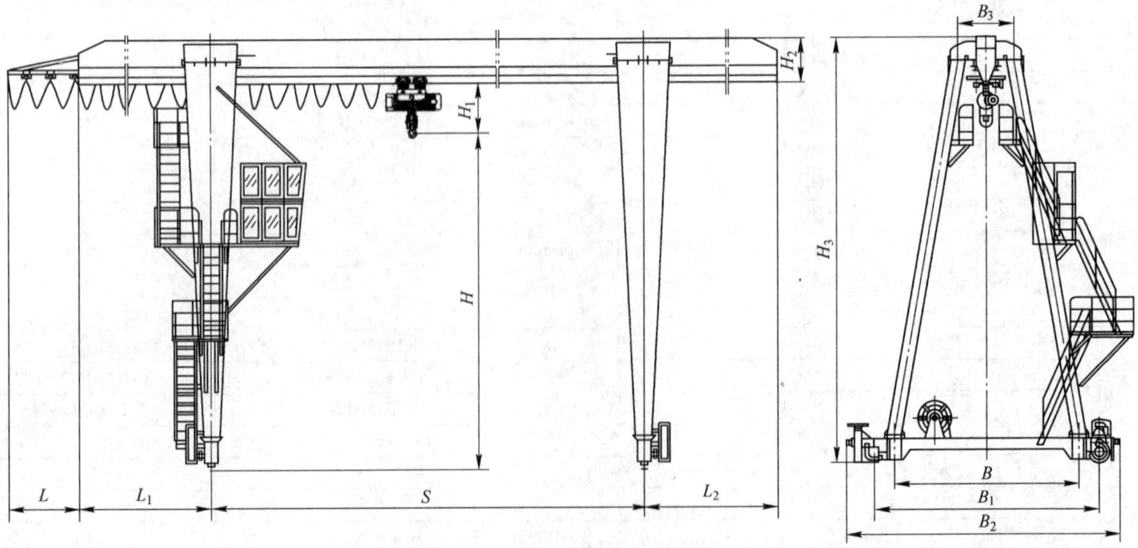

图 1. 2. 29　MHA 电动葫芦门式起重机

表 1.2.41 MHA 电动葫芦门式起重机主要技术参数（纽科伦(新乡)起重机有限公司 www.nucleon.com.cn）

起重量/t	跨度 S/m	升高 H/m	工作级别	起升速度/m · min^{-1}	小车速度/m · min^{-1}	大车速度/m · min^{-1}	主要尺寸/mm									
							H_1	H_2	H_3	L	L_1	L_2	B	B_1	B_2	B_3
3	11	6	A4	8 0.8/8	20	20	1135	650	7785		3000	3000	4000	5000	5500	1500
		9							10785				5000	6000	6500	
		12							13785				6100	7100	7600	
	14	6			20	20		700	7835	1600	3500	3500	4000	5000	5500	
		9							10835				5000	6000	6500	
		12							13835				6100	7100	7600	
	17	6			20	20		800	7935	1900	4500	4500	4000	5000	5500	
		9							10935				5000	6000	6500	
		12							13935				6100	7100	7600	
3	19.5	6	A4	8 0.8/8	20	20	1135	880	8015	2100	4500	4500	4000	5000	5500	1500
		9							11015				5000	6000	6500	
		12							14015				6100	7100	7600	
	22.5	6			20	20	1135	980	8115	2400	5500	5500	4000	5000	5500	
		9							11115				5000	6000	6500	
		12							14115				6100	7100	7600	
	25.5	6			20	20	1135	1050	8185	2700	6500	6500	4000	5000	5500	
		9							11185				5000	6000	6500	
		12							14185				6100	7100	7600	
	28.5	6			20	20	1135	1160	8295	2900	6500	6500	4000	5000	5500	
		9							11295				5000	6000	6500	
		12							14295				6100	7100	7600	
	31.5	6			20	20	1135	1220	8355	3100	6500	6500	4000	5000	5500	
		9							11355				5000	6000	6500	
		12							14355				6100	7100	7600	
5	11	6	A4	8 0.8/8	20	20	1320	720	8040		3000	3000	4000	5000	5500	1500
		9							11040				5100	6100	6600	
		12					1475		14195				6200	7200	7700	
	14	6			20	20	1320	800	8120	1600	3500	3500	4000	5000	5500	
		9							11120				5100	6100	6600	
		12					1475		14275				6200	7200	7700	
	17	6			20	20	1320	880	8200	1900	4500	4500	4000	5000	5500	
		9							11200				5100	6100	6600	
		12					1475		14355				6200	7200	7700	
	19.5	6			20	20	1320	980	8300	2100	4500	4500	4000	5000	5500	
		9							11300				5100	6100	6600	
		12					1475		14455				6200	7200	7700	
	22.5	6			20	20	1320	1050	8370	2400	5500	5500	4000	5000	5500	
		9							11370				5100	6100	6600	
		12					1475		14525				6200	7200	7700	
	25.5	6			20	20	1320	1160	8480	2700	6500	6500	4000	5000	5500	
		9							11480				5100	6100	6600	
		12					1475		14635				6200	7200	7700	
	28.5	6			20	20	1320	1220	8540	2900	6500	6500	4000	5000	5500	1600
		9							11540				5100	6400	7000	
		12					1475		14695				6200	7500	8100	
	31.5	6			20	20	1320	1260	8580	3100	6500	6500	4000	5000	5500	
		9							11580				5100	6400	7000	
		12					1475		14735				6200	7500	8100	

续表 1. 2. 41

起重量/t	跨度 S/m	升高 H/m	工作级别	起升速度/m · min^{-1}	小车速度/m · min^{-1}	大车速度/m · min^{-1}	主要尺寸/mm									
							H_1	H_2	H_3	L	L_1	L_2	B	B_1	B_2	B_3
10	11	6	A4	7 0.7/7					8550				4300	5300	5800	1600
		9			20	20	1670	880	11550		3000	3000	5300	6300	6800	
		12							14550				6400	7400	7900	
	14	6							8650				4300	5600	6200	
		9			20	20	1670	980	11650	1600	3500	3500	5300	6600	7200	
		12							14650				6400	7700	8300	
10	17	6	A4	7 0.7/7					8750				4300	5600	6200	1600
		9			20	20	1670	1080	11750	1900	4500	4500	5300	6600	7200	
		12							14750				6400	7700	8300	
	19.5	6							8830				4300	5600	6200	
		9			20	20	1670	1160	11830	2100	4500	4500	5300	6600	7200	
		12							14830				6400	7700	8300	
	22.5	6							8920				4300	5600	6200	
		9			20	20	1670	1250	11920	2400	5500	5500	5300	6600	7200	
		12							14920				6400	7700	8300	
	25.5	6							8930				4300	5300	6608	
		9			20	20	1670	1260	11930	2700	6500	6500	5400	6400	7708	
		12							14930				6500	7500	8808	
	28.5	6							9050				4300	5300	6608	
		9			20	20	1670	1380	12050	2900	6500	6500	5400	6400	7708	
		12							15050				6500	7500	8808	
	31.5	6							9160				4300	5300	6608	
		9			20	20	1670	1490	12160	3100	6500	6500	5400	6400	7708	
		12							15160				6500	7500	8808	

A 型 5 ~ 100t 双梁吊钩门式起重机如图 1. 2. 30 所示。

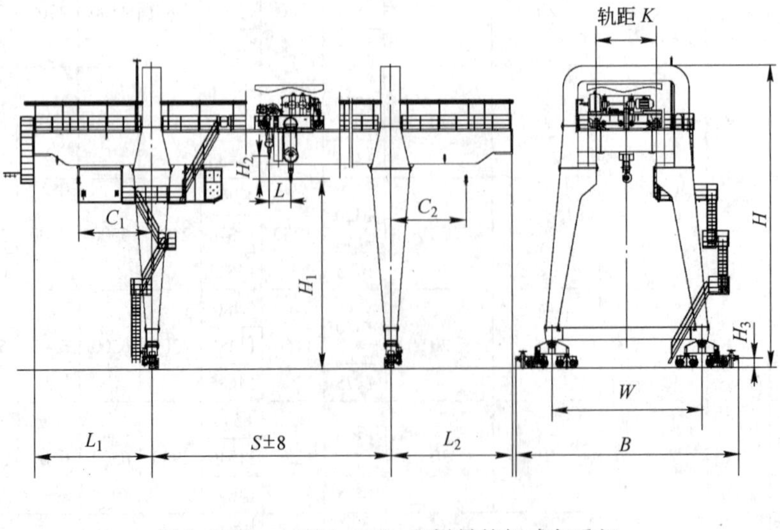

图 1. 2. 30　A 型 5 ~ 100t 双梁吊钩门式起重机

A 型 100 ~ 800t 双梁吊钩门式起重机如图 1. 2. 31 所示。

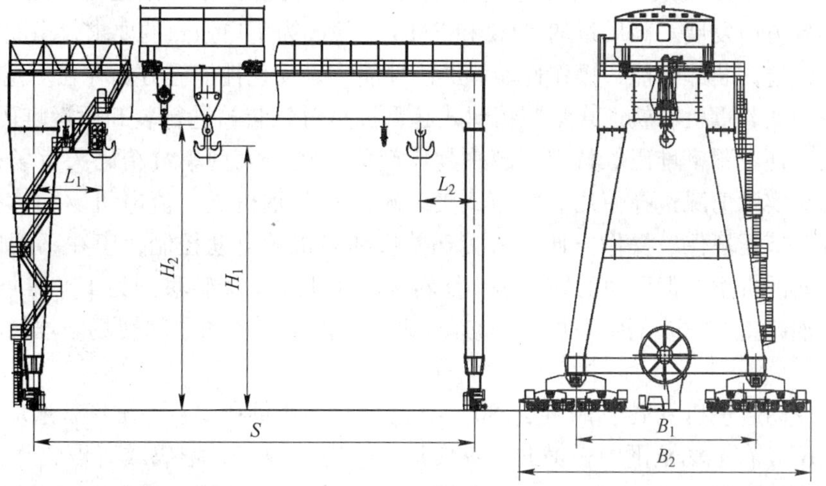

图 1.2.31　A 型 100～800t 双梁吊钩门式起重机

表 1.2.42　A 型 5～800/80t 双梁吊钩门式起重机主要技术参数

（河南卫华重型机械股份有限公司　www.craneweihua.com）

起重量/t		5		10		20/5		32/5		50/10		75/20	100/20
跨度/m		18～26	30～35	18～26	30～35	18～26	30～35	18～26	30～35	18～26	30～35	18～35	18～35
起升高度/m		10	12	10	12	10/10.5	12/12.5	10/10.79	12/12.79	10/10.95	12/12.95	12/12.95	12/13.24
工作制		A5		A5		A5		A5		A5		A5	A5
速度 /m·min^{-1}	起升	9.2		8.5		7.1/9.2		6.3/9.2		5.9/8.5		3.9/7.2	3.1/7.2
	小车	37.2		37.2		36.6		29.8		31		38.4	33.9
	大车	37.7		37.7		40.1	44	38	40	40.1	44	3.7～37	3.23～32.3
起重量/t		160/50		200/50		320/80		400/30		500/80		600/80	(400+400)/10
跨度/m		18～35		18～35		18～35		18		28.5		36	36
起升高度/m		15/15.72		15/15.72		15/16.5		18/20		33/34		22/22.5	14/12.2
工作制		A5		A5		A5		A5		A5		A5	A5
速度 /m·min^{-1}	起升	3.5/5.9		3.5/5.9		3.6/6		(0.15～1.5)/6		(0.15～1.5)/(0.6～6)		(0.13～1.3)/(0.4～4)	(0.1～1)/7
	小车	22.5		29		16.7		10		1.36～13.6		1.5～15	0.5～5
	大车	2.8～28		2.8～28		2.8～28		0.15～1.5		0.15～1.5		2.5～25	1～10

表 1.2.43　L 型 5～50/10t 单梁吊钩门式起重机

（河南卫华重型机械股份有限公司　www.craneweihua.com）

起重量/t		5		10		16/3.2		20/5		32/5		50/10	
跨度/m		18～26	30～35	18～26	30～35	18～26	30～35	18～26	30～35	18～26	30～35	18～26	30～35
起升高度/m		10	11	10	11	10/10.5	11/11.5	10/10	11/11	10/10.85	11/11.85	10/10	12/12
工作制		A5		A5		A5		A5		A5		A5	
速度 /m·min^{-1}	起升	9.2		8.5		7.9/11.2		7.1/9.2		6.3/9.2		5.9/8.5	
	小车	36.6		39.7		39.5		39.3		38.6		38.5	
	大车	16.25	40.1	39.6	40.1	40.1	47.1	40.1	47.1	48.2	38.6	39.7	39.7

生产厂商：大连华锐重工集团股份有限公司，柳州起重机器有限公司，河南省矿山起重机有限公司，纽科伦（新乡）起重机有限公司，河南卫华重型机械股份有限公司。

1.2.3.2　集装箱门式起重机

A　概述

目前，世界各大港口集装箱码头，铁路货站和物流中心集装箱堆场作业通用的起重机械（统称场桥）主要有轮胎式集装箱门式起重机（Rubber-Tyred Gantry Crane，RTG）和轨道式集装箱门式起重机（Rail-Mounted Gantry Crane，RMG）等各类集装箱装卸搬运成套设备。

随着集装箱运输的不断发展和装卸工艺的不断创新，集装箱装卸机械正在不断向专业化、大型化、自动化、节能与环保方向发展。高质量的 RTG 和 RMG 日益成为用户强烈的要求，虽然这两种起重机的功能相似，但在技术性能、装卸性能、操作性能、经济性能、自动化性能等方面存在一定的差异。

轮胎式集装箱门式起重机和轨道式集装箱门式起重机是对集装箱进行装卸搬运堆码作业的专用机械，由于其具有跨度大、便于紧密堆码等特点，越来越广泛的应用于大型集装箱码头货场；两种产品各有优劣，用户可根据码头实际情况选择使用。轨道式集装箱门式起重机是交流电机驱动，有轨运行，设备可靠性高，稳定性好，节能环保，操作方便，易实现单机和多机的自动控制，正在不断地发展，成为堆场机械中生命力最旺盛的机型。但致命的缺点是不能转场（由 1 个堆场转移到另 1 个堆场）。而轮胎式集装箱门式起重机是柴油-发电机-电动机驱动，无轨运行设备，便于在堆场之间转场。堆场不铺设轨道，适应性好。

轮胎式集装箱龙门起重机发展于 20 世纪 80 年代后期，至今仍在集装箱堆场普遍应用。当拖挂车把集装箱运至堆场后，RTG 在堆场范围内做横向、纵向运行，完成装卸、堆码或者取箱作业。我国目前使用的 RTG 主要规格为跨距 23.47m，起升高度 18.1m，起重量大多是 40LT，跨距为 6 列集装箱和 1 条底盘车道的宽度，起升高度一般为堆 5 过 6。轮胎式起重机的主要优点是可以有效利用堆场、堆场建设费用相对较低、机动灵活、通用性强。它不仅能前进、后退、而且还设有转向装置，装有集装箱吊具的行走小车沿主梁轨道行走，进行集装箱装卸和堆码作业，轮胎式行走机构可使起重机在货场上行走，通过轮子的 90°旋转，从一个货场转移到另一货场，作业灵活。

B　集装箱门式起重机的主要结构组成

集装箱门式起重机的钢结构主要由以下部分组成：

（1）主梁：主梁为起重机的主要受力构件，采用箱形结构。小车行走轨道铺设在两根主梁上，其铺设位置有两种形式，一种是铺设在主梁截面的中心位置，通常称为正轨箱形梁；另一种是铺设在上翼缘板内侧腹板上，被称为偏轨箱形梁布置。

（2）门腿结构：门腿采用箱形变截面结构。门腿平面内侧一般为平面，腿内空间大一些，有利于布置电气房和动力房。二支腿间一般采用连杆连接，以保证两主梁之间的尺寸和增加侧向刚性。

（3）底梁结构：底梁采用等截面箱形结构，与大车采用销轴连接，连接耳板采用厚板结构。为承受侧向力，在底梁与车轮平衡梁间加有抗剪块。

（4）轨道安装：轨道安装采用轨道压板形式，采用 T 形螺栓拆装较方便。有的压板与轨道，轨道与底板间都衬有橡胶垫（以减少对主梁结构的冲击），轨道采用无缝接头（可用焊接接头或整根）。有的厂家采用钢轨与大梁直接焊接式，该种形式刚度较好，且能参与受力，免维修，但制造工艺要求高。

（5）小车架：小车架一般为工字梁组合结构，两侧布置走道，四角悬挂平台，以进行对滑轮等部件的维护保养。有的小车架上敷设高脚平台，起升绳在平台下穿过，布置简洁。

轮胎式集装箱门式起重机：轮胎式集装箱龙门起重机是由 8 只或 16 只充气橡胶轮胎支撑主钢结构，采用柴油机带动发电机作为动力，可在集装箱堆场内移动，不受拖带电缆及外力电源的影响。RTG 通常采用自行式载重小车形式。

（1）大车运行机构：大车运行机构共有四套，两套为从动，两套为驱动，一般为对角驱动，也有四角驱动的形式。大车运行机构由车轮组、传动机构、车架和平衡梁、转向系统、安全防护装置等组成。

1）车轮结构：车轮组由轮胎、轮辋、车轮轴和两个轴承座组成，轮胎通常采用 18.00 ~ 25 或 21.00 ~ 25 工程轮胎，28 ~ 40 层级。轮胎分为有内胎和无内胎两种，无内胎轮胎由于减少了内外胎之间的摩擦，散热好，寿命长，因而应用较多。

2）大车运行传动机构：一般采用立式电动机，通过减速器、链轮、传动链条，带动主动轮轴上的大链轮驱动车轮。驱动部分设调整装置，用来调整链条张紧度。

3）车架和平衡梁：车架为鞍形结构，与平衡梁通过回转轴承连接。

4）转向系统：起重机一般采用 90°直角转向，在堆场两头转向处，铺设有转向钢板，以减少转向时车轮的变形和磨损。近年部分设计采用转向辅助顶升装置，转向时将车轮顶起，减少转向阻力和轮胎变形，转正后再将车轮放正。

5）其他装置：主要有保护车轮的护罩，轮胎抗大风吹动的斜楔块，大车跑偏防碰撞开关等。

直线行走控制：由于路面状况、轮胎漏气情况、载荷不均匀分布等使起重机行驶走偏或产生蛇行，从而导致发生碰箱事故。大车运行时，司机应随时注意车轮是否偏离堆场上所划出的行走线，如发现偏离即在司机室内操作控制手柄，调整两侧运行电动机速度实行纠偏。

（2）小车运行机构：小车驱动分为齿条驱动式和车轮驱动式。

1）车轮驱动式：车轮由摩擦力驱动，传动平稳，但在启制动过猛或雨天时会出现打滑现象，采用四轮全驱动的小车，基本消除了打滑现象。传动系统为电动机带动减速器，减速器输出端经过浮动轴驱动两端车轮。

2）齿条驱动式：电动机通过减速器带动左、右两根长轴，长轴上悬臂齿轮与两侧齿条啮合转动。每段齿条通过垫块焊于大梁上。齿条转动可靠，不会打滑，行走定位准确。但启制动有些冲击，且齿条安装要求较高，须保证全行程啮合良好。

3）导向装置：小车导向方式分两种，一种为双轮缘导向，另一种为一侧轨道的两侧布置水平轮，水平轮导向防止产生啃轨现象，提高工作可靠性。

4）其他装置：小车终点前设减速限位开关，终点设停止限位和紧停限位。不工作时，小车用锚定装置锚定。锚定装置有锚定销和螺杆等多种形式。

（3）起升机构：起升机构有两种布置形式，一种为平行式布置，另一种为垂直式布置。

平行式布置：结构简单，为防止电动机底座与钢丝绳相碰，将电动机底座抬高，减速器倾斜布置。制动器布置在电动机侧，结构紧凑，如制动器设在减速器另一侧则调整维护较方便。

垂直式布置：结构紧凑，但减速器要加装螺旋伞齿轮。减速器支撑一般采用底座式，部分产品采用三点支撑式减速器，受力明确，结构轻巧。

其他装置：在卷筒一端出轴有小齿轮（或小链轮）带动行程限位装置。高速端电动机另一出轴装有一脉冲编码器和测速发电机，为自动控制系统提供反馈信号。

（4）柴油发电机系统：柴油发电机系统一般布置在底梁上，主要由柴油发电机组、附属装置和机房等组成。柴油发电机系统的附属装置有主油箱、副油箱、充电器、蓄电池、副水箱、避震器、消声器、排气管、油水接盘等。高置副油箱的设置可使柴油机供油充分，减少了吸油阻力．为此，副油箱上须设从主油箱吸油的吸油泵，并通过液位控制开关自动进行。

（5）司机室：司机室一般悬挂在行走小车的底架下部。司机室前部和前下部均为玻璃，可以获取良好的视野。背部通常采用大玻璃，可以观察邻近通道上起重机作业。下部地窗需装有安全格栅。格栅布置成中间纵向，两侧横向方式视野较好。中间座椅前后高低均可调节。设有空调、电话等附加装置。电气仪表盘一般在正上方，吊箱、上锁指示灯一般在中间格栅前。

轨道式集装箱门式起重机：

（1）轨道式集装箱门式起重机的机构驱动方式及布置形式。轨道式集装箱门式起重机除起升机构有其特殊选择外，小车运行机构和大车运行机构与其他桥式、门式类型起重机机构基本相同。

起升机构。起升机构有两种形式，钢丝绳卷筒式与轮胎式集装箱门式起重机的起升机构基本相同；而刚性伸缩式起升机构又类似于钢厂冶金用夹钳桥式起重机的起升机构。

钢丝绳卷筒型起升机构由直流或交流电动机、齿轮联轴器、盘式或块式制动器，中硬齿面减速器、减速器与卷筒之间的齿轮联轴器、双联卷筒和轴承座组成。由起升钢丝绳、滑轮与吊具滑轮组组成一组绕绳系统。

刚性伸缩式起升机构由钢丝绳卷筒提升机构、液压油缸提升机构、平衡重齿轮齿条提升机构加上伸缩导向钢结构架组成。钢丝绳卷筒提升机构构造简单，基本组成与其他起升机构相似。由于钢结构具有一定的刚性，所以提升机构亦可分为两组，有利于布置。液压油缸提升机构工作平衡、构造简单，但维护保养要求较高。

小车运行机构。小车运行机构由直流或交流电动机、齿轮联轴器、块式或盘式制动器、中硬齿面减速器、低速齿轮联轴器和车轮及车轮支承组成。驱动机构的布置方式一般分为沿小车轨道方向布置和垂直于小车轨道方向布置两种方式。驱动车轮的数量根据驱动不打滑的条件确定。基本采用全驱动设计。

大车运行机构。大车运行机构通常采用三轮或四轮台车，根据轮压大小来确定。运行机构的构造和形式与其他各类起重机相似，如采用开式齿轮驱动台车，则由直流或交流电动机、齿轮联轴器、制动器、中硬齿面减速器、开式齿轮、车轮和车轮支撑组成；如采用封闭性传动，则将减速器输出轴直接与车轮轴连接，直接传动，但减速器传动比将稍大。

由于大车运行速度较快，为防止起制动时车轮打滑，一般选用调速性能好的晶闸管直流调压调速、交流变频调速、交流定子调速等电气控制系统。

(2) 轨道式集装箱门式起重机根据主梁与门腿的构造和采用的减摇装置而分成不同的形式。

双悬臂轨道式集装箱门式起重机由于集装箱需通过两侧门腿内空间。所以门腿内的宽度方向净空较大。依门腿承载主梁的形式不同，双悬臂轨道式集装箱门式起重机一般采用门腿上部敞开成U形和门腿上部连通成Π形。无悬臂轨道式集装箱门式起重机的结构因集装箱不必通过门腿内空间，所以构造比较简单。

轨道式集装箱门式起重机的小车运行速度较低，一般不设减摇装置。如用户为减轻操作强度和提高生产率提出要求，则设置有减摇装置。对绳索式起升机构，其减摇一般通过对绳索施加阻尼来实现；对刚性起升机构，其减摇则通过刚性构件来实现。

轨道式集装箱门式起重机主要有以下特点：

大车运行速度较高。根据集装箱堆场的需求，轨道式集装箱门式起重机一般沿运行轨道方向长度较长，为达到一定的生产率，大车运行速度较高。

小车运行速度可根据桥架跨度和两端外伸距确定。当跨度及悬臂长度较小时，小车运行速度和生产率要求相对可取较小值。当跨度较大，悬臂长度也较大时，小车运行速度可相应提高以满足生产率要求。

当跨度超过40m时，大车高速运行过程中，由于两侧门腿运行阻力不同将会发生偏移，为此设置同步装置，通过电气控制系统保持两侧运行机构运行速度的同步。

随着港口集装箱吞吐量的增长，对装卸效率、经济效益要求的提高，以及现代科学技术的发展，集装箱门式起重机不断发展。正朝着大型化、高速化、现代化的方向发展。

C 集装箱门式起重机的选用

选择集装箱门式起重机应该确定以下参数：

(1) 根据用户要求确定集装箱门式起重机参数；

(2) 根据用户码头堆场的实际情况，结合装卸效率、经济性能、操作性能等选择用轮胎式集装箱门式起重机或者轨道式集装箱门式起重机；

(3) 根据场地、集装箱储运工艺流程及装卸的车辆（集装箱卡车或铁路车辆）确定轨道式集装箱门式起重机采用无悬臂、单悬臂和双悬臂的不同结构形式。

另外，轮胎式集装箱门式起重机可分为柴油机—电动方式和柴油机—液压方式。柴油机—电动方式是由柴油机带动直流发电机，直流发电机带动直流电动机，再驱动各个机构。近年来，开始采用交流变频调速系统，交流鼠笼电动机驱动方式，由于电动机简单，维护方便，受到用户欢迎；柴油机—液压方式是由柴油机带动液压泵，由液压泵带动液压马达，再驱动各个机构，该方式加速性能好，动力装置重量较轻，但系统容易产生漏油，维修保养较复杂，可根据用户要求选择采用具体哪种驱动方式。

轨道式集装箱门式起重机钢结构一般采用箱形结构，为减轻整机质量，也可采用桁架结构，但制作成本较高，工艺也比较复杂。

虽然RMG在国内起步较晚，但其具有技术性能优、装卸效率高、作业成本低、堆场利用率高、操作维护方便、易于实现自动化等优化，而且RMG的跨距和外伸距可以定制，能满足不同堆场的作业要求。而目前RTG在国内集装箱码头堆场机械中占有较大比例，但随着经济发展方式的变革，燃油价格的攀升以及环保要求的提高，RTG的优势正逐渐弱化，缺点日益明显，一些港口正在逐步淘汰RTG或者采取“油改电”的方式来消除RTG带来的弊端。

D 主要技术性能参数及应用

主要技术性能参数及应用见表1.2.44和表1.2.45。

表 1.2.44 集装箱门式起重机（RTG 与 RMG）主要技术参数（大连华锐重工集团股份有限公司 www.dhidcw.com）

主要参数	RTG	RMG	RTG	RMG
额定起升质量/t	40.5	40.5		
跨距/m	23.47		跨距小且单一，没有外伸臂	
额定提升高度/m	18.1	18.1		
基距/m			较 小	较 大
满载起升速度/$m \cdot min^{-1}$	23	30		
空载起升速度/$m \cdot min^{-1}$	52	60		
小车速度/$m \cdot min^{-1}$	70	120	较 慢	较 快
驱动方式	柴油机电动	交流电动	柴油发动机带动发电机发电，生成的电能通过电动机转换成机械能	利用交流电源，直接通过电动机把电能转换成机械能
大车行走	轮 胎	钢 轮	机动性能比较好	在轨道上行走，不可转向

表 1.2.45 应用案例（大连华锐重工集团股份有限公司 www.dhidcw.com）

型号规格	类 型	用 户
40LT	轮胎式	汕头港
40LT	轮胎式	菲律宾宿务码头

生产厂商：大连华锐重工集团股份有限公司。

1.2.4 冶金起重机

1.2.4.1 概述

冶金起重机是在冶炼、铸造、轧制、锻造、热处理等冶金和热加工生产过程中采用特殊取物装置直接参与某一特定工艺流程的起重机械。

1.2.4.2 产品分类

黑色冶金起重机通常是指在炼铁、炼钢、轧钢等生产过程中完成特定工艺的特种起重机。

有色冶金起重机通常是指专用于有色金属冶炼工厂（铝厂和铜厂等）的特种起重机。

热加工起重机通常是指在热加工（锻压、热处理）车间用于材料加工或改变金相组织工艺的专用起重机。

以上提到的特种或专用起重机统称为冶金起重机。

因此冶金起重机分为黑色冶金起重机、有色冶金起重机、热加工车间专用冶金起重机等三大类。

冶金起重机分类如图 1.2.32 所示。

A 黑色冶金起重机

a 铸造起重机

（1）概述。用于吊运熔融金属的特种起重机统称为铸造起重机。

（2）铸造起重机的组成及分类。铸造起重机通常由桥架、主小车、副小车、起重机运行机构、电气设备（传动及控制）、龙门吊具六大部分组成。

从总体构造上分，铸造起重机可分为以下五类：双梁双轨单小车形式、双梁双轨子母小车形式、双梁四轨双小车形式、四梁四轨双小车形式、四梁六轨双小车形式。

双梁双轨单小车形式及双梁双轨子母小车形式在大、中、小型铸造起重机（75～320t）都有应用，在中小型起重机上应用较广（200t 以下）；双梁四轨双小车形式用于小吨位铸造起重机（100t 以下）；四梁四轨双小车形式是最典型最通用的铸造起重机形式，用于中、大吨位铸造起重机（100～320t）；四梁六轨双小车形式用于特大吨位铸造起重机（320t 以上）。

铸造起重机的机型是按主起升机构的布置形式来划分的。目前，国内使用的铸造起重机主起升机构有以下几类：1）整体大减速器机型（见图 1.2.33 Ⅰ）；2）独立大减速器机型（见图 1.2.33 Ⅱ）；3）双减速器单卷筒机型（见图 1.2.33 Ⅲ）；4）三减速器机型（见图 1.2.33 Ⅳ）；5）行星三减速器机型（见图 1.2.33 Ⅴ）；6）双减速器双卷筒机型（见图 1.2.33 Ⅵ）；7）行星大减速器机型（见图 1.2.33 Ⅶ）；8）双行星四卷筒机型（见图 1.2.33 Ⅷ）；9）单减速器机型（见图 1.2.33 Ⅸ）。

（3）主要技术性能参数与应用，见表 1.2.46～表 1.2.57。

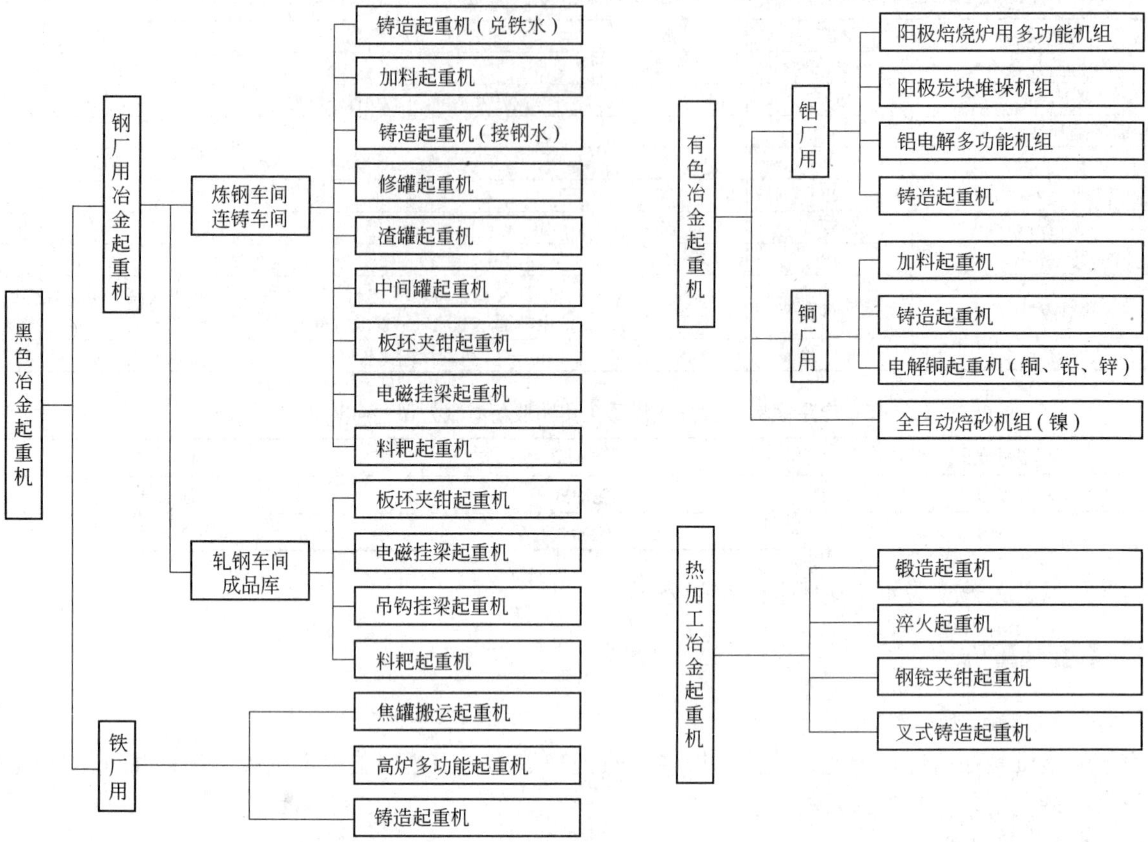

图 1.2.32　冶金起重机分类

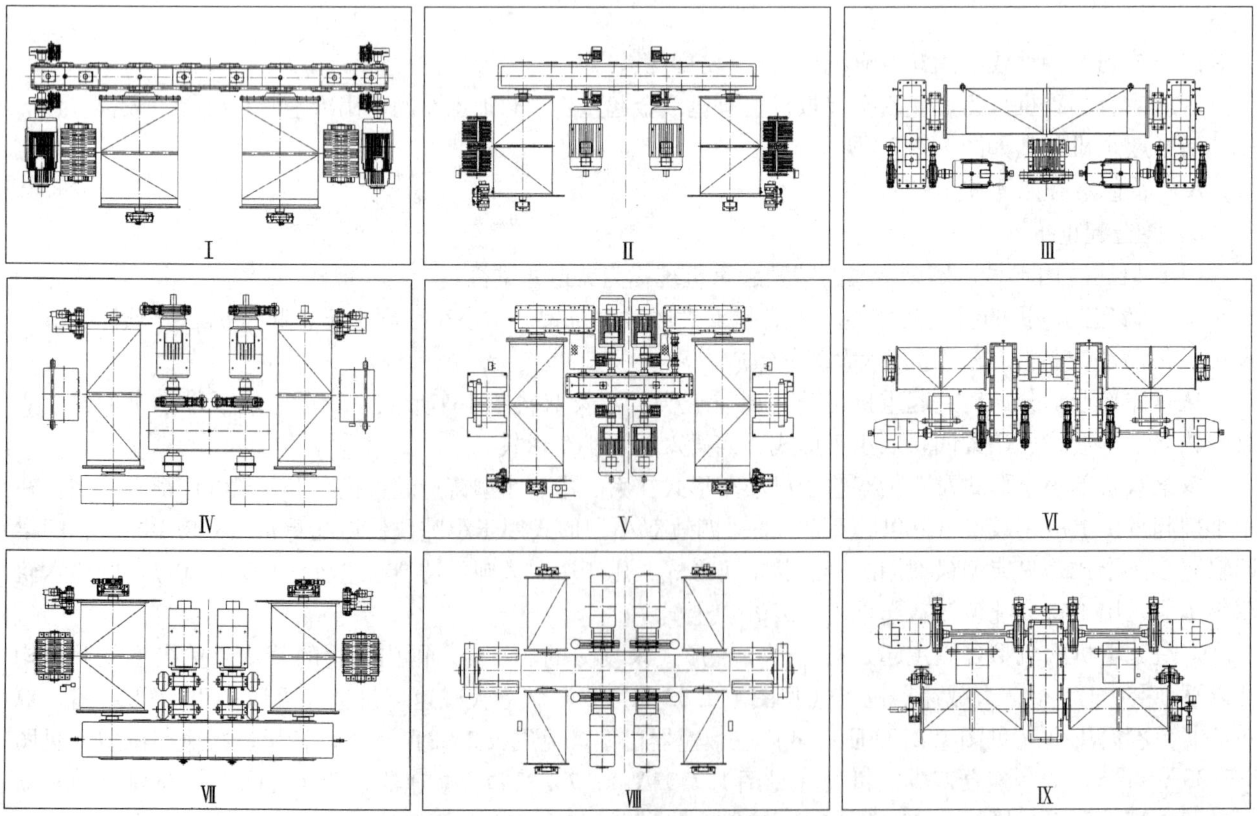

图 1.2.33　铸造起重机的主起升机构

表 1.2.46 铸造起重机 100～225t 主要技术参数（大连华锐重工集团股份有限公司 www.dhidcw.com）

起重量	主起升	t	100	125	140	160	180	200	225	225
	副起升		32	32	40	40	50	50	63	63
	副起升 2									16
形式（主起升）			Ⅰ	Ⅰ	Ⅰ	Ⅰ	Ⅰ，Ⅲ，Ⅳ	Ⅱ，Ⅲ，Ⅵ	Ⅱ，Ⅲ，Ⅵ	Ⅱ，Ⅲ，Ⅵ
跨 度		m	18/22	18/22	20/22	22/24	22/24	22/24	22/24	22/24
起升高度	主起升		18/22/26	18/22/26	20/22/26	20/22/26	20/22/26	20/22/26	20/30	20/30
	副起升		20/24/28	20/24/28	22/24/28	22/24/28	22/24/28	24/26/30	26/34	26/34
	副起升 2									34/36
工作级别			A7	A7	A7	A7	A7	A7	A7	A7
起升速度	主起升	m/min	6.3/8	6.3/8/10	6.3/8/10	6.3/8/10	6.3/8/10	8/10/12	8	8
	副起升		10/12	10/12	10/12	10/12	10/12	10/12	10	10
	副起升 2									12
运行速度	主小车		40	40	40	40	40	40	40	40
	副小车		40	40	40	40	40	40	40	40
	大 车		80	80	80	80	80	80	80	80
电 源			三相交流 3-Phase A.C. 50Hz 380V							
荐用钢轨			QU120							
水平缓冲力		kN	60	74	80	90	108	122	127	130
最大轮压		kN	460	495	481	436	475	530	610	610
大车轮数			12	12	16	16	16	16	16	16
电动机总功率		kW	～470	～610	～650	～690	～680	～720	～720	～720

表 1.2.47 铸造起重机 240～320t 的主要技术参数（大连华锐重工集团股份有限公司 www.dhidcw.com）

起重量	主起升	t	240	240	280	280	300	300	320	320
	副起升		63	63	63	63	80	80	80	80
	副起升 2			16		16		20		20
形式（主起升）		m	Ⅱ，Ⅲ，Ⅵ	Ⅱ，Ⅲ，Ⅵ	Ⅱ，Ⅲ，Ⅵ	Ⅱ，Ⅲ，Ⅵ	Ⅱ，Ⅲ，Ⅵ	Ⅱ，Ⅲ，Ⅵ	Ⅱ，Ⅲ，Ⅵ	Ⅱ，Ⅲ，Ⅵ
跨 度			22/24	22/24	22/24	22/24	22/24	22/24	22/24	22/24
起升高度	主起升		24/30	24/30	28/30	28/30	28/30	28/30	28/30	28/30
	副起升		28/34	28/34	32/34	32/34	32/34	32/34	32/34	32/34
	副起升 2			28/32/36		32/34/36		32/34/36		32/34/36
工作级别			A7	A7	A7	A7	A7	A7	A7	A7
起升速度	主起升	m/min	10/12	10/12	10/12	10/12	10/12	10/12	10/12	10/12
运行速度	副起升		10/12	10/12	12	12	12	12	12	12
	副起升 2			12/14		12/14		12/14		12/14
	主小车		40	40	40	40	30/40	30/40	30/40	30/40
	副小车		40	40	40	40	30/40	30/40	30/40	30/40
	大 车		80	80	80	80	80	80	80	80
电 源			三相交流 3-Phase A.C. 50Hz 380V							
荐用钢轨			QU120							
水平缓冲力		kN	145	148	175	175	181	182	188	190
最大轮压		kN	649	649	540	540	550	550	570	570
大车轮数			16	16	24	24	24	24	24	24
电动机总功率		kW	～900	～900	～1100	～1100	～1380	～1380	～1460	～1460

表 1.2.48　铸造起重机 360t~480t 主要技术参数（大连华锐重工集团股份有限公司　www. dhidcw. com）

起重量	主起升	t	360	360	380	450	450	480	480
	副起升		80	80	80	80	80	80	100
	副起升 2			20			20		
形式（主起升）			Ⅱ，Ⅲ，Ⅵ	Ⅱ，Ⅲ，Ⅵ	Ⅱ，Ⅲ，Ⅵ	Ⅱ，Ⅲ，Ⅵ	Ⅱ，Ⅲ，Ⅵ	Ⅱ，Ⅲ，Ⅵ	Ⅱ，Ⅲ，Ⅵ
跨　度		m	22/24	22/24	22/24	22/24	22/24	22/24	22/24
起升高度	主起升		28/30	28/30	28/30	28/30	28/30	28/30	28/30
	副起升		32/34	32/34	32/34	32/34	32/34	32/34	32/34
	副起升 2			32/34/36			32/34/36		
工作级别			A7	A7	A7	A7/A8	A7/A8	A7/A8	A7/A8
起升速度	主起升	m/min	10/12	10/12	10/12	10/12	10/12	10/12	10/12
	副起升		12	12	12	12	12	12	12
	副起升 2			12/14			12/14		
运行速度	主小车		30/40	30/40	30/40	30/40	30/40	30/40	30/40
	副小车		30/40	30/40	30/40	30/40	30/40	30/40	30/40
	大　车		80	80	80	80	80	80	80
电　源			三相交流 3-Phase A. C. 50Hz 3000V						
荐用钢轨			QU120						
水平缓冲力		kN	207	208	220	240	240	240	240
最大轮压		kN	630	630	520	595	595	595	595
大车轮数			24	24	32	32	32	32	32
电动机总功率		kW	~1560	~1560	~1730	~1870	~1900	~1900	~1950

表 1.2.49　80~500t 铸造起重机主要技术参数（太原重型机械集团有限公司　www. tz. com. cn）

起重量/t		工作级别	跨度/m	起升高度/m		速度/m·min^{-1}				
						起　升		运　行		
主　钩	副　钩			主　钩	副　钩	主　钩	副　钩	主小车	副小车	起重机
80	32	A7	21	18	20	7.6	9.5	37	—	67
100	32	A6	21	34	36	10	20	40	—	80
125	40	A7	26	28	28	12	12	40	40	80
140	40	A7	27.5	28	28	8	10	40	40	80
160	40	A7	28	15	18	8	7	40	40	80
180	50	A7	25	21	21	8	10	40	40	80
200	63	A7	27	30	30	10	10	40	40	80
220	75	A7	24.5	28	30	7.2	8	40	40	80
240	75	A7	24	28	30	11	11	40	40	80
260	75	A7	25	26	30	8.8	12	40	40	80
280	80	A8	21	32	37	12	12	40	40	80
300	80	A8	23.5	24.5	28.5	8	12.5	40	40	80
360	80	A7	25	29	30	7	10	40	40	80
450	80	A8	23.4	30	40	9	10	40	40	80
480	100	A8	21.4	31.6	41	9	10	40	40	80
500	100	A8	21.4	31.6	41	9	10	40	40	80

注：太重起重机为非标准设计、定制产品，表中参数为太重已生产过产品的部分参数，用户可根据实际需要调整。

表 1.2.50 近年部分铸造起重机业绩（太原重型机械集团有限公司 www.tz.com.cn）

序 号	产品名称规格	数 量	生产时间	用 户
1	50/20t 铸造起重机	1	2013.4	内蒙古蒙发铁合金
2	50t 铸造起重机	1	2010.1	北兴特钢
3	60/24/25t 铸造起重机	2	2012.7	必和必拓
4	75/20t 铸造起重机	1	2013.4	内蒙古蒙发铁合金
5	75/35t 铸造起重机	2	2011.11	浙江和鼎铜业
6	80/20t 铸造起重机	1	2009.12	燕山钢铁公司
7	80/20t 铸造起重机	2	2011.1	天津钢厂
8	80/20t 铸造起重机	3	2011.8	中冶赛迪
9	80/25t 铸造起重机	2	2008.3	鞍凌钢铁
10	80/25t 铸造起重机	2	2010.9	联峰钢铁
11	80t 铸造起重机	1	2010.4	东北特钢
12	90/20t 铸造起重机	1	2007.5	太 钢
13	90/30t 铸造起重机	1	2013.4	太钢不锈
14	100/100t 铸造起重机	1	2010.3	交城义望
15	100/20t 铸造起重机	2	2013.1	山东日照
16	100/25t 铸造起重机	1	2008.12	印度金斗
17	100/30t 铸造起重机	2	2007.6	宝 钢
18	100/30t 铸造起重机	1	2008.2	酒 钢
19	100/30t 铸造起重机	1	2010.4	承 钢
20	100/30t 铸造起重机	4	2010.1	攀 钢
21	100/30t 铸造起重机	4	2012.7	中钢八钢
22	100/30t 铸造起重机	1	2013.1	芜湖新兴铸管
23	100/32t 铸造起重机	2	2011.8	唐山宝泰
24	100/32t 铸造起重机	2	2013.3	山西钢重焦化
25	100/40t 铸造起重机	2	2010.9	联峰钢铁
26	100/40t 铸造起重机	1	2011.12	徐州新华宏
27	100 +40/10t 铸造起重机	1	2010.11	印度 JSW
28	100t 铸造起重机	1	2011.5	印度钢厂
29	100t 铸造起重机	2	2012.5	江苏联峰
30	115/40t 铸造起重机	1	2008.7	马 钢
31	120/40t 铸造起重机	2	2007.12	台湾中龙
32	120/40t 铸造起重机	1	2010.12	印度金斗
33	120t 铸造起重机	2	2011.5	印度钢厂
34	120t 铸造起重机	2	2012.5	江苏联峰
35	125/30t 铸造起重机	2	2012.3	河北明有
36	125/30t 铸造起重机	1	2013.11	湖北新冶钢
37	125/32t 铸造起重机	1	2009.1	无锡特钢
38	125/32t 铸造起重机	2	2010.2	莱 钢
39	125/32t 铸造起重机	1	2010.4	中色国际
40	125/32t 铸造起重机	1	2010.5	中色国贸
41	125/32t 铸造起重机	1	2010.8	韶 钢
42	125/32t 铸造起重机	1	2011.1	天津钢厂
43	125/32t 铸造起重机	1	2011.9	山东广富
44	125/32t 铸造起重机	1	2012.7	中冶东方
45	125/32t 铸造起重机	1	2012.1	莱 钢

续表 1.2.50

序 号	产品名称规格	数 量	生产时间	用 户
46	125/32t 铸造起重机	1	2013. 1	山东鲁丽
47	125/40/10t 铸造起重机	1	2011. 5	金鼎重工
48	125/40t 铸造起重机	1	2007. 4	山东寿光
49	125/40t 铸造起重机	2	2008. 5	赣榆钢铁
50	125/40t 铸造起重机	2	2008. 11	连云港华禹铸管
51	125/40t 铸造起重机	1	2012. 9	徐州东亚
52	125/40t 铸造起重机	3	2013. 3	河津宏达
53	125/40t 铸造起重机	2	2014. 3	厦门和誉贸易
54	125/50/15t 铸造起重机	1	2007. 5	宝 钢
55	125/63t 铸造起重机	2	2011. 8	中冶赛迪
56	125/80/10t 铸造起重机	1	2007. 4	宝 钢
57	125t 铸造起重机	1	2010. 1	北兴特钢
58	125t 铸造起重机	1	2010. 4	东北特钢
59	125t 铸造起重机	2	2010. 5	广东韶钢
60	135/30t 铸造起重机	1	2011. 11	大冶特殊钢
61	135/30t 铸造起重机	1	2012. 1	大冶特钢
62	140/40/15t 铸造起重机	1	2009. 12	山东寿光
63	140/40t 铸造起重机	6	2007. 2 ~4	山东泰山
64	140/40t 铸造起重机	4	2007. 6	新兴铸管
65	140/40t 铸造起重机	4	2007. 4	山东寿光
66	140/40t 铸造起重机	3	2007. 12	唐山春兴
67	140/40t 铸造起重机	1	2008. 2	冀南特钢
68	140/40t 铸造起重机	2	2008. 5	赣榆钢铁
69	140/40t 铸造起重机	1	2008. 5	承德建龙
70	140/40t 铸造起重机	2	2008. 11	连云港华禹铸管
71	140/40t 铸造起重机	1	2008. 12	武 钢
72	140/40t 铸造起重机	2	2009. 5	广东韶钢
73	140/40t 铸造起重机	1	2009. 7	新兴铸管
74	140/40t 铸造起重机	1	2010. 1	承德建龙
75	140/40t 铸造起重机	1	2010. 11	唐山春兴
76	140/40t 铸造起重机	2	2011. 6	唐山港陆
77	140/40t 铸造起重机	1	2012. 6	太 钢
78	140/40t 铸造起重机	1	2014. 3	厦门和誉贸易
79	140/40t 铸造起重机	1	2014. 1	镔鑫特钢
80	140/50t 铸造起重机	8	2013. 1	唐 钢
81	140/50t 铸造起重机	8	2014. 2	河北钢铁
82	140t 铸造起重机	1	2010. 1	北兴特钢
83	140t 铸造起重机	1	2011. 3	马 钢
84	150/30t 铸造起重机	1	2013. 8	攀钢瑞钢
85	150/40t 铸造起重机	1	2012. 2	攀钢集团
86	150/50t 铸造起重机	1	2009. 4	韩国浦项
87	150/60t 铸造起重机	3	2009. 3	韩国浦项
88	150/80t 铸造起重机	2	2008. 12	鞍 钢
89	150/80t 铸造起重机	1	2011. 1	鞍 钢
90	160/110t-21. 4 铸造起重机	1	2013. 6	马 钢

续表 1.2.50

序　号	产品名称规格	数　量	生产时间	用　户
91	160/110t-30 铸造起重机	1	2013.6	马　钢
92	160/40/5t 铸造起重机	1	2010.6	伊朗哈扎尔
93	160/40t 铸造起重机	2	2012.3	山东泰山
94	160/40t 铸造起重机	2	2013.1	包　钢
95	160/50t 铸造起重机	1	2008.1	鞍　钢
96	160/50t 铸造起重机	1	2009.5	广东韶钢
97	160/50t 铸造起重机	1	2009.4	湘　钢
98	160/50t 铸造起重机	1	2012.12	包　钢
99	160t 铸造起重机	1	2010.6	东北特钢
100	160t 铸造起重机	1	2010.1	梅　钢
101	160t 铸造起重机	1	2012.1	莱　钢
102	165/40t 铸造起重机	3	2011.9	江苏幸运重工
103	170t 铸造起重机	1	2010.1	梅　钢
104	170t 铸造起重机	2	2012.5	江苏联峰
105	175/40t 铸造起重机	1	2009.7	涟　钢
106	180/100t 铸造起重机	1	2009.2	韩国浦项
107	180/50/10t 铸造起重机	3	2007.9	天　钢
108	180/50/10t 铸造起重机	1	2007.8	酒　钢
109	180/50/10t 铸造起重机	1	2009.1	无锡特钢
110	180/50/16t 铸造起重机	2	2010.12	包　钢
111	180/50/16t 铸造起重机	2	2011.12	包钢万腾
112	180/50t 铸造起重机	1	2008.2	酒　钢
113	180/50t 铸造起重机	2	2008.4	鞍凌钢铁
114	180/50t 铸造起重机	1	2008.3	首钢秦皇岛
115	180/50t 铸造起重机	3	2008.9	凌　钢
116	180/50t 铸造起重机	6	2011.8	九　钢
117	180/50t 铸造起重机	2	2012.1	唐山东海
118	180/50t 铸造起重机	3	2012.9	南　钢
119	180/50t 铸造起重机	1	2013.2	首钢贵钢
120	180/50t 铸造起重机	1	2014.1	镔鑫特钢
121	180/60t 铸造起重机	3	2013.5	山东西王特钢
122	180/63t 铸造起重机	1	2011.7	首钢京唐
123	180/75/20t 铸造起重机	1	2011.12	包　钢
124	180/80/15t 铸造起重机	1	2012.1	燕　钢
125	180t 铸造起重机	1	2010.1	北兴特钢
126	180t 铸造起重机	1	2012.7	包　钢
127	190/50t 铸造起重机	3	2012.9	南　钢
128	200/50t 铸造起重机	2	2007.2	河北唐银
129	200/50t 铸造起重机	2	2008.4	攀　钢
130	200/50t 铸造起重机	2	2009.12	中　钢
131	200/50t 铸造起重机	1	2010.2	东北特殊钢
132	200/50t 铸造起重机	1	2010.9	宝　钢
133	200/50t 铸造起重机	3	2011.9	山东广富
134	200/50t 铸造起重机	2	2012.4	内蒙古德晟
135	200/50t 铸造起重机	2	2013.9	宁银特钢

续表 1.2.50

序 号	产品名称规格	数 量	生产时间	用 户
136	200/60t 铸造起重机	2	2011.11	天津冶金集团
137	200/60t 铸造起重机	2	2011.12	徐州新华宏
138	200/60t 铸造起重机	1	2012.1	富鑫钢铁
139	200/60t 铸造起重机	4	2012.3	扬州秦邮
140	200/63/16t 铸造起重机	2	2007.8	河北新金轧材
141	200/63/20t 铸造起重机	2	2008.4	鞍凌钢铁
142	200/63/20t 铸造起重机	4	2010.8	裕华钢铁
143	200/63t 铸造起重机	2	2011.9	中冶南方
144	200/63t 铸造起重机	2	2012.1	唐山东海
145	200/63t 铸造起重机	4	2012.4	河北鑫达集团
146	200/63t 铸造起重机	1	2013.5	河北鑫达钢铁
147	200/75/10t 铸造起重机	1	2008.12	印度金斗
148	200/75/15t 铸造起重机	2	2010.7	湖北新冶钢
149	200/75/32t 铸造起重机	1	2013.1	山东鲁丽
150	200t 铸造起重机	1	2010.4	东北特钢
151	210/50/15t 铸造起重机	2	2012.5	阿拉尔三五九
152	210/63t 铸造起重机	5	2012.3	凌 钢
153	210t 铸造起重机	2	2012.5	江苏联峰
154	220/60/10t 铸造起重机	1	2007.8	酒 钢
155	220/63/20t 铸造起重机	1	2007.7	八一钢铁
156	220/63/20t 铸造起重机	1	2008.4	八一钢铁
157	220/63t 铸造起重机	2	2012.5	中冶赛迪
158	220t 铸造起重机	1	2010.5	广东韶钢
159	225/60t 铸造起重机	3	2008.4	九江钢铁
160	225/63t 铸造起重机	2	2012.12	南京联强
161	225/65t 铸造起重机	2	2007.3～4	唐山瑞丰
162	225/65t 铸造起重机	2	2007.7	唐山松汀
163	225/65t 铸造起重机	2	2011.12	徐州新华宏
164	225/65t 铸造起重机	2	2012.1	唐山长城松汀
165	225/75/15t 铸造起重机	1	2010.7	湖北新冶钢
166	225/75/15t 铸造起重机	4	2012.2	芜湖新兴铸管
167	225/75t 铸造起重机	1	2009.11	莱 钢
168	225/75t 铸造起重机	4	2011.9	营口天盛重工
169	225/75t 铸造起重机	1	2012.6	营口天盛
170	225/80t 铸造起重机	2	2013.1	宁银特钢
171	225t 铸造起重机	2	2010.4	承 钢
172	230/70/10t 铸造起重机	1	2007.2	太 钢
173	230t 铸造起重机	1	2010.2	越南 Pomina
174	240/60/16t 铸造起重机	1	2008.6	梅 钢
175	240/60t 铸造起重机	1	2010.1	陕西钢铁
176	240/60t 铸造起重机	2	2011.8	中冶赛迪
177	240/65/15t 铸造起重机	2	2007.1	通 钢
178	240/65/15t 铸造起重机	2	2007.8	河北普阳钢铁
179	240/65/15t 铸造起重机	1	2007.7	湘 钢
180	240/65/15t 铸造起重机	3	2007.9	柳 钢

续表 1.2.50

序 号	产品名称规格	数 量	生产时间	用 户
181	240/65/15t 铸造起重机	1	2008.9	通 钢
182	240/65/15t 铸造起重机	2	2008.9	河北普阳
183	240/65/15t 铸造起重机	6	2009.3~4	湘 钢
184	240/65/15t 铸造起重机	1	2011.8	通 钢
185	240/65t 铸造起重机	4	2010.9	连云港亚新
186	240/65t 铸造起重机	2	2012.1	莱 钢
187	240/75/15t 铸造起重机	1	2008.12	印度金斗
188	240/75/15t 铸造起重机	2	2010.6	鲁丽集团
189	240/75/15t 铸造起重机	3	2010.9	联峰钢铁
190	240/75/15t 铸造起重机	3	2011.3	山东富伦
191	240/75/15t 铸造起重机	2	2012.4	潍坊特钢
192	240/75/15t 铸造起重机	1	2012.5	印度金斗不锈
193	240/75t 铸造起重机	1	2012.1	莱芜钢铁集团
194	240/80/20t 铸造起重机	6	2008.9	邯 钢
195	240/80/20t 铸造起重机	2	2010.6	邯 钢
196	240/80/20t 铸造起重机	2	2013.1	宁银特钢
197	240t 铸造起重机	2	2011.12	中钢柳钢
198	250/65/15t 铸造起重机	1	2012.2	河北敬业集团
199	250/80/10t 铸造起重机	2	2008.1	印度 ESSAR
200	250t 铸造起重机	2	2011.2	伊朗帕萨格拉
201	250t 铸造起重机	2	2011.3	马 钢
202	250t 铸造起重机	2	2011.5	印度钢厂
203	260/60t 铸造起重机	1	2009.1	伊朗 AFRA
204	260/65/15t 铸造起重机	5	2008.8	唐山港陆
205	260/65/15t 铸造起重机	1	2012.2	河北敬业集团
206	260/65t 铸造起重机	2	2007.1	河北纵横
207	260/65t 铸造起重机	4	2008.12	河北沧州纵横
208	260/70t 铸造起重机	1	2007.5	宝 钢
209	260/75/15t 铸造起重机	3	2007.1	柳 钢
210	260/75/15t 铸造起重机	6	2008.5	吉林通钢
211	260/75/15t 铸造起重机	4	2008.9	江阴兴澄特钢
212	260/75/15t 铸造起重机	1	2009.6	江阴兴澄特钢
213	260/75t 铸造起重机	4	2008.1	鄂 钢
214	260/75t 铸造起重机	3	2011.6	武 钢
215	260/75t 铸造起重机	2	2013.1	中冶京诚（印尼）
216	260t 铸造起重机	3	2011.12	中钢柳钢
217	260t 铸造起重机	2	2014.1	中冶京诚（印尼）
218	280/75/16t 铸造起重机	1	2007.8	安 钢
219	280/75/16t 铸造起重机	1	2007.8	安 钢
220	280/75t 铸造起重机	1	2008.1	鞍 钢
221	280/80/15t 铸造起重机	3	2009.12	燕山钢铁公司
222	280/80/15t 铸造起重机	3	2012.5	燕山钢铁
223	280/80/20t 铸造起重机	3	2007.8~10	承 钢
224	280/80/20t 铸造起重机	2	暂 停	首钢设计院（阿曼）
225	290t 铸造起重机	3	2011.8	宝 钢

续表 1.2.50

序　号	产品名称规格	数　量	生产时间	用　户
226	300/60t 铸造起重机	2	2008.9	广州联众
227	300/75/10t 铸造起重机	3	2007.9～12	印度 JSW
228	300/75/16t 铸造起重机	1	2008.12	印度金斗
229	300/75/6t 铸造起重机	1	2011.4	印度金斗
230	300/75t 铸造起重机	1	2009.12	中　钢
231	300/80/10t 铸造起重机	2	2008.11	印度 ESSAR
232	300/80/20t 铸造起重机	4	2010.3	唐山长城
233	300/80t 铸造起重机	9	2008.5	张家港荣盛
234	300/80t 铸造起重机	4	2009.5	广东韶钢
235	320/160t 铸造起重机	2	2010.8	太　钢
236	320/68/23t 铸造起重机	1	2008.12	包　钢
237	320/68/23t 铸造起重机	2	2013.4	包　钢
238	320/80/15t 铸造起重机	1	2008.11	天　铁
239	320/80t 铸造起重机	1	2008.8	宁波建龙
240	320/80t 铸造起重机	4	2008.8	宣　钢
241	320/80t 铸造起重机	1	2008.9	宁波钢铁
242	320/80t 铸造起重机	1	2010.8	太　钢
243	320/80t 铸造起重机	2	2013.3	太　钢
244	330t 铸造起重机	1	2011.12	福建福欣特钢
245	340/70t 铸造起重机	1	2007.4	宝　钢
246	350/110/10t 铸造起重机	2	2008.9	印度 ESSAR
247	350/40t 铸造起重机	2	2008.11～2009.3	重　钢
248	350/50t 铸造起重机	1	2010.4	中国一重
249	350/80t 铸造起重机	7	2008.9	链　钢
250	350/80t 铸造起重机	7	2008.11～2009.3	重　钢
251	350/80t 铸造起重机	1	2010.5	湖南涟钢
252	360/75/15t 铸造起重机	5	2008.1	首钢迁钢
253	360/75/15t 铸造起重机	2	暂　停	首钢宝业
254	360/75t 铸造起重机	6	2007.12	中国台湾中龙
255	360/80t 铸造起重机	1	2011.2	江苏重工
256	360t 铸造起重机	3	2011.2	攀　钢
257	360t 铸造起重机	2	2011.12	福建福欣特钢
258	380/80t 铸造起重机	2	2008.7	济　钢
259	380/80t 铸造起重机	1	2008.9	济　钢
260	420/75t 铸造起重机	5	2009.8	梅　钢
261	420/80t 铸造起重机	4	2010.1	梅　钢
262	450/80/10t 铸造起重机	1	2008.8	印度 ESSAR
263	450/80t 铸造起重机	7	2007.1	首钢曹妃甸
264	450/80t 铸造起重机	2	2009.7	鞍　钢
265	450/80t 铸造起重机	5	2012.12	包　钢
266	460/80t 铸造起重机	1	2008.8	宝　钢
267	480/100t 铸造起重机	2	2009.2	韩国浦项
268	480/60t 铸造起重机	4	2009.3～4	韩国浦项
269	480/80t 铸造起重机	2	2008.12	首钢曹妃甸
270	480/80t 铸造起重机	8	2013.9	台塑（越南）
271	500/100t 铸造起重机	2	2011.1	马　钢

铸造桥式起重机如图 1.2.34 所示。

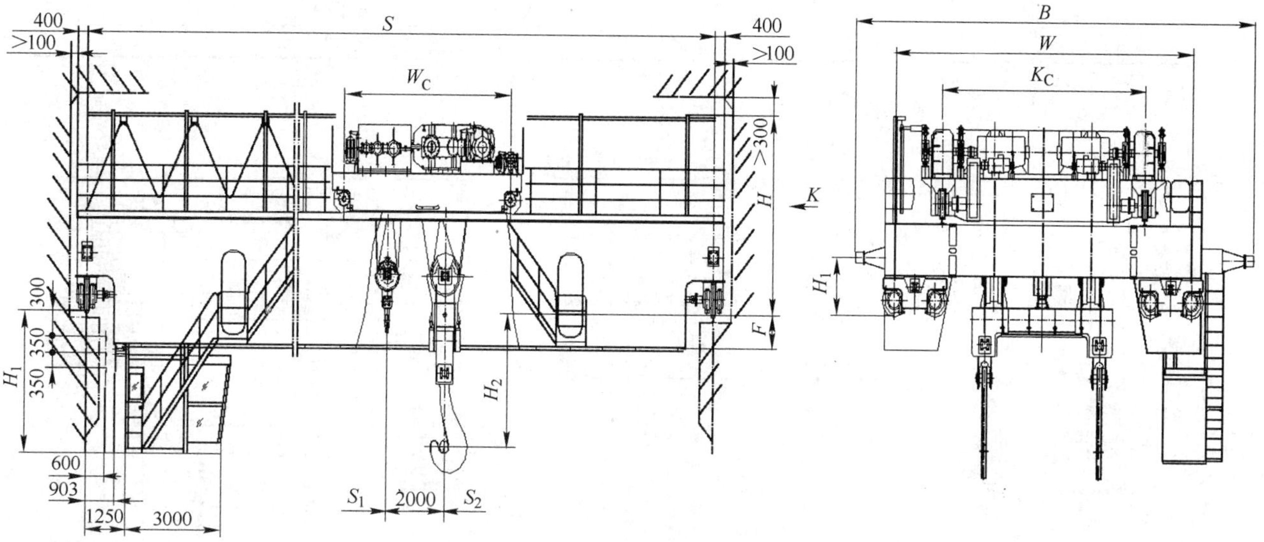

图 1.2.34 铸造桥式起重机（河南省矿山起重机有限公司）

表 1.2.51 铸造桥式起重机主要技术参数（河南省矿山起重机有限公司 www.hnks.com）

起重量		t	75/20	125/40	280/80/15
跨 度		m	19	25.5	22
起升高度		m	19	26	29
工作级别			A7	A7	A7
速 度	主起升	m/min	7	8	12
	副起升		9.2	9.5	10
	小车运行		32.5	40	40
	大车运行		68	77	80
最大轮压		kN	382	590	750
大车车轮		mm	$\phi700\times8$	$\phi800\times8$	$\phi800\times16$
总功率		kW	299	382	1685
荐用钢轨			QU120		
电 源			三相交流 380V 50Hz		
主要尺寸	H	mm	4016	5330	7803
	H_1	mm	1200	1200	1200
	H_2	mm	3200	4100	6000
	F	mm	112	297	361
	W_C	mm	4800	5350	5400
	K	mm	6800	7000	10500
	W	mm	9800	10100	11000
	B	mm	11954	13202	18350
	S_1	mm	1600	2000	3100
	S_2	mm	2000	2200	3500

表 1.2.52 应用案例（河南省矿山起重机有限公司 www.hnks.com）

用 户	唐山长城钢铁集团燕山钢铁有限公司
	云南省曲靖双友钢铁有限公司
	越南万利钢铁有限公司

260t 铸造起重机如图 1.2.35 所示。

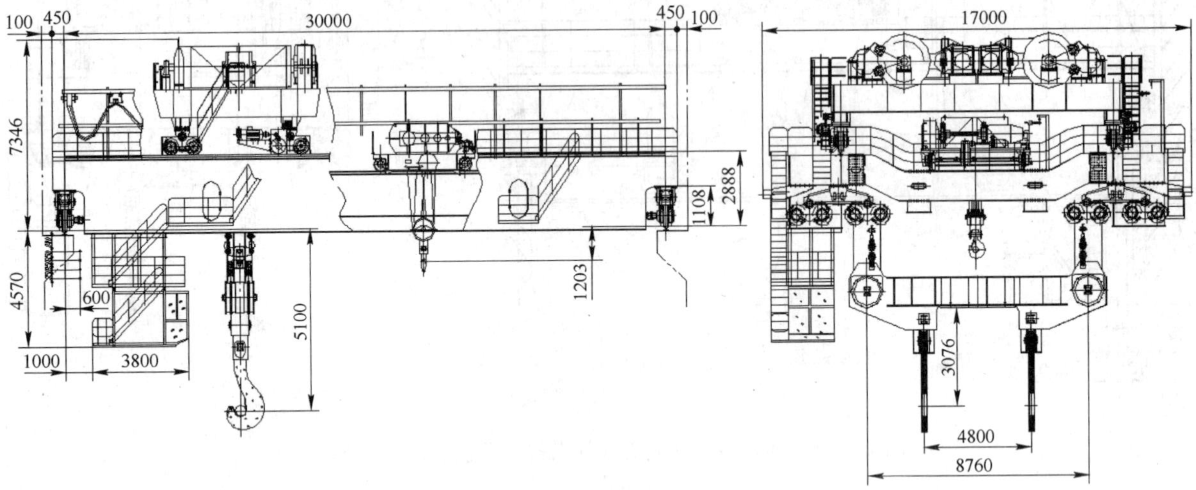

图 1.2.35 260t 铸造起重机

表 1.2.53 260t 铸造起重机主要技术参数（中原圣起有限公司 www.zhongyuanshengqibj.com）

机构名称 / 项 目	起升机构		机构名称 / 项 目	运行机构		
	主起升	副起升		主小车	副小车	大 车
起重量/t	260	80	轨距/mm	10800	3700	30000
起升速度/m·min^{-1}	1~10	1~10	运行速度/m·min^{-1}	3.5~35	3.5~35	8~80
工作级别	M7	M6	工作级别	M7	M6	M7
最大起升高度/m	30	32	钢轨型号	QU120	QU70	QU120
电 源	三相交流 380V 50Hz					
电动机型号	YZR450L2-10	YZR355L2-10	电机型号	YZR200L-8	YZR200L-8	YZP280M-8
电动功率/kW	2×280(S3 60%)	132(S3 40%)	电机功率	2×15(S3 40%)	15(S3 40%)	4×47(60%)

YZ240t 四梁四轨铸造起重机外形尺寸如图 1.2.36 所示。

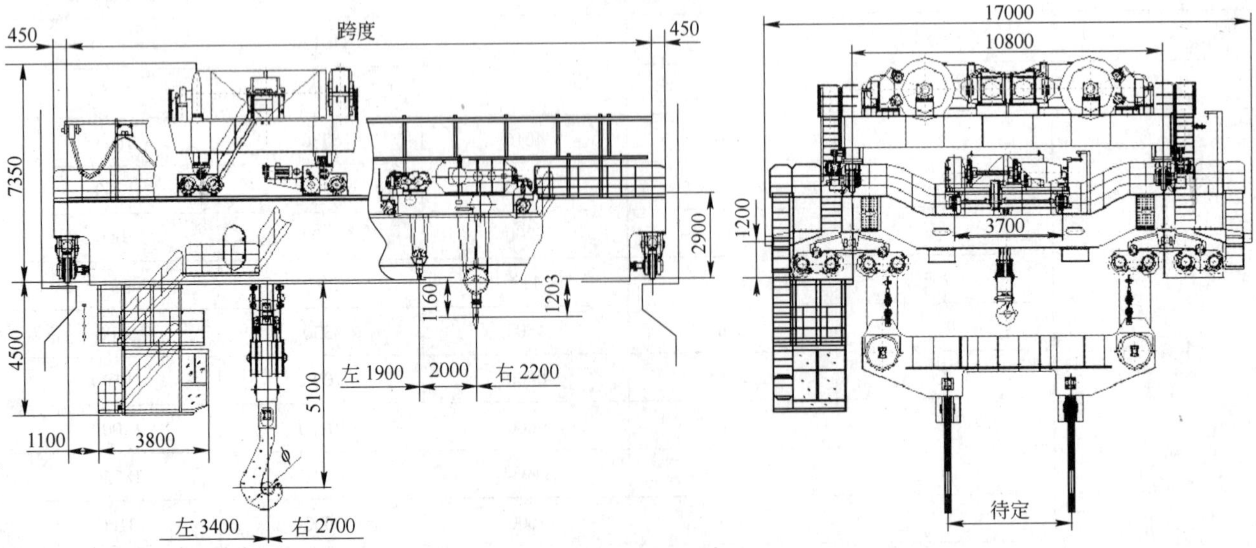

图 1.2.36 YZ240t 四梁四轨铸造起重机外形尺寸

表 1.2.54　应用案例（中原圣起有限公司　www.zhongyuanshengqibj.com）

用　户	宝钢集团钢铁有限公司
	河南前进铸钢有限公司
	苏州苏信特钢有限公司
	福建鑫海冶金有限公司
	出口伊朗纳坦兹 SMPZ
	越南太原钢铁公司

表 1.2.55　YZ240t 四梁四轨铸造起重机主要技术参数（河南省新乡市矿山起重机有限公司　www.kuangshanlanri.com）

起重量/t			240/65/15		
跨度/m			19	22	25
工作级别			A7		
起升高度/m			30/32/32		
主钩起升速度		m/min	1~10		
副钩起升速度	(1)		1.16~11.6		
	(2)		15.8		
小车运行速度	主小车		38		
	副小车		39.2		
大车运行速度			79.8		
电动机总功率/kW			1096		
整体总重/t			405	420	440
最大轮压/kN			615	635	660
荐用钢轨			QU120		
电　源			三相交流 380V 50Hz		

YZ 型 63/16t，100/20t 冶金桥式起重机外形尺寸如图 1.2.37 所示。

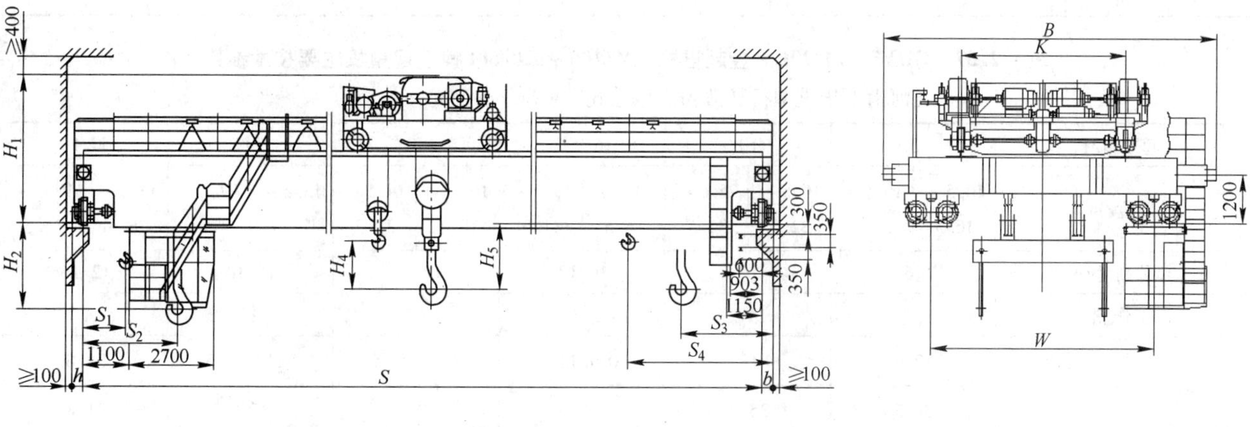

图 1.2.37　YZ 型 63/16t，100/20t 冶金桥式起重机外形尺寸

表 1.2.56　YZ 型冶金桥式起重机主要技术参数（柳州起重机器有限公司　www.gxlq.cn）

起重量/t		跨度 S/m	最大起升高度/m		速度/m·min⁻¹				电动机/kW				质量/t		最大轮压/kN	荐用钢轨
					起升		运行		起　升		运　行		小车	总重		
主	副		主	副	主	副	小车	大车	主	副	小车	大车				
63	16	16	22	24	7.94	13.21	38.2	100	YZR355L1-10(H)/110	YZR280S-8(H)/45	YZR180L-6(H)/15	YZR280S-8(H)/45×2	40.3	93.6	260	QU100 QU120
		19												105.2	271	
		22												112.2	283	
		25												119.9	296	
		28												129	308	
		31												141.2	321	

续表 1.2.56

起重量/t		跨度 S/m	最大起升高度/m		速度/m·min⁻¹				电动机/kW				质量/t		最大轮压/kN	荐用钢轨
					起升		运行		起升		运行		小车	总重		
主	副		主	副	主	副	小车	大车	主	副	小车	大车				
80	20	16	22	24	6.37	13.39	38.2	100	YZR355L1-10(H)/110	YZR280S-6(H)/55	YZR180L-6(H)/15	YZR280S-6(H)/55×2	41.5	106.2	343	QU100 QU120
		19												111.6	356	
		22												121	373	
		25												130.9	388	
		28												140.8	404	
		31												154	423	
100	20	16	22	24	5.06	13.39	31.32	80	YZR355L1-10(H)/110	YZR280M-8(H)/55	YZR180L-6(H)/15	YZR225M-8(H)/22×2	47.8	117.4	403	QU100 QU120
		19												124.1	420	
		22												133.6	436	
		25												143.5	455	
		28												154.9	473	
		31												166.6	490	
125	32	16	23	24	4.46	9.53	30.32	63	YZR355L1-10(H)/110	YZR315S-8(H)/75	YZR180L-6(H)/15	YZR225M-8(H)/22×2	54.7	126.2	520	QU100 QU120
		19												133.7	541	
		22												144	564	
		25												155.4	588	
		28												166.8	610	
		31												179.3	636	

表 1.2.57 QDY5~74/20t 冶金起重机、YZ100~320/80t 铸造起重机主要技术参数

（河南卫华重型机械股份有限公司 www.craneweihua.com）

起重量/t		5		10		16/3.2		20/5		32/5		50/10	
跨度/m		10.5~16.5	19.5~31.5	10.5~22.5	25.5~31.5	10.5~16.5	19.5~31.5	10.5~16.5	19.5~31.5	13.5~16.5	19.5~31.5	13.5~16.5	19.5~31.5
起升高度/m		16		20		16/18		12/14		16/18		12/16	
工作制		A7		A7		A7		A7		A7		A7	
速度/m·min⁻¹	起升	12.9		13		10.9/11.5		9.8/12.75		7.7/12.75		6.3/10.5	
	小车	39.5		35.2		31		37		37.6		31.8	
	大车	93.7	95.2	95.2	88.3	87.8	90.4	88.3	90.9	90.9	77	77	77.8
起重量/t		74/20		100/32		125/32		125/32		140/40			
跨度/m		13.5~19.5	22.5~31.5	19.5~28.5		19.5~25.5		28.5		22~28			
起升高度/m		20/22		20/22		20/22		20/22		22/22			
工作制		A7		A7		A7		A7		A7			
速度/m·min⁻¹	起升	6.4/9.7		7.5/10.5		7.5/10.5		7.5/10.5		6.84~9.1			
	小车	37.2		38		38		38		38			
	大车	67.4	77	68		79.7		73		73			

续表 1.2.57

起重量/t		100/32	125/32	140/40	160/40	180/50	200/50	225/65	240/75	280/75	320/80
跨度/m		19~28	19~28	22~28	22~28	28.5	28	27	24	21	24.5
起升高度/m		20/22	20/22	22/22	22/22	27/29	26/26	27/28	30/30	24/26	28/32
工作制		A7	A7	A7	A7	A7	A7	A7	A7	A7	A7
速度 /m·min⁻¹	起升	7.5/12	7.5/12	6.84/9.6	0.6~6/9.5	7.2/9.3	8/9.3	8/10	10/10.5	10/10.5	9/10
	主小车	32.5	38	38	37	38	40	40	38	36	36
	副小车	37.4	37.4	38	38	40	40	38	40	39	39
	大车	78	79.7	77.8	77.8	86	86	87	87	76	63

b 加料起重机

（1）概述。在炼钢车间向转炉或电炉添加废钢和其他辅料（冷料）的起重机，称为加料起重机。

（2）加料起重机的组成及特点。现代炼钢方式有电炉炼钢和转炉炼钢两种，不同的炼钢方式需要配备的加料起重机也不同。

转炉炼钢主要原料为铁水，在炼钢过程中需添加冷料，为完成添加冷料作业而配置的专用起重设备就是料箱加料起重机。

电炉炼钢主要原料为废钢（铁水或钢水）。电炉加料起重机主要用于向电炉加废钢，其构造与铸造起重机类似，在设计上与铸造起重机的主要区别在于主起升机构不需考虑单机工作的工况。

料箱加料起重机工作在高温、高粉尘的恶劣环境下，工作级别高。

电炉加料起重机：电炉加料起重机一般采用双梁双轨单小车形式，由电控系统、小车、起重机运行机构、桥架、龙门吊具等组成，其构造与双梁双轨单小车形式的铸造起重机相同。为了副钩挂钩更方便快捷，采用双梁双轨子母小车型式。主钩为带有两个板钩的龙门吊具，用于吊运废钢料篮；副钩为锻造吊钩或板钩，用于打开料篮门或其他物品吊运。

料箱加料起重机：料箱加料起重机用于炼钢厂向转炉加冷料，分为双梁单小车形式和双梁双小车形式两种。

双梁单小车形式的料箱加料起重机主钩为带有四个板钩的龙门吊具。在将料箱从废钢存放处吊运至转炉炉口处的过程中，两套起升机构（联动）同时开动。在向转炉倒料的过程中，远离炉口的起升机构起升，运行机构向炉口方向跟进，将废钢倒入炉中，倾倒过程中另一起升机构停止动作。

（3）主要技术性能参数。

主要技术性能参数见表 1.2.58～表 1.2.60。

表 1.2.58 料箱起重机主要技术参数（太原重型机械集团有限公司 www.tz.com.cn）

起重量/t		工作级别	跨度/m	起升高度/m		速度/m·min⁻¹				
						起 升		运 行		
主 钩	副 钩			主 钩	副 钩	主 钩	副 钩	主小车	副小车	起重机
20	20	A7	28.5	9	12	6	6	40	40	80
50	50	A7	21.5	24	24	11	11	40	40	90
65	65	A7	21.5	25	25	10	10	40	40	90
75	75	A7	21.4	30	30	12	12	30	30	80
100	100	A7	22	30	30	6	6	30	30	70
110	110	A7								

表 1.2.59 料箱起重机主要技术参数（太原重型机械集团有限公司 www.tz.com.cn）

序 号	产品名称规格	数 量	生产时间	用 户
1	30t+30t 加料起重机	1	2010/9/30	昆 钢
2	32t+32t 加料起重机	2	2010/4/29	承德钢铁集团公司

续表 1.2.59

序号	产品名称规格	数量	生产时间	用户
3	50t+50t 加料起重机	1	2008/10/12	邯钢
4	50t+50t 加料起重机	1	2009/10/12	邯钢
5	70t+70t 加料起重机	1	2005/12/5	武钢
6	75t+75t 加料起重机	1	2006/7/30	鞍钢
7	75t+75t 加料起重机	1	2006/7/15	鞍钢
8	90t+90t 加料起重机	1	2010/10/20	梅钢
9	100t+100/25t 加料起重机	2	2008/10/12	首钢
10	180/10/10t 加料起重机	1	2011/9/25	台塑福建福欣特殊钢有限公司

冶金上料起重机如图 1.2.38 所示。

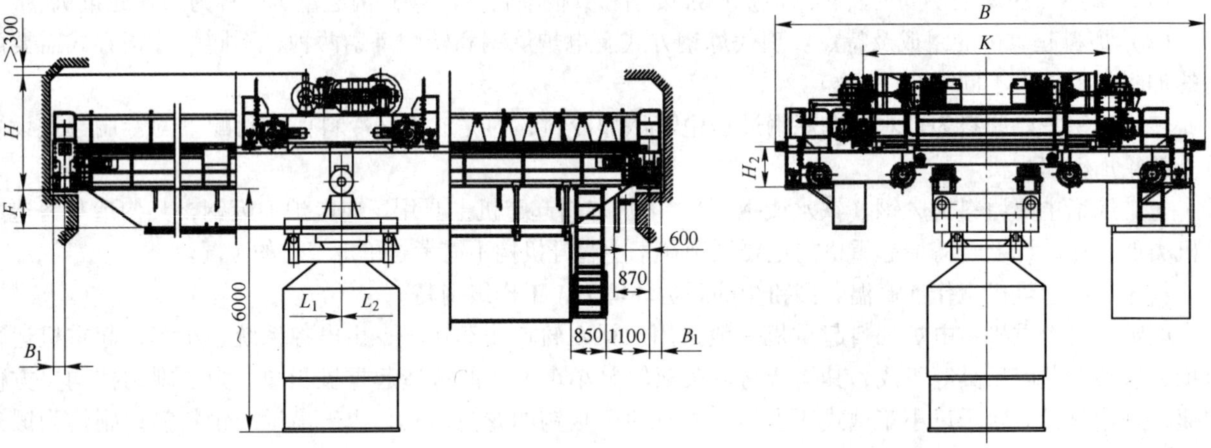

图 1.2.38 冶金上料起重机

表 1.2.60 智能冶金上料桥式起重机主要技术参数（河南卫华重型机械股份有限公司 www.craneweihua.com）

起重量/t		40	50	60
跨度/m		22.5	19.5	22.5
起升高度/m		35	40	40
工作制		A8	A8	A8
速度 /m·min^{-1}	起升	2~20	2~20	1.7~17
	小车	3.4~34	3.5~35	2.8~28
	大车	5.2~52	5.2~52	5~50

c 板坯夹钳起重机

(1) 概述。板坯夹钳起重机是搬运板坯特别是高温板坯的专用设备，用来在连铸生产在线搬运高温板坯到钢坯库、加热炉或在成品库搬运常温板坯，进行堆垛、装卸车辆作业，可吊运厚度在 150mm 以上的板坯或大方坯，板坯温度在 650℃ 以上。

板坯夹钳起重机是板坯搬运起重机的一种，一般采用双梁双轨单小车型式。取物装置是专用的板坯夹钳，双吊点的上横梁通过起升钢丝绳系统（或吊钩）与小车相连。由于主要在主生产线上工作，因此板坯夹钳起重机工作级别较高，常为 A7、A8。

(2) 板坯夹钳起重机的分类。板坯夹钳起重机的分类如图 1.2.39 所示。

(3) 板坯夹钳起重机的组成。板坯夹钳起重机虽然品种、规格很多，但主要是体现在取物装置板坯夹钳的不同，各形式主要构造基本相同。

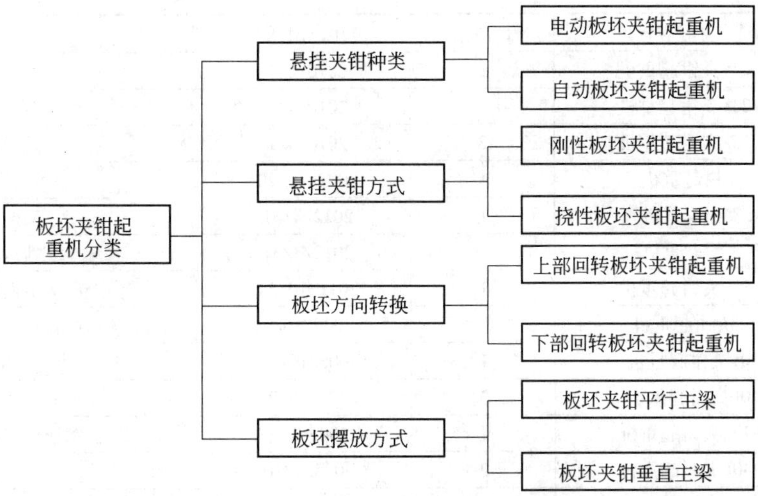

图 1.2.39 板坯夹钳起重机分类

板坯夹钳起重机由桥架、小车、起重机运行机构、电控系统、板坯夹钳组成。小车是板坯夹钳起重机的核心，针对不同的使用要求有不同的布置形式；起重机运行机构（大车运行机构）采用四角或两角驱动，其驱动装置布置在桥架主梁的四角或两角；桥架是由箱型结构的主梁、端梁构成的承载钢结构，电气控制设备集中安装在主梁内部（外部）特设的电气室内。

（4）主要技术性能参数与应用。主要技术性能参数与应用见表 1.2.61 ~ 表 1.2.64。

表 1.2.61 板坯搬运起重机主要技术参数（太原重型机械集团有限公司 www.tz.com.cn）

工作方式	起重量/t	起升高度/m	工作级别	跨度/m	速度/m·min^{-1}			
					主钩升降	夹钳开闭	运行	
							小车	起重机
重力	32	15	A7	31	13.4	—	43.8	100
	50	—	A6	21	10	—	40	80
	70	17	A7	33.5	9.8	—	45.3	130
电动	20	10	A6	27.7	10.5	6	37	112
	40	10	A6	27.7	10.5	5.5	37	112
	50	11.5	A7	27.4	10	13	40	112
	70	11.5	A7	27.4	9.7	3	43	110
动力	25	9.5	A7	24	9.5		43	102
	36	10	A7	24	10		45	100
	40	9.5	A7	24	10		40	100
	70	9.5	A7	30	11.7	5	40	110
	80	10	A7	39	11.7	5	60	110
	94	9.5	A7	24.5	7.2	5	40	110
	98	8	A7	39.5	11	5	40	110

表 1.2.62 应用案例（太原重型机械集团有限公司 www.tz.com.cn）

序号	产品名称规格	数量	生产时间	用户
1	20/20/10t 夹钳起重机	1	2009/11/17	河北承德钢铁公司
2	20t+20t 夹钳起重机	1	2008/11/14	鞍钢
3	20t+20t 夹钳起重机	1	2008/10/19	鞍钢
4	20t+20t 夹钳起重机	1	2008/10/19	鞍钢
5	25t+25t 夹钳起重机	1	2010/4/1	西昌攀钢钒钛

续表 1.2.62

序　号	产品名称规格	数　量	生产时间	用　户
6	25t+25t 夹钳起重机	1	2010/4/1	西昌攀钢钒钛
7	25t+25t 夹钳起重机	1	2010/4/1	西昌攀钢钒钛
8	25t+25t 夹钳起重机	2	2010/4/1	西昌攀钢钒钛
9	25t 夹钳起重机	1	2007/10/20	韩国现代
10	25t 夹钳起重机	1	2012/3/31	韩国浦项印尼
11	25t 夹钳起重机	1	2012/3/31	韩国浦项印尼
12	30t+30t 夹钳起重机	1	2011/10/24	上海梅山钢铁股份有限公司
13	32/5t 夹钳起重机	1	2009/10/9	承德新新钒钛股份有限公司
14	40/10t 夹钳起重机	1	2005/10/25	宝　钢
15	40/10t 夹钳起重机	3	2005/10/25	宝　钢
16	40t+40t 夹钳起重机	1	2006/3/8	首钢迁安钢铁有限责任公司
17	40t+40t 夹钳起重机	2	2005/1/10	太　钢
18	40t+40t 夹钳起重机	1	2005/1/10	太　钢
19	40t 夹钳起重机	4	2005/10/25	宝　钢
20	40t 夹钳起重机	2	2012/8/3	韩国浦项印尼
21	45t+45t 夹钳起重机	1	2007/3/20	印　度
22	45t+45t 夹钳起重机	1	2007/3/20	印　度
23	55t 夹钳起重机	1	2008/7/5	韩国现代
24	60/10t 夹钳起重机	1	2010/4/13	宝　钢
25	60/10t 夹钳起重机	1	2005/10/25	宝　钢
26	60/28t 夹钳起重机	4	2007/9/14	莱　钢
27	60t 夹钳起重机	1	2007/5/18	莱　钢
28	94t 夹钳起重机	1	2005/9/20	宝　钢
29	94t 夹钳起重机	1	2005/9/20	宝　钢
30	94t 夹钳起重机	1	2008/9/10	宝　钢
31	94t 夹钳起重机	2	2008/9/10	宝　钢
32	150/32t 夹钳起重机	1	2011/11/21	江苏联峰能源有限公司
33	12.5t+12.5t 电磁挂梁起重机	1	2008/5/8	韩国现代
34	15t+15t 电磁挂梁起重机	4	2007/10/12	韩国现代
35	16t+16t 电磁挂梁起重机	2	2011/10/1	江苏联峰能源装备有限公司
36	16t+16t 电磁挂梁起重机	2	2011/10/1	江苏联峰能源装备有限公司
37	16t+16t 电磁挂梁起重机	2	2011/10/1	江苏联峰能源装备有限公司
38	16t+16t 电磁挂梁起重机	2	2011/10/1	江苏联峰能源装备有限公司
39	20t+20t 电磁挂梁起重机	3	2011/12/10	联　峰
40	20t 电磁挂梁起重机	4	2012/2/10	孟加拉
41	21/40t 电磁挂梁起重机	1	2010/2/14	攀　钢
42	21/40t 电磁挂梁起重机	1	2010/2/14	攀　钢
43	22.5t+22.5t 电磁挂梁起重机	1	2005/7/15	首　秦
44	22/22/60t 电磁挂梁起重机	1	2007/1/8	鄂　钢
45	22/22t 电磁挂梁起重机	1	2007/10/25	鄂　钢
46	22/22t 电磁挂梁起重机	3	2007/10/25	鄂　钢
47	22/22t 电磁挂梁起重机	1	2007/1/16	鄂　钢
48	22t+22t 电磁挂梁起重机	2	2008/8/3	武钢集团鄂城钢铁有限公司
49	24/24/40t 电磁挂梁起重机	1	2007/10/25	莱　钢
50	24/24/40t 电磁挂梁起重机	1	2007/10/25	莱　钢
51	24/24/40t 电磁挂梁起重机	1	2007/7/5	莱　钢
52	24/24/40t 电磁挂梁起重机	1	2007/7/5	莱　钢
53	24/24/40t 电磁挂梁起重机	1	2007/7/5	莱　钢
54	24/24/40t 电磁挂梁起重机	1	2007/7/5	莱　钢
55	24/24/40t 电磁挂梁起重机	2	2007/7/5	莱　钢

续表 1.2.62

序号	产品名称规格	数量	生产时间	用户
56	24/24/40t 电磁挂梁起重机	1	2007/7/5	莱钢
57	24/24/40t 电磁挂梁起重机	1	2007/7/5	莱钢
58	24/24/40t 电磁挂梁起重机	2	2007/7/5	莱钢
59	24/24/40t 电磁挂梁起重机	1	2007/7/5	莱钢
60	24/24/40t 电磁挂梁起重机	1	2007/7/5	莱钢
61	24/24/40t 电磁挂梁起重机	1	2008/5/11	莱钢
62	24/24/40t 电磁挂梁起重机	1	2008/6/10	莱钢
63	24/24/40t 电磁挂梁起重机	1	2007/7/5	莱钢
64	24/24/40t 电磁挂梁起重机	1	2007/7/5	莱钢
65	24/24/40t 电磁挂梁起重机	1	2007/7/5	莱钢
66	24/24/40t 电磁挂梁起重机	1	2008/5/20	莱钢
67	24/24/50t 电磁挂梁起重机	1	2008/6/10	莱钢
68	25/10t 电磁挂梁起重机	1	2008/1/21	韩国现代钢厂
69	25/10t 电磁挂梁起重机	1	2008/8/1	韩国现代钢厂
70	25/20t 电磁挂梁起重机	2	2008/1/21	韩国现代钢厂
71	25/20t 电磁挂梁起重机	1	2008/3/4	韩国现代钢厂
72	25/25t 电磁挂梁起重机	2	2008/10/8	秦皇岛首秦板材加工配送有限公司
73	25t+25t 电磁挂梁起重机	2	2012/9/11	包钢
74	25t+25t 电磁挂梁起重机	2	2012/9/11	包钢
75	25t 电磁挂梁起重机	2	2010/3/15	包钢
76	25t 电磁挂梁起重机	1	2008/5/14	韩国现代钢厂
77	25t 电磁挂梁起重机	3	2008/5/14	韩国现代钢厂
78	25t 电磁挂梁起重机	2	2010/6/30	越南 pomian 钢厂
79	25t 电磁挂梁起重机	1	2010/6/30	越南 pomian 钢厂
80	26/30/40t 电磁挂梁起重机	1	2007/5/25	宝钢
81	26/30/40t 电磁挂梁起重机	1	2007/5/25	宝钢
82	26/30/60t 电磁挂梁起重机	1	2007/5/25	宝钢
83	26t 电磁挂梁起重机	1	2009/11/9	印度 ESSAR 钢厂
84	30/30/40t 电磁挂梁起重机	1	2005/4/12	鞍钢
85	30/30/40t 电磁挂梁起重机	1	2005/4/12	鞍钢
86	30/30/40t 电磁挂梁起重机	1	2005/4/12	鞍钢
87	30/30/40t 电磁挂梁起重机	1	2009/7/1	鞍钢股份有限公司鲅鱼圈钢铁分公司
88	30/30/65t 电磁挂梁起重机	1	2005/4/12	鞍钢
89	30/35/40t 电磁挂梁起重机	1	2007/5/28	鞍钢集团新钢铁有限责任公司
90	30/40t 电磁挂梁起重机	1	2007/3/27	鞍钢集团新钢铁有限责任公司
91	30t 电磁挂梁起重机	2	2006/3/3	宝钢集团公司
92	32/32/42t 电磁挂梁起重机	1	2010/6/5	五矿营口
93	32/32/42t 电磁挂梁起重机	1	2007/6/5	鞍钢
94	32/32/42t 电磁挂梁起重机	1	2007/6/5	鞍钢
95	32/32/42t 电磁挂梁起重机	1	2007/6/5	鞍钢
96	32/32/50t 电磁挂梁起重机	1	2008/5/11	莱钢
97	32/32/60t 电磁挂梁起重机	1	2007/6/5	鞍钢
98	32/5t 电磁挂梁起重机	1	2005/8/20	天铁
99	32t+32t 电磁挂梁起重机	2	2007/9/29	中冶京诚
100	32t 电磁挂梁起重机	2	2007/6/20	五矿营口中板有限公司
101	32t 电磁挂梁起重机	2	2007/6/20	五矿营口中板有限公司
102	32t 电磁挂梁起重机	1	2007/6/20	五矿营口中板有限公司
103	32t 电磁挂梁起重机	1	2008/3/1	中冶京诚
104	32t 电磁挂梁起重机	1	2010/9/5	昆钢新区
105	32t 电磁挂梁起重机	2	2010/9/5	昆钢新区

续表 1.2.62

序　号	产品名称规格	数　量	生产时间	用　户
106	32t 电磁挂梁起重机	2	2010/9/5	昆钢新区
107	32t 电磁挂梁起重机	2	2007/6/10	五矿营口
108	32t 电磁挂梁起重机	2	2006/6/10	五矿营口
109	32t 电磁挂梁起重机	1	2007/6/10	五矿营口
110	32t 电磁挂梁起重机	1	2007/6/10	五矿营口
111	32t 电磁挂梁起重机	1	2007/6/20	五矿营口中板有限公司
112	35/30t 电磁挂梁起重机	2	2010/5/31	越南 Pomina 公司
113	35/35/40t 电磁挂梁起重机	1	2006/12/13	鞍钢集团新钢铁有限责任公司
114	35/35/40t 电磁挂梁起重机	1	2006/12/13	鞍钢集团新钢铁有限责任公司
115	35/35t 电磁挂梁起重机	1	2005/4/12	鞍　钢
116	35/35t 电磁挂梁起重机	2	2006/12/13	鞍钢集团新钢铁有限责任公司
117	35/35t 电磁挂梁起重机	3	2006/12/13	鞍钢集团新钢铁有限责任公司
118	35t + 35t 电磁挂梁起重机	2	2009/7/1	鞍钢股份有限公司鲅鱼圈钢铁分公司
119	40/65/65t 电磁挂梁起重机	1	2009/12/25	鞍钢股份有限公司鲅鱼圈钢铁分公司
120	45t 电磁挂梁起重机	1	2007/8/5	印度 ESSAR 钢厂

d　电磁挂梁起重机

（1）概述。

电磁挂梁起重机是搬运方坯、型材、棒线、中厚板、卷板、薄板、管材的主要设备，主要用于连铸出坯、连轧车间或成品库中。

电磁挂梁起重机是双梁单小车桥式起重机类型，它的取物装置是专用的起重电磁铁，双吊点的挂梁与小车的起升钢丝绳系统（或吊钩）相连。电磁挂梁起重机在连轧车间生产线上将成品钢板、方坯、型钢从辊道搬运至垛集台、在成品库装卸车辆作业或进行堆集作业，搬运的钢坯、钢材温度一般在650℃以下。电磁挂梁起重机主要用在轧钢厂主生产线上和成品库中，因此工作级别较高，常为 A7、A8。

（2）电磁挂梁起重机的构造特点。

电磁挂梁起重机虽有多种规格，但其主要构造基本相同，由桥架、小车、起重机运行机构、电控系统、挂梁和起重电磁铁等组成。电磁挂梁起重机的起重量包括挂梁和起重电磁铁的质量。

小车的构造特点是双吊点，挂梁垂直主梁的小车轨距大，整机较宽；而挂梁平行主梁的小车轨距小，整机较窄。

挂梁与小车的连接方式有刚性和挠性两种。挠性连接即起升钢丝绳吊挂（起升机构带吊钩组或动滑轮装在挂梁上）；刚性连接即在起升钢丝绳的中间或旁边设有一个或两个导筒连接，导筒的内筒直接固定在挂梁上，由于有刚性导筒的导向，减少了钢丝绳系统的摆动。起升钢丝绳仅使挂梁作升降运动。

起重电磁铁对称布置在挂梁下方。在有定位精度要求、生产率要求较高的起重机上对起重电磁铁的摇摆需加以限制。采用刚性导筒和倒八字绳系可以较好的满足要求。设计时，起重机小车应视使用情况作出不同的配置。

（3）电磁挂梁起重机的分类。

电磁挂梁起重机种类划分如图 1.2.40 所示。

e　料耙起重机

（1）概述。

料耙起重机是指用于在钢厂连铸及轧制过程中搬运和堆垛棒状方坯的特种起重机，主要服务于轧钢车间或成品库。将轧制的成品从辊道上搬运到仓库堆放或从仓库将钢材搬运到运输车上的专用起重设备。该起重机工作频繁，工作级别高，一般为 A7 或 A8。

料耙起重机分为刚性料耙起重机和挠性料耙起重机两种，它的主要取物装置为料耙和电磁盘，均安装在料耙横梁上。吊运低温板坯的时候采用电磁盘吊运；吊运高温板坯的时候，采用料耙吊运。此外，在料耙横梁中间通常布置有吊钩，用于其他物品吊运。

（2）主要技术性能参数。

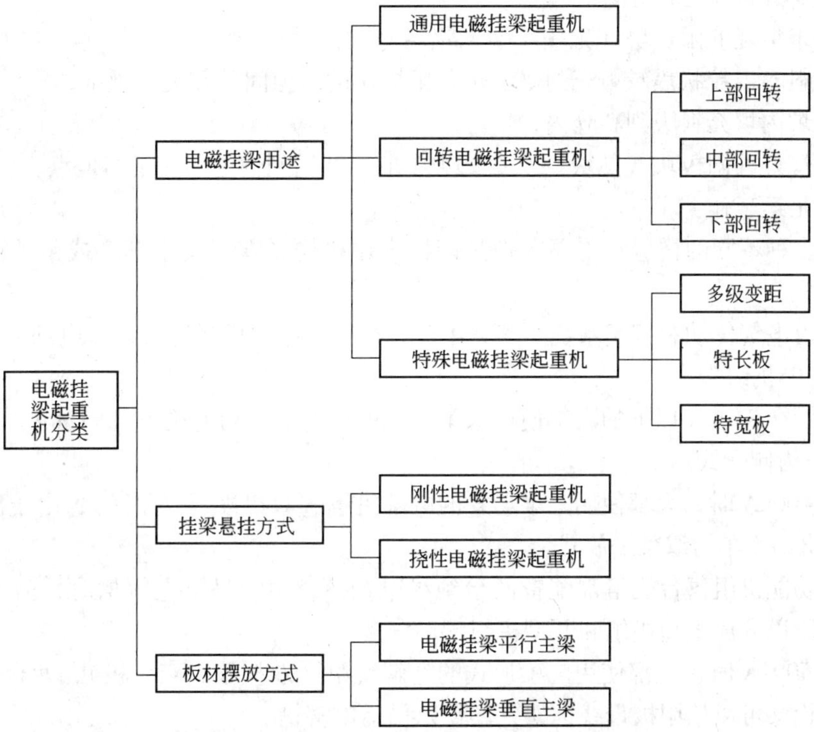

图 1.2.40 电磁挂梁起重机的分类

表 1.2.63 料耙起重机主要技术参数（太原重型机械集团有限公司 www.tz.com.cn）

起重量/t			工作级别	跨度/m	起升高度/m	速度/m·min^{-1}				
料耙	电铁	吊钩				吊钩升降	小车回转	料耙倾翻	运行	
									主小车	起重机
6	3	15	A8	28	6.1	14.5	4.5	900/10s	58	82
15	9	15	A8	28	6.8	14	4.0	900/10s	63	125
20	14	20	A8	28	6.8	13.5	4.0	900/10s	59	125
25	19	25	A8	28	6.8	13.7	4.0	900/10s	54	125
34	15	34	A8	37	7.8	14	3.6	900/10s	42	105

表 1.2.64 应用案例（太原重型机械集团有限公司 www.tz.com.cn）

序 号	产品名称规格	数 量	生产时间	用 户
1	20t+20/10t 料耙起重机	1	2009/9/11	承 钢
2	20t+20/10t 料耙起重机	2	2009/9/11	承 钢
3	20t 料耙起重机	1	2010/9/20	包 钢
4	25t 料耙起重机	1	2010/9/30	攀 钢
5	32t 料耙起重机	2	2010/1/5	宣钢集团有限公司
6	32t 料耙起重机	2	2010/1/5	宣钢集团有限公司
7	34t 料耙起重机	2	2006/4/4	包钢炼钢厂
8	34t 料耙起重机	1	2011/10/20	唐山燕山钢铁有限公司
9	34t 料耙起重机	1	2011/10/20	包钢集团炼钢厂

B 有色冶金起重机

a 阳极焙烧炉用多功能机组

阳极焙烧炉用多功能机组（FTM）指具有真空物料输送系统、阳极炭块夹钳装置的专用起重机，是用于焙烧铝电解用阳极炭块的专用设备。

阳极焙烧炉用多功能机组的功能：

（1）装炉：将未焙烧的阳极块（生块）装入焙烧炉坑；

（2）填充：将料箱内粒状焦炭填充到焙烧炉与阳极块的空隙间，并覆盖顶部；

（3）吸料：将炉内填充料吸到料仓内；

（4）出炉：将烧好的阳极块（熟块）从焙烧炉中取出并送到输送带或指定地点；

（5）其他辅助吊运工作：

多功能机组有多种不同的构造：主要区别是阳极夹钳机构设在工具小车上或单独设置，使整机结构发生变化；

多功能机组是由电气传动和控制系统、工具小车、桥架、起重机运行机构、电动葫芦等组成。

b 铝电解多功能机组

目前国内电解槽在330kA以下的大都使用双梁形式的铝电解多功能机组（PTM）（单扭拔，单阳极或双阳极），出铝小车为侧挂式。

电解槽配置为400kA时，大都使用三梁形式的电解机组（双扭拔，双阳极），由于出铝小车起重量都在25t以上，所以出铝小车为双梁平放式。

上述铝电解多功能机组每台机组都配备两台绝缘电葫芦，由于吊运电解槽时，需要两台机组的四台电葫芦配合工作，所以分成Ⅰ型机组和Ⅱ型机组配对安装。

电解槽配置为500kA时，大都使用三梁形式的电解机组（双扭拔，双阳极），两台双梁平放式32t移动小车，既可以出铝又可以抬阳极母线框架，还可以吊运电解槽。

铝电解多功能机组由桥架、工具小车、出铝小车、电动葫芦、起重机运行机构、液压（和气动）系统、电气传动和控制系统构成。工具小车上集中了铝电解多功能机组完成主要功能的各机构，包括打击电解铝结壳、添加氧化铝、更换阳极等三个主要系统。

铝电解多功能机组设计的特殊要求：

（1）采用防磁材料：铝电解多功能机组在强磁场作业，因此扳手中的活动定位卡板、导向辊，扭头部件、阳极夹具及吊钩均要采用防磁材料，以免脱开困难。

捞渣机构中抓斗的材料，既要防磁，又要适于高温溶液环境（浸泡在约900℃的铝水中），须具备一定的强度和足够的耐高温使用时间，否则会被熔化掉。

（2）绝缘：在正常作业中必须经常接触电解槽阳极母线，接触部位与机组之间需要承受最高为DC1500～2000V的电压。因此，机组的主要功能部位均设有两道绝缘，每道绝缘电阻必须大于1MΩ，并配有不间断监测的绝缘检测系统。

c 阳极炭块堆垛机组

阳极炭块堆垛机组功能：对阳极炭块进行搬运、堆垛作业的专用设备，主要用于大型预焙阳极电解铝厂炭块仓库内。从振动成型工段生产出来的生炭块，必须先运到阳极焙烧车间焙烧，焙烧后的熟炭块再运往炭块仓库，继而再到阳极组装车间进行组装，阳极炭块堆垛机组担负这一工艺流程中炭块的转运工作。

根据编组机的设置不同，一般分为纵向输送和横向输送两种，纵向输送的炭块由10～11个气动夹具组成的夹具装置，一次夹持10～11块炭块，完成对10～11块一组纵向排列的炭块进行堆放和运输，用电动葫芦对一组纵向排列的炭块进行废块取出和合格块插入。电动葫芦还可完成车间的零星物料的吊运作业。

横向输送时，横向输送的炭块由21个气动夹具组成的夹具装置，一次夹持21块炭块，一次完成对21块一组横向排列的炭块进行堆放和运输。

阳极炭块堆垛机组分套筒式和铰接式两种，均由电控系统、起升机构、夹具装置、起重机运行机构、桥架、气动系统、电动葫芦等组成。

d 电解铜起重机

电解铜起重机是电解铜生产工艺的专用起重设备，通过针对阴阳极板放置位置、形式而设计的专用吊具能高效率地将阴阳极板装入或吊出电解槽。

电解铜起重机采用双梁双轨，单小车结构形式，由桥架及附属金属结构件、小车、起重机运行机构、2t 电动葫芦、电力拖动与电控设备、润滑设备、安全防护设备等组成。

电解铜起重机主要工作流程：从准备架取阳极板，装入电解槽→从准备架取阴极板，装入电解槽→电解完毕，取出阴极铜，滴酸盘收集酸液→收回滴酸盘，将阴极铜放入洗涤机组→取出阳极残极，滴酸盘收集酸液→收回滴酸盘，将阳极残极放入洗涤机组→循环以上过程（通常装一次阳极对应装三次阴极）。

e　全自动焙砂机组

全自动焙砂机组是镍冶炼工艺的关键设备，主要用于镍冶炼过程中向电炉中加焙砂料，具有多点全自动加料功能。该机组的工作循环与料罐运输车的工作循环相衔接，当料罐运输车的空罐位对准导向塔架后，机组将空罐下落入车，吊取由运输车送入吊取位置的实料罐，运送至指定的料钟加料装置上，卸料后将空料罐运送至待机位。

整机在运行过程中受控于中央控制室（另外可在特定地点进行人工预），工艺线路中的起重机作为中央控制室主程序的控制对象，起重机不仅与中央控制室之间进行大量的信息传递，还要与相关联的工艺设备之间进行信息交换，起重机在中央控制室主程序指令下完成各种动作，同时将起重机上的各种实时状态信息传递出去，反馈给中央控制室和（或）有关联的其他工艺设备，形成闭环控制系统。

机组具有如下特点：

（1）全自动：无须人工辅助，起重机在中央控制室主程序指令下完成各种动作；吊具能够在起重机自身解决自动挂钩、自动检测，不需附加检测确认装置。

（2）高可靠性能：起升机构和小车行走机构采用行星差动减速器双轴分别输入方式，当一个动力输入轴出现故障时，另一路输入可以保证机构以半速长期正常工作；大车运行机构设置四套驱动机构冗余涉及，分两组控制，当一组机构故障时，仍能保证生产进程不停顿。

（3）高定位精度：通过增量型编码器、绝对值编码器等组成的系统给定运行距离参数，并经成组的感应开关，确认各特定定位点的绝对位置，从而保证了各机构的定位精度；另外通过小车架及桥架的刚度控制、钢丝绳的处理从机构内部消除对定位精度的影响。

电解铜专用起重机外形尺寸如图 1.2.41 所示。

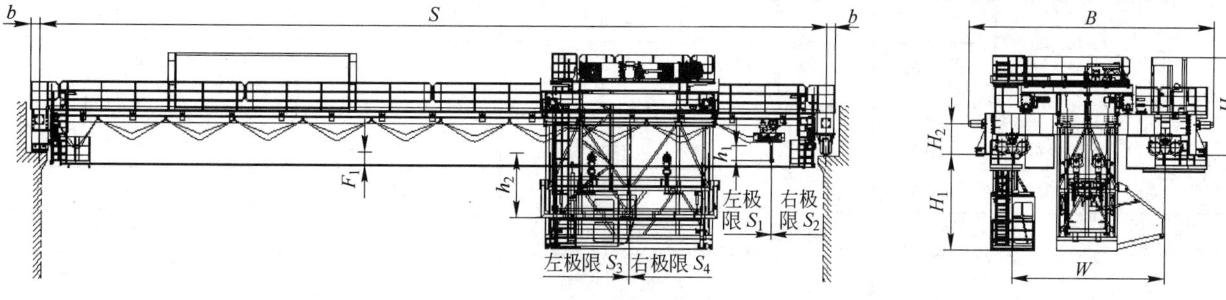

图 1.2.41　电解铜专用起重机外形尺寸

电解铅专用起重机外形尺寸如图 1.2.42 所示。

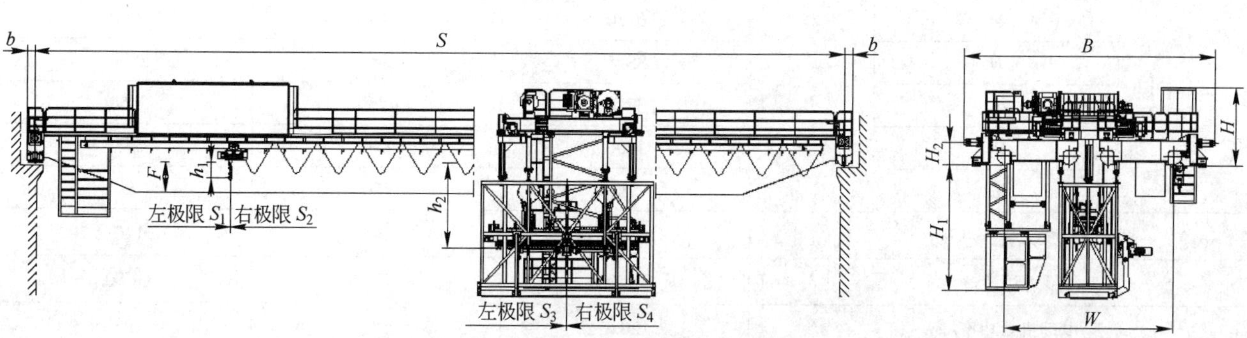

图 1.2.42　电解铅专用起重机外形尺寸

电解锌专用起重机外形尺寸如图 1. 2. 43 所示。

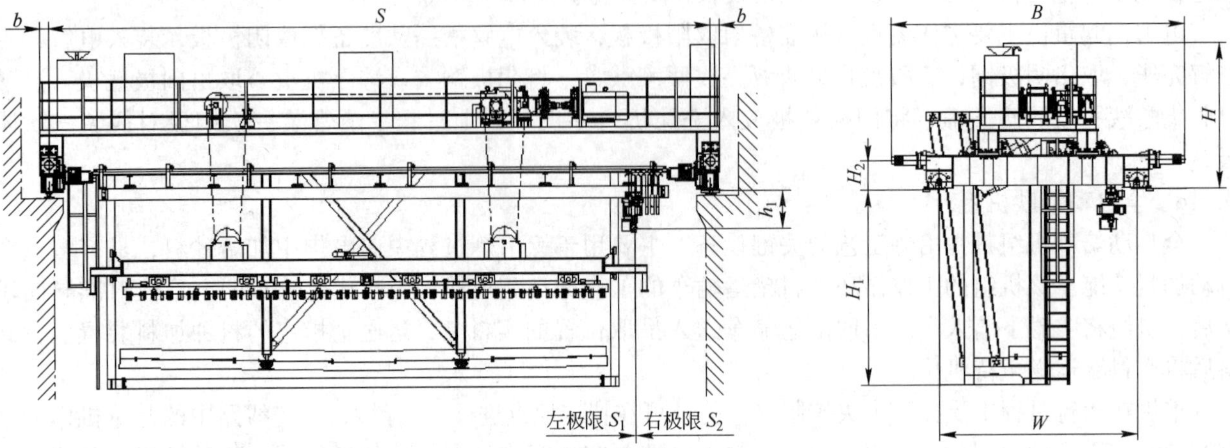

图 1. 2. 43　电解锌专用起重机外形尺寸

f　主要技术性能参数及应用

主要技术性能参数及应用见表 1. 2. 65 和表 1. 2. 66。

表 1. 2. 65　电解铜、铅、锌专用起重机主要技术参数

（株洲天桥起重机股份有限公司　www. tqcc. cn）

类　型				电解铜专用起重机	电解铅专用起重机	电解锌专用起重机
起重量/t	主钩/副钩			(54 块阴极或 55 块阳极 + 吊具)32/5	(50 片铅阳极 + 51 片铅阴极 + 吊具)32/5	(39 块阳极或 57 块阴极板 + 吊具)20/2
工作级别				A7	A8	A7
工作周期			min	8	10	7
跨度（S）			m	31500	31500	13500
起升高度	主钩/副钩		m	9/12	12/12	4/13
工作速度	起　升	主　钩	m/min	0 ~ 16	1. 5 ~ 15	1. 5 ~ 15
		副　钩		8	0. 8/8	4/1
	运　行	大　车		0 ~ 160	17 ~ 170	14. 5 ~ 145
		主小车		0 ~ 45	5 ~ 50	—
		副小车		20	20/6. 7	14
极限尺寸	S_1/S_2		mm	2100/2100	1960/1460	1050/1650
	S_3/S_4			4855/4855	4530/4030	—
	h_1			280	610	760
	h_2			2520	3230	—
主要尺寸	B			9920	9870	5960
	W			6180	6640	4000
	H			3815	2950	2870
	H_1			3710	4760	3860
	H_2			1200	840	575
	b			350	320	190
最大轮压/kN				250	241	140
荐用轨道				QU100	QU100	QU80
电动机总功率/kW				202	182	103
起重机电源				三相交流　380V　50Hz		

表 1.2.66　电解铜、铅、锌专用起重机应用案例（株洲天桥起重机股份有限公司　www.tqcc.cn）

用　户	河南豫光金铅股份有限公司
	江西铜业铅锌金属有限公司
	云南驰宏锌锗股份有限公司

C　热加工起重机

a　锻造起重机

锻造起重机是一种用于锻造厂房内的冶金起重机。锻造起重机的主要功能是配合液压机完成对工件进行锻制。在整个锻造工艺过程中，锻造起重机主要完成物料吊运、翻转及进给。锻造起重机工作环境恶劣，工作过程中会受到很大冲击载荷作用。

锻造起重机的特点：

（1）结构形式：三梁四轨双小车结构形式；

（2）缓冲功能：由于在锻造过程中，锻造起重机会受到较大的冲击载荷作用，为避免由于冲击载荷作用造成机构、结构件的损坏，在锻造起重机上设置有缓冲功能的缓冲装置。

（3）松闸机构：为保护锻造起重机在锻造过程中，由于过大的冲击载荷作用造成损坏，在锻造起重机上设置有松闸机构，当冲击载荷超过设计最大载荷时，机构动作，冲击载荷被卸载从而起到保护机构作用。

（4）翻钢机：锻造起重机核心部件，完成工件的起吊和翻转。

b　淬火起重机

淬火起重机是淬火工序时，能快速将工件浸入淬火液中的桥式起重机。淬火起重机为满足淬火工艺要求，配置在热处理厂房内的一种专用起重设备，通常采用双梁单小车结构型式。

淬火起重机主要功能：将加热好的高温炽热工件浸入淬火池（淬火井）中。

淬火起重机的特点：

（1）快速下降功能：由于淬火工艺需求，工件淬火时要求下降速度很快（20～50m/min）；

（2）紧急松闸机构：由于在淬火过程中，由于厂房意外断电而使红热工件和淬火介质接触时会产生明火，由此造成安全事故。在淬火起重机上必须设置有紧急松闸机构；

（3）防溅盘：为避免在淬火时，淬火液喷溅到吊钩组、钢丝绳上，通常在淬火起重机吊钩上安装防溅盘；

（4）安全性：由于淬火起重机下降速度要求高，在制动过程中对机构及结构冲击大，应在设计时考虑冲击载荷影响，保证设备安全运行。

c　钢锭夹钳起重机

钢锭夹钳起重机能高效地完成将冷钢锭装入均热炉、将加热完成的红热钢锭从炉中取出并送入运锭车；完成均热炉炉坑刮渣、清理工作；进行钢锭的卸车及堆垛。车间其他物品的吊运、均热炉的检修由起重机上附设的副起升机构承担。

钢锭夹钳起重机在均热炉车间高温、多尘的恶劣环境下工作，因而起重机的构造要简洁、可靠。起重机采用双梁双轨，单小车结构形式。整机由桥架及起重机运行机构、小车、钢锭夹钳、电力拖动与电气控制设备等组成。

d　主要技术性能参数及应用

主要技术性能参数及应用见表 1.2.67～表 1.2.70。

表 1.2.67　淬火起重机的主要规格和技术参数（太原重型机械集团有限公司　www.tz.com.cn）

起重量/t		工作级别	跨度/m	起升高度/m		速度/m·min^{-1}			
						起　升		运　行	
主　钩	副　钩			主　钩	副　钩	主钩（升）	主钩（降）	主小车	起重机
15	3	A7	28.5	17	17.5	8	15	25	58
20	5	A7	21.5	23	23	20	40	50	80

续表 1.2.67

起重量/t		工作级别	跨度/m	起升高度/m		速度/m · min⁻¹			
						起　升		运　行	
主　钩	副　钩			主　钩	副　钩	主钩（升）	主钩（降）	主小车	起重机
30	5	A7	22.5	20	25	20	60	50	60
75	20	A7	28	25	25	16.2	60	40	70
150	30	A7	24	38	38	16	60	26	70
200	75	A7	28	36	36	15	30	30	70

表 1.2.68　锻造起重机主要技术参数（太原重型机械集团有限公司　www.tz.com.cn）

起重量/t			工作级别	跨度/m	起升高度/m		速度/$m \cdot min^{-1}$					
							起　升			运　行		
主钩	副钩	翻料机			主钩	副钩	主钩	副钩	翻料机链条回转	主小车	副小车	起重机
80	30	60	A6	22.5	16.5	16.5	6.5	6.7	6.56	30	30	72
150	50	125	A6	28	20	20	3.1	6.7	7.64	31	31	53
200	100	165	A6	28.5	24	26	4	8	8	40	40	72
320	100	260	A6	28	20	22	3	4	9.12	30	28	56
550	150	470	A6	32	21	24	3	4	8	30	32	30

e　应用案例

表 1.2.69　近年部分锻造起重机应用案例（太原重型机械集团有限公司　www.tz.com.cn）

序　号	产品名称规格	数　量	生产时间	用　户
1	180/50/10t 锻造起重机	1	2011/4/20	北满特钢
2	200/50t 锻造起重机	1	2009/9/5	东北特钢（大连）基地
3	200/80t 锻造起重机	1	2009/3/30	武　重
4	200t + 100t 锻造起重机	1	2007/8/14	马　钢
5	200t + 80t 锻造起重机	1	2007/6/15	邢台中机
6	225/65t 锻造起重机	1	2006/10/8	唐山瑞丰钢厂
7	300/100/10t 锻造起重机	1	2011/4/18	北满特殊钢有限公司
8	450t + 150/50t 锻造起重机	1	2011/2/5	重工万吨水压机
9	550/125t + 150/50t 锻造起重机	1	2008/3/14	中信重机
10	550t + 150/20t 锻造起重机	1	2007/7/14	一　重
11	550t + 150/50t 锻造起重机	1	2009/7/14	泰安山口

表 1.2.70　淬火起重机应用案例（太原重型机械集团有限公司　www.tz.com.cn）

序　号	产品名称规格	数　量	生产时间	用　户
1	32t + 5t 淬火起重机	1	2007/7/10	热处理分公司
2	50/10t 淬火起重机	1	2011/3/28	太重万吨项目
3	125/32t + 125t 淬火起重机	1	2011/4/10	太原重工万吨项目锻热车间
4	125/32t 淬火起重机	1	2011/4/10	太原重工万吨项目锻热车间
5	150/32t 淬火起重机	1	2011/4/1	太原重工万吨项目
6	160/32t 淬火起重机	1	2011/2/1	齐齐哈尔北方锻钢制造有限公司
7	160t + 32t 淬火起重机	1	2008/11/15	中信重工
8	200t 淬火起重机	1	2011/4/10	太原重工万吨项目锻热车间
9	350/100t 淬火起重机	1	2008/9/10	中　信

生产厂商：太原重型机械集团有限公司，中原圣起有限公司，大连华锐重工集团股份有限公司，柳州起重机器有限公司，株洲天桥起重机股份有限公司，河南省新乡市矿山起重机有限公司，河南省矿山起重机有限公司。

1.2.5 GBM 无齿轮起重机提升小车

1.2.5.1 概述

起重机 GBM 无齿轮提升小车江西工埠有限责任公司最新研发的专利产品，具有体积小、质量轻、高度低、主副提升合二为一，同步性能好等优点。配合选型将有关性能参数作如下说明：

起升速度：起重机工作时，GBM 小车的起升速度为变值，实吊吨位越轻，起吊速度越快。轻载速度为轻载对应的起升速度，重载速度为重载时对应的起升速度。当实际吊重为额定载荷时，其速度通过在线计算得出。起升速度均采用变频调速，速度调节为 0.1m/min 对应载重下的最大起升速度。

运行速度：GBM 起重小车在起重机跨度方向上的横向移动速度，选型表为行业内常用速度，也可以按用户要求另行设计，采用变频调速。

小车总高：小车轨面到小车最高点之间的距离。

小车基距：即小车同侧轮距，选型表中为推荐值，实际则可根据工况需要进行调整。

小车轨距：小车运行轨道间的距离，选型表中的小车轨距为对应型号下的最小轨距，可根据升高要求增大，选型时尽量选择和实际整机参数搭配较合理的轨距。

起升高度：吊钩起升达到最高点时，吊钩中心与地面之间的距离，选型表中的最小起升高度为对应型号下的最小升高，可根据实际需要增大。

1.2.5.2 选型步骤

（1）选择工作级别：选型样册里所列型号有 M5、M6 和 M7 三个工作级别，根据起重机实际工作需要来选取，如果有其他工作级别或者其他特殊工况要求无法参考样册进行选型的（如 M8），需通过工埠机械提供有针对性选型服务。

（2）选择吊重：根据实际起吊吨位和工作级别，按选型表选取相应吨位级别。

（3）选择起升速度：在所有满足起吊吨位的型号中，根据实际需要选择重载和轻载起升速度，选取的速度应覆盖实际工况起升速度要求。

（4）价格比较：通过以上步骤可选择到多个 GBM 小车的型号，如果有两种或多种可选，需要进行价格比较，择优选取，具体价格可咨询工埠机械公司。

（5）选择起升高度：选型表中每个型号所对应的起升高度为其最小起升高度，尽量选取与实际接近的起升高度，如果实际起升高度超过选型表中的高度，可通过加长卷筒实现，但一定要在所选型号中明确标出，在有多个型号满足的情况下，尽量选取轨距比较小的型号。

（6）选择小车总高：选出对应型号后，需要将所选型号的小车总高代入起重机总高进行进一步验证，看是否满足整机限高，特殊要求请联系工埠机械公司。

（7）选择小车运行速度：所标速度是常用速度，其他可按实际要求设计，只需要在购买合同中注明即可。

1.2.5.3 注意事项

（1）如果副钩仅仅是为了提高工作效率和节电，不参与主钩协同作业的（如副钩需配合主钩进行倾翻作业等），则可不设副钩，因为 GBM 小车起升机构，在起吊能力设定的情况下，速度随起吊吨位可变，吨位越小，起升速度越快，选型表中轻载起升速度相当于常规副钩起升速度，可参考选型表中轻载速度进行选取。

3.2 ~ 140t 小车图如图 1.2.44 所示。

（2）选型样册中数据以 GBM 整体小车参数形式给出，用户如果单独购买 GBM 起升机构，所需要的 GBM 起升机构的数据仍在可参考选型表，其他可单独咨询。

1.2.5.4 主要技术性能参数

主要技术性能参数见表 1.2.71 ~ 表 1.2.100。

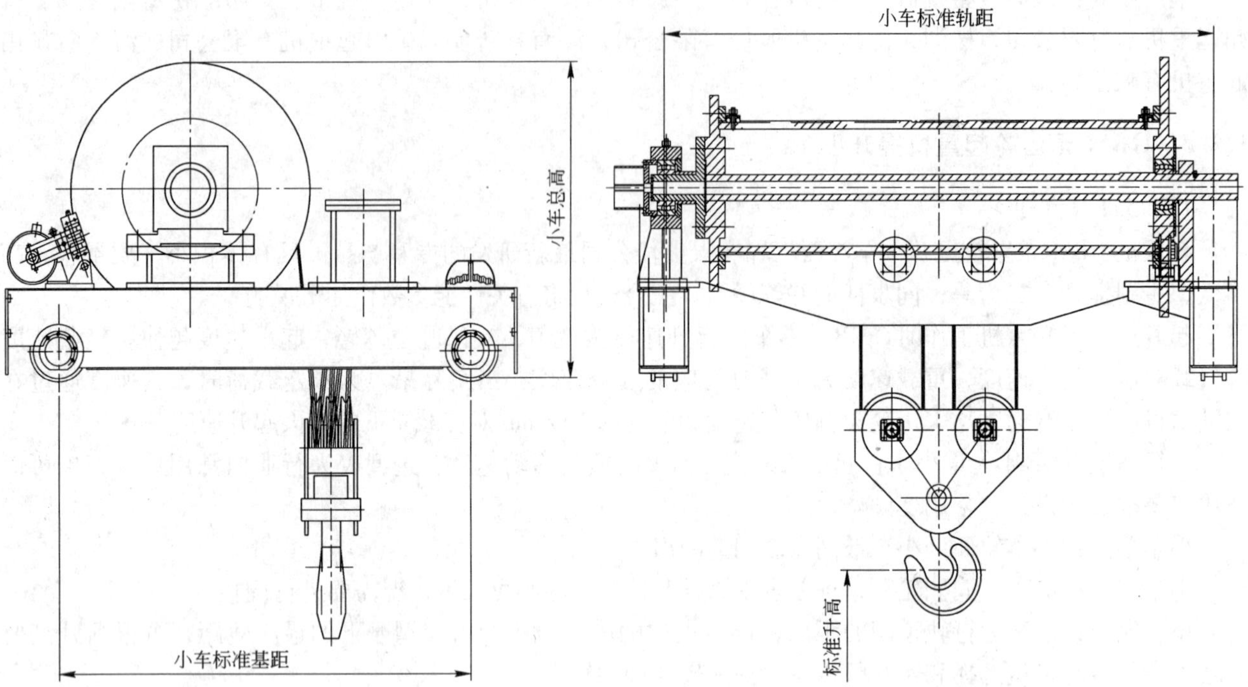

图 1.2.44　3.2～140t 小车图

表 1.2.71　GBM-A5 无齿轮轻型小车 3.2～10t 主要技术参数（江西工埠机械有限公司　www.gongbujx.com）

3.2～10t													
吨位/t		3.5	4.25	5	5.25	5.5	6	6.25	6.5	6.5	6.5	6.75	7
GBM 起重小车型号		501-01	501-02	501-03	501-04	501-05	501-06	501-07	501-08	501-09	501-10	501-11	501-12
倍　率		2	2	3	2	2	2	3	2	2	4	2	2
起升速度 /m·min⁻¹	轻载	0.1～23.2	0.1～23.2	0.1～15.5	0.1～23.2	0.1～25	0.1～23.2	0.1～15.5	0.1～23.2	0.1～25	0.1～11.6	0.1～25	0.1～23.2
	重载	0.1～15.5	0.1～15.5	0.1～10.3	0.1～15.5	0.1～18	0.1～15.5	0.1～10.3	0.1～15.5	0.1～18	0.1～7.75	0.1～18	0.1～15.5
标准运行速度/m·min⁻¹		0.1～35（超过此速，可按用户要求另行设计）											
起升参考额定功率/kW		3.06	3.93	3.06	4.6	6	5.27	3.93	5.67	7	3.06	7.93	6.13
最小标准轨距/mm		1500	1700	1500	1900	1600	2100	1700	2200	1700	1500	1900	2400
最小起升高度/m		18	20	12	24	24	26	14	24	24	9	24	24
小车总高/mm		730	730	730	730	820	730	730	730	820	730	820	820
小车标准基距/mm		1250～1400	1250～1400	1250～1400	1250～1400	1350～1600	1350～1600	1350～1600	1350～1600	1350～1600	1350～1600	1350～1600	1350～1600
小车最大参考轮压/kN		14.5	16.6	18.8	19	19.9	21.6	22.1	22.7	22.8	22.8	23.3	23.9
小车荐用轨道		P18 或方钢 40×40											
工作级别		M5 级											

3.2～10t														
吨位/t		7.25	7.5	8	8.5	8.5	8.5	8.5	9	9	9.5	9.5	9.5	9.75
GBM 起重小车型号		501-13	501-14	501-15	501-16	501-17	501-18	501-19	501-20	501-21	501-22	501-23	501-24	501-25
倍　率		2	2	3	5	4	3	2	2	3	3	3	3	2
起升速度 /m·min⁻¹	轻载	0.1～23.2	0.1～23.2	0.1～15.5	0.1～9.28	0.1～11.6	0.1～16.7	0.1～25	0.1～23.2	0.1～15.5	0.1～15.5	0.1～16.7	0.1～15.5	0.1～25
	重载	0.1～15.5	0.1～15.5	0.1～10.3	0.1～6.2	0.1～7.75	0.1～12	0.1～18	0.1～15.5	0.1～10.3	0.1～10.3	0.1～12	0.1～10.3	0.1～18

续表 1.2.71

标准运行速度/m·min^{-1}	0.1~35（超过此速，可按用户要求另行设计）												
起升参考额定功率/kW	6.8	7.17	4.6	3.06	3.93	6	9.26	7.87	5.27	5.67	7	5.67	10.8
最小标准轨距/mm	2600	2700	1900	1500	1700	1600	2000	2800	2100	2200	1700	2200	2300
最小起升高度/m	24	24	18	7.5	10	16	24	24	18	18	16	18	24
小车总高/mm	820	820	750	750	750	820	820	820	750	750	820	750	820
小车标准基距/mm	1350~1600			1250~1400			1350~1600						
小车最大参考轮压/kN	24.4	25.6	26.3	27.5	27.5	28.3	28.3	29.1	29.1	30.6	31.4	30.8	31.6
小车荐用轨道	P18 或 方钢40×40												
工作级别	M5级												

表 1.2.72 GBM-A5 无齿轮轻型小车 10~17t 主要技术参数（江西工埠机械有限公司 www.gongbujx.com）

		10~17t																
吨位/t		10	10.25	10.25	10.25	10.5	10.5	11	11.5	11.5	12	12	12.5	12.5	12.5	12.5	12.5	13
GBM 起重小车型号		502-01	502-02	502-03	502-04	502-05	502-06	502-07	502-08	502-09	502-10	502-11	502-12	502-13	502-14	502-15	502-16	502-17
倍 率		3	5	4	3	2	3	4	2	3	2	4	2	3	4	4	5	2
起升速度 /m·min^{-1}	轻载	0.1~16.7	0.1~9.28	0.1~11.6	0.1~15.5	0.1~41.5	0.1~15.5	0.1~12.5	0.1~25	0.1~15.5	0.1~41.5	0.1~11.6	0.1~25	0.1~16.7	0.1~11.6	0.1~12.5	0.1~9.28	0.1~25
	重载	0.1~12	0.1~6.2	0.1~7.75	0.1~10.3	0.1~34	0.1~10.3	0.1~9	0.1~18	0.1~10.3	0.1~34	0.1~7.75	0.1~18	0.1~12	0.1~7.75	0.1~9	0.1~6.2	0.1~18
标准运行速度/m·min^{-1}		0.1~35（超过此速，可按用户要求另行设计）																
起升参考额定功率/kW		7.93	3.93	4.6	6.13	19.2	6.8	6	11.8	7.17	21.5	5.27	13.6	9.26	5.67	7	4.6	14.47
最小标准轨距/mm		1900	1700	1900	2400	1800	2600	1600	2400	2600	21.5	2100	2800	2000	2200	1700	1900	2900
最小起升高度/m		17	8	12	21	24	23	12	32	24	32	13	35	17	14	12	10	12
小车总高/mm		820	750	750	750	1020	750	820	820	750	1030	750	820	820	750	820	750	820
小车标准基距/mm		1350~1650	1350~1650	1350~1650	1350~1650	2000	1350~1650	1350~1650	1350~1650	1350~1650	2000	1350~1650	1350~1650	1350~1650	1350~1650	1350~1650	1350~1650	1350~1650
小车最大参考轮压/kN		31.8	32.1	32.1	32.1	34.4	32.9	34.6	35.8	35.5	38.2	37.3	38.5	38.5	38.5	38.6	38.6	40.3
小车荐用轨道		P18 或方钢40×40																P22、P24或扁钢50×30
工作级别		M5级																

		10~17t																	
吨位/t		13	13.25	13.5	13.5	13.5	14	14	14.75	14.75	14.75	15	15	15.75	16	16	16.5	16.75	16.8
GBM 起重小车型号		502-18	502-19	502-20	502-21	502-22	502-23	502-24	502-25	502-26	502-27	502-28	502-29	502-30	502-31	502-32	502-33	502-34	502-35
倍 率		3	2	4	4	5	4	2	5	3	2	2	4	3	5	5	6	2	3
起升速度 /m·min^{-1}	轻载	0.1~15.5	0.1~41.5	0.1~12.5	0.1~11.6	0.1~10	0.1~11.6	0.1~25	0.1~9.28	0.1~16.7	0.1~41.5	0.1~25	0.1~11.6	0.1~27.7	0.1~9.28	0.1~10	0.1~8.33	0.1~41.5	0.1~16.7
	重载	0.1~10.3	0.1~34	0.1~9	0.1~7.75	0.1~7.2	0.1~7.75	0.1~18	0.1~6.2	0.1~12	0.1~34	0.1~18	0.1~7.75	0.1~22.7	0.1~6.2	0.1~7.2	0.1~6	0.1~34	0.1~12
标准运行速度/m·min^{-1}		0.1~35（超过此速，可按用户要求另行设计）																	
起升参考额定功率/kW		7.87	25	7.93	6.13	6	6.8	14.93	5.27	10.8	26.4	15.93	7.17	19.2	5.67	7	6	29.4	11.8
最小标准轨距/mm		2800	2100	1900	2400	1600	2600	3000	2100	2300	2200	3200	2600	1800	2200	1700	1600	2300	2400
最小起升高度/m		23.5	26	13	15.5	10	18	28	10.5	20	26	28	18	14	11	10	8	28	21
小车总高/mm		750	1030	820	750	820	780	820	780	820	1030	820	780	1030	780	820	820	1120	820
小车标准基距/mm		1350~1650	2000	1350~1650	1350~1650	1350~1650	1350~1650	1350~1650	1350~1650	1350~1650	1350~1650	1350~1650	1350~1650	2200	1350~1650	1350~1650	1350~1650	2200	1650
小车最大参考轮压/kN		40.1	41.3	41.3	41.5	41.7	43.1	43.3	44.5	44.8	45	45.3	45.2	49.1	49.3	51.2	53	53.8	53.8
小车荐用轨道		P22、P24或扁钢50×30																	
工作级别		M5级																	

表 1.2.73 GBM-A5 无齿轮轻型小车 17~26t 主要技术参数（江西工埠机械有限公司 www.gongbujx.com）

17~26t																	
吨位/t		17	17	17.25	17.75	17.75	17.75	18	18.5	18.5	19.25	19.5	19.5	19.75	20	20	21
GBM 起重小车型号		503-01	503-02	503-03	503-04	503-05	503-06	503-07	503-08	503-09	503-10	503-11	503-12	503-13	503-14	503-15	503-16
倍 率		5	4	5	4	4	3	2	3	4	6	4	2	3	3	6	4
起升速度 /m·min⁻¹	轻载	0.1~10	0.1~12.5	0.1~9.28	0.1~11.6	0.1~11.6	0.1~27.7	0.1~41.5	0.1~16.7	0.1~11.6	0.1~8.33	0.1~12.5	0.1~41.5	0.1~16.7	0.1~27.7	0.1~8.33	0.1~20.8
	重载	0.1~7.2	0.1~9	0.1~6.2	0.1~7.75	0.1~7.75	0.1~22.7	0.1~34	0.1~12	0.1~7.75	0.1~6	0.1~9	0.1~34	0.1~12	0.1~22.7	0.1~6	0.1~17
标准运行速度/m·min⁻¹		0.1~35（超过此速，可按用户要求另行设计）															
起升参考额定功率/kW		7.93	9.26	6.13	7.87	6.8	21.5	33.8	13.6	7.87	7	10.8	36.7	14.5	25	7.93	19.2
最小标准轨距/mm		1900	2000	2400	2800	2600	1900	2500	2800	2600	1700	2300	2700	2900	2100	1900	1800
最小起升高度/m		10.5	12.5	12.5	17.5	14	21	30	23	14.5	8	15	30	24	18	8.5	11
小车总高/mm		880	880	800	790	800	1030	1120	880	800	880	880	1120	900	1030	900	1030
小车标准基距/mm		1350~1650	1350~1650	1350~1650	1350~1650	1350~1650	2200	2200	1350~1650	1350~1650	1350~1650	1350~1650	2200	1750	2400	1750	2400
小车最大参考轮压/kN		55.6	55.6	55.6	57	57	58	58.8	59.2	59.2	61.2	62	63	63	64.5	63.6	67.3
小车荐用轨道		P24 或扁钢 50×30															
工作级别		M5 级															

17~26t																
吨位/t		21	21.25	22	22	22.25	22.5	22.5	23.5	24.25	24.5	24.75	25	25	25.25	25.75
GBM 起重小车型号		503-17	503-18	503-19	503-20	503-21	503-22	503-23	503-24	503-25	503-26	503-27	503-28	503-29	503-30	503-31
倍 率		5	3	5	3	4	2	3	4	2	5	4	3	2	6	2
起升速度 /m·min⁻¹	轻载	0.1~10	0.1~16.7	0.1~9.28	0.1~27.7	0.1~12.5	0.1~41.5	0.1~16.7	0.1~20.8	0.1~41.5	0.1~10	0.1~12.5	0.1~27.7	0.1~32.8	0.1~8.33	0.1~41.5
	重载	0.1~7.2	0.1~12	0.1~6.2	0.1~22.7	0.1~9	0.1~34	0.1~12	0.1~17	0.1~34	0.1~7.2	0.1~9	0.1~22.7	0.1~28.7	0.1~6	0.1~34
标准运行速度/m·min⁻¹		0.1~35（超过此速，可按用户要求另行设计）														
起升参考额定功率/kW		9.26	14.93	7.87	26.4	11.8	39.6	15.93	21.5	44	10.8	13.6	29.4	26	9.26	47
最小标准轨距/mm		2000	3000	2800	2200	2400	2900	3200	1900	3100	2300	2800	2300	2000	2000	3300
最小起升高度/m		10	22	14	18	16	30	24	16	30	12	17	20	24	8.5	30
小车总高/mm		900	900	820	1030	900	1080	900	1030	1080	900	900	1130	1225	900	1080
小车标准基距/mm		1350~1650			2200~2400									2650	1750	2400
小车最大参考轮压/kN		66.7	67.3	67.8	70	69.8	71.5	71	72.7	74.8	74.5	75	77.2	78.1	76.9	79.5
小车荐用轨道		P24 或扁钢 50×30														
工作级别		M5 级														

表 1.2.74 GBM-A5 无齿轮轻型小车 26～40t 主要技术参数（江西工埠机械有限公司 www.gongbujx.com）

26～40t																	
吨位/t	26	26.5	27	27	28	28.5	28.5	29	29.5	29.5	29.5	29.5	29.5	30	30.5	31.5	31.5
GBM 起重小车型号	504-01	504-02	504-03	504-04	504-05	504-06	504-07	504-08	504-09	504-10	504-11	504-12	504-13	504-14	504-15	504-16	504-17
倍 率	5	4	4	3	5	4	2	2	6	3	4	5	2	4	5	6	2
起升速度/m·min⁻¹ 轻载	0.1～16.6	0.1～12.5	0.1～20.8	0.1～27.7	0.1～10	0.1～12.5	0.1～41.5	0.1～32.8	0.1～8.33	0.1～27.7	0.1～20.8	0.1～16.6	0.1～25.9	0.1～12.5	0.1～10	0.1～13.8	0.1～32.8
起升速度/m·min⁻¹ 重载	0.1～13.6	0.1～9	0.1～17	0.1～22.7	0.1～7.2	0.1～9	0.1～34	0.1～28.7	0.1～6	0.1～22.7	0.1～17	0.1～13.6	0.1～22.6	0.1～9	0.1～7.2	0.1～11.3	0.1～28.7
标准运行速度/m·min⁻¹	0.1～35（超过此速，可按用户要求另行设计）																
起升参考额定功率/kW	19.2	14.47	25	33.8	11.8	14.93	49.9	33.3	10.8	36.7	26.4	21.5	34	15.93	13.6	19.2	37.8
最小标准轨距/mm	1800	2900	2100	2500	2400	3000	3400	2200	2300	2700	2200	1900	1500	3200	2800	1800	2400
最小起升高度/m	8.5	18	14	22	13	17	32	22	10	21	15	12	16	18	14	7	24
小车总高/mm	1050	920	1050	1130	920	920	1080	1225	920	1130	1050	1030	1300	920	920	1050	1225
小车标准基距/mm	2200～2400							2400	2200～2400				2600	2200～2400			2600
小车最大参考轮压/kN	81.6	82.1	83.8	84.9	86.3	86.5	87.9	89.2	90.2	91.4	91.4	91.4	92.7	93.3	93.8	95.5	96.8
小车荐用轨道	P30 或扁钢 60×40																P38、P43 或扁钢 60×40
工作级别	M5 级																

26～40t																					
吨位/t	33	33	33	33	33.5	34	35	35	36	36.5	37	37	37	37.5	38	38	38.5	39	39	39.5	40
GBM 起重小车型号	504-18	504-19	504-20	504-21	504-22	504-23	504-24	504-25	504-26	504-27	504-28	504-29	504-30	504-31	504-32	504-33	504-34	504-35	504-36	504-37	504-38
倍 率	5	4	5	2	6	3	6	5	4	3	5	7	6	3	5	2	2	3	4	6	6
起升速度/m·min⁻¹ 轻载	0.1～10	0.1～20.8	0.1～16.6	0.1～25.9	0.1～8.33	0.1～27.7	0.1～13.8	0.1～10	0.1～20.8	0.1～27.7	0.1～16.6	0.1～11.8	0.1～8.33	0.1～21.8	0.1～10	0.1～32.8	0.1～32.8	0.1～27.7	0.1～20.8	0.1～8.33	0.1～13.8
起升速度/m·min⁻¹ 重载	0.1～7.2	0.1～17	0.1～13.6	0.1～22.6	0.1～6	0.1～22.7	0.1～11.3	0.1～7.2	0.1～17	0.1～22.7	0.1～13.6	0.1～9.72	0.1～6	0.1～19.1	0.1～7.2	0.1～28.7	0.1～28.7	0.1～22.7	0.1～17	0.1～6	0.1～11.3
标准运行速度/m·min⁻¹	0.1～35（超过此速，可按用户要求另行设计）																				
起升参考额定功率/kW	14.47	29.4	25	38.5	11.8	39.6	21.5	14.93	33.8	44	26.4	19.2	13.6	29	15.93	42.2	46.9	47	36.7	14.47	25
最小标准轨距/mm	2900	2300	2100	1700	2400	2900	1900	3000	2500	3100	2200	1800	2800	2000	3200	2500	2700	3300	2700	2900	2100
最小起升高度/m	15	15.5	11	20	10.5	21	10	11.5	17.5	24	12	6	11.5	16	12	24	24	22	16	12.5	9.5
小车总高/mm	920	1130	1050	1300	920	1080	1080	920	1150	1100	1080	1080	920	1225	920	1275	1275	1100	1150	920	1100
小车标准基距/mm	2200～2400			2500	2200～2400									2400	1750	2600		2200～2400			
小车最大参考轮压/kN	101.6	102.2	102.2	102.9	103.2	104	108.2	107.9	110.6	111.2	112	112	112	115.7	114.9	119.1	120	120	121	122	122
小车荐用轨道	P38、P43 或扁钢 60×40																				
工作级别	M5 级																				

表 1.2.75　GBM-A5 无齿轮轻型小车 40～60t 主要技术参数（江西工埠机械有限公司　www.gongbujx.com）

40～60t																						
吨位/t		41	41	42	42	42	43	43	44	44	44	44	45	45	47	47	47	49	49	49	49	49
GBM 起重小车型号		505-01	505-02	505-03	505-04	505-05	505-06	505-07	505-08	505-09	505-10	505-11	505-12	505-13	505-14	505-15	505-16	505-17	505-18	505-19	505-20	505-21
倍　率		7	2	5	8	2	6	3	3	3	2	6	4	5	7	2	8	3	4	5	3	6
起升速度/m · min⁻¹	轻载	0.1～11.8	0.1～25.9	0.1～16.6	0.1～10.4	0.1～32.8	0.1～8.33	0.1～27.7	0.1～21.8	0.1～17.3	0.1～25.9	0.1～13.8	0.1～20.8	0.1～16.6	0.1～11.8	0.1～25.9	0.1～10.4	0.1～21.8	0.1～20.8	0.1～16.6	0.1～17.3	0.1～13.8
	重载	0.1～9.72	0.1～22.6	0.1～13.6	0.1～8.5	0.1～28.7	0.1～6	0.1～22.7	0.1～19.1	0.1～15.1	0.1～22.6	0.1～11.3	0.1～17	0.1～13.6	0.1～9.72	0.1～22.6	0.1～8.5	0.1～19.1	0.1～17	0.1～13.6	0.1～15.1	0.1～11.3
标准运行速度/m · min⁻¹		0.1～35（超过此速，可按用户要求另行设计）																				
起升参考额定功率/kW		21.5	47.7	29.4	19.2	51.1	14.93	49.9	33.3	34	51.6	26.4	39.6	33.8	25	55.2	21.5	37.8	44	36.7	38.5	29.4
最小标准轨距/mm		1900	1800	2300	1800	2900	3000	3400	2200	1500	2000	2200	2900	2500	2100	2100	1900	2400	3100	2700	1700	2300
最小起升高度/m		9	22	14	6	26	11.5	20	15	12	22	10	16	14	8	24	8	17	18	12.5	14	11.5
小车总高/mm		1100	1300	1150	1100	1275	920	1100	1225	1300	1300	1120	1350	1150	1120	1375	1120	1225	1120	1150	1350	1150
小车标准基距/mm		2400	2600	2400		2600	1800	2400	2600～2700			2350～2450				2600	2400	2600	2400		2600	2400
小车最大参考轮压/kN		123	125	127	129.5	132	131	134	136	137	137	136.5	138	138	143	144	143.3	149	149	149.5	150.5	150
小车荐用轨道		P38、P43 或扁钢 60×40													P43、QU70 或扁钢 70×50							
工作级别		M5 级																				

40～60t																						
吨位/t		50	50	51	51	51	52	52	53	54	54	56	56	57	58	58	58	58	59	59	59	59
GBM 起重小车型号		505-22	505-23	505-24	505-25	505-26	505-27	505-28	505-29	505-30	505-31	505-32	505-33	505-34	505-35	505-36	505-37	505-38	505-39	505-40	505-41	505-42
倍　率		6	4	2	2	7	4	2	8	6	3	5	2	4	3	2	4	7	6	8	2	4
起升速度/m · min⁻¹	轻载	0.1～8.33	0.1～16.4	0.1～32.8	0.1～32.8	0.1～11.8	0.1～20.8	0.1～25.9	0.1～10.4	0.1～13.8	0.1～21.8	0.1～16.6	0.1～25.9	0.1～20.8	0.1～21.8	0.1～32.8	0.1～16.4	0.1～11.8	0.1～13.8	0.1～10.4	0.1～25.9	0.1～13
	重载	0.1～6	0.1～14.3	0.1～28.7	0.1～28.7	0.1～9.72	0.1～17	0.1～22.6	0.1～8.5	0.1～11.3	0.1～19.1	0.1～13.6	0.1～22.6	0.1～17	0.1～19.1	0.1～28.7	0.1～14.3	0.1～9.72	0.1～11.3	0.1～8.5	0.1～22.6	0.1～11.3
标准运行速度/m · min⁻¹		0.1～35（超过此速，可按用户要求另行设计）																				
起升参考额定功率/kW		15.93	29	55.5	59.9	26.4	47	61.1	25	33.8	42.2	39.6	66	49.9	46.9	66.6	33.3	29.4	36.7	26.4	69	34
最小标准轨距/mm		3200	2000	3100	3200	2200	3300	2200	2100	2500	2500	2900	2400	3400	2700	3500	2200	2300	2700	2200	2500	1500
最小起升高度/m		12	12	26	28	8.5	18	26	7	12	17	12.5	27	17.5	19	30	11.5	9.5	10.5	8	26	9
小车总高/mm		920	1225	1275	1275	1180	1180	1375	1180	1150	1275	1180	1375	1180	1275	1275	1275	1180	1180	1180	1375	1350
小车标准基距/mm		1800	2600～2700			2400		2600	2400		2600	2400	2700	2400	2600～2700			2350～2450			2700	
小车最大参考轮压/kN		150	150.5	151	152	152	152.5	154	157	160	161	166	167	167	170	171	171.5	171	171.5	171.5	173	173
小车荐用轨道		P43、QU70 或扁钢 70×50																				
工作级别		M5 级																				

表 1.2.76 GBM-A5 无齿轮轻型小车 60～80t 主要技术参数（江西工埠机械有限公司 www.gongbujx.com）

60～80t																	
吨位/t		61	61	62	63	63	63	63	64	64	65	66	67	67	68	69	69
GBM 起重小车型号		506-01	506-02	506-03	506-04	506-05	506-06	506-07	506-08	506-09	506-10	506-11	506-12	506-13	506-14	506-15	506-16
倍　率		5	2	3	5	2	7	3	4	2	5	3	8	4	6	3	7
起升速度 /m·min^{-1}	轻载	0.1～16.6	0.1～32.8	0.1～17.3	0.1～13.1	0.1～25.9	0.1～11.8	0.1～21.8	0.1～16.4	0.1～32.8	0.1～16.6	0.1～17.3	0.1～10.4	0.1～13	0.1～13.8	0.1～21.8	0.1～11.8
	重载	0.1～13.6	0.1～28.7	0.1～15.1	0.1～11.5	0.1～22.6	0.1～9.72	0.1～19.1	0.1～14.3	0.1～28.7	0.1～13.6	0.1～15.1	0.1～8.5	0.1～11.3	0.1～11.3	0.1～19.1	0.1～9.72
标准运行速度/m·min^{-1}		0.1～32（超过此速，可按用户要求另行设计）															
起升参考额定功率/kW		44	66.6	47.7	29	73.2	33.8	51.1	37.8	76.3	47	51.6	29.4	38.5	39.6	55.5	36.7
最小标准轨距/mm		3100	3600	1800	2000	2700	2500	2900	2400	3900	3300	2000	2300	1700	2900	3100	2700
最小起升高度/m		15	30	15	10	32	10	19	13	30	14.5	16	8.5	10.5	10.5	20	9
小车总高/mm		1180	1275	1350	1275	1375	1180	1275	1275	1275	1180	1350	1180	1350	1180	1275	1180
小车标准基距/mm		2400	2600～2700	2400	2600～2700	2400	2700	2400	2700	2400	2600	2400	2700	2400	2600～2700	2400	2600～2700
小车最大参考轮压/kN		178	181.5	182	183	184	184	185	185.6	186.3	190	195	195	196	199	201	201
小车荐用轨道		QU70 或扁钢 70×50															
工作级别		M5 级															

60～80t																	
吨位/t		70	71	72	73	73	73	73	74	76	77	77	78	79	79	79	79
GBM 起重小车型号		506-17	506-18	506-19	506-20	506-21	506-22	506-23	506-24	506-25	506-26	506-27	506-28	506-29	506-30	506-31	506-32
倍　率		3	5	8	4	5	2	6	5	6	3	4	6	3	8	2	7
起升速度 /m·min^{-1}	轻载	0.1～17.3	0.1～16.6	0.1～10.4	0.1～16.4	0.1～13.1	0.1～25.9	0.1～13.8	0.1～10.4	0.1～10.9	0.1～21.8	0.1～16.4	0.1～13.8	0.1～17.3	0.1～10.4	0.1～25.9	0.1～11.8
	重载	0.1～15.1	0.1～13.6	0.1～8.5	0.1～14.3	0.1～11.5	0.1～22.6	0.1～11.3	0.1～9.06	0.1～9.55	0.1～19.1	0.1～14.3	0.1～11.3	0.1～15.1	0.1～8.5	0.1～22.6	0.1～9.72
标准运行速度/m·min^{-1}		0.1～32（超过此速，可按用户要求另行设计）															
起升参考额定功率/kW		55.2	49.9	33.8	42.2	33.3	82	44	34	29	59.9	46.9	47	61.1	36.7	93.5	39.6
最小标准轨距/mm		2100	3400	2500	2500	2200	2900	3100	1500	2000	3200	2700	3300	2200	2700	3200	2900
最小起升高度/m		18	14	9	12.5	9	32	12.5	7	8	20.5	14	12	17	8	32	9
小车总高/mm		1400	1180	1180	1275	1275	1400	1180	1375	1275	1275	1275	1180	1400	1180	1400	1180
小车标准基距/mm		2400	2700	2400	2600～2700			2400	2600～2700				2400	2700	2400	2700	2400
小车最大参考轮压/kN		206	207	211	212	212	212	212.5	213	219	222	224	226	227	227	227	230
小车荐用轨道		QU80 或扁钢 80×60															
工作级别		M5 级															

表 1.2.77　GBM-A5 无齿轮轻型小车 80 ~ 105t 主要技术参数（江西工埠机械有限公司　www.gongbujx.com）

80 ~ 105t																	
吨位/t		80	83	84	85	85	85	86	86	87	88	88	89	89	89	90	91
GBM 起重小车型号		507-01	507-02	507-03	507-04	507-05	507-06	507-07	507-08	507-09	507-10	507-11	507-12	507-13	507-14	507-15	507-16
倍　率		5	4	5	4	2	3	7	6	3	6	7	3	4	6	8	7
起升速度 /m · min^{-1}	轻载	0.1 ~ 13.1	0.1 ~ 13	0.1 ~ 10.4	0.1 ~ 16.4	0.1 ~ 25.9	0.1 ~ 17.3	0.1 ~ 11.8	0.1 ~ 13.8	0.1 ~ 21.8	0.1 ~ 10.9	0.1 ~ 9.36	0.1 ~ 17.3	0.1 ~ 13	0.1 ~ 8.63	0.1 ~ 10.4	0.1 ~ 11.8
	重载	0.1 ~ 11.5	0.1 ~ 11.3	0.1 ~ 9.06	0.1 ~ 14.3	0.1 ~ 22.6	0.1 ~ 15.1	0.1 ~ 9.72	0.1 ~ 11.3	0.1 ~ 19.1	0.1 ~ 9.55	0.1 ~ 8.18	0.1 ~ 15.1	0.1 ~ 11.3	0.1 ~ 7.55	0.1 ~ 8.5	0.1 ~ 9.72
标准运行速度/m · min^{-1}		0.1 ~ 32（超过此速，可按用户要求另行设计）															
起升参考额定功率/kW		37.8	47.7	38.5	51.1	98.6	66	44	49.9	66.6	33.3	29	69	60	34	39.6	47
最小标准轨距/mm		2400	1800	1700	2900	3400	2300	3100	3400	3500	2200	2000	2500	2000	1500	2900	3300
最小起升高度/m		10	11	8.5	14	32	18	11	11.5	35	7.5	7	20	12	6	8	10.5
小车总高/mm		1275	1375	1375	1275	1400	1400	1180	1180	1275	1275	1275	1400	1400	1375	1200	1200
小车标准基距/mm		2700 ~ 2800						2500		2700 ~ 2800						2500	
小车最大参考轮压/kN		231	241	244	246	247	248	248	248.5	254	254.5	256	258	258	258	258	261
小车荐用轨道		QU80 或扁钢 80 × 60															
工作级别		M5 级															

80 ~ 105t																			
吨位/t		91	91	93	94	94	95	96	97	97	100	100	100	102	102	103	103	104	104
GBM 起重小车型号		507-17	507-18	507-19	507-20	507-21	507-22	507-23	507-24	507-25	507-26	507-27	507-28	507-29	507-30	507-31	507-32	507-33	507-34
倍　率		5	4	3	3	4	6	5	3	8	7	6	8	7	4	5	7	8	4
起升速度 /m · min^{-1}	轻载	0.1 ~ 13.1	0.1 ~ 16.4	0.1 ~ 21.8	0.1 ~ 17.3	0.1 ~ 13	0.1 ~ 10.9	0.1 ~ 13.1	0.1 ~ 21.8	0.1 ~ 10.4	0.1 ~ 11.8	0.1 ~ 8.63	0.1 ~ 8.18	0.1 ~ 9.36	0.1 ~ 16.4	0.1 ~ 10.4	0.1 ~ 7.4	0.1 ~ 10.4	0.1 ~ 13
	重载	0.1 ~ 11.5	0.1 ~ 14.3	0.1 ~ 19.1	0.1 ~ 15.1	0.1 ~ 11.3	0.1 ~ 9.55	0.1 ~ 11.5	0.1 ~ 19.1	0.1 ~ 8.5	0.1 ~ 9.72	0.1 ~ 7.55	0.1 ~ 7.16	0.1 ~ 8.18	0.1 ~ 14.3	0.1 ~ 9.06	0.1 ~ 6.47	0.1 ~ 8.5	0.1 ~ 11.3
标准运行速度/m · min^{-1}		0.1 ~ 32（超过此速，可按用户要求另行设计）																	
起升参考额定功率/kW		42.2	55.5	71.1	73.2	55.2	37.8	46.9	76.3	44	49.9	38.5	29	33.3	59.9	47.7	34	47	61.1
最小标准轨距/mm		2500	3100	3600	2700	2100	2000	2700	3850	3100	3400	1700	2000	2000	3200	1700	1500	3300	2200
最小起升高度/m		10	15	24	22	13.5	8.5	11	24	9.5	10	7	6.5	6.5	15.5	9	5	9	13
小车总高/mm		1275	1275	1275	1400	1400	1275	1275	1275	1250	1250	1375	1295	1295	1295	1375	1375	1250	1400
小车标准基距/mm		2700 ~ 2800								500		2700 ~ 2800						2500	2700
小车最大参考轮压/kN		262	265	271	276	276	279	282	285	288	303	304	303.8	306	306	308	308	308	310
小车荐用轨道		QU80 或扁钢 80 × 60			QU100 或扁钢 100 × 80														
工作级别		M5 级																	

140～420t 小车图如图 1.2.45 所示。

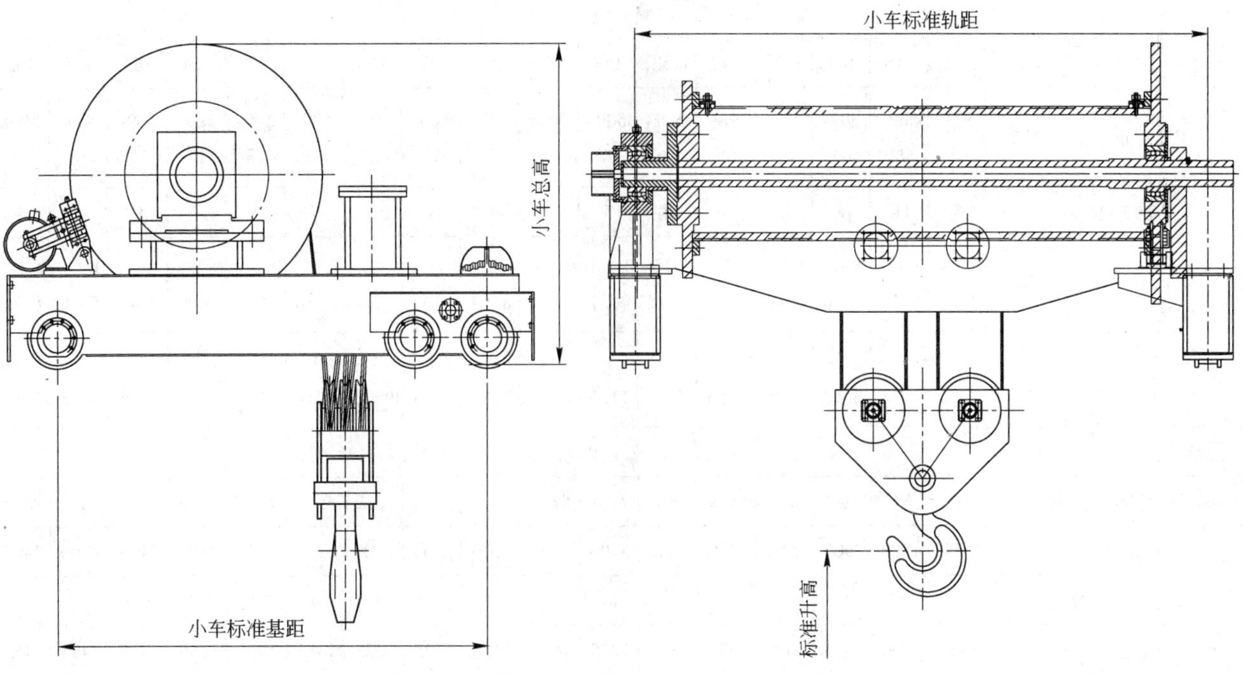

图 1.2.45 140～420t 小车图

表 1.2.78 GBM-A5 无齿轮轻型小车 106～145t 主要技术参数（江西工埠机械有限公司 www.gongbujx.com）

		106～145t																		
吨位/t		106	109	109	111	111	113	114	115	116	116	116	117	118	118	118	118	122.5	124	125
GBM 起重小车型号		508-01	508-02	508-03	508-04	508-05	508-06	508-07	508-08	508-09	508-10	508-11	508-12	508-13	508-14	508-15	508-16	508-17	508-18	508-19
倍　率		5	6	3	5	7	4	8	5	6	4	8	7	3	4	5	8	6	4	10
起升速度 /m·min⁻¹	轻载	0.1～13.1	0.1～10.9	0.1～17.3	0.1～10.4	0.1～9.36	0.1～13	0.1～10.4	0.1～13.1	0.1～10.9	0.1～16.4	0.1～8.18	0.1～7.4	0.1～17.3	0.1～13	0.1～10.4	0.1～6.48	0.1～8.63	0.1～16.4	0.1～6.55
	重载	0.1～11.5	0.1～9.55	0.1～15.1	0.1～9.06	0.1～8.18	0.1～11.3	0.1～8.5	0.1～11.5	0.1～9.55	0.1～14.3	0.1～7.16	0.1～6.47	0.1～15.1	0.1～11.3	0.1～9.06	0.1～5.66	0.1～7.55	0.1～14.3	0.1～5.73
标准运行速度/m·min⁻¹		0.1～32（超过此速，可按用户要求另行设计）																		
起升参考额定功率/kW		51.1	42.2	82	51.6	37.8	66	49.9	55.5	46.9	66.6	33.3	38.5	93.5	69	55.2	34	47.7	71.1	29
最小标准轨距/mm		2900	2500	2900	2000	2000	2400	3400	3100	2700	3500	2200	1650	3200	2500	2100	1500	1800	3700	2000
最小起升高度/m		11	8.5	24	9.5	7.5	13.5	8.5	12	9.5	18	6	6	22	16	10.5	4.5	7.5	18	5
小车总高/mm		1295	1295	1400	1400	1295	1400	1250	1295	1295	1295	1295	1375	1400	1400	1400	1375	1375	1325	1325
小车标准基距/mm		2700～2800						2500	2700～2800											
小车最大参考轮压/kN		315	320	323	329	328	335	335	338	340	340	340	343	346	346	346	346	365	365	372
小车荐用轨道		QU100 或扁钢 100×80																		
工作级别		M5 级																		
		106～145t																		
吨位/t		125	126	126	127	127	127	128	130	132	133	134	137	141	141	145	145	145	145	145
GBM 起重小车型号		508-20	508-21	508-22	508-23	508-24	508-25	508-26	508-27	508-28	508-29	508-30	508-31	508-32	508-33	508-34	508-35	508-36	508-37	508-38
倍　率		4	6	3	7	8	5	4	5	6	8	7	6	5	6	7	5	8	4	10
起升速度 /m·min⁻¹	轻载	0.1～13	0.1～10.9	0.1～17.3	0.1～9.36	0.1～8.18	0.1～13.1	0.1～16.4	0.1～10.4	0.1～8.63	0.1～6.48	0.1～9.36	0.1～10.9	0.1～10.4	0.1～8.63	0.1～7.4	0.1～13.1	0.1～8.18	0.1～13	0.1～6.55
	重载	0.1～11.3	0.1～9.55	0.1～15.1	0.1～8.18	0.1～7.16	0.1～11.5	0.1～14.3	0.1～9.06	0.1～7.55	0.1～5.66	0.1～8.18	0.1～9.55	0.1～9.06	0.1～7.55	0.1～6.47	0.1～11.5	0.1～7.16	0.1～11.3	0.1～5.73
标准运行速度/m·min⁻¹		0.1～32（超过此速，可按用户要求另行设计）																		
起升参考额定功率/kW		73.2	51.1	98.6	42.2	37.8	59.9	76.3	61.1	51.6	38.5	46.9	55.5	66	55.2	47.7	66.6	42.2	82	33.3
最小标准轨距/mm		2700	2900	3400	2500	2000	3200	3900	2200	2000	1700	2700	3100	3300	2100	1800	3500	2500	2900	2200
最小起升高度/m		16.5	9.5	23	7	6.5	12.5	19	10	8	5.5	8	10	11	9	6.5	14	6	18	4.5
小车总高/mm		1425	1325	1425	1325	1325	1325	1325	1425	1400	1400	1325	1325	1425	1425	1400	1355	1355	1425	1355
小车标准基距/mm		2700～2800												1900～2100（单台车式）						
小车最大参考轮压/kN		373	374	376	377	377	377	379	383	388	390	390	403	305	305	310	310	310	311	310
小车荐用轨道		QU100 或扁钢 100×80																		
工作级别		M5 级																		

表 1.2.79 GBM-A5 无齿轮轻型小车 145~195t 主要技术参数（江西工埠机械有限公司 www.gongbujx.com）

145~195t																		
吨位/t		146	146	147	150	152	153	154	154	155	156	156	159	160	164	164	165	165
GBM 起重小车型号		509-01	509-02	509-03	509-04	509-05	509-06	509-07	509-08	509-09	509-10	509-11	509-12	509-13	509-14	509-15	509-16	509-17
倍 率		5	10	7	12	6	8	5	7	6	4	5	7	5	7	8	10	4
起升速度/m·min^{-1}	轻载	0.1~10.4	0.1~5.18	0.1~9.36	0.1~5.46	0.1~10.9	0.1~8.18	0.1~13.1	0.1~7.4	0.1~8.63	0.1~13	0.1~10.4	0.1~9.36	0.1~13.1	0.1~7.4	0.1~6.48	0.1~5.18	0.1~8.25
	重载	0.1~9.06	0.1~4.53	0.1~8.18	0.1~4.78	0.1~9.55	0.1~7.16	0.1~11.5	0.1~6.47	0.1~7.55	0.1~11.3	0.1~9.06	0.1~8.18	0.1~11.5	0.1~6.47	0.1~5.66	0.1~4.53	0.1~5.82
标准运行速度/m·min^{-1}		0.1~32（超过此速，可按用户要求另行设计）																
起升参考额定功率/kW		69	34	51.1	29	59.9	46.9	71.1	51.6	61.1	93.5	73.2	55.5	76.3	55.2	47.7	38.5	98.6
最小标准轨距/mm		2500	1500	2900	2000	3200	2000	3700	2000	2200	3200	2700	3100	3900	2100	1800	1700	3400
最小起升高度/m		13	3.5	8	4.5	10.5	7	14	7	9	18.5	13.5	9	15	7.5	5.5	4	18
小车总高/mm		1425	1400	1375	1375	1375	1375	1375	1400	1425	1425	1425	1415	1415	1455	1425	1425	1455
小车标准基距/mm		1900~2100（单台车式）																
小车最大参考轮压/kN		312	312	312	318	321	323	325	325	327	328	328	334	335	344	344	346	346
小车荐用轨道		QU100 或扁钢 100×80																
工作级别		M5 级																

145~195t																					
吨位/t		167	168	172	173	175	175	175	177	180	180	181	181	183	185	185	187	189	190	193	195
GBM 起重小车型号		509-18	509-19	509-20	509-21	509-22	509-23	509-24	509-25	509-26	509-27	509-28	509-29	509-30	509-31	509-32	509-33	509-34	509-35	509-36	509-37
倍 率		8	6	6	12	6	8	12	7	10	5	7	8	6	6	8	12	10	6	5	7
起升速度/m·min^{-1}	轻载	0.1~8.18	0.1~8.63	0.1~10.9	0.1~5.46	0.1~8.63	0.1~6.48	0.1~4.31	0.1~9.36	0.1~6.55	0.1~10.4	0.1~7.4	0.1~8.18	0.1~10.9	0.1~8.63	0.1~6.48	0.1~5.46	0.1~6.55	0.1~10.9	0.1~10.4	0.1~7.4
	重载	0.1~7.16	0.1~7.55	0.1~9.55	0.1~4.78	0.1~7.55	0.1~5.66	0.1~3.78	0.1~8.18	0.1~5.73	0.1~9.06	0.1~6.47	0.1~7.16	0.1~9.55	0.1~7.55	0.1~5.66	0.1~4.78	0.1~5.73	0.1~9.55	0.1~9.06	0.1~6.47
标准运行速度/m·min^{-1}		0.1~25（超过此速，可按用户要求另行设计）																			
起升参考额定功率/kW		51.1	66	66.6	33.3	69	51.6	34	59.9	42.2	82	61.1	55.5	71.1	73.2	55.2	37.8	46.9	76.3	93.5	66
最小标准轨距/mm		2900	2400	3500	2200	2500	2000	1500	3200	2500	2900	2200	3100	3700	2700	2100	2000	2700	3900	3200	2400
最小起升高度/m		7	9	12	4	10.5	6	3	9	5	14.5	7.5	8	12	12.5	7	4	6	12	15	7.5
小车总高/mm		1415	1455	1415	1415	1455	1455	1425	1455	1455	1455	1455	1455	1455	1475	1475	1455	1455	1455	1495	1495
小车标准基距/mm		1900~2100（单台车式）																			
小车最大参考轮压/kN		347	349	357	358	361	361	361	365	374	374	375	375	378	383	383	383	388	389	399	403
小车荐用轨道		QU100 或扁钢 100×80																			
工作级别		M5 级																			

表 1.2.80 GBM-A5 无齿轮轻型小车 195～280t 主要技术参数（江西工埠机械有限公司 www.gongbujx.com）

		195～280t																				
吨位/t		197	200	201	203	203	205	207	207	213	214	214	216	217	222	222	225	227	228	232	232	232
GBM 起重小车型号		510-01	510-02	510-03	510-04	510-05	510-06	510-07	510-08	510-09	510-10	510-11	510-12	510-13	510-14	510-15	510-16	510-17	510-18	510-19	510-20	510-21
倍　率		12	7	8	7	10	8	10	5	7	12	6	7	10	7	8	10	12	8	10	8	6
起升速度 /m·min⁻¹	轻载	0.1～4.3	0.1～9.36	0.1～8.18	0.1～7.4	0.1～5.18	0.1～6.48	0.1～6.55	0.1～10.4	0.1～9.36	0.1～5.46	0.1～8.63	0.1～7.4	0.1～5.18	0.1～9.36	0.1～6.48	0.1～6.55	0.1～5.46	0.1～8.18	0.1～5.18	0.1～6.48	0.1～8.63
	重载	0.1～3.78	0.1～8.18	0.1～7.16	0.1～6.47	0.1～4.53	0.1～5.66	0.1～5.73	0.1～9.06	0.1～8.18	0.1～4.78	0.1～7.55	0.1～6.47	0.1～4.53	0.1～8.18	0.1～5.66	0.1～5.73	0.1～4.78	0.1～7.16	0.1～4.53	0.1～5.66	0.1～7.55
标准运行速度/m·min⁻¹		0.1～25（超过此速，可按用户要求另行设计）																				
起升参考额定功率/kW		38.5	66.6	59.9	69	47.7	61.1	51.1	98.6	71.1	42.2	82	73.2	51.6	76.3	66	55.5	46.9	66.6	55.2	69	93.5
最小标准轨距/mm		1700	3500	3200	2500	1800	2200	2900	3400	3700	2700	2900	2700	2000	3900	2400	3100	2900	3500	2100	2500	3200
最小起升高度/m		3.5	10	8	9	4.5	6.5	6	14.5	10	4	18	9.5	5	10.5	6.5	7	4.5	9	5.5	8	12.5
小车总高/mm		1425	1525	1525	1495	1455	1495	1525	1525	1525	1525	1525	1525	1525	1555	1555	1555	1555	1555	1555	1600	1600
小车标准基距/mm		2100～2200（单台车式）																				
小车最大参考轮压/kN		405	410	412	415	415	418	419	420	422	425	426	427	429	431	432	437	440	442	447	447	447
小车荐用轨道		QU100 或扁钢 100×80																				
工作级别		M5 级																				

		195～280t															
吨位/t		243	243	247	250	250	250	251	253	257	261	261	270	270	278	278	278
GBM 起重小车型号		510-22	510-23	510-24	510-25	510-26	510-27	510-28	510-29	510-30	510-31	510-32	510-33	510-34	510-35	510-36	510-37
倍　率		8	12	8	12	6	7	10	8	10	12	9	12	7	10	12	9
起升速度 /m·min⁻¹	轻载	0.1～8.18	0.1～4.31	0.1～6.48	0.1～5.46	0.1～8.63	0.1～7.4	0.1～6.55	0.1～8.18	0.1～5.18	0.1～4.31	0.1～5.75	0.1～5.46	0.1～7.4	0.1～5.18	0.1～4.31	0.1～5.75
	重载	0.1～7.16	0.1～3.78	0.1～5.66	0.1～4.78	0.1～7.55	0.1～6.47	0.1～5.73	0.1～7.16	0.1～4.53	0.1～3.78	0.1～5	0.1～4.78	0.1～6.47	0.1～4.53	0.1～3.78	0.1～5
标准运行速度/m·min⁻¹		0.1～25（超过此速，可按用户要求另行设计）															
起升参考额定功率/kW		71.1	47.7	73.2	51.1	98.6	82	59.9	76.3	61.1	51.6	69	55.5	93.5	66	55.2	73.2
最小标准轨距/mm		3700	1800	2700	2900	3400	2900	3200	3900	2200	2000	2500	3100	3200	2400	2100	2700
最小起升高度/m		9	3.5	8.5	4.5	12	10	6.5	9.5	5.5	4	7	5	10.5	5.5	4.5	7.5
小车总高/mm		1555	1600	1600	1555	1600	1600	1555	1555	1600	1575	1600	1575	1600	1600	1600	1600
小车标准基距/mm		2100～2200（单台车式）															
小车最大参考轮压/kN		459	460	466	468	470	470	473	480	495	512	512	523	524	535	540	540
小车荐用轨道		QU120 或扁钢 120×80															
工作级别		M5 级															

420 ~ 500t 小车图如图 1. 2. 46 所示。

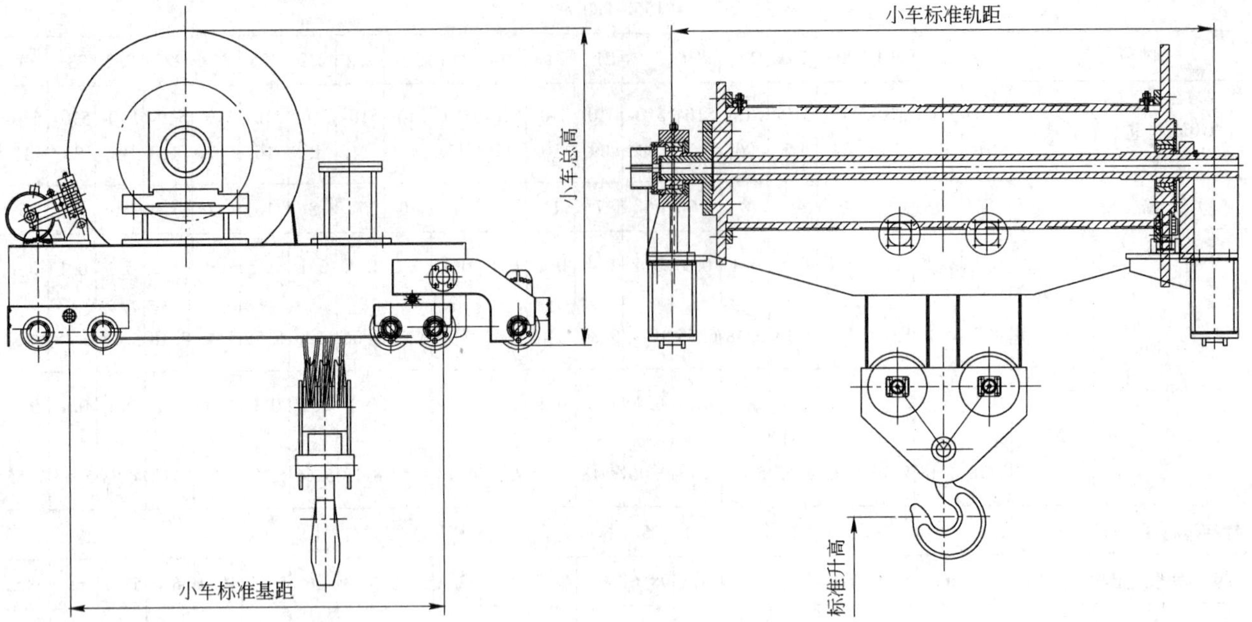

图 1. 2. 46　420 ~ 500t 小车图

表 1. 2. 81　GBM-A5 无齿轮轻型小车 280 ~ 500t 主要技术参数（江西工埠机械有限公司　www. gongbujx. com）

280 ~ 500t														
吨位/t		285	287	290	291	302	305	308	310	310	318	323	323	335
GBM 起重小车型号		511-01	511-02	511-03	511-04	511-05	511-06	511-07	511-08	511-09	511-10	511-11	511-12	511-13
倍　率		10	8	10	7	12	10	12	8	10	10	9	8	12
起升速度 /m · min^{-1}	轻载	0. 1 ~ 6. 55	0. 1 ~ 6. 48	0. 1 ~ 5. 19	0. 1 ~ 7. 4	0. 1 ~ 5. 46	0. 1 ~ 6. 55	0. 1 ~ 4. 31	0. 1 ~ 6. 48	0. 1 ~ 5. 18	0. 1 ~ 6. 55	0. 1 ~ 5. 75	0. 1 ~ 6. 48	0. 1 ~ 4. 31
	重载	0. 1 ~ 5. 73	0. 1 ~ 5. 66	0. 1 ~ 4. 53	0. 1 ~ 6. 47	0. 1 ~ 4. 78	0. 1 ~ 5. 73	0. 1 ~ 3. 78	0. 1 ~ 5. 66	0. 1 ~ 4. 53	0. 1 ~ 5. 73	0. 1 ~ 5	0. 1 ~ 5. 66	0. 1 ~ 3. 78
标准运行速度/m · min^{-1}		0. 1 ~ 25（超过此速，可按用户要求另行设计）												
起升参考额定功率/kW		66. 6	82	69	98. 6	59. 9	71. 1	61. 1	93. 5	73. 2	76. 3	82	98. 6	66
最小标准轨距/mm		3500	2900	2500	3400	3200	3700	2200	3200	2700	3900	2900	3400	2400
最小起升高度/m		10. 5	9	6. 5	10. 5	5. 5	7. 5	4. 5	9. 5	7	7. 5	8	8. 5	4. 5
小车总高/mm		1575	1600	1600	1600	1595	1595	1600	1600	1600	1615	1625	1625	1625
小车标准基距/mm		2200 ~ 2350（单台车式）												
小车最大参考轮压/kN		554	556	564	566	593	600	604	606	606	621	630	630	654
小车荐用轨道		QU120 或扁钢 120 × 80												
工作级别		M5 级												
280 ~ 500t														
吨位/t		343	350	350	358	366	372	375	382	388	418	440	465	500
GBM 起重小车型号		511-14	511-15	511-16	511-17	511-18	511-19	511-20	511-21	511-22	511-23	511-24	511-25	511-26
倍　率		12	12	9	10	12	12	9	12	10	10	12	12	12
起升速度 /m · min^{-1}	轻载	0. 1 ~ 5. 46	4. 31	0. 1 ~ 5. 75	0. 1 ~ 5. 18	0. 1 ~ 5. 46	0. 1 ~ 4. 31	0. 1 ~ 5. 75	0. 1 ~ 5. 46	0. 1 ~ 5. 18	0. 1 ~ 5. 18	0. 1 ~ 4. 31	0. 1 ~ 4. 31	0. 1 ~ 4. 31
	重载	0. 1 ~ 4. 78	0. 1 ~ 3. 78	0. 1 ~ 5	0. 1 ~ 4. 53	0. 1 ~ 4. 78	0. 1 ~ 3. 78	0. 1 ~ 5	0. 1 ~ 4. 78	0. 1 ~ 4. 53	0. 1 ~ 4. 53	0. 1 ~ 3. 78	0. 1 ~ 3. 78	0. 1 ~ 3. 78
标准运行速度/m · min^{-1}		0. 1 ~ 25（超过此速，可按用户要求另行设计）												
起升参考额定功率/kW		66. 6	69	93. 5	82	71. 1	73. 2	98. 6	76. 3	93. 5	98. 6	82	93. 5	98. 6
最小标准轨距/mm		3500	2500	3200	2900	3700	2700	3400	3900	3200	3400	2900	3200	3400
最小起升高度/m		8. 5	5. 5	8	7. 5	6	6	8	6	7. 5	7. 5	6	6	6
小车总高/mm		1615	1655	1655	1655	1635	1655	1655	1655	1675	1675	1675	1695	1695
小车标准基距/mm		2200 ~ 2350（单台车式）										2600（双台车）		
小车最大参考轮压/kN		657	685	685	702	714	725	731	743	752	799	554	582	621
小车荐用轨道		QU120 或扁钢 120 × 80												
工作级别		M5 级												

3.2～140t 小车图如图 1.2.47 所示。

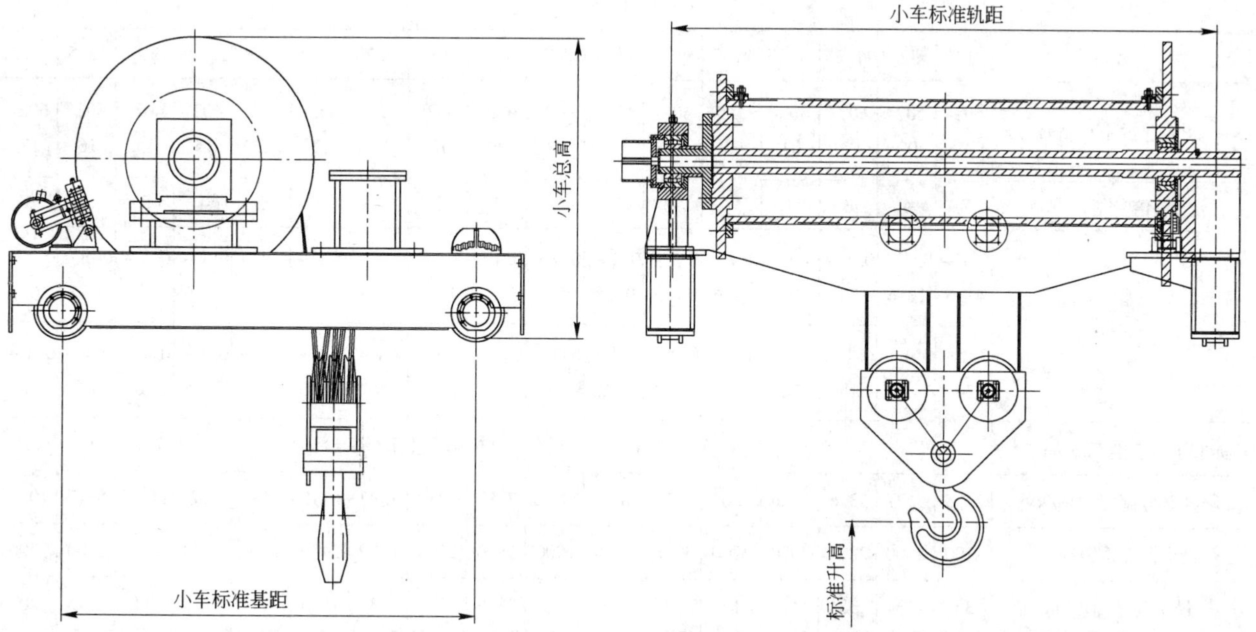

图 1.2.47 3.2～140t 小车图

表 1.2.82 GBM-A6 无齿轮轻型小车 3.2～10t 主要技术参数（江西工埠机械有限公司 www.gongbujx.com）

3.2～10t																
吨位/t		3.2	3.75	4.5	4.75	5	5.5	5.5	6	6	6	6.25	6.5	6.5	7	7.25
GBM 起重小车型号		601-01	601-02	601-03	601-04	601-05	601-06	601-07	601-08	601-09	601-10	601-11	601-12	601-13	601-14	601-15
倍 率		2	2	3	2	2	2	3	2	2	4	2	2	2	2	3
起升速度/m·min^{-1}	轻载	0.1～23.2	0.1～23.2	0.1～15.5	0.1～23.2	0.1～25	0.1～23.2	0.1～15.5	0.1～23.2	0.1～25	0.1～11.6	0.1～25	0.1～23.2	0.1～23.2	0.1～23.2	0.1～15.5
	重载	0.1～15.5	0.1～15.5	0.1～10.3	0.1～15.5	0.1～18	0.1～15.5	0.1～10.3	0.1～15.5	0.1～18	0.1～7.75	0.1～18	0.1～15.5	0.1～15.5	0.1～15.5	0.1～10.3
标准运行速度/m·min^{-1}		0.1～35（超过此速，可按用户要求另行设计）														
起升参考额定功率/kW		3.06	3.93	3.06	4.6	6	5.27	3.93	5.67	7	3.06	7.93	6.13	6.8	7.17	4.6
最小标准轨距/mm		1500	1700	1500	1900	1600	2100	1700	2200	1700	1500	1900	2400	2600	2700	1900
最小起升高度/m		18	20	12	24	24	26	14	24	24	9	24	24	24	24	18
小车总高/mm		730	730	730	730	820	730	730	730	820	730	820	820	820	820	750
小车标准基距/mm		1250～1400				1350～1600										
小车最大参考轮压/kN		14.5	16.6	18.8	19	19.9	21.6	22.1	22.7	22.8	22.8	23.3	23.9	24.4	25.6	26.3
小车荐用轨道		P18 或方钢 40×40														
工作级别		M6														

3.2～10t																				
吨位/t		7.5	7.5	7.5	7.75	8.25	8.25	8.75	8.75	8.75	9	9	9.5	9.5	9.5	9.5	9.5	10	10	10
GBM 起重小车型号		601-16	601-17	601-18	601-19	601-20	601-21	601-22	601-23	601-24	601-25	601-26	601-27	601-28	601-29	601-30	601-31	601-32	601-33	601-34
倍 率		5	4	3	2	2	3	3	3	3	2	3	5	4	3	2	3	4	2	3
起升速度/m·min^{-1}	轻载	0.1～9.28	0.1～11.6	0.1～16.7	0.1～25	0.1～23.2	0.1～15.5	0.1～15.5	0.1～16.7	0.1～15.5	0.1～25	0.1～16.7	0.1～9.28	0.1～11.6	0.1～15.5	0.1～41.5	0.1～15.5	0.1～12.5	0.1～25	0.1～15.5
	重载	0.1～6.2	0.1～7.75	0.1～12	0.1～18	0.1～15.5	0.1～10.3	0.1～10.3	0.1～12	0.1～10.3	0.1～18	0.1～12	0.1～6.2	0.1～7.75	0.1～10.3	0.1～34	0.1～10.3	0.1～9	0.1～18	0.1～10.3
标准运行速度/m·min^{-1}		0.1～35（超过此速，可按用户要求另行设计）																		
起升参考额定功率/kW		3.06	3.93	6	9.26	7.87	5.27	5.67	7	5.67	10.8	7.93	3.93	4.6	6.13	19.2	6.8	6	11.8	7.17
最小标准轨距/mm		1500	1700	1600	2000	2800	2100	2200	1700	2200	2300	1900	1700	1900	2400	1800	2600	1600	2400	2600
最小起升高度/m		7.5	10	16	24	24	18	18	16	18	24	17	8	12	21	24	23	12	32	24
小车总高/mm		750	750	820	820	820	750	750	820	750	820	820	750	750	750	1020	750	820	820	750
小车标准基距/mm		1250～1400			1350～1600							1350～1650				2000	1350～1650			
小车最大参考轮压/kN		27.5	27.5	28.3	28.3	29.1	29.1	30.6	31.4	30.8	31.6	31.8	32.1	32.1	32.1	34.4	32.9	34.6	35.8	35.5
小车荐用轨道		P18 或方钢 40×40																		
工作级别		M6																		

表 1.2.83 GBM-A6 无齿轮轻型小车 10～16.5t 主要技术参数（江西工埠机械有限公司 www.gongbujx.com）

10～16.5t																		
吨位/t		10	11	11.25	11.25	11.5	11.5	11.5	11.75	11.75	12	12.25	12.25	12.25	12.75	12.75	13.5	13.5
GBM 起重小车型号		602-01	602-02	602-03	602-04	602-05	602-06	602-07	602-08	602-09	602-10	602-11	602-12	602-13	602-14	602-15	602-16	602-17
倍　率		2	4	2	3	4	4	5	2	3	2	4	4	5	4	2	5	3
起升速度/m·min^-1	轻载	0.1～41.5	0.1～11.6	0.1～25	0.1～16.7	0.1～11.6	0.1～12.5	0.1～9.28	0.1～25	0.1～15.5	0.1～41.5	0.1～12.5	0.1～11.6	0.1～10	0.1～11.6	0.1～25	0.1～9.28	0.1～16.7
	重载	0.1～34	0.1～7.75	0.1～18	0.1～12	0.1～7.75	0.1～9	0.1～6.2	0.1～18	0.1～10.3	0.1～34	0.1～9	0.1～7.75	0.1～7.2	0.1～7.75	0.1～18	0.1～6.2	0.1～12
标准运行速度/m·min^-1		0.1～35（超过此速，可按用户要求另行设计）																
起升参考额定功率/kW		21.5	5.27	13.6	9.26	5.67	7	4.6	14.47	7.87	25	7.93	6.13	6	6.8	14.93	5.27	10.8
最小标准轨距/mm		2100	2100	2800	2000	2200	1700	1900	2900	2800	2100	1900	2400	1600	2600	3000	2100	2300
最小起升高度/m		32	13	35	17	14	12	10	12	23.5	26	13	15.5	10	18	28	10.5	20
小车总高/mm		1030	750	820	820	750	820	750	820	750	1030	820	750	820	780	820	780	820
小车标准基距/mm		2000	1350～1650								2000	1350～1650						
小车最大参考轮压/kN		38.2	37.3	38.5	38.5	38.5	38.6	38.6	40.3	40.1	41.3	41.3	41.5	41.7	43.1	43.3	44.5	44.8
小车荐用轨道		P18 或方钢 40×40							P24 或扁钢 50×30									
工作级别		M6																

10～16.5t																	
吨位/t		13.5	13.5	13.5	14.5	14.5	14.5	15	15.25	15.25	15.5	15.5	15.5	16	16	16	16.5
GBM 起重小车型号		602-18	602-19	602-20	602-21	602-22	602-23	602-24	602-25	602-26	602-27	602-28	602-29	602-30	602-31	602-32	602-33
倍　率		2	2	4	3	5	5	6	2	3	5	4	5	4	4	3	2
起升速度/m·min^-1	轻载	0.1～41.5	0.1～25	0.1～11.6	0.1～27.7	0.1～9.28	0.1～10	0.1～8.33	0.1～41.5	0.1～16.7	0.1～10	0.1～12.5	0.1～9.28	0.1～11.6	0.1～11.6	0.1～27.7	0.1～41.5
	重载	0.1～34	0.1～18	0.1～7.75	0.1～22.7	0.1～6.2	0.1～7.2	0.1～6	0.1～34	0.1～12	0.1～7.2	0.1～9	0.1～6.2	0.1～7.75	0.1～7.75	0.1～22.7	0.1～34
标准运行速度/m·min^-1		0.1～35（超过此速，可按用户要求另行设计）															
起升参考额定功率/kW		26.4	15.93	7.17	19.2	5.67	7	6	29.4	11.8	7.93	9.26	6.13	7.87	6.8	21.5	33.8
最小标准轨距/mm		2200	3200	2600	1800	2200	1700	1600	2300	2400	1900	2000	2400	2800	2600	1900	2500
最小起升高度/m		26	28	18	14	11	10	8	28	21	10.5	12.5	12.5	17.5	14	21	30
小车总高/mm		1030	820	780	1030	780	820	820	1120	820	880	880	800	790	800	1030	1120
小车标准基距/mm		1350～1650			2200	1350～1650			2200	1650	1350～1650					2200	
小车最大参考轮压/kN		45	45.3	45.2	49.1	49.3	51.2	53	53.8	53.8	55.6	55.6	55.6	57	57	58	58.8
小车荐用轨道		P24 或扁钢 50×30															
工作级别		M6															

表 1.2.84 GBM-A6 无齿轮轻型小车 16.5~26t 主要技术参数（江西工埠机械有限公司 www.gongbujx.com）

16.5~26t																
吨位/t		16.5	17	17.5	17.75	17.75	18	18.25	18.25	19	19	19.5	20	20	20	20.5
GBM 起重小车型号		603-01	603-02	603-03	603-04	603-05	603-06	603-07	603-08	603-09	603-10	603-11	603-12	603-13	603-14	603-15
倍 率		3	4	6	4	2	3	3	6	4	5	3	5	3	4	2
起升速度 /m·min⁻¹	轻载	0.1~16.7	0.1~11.6	0.1~8.33	0.1~12.5	0.1~41.5	0.1~16.7	0.1~27.7	0.1~8.33	0.1~20.8	0.1~10	0.1~16.7	0.1~9.28	0.1~27.7	0.1~12.5	0.1~41.5
	重载	0.1~12	0.1~7.75	0.1~6	0.1~9	0.1~34	0.1~12	0.1~22.7	0.1~6	0.1~17	0.1~7.2	0.1~12	0.1~6.2	0.1~22.7	0.1~9	0.1~34
标准运行速度/m·min⁻¹		0.1~35（超过此速，可按用户要求另行设计）														
起升参考额定功率/kW		13.6	7.87	7	10.8	36.7	14.47	25	7.93	19.2	9.26	14.93	7.87	26.4	11.8	39.6
最小标准轨距/mm		2800	2600	1700	2300	2700	2900	2100	1900	1800	2000	3000	2800	2200	2400	2900
最小起升高度/m		23	14.5	8	15	30	24	18	8.5	11	10	22	14	18	16	30
小车总高/mm		880	800	880	880	1120	900	1030	900	1030	900	900	820	1030	900	1080
小车标准基距/mm		1350~1650				2200	1750	2400	1750	2400	1350~1650			2200~2400		
小车最大参考轮压/kN		59.2	59.2	61.2	62	63	63	64.5	63.6	67.3	66.7	67.3	67.8	70	69.8	71.5
小车荐用轨道		P24 或扁钢 50×30														
工作级别		M6														

16.5~26t																	
吨位/t		20.5	21.5	22	22.5	22.5	23	23	23	23.5	24	24	24.5	24.5	25	26	26
GBM 起重小车型号		603-16	603-17	603-18	603-19	603-20	603-21	603-22	603-23	603-24	603-25	603-26	603-27	603-28	603-29	603-30	603-31
倍 率		3	4	2	5	4	3	2	6	2	5	4	4	3	5	4	2
起升速度 /m·min⁻¹	轻载	0.1~16.7	0.1~20.8	0.1~41.5	0.1~10	0.1~12.5	0.1~27.7	0.1~32.8	0.1~8.33	0.1~41.5	0.1~16.6	0.1~12.5	0.1~20.8	0.1~27.7	0.1~10	0.1~12.5	0.1~41.5
	重载	0.1~12	0.1~17	0.1~34	0.1~7.2	0.1~9	0.1~22.7	0.1~28.7	0.1~6	0.1~34	0.1~13.6	0.1~9	0.1~17	0.1~22.7	0.1~7.2	0.1~9	0.1~34
标准运行速度/m·min⁻¹		0.1~35（超过此速，可按用户要求另行设计）															
起升参考额定功率/kW		15.93	21.5	44	10.8	13.6	29.4	26	9.26	47	19.2	14.47	25	33.8	11.8	14.93	49.9
最小标准轨距/mm		3200	1900	3100	2300	2800	2300	2000	2000	3300	1800	2900	2100	2500	2400	3000	3400
最小起升高度/m		24	16	30	12	17	20	24	8.5	30	8.5	18	14	22	13	17	32
小车总高/mm		900	1030	1080	900	900	1130	1225	900	1080	1050	920	1050	1130	920	920	1080
小车标准基距/mm		2200~2400						2650	1750	2400	2200~2400						
小车最大参考轮压/kN		71	72.7	74.8	74.5	75	77.2	78.1	76.9	79.5	81.6	82.1	83.8	84.9	86.3	86.5	87.9
小车荐用轨道		P24 或扁钢 50×30									P30 或扁钢 60×40						
工作级别		M6															

表 1.2.85　GBM-A6 无齿轮轻型小车 26~40t 主要技术参数（江西工埠机械有限公司　www.gongbujx.com）

		26~40t																						
吨位/t		26.5	26.5	26.5	26.5	26.5	26.5	27.5	27.5	28.5	29	30	30	30	30	30	30.5	32	32	33	33	33.5	33.5	33.5
GBM 起重小车型号		604-01	604-02	604-03	604-04	604-05	604-06	604-07	604-08	604-09	604-10	604-11	604-12	604-13	604-14	604-15	604-16	604-17	604-18	604-19	604-20	604-21	604-22	604-23
倍　率		2	6	3	4	5	2	4	5	6	2	5	4	5	2	6	3	6	5	4	3	5	7	6
起升速度/m·min^{-1}	轻载	0.1~32.8	0.1~8.33	0.1~27.7	0.1~20.8	0.1~16.6	0.1~25.9	0.1~12.5	0.1~10	0.1~13.8	0.1~32.8	0.1~10	0.1~20.8	0.1~16.6	0.1~25.9	0.1~8.33	0.1~27.7	0.1~13.8	0.1~10	0.1~20.8	0.1~27.7	0.1~16.6	0.1~11.8	0.1~8.33
	重载	0.1~28.7	0.1~6	0.1~22.7	0.1~17	0.1~13.6	0.1~22.6	0.1~9	0.1~7.2	0.1~11.3	0.1~28.7	0.1~7.2	0.1~17	0.1~13.6	0.1~22.6	0.1~6	0.1~22.7	0.1~11.3	0.1~7.2	0.1~17	0.1~22.7	0.1~13.6	0.1~9.72	0.1~6
标准运行速度/m·min^{-1}		0.1~35（超过此速，可按用户要求另行设计）																						
起升参考额定功率/kW		33.3	10.8	36.7	26.4	21.5	34	15.93	13.6	19.2	37.8	14.47	29.4	25	38.5	11.8	39.6	21.5	14.93	33.8	44	26.4	19.2	13.6
最小标准轨距/mm		2200	2300	2700	2200	1900	1500	3200	2800	1800	2400	2900	2300	2100	1700	2400	2900	1900	3000	2500	3100	2200	1800	2800
最小起升高度/m		22	10	21	15	12	16	18	14	7	24	15	15.5	11	20	10.5	21	10	11.5	17.5	24	12	6	11.5
小车总高/mm		1225	920	1130	1050	1030	1300	920	920	1050	1225	920	1130	1050	1300	920	1080	1080	920	1150	1100	1080	1080	920
小车标准基距/mm		2600	2200~2400				2500	2200~2400			2600	2200~2400			2500	2200~2400								
小车最大参考轮压/kN		89.2	90.2	91.4	91.4	91.4	92.7	93.3	93.8	95.5	96.8	101.6	102.2	102.2	102.9	103.2	104	108.2	107.9	110.6	111.2	112	112	112
小车荐用轨道		P30 或扁钢 60×40							P38、P43 或扁钢 60×40															
工作级别		M6																						

		26~40t																		
吨位/t		34	34.5	35	35	35	35.5	36	36.5	37.5	37.5	38	38.5	38.5	38.5	38.8	40	40	40	40
GBM 起重小车型号		604-24	604-25	604-26	604-27	604-28	604-29	604-30	604-31	604-32	604-33	604-34	604-35	604-36	604-37	604-38	604-39	604-40	604-41	604-42
倍　率		3	5	2	2	3	4	6	6	7	2	5	8	2	6	3	3	3	2	6
起升速度/m·min^{-1}	轻载	0.1~21.8	0.1~10	0.1~32.8	0.1~32.8	0.1~27.7	0.1~20.8	0.1~8.33	0.1~13.8	0.1~11.8	0.1~25.9	0.1~16.6	0.1~10.4	0.1~32.8	0.1~8.33	0.1~27.7	0.1~21.8	0.1~17.3	0.1~25.9	0.1~13.8
	重载	0.1~19.1	0.1~7.2	0.1~28.7	0.1~28.7	0.1~22.7	0.1~17	0.1~6	0.1~11.3	0.1~9.72	0.1~22.6	0.1~13.6	0.1~8.5	0.1~28.7	0.1~6	0.1~22.7	0.1~19.1	0.1~15.1	0.1~22.6	0.1~11.3
标准运行速度/m·min^{-1}		0.1~35（超过此速，可按用户要求另行设计）																		
起升参考额定功率/kW		29	15.93	42.2	46.9	47	36.7	14.47	25	21.5	47.7	29.4	19.2	51.1	14.93	49.9	33.3	34	51.6	26.4
最小标准轨距/mm		2000	3200	2500	2700	3300	2700	2900	2100	1900	1800	2300	1800	2900	3000	3400	2200	1500	2000	2200
最小起升高度/m		16	12	24	24	22	16	12.5	9.5	9	22	14	6	26	11.5	20	15	12	22	10
小车总高/mm		1225	920	1275	1275	1100	1150	920	1100	1100	1300	1150	1100	1275	920	1100	1225	1300	1300	1120
小车标准基距/mm		2400	1750	2600		2200~2400				2400	2600	2400		2600	1800	2400	2600~2700			2400
小车最大参考轮压/kN		115.7	114.9	119.1	120	120	121	122	122	123	125	127	129.5	132	131	134	136	137	137	136.5
小车荐用轨道		P38、P43 或扁钢 60×40																		
工作级别		M6																		

表 1.2.86 GBM-A6 无齿轮轻型小车 40～60t 主要技术参数（江西工埠机械有限公司 www.gongbujx.com）

40～60t															
吨位/t		40.5	40.5	42	42.5	42.5	44	44	44	44	44	45	46	46	46
GBM 起重小车型号		605-01	605-02	605-03	605-04	605-05	605-06	605-07	605-08	605-09	605-10	605-11	605-12	605-13	605-14
倍 率		4	5	7	2	8	3	4	5	3	6	6	4	2	2
起升速度 /m·min⁻¹	轻载	0.1～20.8	0.1～16.6	0.1～11.8	0.1～25.9	0.1～10.4	0.1～21.8	0.1～20.8	0.1～16.6	0.1～17.3	0.1～13.8	0.1～8.33	0.1～16.4	0.1～32.8	0.1～32.8
	重载	0.1～17	0.1～13.6	0.1～9.72	0.1～22.6	0.1～8.5	0.1～19.1	0.1～17	0.1～13.6	0.1～15.1	0.1～11.3	0.1～6	0.1～14.3	0.1～28.7	0.1～28.7
标准运行速度/m·min⁻¹		0.1～35（超过此速，可按用户要求另行设计）													
起升参考额定功率/kW		39.6	33.8	25	55.2	21.5	37.8	44	36.7	38.5	29.4	15.93	29	55.5	59.9
最小标准轨距/mm		2900	2500	2100	2100	1900	2400	3100	2700	1700	2300	3200	2000	3100	3200
最小起升高度/m		16	14	8	24	8	17	18	12.5	14	11.5	12	12	26	28
小车总高/mm		1350	1150	1120	1375	1120	1225	1120	1150	1350	1150	920	1225	1275	1275
小车标准基距/mm		2350～2450			2600	2400	2600	2400		2600	2400	1800	2600～2700		
小车最大参考轮压/kN		138	138	143	144	143.3	149	149	149.5	150.5	150	150	150.5	151	152
小车荐用轨道		P43、QU70 或扁钢 70×50													
工作级别		M6													

40～60t																		
吨位/t		47	47	47	48	49	50	51	51	52	52	53	53	53	53	53	53	53
GBM 起重小车型号		605-15	605-16	605-17	605-18	605-19	605-20	605-21	605-22	605-23	605-24	605-25	605-26	605-27	605-28	605-29	605-30	605-31
倍 率		7	4	2	8	6	3	5	2	4	3	2	4	7	6	8	2	4
起升速度 /m·min⁻¹	轻载	0.1～11.8	0.1～20.8	0.1～25.9	0.1～10.4	0.1～13.8	0.1～21.8	0.1～16.6	0.1～25.9	0.1～20.8	0.1～21.8	0.1～32.8	0.1～16.4	0.1～11.8	0.1～13.8	0.1～10.4	0.1～25.9	0.1～13
	重载	0.1～9.72	0.1～17	0.1～22.6	0.1～8.5	0.1～11.3	0.1～19.1	0.1～13.6	0.1～22.6	0.1～17	0.1～19.1	0.1～28.7	0.1～14.3	0.1～9.72	0.1～11.3	0.1～8.5	0.1～22.6	0.1～11.3
标准运行速度/m·min⁻¹		0.1～35（超过此速，可按用户要求另行设计）																
起升参考额定功率/kW		26.4	47	61.1	25	33.8	42.2	39.6	66	49.9	46.9	66.6	33.3	29.4	36.7	26.4	69	34
最小标准轨距/mm		2200	3300	2200	2100	2500	2500	2900	2400	3400	2700	3500	2200	2300	2700	2200	2500	1500
最小起升高度/m		8.5	18	26	7	12	17	12.5	27	17.5	19	30	11.5	9.5	10.5	8	26	9
小车总高/mm		1180	1180	1375	1180	1150	1275	1180	1375	1180	1275	1275	1275	1180	1180	1180	1375	1350
小车标准基距/mm		2400		2600	2400		2600	2400	2700	2400	2600～2700			2350～2450			2700	
小车最大参考轮压/kN		152	152.5	154	157	160	161	166	167	167	170	171	171.5	171	171.5	171.5	173	173
小车荐用轨道		P43、QU70 或扁钢 70×50																
工作级别		M6																

表 1.2.87 GBM-A6 无齿轮轻型小车 60~80t 主要技术参数（江西工埠机械有限公司 www.gongbujx.com）

60~80t

吨位/t		55	56	56	57	57	58	58	58	59	59	60	61	61	62	62	62	64	65	66	66	66	66	67
GBM 起重小车型号		606-01	606-02	606-03	606-04	606-05	606-06	606-07	606-08	606-09	606-10	606-11	606-12	606-13	606-14	606-15	606-16	606-17	606-18	606-19	606-20	606-21	606-22	606-23
倍 率		5	2	3	5	2	7	3	4	2	5	3	8	4	6	3	7	3	5	8	4	5	2	6
起升速度 /m·min^{-1}	轻载	0.1~16.6	0.1~32.8	0.1~17.3	0.1~13.1	0.1~25.9	0.1~11.8	0.1~21.8	0.1~16.4	0.1~32.8	0.1~16.6	0.1~17.3	0.1~10.4	0.1~13	0.1~13.8	0.1~21.8	0.1~11.8	0.1~17.3	0.1~16.6	0.1~10.4	0.1~16.4	0.1~13.1	0.1~25.9	0.1~13.8
	重载	0.1~13.6	0.1~28.7	0.1~15.1	0.1~11.5	0.1~22.6	0.1~9.72	0.1~19.1	0.1~14.3	0.1~28.7	0.1~13.6	0.1~15.1	0.1~8.5	0.1~11.3	0.1~11.3	0.1~19.1	0.1~9.72	0.1~15.1	0.1~13.6	0.1~8.5	0.1~14.3	0.1~11.5	0.1~22.6	0.1~11.3
标准运行速度/m·min^{-1}		0.1~32（超过此速，可按用户要求另行设计）																						
起升参考额定功率/kW		44	66.6	47.7	29	73.2	33.8	51.1	37.8	76.3	47	51.6	29.4	38.5	39.6	55.5	36.7	55.2	49.9	33.8	42.2	33.3	82	44
最小标准轨距/mm		3100	3600	1800	2000	2700	2500	2900	2400	3900	3300	2000	2300	1700	2900	3100	2700	2100	3400	2500	2500	2200	2900	3100
最小起升高度/m		15	30	15	10	32	10	19	13	30	14.5	16	8.5	10.5	10.5	20	9	18	14	9	12.5	9	32	12.5
小车总高/mm		1180	1275	1350	1275	1375	1180	1275	1275	1275	1180	1350	1180	1350	1180	1275	1180	1400	1180	1180	1275	1275	1400	1180
小车标准基距/mm		2400	2600~2700				2400	2600~2700			2400	2700	2400	2700	2400	2600	2400	2700	2400		2600~2700			2400
小车最大参考轮压/kN		178	181.5	182	183	184	184	185	185.6	186.3	190	195	195	196	199	201	201	206	207	211	212	212	212	212.5
小车荐用轨道		QU70 或扁钢 70×50																QU80 或扁钢 80×60						
工作级别		M6																						

60~80t

吨位/t		67	69	70	70	71	71	72	72	72	73	75	76	77	77	78	78	78	79	80	80	80	80	80
GBM 起重小车型号		606-24	606-25	606-26	606-27	606-28	606-29	606-30	606-31	606-32	606-33	606-34	606-35	606-36	606-37	606-38	606-39	606-40	606-41	606-42	606-43	606-44	606-45	606-46
倍 率		5	6	3	4	6	3	8	2	7	5	4	5	4	2	3	7	6	3	6	7	3	4	6
起升速度 /m·min^{-1}	轻载	0.1~10.4	0.1~10.9	0.1~21.8	0.1~16.4	0.1~13.8	0.1~17.3	0.1~10.4	0.1~25.9	0.1~11.8	0.1~13.1	0.1~13	0.1~10.4	0.1~16.4	0.1~25.9	0.1~17.3	0.1~11.8	0.1~13.8	0.1~21.8	0.1~10.9	0.1~9.36	0.1~17.3	0.1~13	0.1~8.63
	重载	0.1~9.06	0.1~9.55	0.1~19.1	0.1~14.3	0.1~11.3	0.1~15.1	0.1~8.5	0.1~22.6	0.1~9.72	0.1~11.5	0.1~11.3	0.1~9.06	0.1~14.3	0.1~22.6	0.1~15.1	0.1~9.72	0.1~11.3	0.1~19.1	0.1~9.55	0.1~8.18	0.1~15.1	0.1~11.3	0.1~7.55
标准运行速度/m·min^{-1}		0.1~32（超过此速，可按用户要求另行设计）																						
起升参考额定功率/kW		34	29	59.9	46.9	47	61.1	36.7	93.5	39.6	37.8	47.7	38.5	51.1	98.6	66	44	49.9	66.6	33.3	29	69	60	34
最小标准轨距/mm		1500	2000	3200	2700	3300	2200	2700	3200	2900	2400	1800	1700	2900	3400	2300	3100	3400	3500	2200	2000	2500	2000	1500
最小起升高度/m		7	8	20.5	14	12	17	8	32	9	10	11	8.5	14	32	18	11	11.5	35	7.5	7	20	12	6
小车总高/mm		1375	1275	1275	1275	1180	1400	1180	1400	1180	1275	1375	1375	1275	1400	1400	1180	1180	1275	1275	1275	1400	1400	1375
小车标准基距/mm		2600~2700				2400	2700	2400	2700	2400	2700~2800						2500	2700~2800						
小车最大参考轮压/kN		213	219	222	224	226	227	227	227	230	231	241	244	246	247	248	248	248.5	254	254.5	256	258	258	258
小车荐用轨道		QU80 或扁钢 80×60																						
工作级别		M6																						

表 1.2.88 GBM-A6 无齿轮轻型小车 80～110t 主要技术参数（江西工埠机械有限公司 www.gongbujx.com）

80～110t																				
吨位/t		82	83	83	83	84	86	86	87	88	88	89	91	91	91	93	93	94	94	95
GBM 起重小车型号		607-01	607-02	607-03	607-04	607-05	607-06	607-07	607-08	607-09	607-10	607-11	607-12	607-13	607-14	607-15	607-16	607-17	607-18	607-19
倍　率		8	7	5	4	3	3	4	6	5	3	8	7	6	8	7	4	5	7	8
起升速度/m·min⁻¹	轻载	0.1～10.4	0.1～11.8	0.1～13.1	0.1～16.4	0.1～21.8	0.1～17.3	0.1～13	0.1～10.9	0.1～13.1	0.1～21.8	0.1～10.4	0.1～11.8	0.1～8.63	0.1～8.18	0.1～9.36	0.1～16.4	0.1～10.4	0.1～7.4	0.1～10.4
	重载	0.1～8.5	0.1～9.72	0.1～11.5	0.1～14.3	0.1～19.1	0.1～15.1	0.1～11.3	0.1～9.55	0.1～11.5	0.1～19.1	0.1～8.5	0.1～9.72	0.1～7.55	0.1～7.16	0.1～8.18	0.1～14.3	0.1～9.06	0.1～6.47	0.1～8.5
标准运行速度/m·min⁻¹		0.1～32（超过此速，可按用户要求另行设计）																		
起升参考额定功率/kW		39.6	47	42.2	55.5	71.1	73.2	55.2	37.8	46.9	76.3	44	49.9	38.5	29	33.3	59.9	47.7	34	47
最小标准轨距/mm		2900	3300	2500	3100	3600	2700	2100	2000	2700	3850	3100	3400	1700	2000	2000	3200	1700	1500	3300
最小起升高度/m		8	10.5	10	15	24	22	13.5	8.5	11	24	9.5	10	7	6.5	6.5	15.5	9	5	9
小车总高/mm		1200	1200	1275	1275	1275	1400	1400	1275	1275	1275	1250	1250	1375	1295	1295	1295	1375	1375	1250
小车标准基距/mm		2500		2700～2800								500		2700～2800						2500
小车最大参考轮压/kN		258	261	262	265	271	276	276	279	282	285	288	303	304	303.8	306	306	308	308	308
小车荐用轨道		QU80 或扁钢 80×60							QU100 或扁钢 100×80											
工作级别		M6																		

80～110t																		
吨位/t		95	97	100	100	100	100	103	103	105	105	105	105	106	107	107	107	107
GBM 起重小车型号		607-20	607-21	607-22	607-23	607-24	607-25	607-26	607-27	607-28	607-29	607-30	607-31	607-32	607-33	607-34	607-35	607-36
倍　率		4	5	6	3	5	7	4	8	5	6	4	8	7	3	4	5	8
起升速度/m·min⁻¹	轻载	0.1～13	0.1～13.1	0.1～10.9	0.1～17.3	0.1～10.4	0.1～9.36	0.1～13	0.1～10.4	0.1～13.1	0.1～10.9	0.1～16.4	0.1～8.18	0.1～7.4	0.1～17.3	0.1～13	0.1～10.4	0.1～6.48
	重载	0.1～11.3	0.1～11.5	0.1～9.55	0.1～15.1	0.1～9.06	0.1～8.18	0.1～11.3	0.1～8.5	0.1～11.5	0.1～9.55	0.1～14.3	0.1～7.16	0.1～6.47	0.1～15.1	0.1～11.3	0.1～9.06	0.1～5.66
标准运行速度/m·min⁻¹		0.1～32（超过此速，可按用户要求另行设计）																
起升参考额定功率/kW		61.1	51.1	42.2	82	51.6	37.8	66	49.9	55.5	46.9	66.6	33.3	38.5	93.5	69	55.2	34
最小标准轨距/mm		2200	2900	2500	2900	2000	2000	2400	3400	3100	2700	3500	2200	1650	3200	2500	2100	1500
最小起升高度/m		13	11	8.5	24	9.5	7.5	13.5	8.5	12	9.5	18	6	6	22	16	10.5	4.5
小车总高/mm		1400	1295	1295	1400	1400	1295	1400	1250	1295	1295	1295	1295	1375	1400	1400	1400	1375
小车标准基距/mm		2700	2700～2800						2500	2700～2800								
小车最大参考轮压/kN		310	315	320	323	329	328	335	335	338	340	340	340	343	346	346	346	346
小车荐用轨道		QU100 或扁钢 100×80																
工作级别		M6																

140 ~ 420t 小车图如图 1. 2. 48 所示。

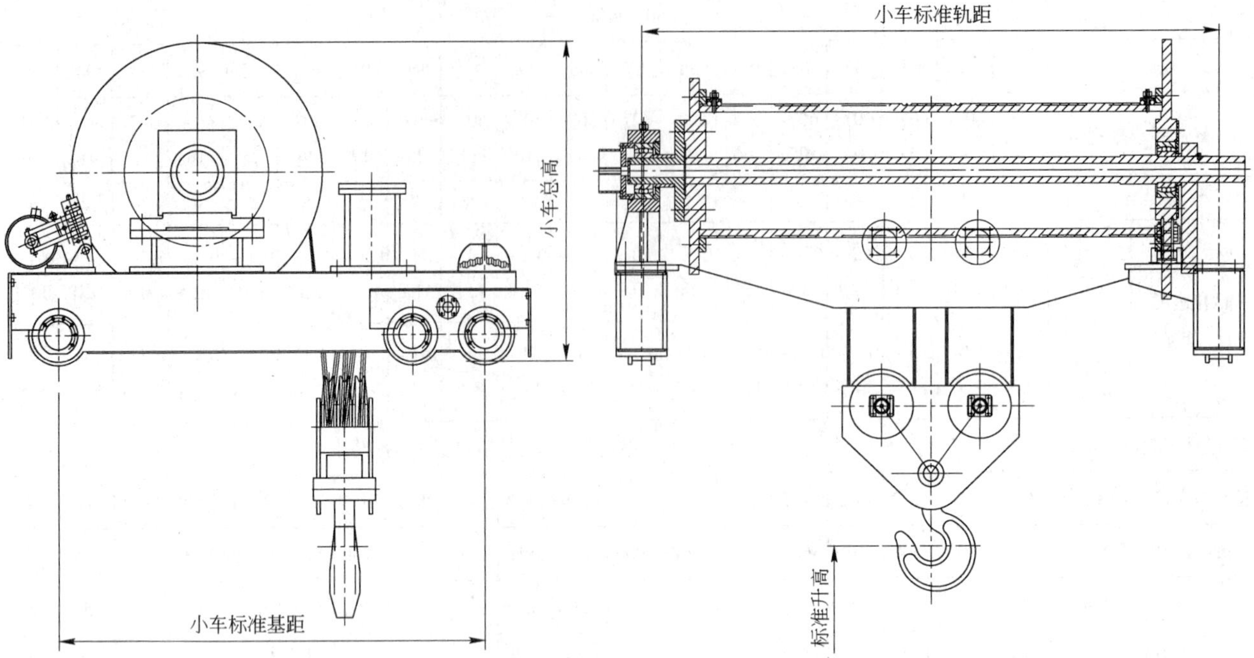

图 1. 2. 48　140 ~ 420t 小车图

表 1. 2. 89　GBM-A6 无齿轮轻型小车 110 ~ 150t 主要技术参数（江西工埠机械有限公司　www. gongbujx. com）

		110 ~ 150t																		
吨位/t		112	112	113	113	114	114	115	115	115	116	118	120	121	122	125	128	128	128	132
GBM 起重小车型号		608-01	608-02	608-03	608-04	608-05	608-06	608-07	608-08	608-09	608-10	608-11	608-12	608-13	608-14	608-15	608-16	608-17	608-18	608-19
倍　率		6	4	10	4	6	3	7	8	5	4	5	6	8	7	6	5	6	7	5
起升速度 /m · min⁻¹	轻载	0. 1 ~ 8. 63	0. 1 ~ 16. 4	0. 1 ~ 6. 55	0. 1 ~ 13	0. 1 ~ 10. 9	0. 1 ~ 17. 3	0. 1 ~ 9. 36	0. 1 ~ 8. 18	0. 1 ~ 13. 1	0. 1 ~ 16. 4	0. 1 ~ 10. 4	0. 1 ~ 8. 63	0. 1 ~ 6. 48	0. 1 ~ 9. 36	0. 1 ~ 10. 9	0. 1 ~ 10. 4	0. 1 ~ 8. 63	0. 1 ~ 7. 4	0. 1 ~ 13. 1
	重载	0. 1 ~ 7. 55	0. 1 ~ 14. 3	0. 1 ~ 5. 73	0. 1 ~ 11. 3	0. 1 ~ 9. 55	0. 1 ~ 15. 1	0. 1 ~ 8. 18	0. 1 ~ 7. 16	0. 1 ~ 11. 5	0. 1 ~ 14. 3	0. 1 ~ 9. 06	0. 1 ~ 7. 55	0. 1 ~ 5. 66	0. 1 ~ 8. 18	0. 1 ~ 9. 55	0. 1 ~ 9. 06	0. 1 ~ 7. 55	0. 1 ~ 6. 47	0. 1 ~ 11. 5
标准运行速度/m · min $^{-1}$		0. 1 ~ 32（超过此速，可按用户要求另行设计）																		
起升参考额定功率/kW		47. 7	71. 1	29	73. 2	51. 1	98. 6	42. 2	37. 8	59. 9	76. 3	61. 1	51. 6	38. 5	46. 9	55. 5	66	55. 2	47. 7	66. 6
最小标准轨距/mm		1800	3700	2000	2700	2900	3400	2500	2000	3200	3900	2200	2000	1700	2700	3100	3300	2100	1800	3500
最小起升高度/m		7. 5	18	5	16. 5	9. 5	23	7	6. 5	12. 5	19	10	8	5. 5	8	10	11	9	6. 5	14
小车总高/mm		1375	1325	1325	1425	1325	1425	1325	1325	1325	1325	1425	1400	1400	1325	1325	1425	1425	1400	1355
小车标准基距/mm		2700 ~ 2800															1900 ~ 2100（单台车式）			
小车最大参考轮压/kN		365	365	372	373	374	376	377	377	377	379	383	388	390	390	403	305	305	310	310
小车荐用轨道		QU100 或扁钢 100 × 80																		
工作级别		M6																		
		110 ~ 150t																		
吨位/t		132	132	132	133	133	134	136	138	139	140	140	141	142	142	145	145	149	149	150	150
GBM 起重小车型号		608-20	608-21	608-22	608-23	608-24	608-25	608-26	608-27	608-28	608-29	608-30	608-31	608-32	608-33	608-34	608-35	608-36	608-37	608-38	608-39
倍　率		8	4	10	5	10	7	12	6	8	5	7	6	4	5	7	5	7	8	10	4
起升速度 /m · min⁻¹	轻载	0. 1 ~ 8. 18	0. 1 ~ 13	0. 1 ~ 6. 55	0. 1 ~ 10. 4	0. 1 ~ 5. 18	0. 1 ~ 9. 36	0. 1 ~ 5. 46	0. 1 ~ 10. 9	0. 1 ~ 8. 18	0. 1 ~ 13. 1	0. 1 ~ 7. 4	0. 1 ~ 8. 63	0. 1 ~ 13	0. 1 ~ 10. 4	0. 1 ~ 9. 36	0. 1 ~ 13. 1	0. 1 ~ 7. 4	0. 1 ~ 6. 48	0. 1 ~ 5. 18	0. 1 ~ 8. 25
	重载	0. 1 ~ 7. 16	0. 1 ~ 11. 3	0. 1 ~ 5. 73	0. 1 ~ 9. 06	0. 1 ~ 4. 53	0. 1 ~ 8. 18	0. 1 ~ 4. 78	0. 1 ~ 9. 55	0. 1 ~ 7. 16	0. 1 ~ 11. 5	0. 1 ~ 6. 47	0. 1 ~ 7. 55	0. 1 ~ 11. 3	0. 1 ~ 9. 06	0. 1 ~ 8. 18	0. 1 ~ 11. 5	0. 1 ~ 6. 47	0. 1 ~ 5. 66	0. 1 ~ 4. 53	0. 1 ~ 5. 82
标准运行速度/m · min $^{-1}$		0. 1 ~ 32（超过此速，可按用户要求另行设计）																			
起升参考额定功率/kW		42. 2	82	33. 3	69	34	51. 1	29	59. 9	46. 9	71. 1	51. 6	61. 1	93. 5	73. 2	55. 5	76. 3	55. 2	47. 7	38. 5	98. 6
最小标准轨距/mm		2500	2900	2200	2500	1500	2900	2000	3200	2000	3700	2000	2200	3200	2700	3100	3900	2100	1800	1700	3400
最小起升高度/m		6	18	4. 5	13	3. 5	8	4. 5	10. 5	7	14	7	9	18. 5	13. 5	9	15	7. 5	5. 5	4	18
小车总高/mm		1355	1425	1355	1425	1400	1375	1375	1375	1375	1375	1400	1425	1425	1425	1415	1415	1455	1425	1425	1455
小车标准基距/mm		1900 ~ 2100（单台车式）																			
小车最大参考轮压/kN		310	311	310	312	312	312	318	321	323	325	325	327	328	328	334	335	344	344	346	346
小车荐用轨道		QU100 或扁钢 100 × 80																			
工作级别		M6																			

表 1.2.90 GBM-A6 无齿轮轻型小车 150~200t 主要技术参数（江西工埠机械有限公司 www.gongbujx.com）

		150~200t															
吨位/t		152	153	156	157	160	160	160	161	164	164	165	165	166	168	168	170
GBM 起重小车型号		609-01	609-02	609-03	609-04	609-05	609-06	609-07	609-08	609-09	609-10	609-11	609-12	609-13	609-14	609-15	609-16
倍　率		8	6	6	12	6	8	12	7	10	5	7	8	6	6	8	12
起升速度 /m·min⁻¹	轻载	0.1~8.18	0.1~8.63	0.1~10.9	0.1~5.46	0.1~8.63	0.1~6.48	0.1~4.31	0.1~9.36	0.1~6.55	0.1~10.4	0.1~7.4	0.1~8.18	0.1~10.9	0.1~8.63	0.1~6.48	0.1~5.46
	重载	0.1~7.16	0.1~7.55	0.1~9.55	0.1~4.78	0.1~7.55	0.1~5.66	0.1~3.78	0.1~8.18	0.1~5.73	0.1~9.06	0.1~6.47	0.1~7.16	0.1~9.55	0.1~7.55	0.1~5.66	0.1~4.78
标准运行速度/m·min⁻¹		0.1~25（超过此速，可按用户要求另行设计）															
起升参考额定功率/kW		51.1	66	66.6	33.3	69	51.6	34	59.9	42.2	82	61.1	55.5	71.1	73.2	55.2	37.8
最小标准轨距/mm		2900	2400	3500	2200	2500	2000	1500	3200	2500	2900	2200	3100	3700	2700	2100	2000
最小起升高度/m		7	9	12	4	10.5	6	3	9	5	14.5	7.5	8	12	12.5	7	4
小车总高/mm		1415	1455	1415	1415	1455	1455	1425	1455	1455	1455	1455	1455	1455	1475	1475	1455
小车标准基距/mm		1900~2100（单台车式）															
小车最大参考轮压/kN		347	349	357	358	361	361	361	365	374	374	375	375	378	383	383	383
小车荐用轨道		QU100 或扁钢 100×80															
工作级别		M6															

		150~200t																
吨位/t		172	173	175	177	179	182	183	175	185	186	188	188	193	195	195	196	197
GBM 起重小车型号		609-17	609-18	609-19	609-20	609-21	609-22	609-23	609-24	609-25	609-26	609-27	609-28	609-29	609-30	609-31	609-32	609-33
倍　率		10	6	5	7	12	7	8	7	10	8	10	5	7	12	6	7	10
起升速度 /m·min⁻¹	轻载	0.1~6.55	0.1~10.9	0.1~10.4	0.1~7.4	0.1~4.3	0.1~9.36	0.1~8.18	0.1~7.4	0.1~5.18	0.1~6.48	0.1~6.55	0.1~10.4	0.1~9.36	0.1~5.46	0.1~8.63	0.1~7.4	0.1~5.18
	重载	0.1~5.73	0.1~9.55	0.1~9.06	0.1~6.47	0.1~3.78	0.1~8.18	0.1~7.16	0.1~6.47	0.1~4.53	0.1~5.66	0.1~5.73	0.1~9.06	0.1~8.18	0.1~4.78	0.1~7.55	0.1~6.47	0.1~4.53
标准运行速度/m·min⁻¹		0.1~25（超过此速，可按用户要求另行设计）																
起升参考额定功率/kW		46.9	76.3	93.5	66	38.5	66.6	59.9	69	47.7	61.1	51.1	98.6	71.1	42.2	82	73.2	51.6
最小标准轨距/mm		2700	3900	3200	2400	1700	3500	3200	2500	1800	2200	2900	3400	3700	2700	2900	2700	2000
最小起升高度/m		6	12	15	7.5	3.5	10	8	9	4.5	6.5	6	14.5	10	4	18	9.5	5
小车标准基距/mm		1900~2100（单台车式）																
小车总高/mm		1455	1455	1495	1495	1425	1525	1525	1495	1455	1495	1525	1525	1525	1525	1525	1525	1525
小车最大参考轮压/kN		388	389	399	403	405	410	412	415	415	418	419	420	422	425	426	427	429
小车荐用轨道		QU100 或扁钢 100×80																
工作级别		M6																

表 1.2.91　GBM-A6 无齿轮轻型小车 200～305t 主要技术参数（江西工埠机械有限公司　www.gongbujx.com）

200～305t																				
吨位/t		202	202	205	205	207	211	211	211	221	221	225	227	227	227	228	230	233	237	237
GBM 起重小车型号		610-01	610-02	610-03	610-04	610-05	610-06	610-07	610-08	610-09	610-10	610-11	610-12	610-13	610-14	610-15	610-16	610-17	610-18	610-19
倍　率		7	8	10	12	8	10	8	6	8	12	8	12	6	7	10	8	10	12	9
起升速度 /m·min⁻¹	轻载	0.1～9.36	0.1～6.48	0.1～6.55	0.1～5.46	0.1～8.18	0.1～5.18	0.1～6.48	0.1～8.63	0.1～8.18	0.1～4.31	0.1～6.48	0.1～5.46	0.1～8.63	0.1～7.4	0.1～6.55	0.1～8.18	0.1～5.18	0.1～4.31	0.1～5.75
	重载	0.1～8.18	0.1～5.66	0.1～5.73	0.1～4.78	0.1～7.16	0.1～4.53	0.1～5.66	0.1～7.55	0.1～7.16	0.1～3.78	0.1～5.66	0.1～4.78	0.1～7.55	0.1～6.47	0.1～5.73	0.1～7.16	0.1～4.53	0.1～3.78	0.1～5
标准运行速度/m·min⁻¹		0.1～25（超过此速，可按用户要求另行设计）																		
起升参考额定功率/kW		76.3	66	55.5	46.9	66.6	55.2	69	93.5	71.1	47.7	73.2	51.1	98.6	82	59.9	76.3	61.1	51.6	69
最小标准轨距/mm		3900	2400	3100	2900	3500	2100	2500	3200	3700	1800	2700	2900	3400	2900	3200	3900	2200	2000	2500
最小起升高度/m		10.5	6.5	7	4.5	9	5.5	8	12.5	9	3.5	8.5	4.5	12	10	6.5	9.5	5.5	4	7
小车总高/mm		1555	1555	1555	1555	1555	1555	1600	1600	1555	1600	1600	1555	1600	1600	1555	1555	1600	1575	1600
小车标准基距/mm		1900～2100（单台车式）																		
小车最大参考轮压/kN		431	432	437	440	442	447	447	447	459	460	466	468	470	470	473	480	495	512	512
小车荐用轨道		QU100 或扁钢 100×80								QU120 或扁钢 120×80										
工作级别		M6																		

200～305t																			
吨位/t		245	245	253	253	253	259	261	263	265	275	277	280	282	282	289	293	293	305
GBM 起重小车型号		610-20	610-21	610-22	610-23	610-24	610-25	610-26	610-27	610-28	610-29	610-30	610-31	610-32	610-33	610-34	610-35	610-36	610-37
倍　率		12	7	10	12	9	10	8	10	7	12	10	12	8	10	10	9	8	12
起升速度 /m·min⁻¹	轻载	0.1～5.46	0.1～7.4	0.1～5.18	0.1～4.31	0.1～5.75	0.1～6.55	0.1～6.48	0.1～5.19	0.1～7.4	0.1～5.46	0.1～6.55	0.1～4.31	0.1～6.48	0.1～5.18	0.1～6.55	0.1～5.75	0.1～6.48	0.1～4.31
	重载	0.1～4.78	0.1～6.47	0.1～4.53	0.1～3.78	0.1～5	0.1～5.73	0.1～5.66	0.1～4.53	0.1～6.47	0.1～4.78	0.1～5.73	0.1～3.78	0.1～5.66	0.1～4.53	0.1～5.73	0.1～5	0.1～5.66	0.1～3.78
标准运行速度/m·min⁻¹		0.1～25（超过此速，可按用户要求另行设计）																	
起升参考额定功率/kW		55.5	93.5	66	55.2	73.2	66.6	82	69	98.6	59.9	71.1	61.1	93.5	73.2	76.3	82	98.6	66
最小标准轨距/mm		3100	3200	2400	2100	2700	3500	2900	2500	3400	3200	3700	2200	3200	2700	3900	2900	3400	2400
最小起升高度/m		5	10.5	5.5	4.5	7.5	10.5	9	6.5	10.5	5.5	7.5	4.5	9.5	7	7.5	8	8.5	4.5
小车总高/mm		1575	1600	1600	1600	1600	1575	1600	1600	1600	1595	1595	1600	1600	1600	1615	1625	1625	1625
小车标准基距/mm		1900～2100（单台车式）					2200～2350（单台车式）												
小车最大参考轮压/kN		523	524	535	540	540	554	556	564	566	593	600	604	606	606	621	630	630	654
小车荐用轨道		QU120 或扁钢 120×80																	
工作级别		M6																	

3.2～140t 小车图如图 1.2.49 所示。

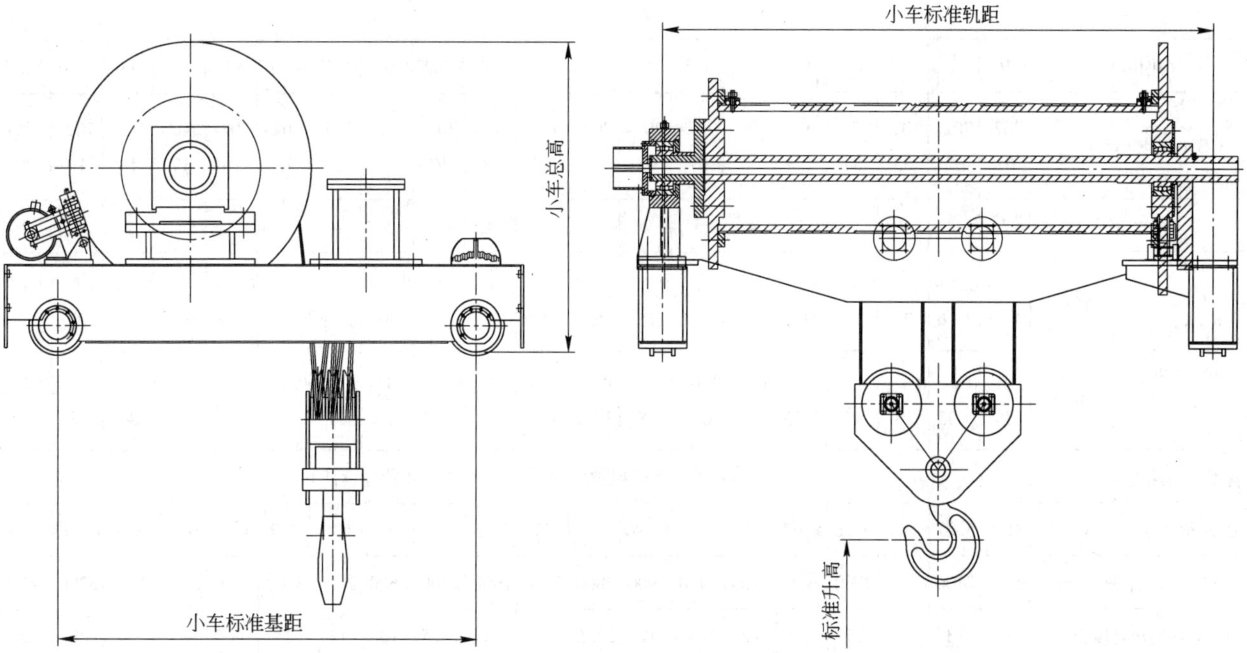

图 1.2.49 3.2～140t 小车图

表 1.2.92 GBM-A7 无齿轮轻型小车 3.2～9t 主要技术参数（江西工埠机械有限公司 www.gongbujx.com）

		3.2～9t																
吨位/t		3.2	3.75	4	4.25	4.5	4.75	5	5	5	5.25	5.25	5.5	5.75	6	6.5	6.5	6.5
GBM 起重小车型号		701-01	701-02	701-03	701-04	701-05	701-06	701-07	701-08	701-09	701-10	701-11	701-12	701-13	701-14	701-15	701-16	701-17
倍　率		2	3	2	2	2	3	2	2	4	2	2	2	2	3	5	4	3
起升速度 /m·min⁻¹	轻载	0.1～23.2	0.1～15.5	0.1～23.2	0.1～25	0.1～23.2	0.1～15.5	0.1～23.2	0.1～25	0.1～11.6	0.1～25	0.1～23.2	0.1～23.2	0.1～23.2	0.1～15.5	0.1～9.28	0.1～11.6	0.1～16.7
	重载	0.1～15.5	0.1～10.3	0.1～15.5	0.1～18	0.1～15.5	0.1～10.3	0.1～15.5	0.1～18	0.1～7.75	0.1～18	0.1～15.5	0.1～15.5	0.1～15.5	0.1～10.3	0.1～6.2	0.1～7.75	0.1～12
标准运行速度/m·min⁻¹		0.1～35（超过此速，可按用户要求另行设计）																
起升参考额定功率/kW		3.93	3.06	4.6	6	5.27	3.93	5.67	7	3.06	7.93	6.13	6.8	7.17	4.6	3.06	3.93	6
最小标准轨距/mm		1700	1500	1900	1600	2100	1700	2200	1700	1500	1900	2400	2600	2700	1900	1500	1700	1600
最小起升高度/m		20	12	24	24	26	14	24	24	9	24	24	24	24	18	7.5	10	16
小车总高/mm		730	730	730	820	730	730	730	820	730	820	820	820	820	750	750	750	820
小车标准基距/mm					1350～1600											1250～1400		
小车最大参考轮压/kN		16.6	18.8	19	19.9	21.6	22.1	22.7	22.8	22.8	23.3	23.9	24.4	25.6	26.3	27.5	27.5	28.3
小车荐用轨道		P18 或方钢 40×40																
工作级别		M7																

		3.2～9t															
吨位/t		6.5	6.75	6.75	7.25	7.25	7.25	7.5	7.5	7.75	7.75	7.75	8	8	8.25	8.5	8.5
GBM 起重小车型号		701-18	701-19	701-20	701-21	701-22	701-23	701-24	701-25	701-26	701-27	701-28	701-29	701-30	701-31	701-32	701-33
倍　率		2	2	3	3	3	3	2	3	5	4	3	2	3	4	2	3
起升速度 /m·min⁻¹	轻载	0.1～25	0.1～23.2	0.1～15.5	0.1～15.5	0.1～16.7	0.1～15.5	0.1～25	0.1～16.7	0.1～9.28	0.1～11.6	0.1～15.5	0.1～41.5	0.1～15.5	0.1～12.5	0.1～25	0.1～15.5
	重载	0.1～18	0.1～15.5	0.1～10.3	0.1～10.3	0.1～12	0.1～10.3	0.1～18	0.1～12	0.1～6.2	0.1～7.75	0.1～10.3	0.1～34	0.1～10.3	0.1～9	0.1～18	0.1～10.3
标准运行速度/m·min⁻¹		0.1～35（超过此速，可按用户要求另行设计）															
起升参考额定功率/kW		9.26	7.87	5.27	5.67	7	5.67	10.8	7.93	3.93	4.6	6.13	19.2	6.8	6	11.8	7.17
最小标准轨距/mm		2000	2800	2100	2200	1700	2200	2300	1900	1700	1900	2400	1800	2600	1600	2400	2600
最小起升高度/m		24	24	18	18	16	18	24	17	8	12	21	24	23	12	32	24
小车总高/mm		820	820	750	750	820	750	820	820	750	750	750	1020	750	820	820	750
小车标准基距/mm		1350～1600							1350～1650				2000	1350～1650			
小车最大参考轮压/kN		28.3	29.1	29.1	30.6	31.4	30.8	31.6	31.8	32.1	32.1	32.1	34.4	32.9	34.6	35.8	35.5
小车荐用轨道		P18 或方钢 40×40															
工作级别		M7															

表 1.2.93　GBM-A7 无齿轮轻型小车 9～15t 主要技术参数（江西工埠机械有限公司　www.gongbujx.com）

9～15t																					
吨位/t		9	9	9.5	9.5	9.5	9.5	9.5	10	10	10	10	10.25	10.25	10.75	10.75	11	11	11	11.5	11.5
GBM 起重小车型号		702-01	702-02	702-03	702-04	702-05	702-06	702-07	702-08	702-09	702-10	702-11	702-12	702-13	702-14	702-15	702-16	702-17	702-18	702-19	702-20
倍　率		2	4	2	3	4	4	5	2	3	2	4	4	5	4	2	5	3	2	2	4
起升速度/m·min⁻¹	轻载	0.1～41.5	0.1～11.6	0.1～25	0.1～16.7	0.1～11.6	0.1～12.5	0.1～9.28	0.1～25	0.1～15.5	0.1～41.5	0.1～12.5	0.1～11.6	0.1～10	0.1～11.6	0.1～25	0.1～9.28	0.1～16.7	0.1～41.5	0.1～25	0.1～11.6
	重载	0.1～34	0.1～7.75	0.1～18	0.1～12	0.1～7.75	0.1～9	0.1～6.2	0.1～18	0.1～10.3	0.1～34	0.1～9	0.1～7.75	0.1～7.2	0.1～7.75	0.1～18	0.1～6.2	0.1～12	0.1～34	0.1～18	0.1～7.75
标准运行速度/m·min⁻¹		0.1～35（超过此速，可按用户要求另行设计）																			
起升参考额定功率/kW		21.5	5.27	13.6	9.26	5.67	7	4.6	14.47	7.87	25	7.93	6.13	6	6.8	14.93	5.27	10.8	26.4	15.93	7.17
最小标准轨距/mm		21.5	2100	2800	2000	2200	1700	1900	2900	2800	2100	1900	2400	1600	2600	3000	2100	2300	2200	3200	2600
最小起升高度/m		32	13	35	17	14	12	10	12	23.5	26	13	15.5	10	18	28	10.5	20	26	28	18
小车总高/mm		1030	750	820	820	750	820	750	820	750	1030	820	750	820	780	820	780	820	1030	820	780
小车标准基距/mm		2000	1350～1650								2000	1350～1650							2100	1350～1650	
小车最大参考轮压/kN		38.2	37.3	38.5	38.5	38.5	38.6	38.6	40.3	40.1	41.3	41.3	41.5	41.7	43.1	43.3	44.5	44.8	45	45.3	45.2
小车荐用轨道		P18 或方钢 40×40							P24 或扁钢 50×30												
工作级别		M7																			

9～15t																				
吨位/t		12	12	12	12.5	12.75	12.75	13	13	13	13.5	13.5	13.5	13.5	14	14	14.5	15	15	15
GBM 起重小车型号		702-21	702-22	702-23	702-24	702-25	702-26	702-27	702-28	702-29	702-30	702-31	702-32	702-33	702-34	702-35	702-36	702-37	702-38	702-39
倍　率		3	5	5	6	2	3	5	4	5	4	4	3	2	3	4	6	4	2	3
起升速度/m·min⁻¹	轻载	0.1～27.7	0.1～9.28	0.1～10	0.1～8.33	0.1～41.5	0.1～16.7	0.1～10	0.1～12.5	0.1～9.28	0.1～11.6	0.1～11.6	0.1～27.7	0.1～41.5	0.1～16.7	0.1～11.6	0.1～8.33	0.1～12.5	0.1～41.5	0.1～16.7
	重载	0.1～22.7	0.1～6.2	0.1～7.2	0.1～6	0.1～34	0.1～12	0.1～7.2	0.1～9	0.1～6.2	0.1～7.75	0.1～7.75	0.1～22.7	0.1～34	0.1～12	0.1～7.75	0.1～6	0.1～9	0.1～34	0.1～12
标准运行速度/m·min⁻¹		0.1～35（超过此速，可按用户要求另行设计）																		
起升参考额定功率/kW		19.2	5.67	7	6	29.4	11.8	7.93	9.26	6.13	7.87	6.8	21.5	33.8	13.6	7.87	7	10.8	36.7	14.47
最小标准轨距/mm		1800	2200	1700	1600	2300	2400	1900	2000	2400	2800	2600	1900	2500	2800	2600	1700	2300	2700	2900
最小起升高度/m		14	11	10	8	28	21	10.5	12.5	12.5	17.5	14	21	30	23	14.5	8	15	30	24
小车总高/mm		1030	780	820	820	1120	820	880	880	800	790	800	1030	1120	880	800	880	880	1120	900
小车标准基距/mm		2200	1350～1650			2200	1650	1350～1650					2200		1350～1650				2200	1750
小车最大参考轮压/kN		49.1	49.3	51.2	53	53.8	53.8	55.6	55.6	55.6	57	57	58	58.8	59.2	59.2	61.2	62	63	63
小车荐用轨道		P24 或扁钢 50×30																		
工作级别		M7																		

表 1.2.94 GBM-A7 无齿轮轻型小车 15 ~ 24t 主要技术参数（江西工埠机械有限公司 www.gongbujx.com）

15 ~ 24t																	
吨位/t		15.5	15.5	16	16	16	17	17	17	17	17	17.75	18.5	18.5	18.75	19	19
GBM 起重小车型号		703-01	703-02	703-03	703-04	703-05	703-06	703-07	703-08	703-09	703-10	703-11	703-12	703-13	703-14	703-15	703-16
倍 率		3	6	4	5	3	5	3	4	2	3	4	2	5	4	3	2
起升速度 /m · min^{-1}	轻载	0.1 ~ 27.7	0.1 ~ 8.33	0.1 ~ 20.8	0.1 ~ 10	0.1 ~ 16.7	0.1 ~ 9.28	0.1 ~ 27.7	0.1 ~ 12.5	0.1 ~ 41.5	0.1 ~ 16.7	0.1 ~ 20.8	0.1 ~ 41.5	0.1 ~ 10	0.1 ~ 12.5	0.1 ~ 27.7	0.1 ~ 32.8
	重载	0.1 ~ 22.7	0.1 ~ 6	0.1 ~ 17	0.1 ~ 7.2	0.1 ~ 12	0.1 ~ 6.2	0.1 ~ 22.7	0.1 ~ 9	0.1 ~ 34	0.1 ~ 12	0.1 ~ 17	0.1 ~ 34	0.1 ~ 7.2	0.1 ~ 9	0.1 ~ 22.7	0.1 ~ 28.7
标准运行速度/m · min^{-1}		0.1 ~ 35（超过此速，可按用户要求另行设计）															
起升参考额定功率/kW		25	7.93	19.2	9.26	14.93	7.87	26.4	11.8	39.6	15.93	21.5	44	10.8	13.6	29.4	26
最小标准轨距/mm		2100	1900	1800	2000	3000	2800	2200	2400	2900	3200	1900	3100	2300	2800	2300	2000
最小起升高度/m		18	8.5	11	10	22	14	18	16	30	24	16	30	12	17	20	24
小车总高/mm		1030	900	1030	900	900	820	1030	900	1080	900	1030	1080	900	900	1130	1225
小车标准基距/mm		2400	1750	2400	1350 ~ 1650			2200 ~ 2400									2650
小车最大参考轮压/kN		64.5	63.6	67.3	66.7	67.3	67.8	70	69.8	71.5	71	72.7	74.8	74.5	75	77.2	78.1
小车荐用轨道		P24、P30 或扁钢 50 × 30															
工作级别		M7															

15 ~ 24t																				
吨位/t		19.5	19.5	20	20	20	20.5	21	21.5	21.5	22	22	22	22	22	22	23	23	24	24
GBM 起重小车型号		703-17	703-18	703-19	703-20	703-21	703-22	703-23	703-24	703-25	703-26	703-27	703-28	703-29	703-30	703-31	703-32	703-33	703-34	703-35
倍 率		6	2	5	4	4	3	5	4	2	2	6	3	4	5	2	4	5	6	2
起升速度 /m · min^{-1}	轻载	0.1 ~ 8.33	0.1 ~ 41.5	0.1 ~ 16.6	0.1 ~ 12.5	0.1 ~ 20.8	0.1 ~ 27.7	0.1 ~ 10	0.1 ~ 12.5	0.1 ~ 41.5	0.1 ~ 32.8	0.1 ~ 8.33	0.1 ~ 27.7	0.1 ~ 20.8	0.1 ~ 16.6	0.1 ~ 25.9	0.1 ~ 12.5	0.1 ~ 10	0.1 ~ 13.8	0.1 ~ 32.8
	重载	0.1 ~ 6	0.1 ~ 34	0.1 ~ 13.6	0.1 ~ 9	0.1 ~ 17	0.1 ~ 22.7	0.1 ~ 7.2	0.1 ~ 9	0.1 ~ 34	0.1 ~ 28.7	0.1 ~ 6	0.1 ~ 22.7	0.1 ~ 17	0.1 ~ 13.6	0.1 ~ 22.6	0.1 ~ 9	0.1 ~ 7.2	0.1 ~ 11.3	0.1 ~ 28.7
标准运行速度/m · min^{-1}		0.1 ~ 35（超过此速，可按用户要求另行设计）																		
起升参考额定功率/kW		9.26	47	19.2	14.47	25	33.8	11.8	14.93	49.9	33.3	10.8	36.7	26.4	21.5	34	15.93	13.6	19.2	37.8
最小标准轨距/mm		2000	3300	1800	2900	2100	2500	2400	3000	3400	2200	2300	2700	2200	1900	1500	3200	2800	1800	2400
最小起升高度/m		8.5	30	8.5	18	14	22	13	17	32	22	10	21	15	12	16	18	14	7	24
小车总高/mm		900	1080	1050	920	1050	1130	920	920	1080	1225	920	1130	1050	1030	1300	920	920	1050	1225
小车标准基距/mm		1750	2400	2200 ~ 2400							2600	2200 ~ 2400				2600	2200 ~ 2400			2600
小车最大参考轮压/kN		76.9	79.5	81.6	82.1	83.8	84.9	86.3	86.5	87.9	89.2	90.2	91.4	91.4	91.4	92.7	93.3	93.8	95.5	96.8
小车荐用轨道		P24、P30 或扁钢 50 × 30																		
工作级别		M7																		

表 1.2.95　GBM-A7 无齿轮轻型小车 24 ~ 36t 主要技术参数（江西工埠机械有限公司　www.gongbujx.com）

24 ~ 36t																		
吨位/t		25	25	25	25	25	25.5	27	27	27.5	27.5	28	28	28	28.5	28.5	29	29
GBM 起重小车型号		704-01	704-02	704-03	704-04	704-05	704-06	704-07	704-08	704-09	704-10	704-11	704-12	704-13	704-14	704-15	704-16	704-17
倍　率		5	4	5	2	6	3	6	5	4	3	5	7	6	3	5	2	2
起升速度 /m · min^{-1}	轻载	0.1 ~ 10	0.1 ~ 20.8	0.1 ~ 16.6	0.1 ~ 25.9	0.1 ~ 8.33	0.1 ~ 27.7	0.1 ~ 13.8	0.1 ~ 10	0.1 ~ 20.8	0.1 ~ 27.7	0.1 ~ 16.6	0.1 ~ 11.8	0.1 ~ 8.33	0.1 ~ 21.8	0.1 ~ 10	0.1 ~ 32.8	0.1 ~ 32.8
	重载	0.1 ~ 7.2	0.1 ~ 17	0.1 ~ 13.6	0.1 ~ 22.6	0.1 ~ 6	0.1 ~ 22.7	0.1 ~ 11.3	0.1 ~ 7.2	0.1 ~ 17	0.1 ~ 22.7	0.1 ~ 13.6	0.1 ~ 9.72	0.1 ~ 6	0.1 ~ 19.1	0.1 ~ 7.2	0.1 ~ 28.7	0.1 ~ 28.7
标准运行速度/m · min^{-1}		0.1 ~ 35（超过此速，可按用户要求另行设计）																
起升参考额定功率/kW		14.47	29.4	25	38.5	11.8	39.6	21.5	14.93	33.8	44	26.4	19.2	13.6	29	15.93	42.2	46.9
最小标准轨距/mm		2900	2300	2100	1700	2400	2900	1900	3000	2500	3100	2200	1800	2800	2000	3200	2500	2700
最小起升高度/m		15	15.5	11	20	10.5	21	10	11.5	17.5	24	12	6	11.5	16	12	24	24
小车总高/mm		920	1130	1050	1300	920	1080	1080	920	1150	1100	1080	1080	920	1225	920	1275	1275
小车标准基距/mm		2200 ~ 2400			2200 ~ 2400										2600	1750	2600	
小车最大参考轮压/kN		101.6	102.2	102.2	102.9	103.2	104	108.2	107.9	110.6	111.2	112	112	112	115.7	114.9	119.1	120
小车荐用轨道		P38、P43 或扁钢 60 × 40																
工作级别		M7																

24 ~ 36t																					
吨位/t		29.5	30	30	30.5	31	31	31.5	32	32	32	32.5	33	33.5	33.5	33.5	34	34	36	36	36
GBM 起重小车型号		704-18	704-19	704-20	704-21	704-22	704-23	704-24	704-25	704-26	704-27	704-28	704-29	704-30	704-31	704-32	704-33	704-34	704-35	704-36	704-37
倍　率		3	4	6	6	7	2	5	8	2	6	3	3	3	2	6	4	5	7	2	8
起升速度 /m · min^{-1}	轻载	0.1 ~ 27.7	0.1 ~ 20.8	0.1 ~ 8.33	0.1 ~ 13.8	0.1 ~ 11.8	0.1 ~ 25.9	0.1 ~ 16.6	0.1 ~ 10.4	0.1 ~ 32.8	0.1 ~ 8.33	0.1 ~ 27.7	0.1 ~ 21.8	0.1 ~ 17.3	0.1 ~ 25.9	0.1 ~ 13.8	0.1 ~ 20.8	0.1 ~ 16.6	0.1 ~ 11.8	0.1 ~ 25.9	0.1 ~ 10.4
	重载	0.1 ~ 22.7	0.1 ~ 17	0.1 ~ 6	0.1 ~ 11.3	0.1 ~ 9.72	0.1 ~ 22.6	0.1 ~ 13.6	0.1 ~ 8.5	0.1 ~ 28.7	0.1 ~ 6	0.1 ~ 22.7	0.1 ~ 19.1	0.1 ~ 15.1	0.1 ~ 22.6	0.1 ~ 11.3	0.1 ~ 17	0.1 ~ 13.6	0.1 ~ 9.72	0.1 ~ 22.6	0.1 ~ 8.5
标准运行速度/m · min^{-1}		0.1 ~ 35（超过此速，可按用户要求另行设计）																			
起升参考额定功率/kW		47	36.7	14.47	25	21.5	47.7	29.4	19.2	51.1	14.93	49.9	33.3	34	51.6	26.4	39.6	33.8	25	55.2	21.5
最小标准轨距/mm		3300	2700	2900	2100	1900	1800	2300	1800	2900	3000	3400	2200	1500	2000	2200	2900	2500	2100	2100	1900
最小起升高度/m		22	16	12.5	9.5	9	22	14	6	26	11.5	20	15	12	22	10	16	14	8	24	8
小车总高/mm		1100	1150	920	1100	1100	1300	1150	1100	1275	920	1100	1225	1300	1300	1120	1350	1150	1120	1375	1120
小车标准基距/mm		2200 ~ 2400				2400	2600	2400		2600	1800	2400	2600 ~ 2700			2350 ~ 2450				2600	2400
小车最大参考轮压/kN		120	121	122	122	123	125	127	129.5	132	131	134	136	137	137	136.5	138	138	143	144	143.3
小车荐用轨道		P38、P43 或扁钢 60 × 40																			
工作级别		M7																			

表 1.2.96 GBM-A7 无齿轮轻型小车 36 ~ 50t 主要技术参数（江西工埠机械有限公司 www.gongbujx.com）

36 ~ 50t																			
吨位/t		37	37	37	37	37	38	38	38	38.5	39	39	39	40	41	41	42.5	43	43
GBM 起重小车型号		705-01	705-02	705-03	705-04	705-05	705-06	705-07	705-08	705-09	705-10	705-11	705-12	705-13	705-14	705-15	705-16	705-17	705-18
倍 率		3	4	5	3	6	6	4	2	2	7	4	2	8	6	3	5	2	4
起升速度 /m · min^{-1}	轻载	0.1 ~ 21.8	0.1 ~ 20.8	0.1 ~ 16.6	0.1 ~ 17.3	0.1 ~ 13.8	0.1 ~ 8.33	0.1 ~ 16.4	0.1 ~ 32.8	0.1 ~ 32.8	0.1 ~ 11.8	0.1 ~ 20.8	0.1 ~ 25.9	0.1 ~ 10.4	0.1 ~ 13.8	0.1 ~ 21.8	0.1 ~ 16.6	0.1 ~ 25.9	0.1 ~ 20.8
	重载	0.1 ~ 19.1	0.1 ~ 17	0.1 ~ 13.6	0.1 ~ 15.1	0.1 ~ 11.3	0.1 ~ 6	0.1 ~ 14.3	0.1 ~ 28.7	0.1 ~ 28.7	0.1 ~ 9.72	0.1 ~ 17	0.1 ~ 22.6	0.1 ~ 8.5	0.1 ~ 11.3	0.1 ~ 19.1	0.1 ~ 13.6	0.1 ~ 22.6	0.1 ~ 17
标准运行速度/m · min^{-1}		0.1 ~ 35（超过此速，可按用户要求另行设计）																	
起升参考额定功率/kW		37.8	44	36.7	38.5	29.4	15.93	29	55.5	59.9	26.4	47	61.1	25	33.8	42.2	39.6	66	49.9
最小标准轨距/mm		2400	3100	2700	1700	2300	3200	2000	3100	3200	2200	3300	2200	2100	2500	2500	2900	2400	3400
最小起升高度/m		17	18	12.5	14	11.5	12	12	26	28	8.5	18	26	7	12	17	12.5	27	17.5
小车总高/mm		1225	1120	1150	1350	1150	920	1225	1275	1275	1180	1180	1375	1180	1150	1275	1180	1375	1180
小车标准基距/mm		2600	2400		2600	2400	1800	2600 ~ 2700			2400		2600	2400		2600	2400	2700	2400
小车最大参考轮压/kN		149	149	149.5	150.5	150	150	150.5	151	152	152	152.5	154	157	160	161	166	167	167
小车荐用轨道		P43、QU70 或扁钢 70 × 50																	
工作级别		M7																	

36 ~ 50t																				
吨位/t		43.5	44	44	44	44.5	44.5	44.5	44.5	46	47	47	47	47	48	48	48	49	49	50
GBM 起重小车型号		705-19	705-20	705-21	705-22	705-23	705-24	705-25	705-26	705-27	705-28	705-29	705-30	705-31	705-32	705-33	705-34	705-35	705-36	705-37
倍 率		3	2	4	7	6	8	2	4	5	2	3	5	2	7	3	4	2	5	3
起升速度 /m · min^{-1}	轻载	0.1 ~ 21.8	0.1 ~ 32.8	0.1 ~ 16.4	0.1 ~ 11.8	0.1 ~ 13.8	0.1 ~ 10.4	0.1 ~ 25.9	0.1 ~ 13	0.1 ~ 16.6	0.1 ~ 32.8	0.1 ~ 17.3	0.1 ~ 13.1	0.1 ~ 25.9	0.1 ~ 11.8	0.1 ~ 21.8	0.1 ~ 16.4	0.1 ~ 32.8	0.1 ~ 16.6	0.1 ~ 17.3
	重载	0.1 ~ 19.1	0.1 ~ 28.7	0.1 ~ 14.3	0.1 ~ 9.72	0.1 ~ 11.3	0.1 ~ 8.5	0.1 ~ 22.6	0.1 ~ 11.3	0.1 ~ 13.6	0.1 ~ 28.7	0.1 ~ 15.1	0.1 ~ 11.5	0.1 ~ 22.6	0.1 ~ 9.72	0.1 ~ 19.1	0.1 ~ 14.3	0.1 ~ 28.7	0.1 ~ 13.6	0.1 ~ 15.1
标准运行速度/m · min^{-1}		0.1 ~ 35（超过此速，可按用户要求另行设计）																		
起升参考额定功率/kW		46.9	66.6	33.3	29.4	36.7	26.4	69	34	44	66.6	47.7	29	73.2	33.8	51.1	37.8	76.3	47	51.6
最小标准轨距/mm		2700	3500	2200	2300	2700	2200	2500	1500	3100	3600	1800	2000	2700	2500	2900	2400	3900	3300	2000
最小起升高度/m		19	30	11.5	9.5	10.5	8	26	9	15	30	15	10	32	10	19	13	30	14.5	16
小车总高/mm		1275	1275	1275	1180	1180	1180	1375	1350	1180	1275	1350	1275	1375	1180	1275	1275	1275	1180	1350
小车标准基距/mm		2600 ~ 2700			2350 ~ 2450			2700		2400	2600 ~ 2700				2400	2600 ~ 2700			2400	2700
小车最大参考轮压/kN		170	171	171.5	171	171.5	171.5	173	173	178	181.5	182	183	184	184	185	185.6	186.3	190	195
小车荐用轨道		P43、QU70 或扁钢 70 × 50																		
工作级别		M7																		

表 1.2.97 GBM-A7 无齿轮轻型小车 50～70t 主要技术参数（江西工埠机械有限公司 www.gongbujx.com）

50～70t																					
吨位/t		50	50	51	52	52	53	54	55	55	55	55	56	56	57	58	59	59	59	60	60
GBM 起重小车型号		706-01	706-02	706-03	706-04	706-05	706-06	706-07	706-08	706-09	706-10	706-11	706-12	706-13	706-14	706-15	706-16	706-17	706-18	706-19	706-20
倍 率		8	4	6	3	7	3	5	8	4	5	2	6	5	6	3	4	6	3	8	2
起升速度 /m · min^{-1}	轻载	0.1～10.4	0.1～13	0.1～13.8	0.1～21.8	0.1～11.8	0.1～17.3	0.1～16.6	0.1～10.4	0.1～16.4	0.1～13.1	0.1～25.9	0.1～13.8	0.1～10.4	0.1～10.9	0.1～21.8	0.1～16.4	0.1～13.8	0.1～17.3	0.1～10.4	0.1～25.9
	重载	0.1～8.5	0.1～11.3	0.1～11.3	0.1～19.1	0.1～9.72	0.1～15.1	0.1～13.6	0.1～8.5	0.1～14.3	0.1～11.5	0.1～22.6	0.1～11.3	0.1～9.06	0.1～9.55	0.1～19.1	0.1～14.3	0.1～11.3	0.1～15.1	0.1～8.5	0.1～22.6
标准运行速度/m · min^{-1}		0.1～35（超过此速，可按用户要求另行设计）																			
起升参考额定功率/kW		29.4	38.5	39.6	55.5	36.7	55.2	49.9	33.8	42.2	33.3	82	44	34	29	59.9	46.9	47	61.1	36.7	93.5
最小标准轨距/mm		2300	1700	2900	3100	2700	2100	3400	2500	2500	2200	2900	3100	1500	2000	3200	2700	3300	2200	2700	3200
最小起升高度/m		8.5	10.5	10.5	20	9	18	14	9	12.5	9	32	12.5	7	8	20.5	14	12	17	8	32
小车总高/mm		1180	1350	1180	1275	1180	1400	1180	1180	1275	1275	1400	1180	1375	1275	1275	1275	1180	1400	1180	1400
小车标准基距/mm		2400	2700	2400	2600	2400	2700	2400		2600～2700			2400	2600～2700				2400	2700	2400	2700
小车最大参考轮压/kN		195	196	199	201	201	206	207	211	212	212	212	212.5	213	219	222	224	226	227	227	227
小车荐用轨道		P43、QU70 或扁钢 70×50					QU80 或扁钢 80×60														
工作级别		M7																			

50～70t																					
吨位/t		60	61	63	63	64	64	64	65	65	66	66	67	67	67	67	68	69	69	69	70
GBM 起重小车型号		706-21	706-22	706-23	706-24	706-25	706-26	706-27	706-28	706-29	706-30	706-31	706-32	706-33	706-34	706-35	706-36	706-37	706-38	706-39	706-40
倍 率		7	5	4	5	4	2	3	7	6	3	6	7	3	4	6	8	7	5	4	3
起升速度 /m · min^{-1}	轻载	0.1～11.8	0.1～13.1	0.1～13	0.1～10.4	0.1～16.4	0.1～25.9	0.1～17.3	0.1～11.8	0.1～13.8	0.1～21.8	0.1～10.9	0.1～9.36	0.1～17.3	0.1～13	0.1～8.63	0.1～10.4	0.1～11.8	0.1～13.1	0.1～16.4	0.1～21.8
	重载	0.1～9.72	0.1～11.5	0.1～11.3	0.1～9.06	0.1～14.3	0.1～22.6	0.1～15.1	0.1～9.72	0.1～11.3	0.1～19.1	0.1～9.55	0.1～8.18	0.1～15.1	0.1～11.3	0.1～7.55	0.1～8.5	0.1～9.72	0.1～11.5	0.1～14.3	0.1～19.1
标准运行速度/m · min^{-1}		0.1～35（超过此速，可按用户要求另行设计）																			
起升参考额定功率/kW		39.6	37.8	47.7	38.5	51.1	98.6	66	44	49.9	66.6	33.3	29	69	60	34	39.6	47	42.2	55.5	71.1
最小标准轨距/mm		2900	2400	1800	1700	2900	3400	2300	3100	3400	3500	2200	2000	2500	2000	1500	2900	3300	2500	3100	3600
最小起升高度/m		9	10	11	8.5	14	32	18	11	11.5	35	7.5	7	20	12	6	8	10.5	10	15	24
小车总高/mm		1180	1275	1375	1375	1275	1400	1400	1180	1180	1275	1275	1275	1400	1400	1375	1200	1200	1275	1275	1275
小车标准基距/mm		2400	2700～2800						2500		2700～2800						2500		2700～2800		
小车最大参考轮压/kN		230	231	241	244	246	247	248	248	248.5	254	254.5	256	258	258	258	258	261	262	265	271
小车荐用轨道		QU80 或扁钢 80×60																			
工作级别		M7																			

表 1.2.98 GBM-A7 无齿轮轻型小车 70 ~ 95t 主要技术参数（江西工埠机械有限公司 www.gongbujx.com）

		70 ~ 95t														
吨位/t		71	71	72	73	73	74	76	76	76	77	77	78	78	79	79
GBM 起重小车型号		707-01	707-02	707-03	707-04	707-05	707-06	707-07	707-08	707-09	707-10	707-11	707-12	707-13	707-14	707-15
倍 率		3	4	6	5	3	8	7	6	8	7	4	5	7	8	4
起升速度 /m · min^{-1}	轻载	0.1 ~ 17.3	0.1 ~ 13	0.1 ~ 10.9	0.1 ~ 13.1	0.1 ~ 21.8	0.1 ~ 10.4	0.1 ~ 11.8	0.1 ~ 8.63	0.1 ~ 8.18	0.1 ~ 9.36	0.1 ~ 16.4	0.1 ~ 10.4	0.1 ~ 7.4	0.1 ~ 10.4	0.1 ~ 13
	重载	0.1 ~ 15.1	0.1 ~ 11.3	0.1 ~ 9.55	0.1 ~ 11.5	0.1 ~ 19.1	0.1 ~ 8.5	0.1 ~ 9.72	0.1 ~ 7.55	0.1 ~ 7.16	0.1 ~ 8.18	0.1 ~ 14.3	0.1 ~ 9.06	0.1 ~ 6.47	0.1 ~ 8.5	0.1 ~ 11.3
标准运行速度/m · min^{-1}		0.1 ~ 32（超过此速，可按用户要求另行设计）														
起升参考额定功率/kW		73.2	55.2	37.8	46.9	76.3	44	49.9	38.5	29	33.3	59.9	47.7	34	47	61.1
最小标准轨距/mm		2700	2100	2000	2700	3850	3100	3400	1700	2000	2000	3200	1700	1500	3300	2200
最小起升高度/m		22	13.5	8.5	11	24	9.5	10	7	6.5	6.5	15.5	9	5	9	13
小车总高/mm		1400	1400	1275	1275	1275	1250	1250	1375	1295	1295	1295	1375	1375	1250	1400
小车标准基距/mm		2700 ~ 2800					500		2700 ~ 2800						2500	2700
小车最大参考轮压/kN		276	276	279	282	285	288	303	304	303.8	306	306	308	308	308	310
小车荐用轨道		QU80 或扁钢 80 × 60						QU100 或扁钢 100 × 80								
工作级别		M7														

		70 ~ 95t																			
吨位/t		80	83	83	84	84	86	86	87	88	88	88	89	90	90	90	90	93	93	95	95
GBM 起重小车型号		707-16	707-17	707-18	707-19	707-20	707-21	707-22	707-23	707-24	707-25	707-26	707-27	707-28	707-29	707-30	707-31	707-32	707-33	707-34	707-35
倍 率		5	6	3	5	7	4	8	5	6	4	8	7	3	4	5	8	6	4	10	4
起升速度 /m · min^{-1}	轻载	0.1 ~ 13.1	0.1 ~ 10.9	0.1 ~ 17.3	0.1 ~ 10.4	0.1 ~ 9.36	0.1 ~ 13	0.1 ~ 10.4	0.1 ~ 13.1	0.1 ~ 10.9	0.1 ~ 16.4	0.1 ~ 8.18	0.1 ~ 7.4	0.1 ~ 17.3	0.1 ~ 13	0.1 ~ 10.4	0.1 ~ 6.48	0.1 ~ 8.63	0.1 ~ 16.4	0.1 ~ 6.55	0.1 ~ 13
	重载	0.1 ~ 11.5	0.1 ~ 9.55	0.1 ~ 15.1	0.1 ~ 9.06	0.1 ~ 8.18	0.1 ~ 11.3	0.1 ~ 8.5	0.1 ~ 11.5	0.1 ~ 9.55	0.1 ~ 14.3	0.1 ~ 7.16	0.1 ~ 6.47	0.1 ~ 15.1	0.1 ~ 11.3	0.1 ~ 9.06	0.1 ~ 5.66	0.1 ~ 7.55	0.1 ~ 14.3	0.1 ~ 5.73	0.1 ~ 11.3
标准运行速度/m · min^{-1}		0.1 ~ 32（超过此速，可按用户要求另行设计）																			
起升参考额定功率/kW		51.1	42.2	82	51.6	37.8	66	49.9	55.5	46.9	66.6	33.3	38.5	93.5	69	55.2	34	47.7	71.1	29	73.2
最小标准轨距/mm		2900	2500	2900	2000	2000	2400	3400	3100	2700	3500	2200	1650	3200	2500	2100	1500	1800	3700	2000	2700
最小起升高度/m		11	8.5	24	9.5	7.5	13.5	8.5	12	9.5	18	6	6	22	16	10.5	4.5	7.5	18	5	16.5
小车总高/mm		1295	1295	1400	1400	1295	1400	1250	1295	1295	1295	1295	1375	1400	1400	1400	1375	1375	1325	1325	1425
小车标准基距/mm		2700 ~ 2800						2500	2700 ~ 2800												
小车最大参考轮压/kN		315	320	323	329	328	335	335	338	340	340	340	343	346	346	346	346	365	365	372	373
小车荐用轨道		QU100 或扁钢 100 × 80																			
工作级别		M7																			

表 1.2.99 GBM-A7 无齿轮轻型小车 95～130t 主要技术参数（江西工埠机械有限公司 www.gongbujx.com）

95～130t																		
吨位/t	96	96	96	96	96	97	99	100	101	102	104	107	107	110	110	110	110	110
GBM 起重小车型号	708-01	708-02	708-03	708-04	708-05	708-06	708-07	708-08	708-09	708-10	708-11	708-12	708-13	708-14	708-15	708-16	708-17	708-18
倍　率	6	3	7	8	5	4	5	6	8	7	6	5	6	7	5	8	4	10
起升速度 $/m\cdot min^{-1}$ 轻载	0.1～10.9	0.1～17.3	0.1～9.36	0.1～8.18	0.1～13.1	0.1～16.4	0.1～10.4	0.1～8.63	0.1～6.48	0.1～9.36	0.1～10.9	0.1～10.4	0.1～8.63	0.1～7.4	0.1～13.1	0.1～8.18	0.1～13	0.1～6.55
起升速度 $/m\cdot min^{-1}$ 重载	0.1～9.55	0.1～15.1	0.1～8.18	0.1～7.16	0.1～11.5	0.1～14.3	0.1～9.06	0.1～7.55	0.1～5.66	0.1～8.18	0.1～9.55	0.1～9.06	0.1～7.55	0.1～6.47	0.1～11.5	0.1～7.16	0.1～11.3	0.1～5.73
标准运行速度 $/m\cdot min^{-1}$	0.1～32（超过此速，可按用户要求另行设计）																	
起升参考额定功率/kW	51.1	98.6	42.2	37.8	59.9	76.3	61.1	51.6	38.5	46.9	55.5	66	55.2	47.7	66.6	42.2	82	33.3
最小标准轨距/mm	2900	3400	2500	2000	3200	3900	2200	2000	1700	2700	3100	3300	2100	1800	3500	2500	2900	2200
最小起升高度/m	9.5	23	7	6.5	12.5	19	10	8	5.5	8	10	11	9	6.5	14	6	18	4.5
小车总高/mm	1325	1425	1325	1325	1325	1325	1425	1400	1400	1325	1325	1425	1425	1400	1355	1355	1425	1355
小车标准基距/mm	2700～2800											1900～2100（单台车式）						
小车最大参考轮压/kN	374	376	377	377	377	379	383	388	390	390	403	305	305	310	310	310	311	310
小车荐用轨道	QU100 或扁钢 100×80																	
工作级别	M7																	

95～130t																			
吨位/t	111	111	111	114	115	116	117	117	117	118	118	120	121	124	124	125	125	127	127
GBM 起重小车型号	708-19	708-20	708-21	708-22	708-23	708-24	708-25	708-26	708-27	708-28	708-29	708-30	708-31	708-32	708-33	708-34	708-35	708-36	708-37
倍　率	5	10	7	12	6	8	5	7	6	4	5	7	5	7	8	10	4	8	6
起升速度 $/m\cdot min^{-1}$ 轻载	0.1～10.4	0.1～5.18	0.1～9.36	0.1～5.46	0.1～10.9	0.1～8.18	0.1～13.1	0.1～7.4	0.1～8.63	0.1～13	0.1～10.4	0.1～9.36	0.1～13.1	0.1～7.4	0.1～6.48	0.1～5.18	0.1～8.25	0.1～8.18	0.1～8.63
起升速度 $/m\cdot min^{-1}$ 重载	0.1～9.06	0.1～4.53	0.1～8.18	0.1～4.78	0.1～9.55	0.1～7.16	0.1～11.5	0.1～6.47	0.1～7.55	0.1～11.3	0.1～9.06	0.1～8.18	0.1～11.5	0.1～6.47	0.1～5.66	0.1～4.53	0.1～5.82	0.1～7.16	0.1～7.55
标准运行速度 $/m\cdot min^{-1}$	0.1～32（超过此速，可按用户要求另行设计）																		
起升参考额定功率/kW	69	34	51.1	29	59.9	46.9	71.1	51.6	61.1	93.5	73.2	55.5	76.3	55.2	47.7	38.5	98.6	51.1	66
最小标准轨距/mm	2500	1500	2900	2000	3200	2000	3700	2000	2200	3200	2700	3100	3900	2100	1800	1700	3400	2900	2400
最小起升高度/m	13	3.5	8	4.5	10.5	7	14	7	9	18.5	13.5	9	15	7.5	5.5	4	18	7	9
小车总高/mm	1425	1400	1375	1375	1375	1375	1375	1400	1425	1425	1425	1415	1415	1455	1425	1425	1455	1415	1455
小车标准基距/mm	1900～2100（单台车式）																		
小车最大参考轮压/kN	312	312	312	318	321	323	325	325	327	328	328	334	335	344	344	346	346	347	349
小车荐用轨道	QU100 或扁钢 100×80																		
工作级别	M7																		

140～420t 小车图如图 1.2.50 所示。

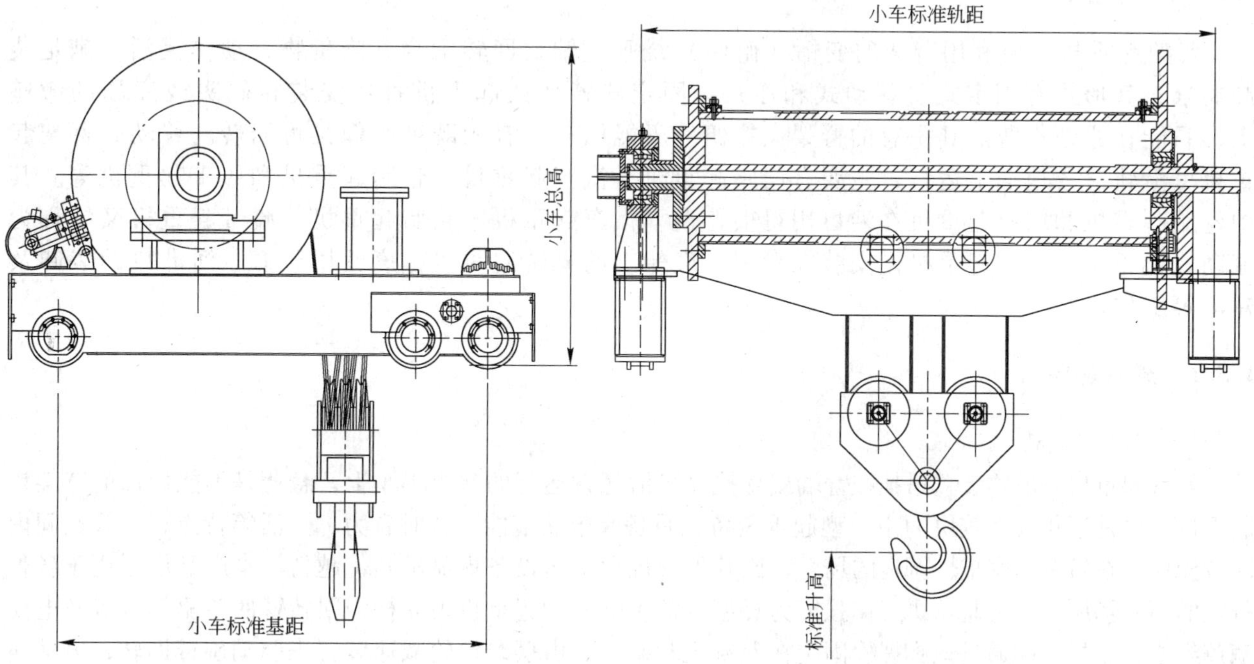

图 1.2.50 140～420t 小车图

表 1.2.100 GBM-A7 无齿轮轻型小车 130～205t 主要技术参数（江西工埠机械有限公司 www.gongbujx.com）

130～205t																					
吨位/t		130	131	132	132	132	134	136	136	137	137	140	140	140	142	143	144	146	148	150	152
GBM 起重小车型号		709-01	709-02	709-03	709-04	709-05	709-06	709-07	709-08	709-09	709-10	709-11	709-12	709-13	709-14	709-15	709-16	709-17	709-18	709-19	709-20
倍　率		6	12	6	8	12	7	10	5	7	8	6	6	8	12	10	6	5	7	12	7
起升速度/m·min^{-1}	轻载	0.1～10.9	0.1～5.46	0.1～8.63	0.1～6.48	0.1～4.31	0.1～9.36	0.1～6.55	0.1～10.4	0.1～7.4	0.1～8.18	0.1～10.9	0.1～8.63	0.1～6.48	0.1～5.46	0.1～6.55	0.1～10.9	0.1～10.4	0.1～7.4	0.1～4.3	0.1～9.36
	重载	0.1～9.55	0.1～4.78	0.1～7.55	0.1～5.66	0.1～3.78	0.1～8.18	0.1～5.73	0.1～9.06	0.1～6.47	0.1～7.16	0.1～9.55	0.1～7.55	0.1～5.66	0.1～4.78	0.1～5.73	0.1～9.55	0.1～9.06	0.1～6.47	0.1～3.78	0.1～8.18
标准运行速度/m·min^{-1}		0.1～25（超过此速，可按用户要求另行设计）																			
起升参考额定功率/kW		66.6	33.3	69	51.6	34	59.9	42.2	82	61.1	55.5	71.1	73.2	55.2	37.8	46.9	76.3	93.5	66	38.5	66.6
最小标准轨距/mm		3500	2200	2500	2000	1500	3200	2500	2900	2200	3100	3700	2700	2100	2000	2700	3900	3200	2400	1700	3500
最小起升高度/m		12	4	10.5	6	3	9	5	14.5	7.5	8	12	12.5	7	4	6	12	15	7.5	3.5	10
小车总高/mm		1415	1415	1455	1455	1425	1455	1455	1455	1455	1455	1455	1475	1475	1455	1455	1455	1495	1495	1425	1525
小车标准基距/mm		1900～2100（单台车式）																			
小车最大参考轮压/kN		357	358	361	361	361	365	374	374	375	375	378	383	383	383	388	389	399	403	405	410
小车荐用轨道		QU100 或扁钢 100×80																			
工作级别		M7																			

130～205t																				
吨位/t		153	154	154	155	161	162	162	168	168	170	172	173	184	184	190	190	192	198	205
GBM 起重小车型号		709-21	709-22	709-23	709-24	709-25	709-26	709-27	709-28	709-29	709-30	709-31	709-32	709-33	709-34	709-35	709-36	709-37	709-38	709-39
倍　率		8	7	10	8	7	12	6	7	8	10	12	8	8	12	7	10	8	9	12
起升速度/m·min^{-1}	轻载	0.1～8.18	0.1～7.4	0.1～5.18	0.1～6.48	0.1～9.36	0.1～5.46	0.1～8.63	0.1～9.36	0.1～6.48	0.1～6.55	0.1～5.46	0.1～8.18	0.1～8.18	0.1～4.31	0.1～7.4	0.1～6.55	0.1～8.18	0.1～5.75	0.1～5.46
	重载	0.1～7.16	0.1～6.47	0.1～4.53	0.1～5.66	0.1～8.18	0.1～4.78	0.1～7.55	0.1～8.18	0.1～5.66	0.1～5.73	0.1～4.78	0.1～7.16	0.1～7.16	0.1～3.78	0.1～6.47	0.1～5.73	0.1～7.16	0.1～5	0.1～4.78
标准运行速度/m·min^{-1}		0.1～25（超过此速，可按用户要求另行设计）																		
起升参考额定功率/kW		59.9	69	47.7	61.1	71.1	42.2	82	76.3	66	55.5	46.9	66.6	71.1	47.7	82	59.9	76.3	69	55.5
最小标准轨距/mm		3200	2500	1800	2200	3700	2700	2900	3900	2400	3100	2900	3500	3700	1800	2900	3200	3900	2500	3100
最小起升高度/m		8	9	4.5	6.5	10	4	18	10.5	6.5	7	4.5	9	9	3.5	10	6.5	9.5	7	5
小车总高/mm		1525	1495	1455	1495	1525	1525	1525	1555	1555	1555	1555	1555	1555	1600	1600	1555	1555	1600	1575
小车标准基距/mm		1900～2100（单台车式）																		
小车最大参考轮压/kN		412	415	415	418	422	425	426	431	432	437	440	442	459	460	470	473	480	512	523
小车荐用轨道		QU100 或扁钢 100×80												QU120 或扁钢 120×80						
工作级别		M7																		

生产厂商：江西工埠机械有限公司。

1.3　臂架起重机

臂架起重机主要利用臂架的变幅（俯仰）绕垂直轴线回转配合升降货物，动作灵活，满足装卸要求，其形式有固定式、移动式和浮式。固定式臂架式起重机直接安装在码头或库场的墩座上，只能在原地作业。其中有的臂架只能俯仰不能回转，有的既可俯仰又可回转。移动式臂架起重机可沿轨道或地面上运行，主要有门座起重机、汽车起重机、轮胎起重机和履带起重机等。其中轮胎起重机和门座起重机在港口用得很普遍。汽车起重机、轮胎起重机、履带起重机又统称为流动式起重机。浮式起重机是安装在专用平底船上的悬臂起重机，广泛用于海、河港口的装卸及建港等工作。

1.3.1　悬臂起重机

1.3.1.1　概述

悬臂起重机是取物装置吊挂在臂端或悬挂在可沿悬臂运行的起重小车上，悬臂是不能俯仰的臂架型起重机。也是近年发展较快的中小型起重装备，具备高效、节能、省时省力、灵活等特点，三维空间内随意操作，在短距、密集性调运的场合，比其他常规性吊运设备更显示其优越性。本产品广泛用于各种行业的不同场所。悬臂起重机工作强度为轻型，常用的悬臂起重机由立柱，回转臂回转驱动装置及电动葫芦组成，立柱下端通过地脚螺栓固定在混凝土基础上，由摆线针轮减速装置来驱动旋臂回转，电动葫芦在旋臂工字钢上作左右直线运行，并起吊重物。起重机旋臂为空心型钢结构，自重轻，跨度较大，起重量大，经济耐用。移动式悬臂起重机的行走机构，采用带滚动轴承的特种工程塑料走轮，摩擦力小，行走轻快；结构尺寸小，特别有利于增加吊钩作业范围。

1.3.1.2　分类

悬臂起重机按支撑方式可分为：

（1）柱式悬臂起重机：悬臂支撑在立柱上的称为柱式悬臂起重机，又分为定柱式和转柱式两种。

（2）移动式悬臂起重机：顶部由高架轨道导向，底部可沿地面轨道运行的悬臂起重机。

（3）壁行式悬臂起重机：悬臂支撑在墙壁轨道上行走的悬臂起重机。

为满足用户需求，市场上出现了轻型龙门式悬臂起重机，曲臂式悬臂起重机，双臂式悬臂起重机。

1.3.1.3　主要特点

悬臂起重机是为适应现代化生产而制作的新一代轻型吊装设备，配套的可靠性高环链电动葫芦，尤其适用于短距离，使用频繁，密集性吊运作业，具有高效、节能、省事、占地面积小，易于操作与维修等特点。

1.3.1.4　主要技术性能参数

主要技术性能参数见表 1.3.1 和表 1.3.2。

BB 型壁行式悬臂起重机如图 1.3.1 所示。

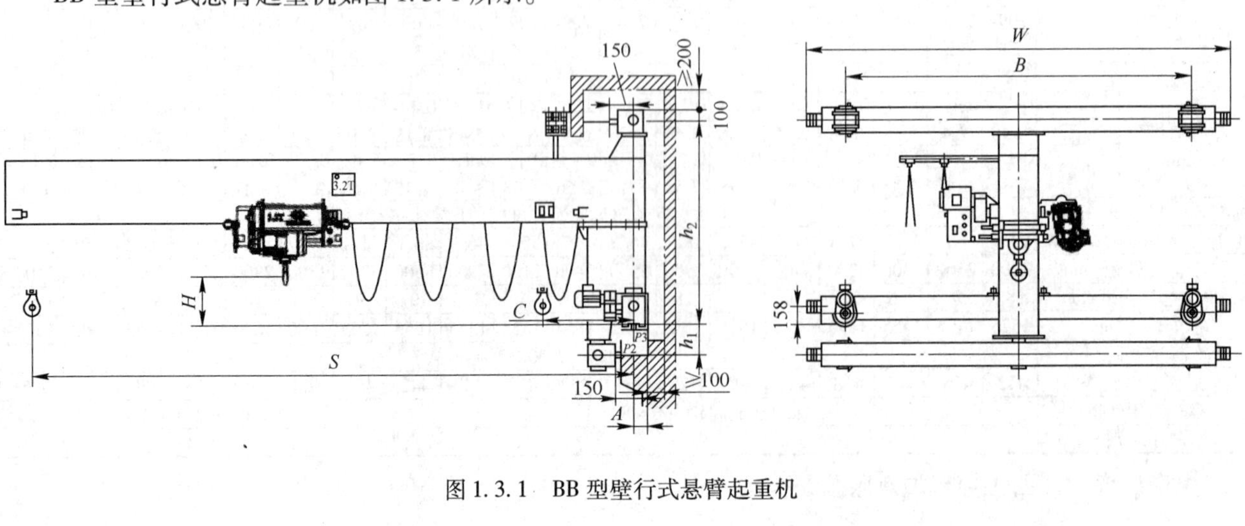

图 1.3.1　BB 型壁行式悬臂起重机

表 1.3.1 BB 型壁行式悬臂起重机主要技术参数（纽科伦（新乡）起重机有限公司 www. nucleon. com. cn）

起重量/t	悬臂 S/m	起升高度/m	起升速度/m · min^{-1}	工作级别	主要尺寸/mm					
					h_2	H	h_1	A	B	W
2	4.5	6 9 12	0.8/5.0	A5	2000	730	245	110	1500	2174
	6				2500	1230			2000	2674
	7.5				3000	1590			2500	3174
	9				3500	2090			3000	3674
3	4.5	6 9 12	0.8/5.0	A5	2000	630	245	110	1500	2174
	6				2500	1130			2000	2674
	7.5				3000	1490			2500	3174
	9				3500	1990			3000	3674

旋臂式起重机如图 1.3.2 所示。

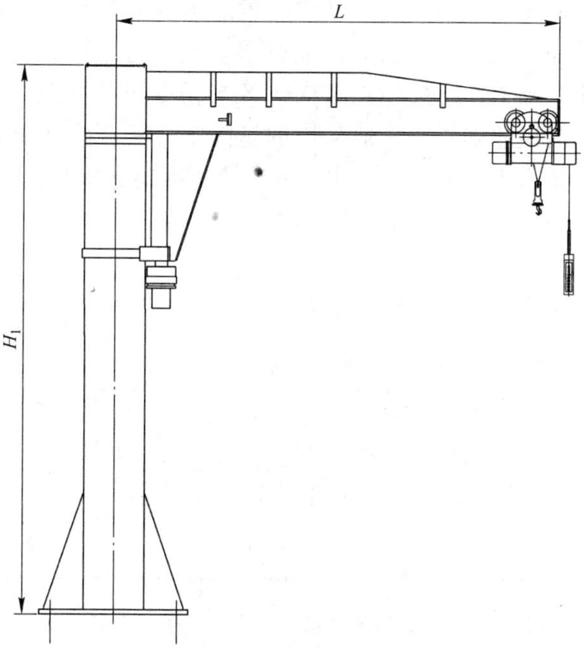

图 1.3.2 旋臂式起重机

表 1.3.2 BZ 型和电动（BZD 型）旋臂式起重机主要技术参数（重庆飞鹰起重设备责任有限公司 www. qincai. net）

起重量/t	0.5						1						2						3					
起升高度 H/m	3			4			3			4			3			4			3			4		
有效回转半径 R/m	3	4	5	3	4	5	3	4	5	3	4	5	3	4	5	3	4	5	3	4	5	3	4	5
起升速度/m · min^{-1}	8 或 8/0.8																							
回转速度/r · min^{-1}	0.5 ~ 1																							
回转半径 L/mm	3450	4450	5450	3450	4450	5450	3500	4500	5500	3500	4500	5500	3610	4610	5610	3610	4610	5610	3660	4660	5660	3660	4660	5660
总高度 H_1/mm	4040			5040			4040			5040			4400			5400			4570			5570		

注：公司除生产以上两种定柱式全回转旋臂起重机外，还承接其他形式非标设计和制造。

生产厂商：纽科伦（新乡）起重机有限公司，重庆市飞鹰起重设备有限责任公司。

1.3.2　塔式起重机

1.3.2.1　概述

塔式起重机简称塔机，亦称塔吊，起重臂装在垂直的塔身上部可以回转的起重机。作业空间大，主要用于房屋建筑施工中物料的垂直和水平输送及建筑构件的安装。由金属结构、工作机构和电气系统三部分组成。金属结构包括塔身、起重臂、平衡臂、转台和底座等。工作机构有起升、变幅、回转和行走四部分。电气系统包括电动机、控制器、配电柜、连接线路、信号及照明装置等。

1.3.2.2　特点

从塔机的技术发展方面来看，虽然新的产品层出不穷，在生产效能、操作简便、保养容易和运行可靠方面均有提高，但是塔机的技术并无根本性的改变。塔机的研究正向着组合式发展。所谓的组合式，就是以塔身结构为核心，按结构和功能特点，将塔身分解成若干部分，并依据系列化和通用化要求，根据参数要求，选用适当模块分别组成具有不同技术性能特征的塔机，以满足施工的具体需求。推行组合式的塔机有助于加快塔机产品开发进度，节省产品开发费用，并能更好地为客户服务。

1.3.2.3　分类

塔机分为上回转塔机和下回转塔机两大类。其中前者的承载力要高于后者，在许多的施工现场我们所见到的就是上回转式上顶升加节接高的塔机。按能否移动又分为：行走式和固定式。固定式塔机塔身固定不转，安装在整块混凝土基础上，或装设在条形式 X 形混凝土基础上。行走式可分为履带式、汽车式、轮胎式和轨道式四种。在房屋的施工中一般采用的是固定式的。按其变幅方式可分为水平臂架小车变幅和动臂变幅两种；按其安装形式可分为自升式、整体快速拆装和拼装式三种。应用最广的是下回转、快速拆装、轨道式塔式起重机和能够一机四用（轨道式、固定式、附着式和内爬式）的自升塔式起重机。

1.3.2.4　主要技术性能参数及应用

主要技术性能参数及应用见表 1.3.3 ~ 表 1.3.10。

表 1.3.3　QTZ125(HX6014)塔机主要技术参数（山东华夏集团有限公司　www.huaxia-tower-crane.cn）

塔机型号	公称其重力矩 /kN·m	工作幅度 /m	最大额定起重量/最大幅度处额定起重量/t	起升高度		起升速度 /m·min⁻¹	回转速度 /r·min⁻¹	变幅速度 /r·min⁻¹
				独立式/m	附着式/m			
QTZ125 (HX6014)	1250	3.0 ~ 60	8/1.4	46.2(51.2)	161	105/53	0 ~ 0.8	约 60/30

表 1.3.4　QTZ160 液压自升塔式起重机主要技术参数（山东华夏集团有限公司　www.huaxia-tower-crane.cn）

幅度 R/m	起重量 Q/kg					
	55m 臂长		60m 臂长		65m 臂长	
	$a=2$	$a=4$	$a=2$	$a=4$	$a=2$	$a=4$
2.4 ~ 15	5000	10000	5000	10000	5000	10000
17	5000	10000	5000	10000	5000	8753
19	5000	10000	5000	9307	5000	7678
21	5000	9129	5000	8285	5000	8819
23	5000	8216	5000	7449	5000	8119
25	5000	7456	5000	6753	5000	5532
27	5000	6813	5000	6164	5000	5037
29	5000	6262	5000	5659	4698	4613
31	5000	5784	5000	5222	4330	4245
33	5000	5366	4924	4839	4009	3924
35	5000	4998	4586	4501	3725	3640
37	4755	4670	4287	4202	3466	3381
39	4462	4377	4018	3933	3248	3163
40	4327	4242	3894	3809	3144	3059

续表 1.3.4

幅度 R/m	起重量 Q/kg					
	55m 臂长		60m 臂长		65m 臂长	
	$a=2$	$a=4$	$a=2$	$a=4$	$a=2$	$a=4$
41	4198	4113	3776	3692	3045	2960
43	3960	3875	3558	3473	2861	2776
45	3743	3658	3360	3275	2694	2609
47	3545	3460	3178	3093	2542	2457
49	3364	3279	3012	2927	2403	2318
50	3278	3193	2934	2849	2337	2252
51	3197	3112	2859	2774	2274	2189
53	3043	2958	2718	2633	2156	2071
55	2900	2815	2588	2503	2046	1961
57			2466	2381	1944	1859
59			2354	2269	1849	1764
60			2300	2215	1804	1719
61					1760	1675
63					1678	1593
65					1600	1515

表 1.3.5 QTZ160 液压自升塔式起重机主要技术参数（山东华夏集团有限公司 www. huaxia-tower-crane. cn）

机构工作级别	起升机构	M5			
	回转机构	M5			
	牵引机构	M5			
起升高度/m	倍 率	独立固定		附 着	
	$a=2$	46.2		161 ~ 200	
	$a=4$	46.2		100	
最大起重量/t		10			
幅度/m	最大幅度/t	65			
	最小幅度/t	2.4			
起升机构	倍 率	$a=2$		$a=4$	
	起重量/t	5	2.5	10	5
	速度/m · min^{-1}	50	100	25	50
	稳定下降速度/m · min^{-1}	3			
	电机型号	YZSW280-4/8			
	电机功率	55kW			
	电机转速	1440/700r/min			
回转机构	转 速	0 ~ 0.61r/min			
	电机型号	YEJ132S-4B			
	电机功率	5.5kW × 2			
	电机转速	1440r/min			
牵引机构	电机型号	YZTDE180-4/8/24			
	电机转速	1440/690/210r/min			
	速 度	58/29/9.5m/min			
	功 率	5/3.7/1.1kW			
顶升机构	电机型号	Y132M-4			
	电机转速	1440r/min			
	顶升速度	0.4m/min			
	功 率	7.5kW			
	额定工作压力	25MPa			
平衡重	臂长/m	55	60	65	
	质量/t	14.9	16.15	18.15	
总功率/kW		62			
工作温度/℃		-20 ~ +40			

表 1.3.6　塔机 703 主要技术参数（山东华夏集团有限公司　www. huaxia-tower-crane. cn）

项　目			单　位	参　数			
最大起重量	二倍率		t	8			
	四倍率			16			
最小工作幅度			m	3. 2			
最大工作幅度			m	70	65	60	55
额定起重力矩	二倍率		kN · m	2350	2400	2450	2500
	四倍率			2100	2150	2200	2250
起升高度	独　立		m	45			
	附　着	二倍率		183			
		四倍率		93			
起升速度	二倍率		m/min	0 ~ 63		0 ~ 31. 5	
	四倍率			0 ~ 31. 5		0 ~ 15. 7	
起升机构功率			kW	55			
回转速度			r/min	0 ~ 0. 7			
变幅速度			m/min	0 ~ 65			
顶升速度			m/min	55			
整机外形尺寸	整机高度（独立式）		m	61. 4			
	吊臂端头至回转中心			71. 7(66. 7　61. 7　56. 7)			
	平衡臂尾部至回转中心			19. 2			
整机自重	结构重（独立式）		t	71. 63			
	平衡重			27. 3(25　23　19. 6)			
允许工作温度			℃	-20 ~ +40			
工作状态基本风压			Pa	250			
给工作状态基本风压			Pa	1100			
供电参数			50Hz	约 380V ±10%			

表 1.3.7　塔机 QTZ63(5010)主要技术参数（山东华夏集团有限公司　www. huaxia-tower-crane. cn）

项　目		单　位	参　数
额定起重力矩		kN · m	630
最大起重量		t	5
最大幅度处额定起重量		t	1. 095(2 倍率)/0. 989(4 倍率)
工作幅度		m	3 ~ 50
高度（独立式/附着式）		m	35/120
整机自重（无配重）	独立式/附着式	t	24. 1/48. 5
配　重			10. 5
允许工作温度		℃	-20 ~ +40

表 1.3.8　塔机 QTZ63(5010)主要技术参数（山东华夏集团有限公司　www. huaxia-tower-crane. cn）

起升机构	工作级别			M5		
	电动机	型　号		YZTD200L-4/8/24		
		转　速	r/min	1440	720	220
		功　率	kW	18	18	5
	制动器	型　号		YWZ250/45		
	钢丝绳	规　格		6 ×37-11-1670-Ⅰ-光-右交		
	起升速度（2 倍率/4 倍率）		m/min	78/39	39/19. 5	11. 7/5. 85
	额定起重量（2 倍率/4 倍率）		t	1. 0/2. 5	2. 5/5	2. 5/5

续表 1.3.8

变幅机构	工作级别			M5	
	电动机	型 号		YDEZ112M-4/6	
		转 速	r/min	1410	930
		功 率	kW	2.8	2.2
	减速机	型 号		TXB300	
	钢丝绳	规 格		6×19-7.7-1570-Ⅰ-光-右交	
	变幅速度		m/min	38.6/25.2	
回转机构	工作级别			M4	
	电动机	型 号		YZR132M－4	
		转 速	r/min	908	
		功 率	kW	5.5	
	减速机	型 号		TX130	
	液力耦合器	型 号		YOX-280A	
	配套回转支撑	型 号		011.40.1120	
	回转速度		r/min	0.7	
液压顶升系统	电动机	功 率	kW	5.5	
	顶升油缸	额定压力	MPa	20	

表 1.3.9 塔机 QTZ125 主要技术参数（山东华夏集团有限公司 www.huaxia-tower-crane.cn）

名 称		单 位		参 数			
				QTZ125			
公称起重力矩		kN·m		1250			
最大起重量		t		8			
不同臂长最大幅度处额定起重量		m	60	55	50	45	40
		t	1.4	2.05	2.6	3	3.5
工作幅度		m		3～60			
高 度	独立式	m		46.2			
	附着式	m		161			
起升机构	倍 率			*a*＝2		*a*＝4	
	起升重量	t		4	2	8	4
	起升速度	m/min		53	105	26.5	52.5
	电动机型号	YZRD250M-4/8-37/37kW					
	电机转速	r/min		1425/725			
回转机构	电机型号	YTLEJ112L-95-4F1（F2 带风向标）					
	电机额定堵转转矩	N·m		95			
	回转速度	r/min		0～0.8			
顶升速度		m/min		0.5			
变幅机构	电机型号	YZTDE180L-4/8/24					
	电机转速	r/min		1360/690/190			
	变幅速度	m/min		60/30/8.4			
	电机功率	kW		5.0/3.7/1.1			
顶升机构	电机型号	Y132M-4					
	电机转速	r/min		1440			
	顶升速度	m/min		0.4			
	功 率	kW		7.5			
	额定工作压力	MPa		25			
平衡重		m	60	55	50	45	40
		t	16.0	15.6	16.8	15.2	14.0

表 1.3.10　主要配套件主要技术参数（山东华夏集团有限公司　www.huaxia-tower-crane.cn）

名称				参数
				QTZ63
起升机构	电动机	型号		YZTD225M2-4/8/32
		功率	kW	24/24/5.4
		转速	r/min	1440/700/140
	减速机	型号		JD63A
		减速比		10.35
	制动器	型号		YWZ-315/50
		制动力矩	N · m	630
		液压推动器		YT1-50
	钢丝绳			4V×39S-13-1770
回转机构	电动机	型号		YZR132M1-6
		功率	kW	2×2.2
		转速	r/min	908
	行星减速机	型号		XX4-100
		减速比		157.5
	制动器			常开式干式电磁制动器
	回转支撑			011.45.1250
变幅机构	电动机	型号		YDEJ132S-8/4
		功率	kW	2.2/3.3
		转速	r/min	720/1440
	减速机	型号		BLD3.3-3
		减速比		43
	钢丝绳			6×19-7.7-1570-Ⅰ-光-右交
顶升机构	电动机	型号		Y132S-4 B5
		功率	kW	5.5
		转速	r/min	1440
	液压缸	型号		HSGK-160/110
		活塞行程	mm	1320
	额定压力		MPa	20

生产厂商：山东华夏集团有限公司。

1.3.3　门座式起重机

1.3.3.1　概述

门座起重机是具有沿地面轨道运行，下方可通过运输车辆的门形座架的可回转臂架型起重机，广泛应用于港口、码头货物的装卸、造船厂船舶的施工、安装以及大型水电站工地的建坝工程。

1.3.3.2　结构及分类

按臂架结构形式分：四连杆组合臂架式门座起重机、单臂架门座起重机。

按门座结构形式分：撑杆式门座起重机、交叉式门座起重机、圆筒形门座起重机、桁架式门座起重机。

按回转系统的形式分为：转柱式门座起重机、定柱式门座起重机、转盘式门座起重机、回转轴承式门座起重机。

按用途和使用场合分为：港口门座起重机、船厂门座起重机、水利电力门座起重机。

门座起重机的主要构造可以分为两大部分，即上部回转部分和下部非回转运行部分。

上部回转部分包括臂架系统、人字架、回转平台以及安装在上面的起升机构、回转机构、变幅机构、机房、司机室等。下部非回转部分主要由门架、平衡梁、运行台车、夹轨装置、防风抗倾覆装置等组成。

门座起重机根据其构造可分为金属结构、机构与电气系统三大部分。金属结构主要指臂架系统、平衡重系统、回转平台、人字架（转柱或立柱）、门架、平衡梁、机房、司机室等。机构有起升、变幅、回转与运行机构。电气系统包括供电、电器、电气控制等。

1.3.3.3　工作原理

门座起重机通过起升机构、变幅机构、回转机构三个机构运动的组合，可以在一个环状圆柱形空间实现物品的运移，加上运行机构的动作，进一步扩大其服务面积。

1.3.3.4　性能特点

港口门座起重机用于港口、码头货物的装卸、转载。提高装卸生产率、加快船、车的周转是这种起重机的特点。所以，它需要充分利用港口、码头等有限的场地，适应船舶的空载作业及地面车辆的通行要求。为此，此种门机设计力求外形尺寸小，司机视野开阔，门架的净空尺寸应允许车辆通过，要考虑多台起重机在同一舱口操作，以及起重量与工作速度的良好匹配。

造船用门座起重机用于船厂、船坞在修造船时大型结构分段的拼装和机电设备的安装，吊重吨位大，吊装准确可靠是它的工作特点。一般此种门机的工作速度较低，并需要考虑微速升降要求，并设有小起重量的副钩。

水利电力门座起重机一般用于水电站工地进行大坝的混凝土浇注，钢筋的安装、模块的装拆以及闸门、机电设备的吊装等，装卸、安装并重，一般起升高度和幅度均较大，但变幅、回转速度较低，以减小高起升高度时物品的偏摆角度。

转柱式单臂架撑杆门座起重机如图1.3.3所示。

圆筒形回转轴承式四连杆组合臂架门座起重机如图1.3.4所示。

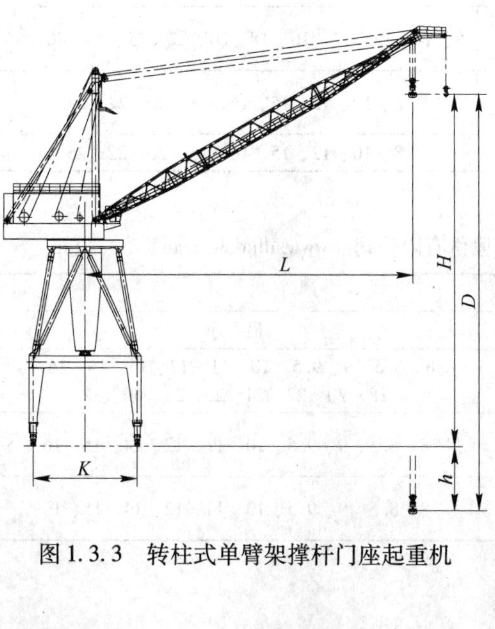

图1.3.3　转柱式单臂架撑杆门座起重机

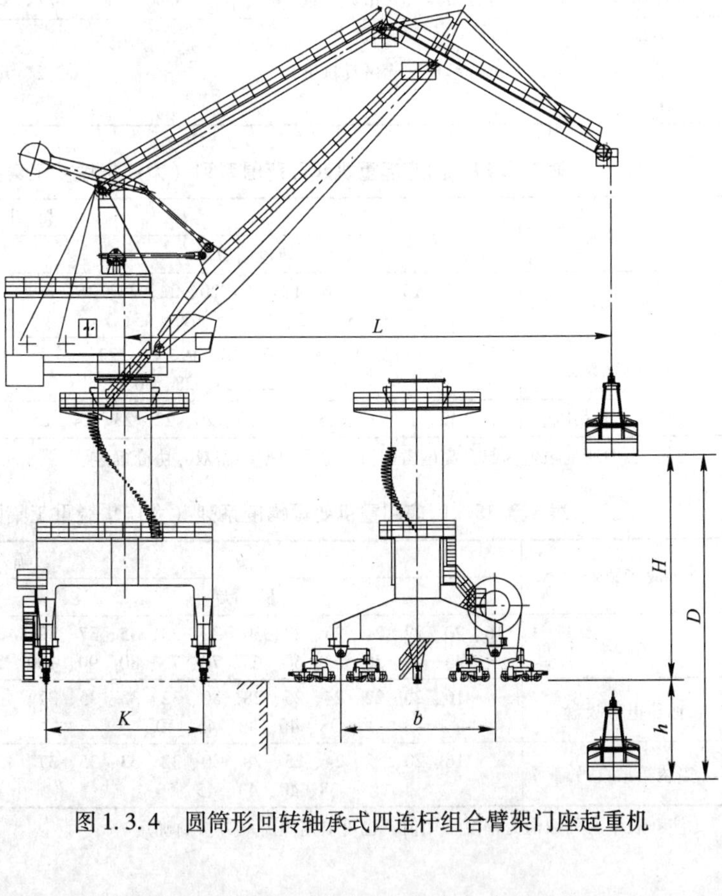

图1.3.4　圆筒形回转轴承式四连杆组合臂架门座起重机

1.3.3.5 主要技术性能参数与应用

主要技术性能参数与应用见表1.3.11～表1.3.21。

表1.3.11 门座起重机整机的工作级别（大连华锐重工集团股份有限公司　www.dhidcw.com）

载荷状态级别	载荷谱系数 K_P	起重机的使用等级									
		U0	U1	U2	U3	U4	U5	U6	U7	U8	U9
Q1	$K_P \leqslant 0.125$	A1	A1	A1	A2	A3	A4	A5	A6	A7	A8
Q2	$0.125 < K_P \leqslant 0.250$	A1	A1	A2	A3	A4	A5	A6	A7	A8	A8
Q3	$0.250 < K_P \leqslant 0.500$	A1	A2	A3	A4	A5	A6	A7	A8	A8	A8
Q4	$0.500 < K_P \leqslant 1.000$	A2	A3	A4	A5	A6	A7	A8	A8	A8	A8

表1.3.12 门座起重机工作级别与起重机机构工作级别（大连华锐重工集团股份有限公司　www.dhidcw.com）

起重机类型	取货装置	起重机的使用情况	整机级别	各工作机构级别			
				H	S	L	T
港口门座起重机	吊钩	较频繁中等载荷使用	A6	M5	M5	M4	M3
	吊钩	较频繁重载使用	A7	M7	M6	M5	M4
	抓斗、电磁吸盘、集装箱吊具	较频繁重载使用	A7	M7	M6	M6	M4
	抓斗、电磁吸盘、集装箱吊具	频繁重载使用	A8	M8	M7	M7	M4
船厂门座起重机	吊钩	不频繁较轻载使用	A4	M5	M4	M4	M5
水利电力门座起重机	吊钩	不频繁较轻载使用	A4	M5	M4	M4	M5
	吊钩、吊罐	较频繁重载使用	A7	M7	M6	M6	M4

注：H—起升机构；S—回转机构；L—变幅机构；T—大车运行机构。

表1.3.13 门座起重机额定起重量（大连华锐重工集团股份有限公司　www.dhidcw.com）　　　（t）

取物装置		额定起重量系列
吊钩	固定吊具（不含吊具自重）	3.2、5、8、10、16、20、25、32、40、50、63、80、100、125、160、200、250、280、320、400、450、500
抓斗	可分吊具（含吊具自重）	3.2、5、8、10、16、20、25、32、40、50、63
电磁吸盘	可分吊具（含吊具自重）	3.2、5、8、10、16、20、25、32、40、50、63
集装箱吊具吊罐	可分吊具（含吊具自重）	3.2、5、8、10、16、20、25、32、40、50、63

表1.3.14 门座起重机起升范围系列（大连华锐重工集团股份有限公司　www.dhidcw.com）　　　（m）

取货装置	起升范围	
	轨道面以上	轨道面以下
吊钩	12、13、15、16、18、19、20、22、25、26、28、30、32、35、40、55、60、65、70	8、10、12、15、16、18、20、22、25、30、40、50
抓斗电磁吸盘	12、13、15、16、18、19、20、22、23、24、25、26、28、30	8、10、12、15、16、18、20、22、25
集装箱吊具吊罐	12、13、15、16、18、19、20、22、23、24、25	8、10、12、15、16、18、20、22、25

注：表中所列数值为起升高度常用值，也可根据供需双方协商确定。

表1.3.15 门座起重机变幅幅度系列（大连华锐重工集团股份有限公司　www.dhidcw.com）　　　（m）

取货装置	幅度	
	最大	最小
吊钩	16、20、22、24、25、28、30、32、33、35、37、38、40、43、45、50、55、60、65、70、75、80、90、100	8、8.5、9、9.5、10、11、12、14、15、16、18、20、22、24、25、28、30、32
抓斗电磁吸盘	16、20、22、24、25、28、30、32、33、35、37、38、40、43、45、50	8、8.5、9、9.5、10、11、12、14、15、16
集装箱吊具吊罐	16、20、22、24、25、28、30、32、33、35、37、38、40、43、45、50	8、8.5、9、9.5、10、11、12、14、15、16

注：表中所列数值为幅度常用值，也可根据供需双方协商确定。

表 1.3.16 门座起重机轨距、基距及尾部半径（大连华锐重工集团股份有限公司 www.dhidcw.com）（m）

轨距 *K*	6、8、9、10、10.5、12、14、16、20、22
基距 *b*	8、10、10.5、12、14、16
尾部半径 *r*	6、6.5、7、7.5、8、8.5、9、10、12、14、16

注：表中所列数值为常用值，也可根据供需双方协商确定。

表 1.3.17 起重机机构工作速度范围（大连华锐重工集团股份有限公司 www.dhidcw.com）

机构名称		起重机类型		
		港口门座起重机	船厂门座起重机	水利电力门座起重机
起升速度 /m·min^{-1}	范围	10～90	3～30	3～30
	数值	10、20、30、40、45、50、55、60、70、80、90	3、4、5、6、8、10、12、15、16、20、25、30	3、4、5、6、8、10、12、15、16、20、25、30
变幅速度 /m·min^{-1}	范围	20～60	3～30	3～30
	数值	20、30、40、45、50、55、60	3、5、8、10、12、15、20、25、30	3、5、8、10、12、15、20、25、30
回转速度 /r·min^{-1}	范围	0.5～2	0.1～0.5	0.1～0.5
	数值	1.0、1.2、1.3、1.4、1.5、1.6、1.8、2.0	0.1、0.15、0.2、0.25、0.3、0.33、0.4、0.5	0.1、0.15、0.2、0.25、0.3、0.33、0.4、0.5
运行速度 /m·min^{-1}	范围	15～35	15～35	15～35
	数值	15、20、25、30、35	15、20、25、30、35	15、20、25、30、35

表 1.3.18 应用案例（大连华锐重工集团股份有限公司 www.dhidcw.com）

型号规格	用户
300/25t×50m 门座起重机	美国新奥尔良 AVENDALE 船厂
420t 固定式回转起重机	辽宁红沿河核电厂
50t×80m 门座起重机	大连中远造船有限公司
40t×43m 门座起重机	丹东港集团有限公司
25t×35m 带斗门座起重机	华电莱州码头
60t×38m 门座起重机	印度维萨港
251t	
260t	
800t	
900t	

MQ540/30B 门座式起重机如图 1.3.5 所示。

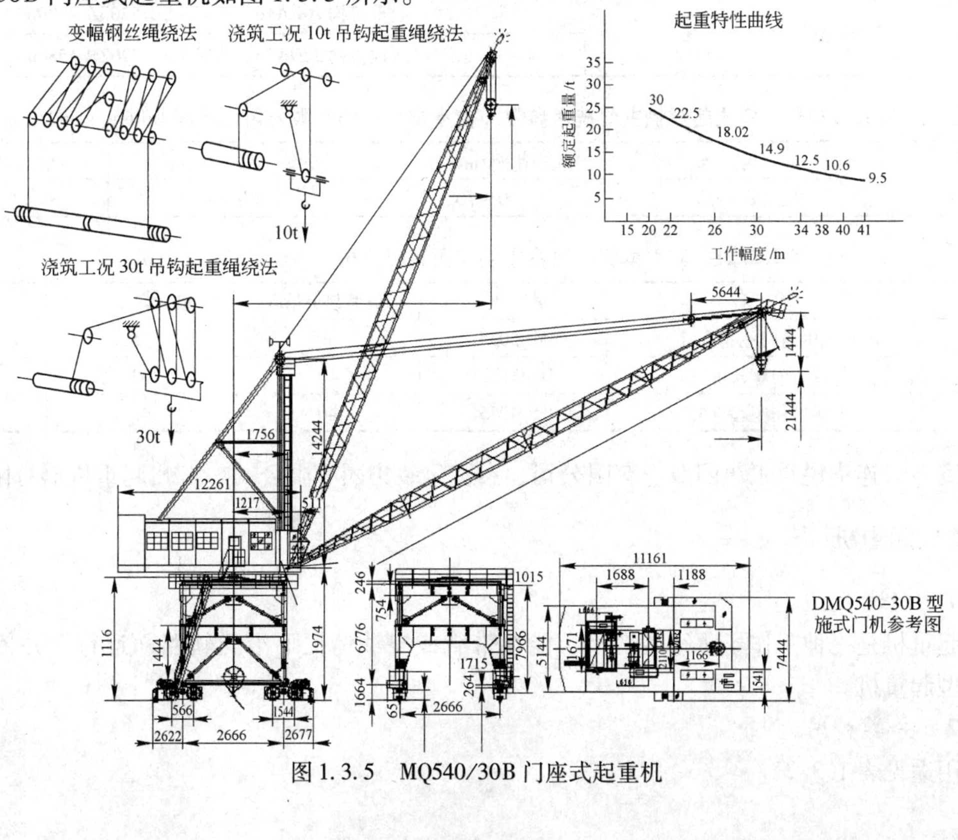

图 1.3.5 MQ540/30B 门座式起重机

表 1.3.19 MQ540/30B 门座式起重机主要技术参数（柳州起重机器有限公司 www.jtqzsb.com）

<table>
<tr><td colspan="5">起 重 性 能</td></tr>
<tr><td colspan="3">额定起重量/t</td><td colspan="2">30</td></tr>
<tr><td colspan="3">起重绳数 n</td><td colspan="2">6</td></tr>
<tr><td colspan="3">幅度范围/m</td><td colspan="2">20～41</td></tr>
<tr><td colspan="3">起升范围/m</td><td colspan="2">40</td></tr>
<tr><td colspan="3">起升高度（轨上）/m</td><td colspan="2">40</td></tr>
<tr><td colspan="3">下降深度（轨下）/m</td><td colspan="2">0</td></tr>
<tr><td colspan="5">运 行 性 能</td></tr>
<tr><td colspan="2">机构名称</td><td colspan="2">运行速度</td><td>电动机型号</td></tr>
<tr><td colspan="2">行走机构</td><td colspan="2">20.3m/min</td><td>YZR160L-8 S3；40% 4×7.5kW（4 台）</td></tr>
<tr><td colspan="2">回转机构</td><td colspan="2">0.75r/min</td><td>YZR250M1-8 S3；40% 30kW（1 台）</td></tr>
<tr><td colspan="2">变幅机构</td><td colspan="2">（变幅自 20～41m）约 3min15s</td><td>YZR250M1-8 S3；40% 30kW（1 台）</td></tr>
<tr><td rowspan="2">起重机构</td><td>10t</td><td colspan="2">α=2 44.6m/min</td><td rowspan="2">YZR355L1-10（带 LY1-1/600 超速开关）
S3；40% 110kW（1 台）</td></tr>
<tr><td>30t</td><td colspan="2">α=6 14.8m/min</td></tr>
<tr><td colspan="3">引入电源</td><td colspan="2">三相交流 380V 50Hz</td></tr>
<tr><td colspan="3">工作电源</td><td colspan="2">三相交流 380V 50Hz</td></tr>
<tr><td colspan="3">轨 距</td><td colspan="2">7m</td></tr>
<tr><td colspan="3">起重机钢轨</td><td colspan="2">QU80</td></tr>
<tr><td colspan="3">轮 压</td><td colspan="2">460kW</td></tr>
<tr><td colspan="3" rowspan="2">计算风压</td><td colspan="2">工作状态（相当于 6 级标准风压）250N/m²</td></tr>
<tr><td colspan="2">非工作状态（相当于 10 级标准风压）600N/m²</td></tr>
<tr><td colspan="3">电缆绞盘最大电缆容量/m</td><td colspan="2">约 110</td></tr>
<tr><td colspan="3">起重机工作允许最低温度/℃</td><td colspan="2">－20</td></tr>
<tr><td colspan="3">起重机总质量（包括平衡重 44t）/t</td><td colspan="2">173.9</td></tr>
<tr><td colspan="3">平衡重/t</td><td colspan="2">44</td></tr>
<tr><td colspan="3" rowspan="2">钢丝绳</td><td colspan="2">起重机构 26NAT6×19W＋FC1520SZ 380m</td></tr>
<tr><td colspan="2">变幅机构 22NAT6×19W＋FC1520ZS 580m</td></tr>
</table>

表 1.3.20 门座式起重机主要技术参数（富泰重装集团有限公司 www.tidfore.com）

起重量/t	幅度/m	起升速度/m·min⁻¹	变幅速度/m·min⁻¹	回转速度/r·min⁻¹
16～50	9～45	0～70	0～70	1.2～1.5

表 1.3.21 应用案例（富泰重装集团有限公司 www.tidfore.com）

序 号	名 称	型 号	最大起重量/t	最大幅度/m	用 户
1	多用途门座起重机	MQ5035	50	35	广西贵港
2	带斗门座起重机	DMQ4033	40	33	江苏荣鑫
3	通用门座起重机	MQ4045	40	45	江苏永利

生产厂商：大连华锐重工集团股份有限公司，泰富重装集团有限公司，柳州起重机器有限公司。

1.3.4 流动式起重机

1.3.4.1 概述

流动式起重机是一种工作场所经常变换，能在带载或空载情况下沿无轨路面运行，并依靠自重保持稳定的臂架型起重机。

1.3.4.2 分类和用途

分类和用途见表 1.3.22。

表 1.3.22 流动式起重机分类及用途

分 类	特 点	用 途
汽车起重机	以通用或专用汽车底盘作为承载装置和运行机构，行驶速度高，全回转，可快速转移，并能迅速投入工作。起重作业时，一般需打支腿	适用于有公路通达，流动性大，工作地点分散的作业场所
履带起重机	起重作业部分安装在履带底盘上，具有全回转的转台，桁架臂架，起升高度大，接地平均比压力为 0.05 ~ 0.25MPa，牵引系数高，爬坡度大，能在较为崎岖不平的场地行驶，行驶速度低。如不用铺垫，行驶过程要损坏路面	适用于松软、泥泞地面作业
轮胎起重机	起重作业部分装在特制的自行轮胎底盘上，行驶速度较慢，在坚实平坦的地面上，可以不用支腿吊重及吊重行驶。一般具有全回转转台，它又可分为通用轮胎起重机和越野轮胎起重机，后者可在崎岖的地面行驶	适用于作业地点比较集中的场合。通用轮胎起重机广泛用于仓库、码头、货场；越野轮胎起重机适用于作业场所未经修整的交通、能源等建设部门

A 汽车起重机

a 概述

汽车起重机是装在普通汽车底盘或特制汽车底盘上的一种臂架型起重机，其行驶驾驶室与起重操纵室分开设置。其优点是机动性好，转移迅速。缺点是工作时需支腿，不能负荷行驶，也不适合在松软或泥泞的场地上工作。汽车起重机的性能等同于同样整车总重的载重汽车，符合公路车辆的技术要求，因而可在各类公路上通行无阻。此种起重机一般备有上、下车两个操纵室，作业时必须伸出支腿保持稳定。起重量的范围很大，可从 8 ~ 1000t，底盘的车轴数为 2 ~ 10 根。是产量最大，使用最广泛的起重机类型之一。

b 工作原理

在起重臂里面的下部有一个转动卷筒，上面绕钢丝绳，钢丝绳通过在下一节臂顶端上的滑轮，将上一节起重臂拉出去，依此类推。缩回时，卷筒倒转回收钢丝绳，起重臂在自重作用下回缩。这个转动卷筒采用液压马达驱动，因此能看到两根油管，但千万别当成油缸。

另外有一些汽车起重机的伸缩臂里面安装有套装式的柱塞式油缸，但此种应用极少见。因为多级柱塞式油缸成本昂贵，而且起重臂受载时会发生弹性弯曲，对油缸寿命影响很大。

c 主要特点

(1) 驾驶室和操纵室具有现代流线型风格；

(2) 功率大，油耗小，噪声符合国家标准要求；

(3) 走台板为全覆盖式，便于在车上工作与检修；

(4) 支腿系统采用双面操纵，方便实用；

(5) 产品各项性能指标基本达到了多田野 50t 产品性能指标。

d 分类

汽车起重机的种类很多，其分类方法也各不相同，主要有：

按起重量分类：轻型汽车起重机（起重量在 5t 以下），中型汽车起重机（起重量在 5 ~ 15t），重型汽车起重机（起重量在 15 ~ 50t），超重型汽车起重机（起重量在 50t 以上）。由于使用要求，其起重量有提高的趋势，如已生产出 50 ~ 1200t 的大型汽车起重机。

按支腿形式分：蛙式支腿、X 形支腿、h 形支腿。蛙式支腿跨距较小仅适用于较小吨位的起重机；X 形支腿容易产生滑移，也很少采用；h 形支腿可实现较大跨距，对整机的稳定有明显的优越性，所以中国生产的液压汽车起重机多采用 h 形支腿。

按传动装置的传动方式分：机械传动、电传动、液压传动三类。

按起重装置在水平面可回转范围（即转台的回转范围）分：全回转式汽车起重机（转台可任意旋转 360°）和非全回转汽车起重机（转台回转角小于 270°）。

按吊臂的结构形式分：折叠式吊臂、伸缩式吊臂和桁架式吊臂汽车起重机。

e　主要技术性能参数

主要技术性能参数见表 1.3.23 ~ 表 1.3.31。

表 1.3.23　汽车起重机 QY8B.5 主要技术参数（徐工集团　www.xcmg.com）

尺 寸 参 数	参　数	尺 寸 参 数	参　数
整机全长/mm	9450	支　腿	
整机全宽/mm	2400	纵向/m	3.825
整机全高/mm	3180	横向/m	4.18
轴距/mm	3950	最大起升高度	
轮距/mm	前轮 1810/后轮 1800	基本臂/m	8.2
质量参数		最长主臂/m	19.1
行驶状态总质量/kg	10490	最长主臂 + 副臂/m	25.3
轴荷/kg	前轴 2800/后轴 7690	起重臂长度	
动力参数		基本臂/m	7.8
发动机型号	YC4E140-30	最长主臂/m	19
发动机额定功率/kW/(r/min)	105/2500	最长主臂 + 副臂/m	19 + 6.5
发动机额定扭矩/N·m/(r/min)	500/1600	最长主臂 + 副臂 + 加长节/m	
行驶参数		工作速度	
行　驶		最大回转速度/$r \cdot min^{-1}$	3（两联泵）、2.6（三联泵）
最高行驶速度/$km \cdot h^{-1}$	75	起升速度	
最低稳定行驶速度/$km \cdot h^{-1}$	2.5	主起升机构/$m \cdot min^{-1}$	53
转　弯		副起升机构/$m \cdot min^{-1}$	110（单绳、第二层）
最小转弯半径/m	16	起重臂伸缩时间	
臂头最小转弯半径/m	18.55	全伸/s	31
最大爬坡度/%	30	全缩/s	20
最小离地间隙/mm	260	变幅时间	
接近角/(°)	29	全程起臂/s	28
离去角/(°)	11	全程落臂/s	17
制动距离/m	≤10	支腿收放	
百公里油耗/L	27	水　平	
主要性能参数		同时放/s	16
最大额定总起重量/t	8	同时收/s	16
最小额定幅度/m	3	垂　直	
基本臂最大起重力矩/kN·m	245	同时放/s	17
转台尾部回转半径/mm	2254	同时收/s	17

表 1.3.24　汽车起重机 QY12B.5 主要技术参数（徐工集团　www.xcmg.com）

尺 寸 参 数	参　数	尺 寸 参 数	参　数
整机全长/mm	10785	动力参数	
整机全宽/mm	2500	发动机型号	SC8DK230Q3/YC6J200-30/SC7H215Q3
整机全高/mm	3050/3110	发动机额定功率/kW/(r/min)	170/2200,147/2500,158/2200
轴距/mm	4500	发动机额定扭矩/N·m/(r/min)	830/1400,730/(1200 ~ 1700),900/1400
轮距/mm	前轮 2090/后轮 1880	行驶参数	
质量参数		行　驶	
行驶状态总质量/kg	16000	最高行驶速度/$km \cdot h^{-1}$	75
轴荷/kg	前轴 6000/后轴 10000	最低稳定行驶速度/$km \cdot h^{-1}$	4

续表 1.3.24

尺 寸 参 数	参 数	尺 寸 参 数	参 数
转 弯		基本臂/m	9.1
最小转弯半径/m	18	最长主臂/m	22.5
臂头最小转弯半径/m	20.2	最长主臂+副臂/m	22.5+7
最大爬坡度/%	≥28	最长主臂+副臂+加长节/m	
最小离地间隙/mm	260	工作速度	
接近角/(°)	22	最大回转速度/r·min^{-1}	2.5（三联泵）
离去角/(°)	11	起升速度	
制动距离/m	≤9.5	主起升机构/m·min^{-1}	95（单绳、第二层）
百公里油耗/L	40	副起升机构/m·min^{-1}	
主要性能参数		起重臂伸缩时间	
最大额定总起重量/t	12	全伸/s	78
最小额定幅度/m	3	全 缩	
基本臂最大起重力矩/kN·m	428	变幅时间	
转台尾部回转半径/mm	2670	全程起臂/s	47
支 腿		全程落臂/s	
纵向/m	4.1	支腿收放	
横向/m	4.9	水 平	
最大起升高度		同时放/s	30
基本臂/m	9.3	同时收/s	25
最长主臂/m	22.9	垂 直	
最长主臂+副臂/m	29.4	同时放/s	30
起重臂长度		同时收/s	25

表 1.3.25 汽车起重机 QY70K-I(液控)主要技术参数（徐工集团 www.xcmg.com）

尺 寸 参 数	参 数	尺 寸 参 数	参 数
整机全长/mm	13930	支 腿	
整机全宽/mm	2800	纵向/m	6.1
整机全高/mm	3575/3630	横向/m	7.3
轴距/mm	1470+4105+1350	最大起升高度	
轮距/mm	2304/2304/2075/2075	基本臂/m	11.8
质量参数		最长主臂/m	44.2
行驶状态总质量/kg	43000	最长主臂+副臂/m	59.4
轴荷/kg	前轴 17000 /后轴 26000	起重臂长度	
动力参数		基本臂/m	11.6
发动机型号	WD615.338，WP10.375，SC9DF375Q3	最长主臂/m	44.5
发动机额定功率/kW/(r/min)	276/2200,276/2200,275/2200	最长主臂+副臂/m	59.5
发动机额定扭矩/N·m/(r/min)	1500/(1300～1600), 1460/(1200～1600), 1500/(1300～1500)	最长主臂+副臂+加长节/m 工作速度	
行驶参数		最大回转速度/r·min^{-1}	2
行 驶		起升速度	
最高行驶速度/km·h^{-1}	80	主起升机构/m·min^{-1}	满载 75/空载 130
最低稳定行驶速度/km·h^{-1}		副起升机构/m·min^{-1}	满载 98/空载 108
转 弯		起重臂伸缩时间	
最小转弯半径/m	24	全伸/s	150
臂头最小转弯半径/m	29.6	全 缩	
最大爬坡度/%	40	变幅时间	
最小离地间隙/mm	327	全程起臂/s	60
接近角/(°)	19	全程落臂/s	
离去角/(°)	11	支腿收放	
制动距离/m	≤10	水 平	
百公里油耗/L	45	同时放/s	30
主要性能参数		同时收/s	20
最大额定总起重量/t	70	垂 直	
最小额定幅度/m	3	同时放/s	35
基本臂最大起重力矩/kN·m	2303	同时收/s	30
转台尾部回转半径/mm	3550		

表 1.3.26　汽车起重机 QY100K-Ⅰ(潍柴)主要技术参数（徐工集团　www.xcmg.com）

尺寸参数	参数	尺寸参数	参数
整机全长/mm	15600	最大额定总起重量/t	100
整机全宽/mm	3000	最小额定幅度/m	3
整机全高/mm	3850	基本臂最大起重力矩/kN·m	3450
轴距/mm	1420 +2420 +1800 +1420 +1505	转台尾部回转半径/m	平衡重处 4200/副卷处 4590
轮距/mm	2610/2610/2610/2315/2315/2610	支腿	
质量参数		纵向/m	7.56
行驶状态总质量/kg	54900	横向/m	7.6
轴荷/kg	1 轴 8000/2 轴 8000/3 轴 7900/4 轴 12000/5 轴 12000/6 轴 7000	最大起升高度	
		基本臂/m	13.5
动力参数		最长主臂/m	50.9
发动机型号	上车 TAD720VE，TAD750VE 下车 WP12.460N	最长主臂 + 副臂/m	70.4
		起重臂长度	
发动机额定功率/kW/(r/min)	上车 174/2300，181/2300 下车 338/1900	基本臂/m	13.5
		最长主臂 + 副臂 + 加长节/m	51 +18.1 +4
发动机额定扭矩/N·m/(r/min)	上车 854/1400，1050/1500 下车 2110/1000 ~1400	工作速度	
		最大回转速度/r·min^{-1}	2
行驶参数		起升速度	
行驶		主起升机构/m·min^{-1}	105
最高行驶速度/km·h^{-1}	80	副起升机构/m·min^{-1}	104
最低稳定行驶速度/km·h^{-1}	0.5	起重臂伸缩时间	
转弯		全伸/s	160
最小转弯半径/m	24	全缩/s	160
臂头最小转弯半径/m	26.6	变幅时间	
最大爬坡度/%	40	全程起臂/s	75
最小离地间隙/mm	300	全程落臂/s	
接近角/(°)	20	支腿收放	
离去角/(°)	14	水平	
制动距离/m	≤10	同时放/s	25
百公里油耗/L	70	同时收/s	15
主要性能参数			

表 1.3.27　汽车起重机 QY130K-Ⅰ(潍柴)主要技术参数（徐工集团　www.xcmg.com）

尺寸参数	参数	尺寸参数	参数
整机全长/mm	14980	发动机型号	上车 TAD720VE，下车 WP13.480E30
整机全宽/mm	3000	发动机额定功率/kW/(r/min)	上车 162/2100，下车 353/1900
整机全高/mm	3990	发动机额定扭矩/N·m/(r/min)	上车 854/1400，下车 2100/1100 ~1400
轴距/mm	1420 +2420 +1800 +1420 +1505	行驶参数	
轮距/mm	2610/2610/2610/2315/2315/2610	行驶	
质量参数		最高行驶速度/km·h^{-1}	80
行驶状态总质量/kg	54900	最低稳定行驶速度/km·h^{-1}	2.3 ~2.6
轴荷/kg	1 轴 7500/2 轴 7500/3 轴 8300/4 轴 12000/5 轴 12000/6 轴 7600	转弯	
		最小转弯半径/m	24
动力参数		臂头最小转弯半径/mm	27.132

续表 1.3.27

尺 寸 参 数	参　数	尺 寸 参 数	参　数
最大爬坡度/%	40	起重臂长度	
最小离地间隙/mm	300	基本臂/m	13.1
接近角/(°)	20	最长主臂　+副臂+加长节/m	
离去角/(°)	14	工作速度	
制动距离/m	≤10	最大回转速度/r·min⁻¹	1.8
百公里油耗/L	80	起升速度	
主要性能参数		主起升机构/m·min⁻¹	空载 115
最大额定总起重量/t	130	副起升机构/m·min⁻¹	空载 115
最小额定幅度/m	3	起重臂伸缩时间	
基本臂最大起重力矩/kN·m	4998	全伸/s	420
转台尾部回转半径/mm	4600	全缩/s	400
支　腿		变幅时间	
纵向/m	7.56	全程起臂/s	60
横向/m	7.6(5.2)	全程落臂/s	
最大起升高度		支腿收放	
基本臂/m	13.1	水　平	
最长主臂/m	59	同时放/s	50
		同时收/s	50
最长主臂+ 副臂/m	87	同时放/s	40
		同时收/s	45

表 1.3.28　汽车起重机 QY180K-Ⅰ(潍柴)主要技术参数（徐工集团　www.xcmg.com）

尺 寸 参 数	参　数	尺 寸 参 数	参　数
整机全长/mm	14770	基本臂最大起重力矩/kN·m	3060
整机全宽/mm	2800	转台尾部回转半径/mm	4670
整机全高/mm	3890	支　腿	
轴距/mm	1470+4000+1350	纵向/m	8.075
轮距/mm	前轮 2380/后轮 2075	横向/m	7.9
质量参数		最大起升高度	
行驶状态总质量/kg	50000	基本臂/m	12.8
轴荷/kg	前轴 24000/后轴 26000	最长主臂/m	47.5
动力参数		最长主臂+副臂/m	64
发动机型号	WP12.375NMC11.39-30	起重臂长度	
发动机额定功率/kW/(r/min)	276/1900,290/1900	基本臂/m	12.4
发动机额定扭矩/N·m/(r/min)	1800/(1000~1400),1900/(1000~1400)	最长主臂+副臂+加长节/m	
行驶参数		工作速度	
行　驶		最大回转速度/r·min⁻¹	2
最高行驶速度/km·h⁻¹	80	起升速度	
最低稳定行驶速度/km·h⁻¹	3	主起升机构/m·min⁻¹	满载 85/空载 130
转　弯		副起升机构/m·min⁻¹	满载 85/空载 110
最小转弯半径/mm	24	起重臂伸缩时间	
臂头最小转弯半径/mm	29	全伸/s	150
最大爬坡度/%	40	全缩/s	
最小离地间隙/mm	371	变幅时间	
接近角/(°)	17	全程起臂/s	70
离去角/(°)	15.5	全程落臂/s	140
制动距离/m	≤10	支腿收放	
百公里油耗/L	45	水　平	
主要性能参数		同时放/s	20
最大额定总起重量/t	80	同时收/s	20
最小额定幅度/m	3		

表 1.3.29　汽车起重机 QY200K-Ⅰ(潍柴)主要技术参数（徐工集团　www.xcmg.com）

尺寸参数	参数	尺寸参数	参数
整机全长/mm	15545	支腿	
整机全宽/mm	3000	纵向/m	8.3
整机全高/mm	3990	横向/m	8.5(5.7)
轴距/mm	1420 + 2450 + 2150 + 1420 + 1505	最大起升高度	
轮距/mm	2610/2610/2610/2315/2315/2610	基本臂/m	13.6
质量参数		最长主臂/m	67.7
行驶状态总质量/kg	65000	最长主臂 + 副臂/m	96.2
轴荷/kg	8500 × 2 + 10000 + 13000 × 2 + 9000	起重臂长度	
动力参数		基本臂/m	13
发动机型号	上车 TAD722VE	最长主臂/m	68
	下车 OM460LA. E3A/1	最长主臂 + 副臂/m	63.6 + 36
发动机额定功率/kW/(r/min)	194/2100，360/1800	最长主臂 + 副臂 + 加长节/m	
发动机额定扭矩/N·m/(r/min)	1050/1400，2200/1300	工作速度	
行驶参数		最大回转速度/r·min⁻¹	1.8
行驶		起升速度	
最高行驶速度/km·h⁻¹	80	主起升机构/m·min⁻¹	空载 115
最低稳定行驶速度/km·h⁻¹	2.3 ~ 2.6	副起升机构/m·min⁻¹	空载 85
转弯		起重臂伸缩时间	
最小转弯直径/m	26	全伸/s	600
臂头最小转弯直径/m	29.6	全缩/s	
最大爬坡度/%	40	变幅时间	
最小离地间隙/mm	300	全程起臂/s	65
接近角/(°)	19	全程落臂/s	
离去角/(°)	13	支腿收放	
制动距离/m	≤10	水平	
百公里油耗/L	85	同时放/s	50
主要性能参数		同时收/s	40
最大额定总起重量/L	220	垂直	
最小额定幅度/m	3	同时放/s	50
基本臂最大起重力矩/kN·m	6820	同时收/s	45
转台尾部回转半径/mm	5215		

表 1.3.30　汽车起重机 QY12DF431 主要技术参数（中联重科股份有限公司　www.zoomlion.com）

工作性能参数	最大额定总起重量/kg	1200	质量参数	行驶状态自重（总质量）/kg	17530
	基本臂最大起重力矩/kN·m	465.5		整车装备质量/kg	17400
	最长主臂最大起重力矩/kN·m	258.7		前轴轴荷/kg	5180
	主臂最大起升高度/m	29.8		后桥轴荷/kg	12350
	副臂最大起升高度/m	35.8（双卷扬）	尺寸参数	外形尺寸(长×宽×高)/mm×mm×mm	11000×2500×3180
工作速度	单绳最大速度/m·min⁻¹	98		支腿纵向跨度/m	4.63
	起重臂伸出时间/s	53.5		支腿横向跨度/m	5.2
	起重臂起臂时间/s	38		主臂长/m	9.2 ~ 29.4
	回转速度/r·min⁻¹	0 ~ 3		主臂仰角/(°)	-2 ~ 80
行驶参数	最高行驶速度/km·h⁻¹	≥75		副臂长/m	6（双卷扬）
	最大爬坡度/%	≥27.5	底盘	型号	ZLJ5241D
	最小转弯半径/mm	18		发动机型号	WP6.210
	最小离地间隙/mm	260			
	自由加速烟度排放限值/FSN	≤2.5		发动机功率/kW/(r/min)	155/2300
	尾气排放限值	符合标准规定		最大扭矩/N·m/(r/min)	800/(1400 ~ 1600)
	百公里油耗/L	28		生产企业	中联重科

表 1.3.31 汽车起重机 QY16DF431 主要技术参数（中联重科股份有限公司 www.zoomlion.com）

项 目	数 值	备 注
最大额定总起重量/kg	16000	
基本臂最大起重力矩/kN·m	710	
最长主臂最大起重力矩/kN·m	408	
主臂最大起升高度/m	31.08	不考虑吊臂变形
副臂最大起升高度/m	38.5	不考虑吊臂变形
单绳最大速度（主卷扬）/m·min^{-1}	120	卷筒第四层
单绳最大速度（副卷扬）/m·min^{-1}	108	卷筒第三层
起重臂伸出时间/s	38	
起重臂起臂时间/s	55	
回转速度/r·min^{-1}	0~3	
最高行驶速度/km·h^{-1}	75	
最大爬坡度/%	35	
最小转弯半径/mm	20	
最小离地间隙/mm	250	
排气污染物排放值及烟度限值	符合标准规定	GB 3847—2005、GB 17691—2005
百公里油耗/L	30	
行驶状态自重（总质量）/kg	23000	
整车装备质量/kg	22870	
前轴轴荷/kg	6200	
后轴轴荷/kg	16800	
外形尺寸（长×宽×高）/mm×mm×mm	12050×25000×34000	
支腿纵向跨度/m	4.95	
支腿横向跨度/m	5.4	
主臂长/m	9.8~30.8	
主臂仰角/(°)	-2~80	
副臂长/m	7.5	
副臂安装角/(°)	0~30	

生产厂商：徐工集团，中联重科股份有限公司。

B 履带起重机

a 概述

履带起重机是装在履带底盘上进行物料起重、运输、装卸和安装等作业的全回转臂架型起重机，具有起重能力强、接地比压小、转弯半径小、爬坡能力大、不需支腿、带载行驶、作业稳定性好以及桁架组合高度可自由更换等优点，广泛应用于电力、市政、桥梁、石油化工、水利水电等建设部门。

b 主要结构

履带起重机由动力装置、工作机构以及动臂、转台、底盘等组成。

动臂：为多节组装桁架结构，调整节数后可改变长度，其下端铰装于转台前部，顶端用变幅钢丝绳滑轮组悬挂支承，可改变其倾角。

也有在动臂顶端加装副臂的，副臂与动臂成一定夹角。起升机构有主、副两卷扬系统，主卷扬系统用于动臂吊重，副卷扬系统用于副臂吊重。

转台：通过回转支撑装在底盘上，可将转台上的全部重量传递给底盘，其上装有动力装置、传动系统、卷扬机、操纵机构、平衡重和机棚等。动力装置通过回转机构可使转台作360°回转。回转支撑由上、下滚盘和其间的滚动件（滚球、滚柱）组成，可将转台上的全部重量传递给底盘，并保证转台的自由转动。

转台结构形式主要有两种，一种是以欧美为代表的封闭式转台结构，另一种是以日本为代表的小箱形转台结构。封闭式结构由两个高度较大的工字形或箱形截面组成，刚性好，在大型产品中得到广泛应用。小箱形结构在小箱形截面上配置支座连接机构，两侧设置机棚放置发动机、油箱、回转机构等部件。

转台组合方式有两种，一是转台、回转支撑与车架一部分连成一体，转台其他部分可独立运输，或再拆解运输，另一种是将上下车分开运输，分开部分与回转支撑采用快速连接方式。

底盘：主要是行走机构：该机构由履带架、驱动轮、导向轮、支重轮、托链轮和履带轮等组成。动力装置通过垂直轴、水平轴和链条传动使驱动轮旋转，从而带动导向轮和支重轮，使整机沿履带滚动而行走。另外通过操纵行走机构实现起重机的前后行驶和转向。

考虑增大行走牵引能力和提高工作速度，行走机构可选用四驱形式。履带架的结构随之改进，其张紧通过张紧梁套接于履带架结构中实现。为降低驱动转矩，驱动轮采用链轮形式，以减小直径，履带总成数量不仅仅是传统的左右两条履带总成，而是采用多组总成，下车由 8 条履带组成，每两条履带为一组。每条履带承载更均匀，对地基的要求也更低，并且可形成宽模式和窄模式，以适应不同工作场合的要求。

c 主要技术参数

主要技术参数见表 1.3.32 ~ 表 1.3.39。

表 1.3.32 履带式起重机 QUY55 主要技术参数（徐工集团 www.xcmg.com）

项 目	参 数	项 目	参 数
作业性能参数		速 度 参 数	
基本型主臂最大额定起重量/t	55	起升机构最大单绳速度（空载、第五层）/m · min^{-1}	121
固定副臂最大额定起重量/t	5	主臂变幅机构最大单绳速度（第一层）/m · min^{-1}	52
臂端单滑轮最大额定起重量/t	5	最大回转速度/r · min^{-1}	1.5
基本型主臂最大起重力矩/t · m	210	最高行驶速度/km · h^{-1}	1.35
固定副臂最大起重力矩/t · m	100	爬坡度/%	40
臂端单滑轮最大起重力矩/t · m	100	平均接地比压/MPa	0.069
尺 寸 参 数		发 动 机	
主臂长度/m	13 ~ 52	型 号	上柴 SC8D170.2G2B1
主臂变幅角度/(°)	-3 ~ 80	发动机功率/kW	125
固定副臂长度/m	9.15 ~ 15.25	排 放	国Ⅱ
运输状态单件（转台）最大尺寸（长×宽×高）/m×m×m	11.5×3.47×3.4	质 量 参 数	
		整机质量（主吊钩，18m 臂）/t	50
		运输状态单件最大质量/t	31

表 1.3.33 履带式起重机 QUY650 主要技术参数（徐工集团 www.xcmg.com）

项 目	参 数	项 目	参 数
作业性能参数		速 度 参 数	
主臂最大额定起重量/t	650（重型）/290（轻型）	起升机构最大单绳速度/m · min^{-1}	130
固定副臂最大额定起重量/t	90	主臂变幅机构最大单绳速度/m · min^{-1}	2×58
变幅副臂最大额定起重量/t	—	副臂变幅机构最大单绳速度/m · min^{-1}	—
最大起重力矩/t · m	—	最大回转速度/r · min^{-1}	0.65
塔式副臂最大起重量/t	224	最高行驶速度/km · h^{-1}	1
臂端单滑轮工况最大额定起重量/t	30	爬坡度/%	30
专用副臂最大额定起重量/t	—	平均接地比压/MPa	0.146
尺 寸 参 数		塔臂变幅机构最大单绳速度/m · min^{-1}	—
主臂长度/m	24 ~ 84（重型）/66 ~ 102（轻型）	超起变幅最大单绳速度/m · min^{-1}	—
主臂变幅角度/(°)	—	发 动 机	
固定副臂长度/m	12 ~ 36	型 号	沃尔沃 TAD1642VE
塔式副臂长度/m	24 ~ 84	发动机功率/kW	494
运输状态单件最大尺寸（长×宽×高）/m×m×m	12.6×3.4×3.4	排 放	欧Ⅱ
		质 量 参 数	
固定副臂安装角/(°)	—	整机质量/t	530（主吊钩，18m 臂）
专用副臂长度/m	—	运输状态单件最大质量/t	74

表 1.3.34 履带式起重机 XGC180（国产配置）主要技术参数（徐工集团 www.xcmg.com）

项 目	参 数	项 目	参 数
作业性能参数		速 度 参 数	
主臂最大额定起重量/t	180（基本型）	起升机构最大单绳速度/m · min^{-1}	120
固定副臂最大额定起重量/t	33.5	主臂变幅机构最大单绳速度/m · min^{-1}	2×34
变幅副臂最大额定起重量/t	50	副臂变幅机构最大单绳速度/m · min^{-1}	41.6
最大起重力矩/t · m	1043.8	最大回转速度/r · min^{-1}	0.7~1.5
塔式副臂最大起重量/t	—	最高行驶速度/km · h^{-1}	1.3
臂端单滑轮工况最大额定起重量/t	—	爬坡度/%	30
专用副臂最大额定起重量/t	—	平均接地比压/MPa	0.105
尺 寸 参 数		塔臂变幅机构最大单绳速度/m · min^{-1}	—
主臂长度/m	19~82	超起变幅最大单绳速度/m · min^{-1}	—
主臂变幅角度/(°)	30~83	发 动 机	
固定副臂长度/m	13~31	型 号	东风康明斯 ISLe340
塔式副臂长度/m	20~59	发动机功率/kW	250
运输状态单件最大尺寸（长×宽×高）/m×m×m	12.5×3.0×3.3	排 放	欧Ⅲ
		质 量 参 数	
固定副臂安装角/(°)	—	整机质量/t	175(主吊钩,全配重,19m 臂)
专用副臂长度/m	—	运输状态单件最大质量/t	37

表 1.3.35 履带式起重机 XGC180（进口配置）主要技术参数（徐工集团 www.xcmg.com）

项 目	参 数	项 目	参 数
作业性能参数		速 度 参 数	
主臂最大额定起重量/t	180（基本型）	起升机构最大单绳速度/m · min^{-1}	120
固定副臂最大额定起重量/t	33.5	主臂变幅机构最大单绳速度/m · min^{-1}	2×34
变幅副臂最大额定起重量/t	50	副臂变幅机构最大单绳速度/m · min^{-1}	41.6
最大起重力矩/t · m	1043.8	最大回转速度/r · min^{-1}	0.7~1.5
塔式副臂最大起重量/t	—	最高行驶速度/km · h^{-1}	1.3
臂端单滑轮工况最大额定起重量/t	—	爬坡度/%	30
专用副臂最大额定起重量/t	—	平均接地比压/MPa	0.105
尺 寸 参 数		塔臂变幅机构最大单绳速度/m · min^{-1}	—
主臂长度/m	19~82	超起变幅最大单绳速度/m · min^{-1}	—
主臂变幅角度/(°)	30~83	发 动 机	
固定副臂长度/m	13~31	型 号	美国康明斯 QSL9
塔式副臂长度/m	20~59	发动机功率/kW	242
运输状态单件最大尺寸（长×宽×高）/m×m×m	12.5×3.0×3.3	排 放	欧Ⅲ
		质 量 参 数	
固定副臂安装角/(°)	—	整机质量/t	75(主吊钩,全配重,19m 臂)
专用副臂长度/m	—	运输状态单件最大质量/t	37

表 1.3.36　履带式起重机 XGC130 主要技术参数（徐工集团　www.xcmg.com）

项　目	参　数	项　目	参　数
作业性能参数		速 度 参 数	
主臂最大额定起重量/t	135（基本型）	起升机构最大单绳速度/m·min^{-1}	120(主起升)/112(副起升)
固定副臂最大额定起重量/t	20	主臂变幅机构最大单绳速度/m·min^{-1}	2×45
变幅副臂最大额定起重量/t	—	副臂变幅机构最大单绳速度/m·min^{-1}	—
最大起重力矩/t·m	722	最大回转速度/r·min^{-1}	1.5
塔式副臂最大起重量/t	—	最高行驶速度/km·h^{-1}	1.3
臂端单滑轮工况最大额定起重量/t	—	爬坡度/%	30
专用副臂最大额定起重量/t	—	平均接地比压/MPa	0.089
尺 寸 参 数		塔臂变幅机构最大单绳速度/m·min^{-1}	—
主臂长度/m	16~76	超起变幅最大单绳速度/m·min^{-1}	—
主臂变幅角度/(°)	30~80	发 动 机	
固定副臂长度/m	13~31	型　号	上柴 SC8DK280Q3
塔式副臂长度/m	—	发动机功率/kW	206
运输状态单件最大尺寸(长×宽×高)/m×m×m	11.0×3.0×3.3	排　放	欧Ⅲ
		质 量 参 数	
固定副臂安装角/(°)	—	整机质量/t	122（主吊钩，全配重，16m 臂）
专用副臂长度/m	—	运输状态单件最大质量/t	37

表 1.3.37　履带式起重机 XGC150 主要技术参数（徐工集团　www.xcmg.com）

项　目	参　数	项　目	参　数
作业性能参数		速 度 参 数	
主臂最大额定起重量/t	150（基本型）	起升机构最大单绳速度/m·min^{-1}	110
固定副臂最大额定起重量/t	24	主臂变幅机构最大单绳速度/m·min^{-1}	2×32
变幅副臂最大额定起重量/t	—	副臂变幅机构最大单绳速度/m·min^{-1}	—
最大起重力矩/t·m	927.4	最大回转速度/r·min^{-1}	1.5
塔式副臂最大起重量/t	—	最高行驶速度/km·h^{-1}	1.3
臂端单滑轮工况最大额定起重量/t	—	爬坡度/%	30
专用副臂最大额定起重量/t	—	平均接地比压/MPa	0.102
尺 寸 参 数		塔臂变幅机构最大单绳速度/m·min^{-1}	—
		超起变幅最大单绳速度/m·min^{-1}	—
主臂长度/m	18~81	发 动 机	
主臂变幅角度/(°)	30~80	型　号	上柴 SC9DK320Q3
固定副臂长度/m	13~31	发动机功率/kW	235
塔式副臂长度/m	—	排　放	欧Ⅲ
运输状态单件最大尺寸(长×宽×高)/m×m×m	11.0×3.0×3.3	质 量 参 数	
固定副臂安装角/(°)	—	整机质量/t	154（主吊钩，全配重，18m 臂）
专用副臂长度/m	—	运输状态单件最大质量/t	37

表 1.3.38 履带式起重机 XGC28000 主要技术参数（徐工集团 www.xcmg.com）

项 目	参 数	项 目	参 数
作业性能参数		速 度 参 数	
主臂最大额定起重量/t	2000（重型）	起升机构最大单绳速度/m·min^{-1}	—
固定副臂最大额定起重量/t	—	主臂变幅机构最大单绳速度/m·min^{-1}	—
变幅副臂最大额定起重量/t	—	副臂变幅机构最大单绳速度/m·min^{-1}	—
最大起重力矩/t·m	—	最大回转速度/r·min^{-1}	0～0.3/0～0.6
塔式副臂最大起重量/t	—	最高行驶速度/km·h^{-1}	0～0.4/0～0.8
臂端单滑轮工况最大额定起重量/t	—	爬坡度/%	—
专用副臂最大额定起重量/t	—	平均接地比压/MPa	0.26
尺 寸 参 数		塔臂变幅机构最大单绳速度/m·min^{-1}	—
主臂长度/m	54～108(重型)/114～156(轻型)	超起变幅最大单绳速度/m·min^{-1}	—
主臂变幅角度/(°)	—	发 动 机	
固定副臂长度/m	—	型 号	奔驰 OM502LA.E3A
塔式副臂长度/m	36～108	发动机功率/kW	2×480
运输状态单件最大尺寸(长×宽×高)/m×m×m	—	排 放	欧Ⅲ
		质 量 参 数	
固定副臂安装角/(°)	—	整机质量/t	
专用副臂长度/m	12～18	运输状态单件最大质量/t	71

表 1.3.39 履带式起重机 XGC88000 主要技术参数（徐工集团 www.xcmg.com）

项 目	参 数	项 目	参 数
作业性能参数		速 度 参 数	
主臂最大额定起重量/t	3600（重型）	起升机构最大单绳速度/m·min^{-1}	60
固定副臂最大额定起重量/t	—	主臂变幅机构最大单绳速度/m·min^{-1}	63
变幅副臂最大额定起重量/t	—	副臂变幅机构最大单绳速度/m·min^{-1}	—
最大起重力矩/t·m	—	最大回转速度/r·min^{-1}	0.009～0.35
塔式副臂最大起重量/t	—	最高行驶速度/km·h^{-1}	0.1～0.3
臂端单滑轮工况最大额定起重量/t	—	爬坡度/%	6
专用副臂最大额定起重量/t	—	平均接地比压/MPa	—
尺 寸 参 数		塔臂变幅机构最大单绳速度/m·min^{-1}	70
主臂长度/m	120(重型)/144(轻型)	超起变幅最大单绳速度/m·min^{-1}	—
主臂变幅角度/(°)	—	发 动 机	
固定副臂长度/m	—	型 号	康明斯 QSK23
塔式副臂长度/m	108（选配）	发动机功率/kW	3×641
		排 放	欧Ⅱ
运输状态单件最大尺寸(长×宽×高)/m×m×m	13×3.5×3.4	质 量 参 数	
固定副臂安装角/(°)	—	整机质量/t	5950(最长主臂+最长塔臂)
专用副臂长度/m	33（选配）	运输状态单件最大质量/t	65

生产厂商：徐工集团。

C 轮胎起重机

a 概述

轮胎起重机是装在特制的轮胎式底盘上行走的全回转臂架型起重机。其上部构造与履带式起重机基本相同，为了保证安装作业时机身的稳定性，起重机设有4个可伸缩的支腿。在平坦地面上可不用支腿进行小起重量吊装及吊物低速行驶。它由上车和下车两部分组成。上车为起重作业部分，设有动臂、起升机构、变幅机构、平衡重和转台等；下车为支承和行走部分。上、下车之间用回转支承连接。吊重时一般需放下支腿，增大支承面，并将机身调平，以保证起重机的稳定。

为提高节能减排效果，研制了一种新型的柴油电动轮胎起重机，行走系统采用柴油机作为动力，作业时成为以三相交流电源为动力的全回转动臂非自行式起重机，该机不仅具有装卸效率高、工作可靠、维修方便、能耗低、污染少等优点，而且还具有起重力矩大，且重量轻、工作范围广等特点。

b 应用范围

轮胎式起重机适用于频繁连续作业，工作量很大的场所，如港口、内河码头、库场、货场、混凝土搅拌站、物流、电厂等场所的散货（如黄砂石子、水泥熟料、煤炭、矿石、矿粉、矿渣、石英砂、石灰石、盐、粮食、石膏、垃圾等）的装卸作业。

c 主要技术性能参数

主要技术性能参数见表1.3.40。

表1.3.40 轮胎式起重机主要技术参数（江苏远望起重机械制造有限公司 www.ywqzj.com）

回转速度/r·min^{-1}	2	最大起升力矩/kN·m	646
外形尺寸/m×m×m	基本臂12×4×3.17	最大起升速度/m·min^{-1}	60
整机质量/kg	23000	最大起重量/t	16
支腿距离/m×m	4.67×4.5	最大起升高度/m	16.91
最小转弯半径/m	10.5		

生产厂商：江苏远望起重机械制造有限公司。

1.4 升降机械

升降机械是用液压缸或钢丝绳、链条驱动升降的机械设备，主要包括电梯、液压升降台，通航升船机和启闭机。

1.4.1 电梯

1.4.1.1 概述

电梯是一种靠电力拖动使轿厢运行在至少两列垂直的或倾斜角小于15°的刚性导轨上用于多层建筑乘人或载运货物的升降机械。轿厢尺寸与结构形式便于乘客出入或装卸货物。习惯上无论其驱动方式如何，将电梯作为建筑物内垂直交通运输工具的总称。按速度可分低速电梯（1m/s以下）、快速电梯（1~2m/s）、高速电梯（2~5m/s）和超高速电梯（5m/s以上）。此外，台阶式，踏步板装在履带上连续运行，俗称自动扶梯。

1.4.1.2 工作原理

曳引绳两端分别连着轿厢和对重，缠绕在曳引轮和导向轮上，曳引电动机通过减速器变速后带动曳引轮转动，靠曳引绳与曳引轮摩擦产生的牵引力，实现轿厢和对重的升降运动，达到运行目的。

1.4.1.3 结构及组成系统

结构有：机房、井道及底坑、轿厢、层站。

系统有：

(1) 曳引系统：主要功能是输出与传递动力，使电梯运行。曳引系统主要由曳引机，曳引钢丝绳，导向轮、反绳轮组成。

(2) 导向系统：主要功能是限制轿厢和对重的活动自由度，使轿厢和对重只能沿着导轨作升降运动。导向系统主要由导轨、导靴和导轨架组成。

(3) 轿厢：轿厢是运送乘客和货物的，由轿厢架和轿厢体组成。

(4) 门系统：主要功能是封住层站入口和轿厢入口。门系统由轿厢门、层门、开门机、门锁装置组成。

(5) 重量平衡系统：主要功能是相对平衡轿厢重量，在电梯工作中能使轿厢与对重间的重量差保持在限额之内，保证电梯的曳引传动正常。系统主要由对重和重量补偿装置组成。

（6）电力拖动系统：主要功能是提供动力，实行电梯速度控制。电力拖动系统由曳引电动机，供电系统，速度反馈装置，电动机调速装置等组成。

（7）电气控制系统：主要功能是对电梯的运行实行操纵和控制。电气控制系统主要由操纵装置，位置显示装置，控制屏（柜），平层装置，选层器等组成。

（8）安全保护系统：保证电梯安全使用，防止一切危及人身安全的事故发生。由电梯限速器、安全钳、夹绳器、缓冲器、安全触板、层门门锁、电梯安全窗、电梯超载限制装置、限位开关装置组成。

1.4.1.4 主要技术性能参数

主要技术性能参数见表1.4.1～表1.4.10。

表1.4.1 乘客电梯主要技术参数（北京欧亚世纪电梯有限公司 www.bjbxdt2010.com）

产品名称	型 号	额定速度/$m \cdot s^{-1}$	载重量/kg					
乘客电梯	TKJ	1.0～4.0	400	630	800	1000	1250	1350
小机房乘客电梯	TKJ	1.0～4.0	400	630	800	1000	1250	1600
无机房乘客电梯	TKJW	1.0～4.0	400	630	800	1000	1250	1350

表1.4.2 别墅电梯主要技术参数（北京欧亚世纪电梯有限公司 www.bjbxdt2010.com）

产品名称	型 号	额定速度/$m \cdot s^{-1}$	载重量/kg					
别墅电梯	TBJ	0.14～0.4	200	260	320	400	—	—

表1.4.3 病床电梯主要技术参数（北京欧亚世纪电梯有限公司 www.bjbxdt2010.com）

产品名称	型 号	额定速度/$m \cdot s^{-1}$	载重量/kg				
病床电梯	TB20	1.75	—	—	—	—	1600
		1.6	—	—	—	—	1600
		1.0	—	—	—	—	1600
小机房病床电梯	TBS20	1.75	—	—	—	—	1600
		1.6	—	—	—	—	1600
		1.0	—	—	—	—	1600

表1.4.4 观光电梯主要技术参数（北京欧亚世纪电梯有限公司 www.bjbxdt2010.com）

产品名称	型 号	额定速度/$m \cdot s^{-1}$	载重量/kg				
观光电梯	TGJ	1.00～2.00	—	630	800	1000	—
小机房观光电梯	TGJ	1.00～2.00	—	630	800	1000	—
无机房观光电梯	TGJW	1.00～1.75	—	630	800	1000	—

表1.4.5 液压电梯主要技术参数（北京欧亚世纪电梯有限公司 www.bjbxdt2010.com）

产品名称	型 号	额定速度/$m \cdot s^{-1}$	载重量/kg				
液压电梯	TYJ	0.50	—	1000	2000	—	—
		0.25	—	—	—	3000	5000

表1.4.6 汽车电梯主要技术参数（北京欧亚世纪电梯有限公司 www.bjbxdt2010.com）

产品名称	型 号	额定速度/$m \cdot s^{-1}$	载重量/kg			
液压汽车电梯	TQJ	0.5	3000	4400	5000	—

表1.4.7 有机房载货电梯主要技术参数（北京欧亚世纪电梯有限公司 www.bjbxdt2010.com）

产品名称	型 号	额定速度/$m \cdot s^{-1}$	载重量/kg				
有机房载货电梯	THJ	0.50	630	1000	2000	3000	5000
		0.25	—	—	—	—	—

表 1.4.8　无机房载货电梯主要技术参数（北京欧亚世纪电梯有限公司　www. bjbxdt2010. com）

产品名称	型　号	额定速度/m · s^{-1}	载重量/kg		
无机房载货电梯	THJW	0. 50	630	1000	2000
		0. 25	—	—	—

表 1.4.9　自动扶梯主要技术参数（北京欧亚世纪电梯有限公司　www. bjbxdt2010. com）

产品名称	型　号	梯级/踏板宽度/mm	倾斜角度/(°)
自动扶梯	FML	600	35(30)
		800	
		1000	

表 1.4.10　自动人行道主要技术参数（北京欧亚世纪电梯有限公司　www. bjbxdt2010. com）

产品名称	型　号	梯级/踏板宽度/mm	倾斜角度/(°)
自动人行道	FML	800	0 ~ 12
		1000	

生产厂商：北京欧亚世纪电梯有限公司。

1.4.2　液压升降台

1.4.2.1　概述

液压升降台是一种多功能起重装卸机械设备，起升高度从 1 ~ 30m 不等。还可根据用户要求定做特殊规格的升降台。可用于工厂、自动仓库、停车场、市政、码头、建筑、装修、物流、电力、交通、石油、化工、酒店、体育馆、工矿、企业等的高空作业及维修。升降台升降系统靠液压驱动，故被称作液压升降台。

1.4.2.2　分类

按照升降平台结构的不同分：剪叉式升降台、升缩式升降台、套筒式升降台、升缩臂式升降台、折臂式升降台。

按移动的方法不同分：固定式升降台、拖拉式升降台、自行式升降台、车载式升降台、可驾驶式升降台。

1.4.2.3　主要技术性能参数

主要技术性能参数见表 1.4.11 ~ 表 1.4.23。

表 1.4.11　ATL 垂直升降机主要技术参数（科尼起重机设备(上海)有限公司　www. konecranes. com. cn）

参数 型号	标称荷重能力 6bar/kg	标称荷重能力 8bar/kg	起升行程 (最小 ~ 最大)/mm	装置高度 /mm	技术特点	应 用 行 业
ATL100 P	100	150	200 ~ 1200	1750	运行平稳 转环紧凑 可选设计	汽车行业、航空业、铁路业、一般制造业等
ATL200 P	200	250	200 ~ 1400	1750		
ATL500 E	500	500	200 ~ 2000	1700		
ATL1000 E	1000	1000	400 ~ 2500	2250		
ATL1600 E	1600	1600	400 ~ 2500	2250		

表 1.4.12　新型自行式升降平台主要技术参数（苏州康博特液压升降机械有限公司　www. chinacomport. com）

型　号 参　数	SJYZN-4M	SJYZN-6M	SJYZN-8M	SJYZN-10M
最大高度 H/mm	4000	6000	8000	10000
最大作业高度/mm	5900	7900	8900	11900
额定载荷/kg	300	300	300	300

续表 1.4.12

参数 \ 型号		SJYZN-4M	SJYZN-6M	SJYZN-8M	SJYZN-10M
台面尺寸/mm×mm		1920×900	1920×900	1920×900	2400×1200
外形尺寸(A×B×D)/mm×mm×mm		2130×1110×1185	2130×1110×1325	2130×1110×1465	2600×1300×1465
闭合高度(D)/mm		1185	1325	1465	1465
护栏高度(C-D)/mm		1110	1110	1110	1110
平台伸缩(F)/mm		800	800	800	800
回转半径(外侧/内侧)/mm		2700/1800	2700/1800	2700/1800	2840/2040
平台行驶速度 /m·s^{-1}	收起时最大值	0.85	0.85	0.75	0.7
	升起时最大值	0.14	0.14	0.14	0.14
深坑保护装置 /mm	收起离地间隙	60	60	60	60
	展开离地间隙	20	20	20	20
爬坡能力/(°)		6	6	6	6

表 1.4.13 移动式液压升降作业平台主要技术参数（苏州康博特液压升降机械有限公司 www.chinacomport.com）

型号 \ 参数	额定载荷/kg	平台最大高度/m	平台最低高度/m	平台尺寸（L×W）/m×m	护栏高度/m	整机质量/kg
SJY-0.3T-4M	300	4	0.98	1.4×0.71	1.05	600
SJY-0.5T-4M	500	4	0.98	1.4×0.71	1.05	600
SJY-1T-4M	1000	4	1.1	1.8×0.84	1.05	1000
SJY-0.3T-6M	300	6	1.18	1.8×0.84	1.05	900
SJY-0.3T-6M	300	6	1.2	1.32×0.72	1.05	1000
SJY-0.5T-6M	300	6	1.18	1.8×0.84	1.05	900
SJY-0.5T-6M	500	6	1.2	1.32×0.72	1.05	1000
SJY-1T-6M	1000	6	1.4	2×1.1	1.05	1500
SJY-0.3T-9M	300	9	1.54	1.9×0.98	1.05	1400
SJY-0.5T-9M	500	9	1.54	1.9×0.98	1.05	1400
SJY-1T-9M	1000	9	1.63	2×1.1	1.05	2000
SJY-0.3T-11M	300	11	1.72	2.2×1.1	1.05	1700
SJY-0.5T-11M	500	11	1.72	2.2×1.1	1.05	1800
SJY-1 T-11M	1000	11	1.82	2.2×1.1	1.05	2500
SJY-0.3T-12M	300	12	1.72	2.4×1.2	1.05	2200
SJY-0.5T-12M	500	12	1.89	2.2×1.1	1.05	2200
SJY-1T-12M	1000	12	1.84	2.4×1.2	1.05	3500
SJY-0.3T-14M	300	14	1.91	2.4×1.2	1.05	3400
SJY-0.5T-14M	500	14	1.91	2.4×1.2	1.05	3500
SJY-0.3T-16M	300	16	2.0	2.8×1.3	1.05	4000

表 1.4.14 轨道移动式液压升降作业平台技术参数（苏州康博特液压升降机械有限公司 www.chinacomport.com）

型号 \ 参数	额定载荷/kg	平台最大高度/m	平台最低高度/m	平台尺寸(L×W)/m×m	电压/V	功率/kW
SJJ-2T-0.9M	2000	0.9	0.4	3×1.8	380	2.2
SJJ-3T-1M	3000	1	0.5	3×1.8	380	3
SJJ-4T-1M	4000	1	0.5	3×1.8	380	3
SJJ-5T-1.1M	5000	1.1	0.6	3×1.8	380	4
SJJ-6T-1.4M	6000	1.4	0.6	3×1.8	380	4
SJJ-8T-1.5M	8000	1.5	0.7	4×1.8	380	5.5
SJJ-10T-1.8M	10000	1.8	0.8	4×1.8	380	7.5
SJJ-15T-2.4M	15000	2.4	0.9	5×1.8	380	7.5
SJJ-20T-2.5M	20000	2.5	1.0	6×2	380	11
SJJ-25T-2.5M	25000	2.5	1.0	6×2	380	11
SJJ-35T-2.7M	35000	2.7	1.2	6×2	380	18.5

表 1. 4. 15　固定式液压升降作业平台主要技术参数（苏州康博特液压升降机械有限公司　www. chinacomport. com）

型号 \ 参数	额定载荷 /kg	平台最大高度 /m	平台最低高度 /m	平台尺寸（$L \times W$）/m × m	电压/V	功率/kW
SJG-1T-0. 5M	1000	0. 5	0. 2	1. 2 × 0. 7	380	1. 5
SJG-1. 5T-0. 95M	1500	0. 95	0. 25	1. 5 × 0. 75	380	1. 5
SJG-2T-1. 15M	2000	1. 15	0. 25	1. 7 × 0. 9	380	2. 2
SJG-2. 5T-0. 75M	2500	0. 75	0. 25	1. 4 × 1	380	2. 2
SJG-3T-0. 8M	3000	0. 8	0. 3	1. 5 × 1	380	3
SJG-3. 5T-0. 88M	3500	0. 88	0. 3	1. 6 × 1	380	3
SJG-4T-1M	4000	1	0. 32	1. 8 × 1	380	3
SJG-4. 5T-1. 2M	4500	1. 2	0. 32	2 × 1	380	4
SJG-8T-1M	8000	1	0. 4	2. 6 × 1. 8	380	5. 5
SJG-0. 5T-2. 8M	500	2. 8	0. 4	2 × 1	380	1. 5
SJG-1T-1. 85M	1000	1. 85	0. 35	1. 8 × 0. 9	380	1. 5
SJG-1. 5T-1. 4M	1500	1. 4	0. 35	1. 5 × 0. 9	380	2. 2
SJG-2T-1. 8M	2000	1. 8	0. 4	2 × 1. 5	380	2. 2
SJG-2. 5T-2M	2500	2	0. 6	2. 2 × 1. 5	380	3
SJG-3T-1. 3M	3000	1. 3	0. 5	1. 6 × 1	380	3
SJG-3. 5T-1. 5M	3500	1. 5	0. 42	1. 8 × 1	380	3
SJG-4T-2. 2M	4000	2. 2	0. 66	2 × 1. 2	380	4
SJG-4. 5T-2. 5M	4500	2. 5	0. 72	2. 2 × 1. 6	380	5. 5
SJG-5T-1. 5M	5000	1. 5	0. 48	1. 8 × 1	380	5. 5
SJG-2T-1. 25M	2000	1. 25	0. 25	2 × 1. 6	380	2. 2
SJG-2. 5T-2M	2500	2	0. 4	3 × 2. 5	380	3
SJG-3T-1. 2M	3000	1. 2	0. 25	1. 8 × 1. 6	380	3
SJG-3. 5T-1. 7M	3500	1. 7	0. 45	3. 6 × 1. 8	380	3
SJG-4T-1. 5M	4000	1. 5	0. 38	2. 2 × 1. 5	380	3
SJG-5T-1. 5M	5000	1. 5	0. 4	2. 5 × 1. 6	380	4
SJG-6T-1. 1M	6000	1. 1	0. 42	2 × 1. 5	380	4
SJG-7T-1. 5M	7000	1. 5	0. 42	2. 6 × 1. 6	380	5. 5

表 1.4.16 液压升降货梯主要技术参数（苏州康博特液压升降机械有限公司 www.chinacomport.com）

型号＼参数	额定载荷/kg	平台最大高度/m	平台最低高度/m	平台尺寸/m×m	电压/V	功率/kW	起升时间/s
SJG-0.5T-2.5M	500	2.5	0.5	2.2×1.5	380	1.5	37.5
SJG-1T-2.5M	1000	2.5	0.6	2.2×1.5	380	2.2	37.5
SJG-0.5T-3M	500	3	0.85	2.2×1.5	380	1.5	45
SJG-1T-3M	1000	3	0.96	2.2×1.5	380	2.2	45
SJG-2T-3M	2000	3	1.08	2.2×1.5	380	3	45
SJG-3T-3M	3000	3	1.1	2.2×1.5	380	3	45
SJG-4T-3M	4000	3	1.3	2.2×1.5	380	4	45
SJG-5T-3M	5000	3	1.3	2.2×1.5	380	4	45
SJG-0.5T-4M	500	4	0.85	2.2×1.5	380	1.5	60
SJG-1T-4M	1000	4	0.96	2.2×1.5	380	3	60
SJG-2T-4M	2000	4	1.08	2.2×1.5	380	3	60
SJG-3T-4M	3000	4	1.1	2.2×1.5	380	4	60
SJG-4T-4M	4000	4	1.3	2.2×1.5	380	5.5	60
SJG-5T-4M	5000	4	1.3	2.2×1.5	380	5.5	60
SJG-0.5T-5M	500	5	1	2.2×1.5	380	2.2	75
SJG-1T-5M	1000	5	1.1	2.2×1.5	380	3	75
SJG-2T-5M	2000	5	1.25	2.2×1.5	380	4	75
SJG-3T-5M	3000	5	1.5	2.2×1.5	380	5.5	75
SJG-4T-5M	4000	5	1.5	2.2×1.5	380	5.5	75
SJG-5T-5M	5000	5	1.5	2.2×1.5	380	7.5	75
SJG-0.5T-6M	500	6	1.15	2.2×1.5	380	2.2	90
SJG-1T-6M	1000	6	1.25	2.2×1.5	380	3	90
SJG-2T-6M	2000	6	1.4	2.2×1.5	380	4	90
SJG-3T-6M	3000	6	1.7	2.2×1.5	380	5.5	90
SJG-4T-6M	4000	6	1.7	2.2×1.5	380	5.5	90
SJG-5T-6M	5000	6	1.7	2.2×1.5	380	7.5	90
SJG-0.5T-7M	500	7	1.15	2.5×1.5	380	2.2	105
SJG-1T-7M	1000	7	1.25	2.5×1.5	380	3	105
SJG-2T-7M	2000	7	1.4	2.5×1.5	380	4	105
SJG-3T-7M	3000	7	1.7	2.5×1.5	380	5.5	105
SJG-0.5T-8M	500	8	1.15	2.5×1.5	380	2.2	120
SJG-1T-8M	1000	8	1.25	2.5×1.5	380	3	120
SJG-2T-8M	2000	8	1.4	2.5×1.5	380	4	120
SJG-3T-8M	3000	8	1.7	2.5×1.5	380	5.5	120
SJG-0.5T-9M	500	9	1.3	2.5×1.5	380	2.2	135
SJG-1T-9M	1000	9	1.25	2.5×1.5	380	3	135
SJG-2T-9M	2000	9	1.57	2.5×1.5	380	4	135
SJG-3T-9M	3000	9	1.9	2.5×1.5	380	5.5	135
SJG-0.5T-10M	500	10	1.3	2.5×1.5	380	3	150
SJG-1T-10M	1000	10	1.25	2.7×1.5	380	4	150
SJG-2T-10M	2000	10	1.57	2.7×1.5	380	5.5	150
SJG-3T-10M	3000	10	1.9	2.7×1.5	380	7.5	150
SJG-0.5T-11M	500	11	1.3	3.0×1.5	380	3	165
SJG-1T-11M	1000	11	1.57	3.0×1.5	380	4	165
SJG-2T-11M	2000	11	1.9	3.0×1.5	380	5.5	165
SJG-3T-11M	3000	11	1.9	3.0×1.5	380	7.5	165

表 1.4.17　汽车举升升降作业平台主要技术参数（苏州康博特液压升降机械有限公司　www.chinacomport.com）

型号＼参数	额定载荷 /kg	平台最大高度/m	平台最低高度/m	平台尺寸/m×m	电压/V	功率/kW
SJG-0.5T-7M	500	7	1.2	4.5×2.2	380	3
SJG-2T-7.6M	2000	7.6	1.1	5.8×2.8	380	5.5
SJG-2.5T-5M	2500	5	1.25	5.5×2.8	380	5.5
SJG-2.5T-6M	2500	6	1.25	5×3	380	5.5
SJG-2.5T-6.35M	2500	6.35	1.25	5×2.6	380	5.5
SJG-2.5T-10M	2500	10	1.57	5.8×2.85	380	7.5
SJG-3T-4M	3000	4	1.1	5.5×2.8	380	5.5
SJG-3T-5.5M	3000	5.5	1.1	5.5×2.5	380	7.5
SJG-3T-6M	3000	6	1.2	4.2×2.6	380	7.5
SJG-2.5T-3M	2500	3	0.8	6×2.5	380	4
SJG-3T-3M	3000	3	0.8	6×2.5	380	4
SJG-4T-3M	4000	3	0.9	6×2.5	380	5.5
SJG-5T-3M	5000	3	0.9	6×2.5	380	5.5
SJG-2.5T-4M	2500	4	0.9	6×2.5	380	4
SJG-3T-4M	3000	4	0.9	6×2.5	380	4
SJG-4T-4M	4000	4	1.05	6×2.5	380	5.5
SJG-5T-4M	5000	4	1.05	6×2.5	380	5.5
SJG-2.5T-5M	2500	5	1.05	6×2.5	380	5.5
SJG-3T-5M	3000	5	1.05	6×2.5	380	5.5
SJG-4T-5M	4000	5	1.05	6×2.5	380	7.5
SJG-5T-5M	5000	5	1.05	6×2.5	380	7.5
SJG-2.5T-6M	2500	6	1.25	6×2.5	380	5.5
SJG-3T-6M	3000	6	1.25	6×2.5	380	7.5
SJG-4T-6M	4000	6	1.5	6×2.5	380	7.5
SJG-5T-6M	5000	6	1.5	6×2.5	380	7.5
SJG-2.5T-7M	2500	7	1.25	6×2.5	380	5.5
SJG-3T-7M	3000	7	1.25	6×2.5	380	5.5
SJG-2.5T-8M	2500	8	1.4	6×2.5	380	7.5
SJG-3T-8M	3000	8	1.4	6×2.5	380	7.5
SJG-2.5T-9M	2500	9	1.5	6×2.5	380	7.5
SJG-3T-9M	3000	9	1.5	6×2.5	380	7.5
SJG-2.5T-10M	2500	10	1.7	6×2.5	380	7.5
SJG-3T-10M	3000	10	1.7	6×2.5	380	11
SJG-2.5T-11M	2500	11	1.9	6×2.5	380	11
SJG-3T-11M	3000	11	1.9	6×2.5	380	11

表 1.4.18　SJG 型液压升降平台主要技术参数（济南宇虹升降机械有限公司　www.yhsjpt.com）

规　格	平台起升有效行程/m	平台回落后高度/mm	额定载荷 /kg	工作台尺寸（长×宽）/mm×mm	最大外形尺寸（含护栏高）（长×宽×高）/mm×mm×mm	配套动力 /kW	整机质量 /kg
SJG 0.5-1.7	1.7	450	500	1800×1600	1800×1600×450	2.2	600
SJG 1.5-2	2	495	1500	1800×1200	1800×1200×495	2.2	850

续表 1.4.18

规 格	平台起升有效行程/m	平台回落后高度/mm	额定载荷/kg	工作台尺寸（长×宽）/mm×mm	最大外形尺寸（含护栏高）（长×宽×高）/mm×mm×mm	配套动力/kW	整机质量/kg
SJG 2.0-2.4	2.4	650	2000	1300×800	1300×800×650	2.2	700
SJG 3.0-2.6	2.6	700	3000	1400×1200	1400×1200×700	3	900
SJG 4.0-3.5	3.5	790	4000	1400×1200	1400×1200×700	3	1300
SJG 2.0-1.5	1.5	380	2000	2700×1500	2700×1500×380	2.2	1200
SJG 2.0-1.25	1.25	380	2000	3200×1100	3200×1100×380	2.2	980
SJG 2.0-0.85	0.85	380	2000	2100×1100	2100×1000×380	2.2	860
SJG 4.0-0.5	0.5	450	4000	3100×2310	3100×2310×450	4	2300
SJG 5.0-1.7	1700	640	5000	3200×2200	2100×1100×640	4	2100
SJG 7.0-2.2	2200	630	7000	1500×1500	1500×1500×630	4	1800

表 1.4.19 SJG 型液压升降货梯主要技术参数（济南宇虹升降机械有限公司 www.yhsjpt.com）

规 格	平台起升有效行程/m	平台回落后高度/mm	额定载荷/kg	工作台尺寸（长×宽）/mm×mm	最大外形尺寸（含护栏高）（长×宽×高）/mm×mm×mm	配套动力/kW	整机质量/kg
SJG 0.3-3	3	450	300	1800×750	1800×750×450	1.5	400
SJG 0.3-5	5	650	300	1800×750	1800×750×650	1.5	680
SJG 0.5-6.5	6.5	920	500	2000×1000	2000×1000×920	2.2	1300
SJG 0.5-4	4	550	500	2100×1200	2100×1200×550	2.2	700
SJG 0.5-7	7	670	500	2100×1200	2100×1200×670	2.2	1200
SJG 1.0-4	4	650	1000	2200×1500	2200×1500×650	3	900
SJG 1.0-5.5	5.5	800	1000	2200×1500	2200×1500×800	3	1300
SJG 1.0-6.7	6.7	950	1000	2200×1500	2200×1500×950	3	1500
SJG 1.0-8	8	1120	1000	2200×1500	2200×1500×1120	3	1800
SJG 2.0-4	4	680	2000	2200×1500	2200×1500×680	4	1200
SJG 2.0-5	5	840	2000	2200×1500	2200×1500×840	4	1700
SJG 2.0-6.5	6.5	1000	2000	2200×1500	2200×1500×1000	4	2100
SJG 3.0-4.5	4.5	680	3000	2900×2000	2900×2000×680	4	2300
SJG 3.0-8	5	830	3000	6000×3000	5800×3000×830	7.5	5100
SJG 3.0-8	8	1230	3000	5800×3000	5800×3000×1230	7.5	7400

表 1.4.20 四轮移动式升降平台 SJY 主要技术参数（济南宇虹升降机械有限公司 www.yhsjpt.com）

型 号	起升高度/m	提升质量/kg	工作台尺寸（长×宽）/mm×mm	最大外形尺寸（长×宽×高）/mm×mm×mm	配套动力/kW	整机质量/kg
SJY 0.3-4	4	300	1650×750	1820×950×1970	2.2	400
SJY 0.3-6	6	300	1650×750	1820×950×2160	2.2	600
SJY 0.5-6	6	500	1650×750	1820×950×2160	2.2	700
SJY 0.3-8	8	300	1650×1000	2100×1200×2460	2.2	1200
SJY 0.5-8	8	500	1980×1220	2600×1550×2380	2.2	1400
SJY 0.8-8	8	800	2000×1220	2600×1550×2640	2.2	1700
SJY 0.3-10	10	300	2100×1220	2700×1550×2380	2.2	1500
SJY 1.0-10	10	1000	2220×1220	2820×1720×2850	3	2380
SJY 0.3-12	12	300	2550×1500	3150×2000×2850	2.2	2580
SJY 1.0-12	12	1000	2600×1500	3200×2015×3090	3	2580
SJY 0.3-14	14	300	2990×1600	3550×2120×2850	2.2	3000
SJY 0.3-16	16	300	3210×1600	3890×2120×3030	3	3900
SJY 0.3-18	18	300	3210×1600	3890×2120×3250	3	4300

表 1.4.21　（剪式/臂式）升降平台车主要技术参数（安徽铜冠机械股份有限公司　www.ahttgs.com）

主要参数 \ 主要机型		UC-1A(剪式)升降平台车	UC-1C(臂式)升降平台车
外形尺寸/mm	长	6800 ± 100	7900 ± 100
	宽	1800 ± 50	1800 ± 50
	高	2000 ± 50	2260 ± 50
转弯半径/mm	内侧 $R_{(内)}$	$R_{(内)}$ ≤4000	$R_{(内)}$ ≤4000
	外侧 $R_{(外)}$	$R_{(外)}$ ≤6000	$R_{(外)}$ ≤6100
最高行驶速度/km · h⁻¹	Ⅰ挡	4.5 ± 0.45	
	Ⅱ挡	10 ± 1	
	Ⅲ挡	22 ± 2	
额定载重量/t		1	1
整机质量/kg		7300 ± 300	8000 ± 300
最大转弯角度/(°)		40	
爬坡能力/%		25	
最大牵引力/kN		≥80	
最小离地间隙/mm		≥230	
横向摆动角/(°)		左右各 7 ~ 10	
轮距/mm		1520 ± 30	
轴距/mm		3410 ± 60	
平台最大高度/mm		≥4000	≥6000
平台面积/mm × mm		(1350 ± 50) × (1400 ± 50)	
平台面积/mm × mm		(2540 ± 60) × (1680 ± 40)	工作臂最大水平摆动角：左右各 30°
装药量/kg		100	
工作风压/MPa		0.2 ~ 0.40	
输药软管内径/mm		25 或 32	
产品特性		（1）人从平台两侧上，更方便；（2）整车具有平台限位机构，可以方便拆卸举升油缸；（3）滚轮改进设计，可快速方便拆卸	（1）安全、平稳；（2）结构紧凑；（3）吊篮和地面均能操作，使操作更方便
说　明		此款剪式升降平台车有载重量 2t，举升高度 4.5m 和载重量 3t，举升高度 5.4m 两种非标车型	平台操作方式有电控、液控两种，供用户选择

表 1.4.22　电动升降平台车主要技术参数（美制工业设备(上海)有限公司　www.mchwell.com）

型　号	MCT0001	MCT0002	MCT0003	MCT0004	MCT0005	MCT0006	MCT0007
额定载重/kg	300	500	750	1000	300	500	800
平台高度(最低/最高)/mm	450/950	450/950	450/950	480/950	495/1600	495/1618	510/1460
平台尺寸/mm × mm	1010 × 520	1010 × 520	1010 × 520	1010 × 520	1010 × 520	1010 × 520	1010 × 520
整体尺寸/mm × mm	1010 × 520	1010 × 520	1010 × 520	1010 × 520	1010 × 520	1010 × 520	1010 × 520
起升/下降时间/s	15/15	15/15	15/15	15/15	15/15	15/15	15/15
轮子直径/mm	150	150	150	150	150	150	150
手柄高度/mm	1185	1185	1185	1185	1185	1185	1185
净重/kg	140	148	154	169	183	198	208

表 1.4.23 剪叉式高空作业平台Ⅱ（邦姆实业(上海)有限公司 www.buomu.cn）

货号	C0284	C0285	C0286	C0287	C0288	C0289
平台最大高度/mm	3000	6000	7500	9000	11000	12000
平台最低高度/mm	850	980	1250	1500	1600	1700
工作平台尺寸/mm×mm	1300×700	1850×880	1800×1000	1800×1000	2100×1150	2450×1350
额定载重/kg	450	450	450	450	450	450
上升时间/s	16	54	72	83	88	90
电压/电源/(V/Hz)	380/50	380/50	380/50	380/50	380/50	380/50
电机功率/kW	0.75	1.1	1.5	1.5	2.2	3
整机长度/mm	1450	2000	2000	2000	2250	2600
整机宽度/mm	900	1080	1200	1200	1350	1550
整机高度/mm	980	980	1250	1500	1600	1600
撑脚展开尺寸/mm	600	600	700	700	700	700
设备净重/kg	400	650	1100	1260	1380	1850

生产厂商：科尼起重机设备（上海）有限公司，安徽铜冠机械股份有限公司，苏州康博特液压升降机械有限公司，美制工业设备（上海）有限公司，济南宇虹升降机械有限公司，邦姆实业（上海）有限公司。

1.4.3 启闭机

1.4.3.1 概述

启闭机是启闭各类闸门的专用设备，适用于农业排灌、水产养殖、城市给排水、电站水库、航运船闸等工程中。按结构形式可分为液压启闭机，卷扬启闭机和螺杆式启闭机。

1.4.3.2 结构特点

(1) 设有闸门高度指示器和行程限制器，大于等于100kN启门力的启闭机设有超载限制器等安全装置，以防止启闭闸门卡阻时损坏启闭机。

(2) 采用户外型长时工作制电机，防护等级≥IP155。行程控制机构采用十进制计数器原理，控制行程的误差0.5%。转矩保护控制是通过蜗杆产生轴向位移触动微动开关，来达到保护电器的原理。

(3) 操作维护简便，可实现现场和远控操作。

1.4.3.3 主要技术性能参数

主要技术性能参数见表1.4.24～表1.4.29。

表 1.4.24 单向门式启闭机（不带回转吊）技术参数（柳州起重机器有限公司 www.jtqzsb.com）

主钩起重量/t		2×100	2×125	2×160	2×200	2×250
检修葫芦起重量/t		2	3	3	5	6
轨距（大车）/m		5	5	5	5	5
起升高度（轨上/总）/m		8/29	8/29	12/35	12/35	15/65
工作级别		A3	A3	A3	A3	A3
速度 /m·min⁻¹	起升机构	1.9	1.9	2.1	1.9	1.5
	大车运行机构	19.56	19.56	21.4	21.4	21.4
电机 /kW	起升机构	YZR250M2-8/2×37	YZR280M-8/2×55	YZR315M-10/2×75	YZR315M-10/2×75	YZR355M-10/2×90
	大车运行机构	YZR160M2-6/4×7.5	YZR160L-6/4×11	YZR200L-8/4×15	YZR200L-8/4×15	YZR225M-8/4×22
质量/t	起升装置自重	59	65	103	126	152
	整机总重	196	213	386	422	485
最大轮压/kN		563	608	653	686	712
荐用钢轨		QU100	QU100	QU120	QU120	QU120

单向门式启闭机如图1.4.1所示。

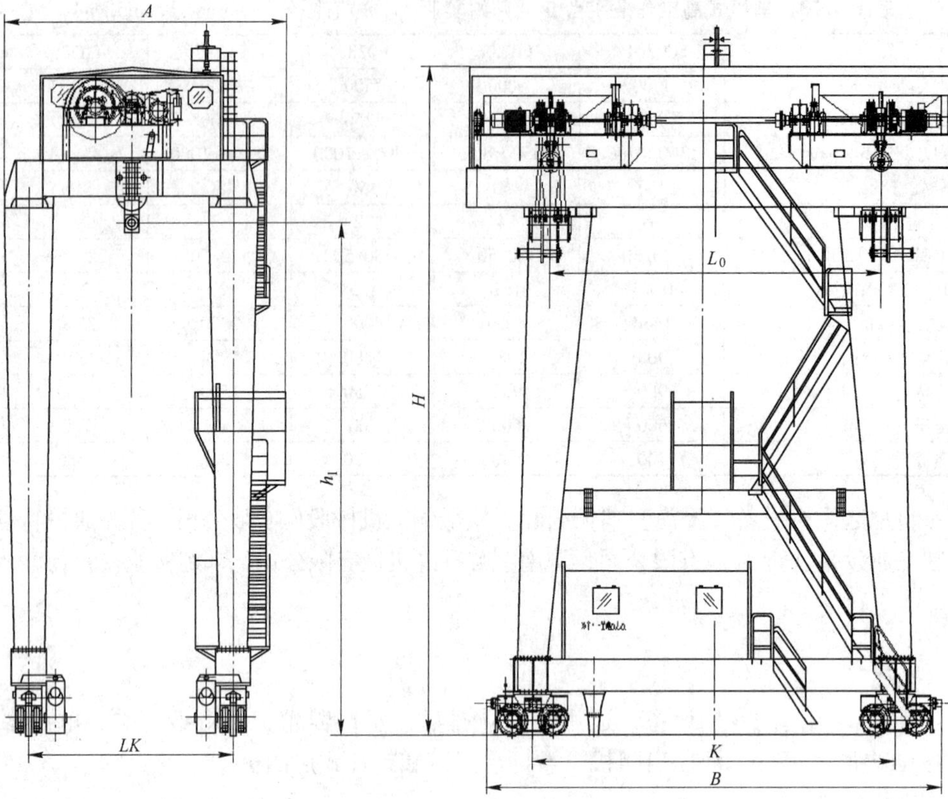

图 1.4.1　单向门式启闭机

QT 系列卷扬台车式启闭机如图 1.4.2 所示。

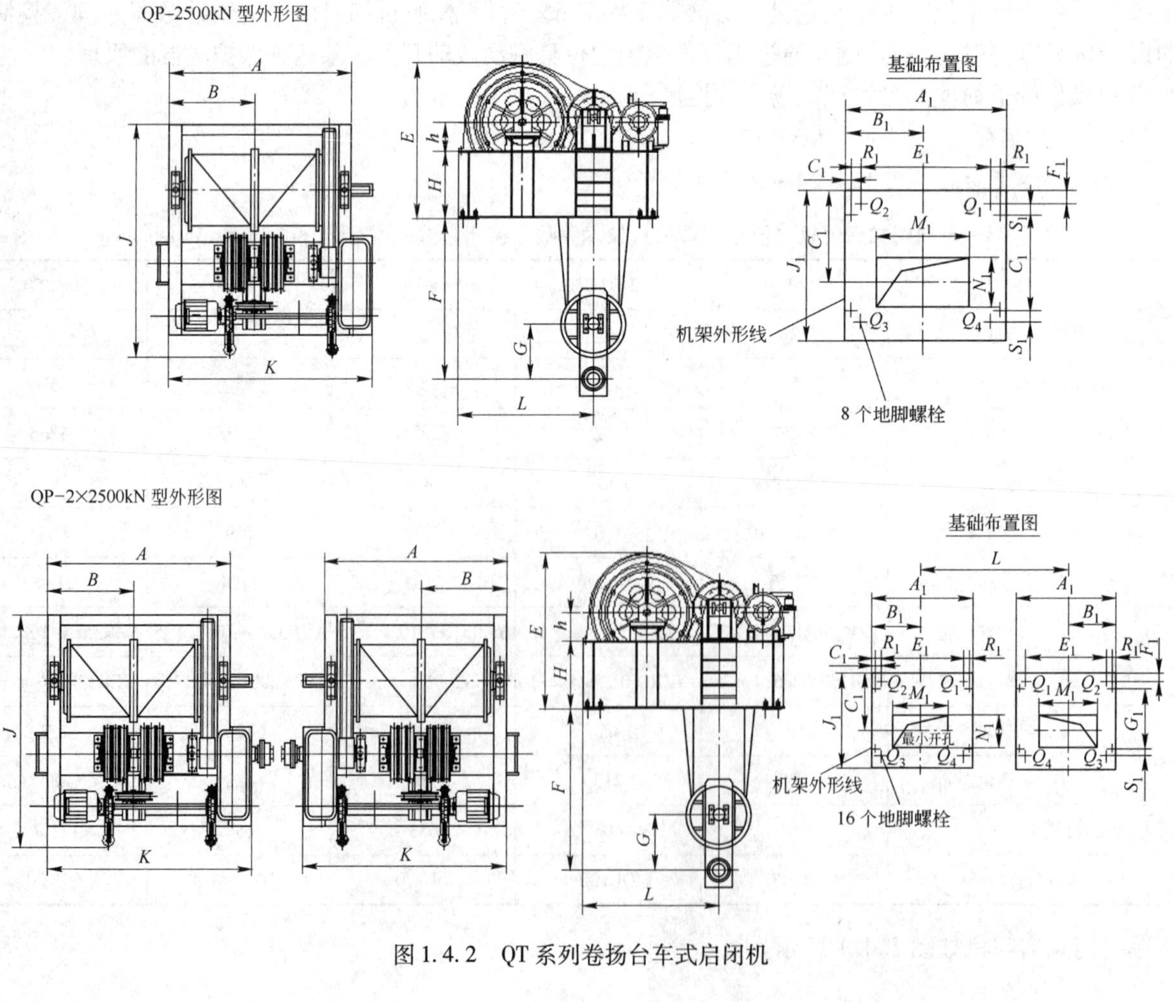

图 1.4.2　QT 系列卷扬台车式启闭机

表 1.4.25 QT 系列卷扬台车式启闭机主要技术参数（柳州起重机器有限公司 www.jtqzsb.com）

类别		启闭机型号	启闭力/kN	启闭扬程		启闭速度/r·min⁻¹	吊点距/m	滑轮倍率	钢丝绳型号	电动机			卷筒直径/mm
				H_1/m	H_2/m					型号	功率/kW	转速/r·min⁻¹	
单吊点	单独驱动	QP-50	50	8	13	2.43	—	2	11NAT6×19W+FC1670-ZS	YZ132M1-6	2.5	920	300
		QP-80	80	8	13	2.42	—	2	13NAT6×19W+FC1670-ZS	YZ132M2-6	3.7	912	300
		QP-125	125	8	13	2.47	—	2	18NAT6×19W+FC1670-ZS	YZ160M1-6	5.5	933	400
		QP-160	160	8	13	2.52	—	2	20NAT6×19W+FC1670-ZS	YZ160M2-6	7.5	948	400
		QP-250	250	9	13	2.56	—	2	24NAT6×19W+FC1770-ZS	YZ160L-6	11	953	400
		QP-400	400	9	13	1.46	—	4	22NAT6×19W+FC1670-ZS	YZ180L-8	11	694	600
		QP-630	630	10	16	1.3	—	6	22NAT6×19W+FC1770-ZS	YZ200L-8	15	710	600
		QP-800	800	10	16	1.6	—	6	26NAT6×19W+FC1670-ZS	YZ225M-8	26	701	800
		QP-1000	1000	11	16	1.48	—	6	28NAT6×19W+FC1670-ZS	YZ250M1-8	30	694	800
		QP-1250	1250	12	—	1.57	—	6	32NAT6×19W+FC1770-ZS	YZ250M1-8	30	694	900
		QP-1600	1600	13	—	1.53	—	6	38NAT6×19W+FC1570-ZS	YZR280M-10	45	560	1100
		QP-2000	2000	14	—	1.18	—	8	38NAT6×19W+FC1570-ZS	YZR280M-10	45	560	1200
		QP-2500	2500	15	—	1.17	—	8	44NAT6×19W+FC1570-ZS	YZR315S-10	55	580	1300
双吊点	集中式驱动	QP-2×50	2×50	8	13	2.43	1.8~6	2	11NAT6×19W+FC1670-ZS	YZ132M2-6	4	912	300
		QP-2×80	2×80	8	13	2.42	1.8~6.5	2	13NAT6×19W+FC1670-ZS	YZ132M2-6	3.7	912	300
		QP-2×125	2×125	8	13	2.47	1.8~7	2	18NAT6×19W+FC1670-ZS	YZ160M1-6	5.5	933	400
		QP-2×160	2×160	8	13	2.52	2.1~7.5	2	20NAT6×19W+FC1670-ZS	YZ160M2-6	7.5	948	400
		QP-2×250	2×250	9	13	2.56	2.5~8	2	24NAT6×19W+FC1770-ZS	YZ160L-6	11	953	400
		QP-2×400	2×400	9	13	1.46	3.1~8	4	22NAT6×19W+FC1670-ZS	YZ180L-8	11	694	600
	单独驱动	QP-2×630	2×630	10	16	1.3	4~11	6	22NAT6×19W+FC1770-ZS	YZ200L-8	2×15	710	600
		QP-2×800	2×800	10	16	1.6	4.1~12	6	26NAT6×19W+FC1670-ZS	YZ225M-8	2×26	701	800
		QP-2×1000	2×1000	11	16	1.48	4.4~12.5	6	28NAT6×19W+FC1670-ZS	YZ250M1-8	2×30	694	800
		QP-2×1250	2×1250	12	—	1.57	4.7~13	6	32NAT6×19W+FC1770-ZS	YZ250M1-8	2×30	694	900
		QP-2×1600	2×1600	13	—	1.53	5.2~13.5	6	38NAT6×19W+FC1570-ZS	YZR280M-10	2×45	560	1100
		QP-2×2000	2×2000	14	—	1.18	5.7~14	8	38NAT6×19W+FC1570-ZS	YZR280M-10	2×45	560	1200
		QP-2×2500	2×2500	15	—	1.17	6.1~14.5	8	44NAT6×19W+FC1570-ZS	YZR315S-10	2×55	580	1300

注：1. H_1 为卷筒单层缠绕值，H_2 为卷筒双层缠绕值；2. 启闭机启门速度及启闭扬程可由用户确定，本公司按非标设计生产。

QT 系列台车式移动启闭机如图 1.4.3 所示。

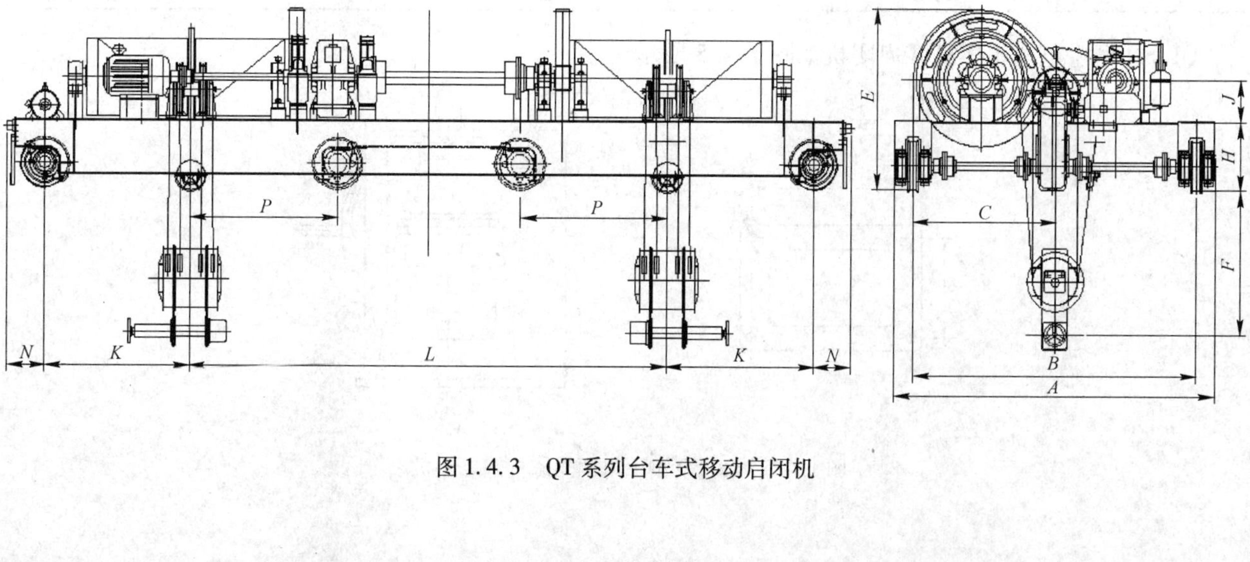

图 1.4.3 QT 系列台车式移动启闭机

表 1.4.26　QT 系列台车式移动启闭机技术参数（柳州起重机器有限公司　www.jtqzsb.com）

型　号	启门力 /kN	启闭扬程 /m	吊点距 L /m	起升机构		行走机构		车轮直径 /mm	荐用轨道型号
				起升速度 /m·min⁻¹	电机型号及功率 /kW	行走速度 /m·min⁻¹	电机型号及功率 /kW		
QT-2×50	2×50	13	1.8~6	2.43	YZ132M2-6/4	14	YSE100L-6/1.5	250	P15
QT-2×80	2×80	13	1.8~6.5	2.42	YZ160M2-6/7.5	14	YSE112M-6/2.2	250	P24
QT-2×125	2×125	13	1.8~7	2.47	YZ160L-6/11	14	YSE132S-8/3	350	P38
QT-2×160	2×160	13	2.1~7.5	2.52	YZ160L-6/11	14	YSE132S-8/3	350	P38
QT-2×250	2×250	13	2.5~8	2.56	YZ200L-8/18.5	15	YSE160M1-10/4	500	P43
QT-2×400	2×400	13	3.1~8	1.46	YZ225M-8/22	10	YSE160M2-10/5.5	500	P50
QT-2×630	2×630	16	4~11	1.3	YZ200L-8/2×15	13	YSE160L-8/11	630	P50
QT-2×800	2×800	16	4.1~12	1.6	YZ225M-8/2×22	13	YSE160L-8/11	630	QU80
QT-2×1000	2×1000	16	4.4~12.5	1.48	YZ250M1-8/2×30	10	YZRE160L-8/2×7.5	630	QU100
QT-2×1250	2×1250	12	4.7~13	1.57	YZR250M2-8/2×37	10	YZRE160L-6/2×11	630	QU100

QL-S 型手动式螺杆启闭机如图 1.4.4 所示。

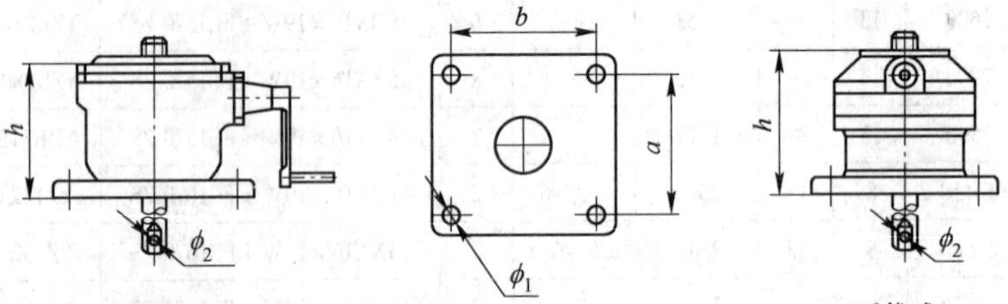

侧摇式　　　　手推式

图 1.4.4　QL-S 型手动式螺杆启闭机

表 1.4.27　QL-S 型手动式螺杆启闭机系列主要技术参数（新河县启闭机械有限公司　www.xhqbj.com）

规格/t	启门力/kN	闭门力/kN	螺杆/mm			形　式	基础尺寸/mm			ϕ_1/mm	ϕ_2/mm
			全长	扣长	直径		h	b	a		
0.3	30	18	800	500	30	手推带锁式	130	100	100	10	12
0.5	50	30	1000	700	32	手推带锁式	150	110	110	11	14
						封闭侧摇式	160	110	110		
1	100	60	1500	1000	36	手推带锁式	160	130	130	13	17
						封闭侧摇式	170	130	130		
2	200	120	2000	1500	45	手推带锁式	190	150	150	15	20
						封闭侧摇式	230	150	150		
3	300	180	3000	2500	50	手推带锁式	250	180	180	15	25
						封闭侧摇式	300	180	180		
5	500	300	4000	3500	55	手推带锁式	350	220	220	17	30
						封闭侧摇式	400	220	220		

QL-SD 型手电两用螺杆式启闭机如图 1.4.5 所示。

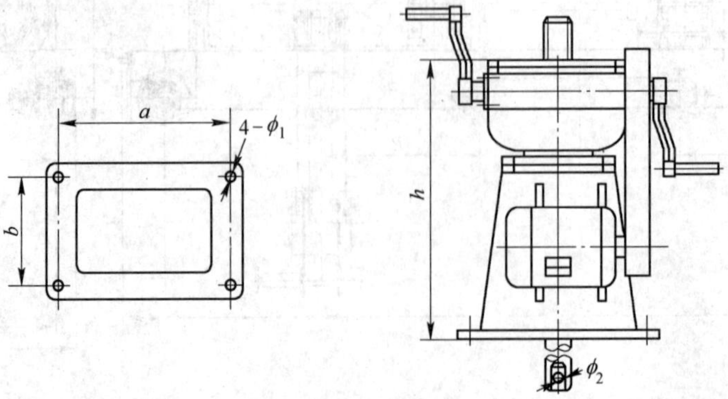

图 1.4.5　QL-SD 型手电两用螺杆式启闭机

表 1.4.28 QL-SD 型手电两用螺杆式启闭机主要技术参数（新河县启闭机械有限公司 www.xhqbj.com）.

规格/t	启门力/kN	闭门力/kN	电动升降速度/$mm \cdot min^{-1}$	螺杆/mm			配套动力		基础尺寸/mm			ϕ_1/mm	ϕ_2/mm
				全长	扣长	直径	型号	功率/kW	h	a	b		
3	30	18	454	3000	2500	50	Y90L-4	1.5	540	320	220	15	25
5	50	30	435	3500	3000	55	Y100L1-4	2.2	640	420	260	17	30
8	80	48	218	4000	3500	65	Y100L2-4	3.0	690	500	300	20	35
10	100	60	218	4500	4000	70	Y100L2-4	3.0	690	500	300	20	40
12	120	72	218	4500	4000	75	Y112M-4	4.0	690	500	300	21	40
15	150	80	185	5000	4500	80	Y132S-4	5.5	900	640	380	21	45
20	200	120	185	5000	4500	85	Y132S-4	5.5	900	640	380	23	45
25	250	140	145	5500	5000	90	Y132M-4	7.5	950	720	480	23	50
30	300	180	145	5500	5000	100	Y132M-4	7.5	950	720	480	25	50
40	400	240	138	6000	5500	120	Y160L-6	11	1150	920	750	25	60
50	500	300	138	6500	6000	140	Y160L-6	11	1150	920	750	25	60
60	600	360	138	7000	6500	150	Y160L-6	15	1150	920	750	25	60

QL-SD 型手电两用双吊式螺杆启闭机如图 1.4.6 所示。

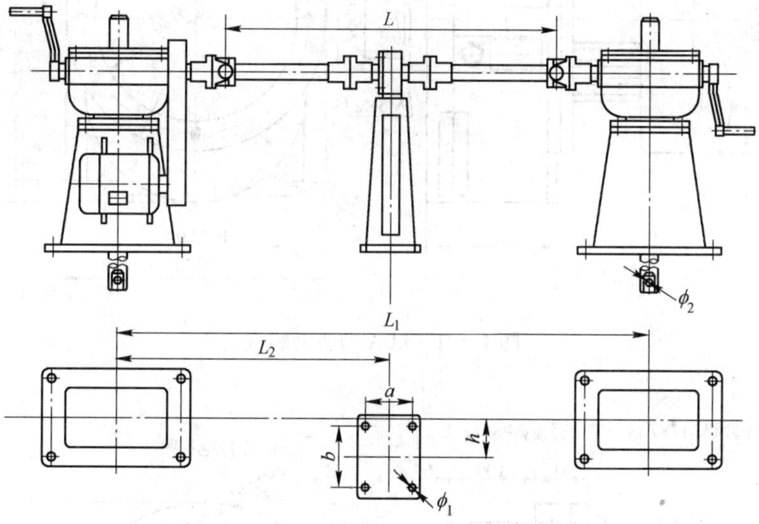

图 1.4.6 QL-SD 型手电两用双吊式螺杆启闭机

（L 连接轴长度短于 3.5m 时，不配置支撑座；双吊点整机尺寸与同规格单机尺寸相同）

表 1.4.29 QL-SD 型手电两用双吊式螺杆启闭机系列主要技术参数（新河县启闭机械有限公司 www.xhqbj.com）

规格/t	启门力/kN	闭门力/kN	电动升降速度/$mm \cdot min^{-1}$	配套动力		基础尺寸/mm					ϕ_1/mm	ϕ_2/mm
				型　号	功率/kW	L_1	L_2	h	b	a		
3	60	36	454	Y100L1-4	2.2	900 ~ 5000	根据吊点距而定	94	200	150	15	25
5	100	60	435	Y100L2-4	3.0	1000 ~ 5000		124	200	150	17	30
8	160	96	218	Y1002L-4	3.0	1200 ~ 5000		180	250	170	20	35
10	200	120	218	Y112M-4	4.0	1200 ~ 5000		180	250	170	20	40
12	240	144	218	Y132S-4	5.5	1200 ~ 5000		180	250	170	20	40
15	300	180	185	Y132S-4	5.5	1200 ~ 5000		220	300	200	21	45
20	400	240	185	Y132M-4	7.5	1200 ~ 5000		220	300	200	21	45
25	500	300	145	Y132M-4	7.5	1200 ~ 5000		270	350	200	23	50
30	600	360	145	Y160M-4	11	1200 ~ 5000		270	350	200	23	50
40	800	480	138	Y160M-4	11	1200 ~ 5000		408	400	250	25	60
50	1000	600	138	Y180L-6	15	1200 ~ 5000		408	400	250	25	60
60	1200	720	138	Y200L1-6	18.5	1200 ~ 5000		408	400	250	25	60

1.5 其他辅助产品

其他辅助产品主要包括驱动装置、驱动速度表、液压马达、液压传动装置和液压回转装置等。主要技术性能参数见表 1.5.1～表 1.5.15。

表 1.5.1 LDA 型驱动装置可供选用驱动速度表（河南中锐起重设备有限公司 www. zhongruiqz. com）

速度/m·min^{-1}	20	30	45	60	75
总速比	58.96	39.43	26.52	19.44	15.91

其驱动装置如图 1.5.1～图 1.5.7 所示。

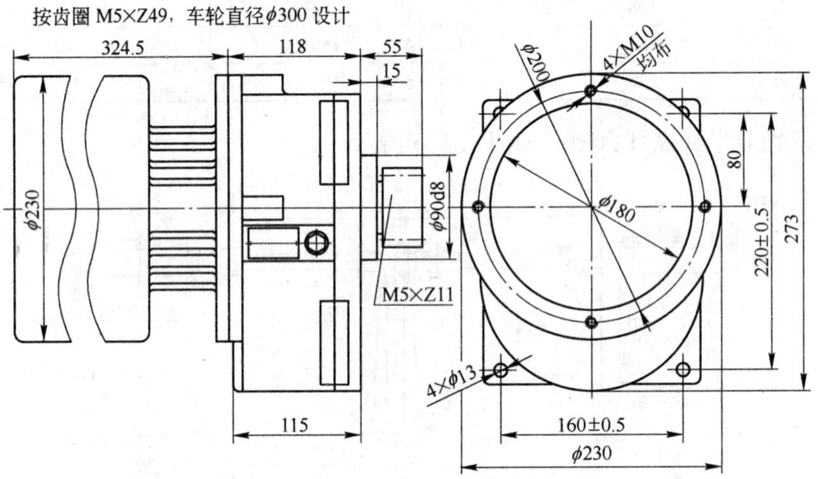

图 1.5.1 LDA 型驱动装置

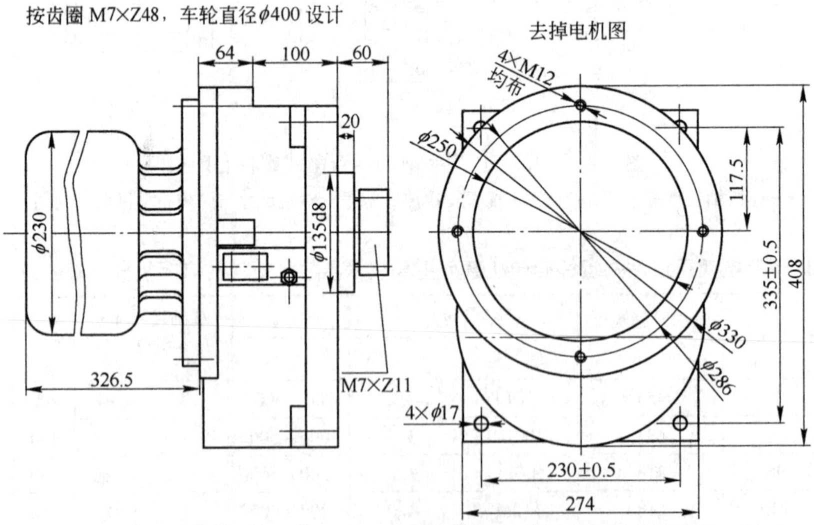

图 1.5.2 LDH 型驱动装置

表 1.5.2 LDH 型驱动装置可供选用驱动速度表（河南中锐起重设备有限公司 www. zhongruiqz. com）

速度/m·min^{-1}	20	30	45	60	75
总速比	75.15	51.33	33.91	25.79	20.79

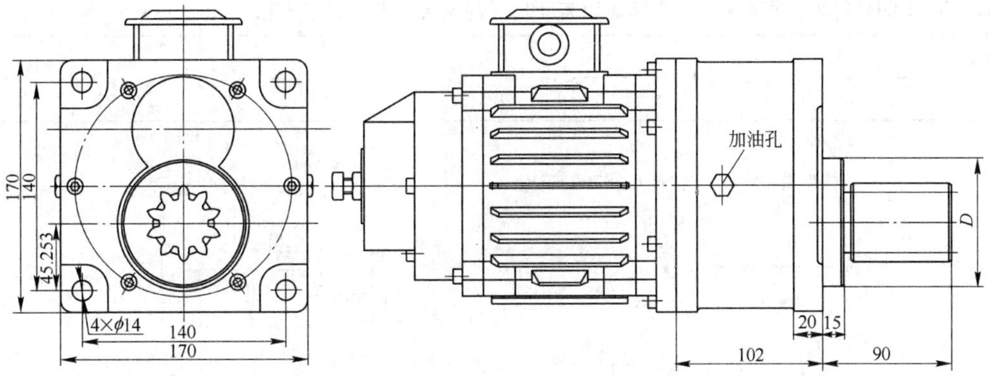

图 1.5.3　LDQ 型软起动驱动装置

表 1.5.3　LDQ 型软起动驱动装置可供选用驱动速度表（河南中锐起重设备有限公司　www.zhongruiqz.com）

驱动装置型号	电机功率/kW	极数	频率/Hz	速比	输出轴转速/r·min^{-1}	定位尺寸 D	输出齿轮轴规格
LDQ-04	0.4	4	50	6.2∶1	192	70h7	$M=3$、$Z=13$
LDQ-08	0.8						
LDQ-11	1.1			10.2∶1		85h7	$M=4$、$Z=10$
LDQ-15	1.5						

注：输出轴齿轮规格及轴伸长度可根据用户实际需求另行加工制造。

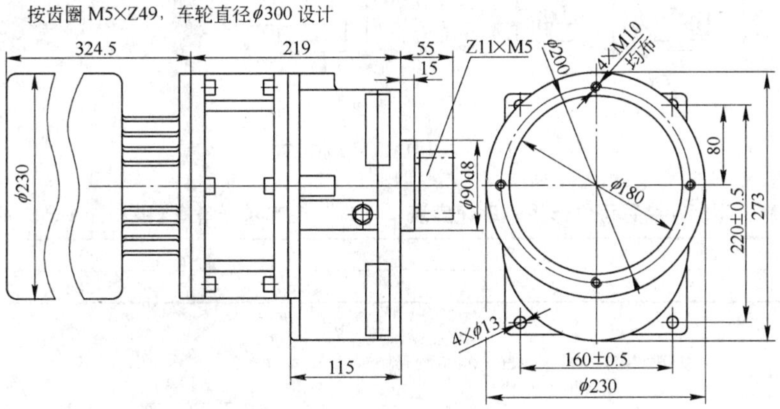

图 1.5.4　LDAM 型驱动装置

表 1.5.4　LDAM 型驱动装置可供选用驱动速度表（河南中锐起重设备有限公司　www.zhongruiqz.com）

速度/m·min^{-1}	3.3	5	7.5	10	12	15.5
总速比	359.86	240.65	161.84	118.69	96.59	75.19

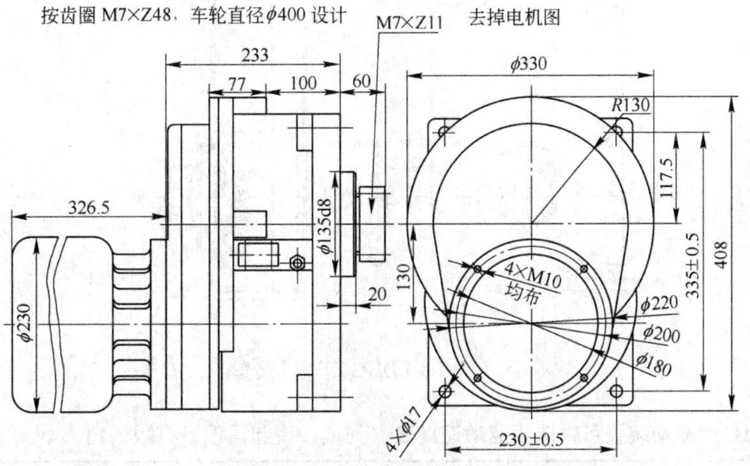

图 1.5.5　LDHM 型驱动装置

表 1.5.5　LDHM 型驱动装置可供选用驱动速度表（河南中锐起重设备有限公司　www.zhongruiqz.com）

速度/m·min^{-1}	3.3	5	7.5	10	12	15.5
总速比	499.51	341.17	225.38	169.08	134.02	113.02

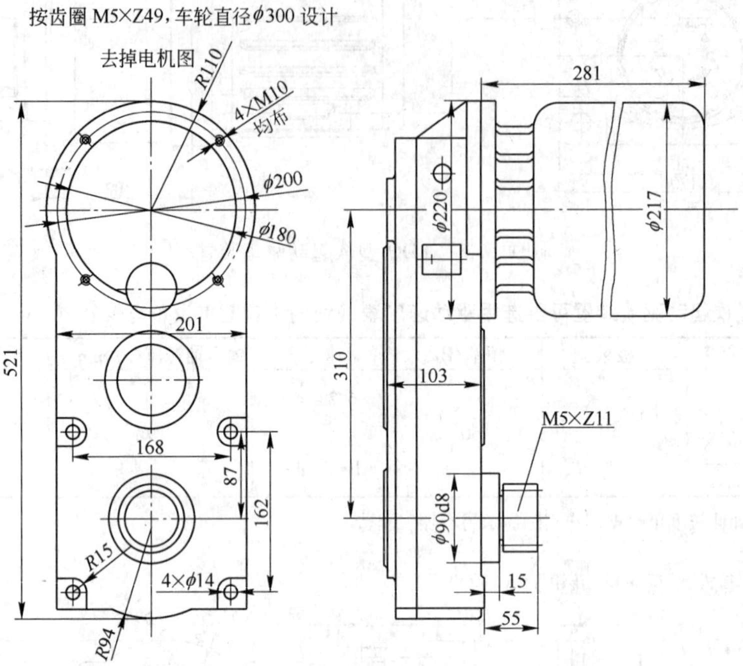

图 1.5.6　$LDAC_1$ 型驱动装置

表 1.5.6　$LDAC_1$ 型驱动装置可供选用驱动速度表（河南中锐起重设备有限公司　www.zhongruiqz.com）

速度/m·min^{-1}	20	30	45	60	75
总速比	57.78	38.64	25.98	19.06	15.59

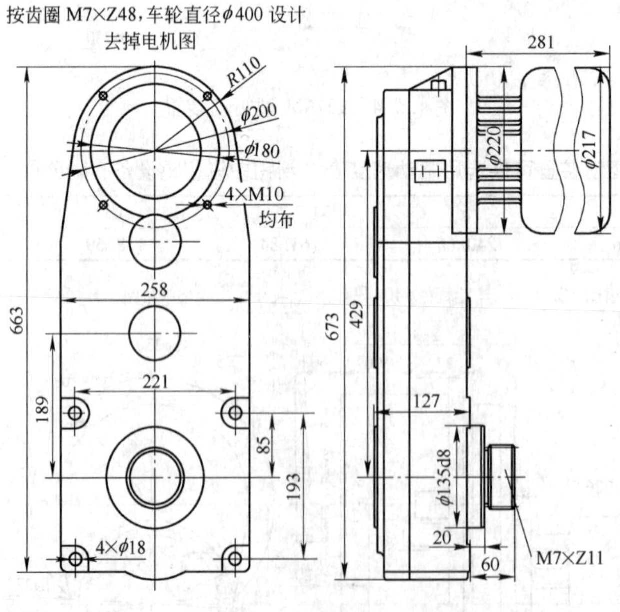

图 1.5.7　LDHC 型驱动装置

表 1.5.7　LDHC 型驱动装置可供选用驱动速度表（河南中锐起重设备有限公司　www.zhongruiqz.com）

速度/m·min^{-1}	20	30	45	60	75
总速比	75.15	51.33	33.91	25.79	20.79

表 1.5.8 **IPM 系列液压马达主要技术参数**（意宁液压股份有限公司 www.china-ini.com）

型号＼参数	理论排量/mL·r⁻¹	额定压力/MPa	转速/r·min⁻¹	质量/kg
IPM1	56, 64, 76.9, 100, 124, 157, 179, 194	20, 16	15~1000	23
IPM2	124, 151, 180, 206, 235, 276, 318	20, 16	8~700	31
IPM3	181, 201, 254, 289, 339, 403, 427, 451	20, 16	7~800	39
IPM4	397, 452, 490, 593, 660, 706, 754, 815	20, 16	5~500	66
IPM5	713, 763, 815, 868, 895, 1009	20, 16	4~400	84
IPM6	714, 792, 904, 992, 1116, 1247, 1315, 1406, 1481, 1597	20, 16	4~400	98
IPM7	1413, 1648, 1815, 2035, 2268, 2480	20, 16	2~300	158
IPM8	2449, 2559, 2845, 3023, 3333, 3526, 3998	20, 16	2~200	307
IPM9	3560, 3720, 4136, 4396, 4846, 5127, 5514, 5814, 6322	20, 16	1~160	392
IPM10	6056, 6437, 7096, 7508, 8074, 8512	20, 16	1~110	720
IPM11	8953, 9559, 10028	20, 16	0.5~100	900

表 1.5.9 **IMB 系列液压马达主要技术参数**（意宁液压股份有限公司 www.china-ini.com）

型号＼参数	理论排量/mL·r⁻¹	额定压力/MPa	转速/r·min⁻¹	质量/kg
IMB100	1385, 1630	23	2~260	144
IMB125	1456, 1621, 1864, 2027	23	2~300	235
IMB200	2432, 2757, 3080	23	1~220	285
IMB270	3291, 3575, 3973, 4313	23	1~160	420

表 1.5.10 **IY 系列液压传动装置主要技术参数**（意宁液压股份有限公司 www.china-ini.com）

型号＼参数	最大扭矩/N·m	减速比	转速/r·min⁻¹	液压马达型号
IY2.5	4600	4, 5, 5.5, 7	0~100	INM05
IY 3	8000	4, 5, 5.5, 7	0~80	INM2
IY 4	18000	4, 5, 5.5, 7	0~70	INM3
IY 5	38000	4, 5, 5.5, 7	0~40	INM5
IY 6	64000	4, 5, 5.5, 7	0~32	INM6
IY 7	100000	5, 5.5	0~25	IHM31
IY 34	18000	20, 28, 38.5	0~16	INM1
IY 45	38000	20, 28, 38.5	0~15	INM3
IY 56	64000	20, 28, 38.5	0~8	INM4
IY 67	100000	22	0~6	INM6
IY 79	200000	22	0~6	INM7

表 1.5.11 **IWYHG 系列液压传动装置主要技术参数**（意宁液压股份有限公司 www.china-ini.com）

型号＼参数	最大扭矩/N·m	减速比	转速/r·min⁻¹	适用机重/t
IWYHG2.5	1600	30.33	0~90	4~5
IWYHG33	2150	19.46	0~80	6~7
IWYHG33A	2600	19.46	0~80	7~8
IWYHG33B	2600	19.46	0~80	8
IWYHG33C	1900	19.46	0~110	7~8 轮式
IWYHG44	3500	18.4	0~80	12~14
IWYHG44A	4000	18.4	0~100	14~16
IWYHG44B	4000	18.4	0~110	14~16
IWYHG55	12000	20	0~70	20~25

表 1.5.12　绞车系列主要技术参数（意宁液压股份有限公司　www.china-ini.com）

绞车形式	拉力/kN	绳速/m·min^{-1}	容绳量/m	绳径/mm
内藏式液压绞车	5~200	12~80	20~300	6~36
普通起重液压绞车	5~500	10~60	20~800	6~50
自由下放液压绞车	5~225	10~92	50~260	6~32
车用液压绞车	10~500	6~60	25~90	10~36
船用系泊液压绞车	30~750	5~30	50~800	18~54
电动绞车	10~600	5~60	20~1000	14~44

表 1.5.13　IGY 系列履带用液压传动装置主要技术参数（意宁液压股份有限公司　www.china-ini.com）

型号＼参数	最大扭矩/N·m	最高压力/MPa	减速比	马达排量/mL·r^{-1}	适用机重/t
IGY1400T2	1396	24.5	25.26，36.96	12.4	1~1.5
IGY2200T2	2160	24.5	33.98，36.474，42.958	18	2~2.5
IGY3200T2	3140	27.5	45，48.636，53	0~70	3~4
IGY7000T2	7000	30	53.706	34.9	4~6
IGY8000T2	8000	30	53	44.4	6~8
IGY10000T2	10000	30	53	51.9	8~9
IGY18000T2	18000	35	41.442，55.7	87.3	10~12
IGY24000T2	24000	35	55.7，57.5	87.3	14~16
IGY40000T2	40000	35	51	171.9	20~25

表 1.5.14　IGH 液压回转装置主要技术参数（意宁液压股份有限公司　www.china-ini.com）

型号＼参数	最大输出扭矩/N·m		减速比	质量/kg
	挖掘机	起重机		
IGH17T2	7700	12000	17.27~46.4	116
IGH17T3	7700	12000	78.95~103.62	140
IGH26T2	10000	16500	37.8~51.22	140
IGH36T2	16000	26000	24~28.93	160
IGH36T3	16000	26000	67.96~132	180
IGH40T2	18000	29000	36.9~49.28	210
IGH60T2	25000	45000	34.03~40.41	390
IGH60T3	25000	45000	87.46~170.89	420
IGH80T3	37000	66000	77.68~186.43	700
IGH110T3	50000	93300	96.8~174.9	855
IGH160T3	80000	142000	162.8~211.8	1050

表 1.5.15　IGT 系列液压传动装置主要技术参数（意宁液压股份有限公司　www.china-ini.com）

型号＼参数	最大输出扭矩/N·m	减速比	质量/kg
IGT09T2	9000	20.4~45.1	49
IGT13T2	13000	16.3~37.6	86
IGT17T2	17000	26.4~54	90
IGT17T3	17000	77.9~102.6	100
IGT24T3	24000	90.1~137.2	105
IGT26T2	26000	23~48.1	150
IGT36T3	36000	67~130.4	170

续表 1.5.15

型号 \ 参数	最大输出扭矩/N·m	减速比	质量/kg
IGT40T2	40000	35.9~59.1	220
IGT60T3	60000	86.5~169.9	242
IGT80T3	80000	76.7~185.4	355
IGT110T3	110000	95.8~215	395
IGT160T3	160000	161.8~251	685
IGT220T3	220000	97.7~293	850
IGT330T3	330000	168.9~302.4	1285
IGT450T4	450000	320.3~421.7	1305

生产厂商：河南中锐起重设备有限公司，意宁液压股份有限公司。

2 输送机械

输送机械是按照规定路线连续或间歇地运送散状物料和成件物品的搬运机械，它是现代物料搬运系统的重要组成部分。

输送机械可以按照用途、结构形式、工作原理等分为带式输送机、板式输送机、刮板输送机、埋刮板输送机、振动输送机、螺旋输送机、斗式提升输送机、辊子输送机、悬挂输送机、气力输送机、液力输送机、气垫运输设备、牵引链输送机等16类。

2.1 带式输送机

（1）概述。

带式输送机是一种利用连续而具有挠性的输送带不停地运转来输送物料的输送机。输送带绕过若干滚筒后首尾相接形成环形，并由张紧滚筒将其拉紧。输送带及其上面的物料由沿输送机全长布置的托辊（或托板）支撑。驱动装置使传动滚筒旋转，借助传动滚筒与输送带之间摩擦力使输送带运动。带式输送机的输送能力大，单机长度长，能耗低，结构简单，运行可靠，可以长时间连续作业，便于维护，对地形的适应能力强，它既能输送各种散状物料，又能输送单件质量不太大的成件物品，有的甚至能运送人员，是应用最广、产量最大的一种输送机。

广泛应用于港口、水泥、电力、煤炭和钢铁等行业。

（2）分类。

带式输送机按照结构形式和用途等分为通用带式输送机，轻型固定带式输送机，移动带式输送机，钢丝绳带式输送机，大倾角带式输送机（花纹带、波状挡边带及压带式输送机），移置式带式输送机，吊挂式带式输送机，吊挂管状带式输送机，管状带式输送机，U形带式输送机，气垫带式输送机，磁性带式输送机，钢带输送机，网带输送机和钢丝绳牵引带式输送机。其中最常用的是量大面广的通用带式输送机。

（3）性能特点。

输送物料种类广泛，连续输送能力范围广，输送线路适应性强，装卸料灵活，可靠性好，安全性高和维修费用低。

（4）带式输送机的发展趋势。

1）提高单机长度。通过采用钢绳芯带，增加驱动单元数量，采用中间驱动，增大单个驱动单元之间功率，增大输送带与传动滚筒间摩擦系数等方法，提高了单机长度，实现无转载输送，目前最长的单机已达到20km。

2）提高输送能力。通过加大带宽，提高带速，增加槽角等方法，提高输送能力。目前最大的带宽达到近3.2m最高带速达到8m/s。

3）提高输送倾角。通过采用花纹带、波状挡边隔板带、压带、磁性带、吊挂带等方法已能使输送倾角达到60°以上，甚至垂直提升。

4）提升自动化程度，实现无人操作及监控运转，平稳起动及制动。

5）减小输送过程中的环境污染。近期大力发展管带机及U形带式输送机。

6）提高对地形的适应能力，发展水平转弯的带式输送机和下运带式输送机。

2.1.1 通用带式输送机

2.1.1.1 概述

TD75、DTⅡ、DTⅡ(A)型等带式输送机是以棉帆布、尼龙、聚酯帆布、钢绳芯输送带作曳引构件的带式输送机，可广泛用于冶金、煤炭、交通、电力、建材、化工、轻工、粮食和机械等行业，输送松散密度为500～2500kg/m³的各种散状物料和成件物品。

工作环境温度为-25～+40℃，对于高温、寒冷、防爆、防腐蚀、耐酸碱、防水等有特殊要求的工作场所，应另行采取相应的防护措施。

带式输送机是按部件系列进行设计，设计者可根据输送工艺要求，按不同的地形、工况进行选型设计、计算并组合成整台输送机。

2.1.1.2 结构组成

带式输送机的整机由以下主要部件组成，输送带、驱动装置、滚筒、托辊、拉紧装置、机架、漏斗、导料槽、清扫器、卸料器等，如图2.1.1所示。

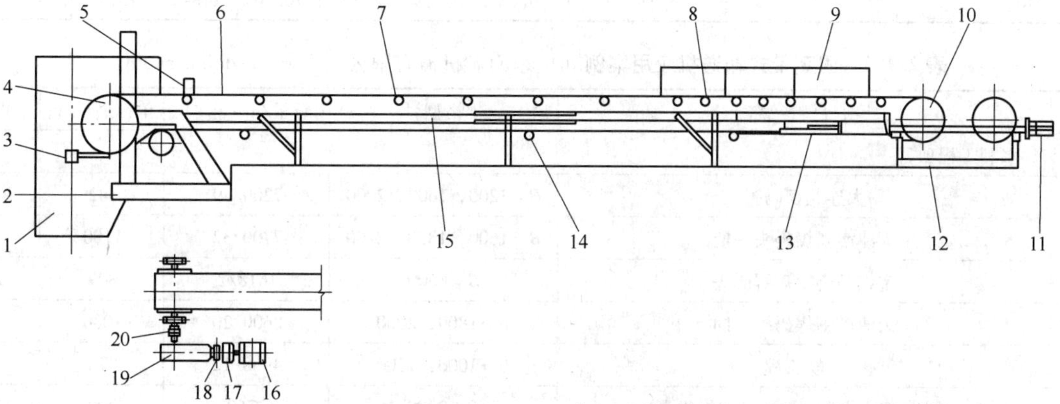

图2.1.1 固定型带式输送机

1—头部漏斗；2—机架；3—头部清扫器；4—传动滚筒；5—安全保护装置；6—输送带；7—承载托辊；8—缓冲托辊；9—导料槽；10—改向滚筒；11—螺旋拉紧装置；12—尾架；13—空段清扫器；14—回程托辊；15—中间架；16—电动机；17—液力耦合器；18—制动器；19—减速器；20—联轴器

2.1.1.3 主要技术性能参数及应用

主要技术性能参数及应用见表2.1.1～表2.1.31。

表2.1.1 部件分类代码（山东山矿机械有限公司 www.sdkj.com.cn）

代 码	部件名称	代 码	部件名称	代 码	部件名称
A	传动滚筒	H	滑轮组	J08	支 腿
B	改向滚筒	J01	机 架	J21	导料槽
C	托辊	J02	螺旋拉紧装置尾架	J22	头部漏斗
D	拉紧装置	J03	车式拉紧尾架	Q	驱动装置
E	清扫器	J04	塔 架	J	驱动装置架
F	卸料装置	J05	垂直拉紧装置架	N	逆止器
G	辊 子	J07	中间架	XF	护 罩

表2.1.2 常用带速v、带宽B与输送能力I_v的匹配关系（山东山矿机械有限公司 www.sdkj.com.cn）

v/m·s^{-1} I_v/m^3·h^{-1} B/mm	0.8	1.0	1.25	1.6	2.0	2.5	3.15	4	(4.5)	5.0	(5.6)	6.5
500	69	87	108	139	174	217						
650	127	159	198	245	318	397						
800	198	248	310	397	496	620	781					
1000	324	405	507	649	811	1014	1278	1622				
1200		593	742	951	1188	1486	1872	2377	2674	2971		
1400		825	1032	1321	1652	2065	2602	3304	3718	4130		

续表 2.1.2

I_v/m^3·h^{-1} （v/m·s^{-1}；B/mm）	0.8	1.0	1.25	1.6	2.0	2.5	3.15	4	(4.5)	5.0	(5.6)	6.5
1600					2186	2733	3444	4373	4920	5466	6122	
1800					2795	3494	4403	5591	6291	6989	7829	9083
2000					3470	4338	5466	6941	7808	8676	9717	11277
2200							6843	8690	9776	10863	12166	14120
2400							8289	10526	11842	13158	14737	17104

表 2.1.3　固定带式输送机应用案例（山东山矿机械有限公司　www.sdkj.com.cn）

序号	项 目 名 称	规格型号	数量/m·台$^{-1}$	单台最长/m	投运时间
一、码头、水利工程项目					
1	大连北良码头	B=1200，1600，2000	7200/49	542	1998
2	天津南疆煤码头一期	B=1600，1800，2200	7700/32	1100	2000
3	宝钢马迹山矿石码头	B=1600	1618/2	809	2001.1
4	天津南疆煤码头二期	B=1800，2000	8600/20	1080	2002
5	三峡工程	B=1000，1200	4968/12	978	1995
6	中国港湾建设总公司（日照煤码头）	B=2200	3760	800	2003
7	中国港湾建设总公司（连云港码头）	B=1600	5000	980	2003.12
8	福建华电储运有限公司	B=1800	933.4/3	684.8	2008.6
9	福建华电储运有限公司	B=1800	2956/9	662.5	2008.6
10	玖龙码头（重庆）有限公司	B=1000	156.8/2	84.8	2008.5
11	江苏大唐国际吕四港发电有限责任公司（码头）	B=1800	4078.2/2	3618.2	2009.5
12	阳西海滨电力发展有限公司（码头）	B=1800	1326.883/4	373	2009.7
13	济宁森达美港有限公司（跃进沟港区工程）	B=1200	1834.8/6	579.7	2009.8
14	广西天盛港务有限公司（钦州港码头总包项目）	B=1600	4333.112/17	611.3	2012.3
15	阳西海滨电力发展有限公司（阳西电厂煤码头）	B=800	1/170	170	2011.12
16	新会双水发电（B厂）有限公司高栏港码头	B=1200，1400	3570/31	256	2013.8
17	江苏国信秦港港务有限公司	B=1800	3754.212/12	886.871	2013.5
18	华能广东海门港务有限责任公司	B=1800	934.57/3	314.49	2013.10
19	大连重工机电设备成套有限公司	B=1200～1400	1386/6	220	2014.2
20	华能太仓港务有限责任公司	B=1400	4749.967/24	540.32	2014.1
21	华能广东海门港务有限责任公司	B=1800	2090.768/10	658.121	2013.11
22	天津临港港务集团有限公司	B=1200	1480.2/3	496.4	2013.12
二、建材工程项目					
1	东营胜利水泥厂	B=650，800	1358/17	283	1997
2	曲阜科利水泥厂	B=650，800	1235/15	243	1997
3	山水集团山东水泥厂	B=650，800，1000	1431/21	232	1999
4	淮安淮鑫新型建材有限公司	B=800	328.35/7	66.25	2010.6
5	济南鲍德冶金石灰石有限公司	B=650～1200	1276.135/27	177.7	2011.1
6	湛江渤海农业发展有限公司	B=650	3/201.4		2011.11
7	广西渤海农业发展有限公司	B=650	3/204.93		2011.11
8	江苏恒远机械制造有限公司白俄罗斯水泥	B=1600	2/32	16	2011.12
9	天津水泥工业设计研究院有限公司	B=800～1800	29/3440.519	636.684	2011.11

续表 2.1.3

序号	项 目 名 称	规格型号	数量/m · 台$^{-1}$	单台最长/m	投运时间
三、化工、造纸项目					
1	山东华星石油化工集团有限公司	B = 650	3		2004.4
2	浙江三星纸业股份有限公司	B = 800，1200	1109/16	265	1997
3	山东太阳纸业有限公司	B = 650，1200	786/6	130	1998
4	莱州鲁通纸业有限公司	B = 800 ~ 1200	2520/4	1000	1997
5	烟台福斯达纸制品有限公司	B = 800 ~ 1200	2280/3	1200	1999
6	山西美锦煤炭气化股份有限公司	B = 1000 ~ 1400	675.078/7	141.903	2003.3
7	山西阳光焦化（集团）有限公司	B = 650 ~ 1200	9014.711/68	373.25	2003
8	山东德齐龙化工有限公司	B = 650	190/3	94.158	2003.11
9	山东恒通化工有限公司	B = 500 ~ 1000	783.126/12	199.082	2003.12 至今
10	山东恒信焦化有限公司	B = 650 ~ 800	413.68/7	100	2004.1
11	山东博汇纸业股份有限公司	B = 650 ~ 1000	874.557/18	143.36	2004.10
12	中国化建（山西吕梁焦化厂）	B = 1000	648.106/10	109.921	2005.10
13	上海焦化有限公司	B = 1000	312.197/3	225.949	2006.8
14	江苏新浦化学工业（泰兴）有限公司	B = 1000	594.47/9	434.47	2006.8
15	宁夏西部聚氯乙烯有限公司	B = 1000	1443.14/11	242.6	2006.8
16	河南新瑞生化集团有限公司	B = 500	182.23/3	99.658	2006.12
17	东莞玖龙纸业有限公司地龙热电厂	B = 1000/650	1820.308/16	389.2	2007.12
18	广州越威纸业有限公司	B = 500 ~ 650	329.425/5	118.8	2007.12
19	东莞海龙纸业有限公司	B = 1200 ~ 1400	314/5	173	2007.12
20	江苏安邦电化有限公司	B = 500 ~ 800	834.691/15	273.3	2008.4
21	中国石化股份公司茂名分公司	B = 650，800	1601.95/24	375.5	2009.3
22	陕西榆林凯越煤化有限责任公司	B = 800 ~ 1400	2122.4/24	193.9	2011.3
23	大唐能源化工有限责任公司	B = 2000	3718.9/16	528.8	2011.9
24	陕西延长石油兴化化工有限公司	B = 1000 ~ 1400	1415.1/12	114.7	2011.3
25	陕西陕焦化工有限公司	B = 1200	1757.948/10	333.1	2010.12
26	山东金能煤炭气化有限公司	B = 1200	1304.45/12	232	2011.3
27	徐州天安化工有限公司	B = 1200	1399.063/9	398.5	2011.3
28	山东济矿民生煤化有限公司	B = 1000 ~ 1800	2607.653/24	370.1	2011.11
29	山东华鲁恒升化工股份有限公司	B = 1000	690.097/10	103	2011.11
30	中钢设备有限公司（越南太钢焦化项目）	B = 800 ~ 1000	1011.871/20	241.15	2011.11
31	安徽华塑股份有限公司	B = 1200 ~ 1400	2417.58/14	274.35	2011.8
32	中蓝连海设计研究院瓮福达州化工有限责任公司	B = 1000 ~ 1400	1006/11	264.6	2011.7
33	陕西陕焦化工有限公司	B = 800 ~ 1200	1375.586/9	355	2011.12
34	同煤广发化学工业有限公司	B = 800 ~ 1400	2067.39/20	205.85	2012.4
35	实联化工（江苏）有限公司	B = 1000 ~ 1400	2564.42/18	296.5	2013.5
36	国电宁夏英力特宁东煤基化学有限公司	B = 800，1000	4430.74/70	245	2012.11
37	中煤西安设计工程有限公司	B = 650 ~ 800	1123.485/10	230.306	2013.5
38	大连华锐重工集团股份有限公司	B = 1600	477/3	214.6	2013.5
39	中国石油化工股份有限公司茂名分公司	B = 1000，1400	2112.67/27	368.3	2013.5
40	上海大和衡器有限公司	B = 650 ~ 1000	1815.24/32	159	2014.3
41	山西阳光焦化（集团）有限公司	B = 1200	784.62/9	381.3	2013.5

表 2.1.4　应用案例（山东山矿机械有限公司　www.sdkj.com.cn）

序号	项目名称	产品名称	规格型号	数量	长度/m	投运时间
1	济宁市里彦煤矿	TD75 型皮带机	$B=800$	2	120.3	2001
2	兖矿集团地质工程公司	TD75 型皮带机	$B=1000$	1	140.6	2001
3	临沂矿务局物资供应公司	下运皮带机	$B=800$	1	460	2001
4	神华集团神府东胜煤炭有限责任公司	皮带机	DSP1080	2	2000	2002
5	济宁市运河煤矿	井下皮带机	$B=1000$	1	500	2002
6	龙口矿务局物资公司	井下皮带机	$B=1000$	1	460	2002
7	永城煤电（集团）有限责任公司	TD75 型皮带机	$B=1200$	1	1054	2002
8	济宁市金桥煤矿	TD75 型皮带机	$B=800$	2	1280	2002
9	龙口矿务局北皂煤矿	双向皮带机	SSJ1000/125	1	600	2002
10	龙口矿务局北皂煤矿	双向皮带机	SSJ1000/2×125	1	1000	2002
11	神华集团神府东胜煤炭有限责任公司	皮带机	DSP1080	4	4000	2002
12	临沂矿务局物资供应公司古城煤矿	DTⅡ型皮带机	$B=800$	1	423	2002
13	济宁市金桥煤矿	TD75 型皮带机	$B=800$	2		2002
14	神华集团神府东胜煤炭有限责任公司	皮带机	DSP1080	2	2000	2002
15	山东新河煤矿	TD75 型皮带机	$B=800$	1	583.5	2003
16	神华集团神府东胜煤炭有限责任公司	TD75 型皮带机	$B=1200$	4	317.9	2003
17	安太堡露天煤矿	大倾角皮带机	$B=1200$	1	32	2003
18	煤炭科学研究总院北京建井研究所	密闭式皮带机		6	19.5	2003
19	临沂亿金物资有限责任公司古城煤矿	TD75 型皮带机	$B=800$	1	800	2003
20	神华集团神府东胜煤炭有限责任公司	TD75 型皮带机	$B=1400$	1	32.7	2003
21	神华集团神府东胜煤炭有限责任公司	可伸缩皮带机	SSJ1200/2×220	2	2400	2004
22	龙口矿务局梁家煤矿	可伸缩皮带机	SSJ1000/2×160	1	1100	2004
23	龙口矿务局北皂煤矿	DTⅡ型皮带机	$B=1000$	2	1420	2004
24	甘肃矿建设备成套有限公司	可伸缩皮带机	SSJ1000/2×75	1	1000	2004
25	神华集团神府东胜煤炭有限责任公司	可伸缩皮带机	SSJ1200/2×220	1	1500	2004
26	神华集团神府东胜煤炭有限责任公司	可伸缩皮带机	SSJ1200/2×220	2	3000	2004
27	山西煤炭进出口集团公司	大巷皮带机	STJ-800/40×2	1	460	2004
28	山西煤炭进出口集团公司	顺槽伸缩皮带机	DSP-740/650	2	480	2004
29	神华集团神府东胜煤炭有限责任公司	可伸缩皮带机	SSJ1200/2×220	1	1200	2004
30	临沂亿金物资有限责任公司邱集煤矿	皮带机	SPJ800/2×30	1	850	2004
31	山西鲁能河曲电煤开发有限责任公司上榆泉煤矿	主平硐皮带机	$B=1400$	1	4560	2004
32	山西金海洋洁净煤有限公司	DTⅡ型皮带机	$B=1600$	5	699.3	2004
33	山西朔州市刘家口煤炭集运站	DTⅡ型皮带机	$B=1600$	1	174	2004
34	山西煤炭进出口集团公司离石炭窑里煤矿	钢架落地式皮带机		1	300	2005
35	山西煤炭进出口集团公司离石炭窑里煤矿	深槽皮带机	$B=800$	1	614.7	2005
36	山东煤矿泰安机械厂	DTⅡ型皮带机	$B=800$	2	68.7	2005
37	山西省武乡县阳山煤矿技改扩建筹建处	大倾角皮带机	$B=800$	1	430	2005
38	山东华宁矿业有限公司鑫安煤矿	深槽皮带机	$B=1000$	1	677	2005
39	山西平朔安家岭露天煤炭有限公司	DTⅡ型皮带机	$B=1600$	1	221.5	2005
40	峰峰集团有限公司物质供销分公司	TD75 型皮带机	$B=800$	8	451.8	2005
41	甘肃矿建设备成套有限公司华亭山寨煤矿	井下皮带机	$B=1000$	1	1000	2005
42	山西平朔安家岭露天煤炭有限公司	可逆皮带机	$B=1400$	1	42	2005

续表 2.1.4

序号	项 目 名 称	产品名称	规格型号	数量	长度/m	投运时间
43	安太堡露天煤矿	可逆皮带机	$B=1600$	3	170.7	2005
44	朔州华美奥能源有限公司（兴陶煤矿）	皮带机	DSP1080	2	2000	2006
45	昆明永泰国青企业有限公司（白龙山煤矿）	皮带机	DSP1080	2	2000	2006
46	山西省晋神能源有限公司山西沙坪煤矿	皮带机	DSP1080	1	1000	2006
47	峰峰集团有限公司物资供销分公司	TD75 型皮带机	$B=800$	8	451.8	2006
48	中国神华能源股份有限公司神华万利煤矿	皮带机	DSP1063	5	5×1000	2006
49	榆林市榆神煤炭榆树湾煤矿有限公司	皮带机	$B=2000$	1	235	2007.6
50	中国神华能源股份有限公司（万利煤炭分公司）	跨河皮带机	$B=1200$	1	724.7	2007.3
51	甘肃矿建设备成套有限公司	井下皮带机	$B=650$	3	1000	2007.1
52	山西鲁能河曲电煤开发有限责任公司上榆泉矿	集中运输固定式皮带机	STJ1400/2×630kW	1	3000	2007.6
53	中国神华能源股份有限公司（万利一矿）	皮带机	$B=800\sim1600$	12	1161.5	2007.2
54	中国神华能源股份有限公司(万利一矿,布尔台矿)	大巷皮带机等	$B=1200$，1400	4	3640	2007.4
55	山西盘道煤矿（肥城）	可伸缩皮带机	$B=1000\times560$m	1	560	2007.2
56	蒲县龙泰煤业有限公司	皮带机	$B=500\sim1400$	9	588.988	2007.9
57	新汶矿业集团有限责任公司龙固矿井洗煤厂		$B=1600$，2200	2	580.568	2008.1
58	华能伊敏煤电有限责任公司煤矿三期	皮带机	$B=1400$	4	4316	2010.9
59	呼伦贝尔神华洁净煤有限公司 （神华宝日希勒 2×0.5Mt/a 褐煤提质）	皮带机	$B=1000$	12	1265.58	2009.3
60	山东鲁能泰山西周矿业有限公司	顺槽下运胶带输送机	SSJ65/20/37	1	200	2010.4
61	山东鲁能菏泽煤电开发有限公司郭屯煤矿	地面原煤皮带机	$B=1400$	2	354	2010.11
62	山东鲁能菏泽煤电开发有限公司彭庄煤矿	强力上运胶带运输机	DTL120/100/2×450 ($B=1200$, $Q=1000$t/h)	1	640	2010.11
63	临沂矿业集团内蒙古矿区榆树井矿井选煤厂	转载皮带机	$B=1400$，2200	3	1043.08	2011.5
64	国电物资集团物流有限公司 （山西朔州平鲁区国强煤业有限公司）	$B=1200\times850$M 皮带机 1 条 DUJ120/80/4×500S	$B=1200$	1	850	2011.11
65	国电物资集团物流有限公司 （山西朔州平鲁区国兴煤业有限公司）	$B=1200\times500$M 皮带机 1 条 UJ120/110/3×315S	$B=1200$	1	500	2011.12
66	中煤集团山西金海洋能源 有限公司（五家沟煤业公司）	DTL160/350/3×1120	$B=1600$	1	2500	2011.7
67	中煤集团山西金海洋能源有限公司 （马营煤业公司）	DTL120/150/2×200	$B=1200$	2	2200	2011.7
68	中煤集团山西金海洋能源有限公司 （山阴安华扒罗山煤业）	DTL120/150/2×200 DSJ120/120/2×315	$B=1200$	2	1950	2011.7
69	国电建投内蒙古能源有限公司（察哈素矿井）	DTL140/200/2×400 大巷皮带机 1 部	$B=1400$	1	800	正在执行
70	太原东山煤矿有限责任公司	DTL100/47/200S	$B=1000$	1	250	2012.11
71	宁夏万和利煤炭有限公司（罗花崖煤矿）	皮带机	$B=1000$	1	1067	正在执行
72	神华物资集团有限公司 （陕西国华锦界能源有限责任公司）	皮带机	$B=1600$	1	242.755	2012.12
73	华晋焦煤有限责任公司（沙曲选煤厂）	皮带机	$B=2000$	4	793.214	2012.12
74	华晋焦煤有限责任公司（沙曲选煤厂）	皮带机	$B=1200$，1600	10	679.759	2013.1

表 2.1.5　固定带式输送机主要技术参数（衡阳运输机械有限公司　www. hyyunji. com）

带宽 B/mm	带速 v/m · s⁻¹											
	0.8	1.0	1.25	1.6	2.0	2.5	3.15	4.0	4.5	5.0	5.6	6.5
	运量 $Q/m^3 \cdot h^{-1}$											
500	69	87	108	139	174	217						
650	127	159	198	254	318	397						
800	198	248	310	397	496	620	781					
1000	324	405	507	649	811	1014	1278	1622				
1200		593	742	951	1188	1486	1872	2377	2674	2971		
1400		825	1032	1321	1652	2065	2602	3304	3718	4130		
1600					2186	2733	3444	4373	4920	5466	6122	
1800					2795	3494	4403	5591	6291	6989	7829	9083
2000					3470	4338	5466	6941	7808	8676	9717	11277
2200							6843	8690	9776	10863	12166	14120
2400							8289	10526	11842	13158	14737	17104

表 2.1.6　DTL 型煤矿用带式输送机主要技术参数（衡阳运输机械有限公司　www. hyyunji. com）

带宽/mm	带速/m · s⁻¹	运量 $Q/t \cdot h^{-1}$	功率/kW	煤矿用带式输送机型号 带宽(cm)/运量(10t/h)/功率(kW)
800	2.5	600	160	DTL80/60/160
1000	2.5	1000	2×160	DTL100/100/2×160
	3.15	1100	220	DTL100/110/220
	3.5	1000	3×630	DTL100/100/3×630S
1200	2.5	1300	250	DTL120/130/250S
	3.15	1650	2×280	DTL120/165/2×280
	3.15	457	3×500	DTL120/45.7/3×500
1400	2.5	1750	250	DTL140/175/250
	3.15	2400	280	DTL140/240/280
	3.15	2400	2×315	DTL140/240/2×315
	3.15	1650	40	DTL140/165/40
	4.0	2300	3×630	DTL140/230/3×630
1600	4.0	2000	3×500	DTL160/200/3×500
	4.0	3500	3×1000	DTL160/350/3×1000S
	5.0	3500	3×1070	DTL160/350/3×1070
1800	4.5	5700	3×1070	DTL180/570/3×1070
	4.5	4000	3×1650	DTL180/400/3×1650
	4.5	4000	3×1800	DTL180/400/3×1800X
2000	4.0	4200	2×800	DTL200/420/2×800S
	5.0	5000	400	DTL200/500/400
2200	2.5	1000	75	DTL220/100/75
	4.0	5000	800	DTL220/500/800S

表 2.1.7 移置式带式输送机主要技术参数（衡阳运输机械有限公司 www.hyyunji.com）

带宽 B/mm	带速 v/m·s^{-1}											
	0.8	1.0	1.25	1.6	2.0	2.5	3.15	4.0	4.5	5.0	5.6	6.5
	运量 Q/m^3·h^{-1}											
1200					1300	1625	2050	2600				
1400					1800	2250	2830	3600	4050			
1600					2380	2975	3850	4760	5355	5950		
1800					3070	3838	4840	6140	6908	7675	8596	9978
2000					3840	4800	6050	7680	8640	9600	10752	12480
2200					6120	7650	9639	12240	13770	15300	17136	19890
2400					7531	9414	11861	15062	16945	18828	21087	24476

表 2.1.8 固定带式输送机应用案例（衡阳运输机械有限公司 www.hyyunji.com）

序号	工程项目名称	主要性能指标							备注
		带宽 B /mm	带速 v /m·s^{-1}	运量 Q /t·h^{-1}	机长 L /m	提升高 H /m	功率 N /kW	倾角 α /(°)	
1	金沙江向家坝水电站太平料场和马延坡砂石系统	1200	4.0	3000	31067	-446	4×900	1~11.5	国内最长暨隧洞条件物料输送线亚洲之最
2	冀东海德堡（泾阳）水泥有限公司	1000	3.15	1200	9343.362	393	3×400	-5.5079~2.4110	国内自主创新单机之最
3	河南驻马店豫龙水泥厂	1200	3.5	1800	8139	28	5×560	-3~5	机械工业科技技术三等奖
4	山阴金龙输煤有限公司	1400	4.5	2700	6042.1	86	6×710	-0.82	煤 炭
5	海南昌江华盛天涯水泥有限公司	1200	3.5	1500	8444.503	128.3	5×450	-5.3322~8.5308	水 泥
6	华新秭归水泥厂	1200	2.5	1200	1938.8	359	2×500	-2~-10.7	下运负功发电网
7	洛阳黄河水泥厂	1000	2.5	900	3572.23	242.5	3×160	-8~3.9	水 泥
8	江苏汉天水泥厂	1200	3.15	1800	1567	0	2×315	0	水 泥
9	苏丹 BERBER 水泥厂	1000	2.5	800	4380	0	3×355	0	水 泥
10	安徽盘景水泥有限公司	1200	3.15	1800	3587.333	0	3×400	0	水 泥
11	云南瑞气化工有限公司	1200	3.15	1000	6140	0	3×500	0	化 工
12	漳县祁连山水泥厂	1000	2.5	900	2173	232.7	2×280	0~12.38	水 泥
13	甘肃白银水泥厂	1000	3.15	1200	2000	0	2×315	0	水 泥
14	东坡煤矿至刘家口选煤厂	1400	4.0	2000	1285	31.4	2×450	0~8	煤 炭
15	博茨瓦纳燃煤电站	1200	2.5	1000	1240	37.2	2×250	0.28~12	电 厂
16	广东黄埔电厂	1200	3.15	2000	2210	24.8	2×300	0~5	电 厂
17	四川龙蟒矿冶机械有限责任公司	1600	2.0	3323	173.2	24.2	250	0~7	冶 金
18	湘潭钢铁集团有限公司	1400	2.0	1600	400	60.07	4×220	10.7	高 炉
19	首钢矿业公司水厂	1400	3.15	3000	755	114.05	3×450	9	铁 矿
20	白俄40万吨纸浆厂	1000	2.2	850	476.3	46	110	0~6	造 纸

表 2.1.9 DTL 型煤矿用带式输送机应用案例（衡阳运输机械有限公司 www.hyyunji.com）

序号	工程项目名称	主要性能指标							备 注
		带宽 B /mm	带速 v $/m \cdot s^{-1}$	运量 Q $/t \cdot h^{-1}$	机长 L /m	提升高 H /m	功率 N /kW	倾角 α /(°)	
1	高家梁选煤厂	2000	4.7	5000	235.848	37.926	2×1250	0~6.5	主斜井
2	鄂尔多斯昊华精煤有限公司	1600	4.25	3200	1900	19	2×800	0~5.8	大 巷
3	新疆哈密大南湖 1 号矿井	1600	4.5	4200	1350	135	3×1120	3~8	大巷上运
4	木瓜界选煤厂	2200	3.15	5000	287.21	39.52	2×800	13.5~-6	主斜井
5		1800	3.15	3300	388.958	8	500	0~-1.4	主斜井
6	察哈素矿选煤厂	2000	4.0	5400	243.31	32.68	3×630	15.728	主斜井
7	内蒙古母杜柴登煤矿选煤厂	2000	4.0	5000	212.52	19	2×560	0~3.8	主斜井
8	安太堡露天煤矿	1600	4.3	3600	1559.4	81	545	2~6.7	露天矿
9	哈尔乌素选煤厂	2200	4.0	5000	1541	30	800	1~5	国内最大露天矿
10	内蒙古大唐国际锡林浩特东二号露天煤矿	1600	4.5	3000	2870	5	4×500	0	露天矿
11		1600	4.5	3000	2900	5	4×500	0	露天矿
12		1600	4.5	3000	507	42.5	2×500	0~14~7	露天矿
13		1600	4.5	3000	503.5	42.5	2×500	0~14~7	露天矿
14	中煤平朔煤业东露天煤矿	1600	4.3	3000	1247	36	3×1120	1.69~0~16	大 巷
15		1600	4.3	3000	1297	37	3×1120	6.095~0~16	大 巷
16	中铁资源苏尼特左旗芒来矿业有限公司	2000	4.0	5000	245.3	34.8	1120	0~12	露天矿
17	甘肃万胜矿业有限公司	1000	3.15	320	971	377.5	2×400	25	主斜井
18	山西宁武榆树坡煤业有限公司	1200	3.64	870	1898	368	3×800	0~13~8	主斜井
19	陕煤集团神木红柳林矿业（5-2 煤大巷 2 号）	1800	4.5	4000	5010	8	3×1800	0.15	大 巷
20	张家口煤炭物流中心	2000	4.5	5000	360	38	3×500	0~8	集装站

表 2.1.10 平面转弯带式输送机应用案例（衡阳运输机械有限公司 www.hyyunji.com）

序号	工程项目名称	主要性能指标							备 注
		带宽 B /mm	带速 v $/m \cdot s^{-1}$	运量 Q $/t \cdot h^{-1}$	机长 L /m	提升高 H /m	功率 N /kW	转弯半径 R /m	
1	湘潭瑞通球团有限公司	1000	1.6	800	114	6	55	150	
2	武钢 8 号高炉水渣堆场	1400	2.5	1500	1317.2	25.8	2×250	2000	
3	河南锦荣水泥有限公司	1400	2.5	1800	1440	-86	2×220	2000	
4	靖州金大地水泥有限责任公司	1000	3.15	900	4500	14.7	3×315	1000	
5	华润水泥（龙岩）有限公司	1200	3.15	1200	4406	278	2×630	1000	
6	河南禹州市锦信水泥有限公司	1400	2.5	1800	2577	125.6	2×355	1500	
7	湘澧盐矿有限公司	800	1.25	200	850	11.8	75	300	
8	湘澧盐矿有限公司	650	1.25	100	157	4.5	11	60	
9	湖南金大地材料股份有限公司	1200	2.0	600	415	15.2	200	300/777	
10	湖南金大地材料股份有限公司	1400	3.15	2400	1672	-93.9	2×250	500	
11	湖南金大地材料股份有限公司	1400	3.15	2600	361	17.1	355	180	

表 2.1.11 移置式带式输送机应用案例（衡阳运输机械有限公司 www.hyyunji.com）

序号	工程项目名称	主要性能指标							备注
		带宽 B /mm	带速 v /m·s⁻¹	运量 Q /t·h⁻¹	机长 L /m	提升高 H /m	功率 N /kW	倾角 α /(°)	
1	江西德兴铜矿	1400	5.0	4500	700	8.55	3×1000	0~6.3	
2	内蒙古大唐国际锡林浩特矿业东二号露天煤矿	1600	4.0	3000	777	155	3×800	0~9.926~5	
3		1600	4.5	3000	789	155	3×800	0~9.926~5	
4		1600	4.5	3000	782	155	3×800	0~9.926~5	
5		1600	4.5	3000	606	33	800	0~7.3	
6		1600	4.5	3000	588	33	800	0~5.42~7.3	
7		1600	4.5	3000	100	15	630	0~7.3	
8		1600	4.5	3000	162	38	630	0~7.3	
9		1600	4.5	3000	238	38	630	0~7.3	
10	中煤平朔煤业有限责任公司（东露天煤矿）	1600	3.5	3000	252.815	11.867	400	0~3~5	
11	中铁资源苏尼特左旗芒来矿业有限公司	1600	4.3	3000	3090.4	15.6	3×710	0.078~2.5	

表 2.1.12 TD75 型带式输送机主要技术参数（广西百色矿山机械厂有限公司 www.baikuang.com.cn）

承载托辊形式	带速/m·s⁻¹	带宽 B/mm					
		500	650	800	1000	1200	1400
		运量 Q/t·h⁻¹					
槽形托辊	0.8	78	131	—	—	—	—
	1.0	97	164	278	435	655	891
	1.25	122	206	348	544	819	1115
	1.6	156	264	445	696	1048	1427
	2.0	191	323	546	853	1284	1748
	2.5	232	391	661	1033	1556	2118
	3.15	—	—	824	1233	1858	2528
	4	—	—	—	—	2202	2996
平形托辊	0.8	41	67	118	—	—	—
	1.0	52	88	147	230	345	469
	1.25	66	110	184	288	432	588
	1.6	84	142	236	368	558	753
	2.0	103	174	289	451	677	922
	2.5	125	211	350	546	821	1117

注：表中的输送量是在物料容重 $\gamma=1.0t/m^3$、输送机倾角 $\beta\leqslant6°$、物料动堆积倾角 $\rho=30°$ 的条件下计算出来的。

表 2.1.13　DTⅡ型带式输送机主要技术参数（广西百色矿山机械厂有限公司　www.baikuang.com.cn）

承载托辊形式	带速/m·s⁻¹	带宽 B/mm					
		500	650	800	1000	1200	1400
		运量 Q/t·h⁻¹					
槽形托辊	0.8	69	127	198	324	—	—
	1.0	87	159	248	405	593	825
	1.25	108	198	310	507	742	1032
	1.6	139	254	397	649	951	1321
	2.0	174	318	496	811	1188	1652
	2.5	217	397	620	1014	1486	2065
	3.15	—	—	781	1278	1872	2602
	4.0	—	—	—	1622	2377	3304
	5.0	—	—	—	—	2971	4130
平形托辊	0.8	41	67	118	—	—	—
	1.0	52	88	147	230	345	469
	1.25	66	110	184	288	432	588
	1.6	84	142	236	368	558	753
	2.0	103	174	289	451	677	922
	2.5	125	211	350	546	821	1117

注：输送能力值是按水平运输，动堆积角为 20°，托辊槽角为 35°时计算的。

表 2.1.14　TD75/DTⅡ型带式输送机（安徽盛运环保（集团）股份有限公司　www.shengyungf.com）

型　号	带宽 B/mm	带速 B/m·s⁻¹	输送能力
TD75	500～1400	0.8～4.0	78～2900t/h
DT11	500～2400	0.8～6.5	69～1710m³/h

表 2.1.15　HQ、DY 型移动式带式输送机（安徽盛运环保（集团）股份有限公司　www.shengyungf.com）

带宽/mm	带速/m·s⁻¹	输送长度/m	输送量/m³·h⁻¹	提升高度/m	提升角度/(°)	托辊形式
500	1.6	10/15	112	4.5/6.3	10～20	槽　形
650	1.6	10/15	200	4.6/6.5	10～20	槽　形
800	1.6	10/15	263	4.6/6.5	10～20	槽　形

表 2.1.16　HZS50 型自动升降转向式胶带输送机主要技术参数
（安徽盛运环保（集团）股份有限公司　www.shengyungf.com）

带宽/mm	产量/t·h⁻¹	水平输送长度/m	输送高度/m	转向角/(°)	最大输送倾斜角/(°)	行走速度/m·s⁻¹
500	50	12；13；15；18	6.5	90	22	0.8～1.6

表 2.1.17　TSDL 型移动式带式输送机主要技术参数（安徽盛运环保（集团）股份有限公司　www.shengyungf.com）

带宽/mm	机长/m	带速/m·s⁻¹	最大输送高度/m	最大倾角/(°)	输送量/t·h⁻¹
500	5～20	12；13；15；18	7.9	22	50

表 2.1.18 矿用型带式输送机主要技术参数（安徽盛运环保（集团）股份有限公司 www.shengyungf.com）

型号	带宽/mm	形式	带速/m·s^{-1}	输送能力/t·h^{-1}	输送长度/m
SSJ	650~1400	水平、上运、下运	1.6~4.5	1500~3500	500~2000
SSD	650~1400	水平、上运、下运	1.6~4.5	1500~3500	500~2000
STJ	500~1400	水平、上运、下运	1.6~4.5	1500~3500	500~2000
STD	500~1400	水平、上运、下运	1.6~4.5	1500~3500	500~2000

表 2.1.19 固定型带式输送机主要技术参数（山东省生建重工有限责任公司 www.shengjianzhonggong.com）

带速/m·s^{-1}	胶带宽度 B/mm										
	500	650	800	1000	1200	1400	1600	1800	2000	2200	2400
	输送量 Q/m^3·h^{-1}										
0.80	69	127	198	324	—	—	—	—	—	—	—
1.00	87	159	248	405	593	825	—	—	—	—	—
1.25	108	198	310	507	742	1032	—	—	—	—	—
1.60	139	254	397	649	951	1321	—	—	—	—	—
2.00	174	318	496	811	1188	1652	2186	2795	3470	—	—
2.50	217	397	620	1014	1486	2065	2733	3494	4338	—	—
3.15	—	—	871	1278	1872	2602	3444	4403	5466	6843	8289
4.00	—	—	—	1622	2377	3304	4373	5591	6941	8690	10526
4.50	—	—	—	—	2674	3718	4920	6291	7808	9776	11842
5.00	—	—	—	—	2971	4130	5466	6989	8676	10863	13158
5.60	—	—	—	—	—	—	6122	7829	9717	12166	14737
6.50	—	—	—	—	—	—	—	9083	11277	14120	17104

表 2.1.20 DTL 固定型带式输送机主要技术参数（太原向明机械制造有限公司 www.tyxmjx.cn）

产品型号	运量/t·h^{-1}	运距/m	带宽/mm	带速/m·s^{-1}	倾角/(°)	功率/kW	用户
DTL180/500/2×630	5000	386	1800	5.0	16	2×630	斜沟矿
DTL160/350/3×1600	3500	3340	1600	4.5	14	3×1600	龙泉矿
DTL140/200/3×710	2000	1270	1400	4.0	9~25	3×710	双山矿

表 2.1.21 DSJ 型伸缩带式输送机主要技术参数（太原向明机械制造有限公司 www.tyxmjx.cn）

产品型号	运量/t·h^{-1}	运距/m	带宽/mm	带速/m·s^{-1}	倾角/(°)	功率/kW	用户
DSJ160/350/6×500	3500	6000	1600	4.0	0~3	6×500	斜沟矿
DSJ140/250/5×400	2500	4400	1400	4.0	0	5×400	沙坪矿
DSJ120/150/3×315	1500	3300	1200	3.15	0	3×315	韩家湾矿

表 2.1.22 槽形带式输送机主要技术参数（北方重工集团有限公司 www.nhi.com.cn）

带宽 B/mm	带速 v/m·s^{-1}										
	0.8	1.0	1.25	1.6	2.0	2.5	3.15	4	4.5	5	5.6
	运量 Q/m^3·h^{-1}										
500	69	87	108	139	174	217					
650	127	159	198	254	318	397					
800	198	248	310	397	496	620	781				
1000	324	405	507	649	811	1014	1278	1622			

续表 2.1.22

带宽 B/mm	带速 v/m·s^{-1}										
	0.8	1.0	1.25	1.6	2.0	2.5	3.15	4	4.5	5	5.6
	运量 Q/m^3·h^{-1}										
1200		593	742	951	1188	1486	1872	2377			
1400		825	1032	1321	1652	2065	2602	3304			
1600					2502	3128	3940	5004	5630	6255	
1800					3204	4005	5046	6408	7209	8010	
2000					3976	4970	6262	7952	8946	9940	11133
2200					4866	6083	7664	9732	10950	12165	13625
2400					5792	7240	9122	11584	13032	14480	16218
2600					6850	8563	10788	13700	15413	17125	19180
2800					7944	9930	12511	15888	17874	19860	22243
3000					9160	11450	14427	18320	20610	22900	22648

表 2.1.23 槽形带式输送机应用案例（北方重工集团有限公司 www.nhi.com.cn）

序号	工程项目名称	主要性能指标							备 注
		带宽 B /mm	带速 v /m·s^{-1}	运量 Q /t·h^{-1}	机长 L /m	提升高 H /m	功率 N /kW	倾角 α /(°)	
1	甘肃酒钢集团宏兴钢铁公司榆钢支持地震灾区恢复重建项目	1800	2.0	2400	316	63.71	4×315	11.4	高 炉
2	宝钢公司炼铁厂3号高炉原地大修项目工程上料系统	2200	2.0	3030	347	71	4×355	11.5	高 炉
3	芜湖海螺水泥公司	1200	3.15	1200	9846	8	3×1000	6	长距离平面转弯 R2500m
4	弋阳海螺水泥公司	1200	3.15	1500	6213	52	2×900	0.48	长距离平面转弯 R2000m
5	重庆海螺水泥公司一期生产线工程	1400	3.8	3300	6153	-308	2×800	8~-8.5	长距离
6	印度 RELIANCE 公司 SASAN 超大电站项目	1800	5.6	4500	14225	17	6×1700	6	长距离亚洲最长平面转弯 R1500m
7	国电大渡河流域水电开发公司瀑布沟水电站	1000	4.0	1000	3995	-457	2×560	-6.63	下 运
8	太钢岚县矿业公司袁家村铁矿项目	1600	4.0	5400	1392	-107	3×800	4.5~10.2	下 运
9	四川攀枝花盐边县新九乡攀西红格矿业	1400	4.0	3064	1987	96	2×710	14	移置式
10	内蒙古平庄煤业公司元宝山露天煤矿改扩建工程	2000	4.5	5500	226.7	42.6	3×470	14	煤炭行业
11	宝钢公司炼铁厂3号高炉原地大修项目工程上料系统	2200	2.0	3030	347	71	4×355	1.5	冶金行业
12	芜湖海螺水泥公司三期库山石灰石破碎站	1800	1.25	1800	39.3	0	45	0	水泥行业
13	印度 SASAN 电厂输煤系统	1800	3.7	3000	2500	9.6	3×400	0~12	电力行业
14	新疆天业公司二期化工及其配套项目自动化卸车工程	1200	1.6	600	95.3	13.2	55	16	化工行业
15	巴西淡水河谷 VALE 公司阿曼一期苏哈港工程	1800	3.95	10000	2825	1.72	3×1094	6	港 口
16	秦皇岛港煤四期、五期工程	2000	4.8	6480~7240	303	8.15	2×315	0~9	港 口

表 2.1.24 TD75 型、DTⅡ型、DTⅡ(A)型带式输送机主要技术参数
(四川省自贡运输机械集团股份有限公司 www.zgcmc.com)

带宽/mm	带速/m·s⁻¹	输送量/m³·h⁻¹	最大倾角/(°)
500	0.8; 1.0; 1.25; 1.6; 2.0; 2.5	69~217	20
650	0.8; 1.0; 1.25; 1.6; 2.0; 2.5	127~397	
800	0.8; 1.0; 1.25; 1.6; 2.0; 2.5; 3.15	198~781	
1000	0.8; 1.0; 1.25; 1.6; 2.0; 2.5; 3.15; 4.0	324~1622	
1200	1.0; 1.25; 1.6; 2.0; 2.5; 3.15; 4.0;(4.5);5.0	593~2971	
1400	1.0; 1.25; 1.6; 2.0; 2.5; 3.15; 4.0;(4.5);5.0	825~4130	
1600	2.0; 2.5; 3.15; 4.0;(4.5);5.0;(5.6)	2186~6122	
1800	2.0; 2.5; 3.15; 4.0;(4.5);5.0;(5.6);6.5	2795~9083	
2000	2.0; 2.5; 3.15; 4.0;(4.5);5.0;(5.6);6.5	3470~11277	
2200	3.15; 4.0;(4.5);5.0;(5.6);6.5	6843~14120	
2400	3.15; 4.0;(4.5);5.0;(5.6);6.5	8289~17104	

表 2.1.25 DX 型带式输送机主要技术参数(四川省自贡运输机械集团股份有限公司 www.zgcmc.com)

带速/m·s⁻¹	带宽/mm								
	800	1000	1200	1400	1600	1800	2000	2200	2400
	最大输送量/t·h⁻¹								
2.0	550	888	1300	1800	2380	3070	3840	6120	7531
2.5	688	1110	1625	2250	2975	3838	4800	7650	9414
3.15	865	1400	2050	2830	3850	4840	6050	9539	11861
4.0			2600	3600	4760	6140	7680	12240	15062
5.0				4500	5950	7675	9600	15300	18828

表 2.1.26 DQX 型曲线带式输送机主要技术参数(四川省自贡运输机械集团股份有限公司 www.zgcmc.com)

带宽/mm	带速/m·s⁻¹	输送量/m³·h⁻¹	最小转弯半径/m	槽角度/(°)	最大倾角/(°)
800	2.0; 2.5; 2.8; 3.15; 3.55; 4	496~992	1000	35; 45; 65	上运 25; 下运 23
1000	2.5; 2.8; 3.15; 3.55; 4.0; 4.5; 5	1014~2028			
1200	2.5; 2.8; 3.15; 3.55; 4.0; 4.5; 5.0; 5.6	1486~3328			
1400	3.15; 3.55; 4.0; 4.5; 5.0; 5.6; 6.3	2602~5204			
1600	3.15; 3.55; 4.0; 4.5; 5.0; 5.6; 6.3	3443~6886			
1800	4.0; 4.5; 5.0; 5.6; 6.3; 7.1	5590~9922			
2000	4.0; 4.5; 5.0; 5.6; 6.3; 7.1	6940~12320			

表 2.1.27 DTL 型矿用钢架带式输送机主要技术参数(四川省自贡运输机械集团股份有限公司 www.zgcmc.com)

型 号	带宽/mm	输送量/t·h⁻¹	带速/m·s⁻¹	输送距离/m	电机功率/kW	电机电压/V
DTL80/30/7.5	800	300	2.0	20	7.5	380/660
DTL80/30/280S	800	300	2.5	662	280	660/1140
DTL80/30/160X	800	300	2.0	590	160	660/1140
DTL100/15/4	1000	150	0.3	8	4	380/660
DTL100/80/220	1000	800	2.0	1000	220	660/1140
DTL100/100/2×250	1000	1000	2.5	1800	250×2	660/1140
DTL100/120/3×200	1000	1200	3.15	2000	200×3	660/1140
DTL120/100/2×200	1200	1000	2.0	2000	200×2	660/1140
DTL120/120/2×280	1200	1200	2.5	2000	280×2	660/1140

续表 2.1.27

型　号	带宽/mm	输送量/t·h^{-1}	带速/m·s^{-1}	输送距离/m	电机功率/kW	电机电压/V
DTL120/160/3×250	1200	1600	3.15	2000	250×3	660/1140
DTL140/200/2×250	1400	2000	2.5	1300	250×2	660/1140
DTL140/250/2×355	1400	2500	3.15	1300	355×2	660/1140
DTL140/300/3×400	1400	3000	4.0	1500	400×3	660/1140
DTL160/250/3×500	1600	2500	3.15	2000	500×3	660/1140
DTL160/330/3×900	1600	3300	4.0	3200	900×3	660/1140
DTL180/300/2×450	1800	3000	3.15	1000	450×2	660/1140
DTL180/400/3×710	1800	4000	3.15	2480	710×3	660/1140
DTL200/320/500	2000	3200	3.15	424	500	660/1140
DTL200/500/2×450	2000	5000	4.0	548	450×2	660/1140
DTL220/60/90	2200	600	3.15	100	90	380/660
DTL220/400/200	2200	4000	3.15	140	200	380/660

注：可根据具体运输要求进行系列化设计。

表 2.1.28　DSJ 型矿用伸缩带式输送机主要技术参数（四川省自贡运输机械集团股份有限公司　www.zgcmc.com）

型　号	带宽/mm	输送量/t·h^{-1}	带速/m·s^{-1}	输送距离/m	储带长度/m	电机功率/kW	电机电压/V
DSJ65/20/40	650	200	1.6	200	50	40	380/660
DSJ65/20/90	650	200	1.6	400	50	90	380/660
DSJ65/20/2×55	650	200	1.6	1000	50	55×2	380/660
DSJ65/25/55	650	250	2.0	800	50	55	380/660
DSJ80/40/90	800	400	2.0	1500	50	90	380/660
DSJ80/40/125	800	400	2.0	1000	50	125	380/660
DSJ80/40/2×40	800	400	2.0	500	50	40×2	380/660
DSJ80/40/2×75	800	400	2.0	800	50	75×2	380/660
DSJ80/40/2×90	800	400	2.0	1000	100	90×2	380/660
DSJ80/50/2×90	800	500	2.8	1500	100	90×2	380/660
DSJ80/60/2×160	800	600	2.8	600	50	160×2	660/1140
DSJ80/63/2×160	800	630	2.8	600	50	160×2	660/1140
DSJ100/30/2×90	1000	300	2.5	1000	100	90×2	660/1140
DSJ100/45/2×132	1000	450	2.5	1500	100	132×2	660/1140
DSJ100/63/160	1000	630	2.5	1000	100	160	660/1140
DSJ100/63/2×110	1000	630	2.5	500	50	110×2	660/1140
DSJ100/80/160	1000	800	2.5	1000	100	160	660/1140
DSJ100/80/2×90	1000	800	2.5	1000	100	90×2	380/660
DSJ100/80/2×110	1000	800	2.5	500	50	110×2	660/1140
DSJ120/130/2×220	1200	1300	3.15	1000	60	220×2	660/1140
DSJ120/150/3×200	1200	1500	3.15	1000	60	200×3	660/1140
DSJ120/200/4×315	1200	2000	3.15	1500	100	315×4	660/1140
DSJ140/200/3×400	1400	2000	4.18	3000	100	400×3	660/1140
DSJ140/230/2×160	1400	2300	3.57	500	50	160×2	660/1140
DSJ140/300/3×500	1400	3000	4.5	3000	100	500×3	660/1140
DSJ160/250/160	1600	2500	3.5	350	50	160	660/1140
DSJ160/250/3×500	1600	2500	3.5	2700	100	500×3	660/1140
DSJ160/400/3×500	1600	4000	4.5	1800	100	500×3	660/1140

表 2.1.29　DTⅡ型带式输送机主要技术参数（山东泰山天盾矿山机械股份有限公司　www.cnxtkj.com）

带式输送机主要技术参数	带速 v/m·s^{-1}											
	0.8	1.0	1.25	1.6	2.0	2.5	3.15	4	(4.5)	5.0	(5.6)	6.5
带宽 B/mm	输送能力 I_v/m^3·h^{-1}											
500	69	87	108	139	174	217						
650	127	159	198	254	318	397						
800	198	248	310	397	496	620	781					
1000	324	405	507	649	811	1014	1278	1622				
1200		593	742	951	1188	1486	1872	2377	2674	2971		
1400		825	1032	1321	1652	2065	2602	3304	3718	4130		
1600					2186	2733	3444	4373	4920	5466	6122	
1800					2795	3494	4403	5591	6291	6989	7829	9083
2000					3470	4338	5466	6941	7808	8676	9717	11277
2200							6843	8690	9776	10863	12166	14120
2400							8289	10526	11842	13158	14737	17104

注：1. 输送能力 I_v 值系按水平运输，动堆积角 θ 为 20°，托辊槽角 λ 为 35°时计算的。

2. 表中带速 4.5、5.6，一般不推荐使用。

表 2.1.30　DTⅡ型固定带式输送机主要技术参数（山西东杰智能物流装备股份有限公司　www.omhgroup.com）

型　号	DTⅡ		带速/m·s^{-1}	输送量/m^3·h^{-1}	
带宽/mm	1200	1400	2.0	1188	1652
传动滚筒直径/mm	630～1600		2.5	1486	2065
带速/m·s^{-1}	输送量/m^3·h^{-1}		3.15	1876	2602
1.0	593	825	4.0	2377	3304
1.25	742	1032	4.5	2647	3718
1.6	951	1321	5.0	2971	4130

表 2.1.31　TD75、DTⅡ、DTⅡ(A)、DX 固定型带式输送机主要技术参数

（安徽攀登重工股份有限公司　www.cn-pd.com）

带速 /m·s^{-1}	胶带宽度 B/mm										
	500	650	800	1000	1200	1400	1600	1800	2000	2200	2400
	输送量 Q/m^3·h^{-1}										
0.80	69	127	198	324	—	—	—	—	—	—	—
1.00	87	159	248	405	593	825	—	—	—	—	—
1.25	108	198	310	507	742	1032	—	—	—	—	—
1.60	139	254	397	649	951	1321	—	—	—	—	—
2.00	174	318	496	811	1188	1652	2186	2795	3470	—	—
2.50	217	397	620	1014	1486	2065	2733	3494	4338	—	—
3.15	—	—	871	1278	1872	2602	3444	4403	5466	6843	8289
4.00	—	—	—	1622	2377	3304	4373	5591	6941	8690	10526
4.50	—	—	—	—	2674	3718	4920	6291	7808	9776	11842
5.00	—	—	—	—	2971	4130	5466	6989	8676	10863	13158
5.60	—	—	—	—	—	—	6122	7829	9717	12166	14737
6.50	—	—	—	—	—	—	—	9083	11277	14120	17104

2.1.1.4 通用带式输送机选型依据

A 选型原则

在煤矿运输中，合理选型对于减少设备和井巷投资，提高安全性以及缩短工期具有重要作用。带式输送机选型要注意遵循以下原则：一是安全性原则，带式输送机必须适应巷道底板起伏较大的特点，达到安全运行；二是满足开采面运输能力要求；三是经济效益原则，在满足生产需要和安全生产的前提下，尽可能降低投资和运行成本。

B 主要参数的选择

（1）带宽选型：带式输送机的输送带的带宽与投资额存在反向关系。决定带宽的参数主要有两个，一是运送物料的块度，二是运送数量。带宽与物料块度的函数关系为：$2\times 0.2\leqslant B$。式中，B 代表带宽，X 代表物料的块度；带宽与运能的关系为：在满足运能的情况下，尽可能选择较小的带宽。

（2）带速选型：提高带速是提高带式输送机的运输能力，节省投资的有效途径。但是，带速的提高受制于胶带的强度。因此，在满足胶带强度安全系数的前提下，尽可能提高带速。同时，提高带速会降低托辊的寿命，高质量的托辊是保证高带速输送机稳定可靠运行的保证。

（3）托辊选型：托辊是用来支撑输送带和物料的重要部件，占带式输送机总成本的35%，承受了70%以上的阻力。托辊的种类很多，因此托辊的选择非常重要，对占输送机总成本25%以上的输送带的寿命起着关键作用。如果托辊选择不当，将直接影响带式输送机运行的可靠性和运行成本。选择托辊主要考虑以下三个参数：一是托辊径向跳动量，二是托辊的灵活度，三是托辊的轴向窜动量。托辊径向跳动量在国家规定的跳动量的范围内，可以保持胶带机平稳运行，否则就会使得带式输送机胶带共振跳动，造成物料抛洒，污染环境；在带式输送机运行过程中，托辊的灵活度是非常重要的，如果托辊灵活度不好，旋转阻力系数过高的时候，整个胶带输送机系统就得配置更大的动力，消耗更多的电力，有时还会造成胶带撕裂、电机烧毁的情况，甚至可能会引起火灾。所以，选用旋转阻力系数低的托辊是带式输送机选型的重点。

（4）软启动装置的选型：软启动技术是指带式输送机驱动系统在满负荷情况下，能够克服系统的惯性而平稳地启动或停车。这一技术可以有效地减轻启动时电动机对机械传动系统和输送带的冲击，从而延长减速器和输送带等关键部件的使用寿命，同时还能大大减小启动电流对电动机的冲击负荷以及对电网的影响，起到节能降耗的作用。目前，煤矿常用的带式输送机的软启动装置有调速型液力耦合器、变频调速驱动装置、CST可控驱动装置等，各种软启动装置各有千秋，煤矿企业可以根据自身的特点进行选择和利用。

调速型液力耦合器以液体为介质，通过电控系统调节勺管的移动，改变传递动力液体的流量，达到改变输送机的速度。其优点是能够隔离扭振，减缓冲击，防止动力过载，保护电机、工作机不会因过载而损坏；用于多机驱动时，能协调功率平衡，减少电网冲击电流；简化了电器设备，结构简单，运行费用低，安全可靠；无机械磨损，能在环境恶劣条件下工作，无须特殊维护，使用寿命长。其缺点是：其动力传递特性是非线性的，不够准确；功率损耗大。综合以上因素，对多数带式输送机，特别是大型带式输送机，其启动控制性能完全可以满足要求，是带式输送机首选的可控启动方案。

变频调速驱动装置。变频调速驱动带式输送机可以根据输送物料数量的多少自动调整运行速度，因而节能效果明显，设备使用寿命长。目前，煤矿主斜井带式输送机，特别是250kW以上大功率和多机驱动的带式输送机，大多选用的都是该驱动装置。但是，变频调速驱动装置投资成本比较高，在选型时需要进行成本效益比较。

CST可控驱动装置是将减速器与完成软启动的湿式线性离合器合二为一的可控驱动装置，它具有以下几个非常突出的优点：一是软启动特性好，启动过程中的加速及停车过程中的减速均可控，具有优良的调速性能；二是具有过载保护功能；三是多机驱动负载功率控制调节性能好；四是运行可靠效率高。但是CST可控驱动装置目前主要依赖于进口，价格较高，会大幅度地增加设备投资成本。而且CST为机、电、液一体化系统，结构复杂，维护困难，备品备件也依赖于进口，所以其后期运行成本高也是不得不考虑的一项重要因素。

生产厂商：山东山矿机械有限公司，太原向明机械制造有限公司，衡阳运输机械有限公司，北方重工集团有限公司，广西百色矿山机械厂有限公司，四川省自贡运输机械集团股份有限公司，安徽盛运环保（集团）股份有限公司，山东泰山天盾矿山机械股份有限公司，山东省生建重工有限责任公司，安徽攀登重工股份有限公司。

2.1.2 大倾角带式输送机

2.1.2.1 概述

大倾角带式输送机，主要包括花纹输送带式或深槽型带式输送机、波状挡边带式输送机、压带式输送机等。

2.1.2.2 主要特点

使用花纹输送带或深槽型带式输送机，可以实现提升角度16°~32°的物料输送，与其他形式的大倾角带式输送机相比，结构简单，运行可靠。

波状挡边带式输送机：使用特殊结构输送带，专为大倾角输送物料所设计，提升角度可达90°，运行平稳、可靠，噪声小，能耗小。

波状挡边带式输送机是一种可大倾角输送甚至垂直提升散料的特种带式输送机。它的结构与通用带式输送机基本相似，主要区别是采用了特制的波状挡边输送带。

波状挡边输送带是在通用的输送带（织物芯带或钢绳芯带）两侧粘上不同高度的可弯曲、可伸缩的S形或W形橡胶波状挡边，同时在两条挡边之间的基带上依一定间距粘上横隔板，以便装运物料。

横隔板的截面可为T形/C形或TC形。

输送机的倾角可在0°~90°之间变动，输送线路通常布置成Z形、L形、C形或直线形。输送机的满载托辊和空载托辊均为平形托辊。利用反压轮压住输送带的两个侧边，可使输送线路迅速地由水平变成倾斜（或相反）和花纹带式输送机一样，要清除黏附在波状挡边带上的物料也是很困难的。一般用振打轮或振打装置使输送带上下振动清除粘料。

这种输送机可实现大倾角输送，从而可减少占地。它与斗式提升机相比，输送能力大，能耗小，便于维修，因而在矿井、大型露天矿、电厂、水泥厂、港口等处获得了大量应用。

2.1.2.3 主要技术性能参数

主要技术性能参数见表2.1.32~表2.1.35。

表2.1.32 DJ型波状挡边大倾角带式输送机主要技术参数（四川省自贡运输机械集团股份有限公司 www.zgcmc.com）

基带宽/mm	波状挡边高/mm	横隔板高/mm	有效带宽/mm	输送量/$t \cdot h^{-1}$				带速/$m \cdot s^{-1}$
				30°	45°	60°	90°	
500	80	75	260	46	35	25	13	0.8~1.6
	120	110	260	71	57	40	21	
650	120	110	382	104	83	58	31	0.8~1.6
	160	140	338	120	97	69	37	
800	120	110	472	128	102	72	38	1.0~2.0
	160	140	428	157	127	90	48	
	200	180	428	195	157	112	60	
	240	220	428	235	195	142	76	
1000	120	110	612	172	137	96	51	1.0~2.0
	160	140	568	216	175	124	66	
	200	180	568	267	216	153	82	
	240	220	568	327	271	197	106	
1200	160	140	708	275	222	158	85	1.0~2.5
	200	180	708	331	267	190	102	
	240	220	708	419	347	253	136	
	300	270	664	466	384	287	149	

表 2.1.33 DJA 型波状挡边带式输送机主要技术参数（安徽攀登重工股份有限公司 www.cn-pd.com）

带宽/mm	挡边高 h/mm	最大输送量/$m^3 \cdot h^{-1}$	倾角 β/(°)	带速 v/$m \cdot s^{-1}$	功率/kW
400	60~120	28~94	30~90	0.8~2.0	1.5~18.5
500	80~160	78~130	30~90	0.8~2.0	1.5~18.5
650	80~160	118~210	30~90	0.8~2.0	1.5~30
800	120~200	248~370	30~90	0.8~2.5	2.2~75
1000	160~240	465~708	30~90	1.0~2.5	4.0~160
1200	160~300	702~1292	30~90	1.0~3.15	5.5~250
1400	200~400	942~2457	30~90	1.0~3.15	5.5~315
1600	200~400	1118~2961	30~90	1.0~3.15	5.5~500

注：表中输送量 Q 按输送倾角 $\beta=30°$，该规格许用最大带速，最小横隔板间距计算。

表 2.1.34 DJA 型波状挡边带式输送机主要技术参数（安徽盛运环保（集团）股份有限公司 www.shengyungf.com）

带宽 B/mm	倾角/(°)	输送能力/$m^3 \cdot h^{-1}$	功率/kW
400~1600	0~90	28~2961	1.5~220

表 2.1.35 DJB 型波状挡边带式输送机（山东省生建重工有限责任公司 www.shengjianzhonggong.com）

带宽 B/mm	挡边高 h/mm	最大输送量/$m^3 \cdot h^{-1}$	倾角 β/(°)	带速 v/$m \cdot s^{-1}$	功率/kW
400	60~120	28~94	30~90	0.8~2.0	1.5~18.5
500	80~160	78~130	30~90	0.8~2.0	1.5~18.5
650	80~160	118~210	30~90	0.8~2.0	1.5~30
800	120~200	248~370	30~90	0.8~2.5	2.2~75
1000	160~240	465~708	30~90	1.0~2.5	4.0~160
1200	160~300	702~1292	30~90	1.0~3.15	5.5~250
1400	200~400	942~2457	30~90	1.0~3.15	5.5~315
1600	200~400	1118~2961	30~90	1.0~3.15	5.5~500

生产厂商：四川省自贡运输机械集团股份有限公司，安徽攀登重工股份有限公司，安徽盛运环保（集团）股份有限公司，山东省生建重工有限责任公司。

2.1.3 HTDX 型钢丝绳芯带式输送机

2.1.3.1 概述

HTDX 型钢绳芯带式输送机是采用钢绳芯胶带作牵引和承载构件的一种大容量、长距离、高效能的带式输送机，可广泛用于冶金、煤炭、交通、电力、矿山、化工等部门的连续输送系统。输送松散密度为 500~2500kg/m^3 的各种散状物料和成件物品。

工作环境温度为 -25~+40℃，对于高温、寒冷、防爆、防腐蚀、耐酸碱、防水等有特殊要求的工作场所，应另行采取相应的防护措施。

钢绳芯带式输送机是按部件系列进行设计，设计者可根据输送工艺要求，按不同的地形、工况进行选型设计、计算并组合成整台输送机。

2.1.3.2 性能特点

钢绳芯带式输送机有以下优点：

（1）输送物料范围广，输送量大；

（2）输送线路适应性强，运距长；

（3）可靠性强，安全性高；

（4）基建投资省，营运费、能耗低，维修费用少。

2.1.3.3 主要技术性能参数与应用

主要技术性能参数与应用见表 2.1.36 ~ 表 2.1.38。

表 2.1.36 钢绳芯带式输送机主要技术参数（衡阳运输机械有限公司 www.hyyunji.com）

带宽 B/mm	带速 v/m·s^{-1}											
	0.8	1.0	1.25	1.6	2.0	2.5	3.15	4.0	4.5	5.0	5.6	6.5
	运量 Q/m^3·h^{-1}											
800					550	688	865					
1000					888	1100	1400					
1200					1300	1625	2050	2600				
1400					1800	2250	2830	3600	4050			
1600					2380	2975	3850	4760	5355	5950		
1800					3070	3838	4840	6140	6908	7675	8596	9978
2000					3840	4800	6050	7680	8640	9600	10752	12480
2200					6120	7650	9639	12240	13770	15300	17136	19890
2400					7531	9414	11861	15062	16945	18828	21087	24476

表 2.1.37 钢绳芯带式输送机应用案例（衡阳运输机械有限公司 www.hyyunji.com）

序号	工程项目名称	主要性能指标							备注
		带宽 B /mm	带速 v /m·s^{-1}	运量 Q /t·h^{-1}	机长 L /m	提升高 H /m	功率 N /kW	倾角 α/(°)	
1	三德水泥厂	800	2.5	600	4817.68	84	3×160	-1	水 泥
2	都江堰水泥厂	800	3.15	600	3905.723	345	3×250	13.5 ~ 15	水 泥
3	河北黄骅港	2000	4.7	6700	1340	82.6	3×500	5.5 ~ 12	港 口
4	广州海德堡水泥厂	1200	3.15	1300	3075.93	54	2×315	-4 ~ 1	水 泥
5	安太堡露天煤矿	1600	4.3	3600	1559.4	81	545	0 ~ 3	煤 炭
6	山西新元煤矿	1400	4	2300	2200	303	3×630	0 ~ 16	煤 炭
7	华新水泥厂	1000	2.5	1000	3182.9	56	3×185	-1 ~ 13	水 泥
8	平朔煤矿	1800	4.5	5700	1017	246	3×1070	0 ~ 14	煤 炭
9	神华天津南疆港	2000	4.8	6700	1027	71.5	3×355	0 ~ 8	港 口
10	大连庄河港区黄圈码头	1600	3.15	2500	1794.914	69	2×560	0 ~ 7	码 头
11	山西石泉煤业有限责任公司	1200	3.15	457	1107	516.1	3×500	25 ~ 22	煤 炭
12	平顶山瑞平石龙水泥厂	1200	2.5	1500	1317.416	106	3×280	13.3 ~ 7.6	水 泥
13	曹妃甸煤码头	2000	6.1	8695	1336	64.3	4×500	0 ~ 8	码 头
14	白音华海州露天煤矿	1400	4	2000	1556.655	70	2×450	0 ~ 10	煤 炭
15	红柳林矿井	1800	4.5	4000	2150	145.8	3×1650	0.553	煤 炭
16	阿曼水泥	1800	2	2400	2000	15.6	3×450	3.3 ~ 12	水 泥
17	西山煤电（古交电厂）	1000	3.5	800	6927.337	103	3×630	0 ~ 16	煤 电
18	山阴县地方国营南阳坡煤矿（中煤金海洋）	1200	3.15	1500	1200	100	2×630	2 ~ 5	煤 炭
19	山东鲁能物资集团有限公司（新疆哈密大南湖1号矿井）	1600	4	4200	1350	135	3×1120	3 ~ 8	煤 炭
20	紫金矿业集团股份有限公司	1600	2.0	2000	298	20	110	0 ~ 10	冶 金

表 2.1.38 钢丝绳芯输送带主要技术参数（安徽攀登重工股份有限公司 www.cn-pd.com）

项 目	ST630	ST800	ST1000	ST1250	ST1600	ST2000	ST2500	ST2800	ST3150	ST3500	ST4000	ST4500	ST5000	ST5400	ST6300	ST7000	ST7500
纵向拉伸强度/$N \cdot mm^{-1}$	630	800	1000	1250	1600	2000	2500	2800	3150	3500	4000	4500	5000	5400	6300	7000	7500
最大公称直径/mm	3.0	3.5	4.0	4.5	5.0	6.0	7.2	7.5	8.1	8.6	8.9	9.7	10.9	11.3	12.8	13.5	15.0
钢丝绳间距（±1.5）/mm	10	10	12	12	12	12	15	15	15	15	15	16	17	17	19.5	19	21
上覆盖层厚/mm	5	5	6	6	6	8	8	8	8	8	8	8	8.5	9	10	10	10
下覆盖层厚/mm	5	5	6	6	6	8	8	8	8	8	8	8	8.5	9	10	10	10
宽度规格/mm	钢丝绳根数																
800	75	75	63	63	63	63	50	50	50	50	—	—	—	—	—	—	—
1000	95	95	79	79	79	79	64	64	64	64	64	59	55	55	48	49	45
1200	113	113	94	94	94	94	76	76	76	77	77	71	66	66	58	59	54
1400	133	133	111	111	111	111	89	89	89	90	90	84	78	78	68	69	63
1600	151	151	126	126	126	126	101	101	101	104	104	96	90	90	78	80	72
1800	171	171	143	143	143	143	114	114	114	117	117	109	102	102	88	90	82
2000	196	196	159	159	159	159	128	128	128	130	130	121	113	113	98	101	91
2200	216	216	176	176	176	176	141	141	141	144	144	134	125	125	108	111	100
2400	236	236	193	193	193	193	155	155	155	157	157	146	137	137	118	121	109
推荐最小传动滚筒直径/mm	500	630	630	800	800	1000	1250	1250	1250	1250	1400	1600	1600	1800	2000	2000	2000

注：钢丝绳芯输送带规格型号示例：ST/S2500－1200－ϕ7.2(8＋8) 与 ST2500－1200－ϕ7.2(8＋8)，ST 表示钢丝绳芯输送带；S 表示具有阻燃和抗静电性能；2500 表示纵向拉断强度为 2500N/mm；1200 表示宽度；ϕ7.2 表示钢丝绳直径，8＋8 表示上下覆盖胶厚度。

生产厂商：衡阳运输机械有限公司，安徽攀登重工股份有限公司。

2.1.4 管状带式输送机

2.1.4.1 概述

圆管带式输送机是在槽形带式输送机基础上发展起来的一类特种带式输送机，采用数个（通常为6个）托辊组成正多边形托辊组以强制输送带形成圆管状，密闭地连续输送各种粉状、粒状和块状等松散物料。圆管带式输送机在不断研究及实践的基础上，已逐步总结出一整套较为系统的设计、制造、安装、调试和检验的标准和办法，并已形成了系列。广泛应用于电力、建材、化工、冶金、矿山、煤炭、港口、粮食等各行业。

2.1.4.2 性能特点

圆管带式输送机除了具有通用带式输送机的输送能力大、结构简单、使用方便、适应性强等特点外，还有以下优点：

（1）输送物料种类广泛；

（2）密封输送物料，可以减轻对环境的污染；

（3）物料不易黏附在输送带上，输送带容易清扫；

（4）能以较小的曲率半径实现空间转弯运行；

（5）可以实现大倾角输送；

（6）可利用输送带的往复运行实现双向输送物料；

（7）节省占地空间。

2.1.4.3 *产品结构*

图2.1.2所示为管带机结构图，管带机的头部、尾部、受料点、卸料点、拉紧装置等部分在结构上与普通带式输送机基本相同，输送带在尾部受料后，在过渡段逐渐把其卷成圆管状进行物料密闭输送，到头部过渡段再逐渐展开成槽形，直到头部卸料。

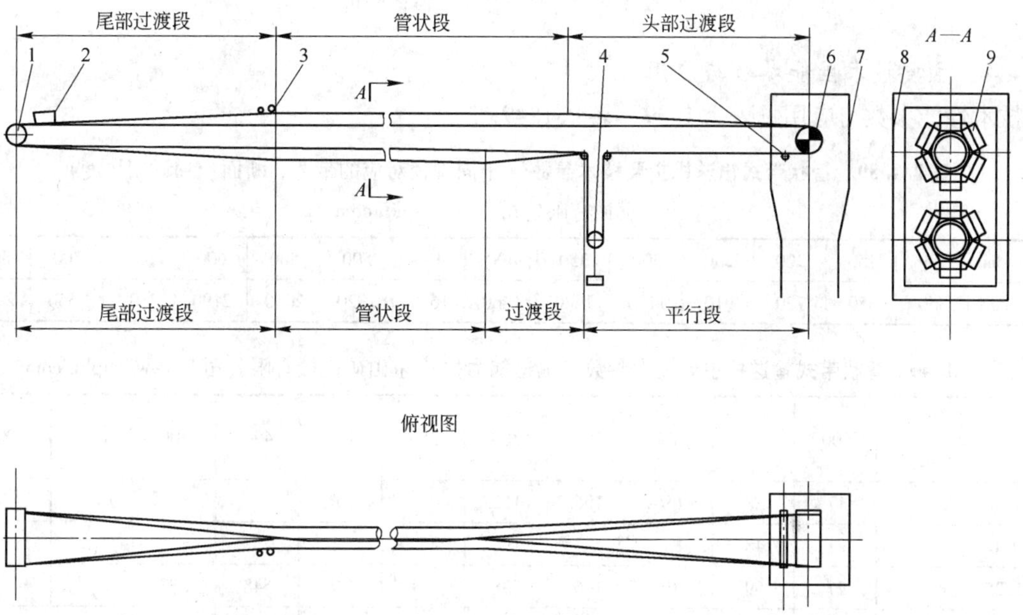

图2.1.2 管状带式输送机

1—尾部滚筒；2—导料槽；3—压轮；4—拉紧装置；5—增面滚筒；6—头部驱动滚筒；7—头部漏斗；8—窗式托辊架；9—托辊

管带机截面结构形式如图2.1.3所示。

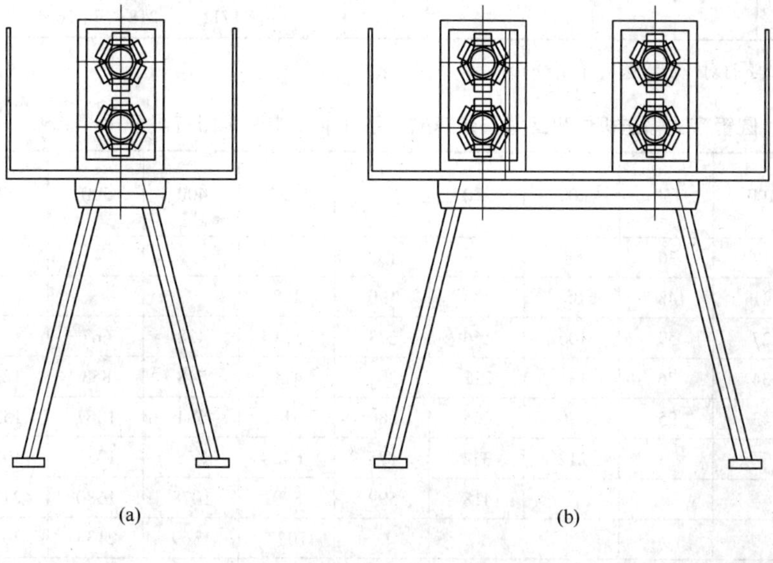

图2.1.3 管带机截面结构形式

（a）单路布置管带机；（b）双路布置管带机

转弯半径及过渡段长度如图 2. 1. 4 所示。

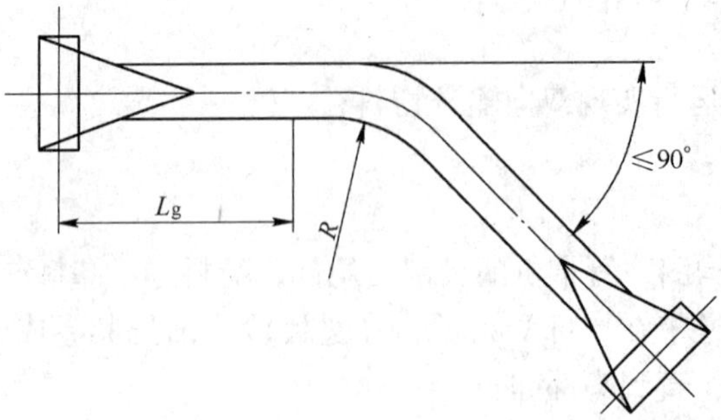

图 2. 1. 4 转弯半径及过渡段长度

2. 1. 4. 4 主要技术性能参数与应用

主要技术性能参数与应用见表 2. 1. 39 ~ 表 2. 1. 49。

表 2. 1. 39 管状带式输送机主要技术参数((不同管径对应的带宽、断面积和许用块度)
山东山矿机械有限公司 www. sdkj. com. cn)

名义管径 d/mm	100	150	200	250	300	350	400	450	500	560	600	630	700	800	850
推荐带宽 B/mm	360	550	730	910	1100	1280	1460	1640	1820	2050	2190	2300	2550	2900	3100

表 2. 1. 40 管状带式输送机主要技术参数(输送能力)(山东山矿机械有限公司 www. ytjpkj. com)

带速/m · s⁻¹ \ 管径/mm	100	150	200	250	300	350	400	450	500	600	700	850
0. 8	17	38	68	106	152							
1. 0	21	48	85	133	190	257						
1. 25	27	59	106	166	238	321	428	548	667			
1. 6	34	76	136	212	304	411	548	692	853	1228	1642	2448
2. 0	43	95	170	266	380	514	684	876	1067	1535	2052	3060
2. 5			212	332	475	642	856	1095	1333	1919	2566	3825
3. 15				418	599	809	1078	1380	1680	2420	3233	4820
4. 0						1027	1369	1750	2133	3070	4105	6120
5. 0							1711	2188	2666	3838	5131	7650

注:此表为充填系数 75% 时对应的输送量(m^3/h)。

表 2. 1. 41 圆管带式输送机体积运量与带速的关系(北方重工集团有限公司 www. nhi. com. cn)

带速/m · s⁻¹ \ 管径/mm	100	150	200	250	300	350	400	500	600	700	850
0. 8	17	38	68	106	152						
1. 0	21	48	85	133	190	257					
1. 25	27	59	106	166	238	321	428	667			
1. 6	34	76	136	212	304	411	548	853	1228	1642	2448
2. 0	43	95	170	266	380	514	684	1067	1535	2052	3060
2. 5			212	332	475	642	856	1333	1919	2566	3825
3. 15				418	599	809	1078	1680	2420	3233	4820
4. 0						1027	1369	2133	3070	4105	6120
5. 0							1711	2666	3838	5131	7650

注:此表为充填系数 75% 时对应的输送量(m^3/h)。

表 2.1.42 管径（不同管径对应的带宽、断面积和许用块度）对照表（北方重工集团有限公司 www.nhi.com.cn）

管径/mm	带宽/mm	断面积 100%/m^2	许用断面积 75%/m^2	最大粒度/mm
100	400	0.0079	0.0059	30
150	600	0.018	0.013	30~50
200	780	0.031	0.023	50~70
250	1000	0.053	0.04	70~90
300	1150	0.064	0.048	90~100
350	1300	0.09	0.068	100~120
400	1530	0.147	0.11	120~150
500	1900	0.21	0.157	150~200
600	2250	0.291	0.218	200~250
700	2650	0.3789	0.2842	250~300
850	3150	0.5442	0.4081	300~400

表 2.1.43 企业应用案例（北方重工集团有限公司 www.nhi.com.cn）

序号	工程项目名称	主要性能指标						
		管径 D /mm	带速 v /$m \cdot s^{-1}$	运量 Q /$t \cdot h^{-1}$	机长 L /m	提升高 H /m	功率 N /kW	倾角 α /(°)
1	联峰钢铁（张家港）有限公司 球团直送圆管带式输送机工程项目	ϕ350	3.15	1000	3333	2.825	3×560	6
2	塞内加尔 GCO 圆管带式输送机项目	ϕ350	3.5	1600~2000	248.6	11.1	250	12
3	联峰钢铁（张家港）有限公司 综合料场扩大项目圆管带式输送机工程二期	ϕ400	3.15	500	1692	6.5	355	6.9
4	联峰钢铁（张家港）有限公司 综合料场扩大项目圆管带式输送机工程二期	ϕ400	3.15	500	890	38	280	14
5	宝山钢铁公司宝钢股份化产水渣码头改造工程	ϕ500	1.7	800	686	8.9	355	3

表 2.1.44 圆管带式输送机管径、带宽、带速与输送量匹配关系（衡阳运输机械有限公司 www.hyyunji.com）

管径 D /mm	带宽 B /mm	带速 v/$m \cdot s^{-1}$									
		0.8	1.0	1.25	1.6	2.0	2.5	3.15	4.0	4.5	5.0
		输送量 Q/$m^3 \cdot h^{-1}$									
100	430	17	21	27	34	43					
150	600	37	47	59	75	94	119				
200	750	66	83	104	132	166	208				
250	1000	118	148	185	232	296	370	460			
300	1100	138	173	216	276	346	432	543	706		
350	1300		238	297	380	472	594	748	950	1069	1188
400	1600			482	616	770	964	1213	1540	1750	1928
500	1800			688	881	1100	1376	1734	2200	2512	2750
600	2200				1238	1548	1935	2438	3096	3499	3870
700	2550				1616	2022	2528	3185	4044	4536	5056
850	3100				2327	2909	3636	4581	5818	6545	7212

表 2.1.45　圆管带式输送机管径、带宽、断面积和许用块度对照表（衡阳运输机械有限公司　www. hyyunji. com）

管径 D/mm	带宽 B/mm	断面积 100%/m^2	断面积 75%/m^2	最大粒度/mm
100	430	0.0079	0.0059	30
150	600	0.018	0.013	30~50
200	750	0.031	0.023	50~70
250	1000	0.053	0.04	70~90
300	1100	0.064	0.048	90~100
350	1300	0.09	0.068	100~120
400	1600	0.147	0.11	120~150
500	1800	0.21	0.157	150~200
600	2200	0.291	0.218	200~250
700	2550	0.3789	0.2842	250~300
850	3100	0.5442	0.4081	300~400

表 2.1.46　圆管带式输送机应用案例（衡阳运输机械有限公司　www. hyyunji. com）

序　号	工程项目名称	主要性能指标							备　注
		管径 D /mm	带速 v /$m \cdot s^{-1}$	运量 Q /$t \cdot h^{-1}$	机长 L /m	提升高 H /m	功率 N /kW	倾角 α /(°)	
1	涟钢焦化至炼铁厂	ϕ350	3.0	350	845.89	35	250	14.7	
2	涟钢焦化至炼铁厂	ϕ250	2.5	700	511.81	25	160	7.54	
3	云南国资东骏水泥	ϕ250	1.6	300	138.8	6.8	55	2.85	
4	岳阳纸业	ϕ300	1.6~2.5	60	1473.3	24.019	2×160	5.2	两个 90°S 形弯
5	岳阳纸业	ϕ300	1.6~2.5	60	874	16	2×110	2.0	
6	华润（封开）水泥公司	ϕ350	3.15	400	318.065	31.747	200	2.5	
7	尼日利亚水泥厂	ϕ400	1.6	600	1225	19	3×220	0~8	
8	柳　钢	ϕ250	0.2~2.5	250	1440	-5.5	2×160	0~6	转弯半径 R240m
9	河南豫光金铅	ϕ200	1.0	10	184.005	11.7	37	0~14	
10	河南济源钢铁	ϕ300	0~2.5	400	161	16.7	110	0~12.5	
11	三亚华盛水泥	ϕ350	3.15	600	327.16	16	160	0~5	
12	青海西宁特种钢	ϕ250	0~3.15	900	834	20.3	2×250	0~15	
13	甘肃金川	ϕ350	0~3.15	600	1015	5	2×200	0~3	
14	广州造纸集团有限公司	ϕ150	2.0	60	117	28	37	0~15	
15	宁夏发电集团六盘山热电厂	ϕ400	0~4	1500	1850	10	3×450	0~7	
16	陕西澄合合阳煤炭开发有限公司安阳煤矿	ϕ350	0~4	800	1188	130	2×500	0~21	

表 2.1.47　DG 型管状带式输送机主要技术参数（安徽攀登重工股份有限公司　www. cn-pd. com）

管径/mm	100	150	200	250	300	350	400	500	600	700	850
带速 /$m \cdot s^{-1}$	输送量/$m^3 \cdot h^{-1}$										
0.8	17	38	67	118	141						
1.0	21	48	83	148	176	238					
1.25	27	59	104	185	218	297	486	698			
1.6	34	76	133	236	282	380	622	893	1244	1616	2327
2.0	42	95	166	296	352	475	777	1116	1555	2022	2909

续表 2.1.47

管径/mm	100	150	200	250	300	350	400	500	600	700	850
带速 $/m \cdot s^{-1}$	输送量 $/m^3 \cdot h^{-1}$										
2.5		119	208	370	441	594	972	1395	1944	2528	3636
3.15				464	556	748	1224	1758	2449	3185	4581
4.0					705	950	1555	2232	3110	4044	5818
4.5							1749	2511	3499	4536	6545
5.0							1944	2790	3888	5056	7272

注：此表为填充系数75%时对应的参数。

表 2.1.48　圆管带式输送机主要技术参数（太原向明机械制造有限公司　www.tyxmjx.cn）

产品型号	运量 $/t \cdot h^{-1}$	运距/m	带宽/mm	带速 $/m \cdot s^{-1}$	倾角/(°)	功率/kW	用　户
DG350	450	1433	1380	3.15	7 ~ 14	2 × 315	霍州煤电
DG300	400	4998	1200	3.15	3 ~ 34	4 × 400	晋能集团
DG200	200	512	780	2.0	5 ~ 7	110	孝义金岩

表 2.1.49　DG 型管状带式输送机主要技术参数（四川省自贡运输机械集团股份有限公司　www.zgcmc.com）

带速 $/m \cdot s^{-1}$	管径/mm									
	150	200	250	300	350	400	500	600	700	850
	输送量 $/m^3 \cdot h^{-1}$									
0.8	37	66	118	138						
1.0	47	83	148	173	238					
1.25	59	104	185	216	297	482	688			
1.6	75	132	232	276	380	616	881	1238	1618	2327
2.0	84	166	296	346	472	770	1100	1548	2022	2902
2.5	118	208	370	432	594	964	1376	1935	2528	3636
3.15			457	543	748	1213	1734	2438	3185	4581
4.0						1540	2200	3096	4044	5818
5.0								3870	5056	7272

生产厂商：北方重工集团有限公司，安徽攀登重工股份有限公司，四川省自贡运输机械集团股份有限公司，山东山矿机械有限公司，衡阳运输机械有限公司，太原向明机械制造有限公司。

2.2　板式输送机

2.2.1　概述

板式输送机分为特轻型（铝合金轨道）、轻型、重型、特重型、弯曲型五种形式，其中特轻型、轻型用于电冰箱、洗衣机、空调等行业，工位承载能力100kg；重型常用于汽车、农机制造领域，工位承载能力2t；特重型常用于工程机械、大型载重汽车行业，工位承载能力10t。

2.2.2　主要结构

由驱动机构、张紧装置、牵引链、板条、驱动及改向链轮、机架等部分组成。在冶金、煤炭、化工、电力、机械制造及国民经济的其他工业部门中均得到了广泛的应用。

板式输送机的结构形式多样。按 JB 2389—1978 的规定，板式输送机一般可按下述分类：

（1）按输送机的安装形式可分为固定式和移动式。

（2）按输送机的布置形式可分为水平型、水平-倾斜型、倾斜型、倾斜-水平型、水平-倾斜-水平型等。

（3）按牵引构件的结构形式可分为套筒滚子链式、冲压链式、铸造链式、环链式及可拆链式等。

（4）按牵引链的数量可分为单链式和双链式。

（5）按底板的结构形式可分为鳞板式（有挡边波浪形，无挡边波浪形，有挡边深形等）和平板式（有挡边平形和无挡边平形等）。

（6）按输送机的运行特征可分为连续式和脉动式。

（7）按驱动方式可分为电力机械驱动式及液力驱动式。

2.2.3　主要特点

（1）适用范围广。除黏度特别大的物料外，一般固态物料和成件物均可输送。

（2）输送物品质量大，输送能力大。特别是鳞板式输送机（一般称为双链有挡边波浪板式输送机）的生产能力可高达1000t/h。

（3）牵引链的强度高，可用作长距离输送。

（4）输送线路布置灵活。与带式输送机相比，板式输送机可在较大的倾角和较小的弯曲半径的条件下输送，因此布置的灵活性较大。板式输送机的倾角可达30°～35°，弯曲半径一般约为5～8m。

（5）在输送过程中可进行分类、干燥、冷却或装配等各种工艺加工。

（6）运行平稳可靠，维护方便。

板式输送机如图2.2.1所示。

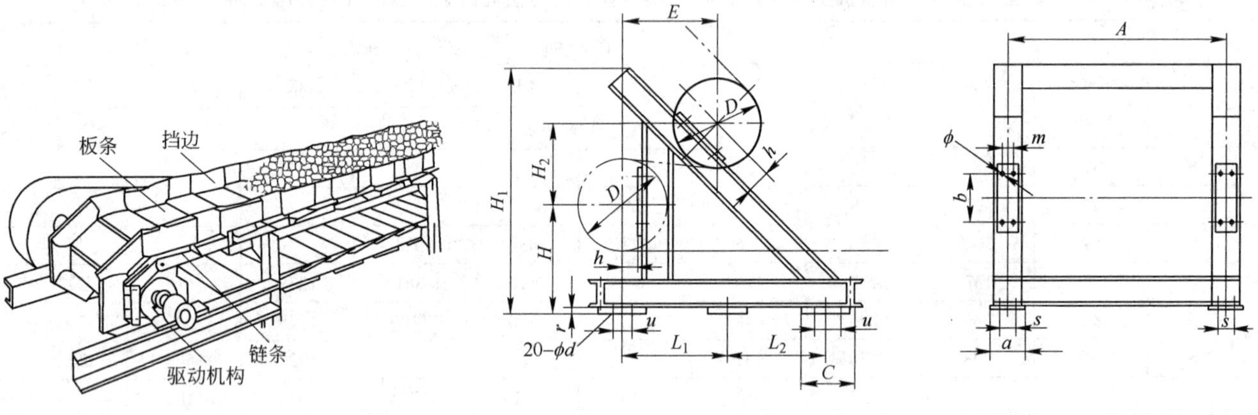

图2.2.1　板式输送机

（张家港市力源输送机械有限公司）

$T=200$ 的板链链条如图2.2.2所示。

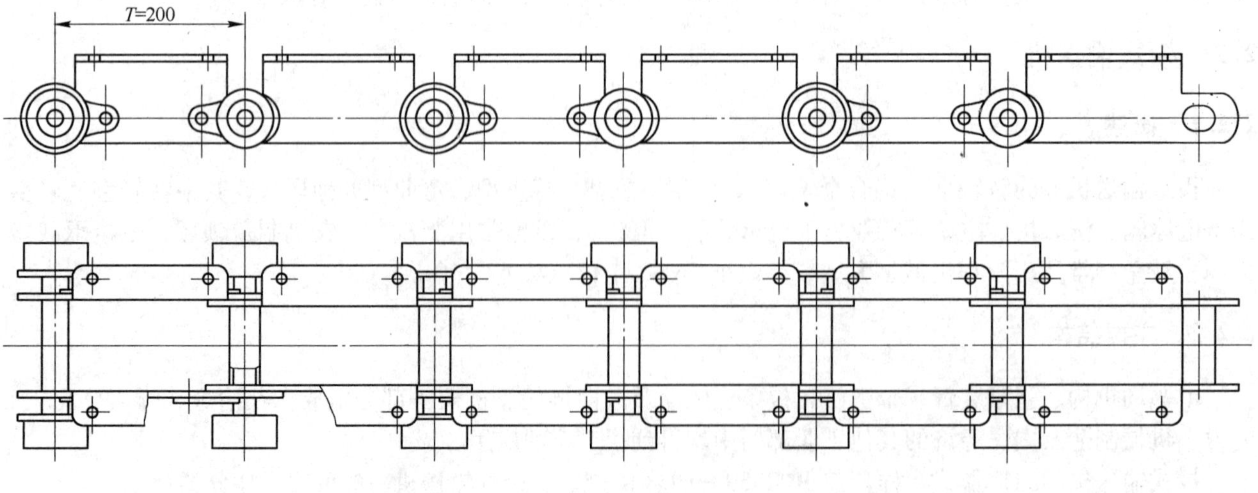

图2.2.2　$T=200$ 的板链链条（重型滚子链）

$T=400$ 的板链链条如图2.2.3所示。

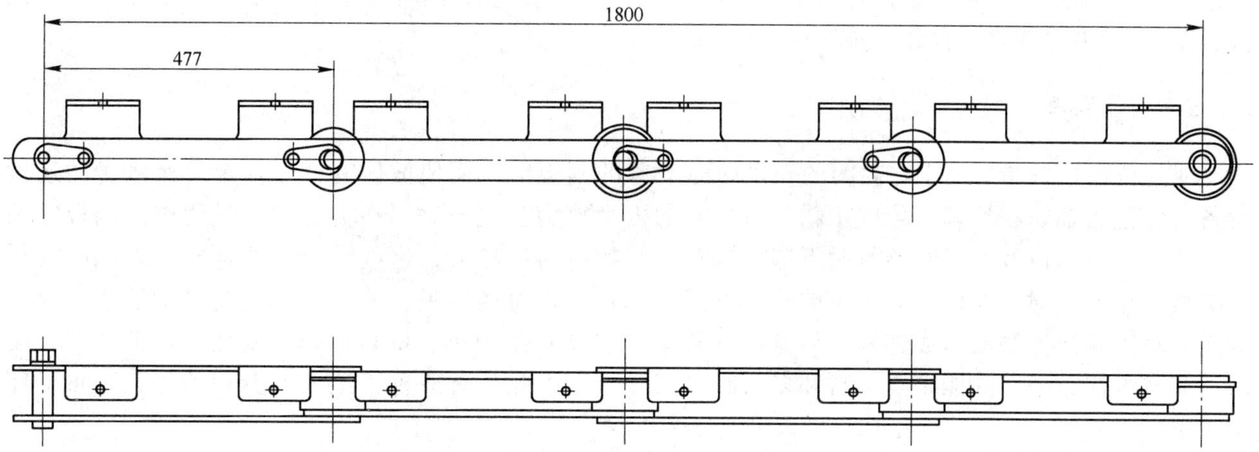

图 2.2.3 $T=400$ 的板链链条（重型滚子链）

2.2.4 主要技术性能参数

主要技术性能参数见表 2.2.1 和表 2.2.2。

表 2.2.1 BP 型平板式输送机主要技术参数（河北滦宝装备制造有限公司 www.cdccc.com.cn）

型号	产品名称	链条节距/mm	单根链条极限强度/kN	链条许用张力/kN	台板宽度/mm	承重/kgf·m^{-1}	速度/m·min^{-1}	工作温度/℃
BP40	轻型平板输送机	38.1	31.1	8	200~300	50	1~12	0~150
BP50		50.8	55.6	15	300~400	100	1~12	0~150
BP100	弯道板式输送机 单行道板式输送机 双行道板式输送机	100	56	15	400~500	120	1~12	0~150
BP150		150	136	30	600~800	200	1~12	0~150
BP200		200	230	40	800~1200	500	1~12	0~150
BP250		250	230	40	1000~1200	1200	1~12	0~150
BP300		300	230	40	1000~1500	1500	1~12	0~150
BP400		400	230	40	1200~1800	2000	1~12	0~150
DPB	大平板输送机（重型）	—	—	—	1500~3000	2000	1~20	0~150

表 2.2.2 板式输送机规格主要技术参数（山西东杰智能物流装备股份有限公司 www.omhgroup.com）

名称	链条节距/mm	链板厚度/mm	链轮齿数	链轮直径/mm	滚轮直径/mm	
轻型	38.1	5	20	244	22.23	
	100		10	324	50	
重型	153.2	8	10	496	70	90
	200		8	523		
	400		6	800		
特重型	200	10	8	523	100	120

生产厂商：山西东杰智能物流装备股份有限公司，河北滦宝装备制造有限公司。

2.3 埋刮板输送机

2.3.1 概述

埋刮板输送机出现于 20 世纪 20 年代，是由英国的 Arnold Redler 先生发明的。如今，埋刮板输送机在理论、设计、制造乃至应用方面都已十分成熟，广泛应用于冶金、建材、电力、化工、水泥、港口、码头、煤炭、矿山、粮油、食品、饲料等行业和部门。

2.3.2 工作原理

埋刮板输送机是借助于在封闭的壳体内运动着的刮板链条而使散体物料按预定目标输送的运输设备。埋刮板输送机原理是依赖于物料所具有的内摩擦力和侧压力，在输送物料过程中，刮板链条运动方向的压力以及在不断给料时下部物料对上部物料的推移力，这些作用力的合成足以克服物料在机槽中被输送时与壳体之间产生的外摩擦阻力和物料自身的质量，使物料无论在水平输送、倾斜输送和垂直输送时都能形成连续的料流向前移动。它具有体积小、密封性强、刚性好、工艺布置灵活、安装维修方便、并能多点加料和多点卸料等优点。因此显著改善了工人的劳动条件，防止了环境污染。

2.3.3 主要特点

埋刮板输送机整机的刮板移动速度在行星摆线针轮减速机传动下，运行平稳，噪声低。用于冶金、矿山、火电厂的输送物料系统设备。埋刮板输送机有 MS、MC、MZ 型埋刮板输送机三大系列可供选用。

2.3.4 选用原则

埋刮板输送机主要由封闭断面的壳体（机槽）、刮板链条、驱动装置及张紧装置等部件组成。设备结构简单、体积小、密封性能好、安装维修比较方便；能多点加料、多点卸料，工艺选型及布置较为灵活；在输送飞扬性、有毒、高温、易燃易爆的物料时，可改善工作条件，减少环境污染。型号有：通用型、热料型、纯碱专用型（普通型、高效型）、粮食专用型、水泥专用型、电厂专用型等，槽宽为120～1000mm。

埋刮板输送机对物料有下列要求：

（1）物料松散密度：$\rho=0.2\sim2.5\mathrm{t/m^3}$。

（2）物料温度：一般机型适用于物料温度小于120℃；热料型输送物料的温度为100～450℃，瞬时物料温度允许达到800℃。

（3）含水率：含水率与物料的粒度、黏度有关，以手捏成团撒手后仍能松散为度。

2.3.5 主要技术性能参数

主要技术性能参数见表2.3.1～表2.3.7。

表 2.3.1 RMS 系列散料埋刮板输送机主要技术参数（湖北博尔德科技股份有限公司 www.boulder.innca.cn）

机器型号	RMS20	RMS25	RMS32	RMS40	RMS50	RMS63	RMS80	RMS100	RMS125
机槽宽度/mm	200	250	315	400	500	630	800	1000	1250
链条速度/$\mathrm{m\cdot s^{-1}}$	0.16～0.4	0.2～0.5	0.25～0.5	0.25～0.63	0.32～0.85	0.5～0.85	0.85～1.1	0.5～1.1	0.5～1.1
输送量/$\mathrm{t\cdot h^{-1}}$	14～35	30～72	55～110	95～240	200～500	370～630	460～1000	580～1300	730～1500
最大输送距离/m	120	120	120	100	100	80	80	80	80

表 2.3.2 RMSW 系列弯板链埋刮板输送机主要技术参数（湖北博尔德科技股份有限公司 www.boulder.innca.cn）

机器型号	RMSW20	RMSW25	RMSW32	RMSW40	RMSW50	RMSW63	RMSW80	RMSW100	RMSW120	RMSW140
机槽宽度/mm	200	250	315	400	500	630	800	1000	1200	1400
链条速度/$\mathrm{m\cdot s^{-1}}$	0.35～0.55	0.35～0.55	0.4～0.65	0.4～0.65	0.45～0.8	0.45～0.8	0.45～1.0	0.45～1.0	0.45～1.0	0.45～1.0

续表 2.3.2

机器型号	RMSW20	RMSW25	RMSW32	RMSW40	RMSW50	RMSW63	RMSW80	RMSW100	RMSW120	RMSW140
输送量/$m^3 \cdot h^{-1}$	40~70	60~110	100~180	200~340	300~520	500~830	780~1550	920~1900	1100~2200	1280~2500
最大输送距离/m	120	120	120	100	100	100	100	100	100	100

表 2.3.3 RMC（M）系列埋刮板输送机主要技术参数（湖北博尔德科技股份有限公司 www.boulder.innca.cn）

机器型号	RMC20	RMC25	RMC32	RMC40	RMC50	RMC63	RMC80	RMC100
机槽宽度/mm	200	250	315	400	500	630	800	1000
链条速度/$m \cdot s^{-1}$	0.16~0.32	0.16~0.32	0.2~0.4	0.2~0.5	0.25~0.5	0.32~0.63	0.32~0.63	0.32~0.63
输送量/$t \cdot h^{-1}$	10~20	16~32	32~64	55~140	110~220	175~350	240~460	260~600
最大提升高度/m	45	45	45	30	30	30	25	25

表 2.3.4 RMSM 系列耐磨型埋刮板输灰机主要技术参数（湖北博尔德科技股份有限公司 www.boulder.innca.cn）

机器型号	RMSM20	RMSM25	RMSM32	RMSM40	RMSM50	RMSM63	RMSM80	RMSM100
机槽宽度/mm	200	250	315	400	500	630	800	1000
链条速度/$m \cdot s^{-1}$	0.05~0.16	0.05~0.16	0.05~0.16	0.06~0.16	0.08~0.16	0.08~0.16	0.08~0.16	0.08~0.16
输送量/$t \cdot h^{-1}$	3.15~15	7~20	15~35	20~50	35~70	60~120	75~150	80~200
最大输送距离/m	120	120	100	90	75	75	70	70

表 2.3.5 RMSSF 系列专用双向输送防爆型埋刮板输粉机主要技术参数
（湖北博尔德科技股份有限公司 www.boulder.innca.cn）

机器型号	RMSSF25	RMSSF32	RMSSF40	RMSSF50	RMSSF63
机槽宽度/mm	250	315	400	500	630
链条速度/$m \cdot s^{-1}$	0.2~0.25	0.2~0.32	0.2~0.32	0.2~0.32	0.2~0.32
输送量/$t \cdot h^{-1}$	25~31.5	40~60	63~100	110~175	110~175
最大输送距离/m	80	100	80	80	80

表 2.3.6 MX 系列刮板输送机主要技术参数（湖北博尔德科技股份有限公司 www.boulder.innca.cn）

机器型号	MX32	MX42	MX52	MX60
机槽宽度/mm	530	630	750	840
刮板宽度/mm	300	400	500	580
刮板速度/$m \cdot s^{-1}$	0.16~0.46	0.16~0.46	0.16~0.46	0.16~0.46
输送量/$m^3 \cdot h^{-1}$	20~60	40~120	60~180	80~240

表 2.3.7 HS 型刮板输送机主要技术参数（张家港市皓麟机械制造有限公司 www.haolinjx.com）

项目 \ 型号	HS200	HS250	HS310	HS400	HS450
槽宽/mm	200	250	310	200	200
输送能力/$m^3 \cdot h^{-1}$	2~5	4~8	6~12	2~5	2~5

续表 2.3.7

型号 项目	HS200	HS250	HS310	HS400	HS450
链速/m·min⁻¹	2.4~4	2.4~4	2.4~4	2.4~4	2.4~4
链条节距/mm	152.4	152.4	152.4	152.4	152.4
输送距离/m	5~60	6~60	6~60	5~60	5~60
输送斜度/(°)	≤15				
电机功率/kW	1.5~5.5	1.5~7.5	2.2~11	3~11	4~15
驱动装置安装形式	左右装，背装式				
传动形式	链传动				
适用粒度/mm	<5	<8	<12	<15	<20
适用湿度/%	≤15				
适用温度/℃	≤150				

生产厂商：湖北博尔德科技股份有限公司，南通振强机械制造有限公司，张家港市皓麟机械制造有限公司。

2.4 振动输送机

2.4.1 概述

利用激振器使料槽振动，使槽内物料沿一定方向滑行或抛移的连续输送机械。

2.4.2 结构组成

分弹性连杆式、电磁式和惯性式三种。

(1) 弹性连杆式。由偏心轴、连杆、连杆端部弹簧和料槽等组成。偏心轴旋转使连杆端部作往复运动，激起料槽作定向振动。促使槽内物料不断地向前移动。一般采用低频率、大振幅或中等频率与中等振幅。

(2) 电磁式。由铁芯、线圈、衔铁和料槽等组成。整流后的电流通过线圈时，产生周期变化的电磁吸力，激起料槽产生振动。一般采用高频率、小振幅。

(3) 惯性式。由偏心块、主轴、料槽等组成，偏心块旋转时产生的离心惯性力激起料槽振动。一般采用中等频率和振幅。

振动输送机采用电动机作为优质振动源，使物料被抛起的同时向前运动，达到输送的目的；结构形式分为开启式、封闭式；输送形式可为槽式输送或管式输送，电机位置可上、下或侧面装卸。

2.4.3 特点及用途

用途：广泛用于冶金、煤炭、建材、化工、食品等行业中粉状及颗粒状物料输送。

特点：该机型结构简单、安装、维修方便、能耗低、无粉尘溢散、噪声低等优点。

2.4.4 主要技术性能参数

主要技术性能参数见表 2.4.1 ~ 表 2.4.21。

电机振动输送机（DZS 型）如图 2.4.1 所示。

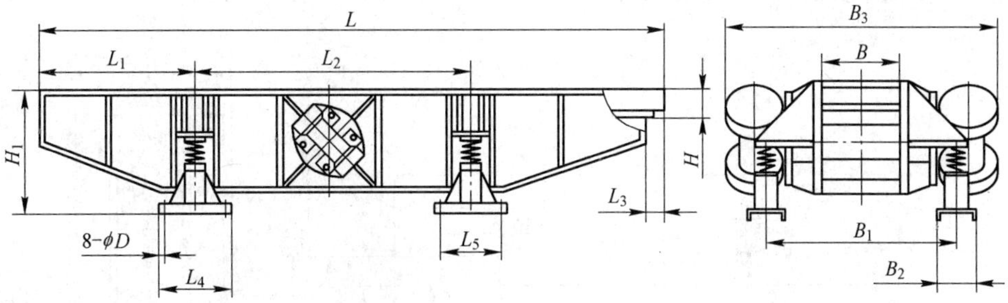

图 2.4.1 电机振动输送机（DZS 型）

表 2.4.1 电机振动输送机（DZS 型）主要技术参数（南通振强机械制造有限公司 www.zql.cn）

型 号	生产率/$t \cdot h^{-1}$	输送距离/mm	振动频率/$r \cdot min^{-1}$	振幅/mm	电压/V	功率/kW	质量/kg
DZS30-250	30	2500	960	4~6	380	2×0.4	410
DZS30-300	25	3000				2×0.4	490
DZS50-350	50	3500				2×0.75	650
DZS50-400	40	4000				2×0.75	740
DZS50-450	30	4500				2×0.75	840
DZS50-500	80	5000				2×1.5	1050
DZS50-550	70	5500				2×1.5	1150
DZS50-600	60	6000				2×1.5	1250
DZS50-650	50	6500				2×1.5	1350
DZS50-700	40	7000				2×1.5	1450
DZS50-750	30	7500				2×1.5	1550
DZS70-800	145	8000				2×2.2	2400
DZS70-850	135	8500				2×2.2	2550
DZS70-900	125	9000				2×2.2	2700
DZS70-950	110	9500				2×2.2	2850
DZS70-1000	100	10000				2×2.2	3000

表 2.4.2 DZS 型电机振动输送机外形及安装尺寸主要技术参数（南通振强机械制造有限公司 www.zql.cn）

(mm)

型 号	L	L_1	L_2	L_3	L_4	L_5	H	H_1	H_2	B	B_1	B_2	B_3	ϕ
DZS30-250	2500	750	1000	150	400	350	100	475	53	300	780	120	1080	24
DZS30-300	3000	875	1250	150	400	350	100	475	53	300	780	120	1080	
DZS50-350	3500	1000	1500	150	450	400	100	630	60	500	980	140	1280	
DZS50-400	4000	1250	1500	150	450	400	100	630	60	500	980	140	1280	
DZS50-450	4500	1375	1750	150	450	400	100	630	60	500	980	140	1280	
DZS50-500	5000	1500	2000	150	500	450	150	795	65	500	1080	160	1480	
DZS50-550	5500	1750	2000	150	500	450	150	795	65	500	1080	160	1480	
DZS50-600	6000	1750	2500	150	500	450	150	795	65	500	1080	160	1480	
DZS50-650	6500	2000	2500	150	500	450	150	795	65	500	1080	160	1480	
DZS50-700	7000	2000	3000	150	500	450	150	795	65	500	1080	160	1480	
DZS50-750	7500	2250	3000	150	500	450	150	795	65	500	1080	160	1480	
DZS70-800	8000	2375	3250	150	550	500	200	955	70	700	1300	180	1680	
DZS70-850	8500	2625	3250	150	550	500	200	955	70	700	1300	180	1680	
DZS70-900	9000	2750	3500	150	550	500	200	955	70	700	1300	180	1680	
DZS70-950	9500	2875	3750	150	550	500	200	955	70	700	1300	180	1680	
DZS70-1000	10000	3000	4000	150	550	500	200	955	70	700	1300	180	1680	

GZ_xG 型电磁振动输送机外形及安装尺寸如图 2.4.2 所示。

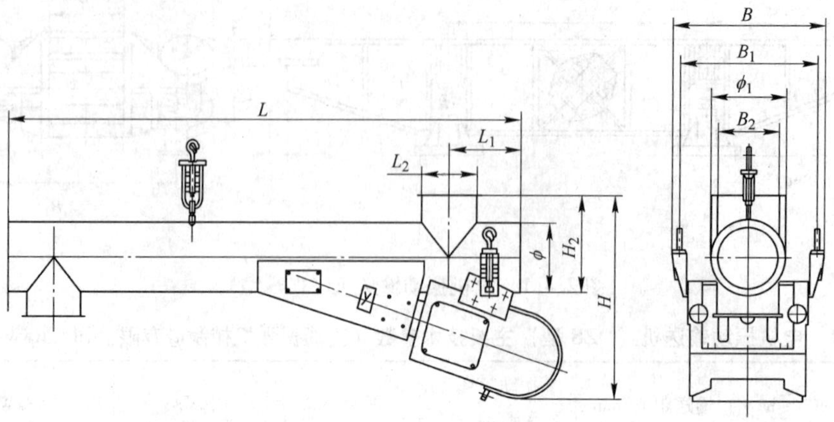

图 2.4.2 GZ_xG 型电磁振动输送机外形及安装尺寸

表 2.4.3 GZ_xG 型系列电磁振动输送机主要技术参数（南通振强机械制造有限公司 www.zql.cn）

型 号	生产率 /t·h⁻¹	给料粒度 /mm	频率 /min⁻¹	电压/V	管体直径 /mm	输送机长度 /m	配电振器		
							规格	功率/kW	长度 /m·节⁻¹
GZ_3G	10	60	3000	220	250	2～10	GZ_3	0.2	2～2.5
GZ_4G	15	70	3000	220	300	2.5～12	GZ_4	0.45	2.5～3
GZ_5G	20	80	3000	220	340	2.5～12	GZ_5	0.65	2.5～3

表 2.4.4 GZ_xG 型电磁振动输送机外形及安装尺寸主要技术参数（南通振强机械制造有限公司 www.zql.cn）

型 号	L	L_1	L_2	L_3	B	B_1	B_2	ϕ	ϕ_1	H
GZ_3G	2000	160	250	175	585	542	230	230	340	655
GZ_4G	2500	190	320	210	762	686	300	320	390	780
GZ_5G	3000	200	340	220	863	761	300	340	430	900

惯性振动热料输送机（SZF 型）如图 2.4.3 所示。

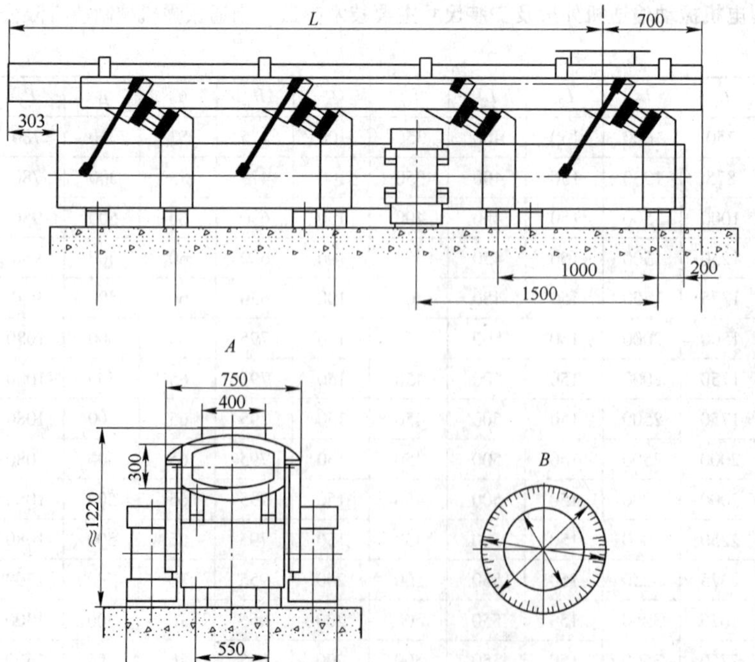

图 2.4.3 惯性振动热料输送机（SZF 型）

表 2.4.5 惯性振动热料输送机（SZF 型）主要技术参数（南通振强机械制造有限公司 www. zql. cn）

输送量/t·h^{-1}		50
机槽宽度/mm		400
输送长度/m		6～30
整机功率/kW	输送长度小于 10m 时	1.5×2
	输送长度为 10～20m 时	2.2×2
	输送长度为 20～30m 时	3×2
整机外形（高×宽）/mm×mm		1200×730
设备质量/kg		输送机每米质量约 350

惯性振动输送机（GZS 型）外形尺寸如图 2.4.4 所示。

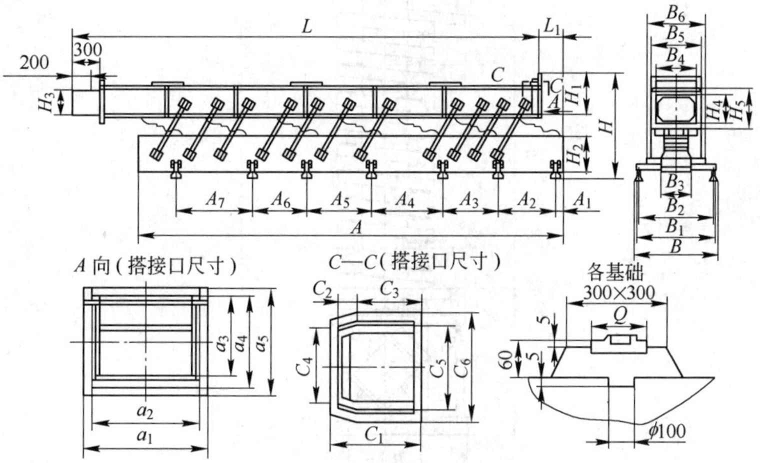

图 2.4.4 惯性振动输送机（GZS 型）外形尺寸

表 2.4.6 惯性振动输送机（GZS 型）主要技术参数（南通振强机械制造有限公司 www. zql. cn）

型 号	输送量/t·h^{-1}	额定振幅/mm	电机功率/kW	电机转速/r·min^{-1}	设备质量/kg
GZS400-4.7	≤50	5	1.5	1410	约 1400
GZS400-5.7	≤50	5	1.5	1410	约 1550
GZS400-6.7	≤50	5	1.5	1410	约 1950
GZS400-7.7	≤50	5	1.5	1410	约 2100
GZS650-4.7	≤100	5	2.2	1430	约 2650
GZS650-5.7	≤100	5	2.2	1430	约 2800
GZS650-6.7	≤100	5	3.0	1430	约 3200
GZS650-7.7	≤100	5	3.0	1430	约 3500

表 2.4.7 惯性振动输送机（GZS 型）外形尺寸及基础尺寸（南通振强机械制造有限公司 www. zql. cn）

（mm）

型 号	H	H_1	H_2	H_3	H_4	H_5	B	B_1	B_2	B_3	B_4	B_5
GZS400-4.7-7.7	约 1350	429	490	240	232	360	840	780	640	500	400	538
GZS650-4.7-7.7	约 1500	477	540	280	270	380	1140	1000	840	660	650	830
型 号	B_6	a_1	a_2	a_3	a_4	a_5	C_1	C_2	C_3	C_4	C_5	C_6
GZS400-4.7-7.7	670	538	448	469	380	320	342	98	200	398	448	530
GZS650-4.7-7.7	1010	830	718	527	422	362	347	98	200	648	718	830

表 2.4.8　惯性振动输送机（GZS 型）主要技术参数（南通振强机械制造有限公司　www.zql.cn）（mm）

型　号	L	L_1	l	A	A_1	A_2	A_3	A_4	A_5	A_6	A_7
GZS400-4.7	4700	401	310	4000	180	930	1300	660	660	—	—
GZS400-5.7	5700	370	310	5000	400	570	570	1830	725	725	—
GZS400-6.7	6700	340	310	6000	200	645	645	1385	820	820	820
GZS400-7.7	7700	370	310	7000	180	965	965	1180	1045	1045	1045
GZS650-4.7	4700	337	312	4000	180	410	410	1264	635	635	—
GZS650-5.7	5700	390	312	5000	180	570	570	1730	780	780	—
GZS650-6.7	6700	348	312	6000	180	625	625	1410	1040	880	880
GZS650-7.7	7700	365	312	7000	180	830	830	1490	1120	1120	1120

垂直振动输送机（ZC 系列）如图 2.4.5 所示。

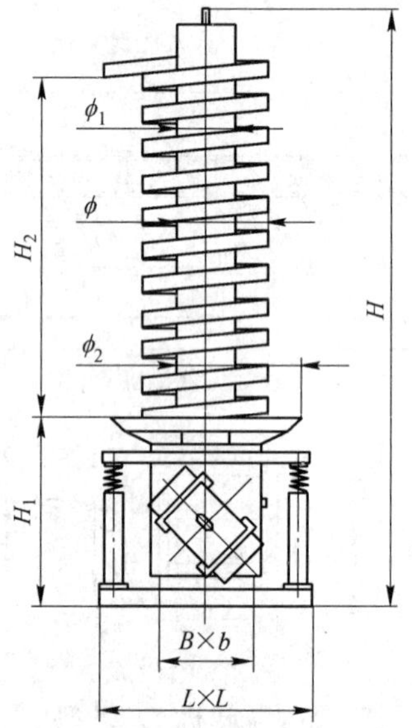

图 2.4.5　垂直振动输送机（ZC 系列）

表 2.4.9　垂直振动输送机（ZC 系列）主要技术参数（南通振强机械制造有限公司　www.zql.cn）

型　号	输送高度 /mm	输送量 /t · h⁻¹	物料粒度 /mm	振幅 /mm	电机型号	供电电压 /V	电机功率 /kW	振动频率 /r · min⁻¹	整机质量 /kg	揉搓制动控制箱
ZC-1500	1500	0.6	0 ~ 30	0 ~ 4	ZG410	380	2 × 0.75	1450	400	GK-15
ZC-2000	2000	1.2			ZG415		2 × 0.75		500	GK-15
ZC-3000	3000	2			ZG618		2 × 1.1	960	700	GK-30
ZC-4000	4000	4			ZG625		2 × 1.5		1000	GK-30
ZC-4500	4500	4			ZG625		2 × 1.5		1200	GK-30
ZC-5000	5000	5			ZG636		2 × 2.2		1450	GK-60
ZC-6000	6000	5	0 ~ 60		ZG636		2 × 2.2		1800	GK-60

注：表中输送量按容重 $1.6t/m^3$ 计。

表 2.4.10　垂直振动输送机（ZC 系列）外形尺寸（南通振强机械制造有限公司　www.zql.cn）（mm）

型　号	ϕ	ϕ_1	ϕ_2	H	H_1	H_2	$L\times L$	$B\times b$
ZC-1500	325	159	550	1960	460	1520	480 × 480	100 × 100
ZC-2000	400	203	620	2510	520	2020	540 × 540	120 × 120
ZC-3000	500	273	730	3590	640	3020	660 × 660	140 × 140
ZC-4000	600	299	850	4650	670	4020	800 × 800	160 × 160
ZC-4500	650	325	980	5290	700	4520	890 × 890	170 × 170
ZC-5000	700	351	1000	5800	725	5020	950 × 950	175 × 175
ZC-6000	800	402	1100	6990	780	6020	1030 × 1030	180 × 180

GZS 型惯性振动输送机如图 2.4.6 所示。

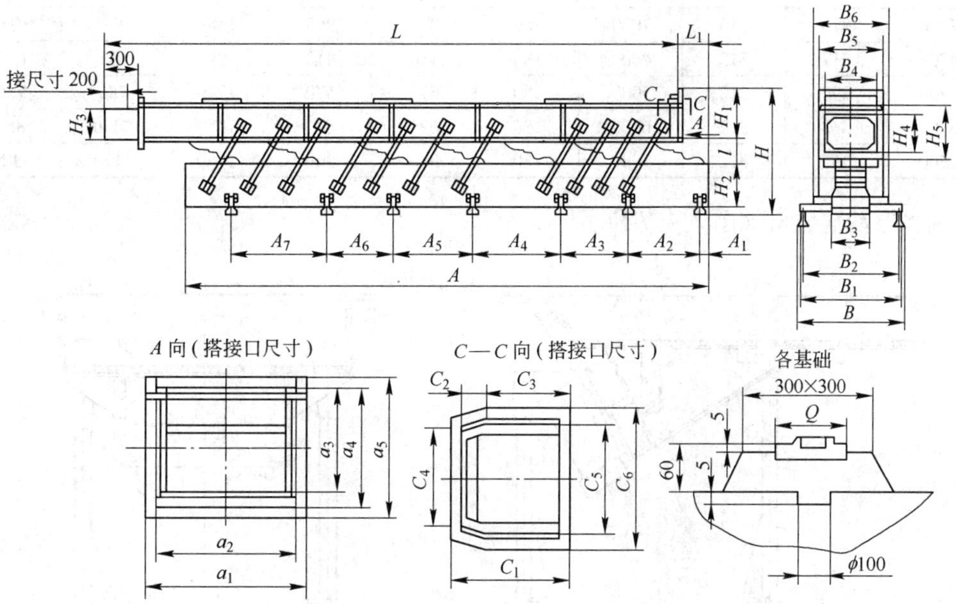

图 2.4.6 GZS 型惯性振动输送机

表 2.4.11 GZS 型惯性振动输送机主要技术参数（江苏信发振动机械有限公司 www. jsxfm. com）

型号 \ 参数	输送量/$t \cdot h^{-1}$	额定振幅/mm	电机功率/kW	电机转速/$r \cdot min^{-1}$	设备质量/kg
GZS400-4.7	≤50	5	1.5	1410	约 1400
GZS400-5.7	≤50	5	1.5	1410	约 1550
GZS400-6.7	≤50	5	1.5	1410	约 1950
GZS400-7.7	≤50	5	1.5	1410	约 2100
GZS650-4.7	≤100	5	2.2	1430	约 2650
GZS650-5.7	≤100	5	2.2	1430	约 2800
GZS650-6.7	≤100	5	3.0	1430	约 3200
GZS650-7.7	≤100	5	3.0	1430	约 3500

表 2.4.12 GZS 型惯性振动输送机型号及安装尺寸（江苏信发振动机械有限公司 www. jsxfm. com）（mm）

型 号	H	H_1	H_2	H_3	H_4	H_5	B	B_1	B_2	B_3	B_4	B_5	B_6
GZS400-4.7-7.7	约 1350	429	490	240	232	360	840	780	640	500	400	538	670
GZS650-4.7-7.7	约 1500	477	540	280	270	380	1140	1000	840	660	650	830	1010

表 2.4.13 GZS 型惯性振动输送机型号及安装尺寸（江苏信发振动机械有限公司 www. jsxfm. com）（mm）

型 号	a_1	a_2	a_3	a_4	a_5	C_1	C_2	C_3	C_4	C_5	C_6
GZS400-4.7-7.7	538	448	469	380	320	342	98	200	398	448	530
GZS650-4.7-7.7	830	718	527	422	362	347	98	200	648	718	830

表 2.4.14 GZS 型惯性振动输送机型号及安装尺寸（江苏信发振动机械有限公司 www. jsxfm. com）（mm）

型 号	L	L_1	l	A	A_1	A_2	A_3	A_4	A_5	A_6	A_7
GZS400-4.7	4700	401	310	4000	180	930	1300	660	660	—	—
GZS400-5.7	5700	370	310	5000	400	570	570	1830	725	725	—
GZS400-6.7	6700	340	310	6000	200	645	645	1385	820	820	820

续表 2.4.14

型　号	L	L_1	l	A	A_1	A_2	A_3	A_4	A_5	A_6	A_7
GZS400-7.7	7700	370	310	7000	180	965	965	1180	1045	1045	1045
GZS650-4.7	4700	337	312	4000	180	410	410	1264	635	635	—
GZS650-5.7	5700	390	312	5000	180	570	570	1730	780	780	—
GZS650-6.7	6700	348	312	6000	180	625	625	1410	1040	880	880
GZS650-7.7	7700	365	312	7000	180	830	830	1490	1120	1120	1120

GZTS 型脱水振动输送机如图 2.4.7 所示。

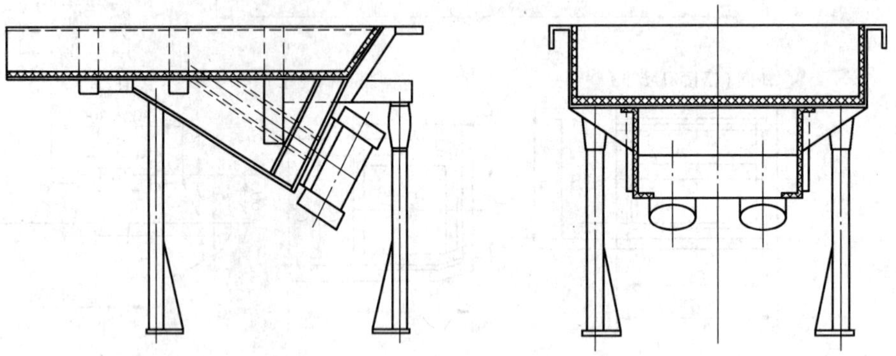

图 2.4.7　GZTS 型脱水振动输送机

表 2.4.15　GZTS 型脱水振动输送机主要技术参数（江苏信发振动机械有限公司　www.jsxfm.com）

筛面宽度/mm	950
筛面长度/mm	1575
筛孔尺寸/mm	ϕ10
处理量/$t \cdot h^{-1}$	1
电机功率/kW	2×1.1
整机外形（长×宽×高）/mm×mm×mm	2000×1300×1400

ZC 垂直振动输送机如图 2.4.8 所示。

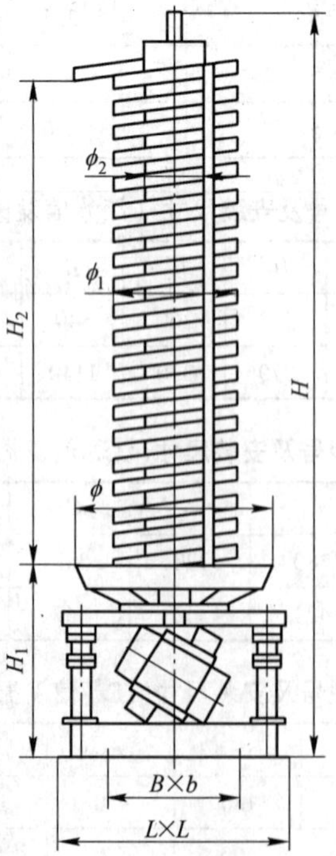

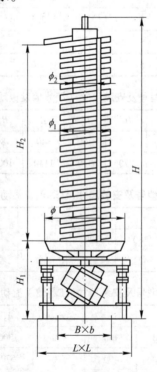

图 2.4.8　ZC 垂直振动输送机

表 2.4.16 ZC 垂直振动输送机技术参数（江苏信发振动机械有限公司 www.jsxfm.com）

型号	输送高度/mm	生产率/t·h^{-1}	最大物料粒度/mm	振幅/mm	电机型号	额定电压/V	电机功率/kW	振动次数/r·min^{-1}	整体质量/kg	反接制动控制箱型号
ZC-1500	1500	0.6	0～30	0～4	ZGY10-0.55/4	380	2×0.55	1450	400	GK-15
ZC-2000	2000	1.2			ZGY15-0.75/4		2×0.75		500	GK-15
ZC-3000	3000	2			ZGY16-1.1/6		2×1.1	960	700	GK-30
ZC-4000	4000	4			ZGY25-1.5/6		2×1.5		1000	GK-30
ZC-4500	4500	4			ZGY25-1.5/6		2×1.5		1200	GK-30
ZC-5000	5000	5			ZGY40-3.0/6		2×3.0		1450	GK-60
ZC-6000	6000	5	0～60		ZGY40-3.0/6		2×3.0		1800	GK-60

表 2.4.17 ZC 垂直振动输送机外形尺寸（江苏信发振动机械有限公司 www.jsxfm.com） （mm）

型号	ϕ	ϕ_1	ϕ_2	H	H_1	H_2	$L\times L$	$B\times b$
ZC-1500	550	325	159	1960	460	1520	480×480	100×100
ZC-2000	620	400	203	2510	520	2020	540×540	120×120
ZC-3000	730	500	273	3590	640	3020	660×660	140×140
ZC-4000	850	600	299	4650	670	4020	800×800	160×160
ZC-4500	950	650	325	5290	700	4520	890×890	170×170
ZC-5000	1000	700	351	5800	725	4020	950×950	175×175
ZC-6000	1100	800	402	6990	780	6020	1030×1030	180×180

表 2.4.18 SCG 系列长距离耐高温输送机技术参数（新乡市新源振动机械有限公司 www.jinkazhi.cn）

型号		SCG300	SCG400	SCG600	SCG800
单机输送距离/m		5～25		8～25	
输送产量/t·h^{-1}		≤15	≤25	≤40	≤60
电机功率/kW		3～7.5		5.5～15	
设备质量/kg·m^{-1}		300	500	700	800
物料性质	粒度/mm	0.5＜D＜100		0.5＜D＜200	
	温度/℃	＜300			
	含水量及黏性	含水量小于5%的非黏性、非易燃易爆物料			

表 2.4.19 SCG 系列长距离耐高温输送机外形尺寸（新乡市新源振动机械有限公司 www.jinkazhi.cn）

型号		SCG300	SCG400	SCG600	SCG800
单机输送距离/m		5～25		8～25	
输送产量/t·h^{-1}		≤15	≤25	≤40	≤60
电机功率/kW		3～7.5		5.5～15	
设备质量/kg·m^{-1}		300	500	700	800
物料性质	粒度/mm	0.5＜D＜100		0.5＜D＜200	
	温度/℃	＜300			
	含水量及黏性	含水量小于5%的非黏性、非易燃易爆物料			

DZS 电机振动水平输送机外形尺寸如图 2.4.9 所示。

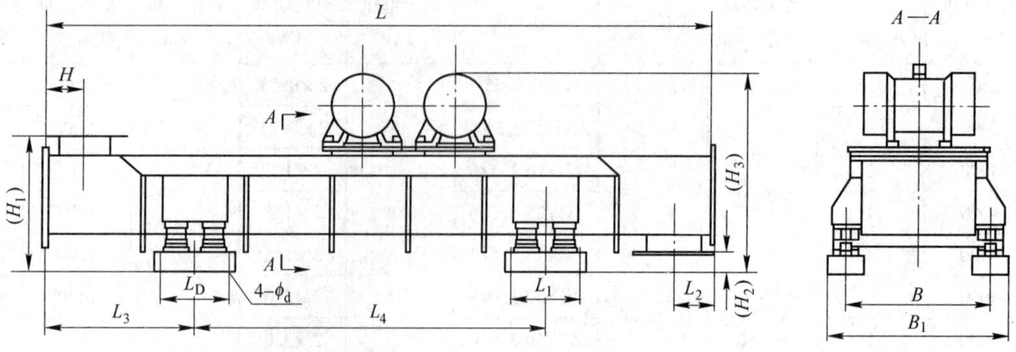

图 2.4.9 DZS 电机振动水平输送机外形尺寸

表 2.4.20 DZS 电机振动水平输送机主要技术参数（新乡市利星机械有限公司 www.xxlixing.com）

型 号	输送量 /t·h^{-1}	物料粒径 /mm	输送槽尺寸(宽×高) /mm×mm	输送距离 /m	振次 /r·min^{-1}	电机功率 /kW	总重/kg
DZS250	10	≤50	250×250	约 2.0	960	2×0.4	230
DZS300	15		300×300	约 3.0		2×0.4	305
DZS400	20	≤100	400×300	约 5.0		2×0.75	580
DZS500	25		500×350	约 6.0		2×1.5	880
DZS600	30	≤150	600×400	约 8.0		2×2.2	1280
DZS700	35		700×400	约 10		2×3.0	1850

表 2.4.21 DZS 电机振动水平输送机外形尺寸（新乡市利星机械有限公司 www.xxlixing.com） (mm)

型 号	L	L_1	L_2	L_3	L_4	B	B_1	H	H_1	H_2	L_D	ϕ_d
DZS250	2330	165	165	500	1380	438	538	760	460	110	200	11
DZS300	3380	190	190	780	1960	488	588	810	510	110	330	11
DZS400	5500	250	250	1100	3500	600	720	850	510	120	350	13
DZS500	6600	300	300	1500	4100	700	820	990	590	120	350	15
DZS600	8700	350	350	1700	5880	800	920	1110	650	140	490	15
DZS700	10800	400	400	2300	7050	900	1020	1150	650	140	490	17

生产厂商：南通振强机械制造有限公司，新乡市利星机械有限公司，江苏信发振动机械有限公司，新乡市新源振动机械有限公司。

2.5 螺旋输送机

2.5.1 概述

螺旋输送机是一种没有挠性牵引构件的输送机。它依靠带有螺旋叶片的轴在封闭的料槽中旋转而推动物料运动，或在圆筒旋转使物料运动（螺旋管输送）。

螺旋输送机的结构较简单，横向尺寸紧凑，便于维护，可封闭输送，对环境污染小，装卸料点位置可灵活变动，在输送过程中还可进行混合/搅拌等作业。但物料在输送过程中与机件摩擦剧烈且产生翻腾，易被研碎，能耗及机件磨损较严重。因此，它的机长一般在 70m 以内，输送能力一般小于 100t/h。它适于输送黏性小的粉状、粒状及小块物料，不宜输送易变质的、黏性大的、易结块的大块的物料及高温、有较大腐蚀性的物料。

2.5.2 结构与工作原理

螺旋输送机一般由输送机本体、进出料口及驱动装置三大部分组成；螺旋输送机的螺旋叶片有实体螺旋面、带式螺旋面和叶片螺旋面三种形式，其中，叶片式螺旋面应用相对较少，主要用于输送黏度较大和可压缩性物料，这种螺旋面型，在完成输送作业过程中，同时具有并完成对物料的搅拌、混合等功能。

当螺旋轴转动时，由于物料的重力及其与槽体壁所产生的摩擦力，使物料只能在叶片的推送下沿着输送机的槽底向前移动。所以，物料在输送机中的运送，完全是一种滑移运动。为了使螺旋轴处于较为有利的受拉状态，一般都将驱动装置和卸料料口安放在输送机的同一端，而把进料口尽量放在另一端的尾部附近。螺旋输送机的螺旋轴在物料运动方向的终端有止推轴承以随物料给螺旋的轴向反力，在机长较长时，应加中间吊挂轴承。

2.5.3 主要特点

结构简单、横截面尺寸小、密封性好、运行平稳可靠、维修方便、制造成本低，便于中间装料和卸料，输送方向可逆向，也可同时向相反两个方向输送。

垂直螺旋输送机适用于短距离垂直输送。可弯曲螺旋输送机的螺旋由挠性轴和合成橡胶叶片组成，易弯曲，可根据现场或工艺要求任意布置，进行空间输送。螺旋输送机叶片有现拉式和整拉式，现拉式可做成任意厚度与规格尺寸，整拉式不宜制作非标准螺旋。

2.5.4 分类

螺旋输送机可分为普通螺旋输送机、螺旋管输送机及垂直螺旋输送机三大类。

螺旋输送机从输送物料位移方向的角度划分，螺旋输送机分为水平式螺旋输送机和垂直式螺旋输送机两大类型。

按输送链采用高强度塑料制作的螺旋输送机又称为食品螺旋输送机，螺旋提升机，主要适用于输送大件产品。如纸箱，周转箱，桶装水等。

根据输送物料的特性要求和结构的不同，螺旋输送机有水平螺旋输送机、垂直螺旋输送机、可弯曲螺旋输送机、螺旋管（滚筒输送机）输送机。

2.5.4.1 垂直螺旋输送机

垂直螺旋输送机的螺旋体的转速比普通螺旋输送机的要高，加入的物料在离心力的作用下，与机壳间产生了摩擦力，该摩擦力阻止物料随螺旋叶片一起旋转并克服了物料下降的重力，从而实现了物料的垂直输送。该机输送量小，输送高度小，转速较高，能耗大。特别适宜输送流动性好的粉粒状物料，主要用于提升物料，提升高度一般不大于8m。

2.5.4.2 水平螺旋输送机

当物料加入固定的机槽内时，由于物料的重力及其与机槽间的摩擦力作用，堆积在机槽下部的物料不随螺旋体旋转，而只在旋转的螺旋叶片推动下向前移动，达到输送物料的目的。该机便于多点装料与卸料，输送过程中可同时完成混合、搅拌或冷却功能。对超载敏感，易堵塞；对物料有破碎损耗，水平螺旋输送机的结构简单，便于安装和维修以及故障处理。适用于水平或微倾斜（20dm以下）连续均匀输送松散物料，工作环境温度为 -20 ~ +40℃，输送物料温度为 -20 ~ +80℃。其转速相对于垂直输送机要低，主要用于水平或小倾角输送物料，输送距离一般不大于70m。

2.5.4.3 螺旋管（滚筒输送机）输送机

螺旋管输送机是在圆筒形机壳内焊有连续的螺旋叶片，螺旋叶片转动加入的物料由于离心力和摩擦力的作用在机壳中与螺旋叶片一起转动并被移运动，达到输送物料的目的。

该机能耗低，维修费用低；在端部进料时，能适应不均匀进料要求，可同时完成输送搅拌混合等各种工艺要求，物料进入过多时也不会产生卡阻现象；便于多点装料与卸料，可输送温度较高的物料。适宜于水平输送高温物料；对高温、供料不均匀、有防破碎要求、防污染要求的物料和需多点加卸料的工艺有较好的适应性。实践证明，在输送水泥熟料、干燥的石灰石、磷矿石、钛铁矿粉、煤和矿渣等物料时效果良好。

由端部进料口加入的物料，其粒度不能大于1/4的螺旋直径；自中间进料口加料的物料，其粒度均不得大于30mm。为保证筒体不产生变形，加料温度必须控制在300℃以下。该机在输送磨琢性大的物料时对叶片和料槽的磨损极为严重。

2.5.4.4　可弯曲螺旋输送机

该机螺旋体心轴为可挠曲的，因此输送线路可根据需要按空间曲线布置。根据布置线路中水平及垂直（大倾角）段的长度比例不同，其工作原理按普通螺旋输送机或垂直螺旋输送机设计。

用于输送线路需要按空间曲线任意布置，避免物料转载的场合；当机壳内进入过多的物料或有硬块物料时，螺旋体会自由浮起，不会产生卡堵现象；噪声小。主要用于同时完成物料的水平和垂直输送。垂直输送时一般要求转速要高不能低于1000r/min。

2.5.5　主要技术性能参数

主要技术性能参数见表2.5.1～表2.5.13。

表2.5.1　LS型螺旋机规格及主要性能参数（广西百色矿山机械厂有限公司　www.baikuang.com.cn）

规格型号		LS160	LS200	LS250	LS315	LS400	LS500	LS630	LS800	LS1000	LS1250
螺旋直径/mm		160	200	250	315	400	500	630	800	1000	1250
螺距/mm		160	200	250	315	355	400	450	500	560	630
不同转速下的输送量	转速/r·min^{-1}	112	100	90	80	71	63	50	40	32	25
	输送量/m^3·h^{-1}	7.1	12.4	21.8	38.8	62.5	97.7	138.5	188.6	277.9	381.7
	转速/r·min^{-1}	90	80	71	63	56	50	40	32	25	20
	输送量/m^3·h^{-1}	5.7	9.9	17.2	30.5	49.3	77.6	110.8	158.8	217.1	305.4
	转速/r·min^{-1}	71	63	56	50	45	40	32	25	20	16
	输送量/m^3·h^{-1}	4.5	7.8	13.6	24.2	39.6	62	88.6	124.1	173.7	244.3
	转速 n/r·min^{-1}	56	50	45	40	36	32	25	20	16	13
	输送量 Q/m^3·h^{-1}	3.6	6.2	10.9	19.4	31.7	49.6	69.3	99.3	139	198.5

表2.5.2　LS型螺旋输送机主要技术参数（安徽盛运环保（集团）股份有限公司　www.shengyungf.com）

规格＼型号	LS100	LS125	LS160	LS200	LS250	LS315	LS400	LS500	LS630	LS800	LS1000	LS1250
螺旋直径/mm	100	125	160	200	250	315	400	500	630	800	1000	1250
螺距/mm	100	125	160	200	250	315	355	400	450	500	560	630
转速 n/r·min^{-1}	140	125	112	100	90	80	71	63	50	40	32	25
输送量 Q/m^3·h^{-1}	2.2	3.8	7	13	22	39	63	98	138	200	278	382
转速 n/r·min^{-1}	112	100	90	80	71	63	56	50	40	32	25	20
输送量 Q/m^3·h^{-1}	1.7	3.0	6	10	18	31	49	78	111	160	217	305
转速 n/r·min^{-1}	90	80	71	63	56	50	45	40	32	25	20	16
输送量 Q/m^3·h^{-1}	1.4	2.4	5	8	14	24	40	62	89	124	174	244
转速 n/r·min^{-1}	71	63	56	50	45	40	36	32	25	20	16	13
输送量 Q/m^3·h^{-1}	1.1	1.9	4	6	11	19	32	50	69	99	139	198

表 2.5.3 LS 型螺旋输送机主要技术参数（湖北博尔德科技股份有限公司 www.boulder.innca.cn）

规格 \ 型号	LS100	LS160	LS200	LS250	LS315	LS400	LS500	LS630	LS800	LS1000
螺旋直径/mm	100	160	200	250	315	400	500	630	800	1000
螺距/mm	100	160	200	250	250	355	400	450	500	560
转速/$r \cdot min^{-1}$	71 ~ 140	56 ~ 112	50 ~ 100	45 ~ 90	40 ~ 80	36 ~ 71	32 ~ 63	25 ~ 50	20 ~ 40	16 ~ 32
输送量/$m^3 \cdot h^{-1}$	1.1 ~ 2.2	3.1 ~ 7	6 ~ 13	11 ~ 22	15 ~ 31	31 ~ 62	50 ~ 98	77 ~ 140	100 ~ 200	140 ~ 280

表 2.5.4 LS 型螺旋输送机主要技术参数（张家港市皓麟机械制造有限公司 www.haolinjx.com）

规格 \ 型号	LS100	LS160	LS200	LS250	LS315	LS400	LS500	LS630	LS800	LS1000	LS1250
螺旋直径/mm	100	160	200	250	315	400	500	630	800	1000	1250
螺距/mm	100	160	200	250	315	355	400	450	500	560	630
转速 $n/r \cdot min^{-1}$	140	112	100	90	80	71	63	50	40	32	25
输送量 $Q/m^3 \cdot h^{-1}$	2.2	8	14	24	34	64	100	145	208	300	388
转速 $n/r \cdot min^{-1}$	112	90	80	71	63	56	50	40	32	25	20
输送量 $Q/m^3 \cdot h^{-1}$	1.7	7	12	20	26	52	80	116	165	230	320
转速 $n/r \cdot min^{-1}$	90	71	63	56	50	45	40	32	25	20	16
输送量 $Q/m^3 \cdot h^{-1}$	1.4	6	10	16	21	41	64	94	130	180	260
转速 $n/r \cdot min^{-1}$	71	50	50	45	40	36	32	25	20	16	13
输送量 $Q/m^3 \cdot h^{-1}$	1.1	4	7	13	16	34	52	80	110	150	200

表 2.5.5 LS 型和 GX 型螺旋输送机主要技术参数（新乡巨威机械有限公司 www.juweijixie.com）

LS 型	100	160	200	250	315	400	500	630	800	1000	1250
GX 型			200	250	300	400	500				
螺旋直径/mm	100	160	200	250	315	400	500	630	800	1000	1250
螺距/mm	100	160	200	250	315	355	400	450	500	560	630
转速/$r \cdot min^{-1}$	140	120	90	90	75	75	60	60	45	35	30
输送量 $Q(\phi=0.33)/m^3 \cdot h^{-1}$	2.2	7.6	11	22	36.4	66.1	93.1	160	223	304	458
功率 $P(d_1=10m)/kW$	1.1	1.5	2.2	2.4	3.2	5.1	4.1	8.6	12	16	24.4
功率 $P(d_1=30m)/kW$	1.6	2.8	3.2	5.3	8.4	11	15.3	25.9	36	48	73.3
转速/$r \cdot min^{-1}$	120	90	75	75	60	60	45	45	35	30	20
输送量 $Q(\phi=0.33)/m^3 \cdot h^{-1}$	1.9	5.7	18	18	29.1	52.9	69.8	125	174	261	305
功率 $P(d_1=10m)/kW$	1.0	1.3	2.1	2.1	2.9	4.1	4.7	6.8	9.4	14.1	16.5
功率 $P(d_1=30m)/kW$	1.5	2.3	4.5	4.5	7	8.9	11.6	20.4	28.3	42.2	49.5
转速/$r \cdot min^{-1}$	90	75	60	60	45	45	35	35	30	20	16
输送量 $Q(\phi=0.33)/m^3 \cdot h^{-1}$	1.4	4.8	15	15	21.8	39.6	54.3	97	149	174	244
功率 $P(d_1=10m)/kW$	0.9	1.2	1.9	1.9	2.5	3.4	4.3	5.4	8.1	9.5	13.3
功率 $P(d_1=30m)/kW$	1.2	2.2	3.8	3.8	5.4	6.8	9.2	16	24.4	28.6	39.9
转速/$r \cdot min^{-1}$	75	60	45	45	35	35	30	30	20	16	13
输送量 $Q(\phi=0.33)/m^3 \cdot h^{-1}$	1.2	3.8	11	11	17	31.7	46.5	73.0	99.3	139	199
功率 $P(d_1=10m)/kW$	0.75	1.1	1.6	1.6	2.1	3.1	3.7	4.6	5.7	7.7	11
功率 $P(d_1=30m)/kW$	1.1	1.8	3.4	3.4	4.4	5.6	8	14	16.7	23.2	33

表 2.5.6　WLS 无轴螺旋输送机主要技术参数（新乡巨威机械有限公司　www. juweijixie. com）

型　号			WLS150	WLS200	WLS250	WLS300	WLS400	WLS500
螺旋体直径/mm			150	184	237	284	365	470
外壳管直径/mm			180	219	273	351	402	500
允许工作角度 α/(°)			0 ~ 30	0 ~ 30	0 ~ 30	0 ~ 30	0 ~ 30	0 ~ 30
最大输送长度/m			12	13	16	18	22	25
最大输送能力/t · h^{-1}			2. 4	7	9	13	18	28
电机	型号	$L \leq 7$	Y90L-4	Y100L1-4	Y100L2-4	Y132S-4	Y160M-4	Y160M-4
	功率/kW		1. 5	2. 2	3	5. 5	11	11
	型号	$L \geq 7$	Y100L1-4	Y100L2-4	Y112M-4	Y132M-4	Y160L-4	Y160L-4
	功率/kW		2. 2	3	4	7. 5	15	15

表 2.5.7　LS 型和 GX 型管式螺旋输送机主要技术参数（新乡巨威机械有限公司　www. juweijixie. com）

LS 型	100	160	200	250	315	400	500	630	800	1000	1250
GX 型			200	250	300	400	500				
螺旋直径/mm	100	160	200	250	315	400	500	630	800	1000	1250
螺距/mm	100	160	200	250	315	355	400	450	500	560	630
转速/r · min^{-1}	140	120	90	90	75	75	60	60	45	35	30
输送量 $Q(\phi = 0.33)/m^3 \cdot h^{-1}$	2. 2	7. 6	11	22	36. 4	66. 1	93. 1	160	223	304	458
功率 $P(d_1 = 10m)$/kW	1. 1	1. 5	2. 2	2. 4	3. 2	5. 1	4. 1	8. 6	12	16	24. 4
功率 $P(d_1 = 30m)$/kW	1. 6	2. 8	3. 2	5. 3	8. 4	11	15. 3	25. 9	36	48	73. 3
转速/r · min^{-1}	120	90	75	75	60	60	45	45	35	30	20
输送量 $Q(\phi = 0.33)/m^3 \cdot h^{-1}$	1. 9	5. 7	18	18	29. 1	52. 9	69. 8	125	174	261	305
功率 $P(d_1 = 10m)$/kW	1. 0	1. 3	2. 1	2. 1	2. 9	4. 1	4. 7	6. 8	9. 4	14. 1	16. 5
功率 $P(d_1 = 30m)$/kW	1. 5	2. 3	4. 5	4. 5	7	8. 9	11. 6	20. 4	28. 3	42. 2	49. 5
转速/r · min^{-1}	90	75	60	60	45	45	35	35	30	20	16
输送量 $Q(\phi = 0.33)/m^3 \cdot h^{-1}$	1. 4	4. 8	15	15	21. 8	39. 6	54. 3	97	149	174	244
功率 $P(d_1 = 10m)$/kW	0. 9	1. 2	1. 9	1. 9	2. 5	3. 4	4. 3	5. 4	8. 1	9. 5	13. 3
功率 $P(d_1 = 30m)$/kW	1. 2	2. 2	3. 8	3. 8	5. 4	6. 8	9. 2	16	24. 4	28. 6	39. 9
转速/r · min^{-1}	75	60	45	45	35	35	30	30	20	16	13
输送量 $Q(\phi = 0.33)/m^3 \cdot h^{-1}$	1. 2	3. 8	11	11	17	31. 7	46. 5	73. 0	99. 3	139	199
功率 $P(d_1 = 10m)$/kW	0. 75	1. 1	1. 6	1. 6	2. 1	3. 1	3. 7	4. 6	5. 7	7. 7	11
功率 $P(d_1 = 30m)$/kW	1. 1	1. 8	3. 4	3. 4	4. 4	5. 6	8	14	16. 7	23. 2	33

表 2.5.8　螺旋输送机规格技术参数（南通盛诚机械制造有限公司　www. ntscjx. com）

规格 \ 型号	200	250	315	400	500
螺距/mm	200	250	315	355	400
转速 n/r · min^{-1}	100	90	80	71	63
输送量 $Q/m^3 \cdot h^{-1}$	13	22	31	62	98
转速 n/r · min^{-1}	80	71	63	56	50
输送量 $Q/m^3 \cdot h^{-1}$	10	18	24	49	78

续表 2.5.8

规格＼型号	200	250	315	400	500
转速 n/r·min^{-1}	63	56	50	45	40
输送量 Q/m^3·h^{-1}	8	14	19	39	62
转速 n/r·min^{-1}	50	45	40	36	32
输送量 Q/m^3·h^{-1}	6.2	11	15.4	31	50

表 2.5.9 无轴螺旋输送机主要技术参数(新乡市鑫威工矿机械有限公司 www.xwssjx.com)

型　号	叶片宽度/mm	螺距/mm	转速/r·min^{-1}	输送量/m^3·h^{-1}
WLS200	55	160	33.7	4
WLS250	75	200	33.7	8
WLS300	100	240	33.7	12
WLS350	120	280	24.5	20
WLS400	135	320	24.5	28
WLS500	160	400	24.5	40

表 2.5.10 GX 型管式螺旋输送机主要技术参数(新乡市鑫威工矿机械有限公司 www.xwssjx.com)

规　格		主要技术性能		驱 动 装 置			质量/kg
				减速机		电动机功率/kW	
直　径	长度/m	产量(水泥)/t·h^{-1}	转速/r·min^{-1}	型　号	速　比		
GX200	10	9	60	ZQ250	23.34	1.1	726
GX200	20	9	60	ZQ250	23.34	1.5	1258
GX250	10	15.6	60	ZQ250	23.34	2.2	960
GX250	20	15.6	60	ZQ250	23.34	3	1750
GX300	10	21.2	60	ZQ350	23.34	3	1373
GX300	20	21.2	60	ZQ350	23.34	4	2346
GX400	10	51	60	ZQ400	23.34	5.5	1911
GX400	20	51	60	ZQ500	23.34	11	2049
GX500	10	87.5	60	ZQ400	23.34	7.5	2381
GX500	20	87.5	60	ZQ650	23.34	18.5	5389
GX600	10	134.2	45	ZQ750	23.34	22	3880
GX600	10	134.2	45	ZQ850	23.34	55	7090

GX 型管式螺旋输送机外形尺寸如图 2.5.1 所示。

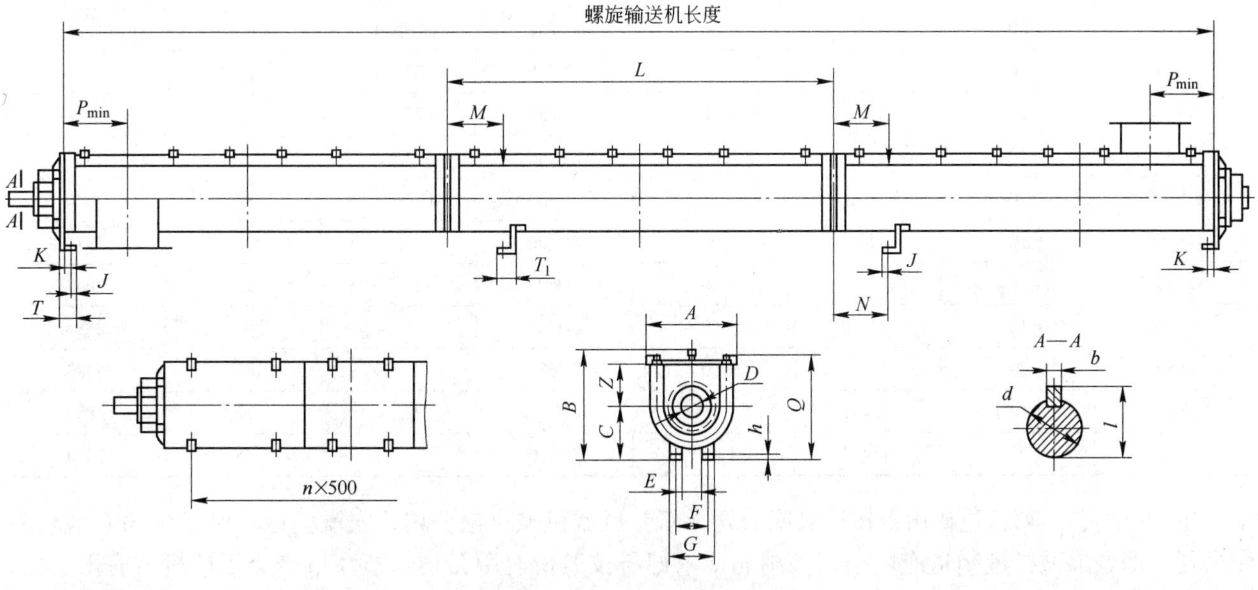

图 2.5.1 GX 型管式螺旋输送机外形尺寸

表 2.5.11 螺旋输送机外形尺寸(新乡市鑫威工矿机械有限公司 www.xwssjx.com) (mm)

螺旋直径 D	A	B	C	E	F	G	H	K	J	M	N	Q	P	R	T	T_1	X	Z	d (d_g)	d_1	a	f	I	I_1	b (h_s)	t
200	342	384	180	80	140	200	18	25	20	200	200	153	220	110	60	60	123	150	40	16	205	195	80	155	12	43.5
250	392	464	220	140	200	260	20	28	25	200	200	183	270	135	70	70	125	180	50	20	237	225	100	155	16	55
300	468	555	270	160	240	320	22	28	25	200	200	213	300	160	75	70	130	210	60	20	264	250	120	160	18	65.5
400	572	685	340	220	320	400	22	30	35	300	300	273	350	210	90	85	145	270	80	25	325	310	160	180	24	87
500	706	823	400	300	400	500	30	35	40	300	300	333	450	264	100	95	165	330	100	25	393	375	200	205	28	108
600	806	973	500	400	500	600	30	40	40	300	300	383	550	314	110	105	170	380	120	30	433	415	240	205	32	129

表 2.5.12 GX 型螺旋输送机主要技术参数(郑州同昌机械有限公司 www.tctsj.com)

规格		主要技术性能		驱动装置				质量/kg
				减速机		电动机		
型号	长度/m	产量(水泥)/$t \cdot h^{-1}$	转速/$r \cdot min^{-1}$	型号	速比	型号	功率/kW	
GX200	10	9	60	JZQ250	23.34	Y90S-4	1.1	726
GX200	20	9	60	JZQ250	23.34	Y90L-4	1.5	1258
GX250	10	15.6	60	JZQ250	23.34	Y100L2-4	2.2	960
GX250	20	15.6	60	JZQ250	23.34	Y100L1-4	3	1750
GX300	10	21.2	60	JZQ350	23.34	Y100L2-4	3	1373
GX300	20	21.2	60	JZQ350	23.34	Y112M-4	4	2346
GX400	10	51	60	JZQ400	23.34	Y132S-4	5.5	1911
GX400	20	51	60	JZQ500	23.34	Y160M-4	11	2049
GX500	10	87.5	60	JZQ400	23.34	Y132M-4	7.5	2381
GX500	20	87.5	60	JZQ650	23.34	Y180M-4	18.5	5389
GX600	10	134.2	45	JZQ750	23.34	Y180L-4	22	3880
GX600	10	134.2	45	JZQ850	23.34	Y250M-4	55	7090

表 2.5.13 GX 型管式输送机主要技术参数(郑州同昌机械有限公司 www.tctsj.com)

规格		主要技术性能		驱动装置			质量/kg
				减速机		电动机功率/kW	
型号	长度/m	产量(水泥)/$t \cdot h^{-1}$	转速/$r \cdot min^{-1}$	型号	速比		
GX200	10	9	60	ZQ250	23.34	1.1	726
GX200	20	9	60	ZQ250	23.34	1.5	1258
GX250	10	15.6	60	ZQ250	23.34	2.2	960
GX250	20	15.6	60	ZQ250	23.34	3	1750
GX300	10	21.2	60	ZQ350	23.34	3	1373
GX300	20	21.2	60	ZQ350	23.34	4	2346
GX400	10	51	60	ZQ400	23.34	5.5	1911
GX400	20	51	60	ZQ500	23.34	11	2049
GX500	10	87.5	60	ZQ400	23.34	7.5	2381
GX500	20	87.5	60	ZQ650	23.34	18.5	5389
GX600	10	134.2	45	ZQ750	23.34	22	3880
GX600	10	134.2	45	ZQ850	23.34	55	7090

生产厂商:广西百色矿山机械厂有限公司,新乡巨威机械有限公司,安徽盛运环保(集团)股份有限公司,南通盛诚机械制造有限公司,湖北博尔德科技股份有限公司,新乡市鑫威工矿机械有限公司,张家港市皓麟机械制造有限公司,郑州同昌机械有限公司。

2.6 斗式提升输送机

2.6.1 概述

斗式提升输送机（简称斗式提升机或斗提机）用于在竖直或大倾角（$\delta>70°$）线路上输送散料物料。

斗式提升机用固接着一系列料斗的牵引件（胶带或链条）环绕其上驱动滚筒或链轮，与下张紧滚筒或链轮构成具有上升分支和下降分支的闭合环路。斗式提升机的驱动装置装在上部，使牵引件获得动力，张紧装置在底部，使牵引件获得必要的初张力。物料从底部装载，上部卸载。除驱动装置外其余部件均装在封闭的罩壳内。

2.6.2 工作原理

料斗把物料从下面的储藏槽中舀起，随着输送带或链提升到顶部，绕过顶轮后向下翻转，斗式提升机将物料倾入接受槽内。带传动的斗式提升机的传动带采用橡胶带，装在下或上面的传动滚筒和上下面的改向滚筒上。链传动的斗式提升机一般装有两条平行的传动链，上或下面有一对传动链轮，下或上面是一对改向链轮。斗式提升机一般都装有机壳，以防止斗式提升机中粉尘飞扬。

2.6.3 主要特点

斗式提升机的突出优点是在提升高度确定后输送路线最短，占地少，横断面小，结构紧凑，有罩壳封闭密封性能好，不扬灰尘，环境污染少，有利环保。但是，斗式提升机输送物料品种受限制，对过载敏感，供料要求均匀，使用链条较使用胶带易于磨损。

采用流入式喂料诱导式卸料。料斗密集型布置，在物料提升时几乎无回料现象。功率利用好，且减少磨损，提高运行可靠性。

斗式提升机可用于运送粒状和块状物料，在建筑材料、耐火材料、矿山运输及粮食加工等行业获得广泛应用。斗式提升机的输送能力一般在 300m^3/h 以下；提升高度一般在 40m 以下，最大可达 350m。由于斗式提升机的单机输送能力和提升高度大，因而常用作工业企业物流机械化系统中的重要提升机械。

2.6.4 产品分类

按牵引件种类分：带式斗提机和链式斗提机。链式斗提机又分为环链和板链斗提机。

按卸载方式分：离心式斗提机、重力式斗提机和混合式斗提机。

按卸载位置分：外斗式斗提机和内斗式斗提机。

2.6.5 主要技术性能参数

主要技术性能参数见表 2.6.1 ~ 表 2.6.40。

表 2.6.1 NE 型板链斗式提升机主要技术参数（广西百色矿山机械厂有限公司 www.baikuang.com.cn）

提升机型号	链条速度/m·s^{-1}			物料块度
	0.3	0.5	0.66	
	输送量/m^3·h^{-1}			
NE15	8.6	14.4	19	<30mm，个别 50mm 占 20% 以下
NE30	18	30	39	<40mm，个别 70mm 占 20% 以下
NE50	33	56	75	
NE100	60	102	134	<50mm，个别 90mm 占 20% 以下
NE150	76	126	168	
NE200	119	198	261	<60mm，个别 100mm 占 20% 以下
NE300	148	247	326	
NE400	189	316	417	

表 2.6.2　NSE 型板链斗式提升机主要技术参数（广西百色矿山机械厂有限公司　www. baikuang. com. cn）

提升机型号	链条速度/m · s^{-1}						物料块度
	0.83	0.93	1.05	1.18	1.3	1.48	
	输送量/m^3 · h^{-1}						
NSE50	100	113	126	143	158	180	适宜粉状，小颗粒状物料，最大块度25mm应占50%以下。链速大于1.05m/s时，物料粒度应在13mm以下
NSE100	137	154	174	196	215	245	
NSE200	180	201	227	255	281	320	
NSE300	224	251	283	319	351	400	
NSE400	391	326	368	414	456	519	
NSE500	349	392	441	497	548	624	
NSE600	436	490	552	621	685	780	
NSE800	567	684	718	807	889	1012	
NSE1000	709	795	898	1008	1110	1265	

表 2.6.3　TH-G 型高效环链斗式提升机主要性能参数（广西百色矿山机械厂有限公司　www. baikuang. com. cn）

提升机型号	TH250G		TH315G		TH400G		TH500G		TH630G		TH800G		TH1000G	
料斗形式	Ah	Bh	Ah	Bh	Ah	Bh	Ah	Bh	Ah	Bh	Ah	Bh	Ah	Bh
斗容/L	5	3.75	7.9	5.8	12.7	9.4	20	14.9	31.5	23.5	50.7	37.3	81.2	58
输送量/m^3 · h^{-1}	61	46	86	63	123	91	198	147	272	203	386	284	535	382
斗宽/mm	250		315		400		500		630		800		1000	
斗速/m · s^{-1}	1.36		1.36		1.36		1.54		1.54		1.54		1.54	

表 2.6.4　TDG 型钢丝绳芯胶带斗式提升机主要技术参数（广西百色矿山机械厂有限公司　www. baikuang. com. cn）

提升机型号	TDG250	TDG315	TDG400	TDG500	TDG630	TDG800A	TDG800B	TDG1000	TDG1250
斗容/L	5.8	7.3	14.9	18.7	29.3	37.2	46.2	57.8	72.3
斗宽/mm	250	315	400	500	630	800	800	1000	1250
斗速/m · s^{-1}	1.36	1.36	1.54	1.54	1.7	1.7	1.98	1.98	1.98
输送量/m^3 · h^{-1}	76	95	188	236	370	470	617	772	966

表 2.6.5　TD 型斗提机主要技术参数（安徽攀登重工股份有限公司　www. cn-pd. com）

型　号	TD160				TD250				TD315			
料斗形式	Q	H	Zd	Sd	Q	H	Zd	Sd	Q	H	Zd	Sd
输送量/m^3 · h^{-1}	9	16	16	27	20	36	38	59	28	50	42	67
最大提升高度/m	40				40				40			
型　号	TD400				TD500				TD630			
料斗形式	Q	H	Zd	Sd	Q	H	Zd	Sd	H	Zd	Sd	—
输送量/m^3 · h^{-1}	40	76	68	110	63	116	96	154	142	148	238	—
最大提升高度/m	40				40				40			

表 2.6.6　TH 型斗提机主要技术参数（安徽攀登重工股份有限公司　www. cn-pd. com）

型　号	TH200		TH250		TH315		TH400	
料斗形式	Zh	Sh	Zh	Sh	Zh	Sh	Zh	Sh
输送量/m^3 · h^{-1}	17	28	31	48	35	31	48	94
最大提升高度/m	40		40		40		40	
型　号	TH500		TH630		TH800		TH1000	
料斗形式	Zh	Sh	Zh	Sh	Zh	Sh	Zh	Sh
输送量/m^3 · h^{-1}	75	118	114	185	146	235	235	365
最大提升高度/m	40		40		40		40	

表 2.6.7 N-TGD 及 GTH 型斗提机主要技术参数（安徽攀登重工股份有限公司 www.cn-pd.com）

N-TGD 型（带式）技术参数												
规格斗宽/mm	160	200	250	315	400	500	630	800	1000	1250	1400	1600
输送量 $Q/m^3 \cdot h^{-1}$	34	43	94	118	244	305	394	626	992	1243	1546	1767
料斗容积 V/L	2.6	4	5.5	6.9	14.4	18.0	29.4	37.3	58.0	72.7	99.5	113.7
斗距 t/mm	260	300	280	280	320	320	360	360	400	400	440	440
运行速度/$m \cdot s^{-1}$	1.2	1.2	1.34	1.34	1.51	1.51	1.68	1.68	1.90	1.90	1.90	1.90
最大提升高度 H/m	100	100	100	100	100	100	100	100	100	100	100	100
GTH 型（环链式）技术参数												
规格斗宽/mm	160	200	250	315	400	500	630	800	1000	1250	1400	1600
输送量 $Q/m^3 \cdot h^{-1}$	35	37	47	74	119	166	255	363	535	767	861	1134
料斗容积 V/L	2.6	4	6.3	10	16	25	39	65	102	158	177	252
斗距 t/mm	300	300	384	384	406	522	546	648	756	756	756	882
运行速度/$m \cdot s^{-1}$	1.05	1.05	1.04	1.04	1.17	1.17	1.32	1.37	1.52	1.52	1.52	1.52
最大提升高度 H/m	50	44	50	50	50	45	50	50	50	40	35	40

表 2.6.8 NE 型斗提机技术参数（安徽攀登重工股份有限公司 www.cn-pd.com）

提升机型号	NE15	NE30	NE50	NE100
输送量/$m^3 \cdot h^{-1}$	10～16	18.5～31	35～60	75～110
最大提升高度/m	45	45	55	55
提升机型号	NE150	NE200	NE300	NE400
输送量/$m^3 \cdot h^{-1}$	112～165	176～220	250～320	300～440
最大提升高度/m	55	50	45	45

表 2.6.9 NSE 型斗提机技术参数（安徽攀登重工股份有限公司 www.cn-pd.com）

型 号	料斗容积 /m^3	斗距/mm	最大输送量 /$m^3 \cdot h^{-1}$	最大链速 /$m \cdot min^{-1}$	允许大物料块度/mm				
					10%	25%	50%	75%	100%
NSE100	0.029	400	174	65.6	35	30	20	15	10
NSE200	0.032	400	235	65.6	35	30	20	15	10
NSE300	0.0515	400	320	65.6	35	30	20	15	10
NSE400	0.071	500	400	66.25	50	40	30	25	20
NSE500	0.0941	500	520	66.25	50	40	30	25	20
NSE600	0.109	500	600	66.25	50	40	30	25	20
NSE700	0.125	500	807	66.25	65	60	40	35	30
NSE800	0.175	600	1000	66.25	65	60	40	35	30
NSE1000	0.235	600	1377	66.25	65	60	40	35	30

表 2.6.10 DS 型连续斗式输送机适用范围（建德市机械链条有限公司 www.zj-yh.cn）

物料容重/$t \cdot m^{-3}$	1.0～2.0
物料温度/℃	≤600
物料粒度/mm	≤200

表 2.6.11 DS 连续斗式输送机主要技术参数（临朐合力电子有限公司 www.longtegroup.com）

型号	料斗边高/mm	第一挡				第二挡				第三挡				第四挡			
		输送量	速度	速比	PX	输送量	速度	速比	PX	输送量	速度	速比	PX	输送量	速度	速比	PX
DS400	160	27	9.0	8.7	7.9	36	12.0	71	10.6	45	15.0	59	13.2	54	18.0	47	15.9
DS540	160	38	9.0	8.7	13.5	51	12.0	71	18.0	64	15.0	59	22.5	77	18.0	47	27.0
DS640	200	58	9.0	8.7	25.1	85	13.2	59	36.8	104	16.2	47	45.2	116	18.0	43	20.2
	250	69				101				124				116			
DS800	250	102	10.1	8.7	34.6	128	12.7	71	43.5	173	17.1	35*	58.5	208	20.6	29*	70.5
	300	118				140				199				240			
DS1000	300	140	9.0			187	12.0			234	15.0			281	18.0		
	350	164				219				274				329			
DS1200	350	197	9.0			263	12.0			329	15.0			395	18.0		
DS1400	350	230	9.0			307	12.0			384	15.0			460	18.0		
DS1600	350	263	9.0			350	12.0			439	15.0			526	18.0		

注：1. 速度单位为 m/min；输送量单位为 m^3/h；

2. 速比：当电机转速为 1500r/min 时，减速机的速比（加 * 号的电机转速为 1000r/min）；

3. PX：该挡输送量的最大许用功率，kW；

4. 在倾斜输送时，实际额定输送量 $Q_x = K_x$ 水平时的额定输送量 Q 值。实际最大输送量 Q_s 应不大于 Q_x。

表 2.6.12 DS 型连续斗式输送机主要技术参数（河南省英大机械制造有限公司 www.hnsydjx.com）

型 号	斗宽/mm	边高/mm	输送速度/$m \cdot s^{-1}$			
			0.15	0.2	0.25	0.3
			额定输送量（倾斜度大于等于 25°时）/$m^3 \cdot h^{-1}$			
DS400	400	160	29	39	49	59
DS540	540	160	40	53	66	80
DS640	640	200	59	79	99	119
		250	74	99	124	149
DS800	800	250	93	124	156	187
		300	112	150	187	225
DS1000	1000	300	140	187	234	281
	1000	350	164	219	274	329
DS1200	1200	350	197	236	329	392
DS1400	1400	350	230	307	384	460
DS1600	1600	350	263	350	439	

表 2.6.13 TD 系列斗式提升机主要技术参数（新乡市同鑫振动机械有限公司 www.xxtxtsj.com）

型 号	TD160				TD250				TD315				TD400			
料斗形式	Q	h	Zd	Sd	Q	h	Zd	Sd	Q	h	Zd	Sd	Q	h	Zd	Sd
输送量/$m^3 \cdot h^{-1}$	5.4	9.6	9.6	16	12	22	23	35	17	30	25	40	24	46	41	66
斗宽/mm	160				250				315				400			

续表 2.6.13

型 号	TD160				TD250				TD315				TD400			
料斗形式	Q	h	Zd	Sd	Q	h	Zd	Sd	Q	h	Zd	Sd	Q	h	Zd	Sd
斗容/L	0.5	0.9	4.2	1.9	1.3	2.2	3.0	4.6	2	3.6	3.8	5.8	3.1	5.6	5.9	9.4
斗距/mm	280		350		360		450		400		500		480		560	
带宽/mm	200				300				400				500			
斗速/m·s^{-1}	1.4				1.6				1.6				1.8			
物料量大块/mm	25				35				45				55			

型 号	TD500				TD630			TD160		TD250		TD350		TD450	
料斗形式	Q	h	Zd	Sd	h	Zd	Sd	Q	S	Q	S	Q	S	Q	S
输送量/m^3·h^{-1}	38	70	58	92	85	89	142	4.7	8	18	22	25	42	50	72
斗宽/mm	500				630			160		250		350		450	
斗容/L	4.8	9	9.3	15	14	14.6	23.5	0.65	1.1	2.6	3.2	7	7.8	14.5	15
斗距/mm	500		625		710			300		400		500		640	
带宽/mm	600				700			200		300		400		500	
斗速/m·s^{-1}	1.8				2			1		1.25		1.25		1.25	
物料量大块/mm	60				70			25		35		45		55	

TD 系列斗式提升机外形示意图如图 2.6.1 所示。

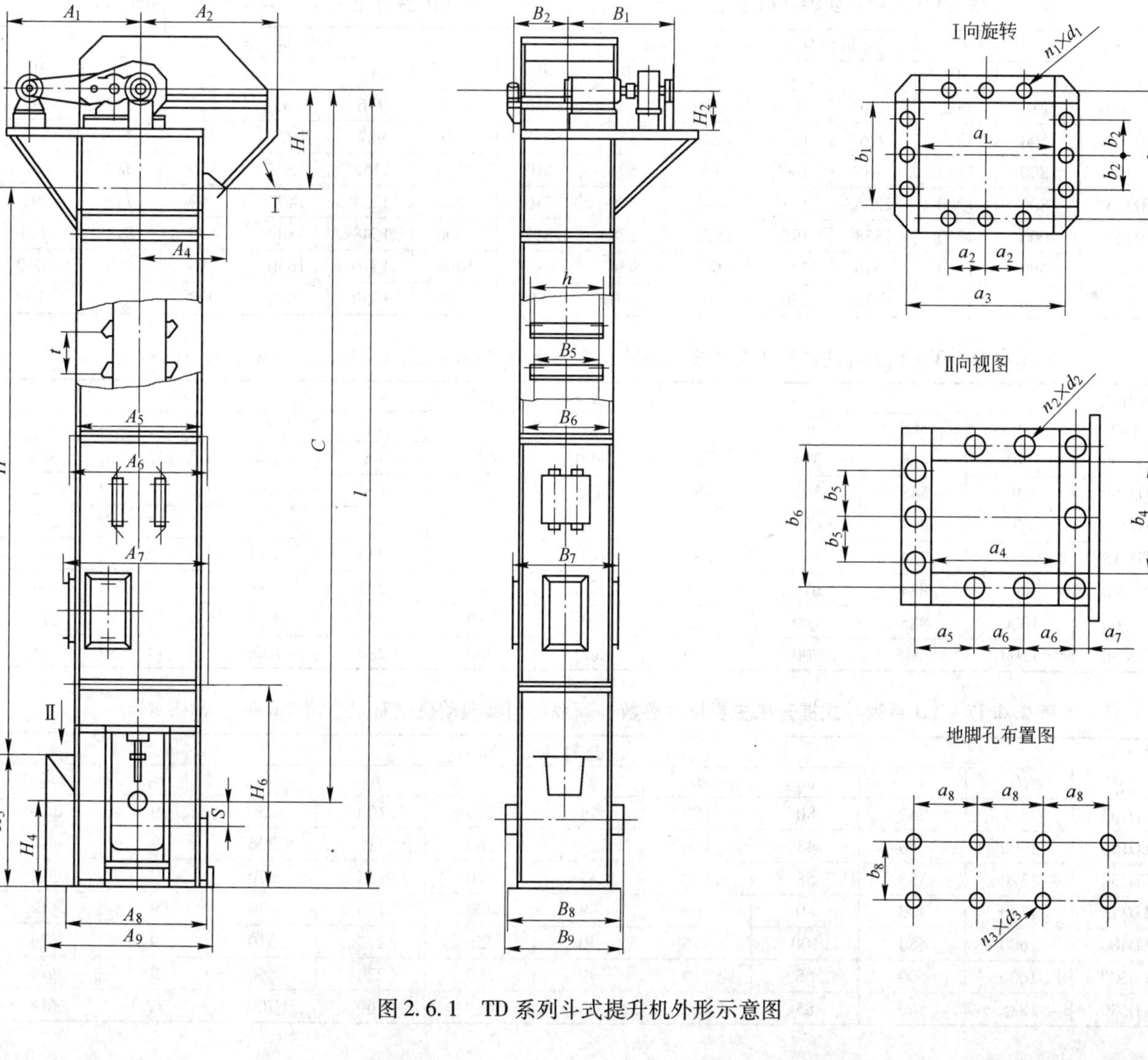

图 2.6.1 TD 系列斗式提升机外形示意图

传动装置配置 ZQ 型减速机如图 2.6.2 所示。

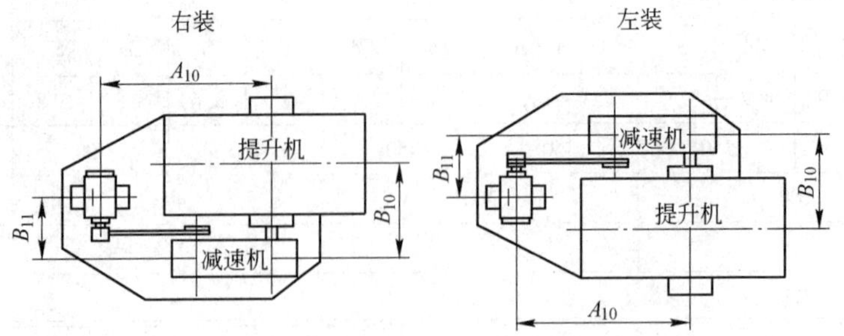

图 2.6.2　传动装置配置 ZQ 型减速机

表 2.6.14　TD 系列斗式提升机安装尺寸（新乡市同鑫振动机械有限公司　www.xxtxtsj.com）

提升机规格	轮廓高度 L /mm	正机结构尺寸/mm			料斗/mm		地脚孔尺寸/mm			
		H	H_4	S	t	b	a_8	b_8	n_3	d_3
TD100	$C+1100$	C－820	600	200	200	100	200	310	8	$\phi18$
TD160	$C+1363$	C－930	700	250	350/280	160	250	400	8	$\phi18$
TD250	$C+1535$	C－1250	800	250	450/360	250	300	538	8	$\phi18$
TD315	$C+1640$	C－2105	850	250	500/400	315	300	648	8	$\phi18$
TD400	$C+1790$	C－1500	950	250	560/480	400	400	768	8	$\phi18$
TD500	$C+1865$	C－1700	900	250	625/500	500	400	900	8	$\phi18$
TD630	—	—	950	315	710	630	380	1020	10	$\phi30$

表 2.6.15　TD 系列斗式提升机主要技术参数（新乡市同鑫振动机械有限公司　www.xxtxtsj.com）

提升机规格	上、下部机壳及外形轮廓尺寸/mm							中部机壳尺寸/mm					
	H_6	A_2	A_8	A_9	B_2	B_8	B_9	A_5	A_6	A_7	B_5	B_6	B_7
TD100	1210	692	776	1050	220	370	330	670	776	805	224	330	390
TD160	1500	685	996	1235	295	461	475	850	982	1021	315	447	525
TD250	1800	1175	1266	1600	394	596	610	1120	1152	1302	450	582	682
TD315	1800	1200	1266	1746	440	706	710	1220	1254	1407	562	710	794
TD400	2000	1350	1558	1980	535	828	835	1400	1548	1580	670	818	920
TD500	2300	1410	1610	2200	605	980	1000	1400	1570	1630	780	950	1040
TD630	2500	1590	1890	2500	660	1110	1110	1680	1850	1910	900	1070	1160

表 2.6.16　TD 系列斗式提升机主要技术参数（新乡市同鑫振动机械有限公司　www.xxtxtsj.com）

提升机规格	卸料口尺寸/mm									
	H_1	A_4	a_1	a_2	a_3	b_1	b_2	b_3	n_1	d_1
TD100	520	438	334	120	390	224	95	280	12	$\phi12$
TD160	630	548	365	150	430	315	150	381	12	$\phi12$
TD250	750	713	600	200	676	450	200	526	12	$\phi12$
TD315	850	754	562	230	630	562	230	630	12	$\phi12$
TD400	850	824	670	295	758	670	295	758	12	$\phi14$
TD500	1000	885	700	355	880	780	300	800	12	$\phi18$
TD630	1200	1045	700	300	800	900	280	1000	14	$\phi18$

表 2.6.17　TD 系列斗式提升机主要技术参数（新乡市同鑫振动机械有限公司　www.xxtxtsj.com）

提升机规格	进料口尺寸/mm									
	H_5	a_4	a_5	a_6	a_7	b_4	b_5	b_6	n_2	d_2
TD100	900	280	80	100	19	220	100	250	9	$\phi10$
TD160	1000	260	43	110	26	260	110	306	9	$\phi12$
TD250	1320	355	58	150	45	320	155	370	9	$\phi12$
TD315	1320	400	80	165	38	400	160	470	9	$\phi12$
TD400	1600	450	100	175	40	450	215	510	9	$\phi14$
TD500	1600	500	65	210	40	500	220	550	9	$\phi14$
TD630	1885	560	85	160	30	630	160	700	12	$\phi14$

表 2.6.18 TD 系列斗式提升机主要技术参数（新乡市同鑫振动机械有限公司 www.xxtxtsj.com）

提升机规格	传动装置主要尺寸/mm						
	传动装置型号	H_2	A_{10}	B_{10}	B_{11}	A_1	B_1
TD100	C1	165	620	504.5	315	900	624.5
	C2		619		322		
TD160	C1	290	868	674	405	1245	914
	C2				424		
	C3	340	918	729	434		
	C4				469		
TD250	C1	340	898.5	819	434	1273	1021
	C2				480		
	C3	410	924	839	566	1295	1055
	C4				591.5		
TD315	C1	(380)	828	905	497	1420	1300
	C2		924		579		
	C3				591.5		
	C4	405	1030		646.5		
TD400	C1	405	1045	104.5	592	1600	1443
	C2	445	1155	1148.5	745		2155
	C3						
	C4		1106		752		
TD500	C1	445	1256	1224	745.5	1995	1675
	C2				745.5		
	C3						
	C4		1253.6		764.5		
TD630	C1	450	1106	1318	764.5	1723	1765
	C2		1206		786		

表 2.6.19 传动装置技术规范及主要技术参数（新乡市同鑫振动机械有限公司 www.xxtxtsj.com）

提升机规格	传动装置型号	电动机功率/kW	电机型号	ZQ 减速机型号	
				右装传动装置	左装传动装置
TD100	C1	1.5	Y100L-6	250-Ⅵ-3Z	250-Ⅵ-4Z
	C2	2.2	Y112M-6		
TD160	C1	3	Y132S-6	350-Ⅵ-3Z	350-Ⅵ-4Z
	C2	4	Y132M1-6		
	C3	5.5	Y132M2-6	400-Ⅵ-3Z	400-Ⅵ-4Z
	C4	7.5	Y160M-6		
TD250	C1	5.5	Y132M2-6	400-Ⅵ-3Z	400-Ⅵ-4Z
	C2	7.5	Y160M-6		
	C3	11	Y160L-6	500-Ⅵ-3Z	500-Ⅵ-4Z
	C4	15	Y180L-6		
TD315	C1	7.5	Y160M-6	400-Ⅵ-3Z	400-Ⅵ-4Z
	C2	11	Y160L-6	500-Ⅵ-3Z	500-Ⅵ-4Z
	C3	15	Y180L-6		
	C4	18.5	Y200L1-6	650-Ⅵ-3Z	650-Ⅵ-4Z
TD400	C1	15	Y180L-6	500-Ⅵ-3Z	500-Ⅵ-4Z
	C2	18.5	Y200L1-6	650-Ⅵ-3Z	650-Ⅵ-4Z
	C3	22	Y200L2-6		
	C4	30	Y225M-6		

续表 2.6.19

提升机规格	传动装置型号	电动机功率/kW	电机型号	ZQ 减速机型号	
				右装传动装置	左装传动装置
TD500	C1	18.5	Y200L1-6	650-Ⅵ-3Z	650-Ⅵ-4Z
	C2	22	Y200L2-6		
	C3	30	Y225M-6		
	C4	—	—	—	—
TD630	C1	22	Y200L2-6	650-Ⅵ-3Z	650-Ⅵ-4Z
	C2	30	Y225M-6		

D 型斗式提升机外形如图 2.6.3 所示。

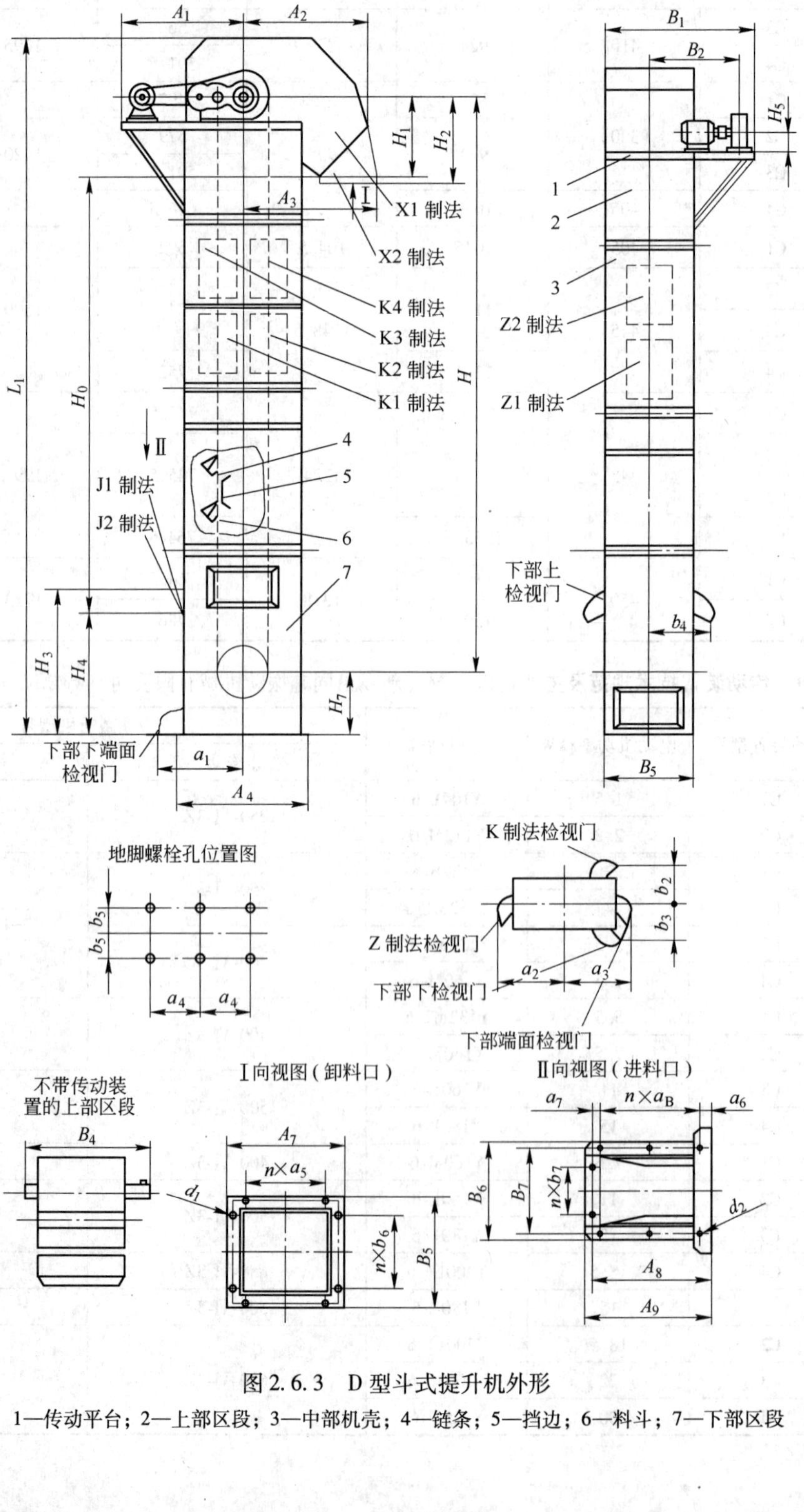

图 2.6.3　D 型斗式提升机外形

1—传动平台；2—上部区段；3—中部机壳；4—链条；5—挡边；6—料斗；7—下部区段

表 2.6.20 D 型斗式提升机主要技术参数（新乡市同鑫振动机械有限公司 www.xxtxtsj.com）

项目		提升机型号							
		D160		D250		D350		D450	
S 制法		Q 制法	S 制法	Q 制法	S 制法	Q 制法	S 制法	Q 制法	S 制法
输送能力/$m^3 \cdot h^{-1}$		8.0	3.1	21.6	11.8	42	25	69.5	
料斗容量/L		1.1	0.65	3.2	2.6	7.8	7.0	15	14.5
斗距/mm		300	300	400	400	500	500	640	640
带料斗的胶带质量/$kg \cdot m^{-1}$		4.72	8.8	10.2	9.4	13.9	12.1	21.3	21.3
输送胶带	宽度/mm	200		300		400		500	
	层　数	4		4		5		5	
料斗运动速度/$m \cdot s^{-1}$		1.0		1.25		1.25		1.25	
传动滚筒轴转速/$r \cdot min^{-1}$		47.5		47.5		47.5		37.5	
物料的最大块度/mm		25		35		45		55	

表 2.6.21 带有 Q 制法的料斗在充满系数 $\xi=1$ 时（新乡市同鑫振动机械有限公司 www.xxtxtsj.com）

输送物料的散状密度/$t \cdot m^{-3}$	提升机型号							
	D160		D250		D350		D450	
H，M	N，Kw	H，M	N，Kw	H，M	N，Kw	H，M	N，Kw	H，M
0.8	50	1.02	57	3.9	26	5	23.2	7.4
1.0	46	1.16	51	4.3	22	5.4	19.9	8.0
1.25	42	1.29	44	4.8	18	6.2	16.1	9.4
1.6	36	1.48	36	5.3	13	6.4	11.6	9.7
2.0	32	1.63	26	5.8	9	6.5	8.4	9.8

表 2.6.22 提升机传动装置的技术参数（新乡市同鑫振动机械有限公司 www.xxtxtsj.com）

提升机型号	传动装置型号	圆柱齿轮减速机代号		电动机型号	传动装置功率/kW	传动装置质量/kg
		右装传动装置	左装传动装置			
D160	C1	ZQ250-Ⅴ-3Z	ZQ250-Ⅴ-4Z	Y112M-6	2.2	170
D250	C1	ZQ350-Ⅴ-3Z	ZQ350-Ⅴ-4Z	Y132S-6	3	449
	C2	ZQ350-Ⅴ-3Z	ZQ350-Ⅴ-4Z	Y132M2-6	5.5	470
	C3	ZQ400-Ⅴ-3Z	ZQ400-Ⅴ-4Z	Y132M2-6	5.5	568
	C4	ZQ400-Ⅴ-3Z	ZQ400-Ⅴ-4Z	Y160M-6	7.5	640
D350	C1	ZQ400-Ⅴ-3Z	ZQ400-Ⅴ-4Z	Y132M2-6	5.5	590
	C2	ZQ400-Ⅴ-3Z	ZQ400-Ⅴ-4Z	Y160M-6	7.5	663
	C3	ZQ500-Ⅴ-3Z	ZQ500-Ⅴ-4Z	Y160L-6	11	855
	C4	ZQ500-Ⅴ-3Z	ZQ500-Ⅴ-4Z	Y160L-6	11	855
D450	C1	ZQ400-Ⅳ-3Z	ZQ400-Ⅳ-4Z	Y160M-6	7.5	685
	C2	ZQ500-Ⅳ-3Z	ZQ500-Ⅳ-4Z	Y160L-6	11	895

表 2.6.23 TD 型斗式提升机驱动配备主要技术参数（新乡市百盛机械有限公司 www.xxbsjx.cn）

提升机规格	传动装置型号	电动机功率/kW	电动机型号	减速机型号	
				右装传动装置	左装传动装置
TD100	C1	1.5	Y100L-6	250-Ⅵ-3Z	250-Ⅵ-4Z
	C2	2.2	Y112M-6		
TD160	C1	3	Y132S-6	350-Ⅵ-3Z	350-Ⅵ-4Z
	C2	4	Y132M1-6		
	C3	5.5	Y132M2-6	400-Ⅵ-3Z	400-Ⅵ-4Z
	C4	7.5	Y160M-6		

续表 2.6.23

提升机规格	传动装置型号	电动机功率/kW	电动机型号	减速机型号	
				右装传动装置	左装传动装置
TD250	C1	5.5	Y132M2-6	400-Ⅵ-3Z	400-Ⅵ-4Z
	C2	7.5	Y160M-6		
	C3	11	Y160L-6	500-Ⅵ-3Z	500-Ⅵ-4Z
	C4	15	Y180L-6		
TD315	C1	7.5	Y160M-6	400-Ⅵ-3Z	400-Ⅵ-4Z
	C2	11	Y160L-6	500-Ⅵ-3Z	500-Ⅵ-4Z
	C3	15	Y180L-6		
	C4	18.5	Y200L1-6	650-Ⅵ-3Z	650-Ⅵ-4Z
TD400	C1	15	Y180L-6	500-Ⅵ-3Z	500-Ⅵ-4Z
	C2	18.5	Y200L1-6	650-Ⅵ-3Z	650-Ⅵ-4Z
	C3	22	Y200L2-6		
	C4	30	Y225M-6		
TD500	C1	18.5	Y200L1-6	650-Ⅵ-3Z	650-Ⅵ-4Z
	C2	22	Y200L2-6		
	C3	30	Y225M-6		
	C4				
TD630	C1	22	Y200L2-6	650-Ⅵ-3Z	650-Ⅵ-4Z
	C2	30	Y225M-6		

表 2.6.24　TD 型斗式提升机主要技术参数（新乡市百盛机械有限公司　www.xxbsjx.cn）

型　号	TD160				TD250				TD315				TD400			
料斗形式	Q	h	Zd	Sd	Q	h	Zd	Sd	Q	h	Zd	Sd	Q	h	Zd	Sd
输送量/$m^3 \cdot h^{-1}$	5.4	9.6	9.6	16	12	22	23	35	17	30	25	40	24	46	41	66
斗宽/mm	160				250				315				400			
斗容/L	0.5	0.9	4.2	1.9	1.3	2.2	3.0	4.6	2	3.6	3.8	5.8	3.1	5.6	5.9	9.4
斗距/mm	280		350		360		450		400		500		480		560	
带宽/mm	200				300				400				500			
斗速/$m \cdot s^{-1}$	1.4				1.6				1.6				1.8			
物料量大块/mm	25				35				45				55			

型　号	TD500				TD630			TD160		TD250		TD350		TD450	
料斗形式	Q	h	Zd	Sd	h	Zd	Sd	Q	S	Q	S	Q	S	Q	S
输送量/$m^3 \cdot h^{-1}$	38	70	58	92	85	89	142	4.7	8	18	22	25	42	50	72
斗宽/mm	500				630			160		250		350		450	
斗容/L	4.8	9	9.3	15	14	14.6	23.5	0.65	1.1	2.6	3.2	7	7.8	14.5	15
斗距/mm	500		625		710			300		400		500		640	
带宽/mm	600				700			200		300		400		500	
斗速/$m \cdot s^{-1}$	1.8				2			1		1.25		1.25		1.25	
物料量大块/mm	60				70			25		35		45		55	

注：1. 表中斗容为计算斗容，输送量按填充系数 0.6 计算得出。

2. 斗提机料斗用途。浅料斗：输送潮湿、易结块、难抛出的物料。如湿沙、湿煤等。深料斗：输送干燥的、松散的、易抛出的物料。如水泥、煤块、碎石、石英砂等。

TH 型斗式提升机结构形式如图 2.6.4 所示。

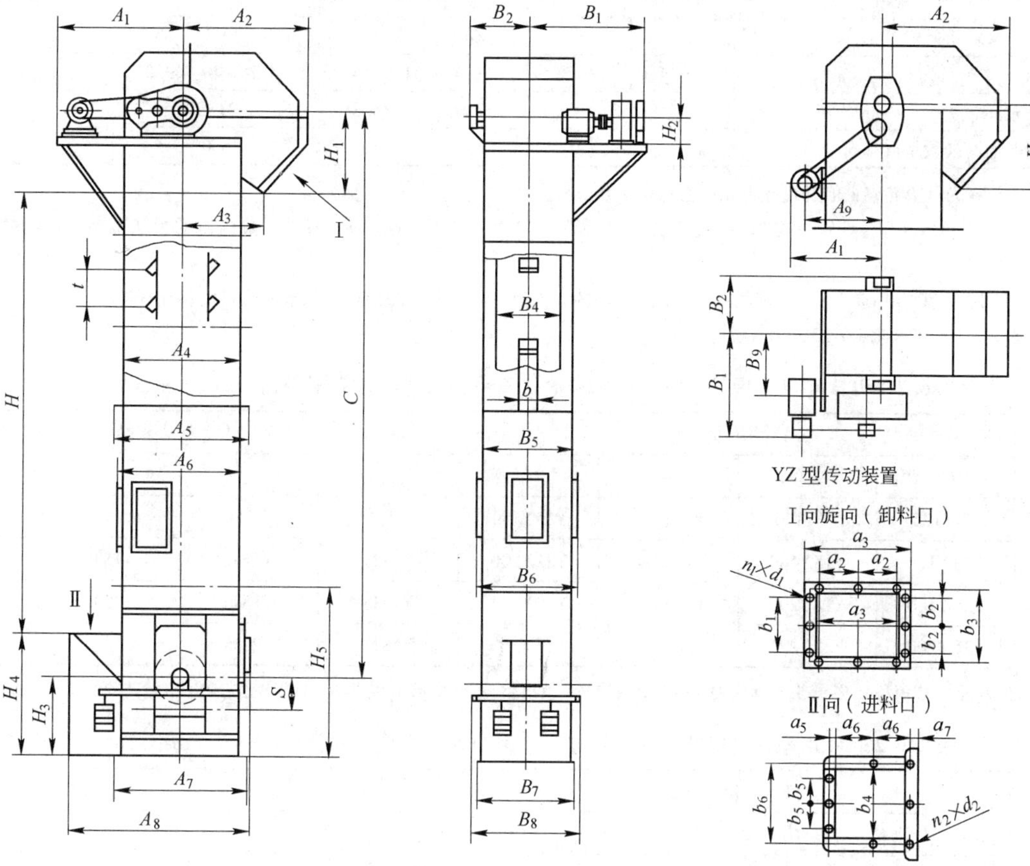

图 2.6.4　TH 型斗式提升机结构形式

表 2.6.25　TH 型斗式提升机主要技术参数（新乡市百盛机械有限公司　www.xxbsjx.cn）

提升机型号规格		TH160		TH200		TH250	
料斗形式		Zh	Sh	Zh	Sh	Zh	Sh
输送量（100%）/$m^3 \cdot h^{-1}$		15.77	24.97	17.87	28.6	31.43	48.19
料斗	料斗容积（盛水）/L	1.2	1.9	1.5	2.4	3.0	4.6
	料斗间距/mm	500					
链条	圆钢直径节距/mm	14×50					
	单条破断载荷/kN	≥190					
传动链轮转速/$r \cdot min^{-1}$		69.71		63.22		44.11	
输送物料最大块度/mm		20		25		30	

注：表中为 TH 型 160、200、250 型斗式提升机技术参数，表中料斗容积为盛水容积，输送量按此斗容计算时为 100% 填充。

表 2.6.26　TH 型斗式提升机主要技术参数（新乡市百盛机械有限公司　www.xxbsjx.cn）

提升机型号规格		TH315		TH400		TH500		TH630	
料斗形式		Zh	Sh	Zh	Sh	Zh	Sh	Zh	Sh
输送量（100%）/$m^3 \cdot h^{-1}$		35	59	58	94	73	118	114	185
料斗	料斗容积（盛水）/L	3.75	6.0	5.9	9.5	9.3	15.0	14.6	23.6
	料斗间距/mm	<512，<688							
链条	圆钢直径×节距/mm	ϕ18×64，ϕ22×86							
	单条破断载荷/kN	≥320，≥480							

续表 2.6.26

提升机型号规格	TH315		TH400		TH500		TH630	
料斗形式	Zh	Sh	Zh	Sh	Zh	Sh	Zh	Sh
单位长度牵引件质量/kg·m^{-1}	25.64	26.58	31.0	31.9，41.5	44.2	49.0	52.3	
传动链轮转速/r·min^{-1}	42.5		37.6	35.8	31.8			
输送物料最大块度/mm	35		40	50	660			

注：1. 表中斗容为计算斗容，输送量按填充系数0.6计算得出。

2. Th型斗提机料斗用途。Zh—中深斗：输送湿黏性物料，如糖、湿细沙等。Sh—深斗：输送重的粉状至小块状物料，如水泥、砂、煤等。

3. HL型斗提机料斗用途。S—深圆底料斗：输送干燥的、松散的、易抛出的物料，如水泥、煤块、碎石等。

4. 张紧力计算：$G=40+0.232H$。

表 2.6.27 TH型斗式提升机主要技术参数（新乡市百盛机械有限公司 www.xxbsjx.cn）

型号规格	YY型驱动装置				YJ型驱动装置			
	C_1	C_2	C_3	C_4	C_1	C_2	C_3	C_4
TH315	Y5Y125	Y7Y140	Y11Y160	Y15Y180	Y5J4	Y7J4	Y11J5	Y15J5
TH400	Y11Y160	Y15Y180	Y18Y180	Y22Y200	Y11J5	Y15J6	Y18J6	Y55J6
TH500	Y15Y180	Y18Y200	Y22Y200	Y30Y224	Y15J6	Y18J6	Y22J6	
TH630	Y18Y200	Y22Y224	Y30Y224	Y37Y250	Y18J6	Y22J6		

注：Y5Y125表示Y型电机功率为5.5kW，ZLY125型减速机。Y11J5表示Y型电机功率11kW，JZQ500型减速机。

表 2.6.28 TH型斗式提升机主要尺寸（新乡市百盛机械有限公司 www.xxbsjx.cn）

型号规格	整机结构尺寸/mm						地脚孔尺寸/mm			上部机壳尺寸/mm		
	L	H	H_0	H_4	S	t	a_8	b_8	$n_3\times d_3$	H_3	A_2	B_2
TH315	$C+1643$	$C-873$	850	900	250	512	445	561	$8\times\phi22$	1585	1267	443
TH400	$C+1763$	$C-1249$	950	950	250	512	495	646	$8\times\phi22$	1690	1394	498
TH500	$C+2024$	$C-1522$	1100	1060	250	688	569	778	$8\times\phi26$	1690	1545	579
TH630	$C+2384$	$C-1907$	1250	1250	300	688	636	908	$8\times\phi26$	1800	1706	644

表 2.6.29 TH型斗式提升机主要尺寸（新乡市百盛机械有限公司 www.xxbsjx.cn）

型号规格	下部机壳尺寸/mm				中部机壳尺寸/mm					
	H_6	A_7	A_8	B	A_4	A_5	A_6	B_4	B_5	B_6
TH315	1800	1416	1825	641	1250	1382	1386	475	607	707
TH400	1900	1566	2080	726	1400	1532	1530	560	692	816
TH500	2120	1808	2380	878	1600	1748	1752	670	818	950
TH630	2360	2008	2720	1008	1800	1948	1952	800	948	1080

表 2.6.30 TB（NE）系列板链斗式提升机技术参数（湖北博尔德科技股份有限公司 www.boulder.innca.cn）

提升机型号	TB250	TB315	TB400	TB500	TB630	TB800	TB1000
斗容/L	3	6	12	25	50	100	200
斗距/mm	200	200	250	320	400	500	630
斗速/m·s^{-1}	0.4~0.6						
链条条数	1	2					
输送量/m^3·h^{-1}	16~25	32~46	50~75	84~120	135~190	216~310	340~480

表 2.6.31 TD系列斗式提升机技术参数（湖北博尔德科技股份有限公司 www.boulder.innca.cn）

提升机型号	TD160	TD250	TD315	TD400	TD500	TD630	TD800
斗速/m·s^{-1}	1.4~2.5						
输送量/m^3·h^{-1}	9~27	20~60	30~75	40~110	65~170	150~280	200~400

表 2.6.32 TH 系列斗式提升机主要技术参数（湖北博尔德科技股份有限公司 www.boulder.innca.cn）

提升机型号	TH315		TH400		TH500		TH630		TH800		TH1000	
料斗形式	Zh	Sh	Zh	Sh	Zh	Sh	Zh	Sh	Zh	Sh	Zh	Sh
斗容/L	3.75	6	5.9	9.5	9.3	15	14.6	23.6	23.3	37.5	37.6	58
斗距/mm	512				688				920			
斗速/m·s^{-1}	1.4~1.6											
链条条数	2											
输送量/m^3·h^{-1}	35~65		60~94		75~118		114~185		146~235		235~365	

表 2.6.33 TZD 系列筒仓专用斗式提升机主要技术参数（湖北博尔德科技股份有限公司 www.boulder.innca.cn）

机器型号	TZD200	TZD250	TZD300	TZD400	TZD500	TZD650	TZD800	TZD1000	TZD1200	TZD1450
胶带宽度/mm	200	250	300	400	500	650	800	1000	1200	1450
斗容/L	1.13	1.9	6.4	8	10	2×6.4	2×8	2×10	3×8	3×10
斗距/mm	105~300	125~150	145	195	255	145	195	255	200	215
带速/m·s^{-1}	1.76~2.75	1.76~3	1.93~3.05	1.93~3.05	1.97~3.1	2.2~3.87	2.5~3.94	2.5~3.94	2.5~3.94	2.5~3.94
输送量/t·h^{-1}	10~50	30~100	50~100	80~150	100~200	150~300	200~400	400~600	600~800	800~1100

表 2.6.34 NE 型板链式提升机主要技术参数（安徽盛运环保（集团）股份有限公司 www.shengyungf.com）

提升机型号			NE15	NE30	NE50	NE100	NE510	NE200	NE300	NE400	NE500	NE600	NE800
输送量/m^3·h^{-1}			51	35	60	110	170	220	320	400	500	600	800
最大提升高度/m			45	45	55	55	55	50	50	45	45	40	40
物料最大块度/mm	允许所占含量/%	10	65	90	90	130	130	170	170	205	240	240	275
		25	50	75	75	105	105	135	135	165	190	190	220
		50	40	58	58	80	80	100	100	125	145	145	165
		75	30	47	47	65	65	85	85	105	120	120	135
		100	25	40	40	55	55	70	70	90	100	100	110

表 2.6.35 NE 型板链斗式提升机主要技术参数（新乡市鑫威工矿机械有限公司 www.xwzds.com）

型 号	提升量/m^3·h^{-1}	物料最大块占百分比/%				
		10	25	50	75	100
NE15	15	65	50	40	30	25
NE30	32	60	75	58	47	40
NE50	60	90	75	58	47	40
NE100	110	130	105	80	65	55
NE150	170	130	105	80	65	55
NE200	210	170	135	100	85	70
NE300	320	170	135	100	85	70
NE400	380	205	165	125	105	90
NE500	470	240	190	145	120	100
NE600	600	240	190	145	120	100
NE800	800	275	220	165	135	110

表 2.6.36 PL 型斗式提升机主要技术参数（集安佳信通用机械有限公司 www.jajxty.com.cn）

斗提机型号		PL250		PL350		PL450	
		−0.75	−1	−0.85	−1	−0.85	−1
输送量/$m^3 \cdot h^{-1}$		22.3	30	50	59	85	100
料　斗	容量/L	3.3		10.2		22.4	
	间距/mm	200		250		320	
每米长度料斗及链条质量/$kg \cdot m^{-1}$		36		64		92.5	
链条规格(小轴直径×节距×破断负荷)/mm×mm×kN		20×200×18200		20×250×18200		24×320×25600	
料斗运行速度/$m \cdot s^{-1}$		0.5		0.4		0.4	
传动链轮轴转速/$r \cdot min^{-1}$		18.7		15.5		11.8	

表 2.6.37 D 型斗式提升机主要技术参数（集安佳信通用机械有限公司 www.jajxty.com.cn）

斗提机型号		D160		D250		D350		D450	
		S 制法	Q 制法	S 制法	Q 制法	S 制法	Q 制法	S 制法	Q 制法
输送量/$m^3 \cdot h^{-1}$		8.0	3.1	21.6	11.8	42	25	69.5	48
料斗	容量/L	1.1	0.65	3.2	2.6	7.8	7.0	14.5	15
	间距/mm	300		400		500		640	
每米长度料斗及胶带质量/$kg \cdot m^{-1}$		4.72	3.8	10.2	9.4	13.9	12.1	21.3	
输送胶带	宽度/mm	200		300		400		500	
	层　数	4		5		4		5	
	外胶层厚度/mm	1.5/1.5		1.5/1.5					
料斗运行速度/$m \cdot s^{-1}$		1.0		1.25					
传动滚筒轴转速/$r \cdot min^{-1}$		4.75						37.5	

表 2.6.38 HL 型斗式提升机主要技术参数（集安佳信通用机械有限公司 www.jajxty.com.cn）

斗提机型号		HL 300		HL 400	
		S 制法	Q 制法	S 制法	Q 制法
输送量/$m^3 \cdot h^{-1}$		28	16	47.8	30
料斗	容量/L	5.2	4.4	10.5	10
	间距/mm	500		600	
每米长度料斗及链条质量/$kg \cdot m^{-1}$		24.8	24	29.2	28.3
牵引链条	形　式	锻造环形链			
	圆钢直径/mm	18			
	节距/mm	50			
	破断负荷/kN	12800			
料斗运行速度/$m \cdot s^{-1}$		1.25			
传动链轮轴转速/$r \cdot min^{-1}$		37.5			

注：表中输送量对“S”、“Q”分别按 $\phi = 0.6$ 和 0.4 计算。

表 2.6.39 TH 系列环链斗式提升机主要技术参数（安徽欧特重工股份有限公司 www.ahotzg.com）

提升机型号	最大提升高度/m	输送量/$m^3 \cdot h^{-1}$	物料最大直径/mm
TH160	32	8	30
TH200	36	15	30
TH250	36	18	40
TH300	36	27	40
TH350	36	32	40
TH400	36	42	50
TH450	36	48	50

续表 2.6.39

提升机型号	料斗		牵引链条				料斗运行速度 /m·s^{-1}	传动轴转速 /r·min^{-1}
	容量/L	斗距/mm	形式	圆钢直径/mm	节距/mm	破断强度/kg		
TH160	2	500	锻造环形链	14	50	12800	1.25	37.5
TH200	3	500		14	50	12800	1.25	37.5
TH250	4	500		14	50	12800	1.25	37.5
TH300	4.4	500		14	50	12800	1.25	37.5
TH350	5.2	500		18	50	12800	1.25	37.5
TH400	6.3	500		18	50	15000	1.25	37.5
TH450	7.5	500		18	50	18000	1.25	37.5

表 2.6.40 斗式提升机主要技术参数（山西东杰智能物流装备股份有限公司 www.omhgroup.com）

规格	最大提升高度/m	输送量/m^3·h^{-1}	斗距/mm	规格	最大提升高度/m	输送量/m^3·h^{-1}	斗距/mm
160	28	3～8	500	350	31	19～40	600
200	31.5	6～15	500	400	32	35～50	600
250	30.16	10～25	500	450	32.7	42～60	600
300	30.16	25～35	500				

生产厂商：广西百色矿山机械厂有限公司，新乡市同鑫振动机械有限公司，安徽攀登重工股份有限公司，新乡市百盛机械有限公司，建德市机械链条有限公司，湖北博尔德科技股份有限公司，新乡巨威机械有限公司，安徽盛运环保（集团）股份有限公司，临朐合力电子有限公司，安徽欧特重工股份有限公司，河南省英大机械制造有限公司，山西东杰智能物流装备股份有限公司。

2.7 辊子输送机

2.7.1 概述

辊子输送机是利用辊子的转动来输送成件物品的输送机械。它可沿水平或具有较小倾角的直线或曲线路径进行输送。辊子输送机结构简单，安装、使用、维护方便，工作可靠。其输送物品的种类和质量的范围很大，对不规则的物品可放在托盘上进行输送。

辊子输送机适用于各类箱、包、托盘等件货的输送，散料、小件物品或不规则的物品需放在托盘上或周转箱内输送。能够输送单件重量很大的物料，或承受较大的冲击载荷。标准规格滚筒线内宽度为200mm、300mm、400mm、500mm、1200mm 等。转弯滚筒线标准转弯内半径为600mm、900mm、1200mm等。直段滚筒所用的滚筒直径有38mm、50mm、60mm、76mm、89mm 等。

2.7.2 主要结构

无动力式辊子输送机又称辊道。有长辊道和短辊道两种。长辊道的辊子表面形状有圆柱形、圆锥形和曲面形几种，以圆柱形长辊道应用最广。辊道的曲线段采用圆锥形辊子或双排圆柱形辊子，可使物品转弯。短辊道可以缩短辊子的间距，自重较轻。辊道一般稍下倾，当物品较重、线路较长时，为了推动物品时省力，斜度可取1%～1.5%。如要使物品自滑，斜度可增大到2%～3%。影响自滑斜度大小的因素很多，大多用实验确定合适的角度。当线路长度小于10m、物品轻于200kg 时，可以布置成水平线路。自滑式辊道不易控制物品下滑速度，所以长度一般不大。辊道的宽度比物品宽度大100～150mm。曲线段最小曲率半径为辊道宽度的3～4倍。辊子间距为输送物品长度的1/4～1/3，当物品输送的平稳性要求较高时。间距可取输送物品长度的1/5～1/4。辊子直径按载荷大小决定。

动力式辊子输送机常用于水平的或向上微斜的输送线路。驱动装置将动力传给辊子，使其旋转，通过辊子表面与输送物品表面间的摩擦力输送物品。按驱动方式有单独驱动与成组驱动之分。前者的每个辊子都配有单独的驱动装置，以便于拆卸。后者是若干辊子作为一组，由一个驱动装置驱动，以降低设备造价。成组驱动的传动方式有齿轮传动、链传动和带传动。动力式辊子输送机一般用交流电动机驱动，根据需要亦可用双速电动机和液压马达驱动。

2.7.3　主要特点

具有结构简单、运行可靠、维护方便、可输送高温物品、节能等特点，适合于运送成件物品。辊子输送机分动力型和无动力型，可以实现直线、曲线、水平、倾斜运行，并能完成分流、合流等要求，实现物品在机上加工、装配、试验、包装、挑选等工艺。

2.7.4　主要技术性能参数

主要技术性能参数见表 2.7.1 ~ 表 2.7.6。

表 2.7.1　无动力辊子输送机 CB115 型主要技术参数（无锡市明傲自动化设备有限公司　www.wuximingao.com）

机　型	CB11501	CB11502
辊子直径/mm	ϕ38	ϕ50
机长/mm	1000、1500、2000、3000	
机架内挡宽/mm	300、400、500、600	
机架型钢/mm × mm × mm	63 × 25 × 3 铝型材	
筒体材质	铝合金	
辊子间距/mm	50、100	62.5、70、100
单辊承重/kg	30	35
输送能力/$kg \cdot m^{-1}$	60	

动力式辊子输送机的传动方式如图 2.7.1 所示。

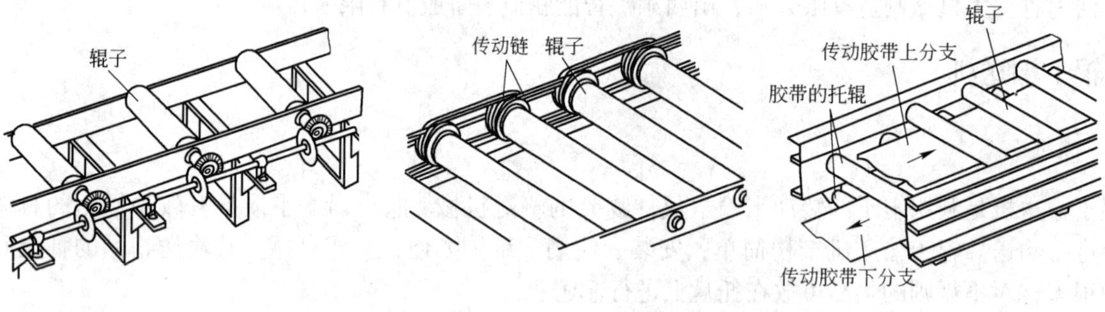

(a)　(b)　(c)

图 2.7.1　动力式辊子输送机的传动方式

（a）齿轮传动；（b）链传动；（c）胶带传动

表 2.7.2　福来轮输送机 CC23102-45 × 1 主要技术参数（无锡市明傲自动化设备有限公司　www.wuximingao.com）

订货代号	型　号	单元数	长 *L* /mm	宽 *W* /mm	高 *H* /mm	单元承重/kg	单元辊数	支腿数量	自重/kg
CC22102-45 × 1	FWB-38-45 × 1	1	560 ~ 1350	450	800 ~ 1000	100（无冲击）	18	2	52
CC22102-45 × 2	FWB-38-45 × 2	2	940 ~ 2350					3	83
CC22102-45 × 3	FWB-38-45 × 3	3	1320 ~ 3350					4	115
CC22102-45 × 4	FWB-38-45 × 4	4	1700 ~ 4350					5	145
CC22102-45 × 5	FWB-38-45 × 5	5	2080 ~ 5350					6	196
CC22102-45 × 6	FWB-38-45 × 6	6	2460 ~ 6350					7	207

表 2.7.3　长辊输送机技术参数（泰兴市东南输送机械厂　www.dnshusong.com）

辊子直径 *D*/mm	长　辊	25、40、50、60、76、89、108、133、159
	边　辊	60、80、100、125、160、200
	多　辊	50、76
辊子长度 *L*（长辊）/mm	160、200、250、320、400、500、630、800、1000	
输送机宽度 *W*（边辊多辊）/mm	1250、1400、1600、800、2000	
辊子间距 *P*/mm	75、100、150、200、250、300、400	

续表 2.7.3

输送机高度 H/mm	400、500、650、800
机架长度 L/mm	1500、7000、3000
圆弧段转角 δ/(°)	45、90
输送速度/m·s^{-1}	0.1、0.125、0.6、0.20、0.25、0.32

表 2.7.4 边辊输送机技术参数（泰兴市东南输送机械厂 www.dnshusong.com）

辊子直径 D/mm	60	80	100	125	160	200
辊子输送机形式	输送机宽度 W/mm					
GZT12	500～1000	630～1250	800～1400	800～1600	800～1800	1000～2000
GZT13						
GZT14						
GZT15						

表 2.7.5 多辊输送机主要技术参数（泰兴市东南输送机械厂 www.dnshusong.com）

辊子直径 D/mm	50、76
辊子输送机形式	输送机宽度 W/mm
GZT17 型直列式多辊输送机	根据需要组合
GZT18、GZT19 型交错式多辊输送机	250、320、400、500、630、800

表 2.7.6 辊道输送机主要技术参数（上海鹤奇工业自动化设备有限公司 www.heqiindustry.com）

型　号	HQ-3000	HQ-3001
驱动方式	链驱动（08B/08A/10A）	链驱动（08B/08A/10A）
辊子尺寸/mm×mm×mm	ϕ38(直径)×1.5(壁厚)×12(轴径)	ϕ50(直径)×1.5(壁厚)×12(轴径)
辊子宽/mm	100～1000	100～1000
辊子间隔/mm	50、75、100、150、200	75、100、150、200
机架尺寸/mm×mm×mm	120×30×3	120×30×3
链轮	08B14 齿	08B14 齿
机长/mm	100～10000	100～10000
机高/mm	450～1000	450～1000
电机容量/kW	0.1/0.2/0.4/0.75/1.5	0.1/0.2/0.4/0.75/1.5
电压/V	AC380V 三相	AC380V 三相

生产厂商：无锡市明傲自动化设备有限公司，上海鹤奇工业自动化设备有限公司，泰兴市东南输送机械厂。

2.8 悬挂输送机

2.8.1 概述

广泛用于机械制造、轻工、食品、橡胶和建材等工厂以及邮局等处。架空轨道可在车间内根据生产需要灵活布置，构成复杂的输送线路。输送的物品悬挂在空中，可节省生产面积，能耗也小，在输送的同时还可进行多种工艺操作。由于连续运转，物件接踵送到，经必要的工艺操作后再相继离去，可实现有节奏的流水生产，因此悬挂输送机是实现企业物料搬运系统综合机械化和自动化的重要设备。

悬挂输送机适用于厂内成件物品的空中输送。运输距离由十几米到几千米，在多机驱动情况下，可达5000m 以上；输送物品单件质量由几千克到5t；运行速度 0.3～25m/min。

悬挂输送机所需驱动功率小，设备占地面积小，便于组成空间输送系统，实现整个生产工艺过程的搬运机械化和自动化。根据牵引件与载货小车的连接方式，悬挂输送机可分为通用悬挂输送机和积放式悬挂输送机，如载货小车在地面上运行则称拖式悬挂输送机。

2.8.2 产品结构

通用悬挂输送机由构成封闭回路的牵引件、滑架小车、轨道、张紧装置、驱动装置和安全装置等部件组成。成件物品挂在沿轨道运行的滑架小车上，由于在运行过程中需进行装卸载，有时在输送物品同时还要进行一定的工艺操作，因此通用悬挂输送机的运行速度较低，多在 8m/min 以下。

牵引链：重型通用悬挂输送机（单点承载能力 100kg 以上）的牵引件，采用可拆链；轻型（单点承载能力 100kg 以下）的一般采用双铰接链，也可采用环形焊接链或钢丝绳。

滑架小车：可拆链上的滑架小车根据负载情况分为负载滑架、重载滑架和空载滑架。当货物中心距 $T>900$m时，中间应设空载滑架，以支承链条，防止其过度下垂。

轨道：通用悬挂输送机采用直轨、水平弯轨和垂直弯轨。悬挂输送机的线路均为单线线路，可拆卸链的架空轨道可以采用 10～16 工字钢，视载荷大小选用特种箱型断面型钢制成。架空轨道可以固定后连接在屋架上、墙上或柱子上。

为了消除滑架在线路垂直弯折处的凹形，在受到牵引构件的张力作用后产生的升起现象，应装有导向作用的反轨装置。

回转装置：悬挂输送机在水平面内的转向是利用转向链轮、带槽光轮或滚子组来实现的，选用的原则取决于牵引构件的形式，以及牵引链条的张力和转向半径。

拉紧装置：拉紧装置是用来保持悬挂输送机由于链条的磨损、温度升高时热胀冷缩所引起的链条长度的伸长后仍保持张紧的装置，常用的拉紧装置有重锤式、弹簧式和气动液压式三种，重锤式拉紧装置，它是由活动框架、支撑框架、滑轮、链轮、重锤及伸缩头组成的。拉紧装置一般设置在张力最小或接近张力最小的运输段上。通常放置在驱动装置之后不远的弯曲段上。

驱动装置：放置在线路张力的最大处。当线路长度不超过 500m 时，一般只放置一个驱动装置，当线路很长或比较复杂时，则需要放置多个驱动装置，驱动装置有角型驱动装置和履带驱动装置两种。

积放式悬挂输送机包括普通型及重型输送系统设备，适应工况范围广泛，具有多品种输送、存储、提升、爬升、线间传输等能力，输送效率高、控制能力强大，可实现与多种空中及地面输送系统设备的衔接，主要衔接设备有升降机、叉式移载机、随动举升装置、推车机等高度及纵横转移设备。

2.8.3　主要特点

（1）单机输送能力大，可采用很长的线体实现跨厂房输送。

（2）结构简单，可靠性高，能在各种恶劣环境下使用。

（3）造价低，耗能少，维护费用低，可大大减少使用成本。

2.8.4　主要技术性能参数

主要技术性能参数见表 2.8.1～表 2.8.3。

表 2.8.1　QXG 轻型悬挂输送机主要技术参数（苏州畅达环保悬挂设备厂　www.cdxgss.com）

型　号	链条节距/mm	单点吊重/kg	链条许用张力/kN	链条抗拉强度/kN	链条质量/kg·m^{-1}	轨道质量/kg·m^{-1}	速度范围/m·min^{-1}	工作温度/℃	功率范围/kW
QXG150A-8	150	8	2.5	25	2.83	4.36	1～10	-2～200	0.75～1.1
							无级		
QXG200A-30	200	30	3	30	5.2	7.18	1～10	-2～200	1.1～1.5
							无级		1.1～2.2
QXG206A-30	206	30	3	30	5.2	7.18	1～10	-2～200	1.1～1.5
							无级		1.1～2.2
QXG240A-50	240	50	5	50	7.9	8.12	1～10	-2～200	2.2～3
							无级		
QXG250A-50	250	50	5	50	7.9	8.12	1～10	-2～200	2.2～3
							无级		
QXG300A-100	300	100	10	100	13	14.6	1～10	-2～200	3
							无级		

QXG 轻型悬挂输送机如图 2.8.1 和图 2.8.2 所示。

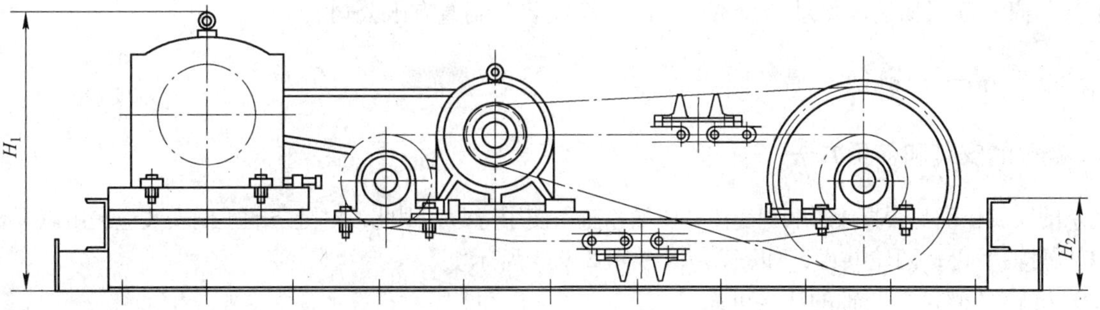

图 2.8.1 QXG 轻型悬挂输送机主视图

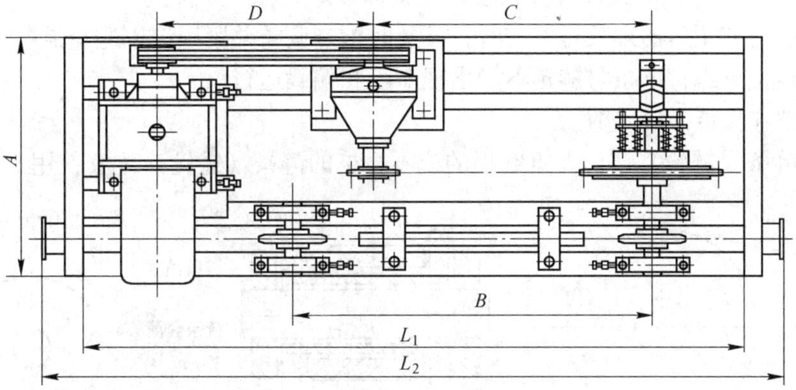

图 2.8.2 QXG 轻型悬挂输送机俯视图

表 2.8.2 QXG 轻型悬挂输送机外形尺寸（苏州畅达环保悬挂设备厂 www.cdxgss.com） (mm)

型 号	L_1	L_2	A	B	C	D	H_1	H_2
QXG150A-8-001	1570	1770	800	750	590	540	500	147
QXG200A-30-001	1600	1850	800	808.5	583.5	587	500	168
QXG206A-30-001	1600	1850	800	808.5	583.5	587	500	168
QXG240A-50-001	1700	1950	900	950	725	587	560	180
QXG250A-50-001	1700	1950	900	950	725	587	560	180
QXG300A-100-001	1900	2150	1000	1135	910	587	580	200

WTJ 型宽推杆积放式悬挂输送机如图 2.8.3 所示。

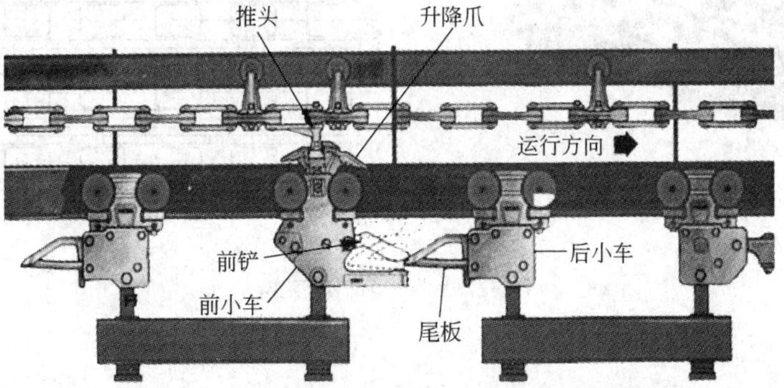

图 2.8.3 WTJ 型宽推杆积放式悬挂输送机

表 2.8.3 WTJ 型宽推杆积放式悬挂输送机技术参数（河北滦宝装备制造有限公司 www.cdccc.com.cn）

输送机类型	牵引轨	承载轨	链条型号	单车承载能力/kg	最大许用张力/kg·f
WTJ3	I 80	[8	X-348	250	900
WTJ4	I 10	[10	X-458	500	1500
WTJ6	I 10	[16	X-678	1000	2700
WFJ3	71×68×4	[8	X-348	250	900
WWJ4	I 10	[10（英制）	X-458	500	1500
WWJ6	I 10	[16（英制）	X-678	1000	2700

生产厂商：苏州畅达环保悬挂设备厂，河北滦宝装备制造有限公司。

2.9　辅助产品——链条

2.9.1　链条的安装和使用方法

链条的安装正确与否直接影响到链传动质量和链条使用寿命。因此，对链条的正确安装应提出以下要求：

（1）两轴平行，两轮共面，如图2.9.1～图2.9.4所示。

（2）链轮（槽轮）与轴的连接可靠。

（3）链条与链轮（槽轮）安装时要居中，不能出现卡阻。

（4）链条与链轮（槽轮）不允许过分张紧，稍紧即可。

（5）两条链条平行使用后出现长短不一时，要及时检查调整并紧固，以避免链条出现偏载而断裂。

（6）链条环间连接可靠；链条与链轮不能出现卡阻和偏载运行。

（7）链条与链罩应保持一定间隙。

（8）不得将新链条（链轮）与已严重磨损的或不合格的链条（链轮）配套使用。

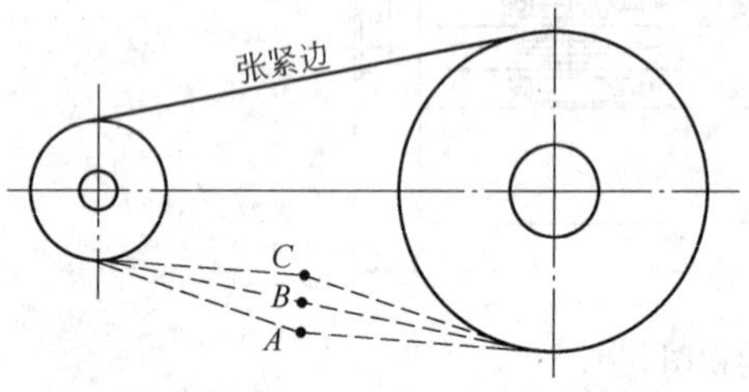

图2.9.1　链条

AC—链条松弛边中点可能的总位移，自由垂直深度＝0.866AB，近似值AC为中点位移

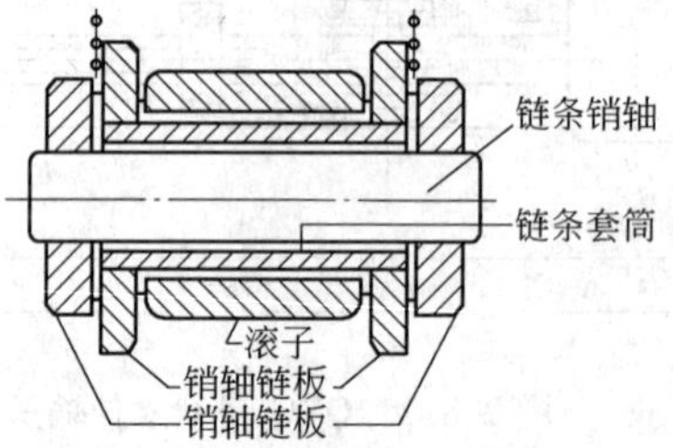

图2.9.2　润滑剂滴入链条接合部

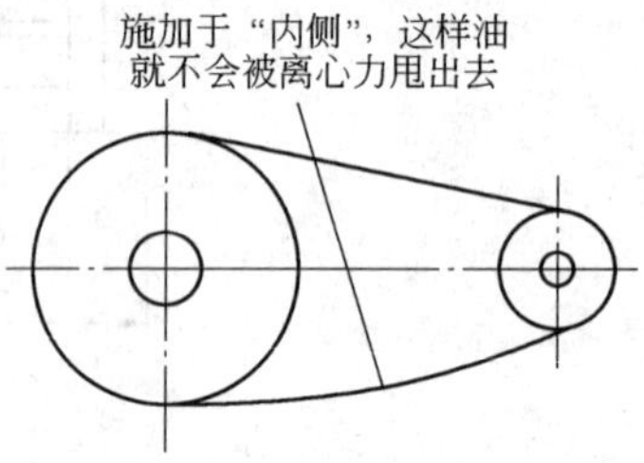

图2.9.3　向链条施加润滑剂

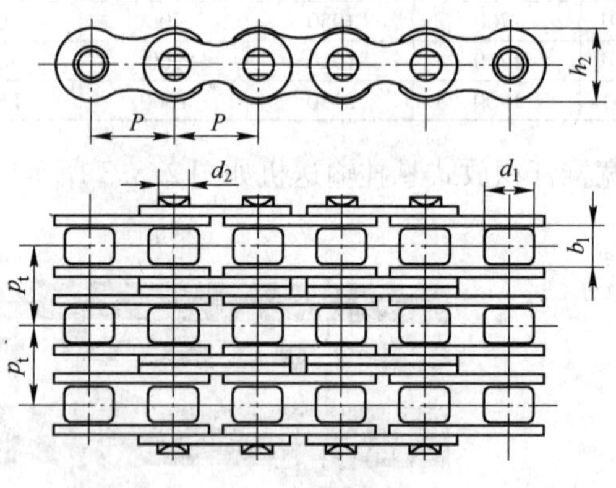

图2.9.4　A系列滚子链

2.9.2　链条的润滑

建议人工定期润滑，每隔一定时间加油一次，加油于链条松边。

2.9.3　安全方面

建议用户链条安装时安装防护安全罩。

2.9.4　主要技术性能参数

主要技术性能参数见表2.9.1～表2.9.22。

表 2.9.1 A 系列滚子链主要技术参数（江苏双菱链传动有限公司 www.jsslchain.com）

链号		节距	滚子外径	内链节内宽	销轴直径	内链板高度	排距	抗拉强度	质量
ANSI	ISO	P	d_1（max）	b_1（min）	d_2（max）	h_2	p_t	Q	q
		mm	mm	mm	mm	mm	mm	kN	kg/m
40-1	08A	12.70	7.92	7.85	3.98	12.07	14.38	13.90	0.66
40-2								27.80	1.30
40-3								41.70	1.96
50-1	10A	15.875	10.16	9.40	5.09	15.09	18.11	21.80	1.10
50-2								43.60	2.14
50-3								65.40	3.20
60-1	12A	19.05	11.91	12.57	5.96	18.10	22.78	31.30	1.53
60-2								62.60	3.00
60-3								93.90	4.50
80-1	16A	25.40	15.88	15.75	7.94	24.13	29.29	55.60	2.63
80-2								111.20	5.24
80-3								166.80	7.83
100-1	20A	31.75	19.05	18.90	9.54	30.17	35.76	78.00	4.03
100-2								174.00	8.02
100-3								261.00	12.00
120-1	24A	38.10	22.23	25.22	11.11	36.20	45.44	125.00	5.94
120-2								250.00	11.84
120-3								375.00	17.69
140-1	28A	44.45	25.40	25.22	12.71	42.23	48.87	170.00	7.62
140-2								340.00	15.20
140-3								510.00	22.81
160-1	32A	50.80	28.58	31.55	14.29	48.26	58.55	223.00	10.20
160-2								446.00	20.25
160-3								669.00	30.31
180-1	36A	57.15	35.71	35.48	17.46	54.30	65.84	281.00	13.96
180-2								562.00	27.90
180-3								843.00	41.82
200-1	40A	63.50	39.68	37.82	19.85	60.33	71.55	347.00	16.90
200-2								694.00	33.80
200-3								1041.00	50.60
240-1	48A	76.20	47.63	47.35	23.81	72.39	87.83	500.00	22.90
240-2								1000.00	45.80
240-3								1500.00	68.70

B 系列滚子链如图 2.9.5 所示。

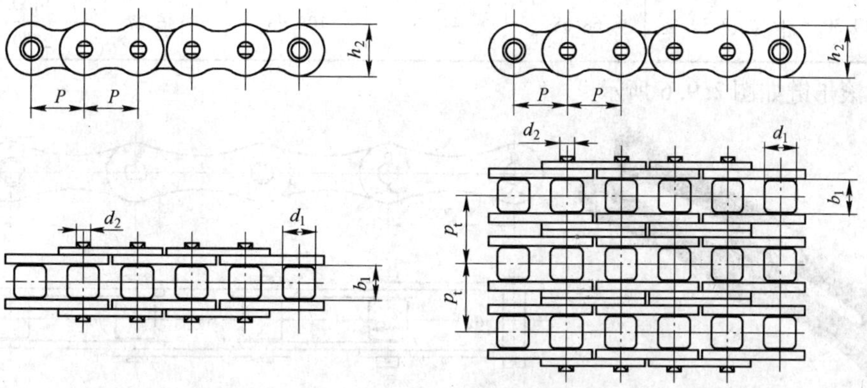

图 2.9.5 B 系列滚子链

表 2.9.2　B 系列滚子链主要技术参数（江苏双菱链传动有限公司　www.jsslchain.com）

链　号	节距	滚子外径	内链节内宽	销轴直径	内链板高度	排　距	抗拉强度	质　量
ANSI	P	d_1（max）	b_1（min）	d_2（max）	h_2	p_t	Q	q
ISO	mm	mm	mm	mm	mm	mm	kN	kg/m
08B-1							17.80	0.74
08B-2	12.7	8.51	7.75	4.45	11.81	13.92	31.10	1.47
08B-3							44.50	2.20
10B-1							22.20	0.95
10B-2	15.875	10.16	9.65	5.08	14.73	16.59	44.50	1.88
10B-3							66.70	2.81
12B-1							28.9	1.25
12B-2	19.05	12.07	11.68	5.72	16.13	19.46	57.80	2.45
12B-3							86.70	3.65
16B-1							60.00	2.90
16B-2	25.40	15.88	17.02	8.28	21.08	31.88	106.00	5.85
16B-3							160.00	8.75
20B-1							95.00	4.16
20B-2	31.75	19.05	19.56	10.19	26.42	36.45	170.00	8.25
20B-3							250.00	12.00
24B-1							160.00	7.41
24B-2	38.10	25.40	25.40	14.63	33.40	48.39	280.00	14.75
24B-3							425.00	22.10
28B-1							200.00	9.36
28B-2	44.45	27.94	30.99	15.90	37.08	59.56	360.00	18.52
28B-3							530.00	27.70
32B-1							250.00	9.94
32B-2	50.80	29.21	30.99	17.81	42.29	58.55	450.00	19.60
32B-3							670.00	29.26
40B-1							355.00	17.17
40B-2	63.50	39.37	38.10	22.89	52.96	72.29	630.00	34.10
40B-3							950.00	51.20
48B-1							560.00	25.34
48B-2	76.20	48.26	45.72	29.24	63.88	91.21	1000.00	50.35
48B-3							1500.00	75.50
56B-1	88.90	53.98	53.34	34.32	77.85	106.60	850.00	38.02
56B-2							1600.00	76.00
64B-1	101.60	63.50	60.96	39.40	90.17	119.89	1120.00	48.80
64B-2							2000.00	96.60
72B-1	114.30	72.39	68.58	44.48	103.63	136.27	1400.00	63.50
72B-2							2500.00	126.50

双节距传动滚子链如图 2.9.6 所示。

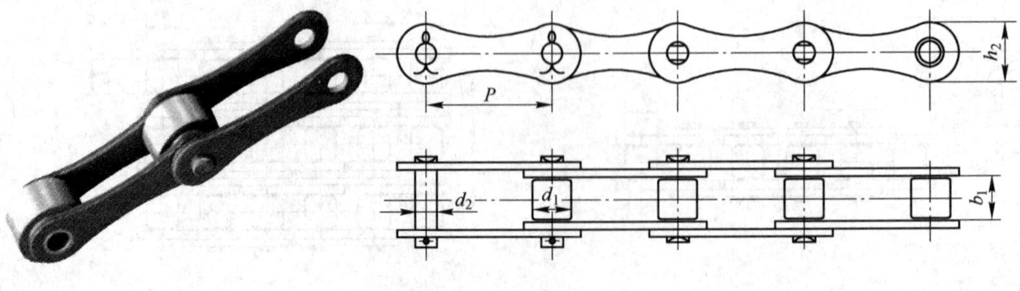

图 2.9.6　双节距传动滚子链

表 2.9.3 双节距传动滚子链主要技术参数（江苏双菱链传动有限公司 www.jsslchain.com）

链号		节距	滚子外径	内链节内宽	销轴直径	内链板高度	抗拉强度	质量
ANSI	ISO	P	d_1（max）	b_1（min）	d_2（max）	h_2	Q	q
		mm	mm	mm	mm	mm	kN	kg/m
A2040		25.40	7.92	7.85	3.98	12.07	13.90	0.42
A2050	208A	31.75	10.16	9.40	5.09	15.09	21.80	0.70
A2060	210A	38.10	11.91	12.57	5.96	18.10	31.30	1.00
A2080	212A	50.80	15.88	15.75	7.94	24.13	55.60	1.76
A2100	216A	63.50	19.05	18.90	9.54	30.17	87.00	2.55
A2120	220A	76.20	22.23	25.22	11.11	36.20	125.00	4.06
A2140	224A	88.90	25.40	25.22	12.71	42.23	170.00	5.12
A2160	228A	101.60	28.58	31.55	14.29	48.26	223.00	7.02
A2040H	232A	25.40	7.92	7.85	3.98	12.07	13.90	0.56
A2050H	208AH	31.75	10.16	9.40	5.09	15.09	21.80	0.85
A2060H	210AH	38.10	11.91	12.57	5.96	18.10	31.30	1.44
A2080H	212AH	50.80	15.88	15.75	7.94	24.13	55.60	2.25
A2100H	216AH	63.50	19.05	18.90	9.54	30.17	87.00	3.6
A2120H	220AH	76.20	22.23	25.22	11.11	36.20	125.00	5.12
A2160H	224AH	101.60	28.58	31.55	14.29	48.26	223.00	7.94
	232AH	25.40	8.51	7.75	4.45	11.81	17.80	0.52
	208B	31.75	10.16	9.65	5.08	14.73	22.20	0.63
	210B	38.10	12.07	11.68	5.72	16.13	28.90	0.78
	216B	50.80	15.88	17.02	8.28	21.08	60.00	1.88
	220B	63.50	19.05	19.56	10.19	26.42	95.00	2.65
	224B	76.20	25.40	25.4	14.63	33.40	160.00	4.77
	228B	88.90	27.94	30.99	15.90	37.08	200.00	6.30
	232B	101.60	29.21	30.99	17.81	42.29	250.00	6.79

石油钻机链如图 2.9.7 所示。

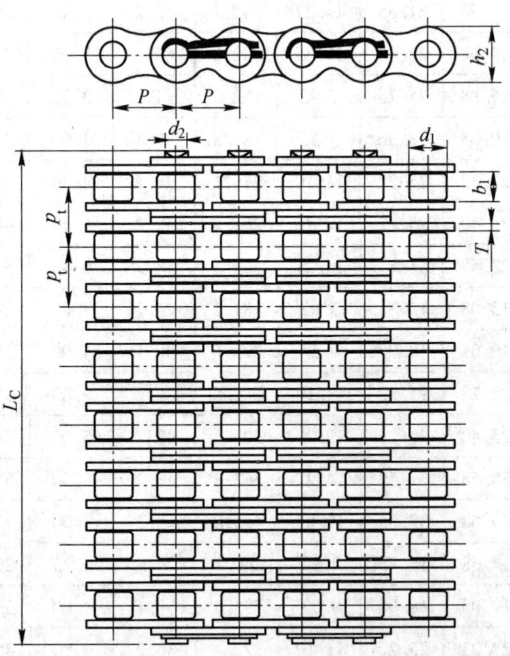

图 2.9.7 石油钻机链

表 2.9.4　石油钻机链主要技术参数（江苏双菱链传动有限公司　www. jsslchain. com）

链号	型号	节距		滚子外径	内节内宽	销轴		内链板高度			抗拉强度	质量
		P		d_1	b_1	d_2	L_C	h_2	T	p_t	Q	q
		mm	in	mm	mm	mm	mm	mm	mm	mm	kN	kg/m
80	16S-1	25. 40	1	15. 88	15. 75	7. 92	37. 55	24. 1	3. 25	—	55. 6/12500	2. 6
100	20S-1	31. 75	11/4	19. 05	18. 90	9. 53	44. 30	30. 0	4. 00	—	55. 61/12500	3. 91
120	24S-1	38. 10	11/2	22. 23	25. 22	11. 10	54. 40	36. 2	4. 80	—	86. 87/19500	5. 62
140	28S-1	44. 45	13/4	25. 40	25. 22	12. 70	59. 00	42. 2	5. 60	—	125. 1/28100	7. 50
160	32S-1	50. 80	2	28. 58	31. 55	14. 27	69. 60	48. 2	6. 40	—	170. 27/38300	10. 10
180	36S-1	57. 15	21/4	35. 71	38. 48	17. 46	78. 60	54. 3	7. 20	—	222. 4/50000	13. 45
200	40S-1	63. 50	21/2	39. 68	37. 85	19. 85	87. 20	60. 3	8. 00	—	281. 47/63300	16. 15
80-2	16S-2	25. 40	1	15. 88	15. 75	7. 92	66. 80	24. 1	3. 25	29. 29	347. 5/78100	5. 15
100-2	20S-2	31. 75	11/4	19. 05	18. 90	9. 53	80. 50	30. 1	4. 00	35. 76	111. 2/25000	7. 80
120-2	24S-2	38. 10	11/2	22. 23	25. 55	11. 10	99. 70	36. 2	4. 80	45. 44	173. 74/39000	11. 70
140-2	28S-2	44. 45	13/4	25. 40	25. 22	12. 70	107. 80	42. 2	5. 60	48. 87	250. 2/56200	15. 14
160-2	32S-2	50. 80	2	28. 58	31. 55	14. 27	127. 50	48. 2	6. 40	58. 55	340. 54/76600	20. 14
180-2	36S-2	57. 15	21/4	35. 71	35. 48	17. 46	144. 40	54. 3	7. 20	65. 84	444. 8/100000	29. 22
200-2	40S-2	63. 50	21/2	39. 68	39. 85	19. 85	158. 80	60. 3	8. 00	71. 55	562. 94/126600	32. 24
80-3	16S-3	25. 40	1	15. 88	15. 75	7. 92	96. 10	24. 1	3. 25	29. 29	695. 0/156200	7. 89
100-3	20S-3	31. 75	11/4	19. 05	18. 90	9. 53	116. 30	30. 1	4. 00	35. 76	166. 8/37500	11. 77
120-3	24S-3	38. 40	11/2	22. 23	25. 22	11. 10	145. 20	36. 2	4. 80	45. 44	260. 61/58500	17. 53
140-3	28S-3	44. 45	13/4	25. 40	25. 22	12. 70	156. 80	42. 2	5. 60	48. 87	510. 81/114900	22. 20
160-3	32S-3	50. 80	2	28. 58	31. 55	14. 27	186. 60	48. 2	6. 40	58. 55	667. 2/15000	30. 02
180-3	36S-3	57. 15	21/4	35. 71	35. 48	17. 46	210. 20	54. 3	7. 20	65. 84	844. 41/189900	38. 22
200-3	40S-3	63. 50	21/2	39. 68	37. 85	19. 85	230. 40	60. 3	8. 00	71. 55	1042. 5/234300	49. 03
80-4	16S-4	25. 40	1	15. 88	15. 75	7. 92	122. 9	24. 1	3. 25	29. 29	222. 4/50000	10. 24
100-4	20S-4	31. 75	11/4	19. 05	18. 90	9. 53	151. 5	30. 1	4. 00	35. 76	347. 48/8000	15. 39
120-4	24S-4	38. 10	11/2	22. 23	25. 22	11. 10	190. 6	36. 2	4. 80	45. 44	500. 4/112400	22. 19
140-4	28S-4	44. 45	13/4	25. 40	25. 22	12. 70	205. 7	42. 2	5. 60	48. 87	681. 05/153200	29. 63
160-4	32S-4	50. 80	2	28. 58	31. 55	14. 27	245. 2	48. 2	6. 40	58. 55	889. 6/200000	39. 94
200-4	40S-4	63. 50	21/2	39. 68	37. 85	19. 85	302. 0	60. 3	8. 00	71. 55	1390. 0/312400	63. 60
80-5	16S-5	25. 40	1	15. 88	15. 75	7. 92	152. 2	24. 1	3. 25	29. 29	278. 0/62500	12. 79
100-5	20S-5	31. 75	11/4	19. 05	18. 90	9. 53	187. 8	30. 1	4. 00	35. 76	434. 35/97500	19. 22
120-5	24S-5	38. 10	11/2	22. 23	25. 22	11. 10	236. 1	36. 2	4. 80	45. 44	625. 5/140500	27. 71
140-5	28S-5	44. 45	13/4	25. 40	25. 22	12. 70	254. 6	42. 2	5. 60	48. 87	851. 35/193486	39. 20
160-5	32S-5	50. 80	2	28. 58	31. 55	14. 27	303. 3	48. 2	6. 40	58. 55	1112. 0/252724	52. 40
80-6	16S-6	25. 40	1	15. 88	15. 75	7. 92	181. 5	24. 1	3. 25	29. 29	333. 6/75000	15. 34
100-6	20S-6	31. 75	11/4	19. 05	18. 90	9. 53	223. 6	30. 1	4. 00	35. 76	521. 22/117000	23. 05
120-6	24S-6	38. 10	11/2	22. 23	25. 22	11. 10	281. 6	36. 2	4. 80	45. 44	750. 6/168600	33. 24
140-6	28S-6	44. 45	13/4	25. 40	25. 22	12. 70	303. 4	42. 2	5. 60	48. 87	1021. 62/229800	44. 38
160-6	32S-6	50. 80	2	28. 58	31. 55	14. 27	362. 3	48. 2	6. 40	58. 55	1334. 4/300000	59. 83
200-6	40S-6	63. 50	21/2	39. 68	37. 85	19. 85	445. 0	60. 3	8. 00	71. 55	2085. 0/468600	95. 23
80-8	16S-8	25. 40	1	15. 88	15. 75	7. 92	240. 1	24. 1	3. 25	29. 29	444. 8/100000	20. 44
100-8	20S-8	31. 75	11/4	19. 05	18. 90	9. 53	295. 4	30. 1	4. 00	35. 76	694. 96/15600	30. 70
120-8	24S-8	38. 10	11/2	22. 23	25. 22	11. 10	372. 4	36. 2	4. 80	45. 44	1000. 8/224800	44. 28
140-8	28S-8	44. 45	13/4	25. 40	25. 22	12. 70	401. 1	42. 2	5. 60	48. 87	1362. 16/309578	62. 21

曳引链如图 2.9.8 所示。

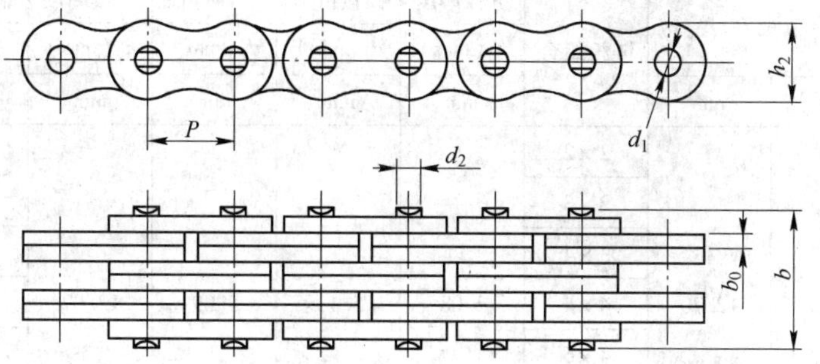

图 2.9.8 曳引链

表 2.9.5 AL 系列板式链主要技术参数（江苏双菱链传动有限公司 www.jsslchain.com）

链号	节距 P in	节距 P mm	链板组合	链板厚度 b_0(max) mm	铰接链节链板孔径 d_1(min) mm	销轴直径 d_2(max) mm	链板高度 h_2(max) mm	销轴高度 b(max) mm	抗拉强度 Q kN	每米质量 q kg/m
AL422			2×2					8.4	17.00	0.35
AL444	1/2	12.70	4×4	1.52	4.01	3.96	10.30	14.80	34.00	0.67
AL466			6×6					21.20	51.00	1.00
AL522			2×2					10.20	28.30	0.63
AL544	5/8	15.875	4×4	2.05	5.13	5.08	13.00	18.90	56.60	1.20
AL566			6×6					27.40	84.90	1.75
AL622			2×2					12.20	39.30	0.93
AL644	3/4	19.05	4×4	2.40	6.00	5.94	15.60	22.10	78.60	1.60
AL666			6×6					32.00	117.90	2.52
AL822			2×2					16.40	69.50	1.54
AL844	1	25.40	4×4	3.20	8.01	7.94	20.55	29.80	139.00	3.30
AL866			6×6					43.20	208.00	4.01
AL1022			2×2					19.50	103.00	2.37
AL1044	1.1/4	31.75	4×4	4.00	9.60	9.53	25.85	36.70	206.00	4.90
AL1066			6×6					53.20	309.00	7.30
AL1222			2×2					24.00	140.00	3.65
AL1244	1.1/2	31.75	4×4	4.80	11.18	11.11	31.20	43.80	280.00	7.05
AL1266			6×6					63.60	420.00	10.50
AL1444	1.3/4	44.5	4×4	5.60	12.78	12.70	36.20	51.10	370.00	10.34
AL1466			6×6					74.30	555.00	13.00
AL1644	2	50.80	4×4	6.40	14.36	14.29	41.60	58.20	465.00	12.98
AL1666			6×6					84.60	697.50	18.00

BL 系列板式链如图 2.9.9 所示。

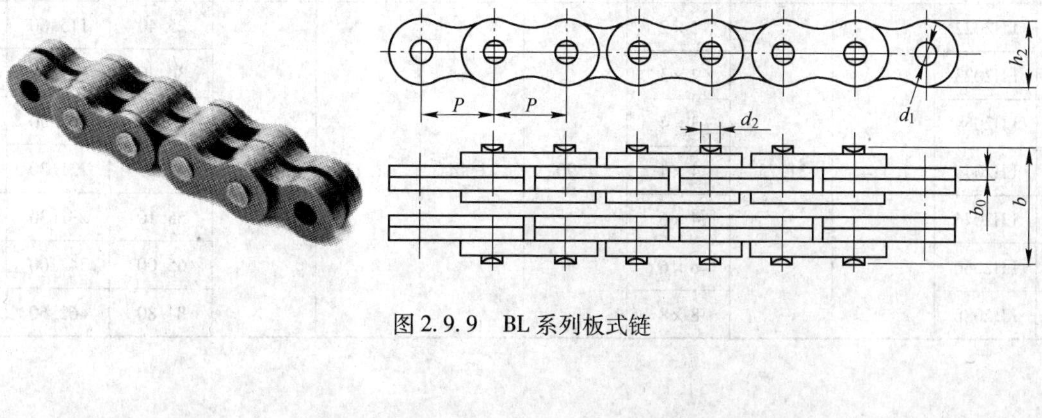

图 2.9.9 BL 系列板式链

表 2.9.6 BL 系列板式链主要技术参数（一）（江苏双菱链传动有限公司 www. jsslchain. com）

链号		节距 P		链板组合	链板厚度	铰接链节	销轴直径	链板高度	销轴高度	抗拉强度	质量
					b_0(max)	d_1(min)	d_2(max)	h_2(max)	b(max)	Q	q
ANSI	LSO	in	mm		mm	mm	mm	mm	mm	kN	kg/m
BL-422	LH0822	1/2	12.70	2×2	2.08	5.11	5.09	12.07	11.10	22.20	0.66
BL-423	LH0823			2×3					13.20	22.20	0.82
BL-434	LH0834			3×4					17.40	33.40	1.14
BL-444	LH0844			4×4					19.60	44.50	1.29
BL-446	LH0846			4×6					23.80	44.50	1.61
BL-466	LH0866			6×6					28.00	66.70	1.92
BL-488	LH0888			8×8					36.50	88.96	2.55
BL-522	LH1022	5/8	15.875	2×2	2.48	5.98	5.96	15.09	12.90	33.40	0.97
BL-523	LH1023			2×3					15.40	33.40	1.20
BL-534	LH1034			3×4					20.40	48.90	1.65
BL-544	LH1044			4×4					22.80	66.70	1.89
BL-546	LH1046			4×6					27.70	66.70	2.34
BL-566	LH1066			6×6					32.20	100.10	2.81
BL-588	LH1088			8×8					42.60	133.44	3.72
BL-622	LH1222	3/4	19.05	2×2	3.30	7.96	7.94	18.11	17.40	48.90	1.56
BL-623	LH1223			2×3					20.80	48.90	1.92
BL-634	LH1234			3×4					27.50	75.60	2.65
BL-644	LH41244			4×4					30.80	97.90	3.02
BL-646	LH1246			4×6					37.50	97.90	3.77
BL-666	LH1266			6×6					44.20	146.80	4.45
BL-688	LH1288			8×8					57.60	195.72	5.94
BL822	LH1622	1	25.40	2×2	4.09	9.56	9.54	24.13	21.40	84.50	2.41
BL823	LH1623			2×3					25.50	84.50	3.07
BL834	LH1634			3×4					33.80	129.00	4.24
BL844	LH1644			4×4					37.90	169.00	5.06
BL846	LH1646			4×6					46.20	169.00	6.06
BL866	LH1666			6×6					54.50	253.60	7.38
BL888	LH1688			8×8					71.10	338.06	9.57

表 2.9.7 BL 系列板式链主要技术参数（二）（江苏双菱链传动有限公司 www. jsslchain. com）

链号		节距 P		链板组合	链板厚度	铰接链节	销轴直径	链板高度	销轴高度	抗拉强度	质量
					b_0(max)	d_1(min)	d_2(max)	h_2(max)	b(max)	Q	q
ANSI	LSO	in	mm		mm	mm	mm	mm	mm	kN	kg/m
BL-1022	LH2022	1.1/4	31.75	2×2	4.90	11.14	11.11	30.18	25.40	115.60	3.84
BL-1023	LH2023			2×3					30.40	115.60	4.78
BL-1034	LH2034			3×4					40.30	182.40	6.62
BL-1044	LH2044			4×4					45.20	231.30	7.52
BL-1046	LH2046			4×6					55.10	231.30	9.41
BL-1066	LH2066			6×6					65.00	347.00	11.19
BL-1088	LH2088			8×8					84.80	462.60	14.87

续表 2.9.7

链号		节距 P		链板组合	链板厚度 b_0(max)	铰接链节 d_1(min)	销轴直径 d_2(max)	链板高度 h_2(max)	销轴高度 b(max)	抗拉强度 Q	质量 q
ANSI	LSO	in	mm		mm	mm	mm	mm	mm	kN	kg/m
BL-1222	LH2422	1.1/2	38.10	2×2	5.77	12.74	12.71	36.20	29.70	151.20	5.51
BL-1223	LH2423			2×3					35.50	151.20	6.90
BL-1234	LH2434			3×4					47.10	244.60	9.56
BL-1244	LH2444			4×4					52.90	302.50	10.85
BL-1246	LH2446			4×6					64.60	302.50	13.59
BL-1266	LH2466			6×6					76.20	453.70	14.23
BL-1288	LH2488			8×8					99.50	606.94	21.49
BL-1422	LH2822	1.3/4	44.45	2×2	6.60	14.31	14.29	42.24	33.60	191.27	6.95
BL-1423	LH2823			2×3					40.20	191.27	8.69
BL-1434	LH2834			3×4					53.40	315.81	12.06
BL-1444	LH2844			4×4					60.00	382.53	13.68
BL-1446	LH2846			4×6					73.20	382.53	17.18
BL-1466	LH2866			6×6					86.40	578.24	20.42
BL-1488	LH2888			8×8					112.80	765.06	27.16
BL-1622	LH3222	2	50.80	2×2	7.52	17.49	17.46	48.26	40.00	289.10	8.72
BL-1623	LH3223			2×3					46.60	289.10	10.90
BL-1634	LH3234			3×4					61.80	440.40	15.08
BL-1644	LH3244			4×4					69.30	578.30	17.07
BL-1646	LH3246			4×6					84.50	578.30	21.44
BL-1666	LH3266			6×6					100.00	867.40	25.42
BL-1688	LH3288			8×8					129.90	1156.48	33.78
	LH4022	2.1/2	63.50	2×2	9.91	23.84	23.81	60.33	51.80	433.70	16.90
	LH4023			2×3					61.70	433.70	20.96
	LH4034			3×4					61.70	649.40	29.09
	LH4044			4×4					91.60	867.40	33.14
	LH4046			4×6					111.50	867.40	41.26
	LH4066			6×6					131.40	1301.10	49.37
	LH4088			8×8					171.10	1734.72	65.61
DB25			25	4×4	2.50	8.00	7.94	20.50	25	98.00	2.40
DB25A			25	6×6	3.00	11.16	11.10	23.50	41	157.00	5.50
DB30			30	6×6	3.00	11.16	11.10	28.00	41	157.00	6.00

LL 系列板式链如图 2.9.10 所示。

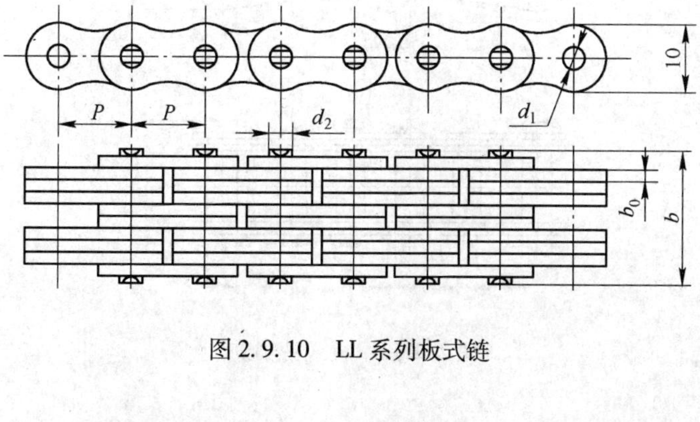

图 2.9.10 LL 系列板式链

表 2.9.8 LL 系列板式链主要技术参数（江苏双菱链传动有限公司 www.jsslchain.com）

链 号	节距 P		板数组合	链板厚度	铰接链节	销轴直径	链板高度	销轴高度	抗拉强度	质量
				b_0(max)	d_1(min)	d_2(max)	h_2(max)	b(max)	Q	q
	in	mm		mm	mm	mm	mm	mm	kN	kg/m
LL0822	1/2	12.70	2×2	1.55	4.46	4.45	10.92	8.50	18	0.48
LL0844			4×4					14.60	36	0.98
LL0866			6×6					20.70	54	1.44
LL1022	5/8	15.875	2×2	1.65	5.09	5.08	13.72	9.30	22	0.50
LL1044			4×4					16.10	44	0.94
LL1066			6×6					22.90	66	1.40
LL1222	3/4	19.05	2×2	1.90	5.73	5.72	16.13	10.70	29	0.70
LL1244			4×4					18.50	58	1.30
LL1266			6×6					26.30	87	2.00
LL1622	1	25.40	2×2	3.20	8.30	8.28	21.08	17.02	60	1.60
LL1644			4×4					30.20	120	2.90
LL1666			6×6					43.20	180	4.30
LL2022	1.1/4	31.75	2×2	3.70	10.21	10.19	26.42	20.10	95	2.30
LL2044			4×4					35.10	190	4.20
LL2066			6×6					50.10	285	6.30
LL2422	1.1/2	38.10	2×2	5.20	14.65	14.63	33.40	28.40	170	4.60
LL2444			4×4					49.40	340	8.20
LL2466			6×6					70.40	510	12.00
LL2822	1.3/4	44.45	2×2	6.45	15.92	15.90	37.08	34.00	200	4.80
LL2844			4×4					60.00	400	9.50
LL2866			6×6					86.00	600	15.50
LL3222	2	50.80	2×2	6.45	17.83	17.81	42.29	35.00	260	6.20
LL3244			4×4					61.00	520	11.90
LL3266			6×6					87.00	780	17.80
LL4022	2.1/2	63.50	2×2	8.25	22.91	22.89	52.96	44.70	360	11.53
LL4044			4×4					77.90	720	22.49
LL4066			6×6					111.10	1080	33.48
LL4822	3	76.20	2×2	10.30	29.26	29.24	63.88	56.10	560	17.31
LL4844			4×4					97.40	1120	33.61
LL4866			6×6					138.90	1680	49.91

板式销轴链如图 2.9.11 所示。

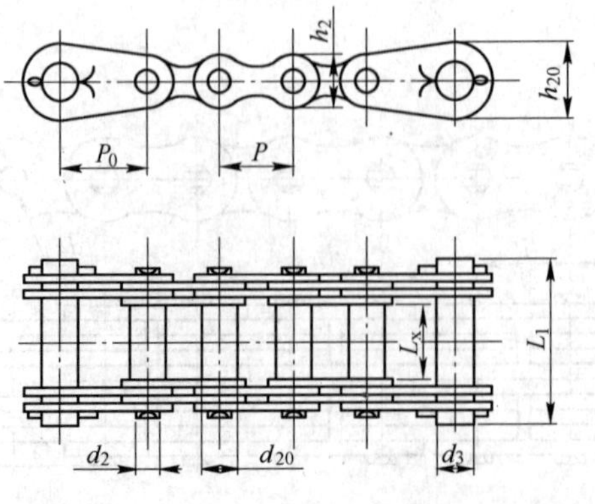

图 2.9.11 板式销轴链

表 2.9.9 板式销轴链主要技术参数（江苏双菱链传动有限公司 www.jsslchain.com）

链 号	板数组合	节距		销轴直径	各部参数						销轴长度	抗拉强度	质量
		P	P_0	d_2	d_{20}	d_3	h_2	h_{20}	L_x	L_1	L	Q	q
		mm	in	mm	mm	mm	mm	mm	mm	mm	mm	kN	kg/m
2159	2×2	110	—	42	48	—	82	—	62	—	219	1600	76.52
2127	2×2	180	—	60	70	—	120	—	66	—	232	2200	110.00
2156	2×2	200	—	65	75	—	140	—	90	276	286	3900	157.10
2142	2×2	200	—	70	80	—	140	—	90	—	285	3300	159.50
2138	2×2	200	—	45	52	—	90	—	60	—	230	1700	73.00
2136	2×2	250	—	75	84	—	150	—	100	—	312	4000	184.00
2148	3×3	110	—	40	47	—	75	—	60	—	220	1600	73.75
2121	3×3	110	—	44	50	—	90	—	90	—	236	2500	82.00
2152	3×3	110	—	45	55	—	88	—	55	—	200	1100	85.12
2134	3×3	120	—	48	56	—	100	—	110	—	300	2200	118.00
2131	3×3	170	—	60	70	—	130	—	135	—	403	4000	135.00
2157	4×4	80	—	28	32	—	52	—	50	—	162	650	31.77
2141	4×4	90	110	35	40	—	70	90	70	189	204	800	58.60
2124	4×4	140	165	55	70	—	110	140	120	340	340	2500	147.00
2128	4×4	240	—	70	85	—	160	—	100	—	306	6700	182.00
2104	2×2	45	55	15	17	21	37	45	30	78	68	100	7.00
2105	3×3	50	60	18	22	26	38	50	36	90	94	160	11.50
2106	3×3	60	70	22	26	34	46	60	45	122	120	250	20.50
2107	4×4	70	85	28	32	40	52	70	50	153	150	370	29.00
2108	4×4	80	95	32	36	45	60	80	60	170	170	500	38.00

M 系列输送链如图 2.9.12 所示。

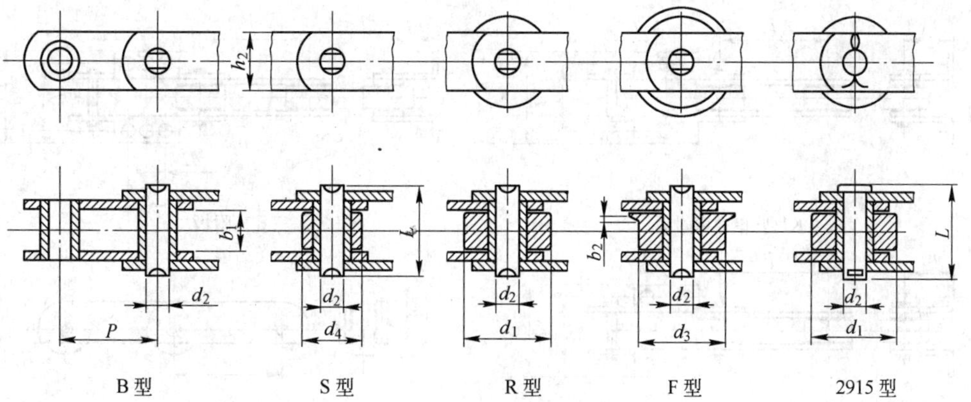

图 2.9.12 M 系列输送链

表 2.9.10 M 系列输送链外形尺寸及主要技术参数（江苏双菱链传动有限公司 www.jsslchain.com）

链号	节 距						滚 子 外 径				内节内宽	链板高度	销轴直径	销轴长度	抗拉强度
	P						d_1 (max)	d_3 (max)	b_2 (max)	d_4 (max)	b_1 (max)	h_2 (max)	d_2 (max)	L	Q
	mm						mm	mm	mm	mm	mm	mm	mm	mm	kN
M20	50	63	80	100	125	160	25	35	3.50	12.50	15	19	6.00	35	20
M28	63	80	100	125	160	200	30	40	4.00	15.00	17	21	7.00	40	28
M40	80	100	125	160	200	250	36	45	4.50	18.00	19	26	8.50	45	40

续表 2.9.10

链号	节距						滚子外径				内节内宽	链板高度	销轴直径	销轴长度	抗拉强度
	P						d_1 (max)	d_3 (max)	b_2 (max)	d_4 (max)	b_1 (max)	h_2 (max)	d_2 (max)	L	Q
	mm						mm	mm	mm	mm	mm	mm	mm	mm	kN
M56	80	100	125	160	200	250	42	55	5.00	21.00	23	31	10.00	52	56
M80	100	125	160	200	250	315	50	65	6.00	25.00	27	36	12.00	62	80
M112	125	160	200	250	315	400	60	75	7.00	30.00	31	41	15.00	73	112
M160	160	200	250	315	400	500	70	90	8.50	36.00	36	51	18.00	85	160
M224	200	250	315	400	500	630	85	105	10.00	42.00	42	62	21.00	96	224
M315	200	250	315	400	500	630	100	125	12.00	50.00	47	72	25.00	112	315
M450	250	315	400	500	630	800	120	150	14.00	60.00	55	82	30.00	135	450
M630	250	315	400	500	630	800	140	175	16.00	70.00	65	105	36.00	154	630
M900	315	400	500	630	800	1000	170	210	18.00	85.00	76	123	44.00	180	900
2915-10	76.20						38.40	—	—	—	24.40	28.70	11.20	58.90	48.95
2915-20	101.60						38.40	—	—	—	24.40	28.70	11.20	58.90	48.95
2915-30	101.60						51.10	—	—	—	27.70	31.80	11.20	63.80	62.30
2915-40	101.60						38.40	—	—	—	21.10	31.80	12.78	64.30	71.20
2915-50	101.60						57.40	—	—	—	32.00	38.10	15.96	90.90	106.80
2915-60	152.40						51.10	—	—	—	27.40	31.80	11.20	69.10	66.75
2915-70	152.40						63.80	—	—	—	30.50	38.10	14.38	76.70	89.00
2915-80	152.40						51.10	—	—	—	32.00	38.10	15.95	87.60	102.35
2915-90	152.40						76.50	—	—	—	33.83	50.80	19.13	97.80	146.85

M 系列输送链如图 2.9.13 所示。

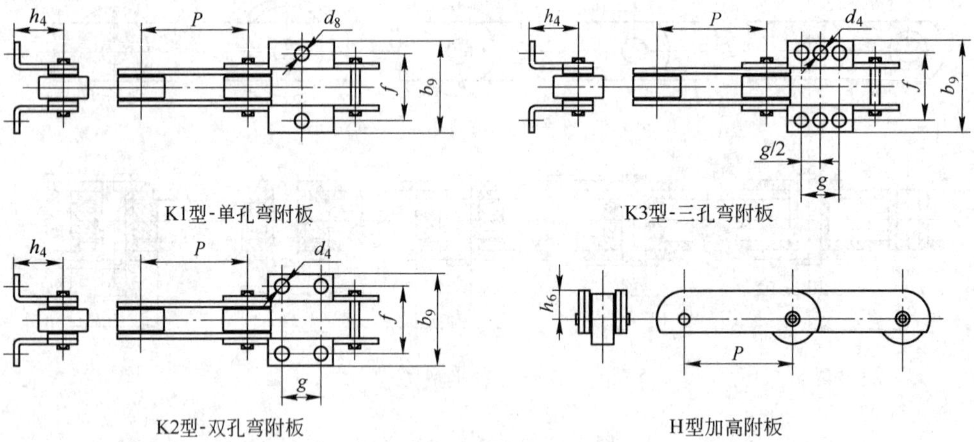

图 2.9.13　M 系列输送链

表 2.9.11　M 系列输送链及附件技术参数（江苏双菱链传动有限公司　www.jsslchain.com）

链号 / 型号	K 型										H 型加高附板
	d_8	h_4	f	b_9	孔心距/mm						h_6
	mm	mm	mm	mm	P	g	P	g	P	g	mm
M20	6.60	16	54	84	63	20	80	35	100	50	16.00
M28	9.00	20	64	100	80	25	100	40	125	65	20.00
M40	9.00	25	70	112	80	20	100	40	123	65	22.50
M56	11.00	30	88	140	100	25	125	50	160	85	30.00
M80	11.00	35	96	160	125	50	160	85	200	125	32.50

续表 2.9.11

型号 \ 链号	K型										H型加高附板
	d_8	h_4	f	b_9	孔心距/mm						h_6
	mm	mm	mm	mm	P	g	P	g	P	g	mm
M112	14.00	40	110	184	125	35	160	65	200	100	40.00
M160	14.00	45	124	200	160	50	200	85	250	145	45.00
M224	18.00	55	140	228	200	65	250	125	315	190	60.00
M315	18.00	65	160	250	200	50	250	100	315	155	65.00
M450	18.00	75	180	280	225	85	315	155	400	240	80.00
M630	24.00	90	230	380	315	100	400	190	500	300	90.00
M900	30.00	110	280	480	315	65	400	155	500	240	120.00

M 系列长节距直板输送链如图 2.9.14 所示。

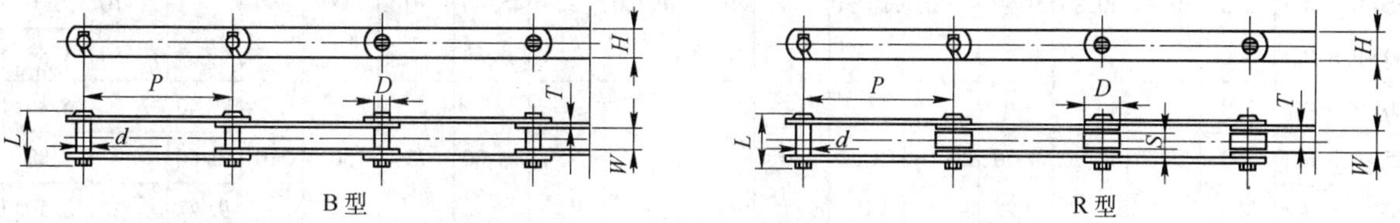

图 2.9.14 M 系列长节距直板输送链

表 2.9.12 M 系列长节距直板输送链主要技术参数（江苏双菱链传动有限公司 www.jsslchain.com）

链号	节距/mm	内节内宽/mm	链板/mm		销轴/mm		滚子/mm							抗拉强度/kN	概略重/kg			
			高	厚	径	长	B型	S型 径	S型 长	R型 径	R型 长	F型 径	F型 长		B型	S型	R型	F型
	P	W	H	T	d	L	D	D	S	D	S	D	S					
M3075	75	18.00	22.00	3.20	7.94	38.00	15	19.05	17.50	30	15.50	30	12	30	1.70	2.00	2.25	2.70
M3100	100														1.50	1.80	2.20	2.30
M3125	125														1.40	1.60	2.00	2.10
M3150	150														1.40	0.40	1.90	2.00
M5075	75	22.20	32.00	4.50	11.11	51.00	20	22.20	21.70	40	19.00	40	14	70	4.50	5.40	5.60	5.80
M5100	100														4.00	4.80	5.00	5.20
M5125	125														3.40	4.30	4.50	4.70
M5150	150														3.00	3.90	4.10	4.30
M5175	175														2.80	3.50	3.70	3.90
M7100	100	25.00	32.00	6.00	12.70	61.50	22	27.00	24.50	45	21.50	45	16	86	4.90	6.00	6.80	7.20
M7125	125														4.50	5.50	6.10	6.50
M7150	150														4.30	5.00	5.50	5.80
M7175	175														4.10	4.50	5.00	5.40
M7200	200														3.70	4.00	4.45	4.90
M10100	100	30.00	38.00	6.30	14.29	68.00	25	30.00	29.50	50	26.50	50	20	115	8.30	9.40	10.00	10.20
M10125	125														7.00	8.10	8.70	8.90
M10150	150														5.70	6.90	7.50	7.70
M10200	200														5.00	5.90	6.50	6.70
M12200	200	36.50	45.00	7.90	15.88	85.50	—	34.93	36.00	65	32.00	65	24	190		8.40	11.60	12.20
M12250	250															7.80	10.40	10.90

M 系列长节距直板输送链如图 2.9.15 所示。

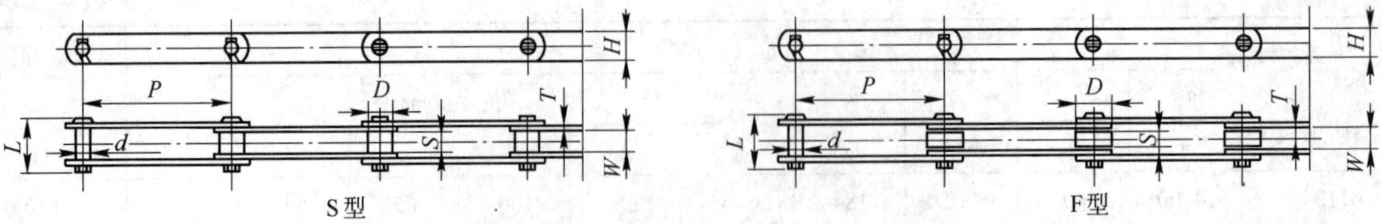

图 2.9.15 M 系列长节距直板输送链

表 2.9.13 M 系列长节距直板输送链主要技术参数（江苏双菱链传动有限公司 www. jsslchain. com）(mm)

链 号	节距	内节内宽	链板		销轴		滚子							抗拉强度/kN	概略重/kg			
			高	厚	径	长	B 型	S 型		R 型		F 型			B 型	S 型	R 型	F 型
								径	长	径	长	径	长					
	P	W	H	T	D	L	D	D	S	D	S	D	S					
M17200-B. S. R. F	200	50. 80	50. 80	9. 50	19. 05	110. 50	—	40. 08	49. 80	80	45. 80	80	34	250		12. 00	19. 70	20. 70
M17250-B. S. R. F	250															11. 10	17. 20	18. 20
M17300-B. S. R. F	300															10. 50	15. 80	16. 60
M20200-B. S. R. F	200	45. 00	50. 80	9. 50	20. 64	103. 0	40	—	—	75	40. 00	75	30	210	11. 40		16. 80	17. 80
M20250-B. S. R. F	250														10. 60		14. 80	15. 70
M20300-B. S. R. F	300														9. 70		13. 50	14. 30
M25200-R. F	200	49. 40	60. 00	9. 00	22. 23	107. 0	—	—	—	85	44. 00	85	34	285			21. 00	22. 00
M25250-R. F	250																18. 40	19. 20
M25300-R. F	300																16. 80	17. 60
M26200-S. R. F	200	56. 60	63. 50	9. 50	22. 23	116. 0	—	44. 45	55. 40	100	50. 00	100	38	285		15. 20	28. 40	30. 40
M26250-S. R. F	250															14. 70	26. 20	27. 80
M26300-S. R. F	300															13. 80	23. 40	24. 70
M26450-S. R. F	450															12. 40	18. 70	19. 60
M35300-S. R. F	300	59. 40	75. 00	9. 00	25. 40	119. 0	—	50. 890	58. 00	100	52. 00	1100	40	365		17. 20	24. 00	25. 20
M35350-S. R. F	350															16. 40	22. 00	23. 30
M35400-S. R. F	400															15. 70	20. 60	21. 70
M35500-S. R. F	500															14. 70	18. 60	19. 60
M36250-S. R. F	250	66. 00	76. 20	12. 70	25. 40	141. 0	—	50. 80	64. 50	125	56. 00	125	42	485		24. 00	45. 70	47. 60
M36300-S. R. F	300															22. 90	40. 40	42. 00
M36450-S. R. F	450															20. 20	31. 80	33. 30
M36600-S. R. F	600															19. 00	27. 80	29. 00
M52450-S. R. F	450	76. 00	90. 00	16. 00	32. 00	169. 0	—	57. 10	74. 00	140	65. 00	140	49	550		26. 20	45. 80	48. 00
M52600-S. R. F	600															24. 20	39. 80	41. 80

M 系列长节距直板输送链如图 2. 9. 16 所示。

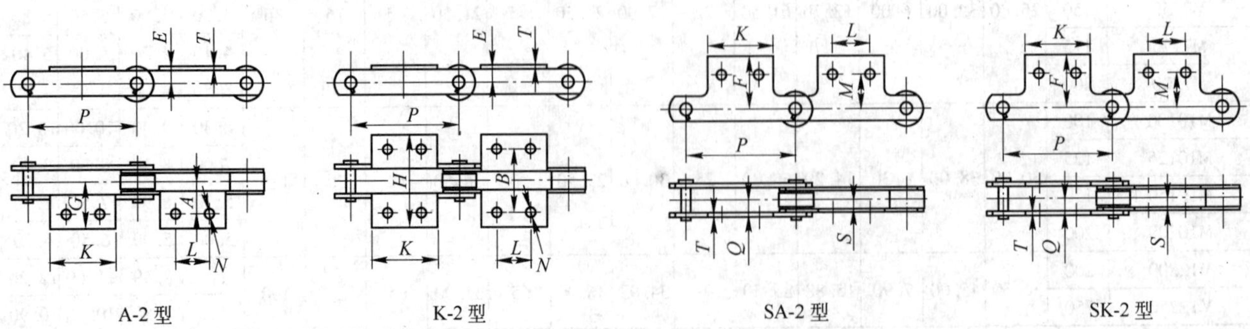

图 2. 9. 16 M 系列长节距直板输送链

表 2.9.14 M 系列长节距直板输送链主要技术参数（江苏双菱链传动有限公司 www.jsslchain.com）(mm)

链号	节距	板厚	A-2 附件						K-2 附件		SA-2,SK-2 附件				单个附件重/kg	
	P	*W*	*K*	*N*	*L*	*A*	*E*	*G*	*B*(2A)	*H*(2G)	*M*	*F*	*S*	*Q*	A-2,K-2	K-2
M3075-B.S.R.F	75	3.20	60(55)	10	35(30)	30	15(20)	46	60	92	30	42	12.20	15.80	0.05	0.10
M3100-B.S.R.F	100		65		40										0.06	0.12
M3125-B.S.R.F	125		75		50										0.06	0.12
M3150-B.S.R.F	150		85		60										0.07	0.14
M5075-B.S.R.F	75	4.50	58	10	35	35	22	56.50	70	113	40	54	15.60	20.50	0.07	0.14
M5100-B.S.R.F	100		65		40										0.08	0.16
M5125-B.S.R.F	125		75		50										0.09	0.18
M5150-B.S.R.F	150		85		60										0.10	0.20
M5175-B.S.R.F	175		95		70										0.12	0.24
M7100-B.S.R.F	100	6.00	70		40	40	25	63	80	126	45	56	18.50	24.90	0.20	0.40
M7125-B.S.R.F	125		80		50										0.22	0.44
M7150-B.S.R.F	150		90		60										0.25	0.50
M7175-B.S.R.F	175		100		70										0.28	0.56
M10100-B.S.R.F	100	6.30	70	12	40	50	28	74	100	148	50	69	21.30	28.10	0.18	0.36
M10125-B.S.R.F	125		80		50										0.23	0.46
M10150-B.S.R.F	150		90		60										0.28	0.56
M10200-B.S.R.F	200		120		80										0.37	0.74
M12200-B.S.R.F	200	7.90	120	15	80	60	38	85	120	170	60	82.50	36.50	34.70	0.42	0.84
M12250-B.S.R.F	250		165		125										0.58	1.16
M17200-B.S.R.F	200	9.50	120	15	80	75	45	108	150	216	70	100.60	34.90	45.20	0.80	1.60
M17250-B.S.R.F	250		165		125										1.11	2.22
M20200-B.S.R.F	200	9.50	120	15	80	70	40	103	140	206	70	93.50	32	42.20	0.70	1.40
M20250-B.S.R.F	250		165		125										0.96	1.92
M25200-R.F	200	9.00	120	15	80	75	45	102.50	150	205					0.72	1.44
M25250-R.F	200		165		125										0.98	1.96
M26200-S.R.F	200	9.50	120	15	80	80	55	111.50	160	223	80	111.30	37.80	48.10	0.85	1.70
M26250-S.R.F	250		165		125										1.17	2.34

FV 系列输送链如图 2.9.17 所示。

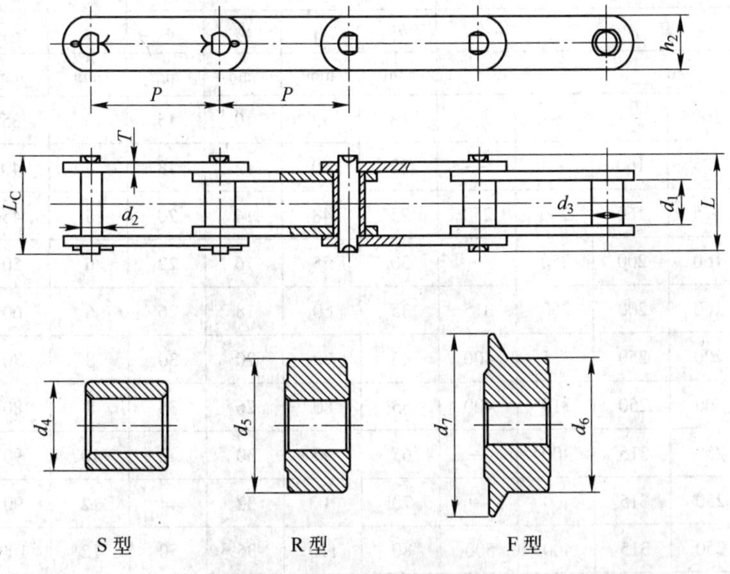

图 2.9.17 FV 系列输送链

表 2.9.15　FV 系列输送链主要技术参数（江苏双菱链传动有限公司　www.jsslchain.com）

链　号	节　距					内节内宽	链板高度	销轴直径	套筒直径	链板厚度	滚子尺寸				销轴长度		抗拉强度
	P					d_1	h_2	d_2	d_3	T	d_4	d_5	d_6	d_7	L	L_C	Q
	mm					mm	mm	mm	mm	mm	mm	mm	mm	mm	mm	mm	kN
FV40	40	50	63	80	100	18	26	10	15	3	20	32	40	48	37	39.50	40
FV63	63	80	100	125	160	22	30	12	18	4	26	40	50	60	46	50.50	63
FV90	63	100	125	160	200	25	35	14	20	5	30	48	63	73	53	57.50	90
FV112	100	125	160	200	250	30	40	16	22	6	32	55	72	87	63	67.50	112
FV140	100	125	160	200	250	35	45	18	26	6	36	60	80	95	68	74.00	140
FV180	125	160	200	250	315	45	50	20	30	8	42	70	100	120	86	93.00	180
FV250	160	200	250	315	400	55	60	26	36	8	50	80	125	145	98	106.00	250
FV315	160	200	250	315	400	65	70	30	42	10	60	90	140	170	117	125.00	315
FV400	160	200	250	315	400	70	70	32	44	12	60	100	150	185	131	141.00	400
FV500	200	250	315	400	500	80	80	36	50	12	70	110	160	195	141	151.00	500
FV630	200	250	315	400	500	90	100	42	56	12	80	120	170	210	153	163.00	630

FVT/MT 系列输送链如图 2.9.18 所示。

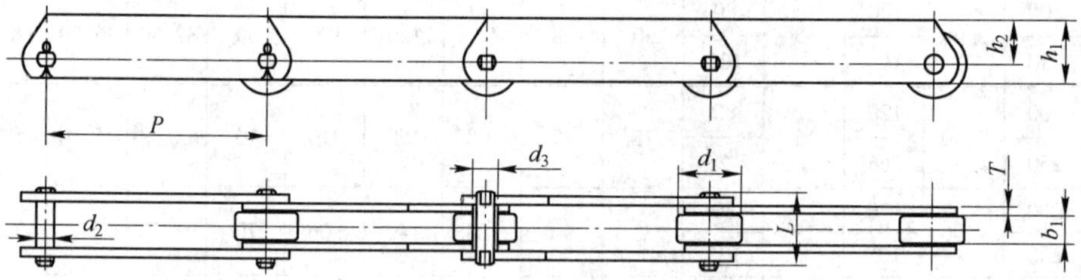

图 2.9.18　FVT/MT 系列输送链

表 2.9.16　FVT/MT 系列输送链主要技术参数（江苏双菱链传动有限公司　www.jsslchain.com）

链　号	节　距						内节内宽	滚子直径	销轴直径	套筒直径	链板厚度	链板高度		销轴长度	抗拉强度
	P						b_1	d_1	d_2	d_3	T	h_1	h_2	L	Q
	mm						mm	mm	mm	mm	mm	mm	mm	mm	kN
FVT40	40	63	100	—	—	—	18	32	10	15	3	35	22	37	40
FVT63	63	100	125	160	—	—	22	40	12	18	4	40	25	46	63
FVT90	63	100	125	160	200	250	25	48	14	20	5	45	27.50	53	90
FVT112	100	125	160	200	250	—	30	55	16	22	6	50	30	63	112
FVT140	100	125	160	200	250	315	35	60	18	26	6	60	37.50	68	140
FVT180	125	160	200	250	315	400	45	70	20	30	8	70	45	86	180
FVT250	125	160	200	250	315	400	55	80	26	36	8	80	50	98	250
FVT315	160	200	250	315	400	—	65	90	30	42	10	90	55	117	315
FVT400	160	200	250	315	400	—	70	100	32	44	12	90	55	131	400
FVT500	160	200	250	315	400	500	80	110	36	50	12	100	60	141	500
FVT630	200	250	315	400	500	—	90	120	42	56	12	120	70	153	630

表 2.9.17　MT 系列输送链主要技术参数（江苏双菱链传动有限公司　www.jsslchain.com）

链　号	节　距					内节内宽	滚子直径	销轴直径	套筒直径	链板厚度	链板高度		销轴长度	抗拉强度
	P					b_1	d_1	d_2	d_3	T	h_1	h_2	L	Q
	mm					mm	mm	mm	mm	mm	mm	mm	mm	kN
MT20	40	50	63	80	100	16	25	6	9	2.50	25	16	35	20
MT28	50	63	80	100	125	18	30	7	10	3	30	20	40	28
MT40	63	80	100	125	160	20	36	8.50	12.50	3.50	35	22.50	45	40
MT56	63	80	100	125	160	24	42	10	15	4	45	30	52	56
MT80	80	100	125	160	200	28	50	12	18	8	50	32.50	62	80
MT112	80	100	125	160	200	32	60	15	21	9	60	40	73	112
MT160	100	125	160	200	250	37	70	18	25	7	70	45	85	160
MT224	125	160	200	250	315	43	85	21	30	8	90	60	98	224
MT315	160	200	250	315	400	48	100	25	36	10	100	65	112	315
MT450	200	250	315	400	500	56	120	30	42	12	120	80	135	450
MT630	—	250	315	400	500	66	140	36	50	14	140	90	154	630
MT900	—	250	315	400	500	78	170	44	60	16	180	120	180	900

双节距输送滚子链如图 2.9.19 所示。

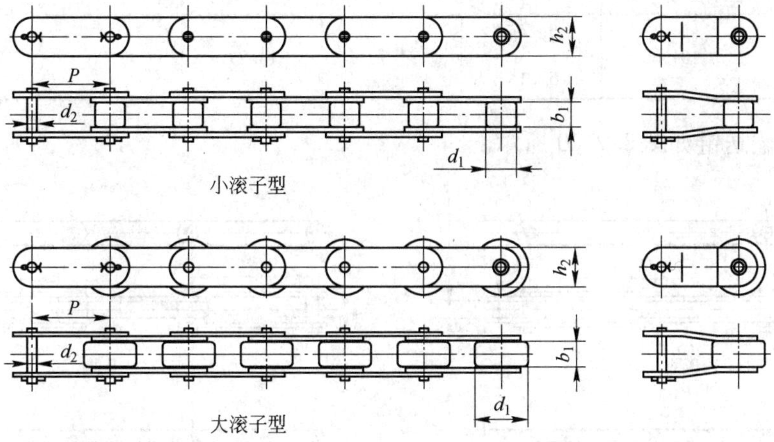

图 2.9.19　双节距输送滚子链

表 2.9.18　双节距输送滚子链主要技术参数（江苏双菱链传动有限公司　www.jsslchain.com）

链　号		节距	滚子外径	内节内宽	销轴直径	链板高度	抗拉强度	每米长重
ISO	ANSI	P	d_1	b_1	d_2	h_2	Q	q
		mm	mm	mm	mm	mm	kN	kg
C208A	C2040	25.40	7.92	7.85	3.98	12.07	13.90	0.50
C208AL	C2042		15.88					0.84
C208B	A	25.40	8.51	7.75	4.45	11.81	17.80	0.55
C208BL	A		15.88					0.89
C210A	C2050	31.75	10.16	9.40	5.09	15.09	21.80	0.73
C210AL	C2052		19.05					1.27

续表 2.9.18

链号		节距	滚子外径	内节内宽	销轴直径	链板高度	抗拉强度	每米长重
ISO	ANSI	P	d_1	b_1	d_2	h_2	Q	q
		mm	mm	mm	mm	mm	kN	kg
C212A	C2060	38.10	11.91	12.57	5.96	18.10	31.30	1.12
C212AL	C2062		22.23					1.61
C212AH	C2060H	38.10	11.91	12.57	5.96	18.10	31.30	1.44
C212AHL	C2062H		22.23					2.07
C216A	C2080	50.80	15.88	15.75	7.94	24.13	55.60	2.08
C216AL	C2082		28.58					3.12
C216AH	C2080H	50.80	15.88	15.75	7.94	24.13	55.60	2.54
C216AHL	C2082H		28.58					3.58
C220A	C2100	63.50	19.05	18.90	9.54	30.17	87.00	3.01
C220AL	C2102		39.67					4.83
C220AH	C2100H	63.50	19.05	18.90	9.54	30.17	87.00	3.56
C220AHL	C2102H		39.67					5.38
C224A	C2120	76.20	22.23	25.22	11.11	36.20	125.00	4.66
C224AL	C2122		44.45					7.66
C224AH	C2120H	76.20	22.23	25.22	11.11	36.20	125.00	5.26
C224AHL	C2122H		44.45					8.26
C232A	C2160	101.60	28.58	31.75	14.29	48.26	223.00	8.15
C232AL	C2162		57.15					13.00
C232AH	C2160H	101.60	25.58	31.75	14.29	48.26	223.00	9.06
C232AHL	C2162H		57.15					12.77

E 型长节距直板输送链如图 2.9.20 所示。

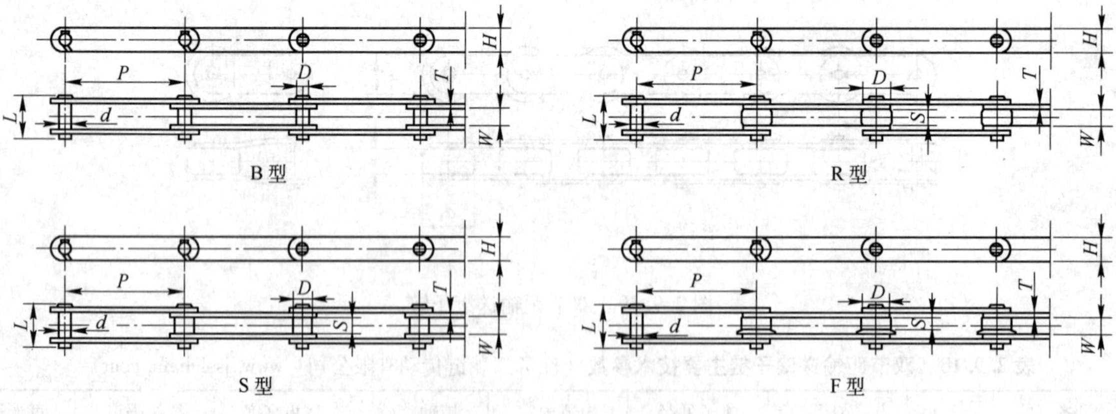

图 2.9.20 E 型长节距直板输送链

表 2.9.19 E 型长节距直板输送链主要技术参数（江苏双菱链传动有限公司 www.jsslchain.com）（mm）

链号	节距	内节内宽	链板		销轴		滚子							抗拉强度/kN	概略重/kg			
			高	厚	径	长	B型	S型		R型		F型			B型	S型	R型	F型
								径	长	径	长	径	长					
	P	W	H	T	d	L	D	D	S	D	S	D	S					
E3400-S. R. F	101.60	22.20	25.40	4.80	9.53	51	—	20.10	21.70	38.10	18.70	38.10	13.50	55	—	3.00	4.30	4.70
E5261-B. S	66.27	27.00	28.60	6.30	11.10	63	22.20	26.50	26.50	—	—	—	—	—	5.60	5.60	—	—

续表 2.9.19

链号	节距	内节内宽	链板		销轴		滚子							抗拉强度/kN	概略重/kg			
			高	厚	径	长	B型	S型		R型		F型			B型	S型	R型	F型
								径	长	径	长	径	长					
	P	*W*	*H*	*T*	*d*	*L*	*D*	*D*	*S*	*D*	*S*	*D*	*S*					
E5400-S. R. F	101.60	27.00	28.60	6.30	11.10	63	—	22.20	26.50	44.45	23.50	44.45	21.50	85	—	4.60	6.70	6.90
E5600-S. R. F	152.40	30.00	38.00	6.30	11.10	66	—	25.80	29.50	50.80	26.50	50.80	20	85	—	5.00	7.80	8.10
E7400-B. S	101.60	28.60	38.00	6.30	12.70	66	25.80	25.80	28.00	—	—	—	—	100	—	6.50	—	—
E9307-B. S	78.11	36.50	38.00	7.90	14.29	81.5	31.75	31.75	36.00	—	—	—	—	120	—	10.30	—	—
E9400-S. R. F	101.60	31.00	38.00	7.90	15.88	78.5	—	31.75	30.50	44.45	27.50	44.45	19.05	140	6.50	8.70	10.40	10.70
E12600-S. R. F	152.40	36.50	45.00	7.90	15.88	86	—	34.93	35.50	57.20	31.50	57.20	25	190	10.50	9.30	12.10	12.40
E17600-S. R. F	152.40	36.50	50.00	9.50	19.05	94	—	40.08	35.50	69.90	31.50	69.90	23.50	210	—	12.60	17.10	17.60

E 系列长节距直板输送链如图 2.9.21 所示。

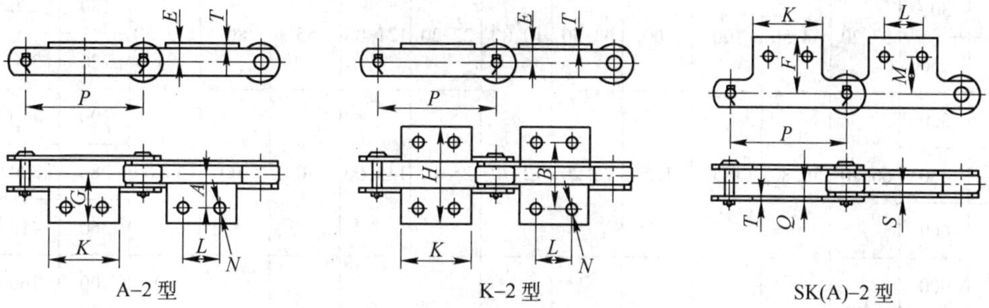

图 2.9.21 E 系列长节距直板输送链

表 2.9.20 E 系列长节距直板输送链主要技术参数（江苏双菱链传动有限公司 www.jsslchain.com）(mm)

链号	节距	板厚	A-2 附件						K-2 附件		SA-2，SK-2 附件				单个附件重/kg	
	P	*T*	*K*	*N*	*L*	*A*	*E*	*G*	*B*(2A)	*H*(2G)	*M*	*F*	*S*	*Q*	A-2	K-2
E3400-S. R. F	101.60	4.80	70	11	40	40	22	59.00	80	118	40	55.30	15.90	21.00	0.15	0.30
E5400-S. R. F	101.60	6.30	70	11	40	50	28	74	100	148	50	70.70	19.80	26.50	0.20	0.40
E5600-S. R. F	152.40	6.30	90	11	60	50	32	72	100	144	50	71.00	21.30	28.10	0.25	0.50
E7400-B. S	101.60	6.30	68	11	38	51	30	71.50	102	143	50	69.00	20.60	27.30	0.24	0.48
E9307-B. S	78.11	7.90	65	12	30	60	35	86.50	120	173	60	81.00	26.20	34.60	0.30	0.60
E9400-B. S	101.60	7.90	80	15	40	55	35	84	110	168	60	81.00	23.40	31.80	0.30	0.60
E9600-B	152.40	7.90	80	15	40	55	30	86.50	110	173	55	76.00	26.20	34.70	0.34	0.68
E12600-S. R. F	152.40	7.90	100	15	60	60	38	85	120	170	60	82.50	26.20	34.70	0.40	0.80
E17600-S. R. F	152.40	9.50	100	15	60	65	45	94.50	130	189	70	94.60	27.80	38.00	0.55	1.10

W 系列长节距直板输送链及 A-2/A-3 焊接翼板附件如图 2.9.22 所示。

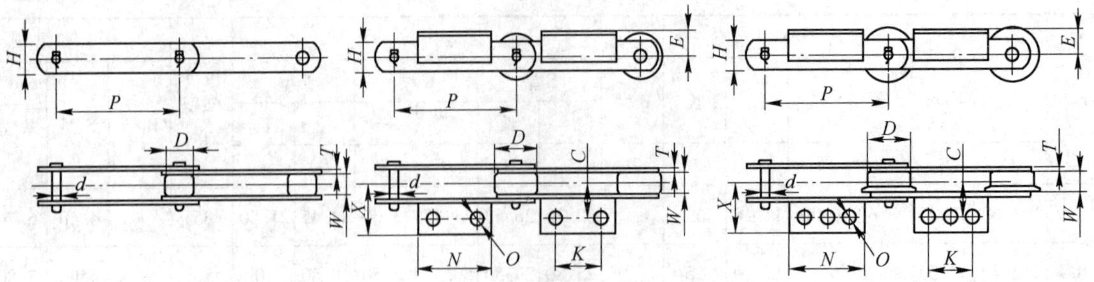

W 型　　A–2 焊接型翼板附件　　A–3 焊接型翼板附件

图 2.9.22　W 系列长节距直板输送链及 A-2/A-3 焊接翼板附件

表 2.9.21　W 系列长节距直板输送链及 A-2 焊接翼板附件主要技术参数

（江苏双菱链传动有限公司　www.jsslchain.com）　　（mm）

链　号	节距	内节内宽	滚子 S 型	滚子 R 型	滚子 F 型	链板 高	链板 厚	销轴 径	销轴 长	附件尺寸						抗拉强度/kN
	P	W	D	D	D	H	T	D	L	E	C	X	K	N	O	
W25300-S. R. F	300	51.40	40.10	80	80	50.80	10.00	19.10	111.50	45	750	110.50	180	220	15	250
W28300-S. R. F	300	57.20	44.50	100	100	63.50	10.00	22.20	121.00	55	80	123.50	180	220	18	285
W28450-S. R. F	450												280	320		
W48300-S. R. F	300	66.70	50.80	125	125	76.20	12.70	25.40	145.00	70	100	160.00	100	160	19	485
W48450-S. R. F	450												280	330		
W48600-S. R. F	600												360	410		
W51300-S. R. F	300	77.00	67.20	140	140	76.20	16.00	31.80	175.50	80	120	171.40	100	160	24	510
W51450-S. R. F	450												280	330		
W51600-S. R. F	600												360	410		
W55300-R. F	300	77.00	70.00	140	140	90.00	12.70	35.00	160.50	90	115	165.00	110	170	24	550
W55350-R. F	350												160	220		
W55400-R. F	400												200	260		
W80350-R. F	350	88.00	85.00	170	170	110.00	16.00	42.00	189.50	100	140	210.00	100	180	28	805
W80400-R. F	400												150	230		
W80500-R. F	500												260	340		
W113400-R. F	400	100.00	100.00	200	200	130.00	19.00	50.00	218.50	120	150	220.00	120	200	28	1130
W113600-R. F	600												320	400		

表 2.9.22　W 系列长节距直板输送链及 A-3 焊接翼板附件主要技术参数

（江苏双菱链传动有限公司　www.jsslchain.com）　　（mm）

链　号	节距	内节内宽	滚子 S 型	滚子 R 型	滚子 F 型	链板 高	链板 厚	销轴 径	销轴 长	附件尺寸						抗拉强度/kN
	P	W	D	D	D	H	T	D	L	E	C	X	K	N	O	
W28450-S. R. F	450	57.20	44.50	100	100	63.50	10.00	22.20	121.00	55	80	123.50	140	320	15	285
W48450-S. R. F	450	66.27	50.80	125	125	76.20	12.70	25.40	145.00	70	100	160.00	140	330	24	510
W48600-S. R. F	600												180	410		

续表 2.9.22

链号	节距	内节内宽	滚子			链板		销轴		附件尺寸						抗拉强度/kN
			S型	R型	F型	高	厚	径	长							
	P	*W*	*D*	*D*	*D*	*H*	*T*	*D*	*L*	*E*	*C*	*X*	*K*	*N*	*O*	
W51450-R. F	450	77.00	67.20	140	140	76.20	16.00	31.80	175.50	80	120	171.40	140	330	24	510
W51600-R. F	600												180	410		
W55350-R. F	350	77.00	70.00	140	140	90.00	12.70	35.00	160.50	90	115	165.00	80	220	24	550
W55400-R. F	400												100	260		
W80500-R. F	500	88.00	85.00	170	170	110.00	16.00	42.00	189.50	100	140	210.00	130	340	28	805
W113600-S. R. F	600	100.00	100.00	200	200	130.00	19.00	50.00	218.50	220	150	220.00	160	400	28	1130

生产厂商：江苏双菱链传动有限公司。

3 装卸机械与给料机械

装卸机械为车、船或其他设备进行装卸作业的物料搬运机械，其特点是能自行取物。

装卸机械按装卸的物料不同可分为散状物料装卸机械和成件物品装卸机械。按结构形式又可分为固定式和运行式两类，运行式的又分有轨式和无轨式两种。

给料机械（亦称喂料机），将块状，颗粒状，粉状物料从储料仓或其他的设备中均匀或定量连续输送到受料设备中。

3.1 斗轮堆/取料机

3.1.1 概述

斗轮堆取料机是现代化工业大宗散状物料连续装卸的高效设备，目前已经广泛应用于港口、码头、冶金、水泥、钢铁厂、焦化厂、储煤厂、发电厂等散料（矿石、煤、焦炭、砂石）存储料场的堆取作业。

利用斗轮连续取料，用机上的带式输送机连续堆料的有轨式装卸机械。它是散状物料(散料)储料场内的专用机械，可与卸车(船)机、带式输送机、装船(车)机组成储料场运输机械化系统，生产能力每小时可达1万多吨。斗轮堆取料机的作业有很强的规律性，易实现自动化。控制方式有手动、半自动和自动等。

斗轮堆取料机按结构分臂架型和桥架型两类。有的设备只具有取料一种功能，称斗轮取料机。

如果不是特殊针对性设计的堆取料机，取料方式只有一种，即进尺（注：即进尺是钻探或钻井工程的术语）回转分层取料，根据实际情况，进尺回转分层取料又可以分为分层分段取料和短料堆分层不分段取料两种。取料工艺示意图如图 3.1.1 ~ 图 3.1.3 所示。

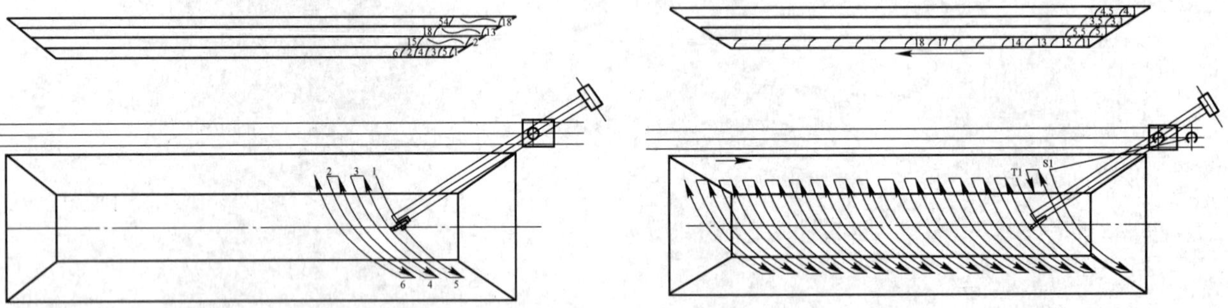

(a) (b)

图 3.1.1 取料工艺示意图

（a）分层分段取料；（b）短料堆分层不分段取料

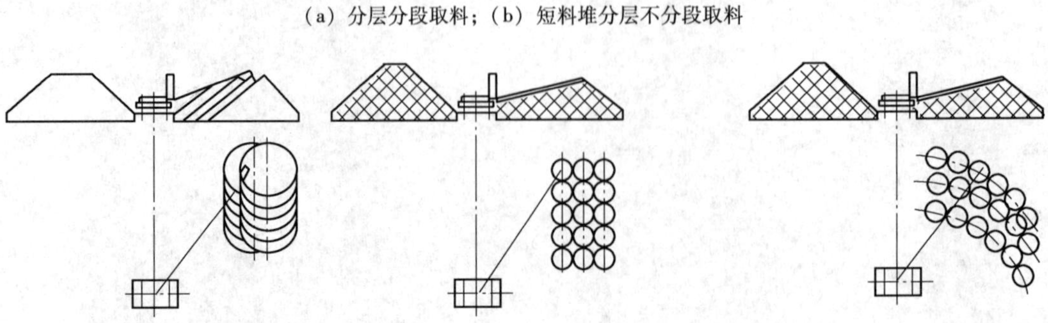

(a) (b) (c)

图 3.1.2 堆料工艺

（a）走行定点一次堆料；（b）走行定点分层堆料；（c）回转定点分层堆料

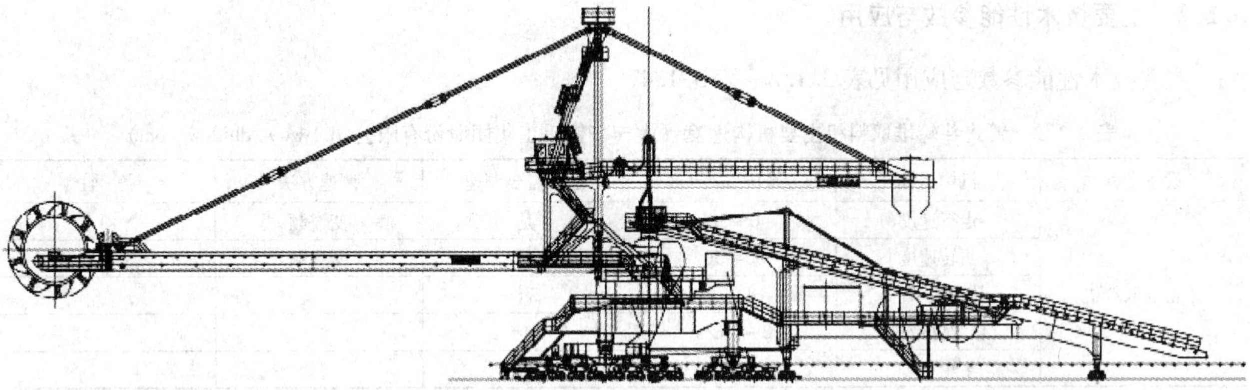

图3.1.3 斗轮堆取料机结构

(1) 走行定点一次堆料：悬臂梁仰角固定，定点堆料一次达到料堆高度后，大车前行，调整堆料落点，继续沿斜坡堆料。这种堆料方法在料场初始堆料时，悬臂可低些，以免粉尘太大造成环境污染，随着料堆增高，悬臂逐渐上仰，当达到规定的料堆高度后，悬臂的仰角就可以固定了，靠慢速走行依次堆料。

(2) 走行定点分层堆料，即分堆定点布料：分层分堆定点布料是将悬臂回转到选定的位置，并按料层高度选择俯仰角度。靠走行一堆一堆地布料；布完第一层第一排后，将悬臂回转到第二排的位置，以此类推；第一层布完料后，将悬臂上仰一定的角度，进行第二层布料，如此循环最后形成比较规则的料堆。

(3) 回转定点分层堆料，即靠悬臂回转分层分堆定点堆料：悬臂回转分层分堆定点布料是将本机调至选定的位置，悬臂俯仰到一定的高度，靠悬臂回转进行第一排料堆布料；第一排料堆布完后，大车慢速走行至第二排料堆布料位置，以此类推，第一层布完料后，将悬臂上仰一定的角度进行第二层布料，如此循环，直至形成最终的规则料堆。

斗轮堆取料机结构组成与功能见表3.1.1。

表3.1.1 斗轮堆取料机结构组成与功能（大连华锐重工集团股份有限公司 www.dhidcw.com）

序号	名称	功能
1	走行装置	完成堆取料机沿轨道方向运行功能
2	主体钢结构	堆取料机主承载结构，是堆取料机各机构的承载体
3	回转装置	完成堆取料机回转以上部分的在水平面内的回转动作
4	俯仰机构	完成堆取料机悬臂部分在垂直面内上小俯仰动作（由液压系统来完成）
5	斗轮装置	完成将物料从料场取出功能
6	皮带机系统	完成斗轮从料场取料转送至地面皮带或将地面皮带机的来料经尾车转卸到悬臂皮带机再排放到料场中
7	司机室装置	操作者对设备进行操作的场所
8	物料转载系统	完成物料在堆取料机各部件之间的转载功能
9	上电气室	安装变压器、高压柜及给设备上部配电的作用
10	平台及通道	方便相关人员维修及行走等
11	下电气室	安装低压柜及给设备下部供电的作用
12	供水除尘系统	完成在堆取料机各物料转载处洒水抑制灰尘以及清理设备表面
13	动力电缆卷筒	将动力电缆由地面上机
14	控制电缆卷筒	将通讯电缆由地面上机
15	润滑装置	完成对各部件转动轴承的润滑
16	杂件	含有配重块、液压配管、产品标志、产品铭牌以及一些辅助性的液压部件及零件的总和
17	电缆桥架	对设备上的电缆进行汇集支撑和保护
18	基础预埋件	起到支撑、检修设备及对设备的安全保护作用
19	电气设备	是设备上所有机构完成相关功能的控制组成，包括电气柜内部硬件和相关软件程序等组成

3.1.2 主要技术性能参数与应用

主要技术性能参数与应用见表 3.1.2 ~ 表 3.1.47。

表 3.1.2 臂式斗轮堆取料机主要机构速度（大连华锐重工集团股份有限公司 www.dhidcw.com）

设备名称	机构名称	速度范围/m · min^{-1}	是否需要调速	调速方法	备 注
斗轮堆取料机	走行速度	0 ~ 30	是	变 频	
	回转速度	30 ~ 50	是	变 频	
	俯仰装置	4 ~ 6	否		
	悬臂皮带机	0 ~ 5m/s	否		
	斗轮装置	0 ~ 7.5r/min	否		

表 3.1.3 臂式斗轮堆取料机参数范围（大连华锐重工集团股份有限公司 www.dhidcw.com）

设备名称	堆料能力/t · h^{-1}	取料能力/t · h^{-1}	臂长/m	轨距/m	带宽/mm
斗轮堆取料机	300 ~ 15000	300 ~ 14500	25 ~ 65	5 ~ 13	800 ~ 2400

表 3.1.4 应用案例（大连华锐重工集团股份有限公司 www.dhidcw.com）

名 称	型 号	取料能力 /t · h^{-1}	堆料能力 /t · h^{-1}	臂长/m	物 种	用 户
斗轮堆取料机-固定单尾车	DQL800/1200.35	800	1200	35	煤	武钢焦化厂
斗轮堆取料机-活动双尾车	DQL1500/1500.35	1500	1500	35	煤	国华定洲电厂
斗轮堆取料机-活动双尾车	DQL1500/1500.38	1500	1500	38	煤	湖北华电西塞山
斗轮堆取料机-活动双尾车	DQL1200/1200.40	1200	1200	40	煤	康平发电厂
斗轮堆取料机-活动双尾车	DQL2200/2200.40	2200	2200	40	煤	大唐阜新
斗轮堆取料机-固定单尾车	DQL2000/3000.38	2000	3000	38	煤	江苏利港电力
斗轮堆取料机-固定单尾车	DQL2650/2800.40	2650	2800	40	煤	神华巴彦淖尔
斗轮堆取料机-固定单尾车	DQL1500/2500.31.5	1500	2500	31.5	煤	山西太钢不锈钢
斗轮堆取料机-固定单尾车	DQL1500/2400.55	1500	2400	55	煤	首钢京唐
斗轮堆取料机-固定单尾车	DQL6000/6400.50	6000	6400	50	煤	黄骅港
斗轮堆取料机-固定单尾车	DQL7780/6500.36	7780	6500	36	煤	曹妃甸煤码头
斗轮堆取料机-固定单尾车	DQL1500/2000.35	1500	2000	35	煤	印度 JSW 钢厂
斗轮堆取料机-固定双尾车	DQL6500/7200.50	6500	7200	50	煤	京唐港
斗轮堆取料机-固定三尾车	DQL4000/3000.50	4000	3000	50	煤	淮南矿业芜湖
斗轮堆取料机-固定单尾车	DQLK1250/1500.30	1250	1500	30	矿 石	莱钢银山
斗轮堆取料机-固定双尾车	DQLK1450/3000.40	1450	3000	40	矿 石	TERNIUM 阿根廷
斗轮堆取料机-固定单尾车	DQLK2000/7500.55	2000	7500	55	矿 石	首钢京唐
斗轮堆取料机-活动单尾车	DQLK5000/5000.46	5000	5000	46	矿 石	浙江舟山武港
斗轮堆取料机-固定单尾车	DQLK1250/1500.50	1250	1500	50	矿 石	南京钢厂
斗轮堆取料机-固定单尾车	DQLK2000/7500.55	2000	7500	55	矿 石	首钢京唐
斗轮堆取料机-固定单尾车	DQLK1500/2400.52.5	1500	2400	52	矿 石	梅钢
斗轮堆取料机-固定单尾车	DQLK1500/4200.44	1500	4200	44	矿 石	宁波钢厂
斗轮堆取料机-固定单尾车	DQLK1200/1200.36	1200	1200	36	矿 石	宝钢三期改造
斗轮堆取料机-固定单尾车	DQLK1200/3600.52	1200	3600	52	矿 石	宝钢三期改造
斗轮堆取料机-固定单尾车	DQLK2000/2000.35	2000	2000	35	矿 石	中利联利比里亚
斗轮堆取料机-活动双尾车	DQLK4500/5000.47.5	4500	5000	47.5	矿 石	大连港
斗轮堆取料机-固定单尾车	DQLK4500/9000.47	4500	9000	47	矿 石	曹妃甸矿石三期
斗轮堆取料机-固定单尾车	DQLK3500/5000.47	3500	5000	47	矿 石	营口港二期
斗轮堆取料机-固定单尾车	DQLK6000/8250.51	6000	8250	51	矿 石	烟台港西港区
斗轮堆取料机-活动双尾车	DQLK8000/10500.53	8000	10500	53	矿 石	巴西淡水河谷
斗轮堆取料机-活动双尾车	DQLK8000/10500.50	8000	10500	50	矿 石	巴西淡水河谷
斗轮堆取料机-固定单尾车	DQLK5000/4500.65	5000	4500	65	矿 石	宝钢马迹山港

表 3.1.5 侧式悬臂堆料机/侧式刮板取料机选型参数（北方重工集团有限公司 www.nhi.com.cn）

设备类型	轨距/m	物料种类	物料密度 /t·m^{-3}	物料粒度 /mm	物料水分/%	堆料能力 /t·h^{-1}	取料能力 /t·h^{-1}	可选择形式
侧式悬臂堆料机	3.2~7	砂岩、原煤等	0.9~1.45	<100	<15	100~3700		回转式/非回转式
侧式刮板取料机	4~5	砂岩、原煤等	0.9~1.45	<100	<15		100~800	抬头式/倾斜式/水平式

表 3.1.6 侧式悬臂堆料机/桥式刮板取料机选型参数（北方重工集团有限公司 www.nhi.com.cn）

设备类型	轨距/m	物料种类	物料密度 /t·m^{-3}	物料粒度 /mm	物料水分/%	堆料能力 /t·h^{-1}	取料能力 /t·h^{-1}	可选择形式
侧式悬臂堆料机	3.2~7	石灰石、原煤等	0.9~1.45	<100	<15	100~3700		回转式/非回转式
桥式刮板取料机	16.4~50	石灰石、原煤等	0.9~1.45	<100	<15		100~1950	抬头式/倾斜式/水平式

表 3.1.7 天车式堆料机/门式刮板取料机选型参数（北方重工集团有限公司 www.nhi.com.cn）

设备类型	轨距/m	物料种类	物料密度 /t·m^{-3}	物料粒度 /mm	物料水分/%	堆料能力 /t·h^{-1}	取料能力 /t·h^{-1}	可选择形式
天车堆料机	3~6	铁渣、原煤等	0.9~3.0	<300	<2	650~2000		
门式刮板取料机	20.5~50	铁渣、原煤等	0.9~3.0	<300	<2		100~5000	半门式/全门式

表 3.1.8 圆形桥式刮板混匀堆取料机选型参数（北方重工集团有限公司 www.nhi.com.cn）

轨道直径/m	物料种类	物料密度 /t·m^{-3}	物料粒度/mm	物料水分/%	堆料能力 /t·h^{-1}	取料能力 /t·h^{-1}	有效储量/t
60~110	石灰石	1.45	<100	<10	200~2400	80~1200	5700~75000

表 3.1.9 顶堆侧取式堆取料机选型表（北方重工集团有限公司 www.nhi.com.cn）

轨道直径/m	物料种类	物料密度/t·m^{-3}	物料粒度/mm	堆料能力/t·h^{-1}	取料能力/t·h^{-1}	有效储量/t
65~136	煤、矿石	0.8~2.2	<300	400~4000	200~2000	20000~250000

表 3.1.10 桥式斗轮混匀取料机设备选型参数（北方重工集团有限公司 www.nhi.com.cn）

轨距/m	物料种类	物料密度/t·m^{-3}	物料粒度/mm	物料水分/%	取料能力/t·h^{-1}
16.4~50	煤、精矿、粉矿等	0.9~2.4	<100	<8	50~3300

表 3.1.11 臂式斗轮堆取料机设备选型参数（北方重工集团有限公司 www.nhi.com.cn）

臂长/m	物料种类	物料密度/t·m^{-3}	堆料能力/t·h^{-1}	取料能力/t·h^{-1}
25~60	煤、精矿、粉矿等	0.9~2.6	600~10000	600~10000

表 3.1.12 门式斗轮堆取料机设备选型参数（北方重工集团有限公司 www.nhi.com.cn）

臂长/m	物料种类	物料密度/t·m^{-3}	堆料能力/t·h^{-1}	取料能力/t·h^{-1}
25~60	煤	0.80~1.0	500~3500	250~1750

表 3.1.13 顶堆螺旋取式圆形堆取料机设备选型（北方重工集团有限公司 www.nhi.com.cn）

储量/m^3	料堆直径/m	料堆高度/m	物料种类	物料密度/t·m^{-3}	物料粒度/mm×mm×mm	物料水分/%	输送机伸缩距离/m
14000~315000	60~160	12.5~28	木片、木屑	0.025~0.035	30×30×300	<60	5~20

表 3.1.14 滚筒取料机设备选型参数（北方重工集团有限公司 www.nhi.com.cn）

轨距/m	物料种类	物料密度/t·m^{-3}	物料粒度/mm	取料能力/t·h^{-1}
30~40	铁矿粉	2.2	<100	1000~2500

表 3.1.15　门架式和悬臂式堆取料机的特点（华电重工股份有限公司　www.hhi.com.cn）

项　目	门架式堆取料机	悬臂式堆取料机
结构形式	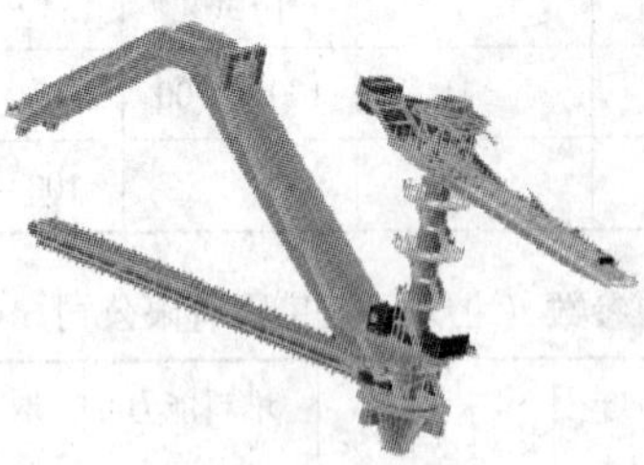	
结构受力状态	结构形式合理，门架和刮板取料机的部分重量由挡煤墙承担，且取料机没有倾覆力矩作用于回转支撑轴承和中心柱下部及支腿，受力状态良好	悬臂式取料机的负荷全部传递给回转支撑轴承和中心柱下部及支腿，其中包括很大的倾覆力矩，受力状态非常差，尤其是对大直径的圆形料场设备更为突出
回转支撑轴承	对回转支撑轴承的承载能力要求较小，且不承受倾覆力矩，轴承不带外齿，成本较低，易维护	对回转支撑轴承的承载能力要求高，特别是在刮板取料机检修俯仰钢丝绳松弛状态，回转支撑轴承要承受很大向后倾覆力矩；轴承带外齿，成本较高，不易维护
中心柱下部及支腿	中心柱下部及支腿钢结构承载能力要求较低，设计质量较轻	中心柱下部及支腿钢结构承载能力要求较高，设计质量较重
中心立柱基础	作用于中心立柱下部土建基础上的载荷较小，土建费用较低	作用于中心立柱下部土建基础上的载荷大，土建费用较高
回转驱动方式	门架式取料机回转驱动在圆形轨道的行走车轮上，采用两台标准三合一（电动机、减速器、制动器）减速机驱动形式，成本低，检修、维护方便	悬臂式取料机的回转通过 3 台立式行星减速器输出轴上的小齿轮与回转支撑轴承的外齿圈啮合来实现的，成本很高，检修、维护困难
设备结构空间	门架式取料机结构紧凑，不需要设计平衡配重，堆料机下面设备占用空间少，堆、取料机之间交叉关系少	悬臂式取料机要设有尺寸较大的配重，还需避免配重结构与料堆的相互干涉，为避免取料机上部平衡拉杆与电缆托令及堆料机间的干涉，堆料机需整体抬高，中心立柱加高
设备对挡煤墙的影响	挡煤墙上需铺设圆形轨道，设备对挡煤墙有垂直载荷，但该载荷能改善挡煤墙受煤堆的侧向倾覆力，所以对挡料墙主体的尺寸影响很小	悬臂式取料机对挡煤墙没有影响
挡煤墙对设备的影响	挡煤墙的变化会影响圆形轨道的圆度。“自适应随动行走装置”可以彻底解决挡墙位移的变化对设备运行的影响	挡煤墙的变化不会影响悬臂式取料机设备

表 3.1.16　侧式悬臂堆料机/侧式刮板取料机应用案例（北方重工集团有限公司　www.nhi.com.cn）

设 备 名 称	型　号	用　户	设 备 形 式
侧式悬臂堆料机	DB700/15	枞阳水泥厂	非回转式
	DB300/15.5	芜湖海螺	非回转式
	DB2900/17.5	中材尼日利亚项目	非回转式
	HDB215/22.7	印度 SANGHI 项目	回转式
	DB1500/17.6	马来西亚彭亨项目	非回转式
侧式刮板取料机	QGC450/26	中材尼日利亚项目	水平式
	QGC160/26.5	芜湖海螺	水平式
	QGC250/35.9	阿联酋水泥厂	水平式
	QGC215/24.4	印度 SANGHI 项目	抬头式
	QGC300/26	马来西亚彭亨项目	水平式

表 3.1.17 侧式悬臂堆料机/桥式刮板取料机应用案例（北方重工集团有限公司 www.nhi.com.cn）

设备名称	型号	用户	设备形式
侧式悬臂堆料机	DB3700/24.5	中材尼日利亚项目	非回转式
	HDB1955/26	贵州宏福	回转式
	DB2000/22.5	宿州海螺水泥厂	非回转式
	DB3600/25	青海盐湖公司	非回转式
桥式刮板取料机	QG1300/40	中材尼日利亚项目	水平式
	QG1955/40	贵州宏福	抬头式
	QG1200/38	华润封开公司	倾斜式
	QG1000/50	刘庄矿选煤厂	水平式

表 3.1.18 天车堆料机/门式刮板取料机应用案例（北方重工集团有限公司 www.nhi.com.cn）

设备名称	型号	用户	设备形式
天车堆料机	$B=650$	平凉祁连山水泥厂	
	$B=1000$	太行水泥厂	
	$B=1200$	后石电厂	
	$B=1600$	内蒙古电厂	
门式刮板取料机	QGM1000/36.5	俄罗斯铁矿厂	全门式
	QGM750/54	海南金海浆纸业公司	全门式
	QGM360/20.5	菲律宾老鹰项目	半门式
	QGM1200/28.5	兴澄特钢项目	半门式

表 3.1.19 圆形桥式刮板混匀堆取料机应用案例（北方重工集团有限公司 www.nhi.com.cn）

轨道直径	设备名称	用户
60m	圆形桥式刮板混匀堆取料机	山水集团
	圆形桥式刮板混匀堆取料机	唐县冀东公司
80m	圆形桥式刮板混匀堆取料机	越南安平水泥厂
	圆形桥式刮板混匀堆取料机	拉法基瑞安水泥厂
90m	圆形桥式刮板混匀堆取料机	土耳其 ASKALE 公司
	圆形桥式刮板混匀堆取料机	华润金沙水泥厂
110m	圆形桥式刮板混匀堆取料机	阿联酋 UCC 水泥厂
	圆形桥式刮板混匀堆取料机	土耳其 Akcansa 水泥厂

表 3.1.20 顶堆侧取式堆取料机应用案例（北方重工集团有限公司 www.nhi.com.cn）

设备名称	型号	用户
门架式顶堆侧取堆取料机	YGMC1600.3000/136	神华神东电力重庆万州电厂
	YGMC2000.3000/100	大唐锡林浩特矿业
	YGMC800.1500/110	新会双水项目
	YGMC2000.3000/80	宁东煤化工
	YGMC1000.120/90	惠州中海油公司
	YGMC1800.3000/100	广州华润电厂
配重式顶堆侧取堆取料机	YGC1200.2000/120	霍林河煤业
	YGC667.1100/65	伊朗 ZISCO 铁矿厂

表 3.1.21 桥式斗轮混匀取料机应用案例（北方重工集团有限公司 www.nhi.com.cn）

设备名称	型号	用户
桥式斗轮混匀取料机	HQL3300/40	伊朗 Gohar Zamin 公司
	HQL1200/50	通化钢铁公司
	HQL1200/48	山东日照钢铁公司
	HQL1500/37	重庆钢铁有限公司
	HQL600/36	中国铝业河南分公司
	HQL750/45	印度 BENGAL
	HQL1000/40	天津钢铁公司
	HQL1200/40	鄂城钢铁公司

表 3.1.22 臂式斗轮堆取料机应用案例（北方重工集团有限公司 www.nhi.com.cn）

设备名称	型号	用户
臂式斗轮堆取料机	DQL4000/60	非洲矿业公司
	DQL4000/3000.45	非洲矿业公司
	DQL1250/1500.45.5	吉林建龙公司
	DQL700/1400.45	巴西公司
	DQL1050/1050.37.5	韩国三星公司
	DQL1000/1050.33	印尼兰邦电厂
	DQL1500/1500.45	鄂城钢厂
	DQL1000/1000.50	印度 RELIANCE 公司

表 3.1.23 门式斗轮堆取料机应用案例（北方重工集团有限公司 www.nhi.com.cn）

设备名称	型号	用户
门式斗轮堆取料机	MDQL1250/2500.55	菲律宾电站
	MDQL250/500.50	印尼班加西电厂

表 3.1.24 滚筒取料机应用案例（北方重工集团有限公司 www.nhi.com.cn）

设备名称	型号	用户
滚筒取料机	QLG1800.40	包钢项目
	QLG1500.40	日照钢铁

表 3.1.25 臂式斗轮堆取料机设备选型参数（泰富重装集团有限公司 www.tidfore.com）

最大回转臂长/m	物料种类	物料密度/$t \cdot m^{-3}$	堆料能力/$t \cdot h^{-1}$	取料能力/$t \cdot h^{-1}$
60	煤、精矿、粉矿、石灰石、粮食等，物料粒度<300mm	0.85~2.6	200~16000	200~12000

表 3.1.26 臂式斗轮取料机设备选型参数（泰富重装集团有限公司 www.tidfore.com）

最大回转臂长/m	物料种类	物料密度/$t \cdot m^{-3}$	取料能力/$t \cdot h^{-1}$
25~60	煤、精矿、粉矿、石灰石、粮食等，物料粒度<300mm	0.85~2.6	200~12000

表 3.1.27 堆料机（STACKER）设备选型参数（泰富重装集团有限公司 www.tidfore.com）

悬臂式堆料机	物料种类	物料密度/$t \cdot m^{-3}$	物料粒度/mm	物料水分/%	堆料能力/$t \cdot h^{-1}$	臂长/m	轨距/m	带宽/mm
低型	煤、矿石等	0.8~2.8	<350	<15	300~3700	20~30	3.2~7	800~1800
高型	煤、矿石等	0.8~2.8	<350	<15	3000~10000	25~65	5~13	800~2400

表 3.1.28 门式斗轮堆取料机设备选型参数（泰富重装集团有限公司 www. tidfore. com）

设备名称	物料种类	物料密度/$t \cdot m^{-3}$	物料粒度/mm	物料水分/%	堆料能力/$t \cdot h^{-1}$	轨距/m	带宽/mm
门式斗轮堆取料机	煤、矿石等	0.8～2.8	<350	<15	300～10000	30～45	800～2400

桥式斗轮堆取料机如图 3.1.4 所示。

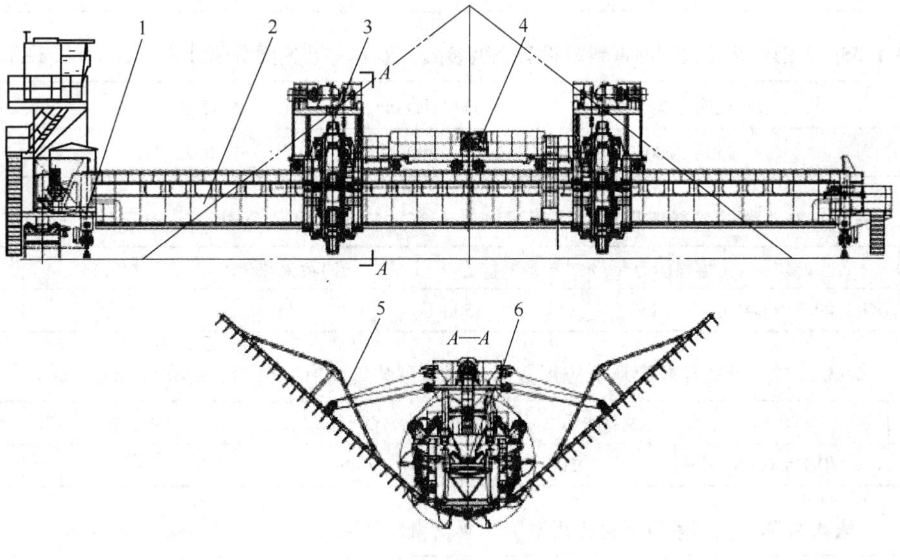

图 3.1.4 桥式斗轮堆取料机

表 3.1.29 桥式斗轮堆取料机主要结构（泰富重装集团有限公司 www. tidfore. com）

序 号	名 称	功 能
1	行走机构	完成取料机沿轨道方向运行功能
2	桥架	取料机主承载结构，是斗轮机构、桥架带式输送机、料耙机构、小车牵引机构的成载体
3	斗轮机构	完成取料功能，将料场物料取出并卸料至桥架带式输送机
4	小车牵引机构	完成斗轮机构及料耙机构横向移动功能，实现全断面取料
5	料耙机构	实现松散物料、取料均匀、防止物料坍塌
6	桥架带式输送机	完成物料运输功能，将斗轮取出的物料运输至地面皮带机

表 3.1.30 桥式斗轮混匀取料机设备选型参数（泰富重装集团有限公司 www. tidfore. com）

轨距/m	取料能力/$t \cdot h^{-1}$	物料类型	物料密度/$t \cdot m^{-3}$	物料粒度/mm	物料水分/%
20～50	500～3000	煤、石灰石、铁矿石	0.8～2.5	≤100	≤10

表 3.1.31 圆形堆取料机设备选型参数（泰富重装集团有限公司 www. tidfore. com）

料场直径/m	堆料机能力/$t \cdot h^{-1}$	取料机能力/$t \cdot h^{-1}$	物料粒度/mm	物料密度/$t \cdot m^{-3}$	料场储量/万米^3	挡墙高度/m
ϕ70～136	300～6800	300～3000	<300	0.7～2.2	4～30	<19

表 3.1.32 桥式圆形堆料机设备选型参数（泰富重装集团有限公司 www. tidfore. com）

料场直径/m	堆料机能力/$t \cdot h^{-1}$	取料机能力/$t \cdot h^{-1}$	物料粒度/mm	物料密度/$t \cdot m^{-3}$	料场储量/万米^3	挡墙高度/m
ϕ60～110	300～2500	300～1200	<150	1～1.5	1～5	0

表 3.1.33　门式、半门式刮板取料机设备选型参数（泰富重装集团有限公司　www.tidfore.com）

轨距/m	取料机能力/$t \cdot h^{-1}$	物料粒度/mm	物料密度/$t \cdot m^{-3}$	料场储量/万米^3
20 ~ 60	300 ~ 4000	<300	0.7 ~ 2.2	5 ~ 25

表 3.1.34　条形料场侧式刮板取料机设备选型参数（泰富重装集团有限公司　www.tidfore.com）

轨距/m	头尾链轮中心距/m	取料机能力/$t \cdot h^{-1}$	物料粒度/mm	物料密度/$t \cdot m^{-3}$	料场储量/万米^3
4 ~ 6	15 ~ 35	<800	<300	0.7 ~ 2.2	5 ~ 25

表 3.1.35　条形料场桥式刮板取料机设备选型参数（泰富重装集团有限公司　www.tidfore.com）

轨距/m	取料机能力/$t \cdot h^{-1}$	物料粒度/mm	物料密度/$t \cdot m^{-3}$	料场储量/万米^3
20 ~ 60	150 ~ 2000	<300	0.7 ~ 2.2	5 ~ 25

表 3.1.36　臂式斗轮堆取料机应用案例（泰富重装集团有限公司　www.tidfore.com）

名　称	型　号	堆料能力/$t \cdot h^{-1}$	取料能力/$t \cdot h^{-1}$	回转半径/m	物　料	用　户
臂式斗轮堆取料机	DQL1500/1500.45	1500	1500	45	煤	武陟煤炭物流园

表 3.1.37　臂式斗轮取料机应用案例（泰富重装集团有限公司　www.tidfore.com）

名　称	型　号	取料能力/$t \cdot h^{-1}$	直径/m	物　料	用　户
臂式斗轮取料机	QQ2500.45	2500	45	煤	孟家港

表 3.1.38　圆形堆取料机应用案例（泰富重装集团有限公司　www.tidfore.com）

序号	名　称	型　号	堆料能力 /$t \cdot h^{-1}$	取料能力 /$t \cdot h^{-1}$	直径/m	物　料	用　户
1	悬臂式圆形堆取料机	YDX2000/1500.120	2000	1500	120	煤	孟津电厂
2	悬臂式圆形堆取料机	YDX320/1000.80	320	1000	80	煤	大港油田
3	门架式圆形堆取料机	YDM3000/1500.120	3000	1500	120	煤	泰富国际

表 3.1.39　桥式圆形堆料机应用案例（泰富重装集团有限公司　www.tidfore.com）

名　称	型　号	堆料能力 /$t \cdot h^{-1}$	取料能力 /$t \cdot h^{-1}$	直径/m	物　料	用　户
桥式圆形堆取料机	YDQ320/700.90	320	700	90	石灰石	永福贵水泥厂

表 3.1.40　门式、半门式刮板取料机应用案例（泰富重装集团有限公司　www.tidfore.com）

序　号	名　称	型　号	取料能力/$t \cdot h^{-1}$	轨距/m	物　料	用　户
1	门式刮板取料机	MGQ600.56	600	56	煤	泰富国际
2	半门式刮板取料机	MGQ1100.35	1100	35	煤	泰富国际

表 3.1.41　条形料场侧式刮板取料机应用案例（泰富重装集团有限公司　www.tidfore.com）

名　称	型　号	取料能力 /$t \cdot h^{-1}$	头尾链轮 中心距/m	轨距/m	物　料	用　户
侧式刮板取料机	QBC200.29.5	200	15 ~ 35	4	页岩、砂石	永福贵水泥厂

表 3.1.42　条形料场桥式刮板取料机应用案例（泰富重装集团有限公司　www.tidfore.com）

名　称	型　号	取料能力/$t \cdot h^{-1}$	轨距/m	物　料	用　户
桥式刮板取料机	QG500.30	500	30	矿	浦　项

表 3.1.43 圆形料场堆取料机知识产权情况（华电重工股份有限公司 www.hhi.com.cn）

授权项目名称	知识产权类别	国 别	授 权 号
圆形储料场	实用新型专利	中国	ZL200620123264.7
带有门架式堆取料机的圆形料场	实用新型专利	中国	ZL200620123934.5
链条缓冲装置	实用新型专利	中国	ZL200620124425.4
双刮板堆取料机	实用新型专利	中国	ZL200720149769.5
一种用于起重设备自适应行走装置	实用新型专利	中国	ZL201320048892.3
圆形料场取料机平衡架	实用新型专利	中国	ZL201220041718.1
主辅刮板机外挂式张紧随动装置	实用新型专利	中国	ZL201220041715.8

表 3.1.44 圆形料场堆取料机应用案例（华电重工股份有限公司 www.hhi.com.cn）

序 号	设备型号	料场直径/m	堆料能力/$t\cdot h^{-1}$	取料能力/$t\cdot h^{-1}$	储量/万吨	挡墙高度/m	物料	数量	用户名称
1	CSR600/300.90	90	600	300	8	15	煤	1	宁波亚洲纸业（小港）
2	CSR2000/1500.120	120	2000	1500	23.6 万立方米	17	煤	2	福建可门电厂
3	CSR6000/3000.100	100	6000	3000	10	14	煤	1	内蒙古锡林郭勒白音华煤电公司
4	CSR1250/1250.90	90	1250	1250	8 万立方米	17	煤	4	宁波钢厂
5	CSR3600/1500.110	110	3600	1500	16.9 万立方米	20	煤	2	华能金陵电厂
6	CSR500/1100.80	80	500	1100	5.66 万立方米	15	硫黄	2	中原普光净化厂
7	CSR2500/2000.120	120	2500	2000	20	16.5	煤	1	中电投蒙东能源集团有限责任公司
8	CSR2500/2200.120	120	2500	2200	20	16.5	煤	1	神华宝日希勒能源有限公司
9	CSR2000/3000.100	100	2000	3000	11 万立方米	14	煤	1	内蒙古大雁扎尼河露天矿
10	CSR1500/1500.120	120	1500	1500	18.2 万立方米	14.5	铁粉	2	新疆八一钢厂
11	CSR4000/4000.100	100	4000	4000	11 万立方米	14	煤	1	大唐胜利东二号露天煤矿
	CSR4000/3000.100		3000					1	
12	CSR3600/1500.120	120	3600	1500	22 万立方米	19	煤	2	华电句容电厂
13	CSR2000/1000.110	110	2000	1000	15	17	煤	1	柬埔寨西哈努克港
14	CSR4400/3000.120	120	4400	3000	20 万立方米	17	煤	2	中信（江阴）码头有限公司
15	CSR1920/350.110	110	1920	350	18 万立方米	15	煤	1	巴厘岛 3×142MW 燃煤电厂(印尼)
16	CSR3000/400.120	120	3000	400	20 万立方米	17	煤	1	BV 2×150MW 电厂（菲律宾）
17	CSR3000/2000.120	120	3000	2000		18.5	煤	1	内蒙古铁物能源公司霍林河集运站
18	CSR1250/1250.90	90	1250	1250	8.9 万立方米	17	煤	2	新疆八一钢厂（COREX 项目）
	CSR1250/1250.90				6.6 万立方米	14	球团矿	1	
19	CSR3000/2250.136	136	3000	2250	29.5 万立方米	20	煤	2	神华镇江高资港
20	CSR5400/2500.120	120	5400	2500	20 万立方米	19	煤	2	中电投盐城港滨海港区一期工程
21	CSR3200/2000.120	120	3200	2000	20 万立方米	17	煤	1	山西肖家洼煤矿工程

表 3.1.45 半门式刮板取料机主要技术参数（湖南长重机器股份有限公司 www. zcmc. cc）

设备型号	BMG300. 28. 5	BMG1000/32	BMG1700/30
生产能力（取料）/t·h^{-1}	300	1000/750/400	1700/700
物料特性	煤	铁矿石、石灰石、煤	铁矿山/焦炭
门架跨距/m	28. 5	32	30
取料运行速度/m·s^{-1}	3	4	4
调车运行速度/m·s^{-1}	8	8	8
刮板尺寸/mm	1500×300		2500×451800×4000
刮板链速/m·s^{-1}	0. 55	0. 4～0. 7	0. 4～0. 8
轨道型号	P50/QU80	P50/QU80	QU80/QU100
最大轮压/kN	250	250	250
供电方式	电缆卷筒或安全滑触线		
装机总容量/kW	120	260	420

表 3.1.46 圆形料场堆取料机主要技术参数（湖南长重机器股份有限公司 www. czmc. cc）

设备型号		单位	YD60	YD80	YD90	YD110	YD120
生产能力	堆料	t/h	500	750	800	1200	2000
	取料	t/h	200	410	500	500	1000
物　料			石灰石、煤	石灰石	石灰石	煤	煤
轨道直径/料场内径		m	60	80	90	110	120
堆贮能力		t	18000	34000	75200	130000	175000
堆料方式			连续人字形			连续锥体式	
堆料层数		层	>300	>400	>500		
堆料机	堆料半径	m	16. 5	21. 75	23	34	37. 3
	胶带机带宽	mm	1000	1000	1000	1400	1400
	胶带机带速	m/s	1. 6	2. 5	2. 5	2. 5	3. 5
堆料机回转转速		r/min	0. 12	0. 114	0. 11	0. 066	0. 06
堆料机俯仰角度		(°)	±13	−15～+16	−16～+14		
取料机俯仰角度		(°)				−5. 8～+40	−5. 8～+40
取料方式			桥式刮板全断面连续取料			侧刮式取料	
取料机	刮板宽度×高度	mm	1200×300	1600×320	180×335	1800×400	2200×500
	刮板运行速度	m/s	0. 51	0. 5	0. 56	0. 67	0. 68
取料行走速度		m/min	0. 0046～0. 046	0. 0065～0. 065/2	0. 0056～0. 056	4～10	3. 5～8
调车行走速度		m/min	9. 6	5. 8	3. 53		
最大轮压		kN	250	290	350		
荐用钢轨			P50	QU80	QU80		
总装机容量		kW	145	175	280	230	350
控制方式			中控室遥控、现场自控、现场手控				
电　源			50Hz、380V				

表 3.1.47 混匀取料机主要技术参数（湖南长重机器股份有限公司 www. zcmc. cc）

设备型号		单位	OLH400. 24	OLH600. 32	OLH800. 30	OLH1000. 30	OLH1200. 37	OLH1800. 37	OLH2000. 36	OLH3000. 40
生产能力	取料	t/h	400	600	800	1000	1200	1800	2000	3000
物料特性	堆密度	t/m^3	2. 2	1. 6	2. 2	2. 4	2. 2	2. 2	2. 2	2. 2
	粒度	mm	≤10	<60	<10	<8	<25	<10	<10	<10
小车驱动	传动形式		钢丝绳卷扬/链轨							
	横行速度	m/min	6. 6	10	10	10	10	11	12	13
受料皮带	带宽	mm	800	1000	1000	1200	1200	1200	1400	1400
	带速	m/s	1. 6	2	2. 5	2	2	2. 5	2	2. 5

续表 3.1.47

设备型号		单位	OLH400.24	OLH600.32	OLH800.30	OLH1000.30	OLH1200.37	OLH1800.37	OLH2000.36	OLH3000.40
大车驱动	轨距	m	24	32	30	30	37	37	36	40
	行走速度	m/min	2~8.7	2~10	2~8.7	2~8	2~10	2~10	2~10	2~8
最大轮压		kN	270	280	230	250	250	250	250	250
荐用钢轨		kg/m	50	50	50	50	50	50	50	50
装机总容量	总功率	kW	110	185	210	235	290	350	350	480
	常用功率	kW	90	140	140	185	240	310	310	440
	电压	V	380	380	380	10000	10000	10000	380	10000
	供电方式		动力电缆卷筒、滑线							
电源			通讯电缆卷筒							

生产厂商：大连华锐重工集团股份有限公司，湖南长重机器股份有限公司，北方重工集团有限公司，华电重工股份有限公司，泰富重装集团有限公司。

3.2 装船机

3.2.1 概述

散料装船机是用于大宗散料装船作业的连续式装卸机械、主要由带式输送机以及运行、旋转、俯仰、伸缩等工作机构和臂架、门架等结构组成，采用电力驱动。按整机特点，散料装船机可分为移动式和固定式两类。

移动式装船机适用于河港直立式码头运行，具有良好的机动性。移动式装船机均需要运行轨道及与其并行布置的供料输送机系统。

固定式装船机适用于河港直立码头或近海开敞开水域墩柱式码头，通常分为墩柱式装船机、弧线摆动式装船机和直线摆动式装船机。这三种形式装船机仅需一个固定的旋转中心和受料漏斗。与移动式装船机相比，固定式装船机所需码头岸线及供料输送机长度可大为缩短。

散料装船机型式多样，其设计选型主要根据港口地理位置、水域情况、码头水工投资、适应船型以及装船工艺和能力而定。港口专业化码头的散料装船机随着船舶大型化而逐步趋向大型化，其装船能力可高达10000t/h以上。

3.2.2 工作原理

移动式装船机主要分为俯仰回转型、俯仰回转伸缩型和俯仰伸缩型装船机。

3.2.2.1 俯仰回转型装船机

俯仰回转型装船机臂架为不伸缩的直臂架结构，由于臂架只有俯仰和回转动作，使得回转支撑装置结构简单。作业时，物料在回转中心转载，通过臂架的回转和导料溜筒或抛料装置将物料装到船舱内。

俯仰回转型移动式装船机如图3.2.1所示。

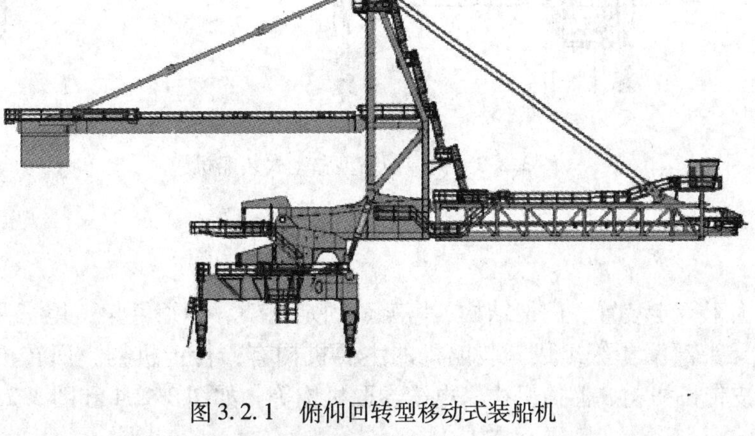

图3.2.1 俯仰回转型移动式装船机

3.2.2.2　俯仰回转伸缩型装船机

俯仰回转伸缩型装船机臂架可以伸缩、俯仰并可和回转平台、立柱等同时回转。在作业时，通过臂架的伸缩、回转和行走机构的配合来改变溜筒的装料位置。这种形式需要复杂的回转支撑装置和较大的结构，机构多，质量大。但因由较完善的功能，可以有较大的作业覆盖面和较高的装船效率，对船型的适应性强，通过合理布置可同时兼顾两个泊位的装船作业。

俯仰回转伸缩型移动式装船机如图 3.2.2 所示。

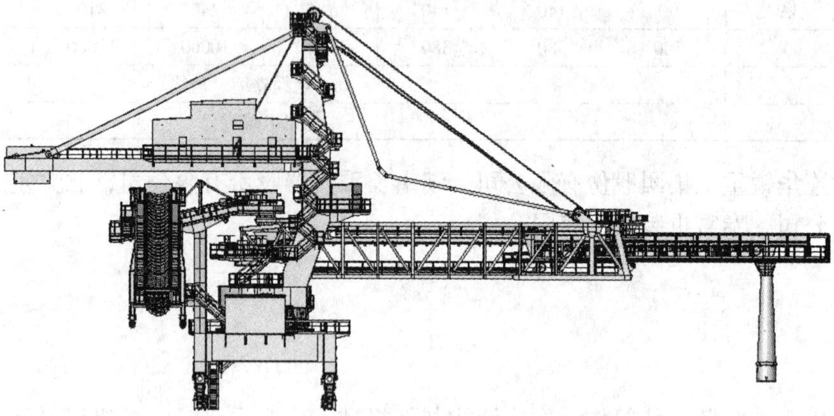

图 3.2.2　俯仰回转伸缩型移动式装船机

3.2.2.3　俯仰伸缩型装船机

俯仰伸缩型装船机臂架只做俯仰和伸缩运动，装料时，通过臂架伸缩和整机走行的配合来改变溜筒的装料位置，作业的覆盖面为一固定的长条形，故适用于较为固定的船型。由于没有复杂的回转支撑及驱动装置，结构比较简单，整机质量相对较小。在非工作状态下，臂架俯仰角度必须满足船舶靠离码头时臂架与船体不干涉，俯仰角度相对较大。

俯仰伸缩型移动式装船机如图 3.2.3 所示。

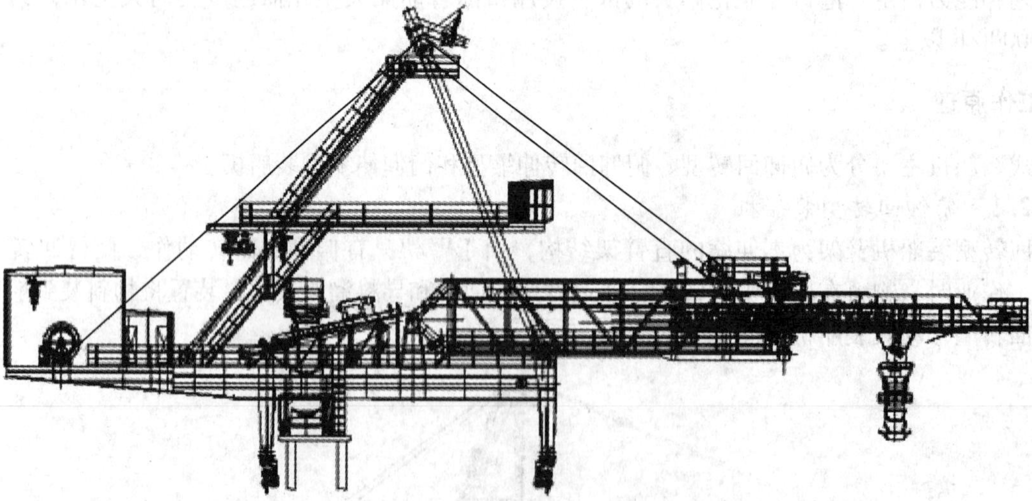

图 3.2.3　俯仰伸缩型移动式装船机

3.2.3　结构组成

装船机主体是由大车行走装置、门架结构、塔架、固定臂架、伸缩臂架、尾车及其他附加设备组成。尾车由支腿、尾车架、头部漏斗等组成。装船机的主要机构有：行走机构、回转机构、臂架俯仰机构、臂架伸缩机构、臂架皮带机机构、溜筒机构、电缆卷取机构等。如图 3.2.4 和图 3.2.5 所示。

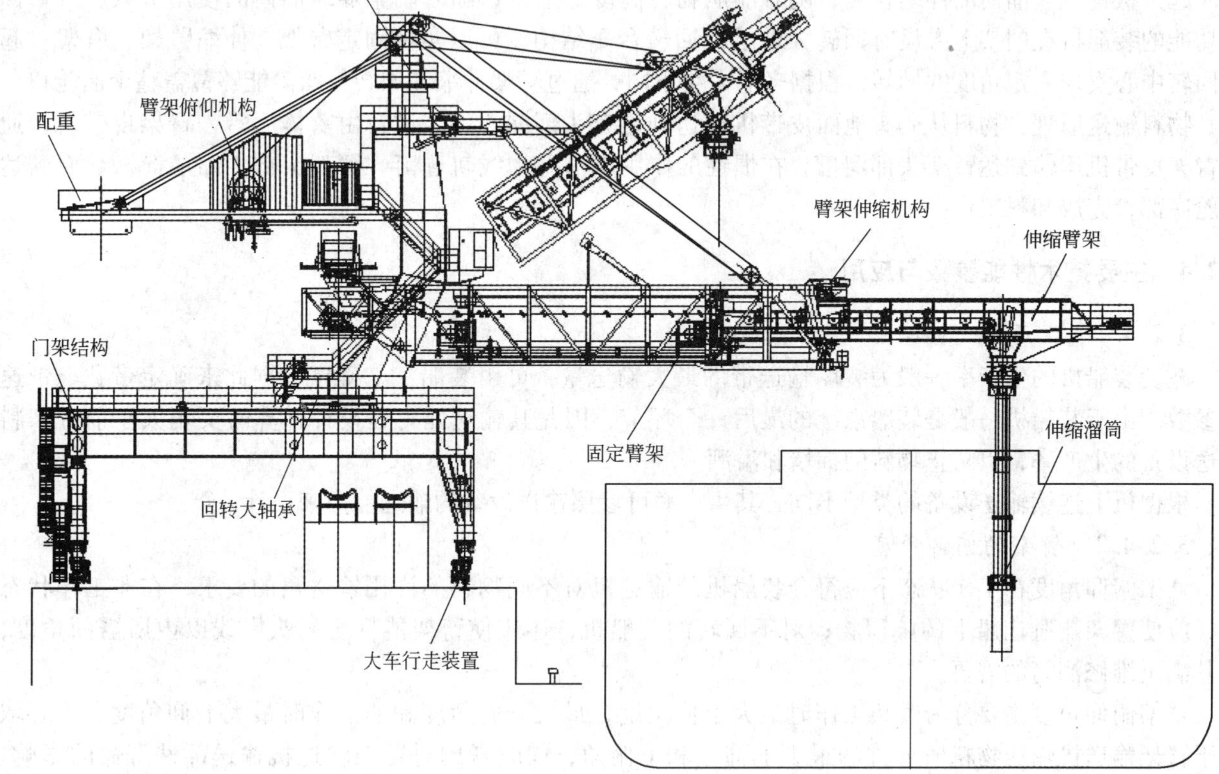

图 3.2.4 移动式装船机结构组成

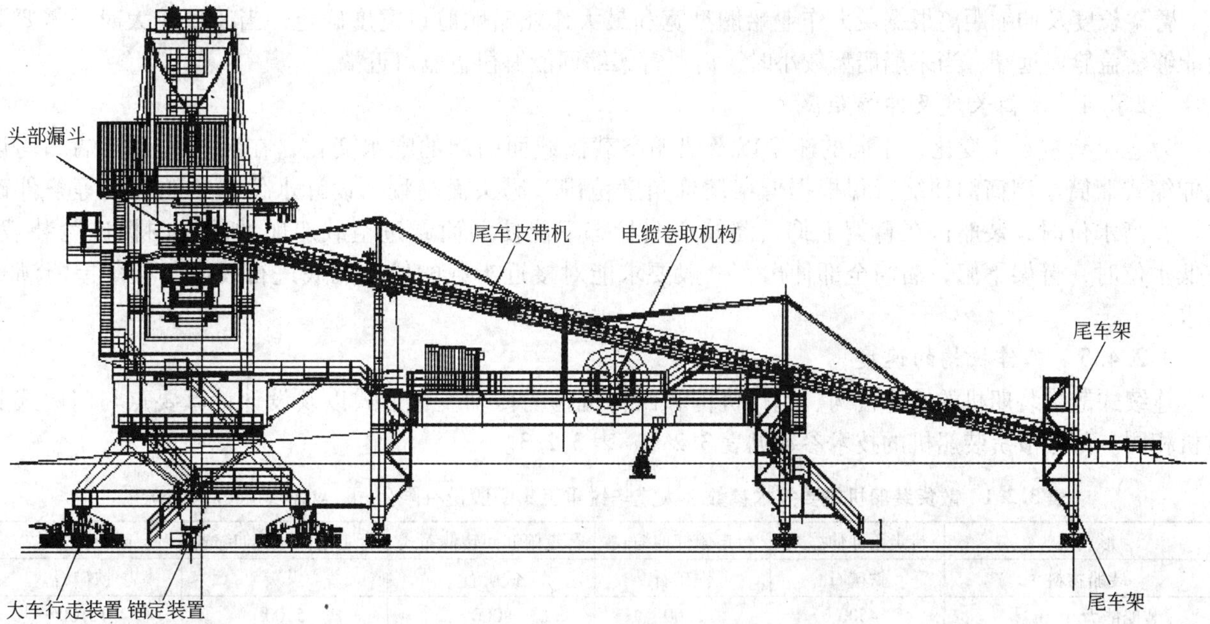

图 3.2.5 装船机尾车结构组成

大车行走装置是由平衡梁、台车架、锚定、夹轨（轮）器等组成。大车上部为门架结构，门架上部为塔架。塔架由立柱、司机室、臂架皮带机驱动装置、臂架俯仰驱动装置等组成。塔架前面装有臂架，臂架后端由铰轴连接在门架上，臂架的前端装有俯仰滑轮组，由钢丝绳连接到塔架的顶部，通过钢丝绳的卷绕上下俯仰。也有一些装船机采用液压油缸俯仰，采用这种俯仰形式的装船机不需设置卷筒和钢丝绳变幅系统。另外具有臂架伸缩功能的装船机，在固定臂架的顶部和底部装有轮子，共同起到支撑伸缩臂架的作用。固定臂架前端还装有伸缩臂架的驱动装置。在臂架的前端用销轴联结伸缩溜筒，通过伸缩溜筒起升机构调整溜筒的伸缩长度，随着船舱物料高度的上升，随时调整伸缩溜筒的使用节数。具备回转功能的装船机在门架上方设有回转大轴承或回转台车结构，可以实现固定臂架、伸缩臂架、塔架一起沿回转中心实现一定角度的回转，根据来船大小不同，通过臂架伸缩和回转使溜筒能够覆盖整个船舱口。

物料输送原理：物料从码头地面皮带机运送到尾车头部漏斗，经过自由落体后落入臂架皮带机，通过臂架皮带机运输到达臂架头部溜槽，在惯性的作用下沿抛物线轨迹落入臂架头部伸缩溜筒，继而到达船舱底部，完成卸料工作。

3.2.4 主要技术性能参数与应用

3.2.4.1 生产率

散货装船机的生产率一般为装船输送带的最大输送量，可由装船工艺确定，据此来确定带宽、带速等参数。由于装船机一般是装船系统的最后一个环节，因此其输送能力在设计计算时要稍大于前方来料输送设备的生产率，以防止物料的拥堵和溢洒。

根据机上连续输送设备的类型不同，其生产率可参照输送设备的输送能力来设计计算。

3.2.4.2 臂架的俯仰角度

臂架俯仰角度在工作状态下应符合装船机的输送机对不同物料的许用输送角的要求，在非工作状态下，应使臂架能避让船上的障碍物；对不回转的装船机，还应使臂架能仰至码头岸线以内所需的角度，使其满足维修溜筒的需要。

臂架俯仰角度主要分为臂架工作时最大上仰角度，最大下俯角度和非工作时最大上仰角度。主要取决于臂架输送机输送物料所允许的最大上仰角和下俯角，同时考虑对臂架输送机输送部件寿命的影响。臂架非工作最大仰角需要考虑在最不利工况下能将溜筒放入船舱，还要考虑让船要求，一般取30°～40°。无回转机构伸缩臂架式装船机需要将臂架缩进码头前沿内，一般取70°左右。

3.2.4.3 臂架长度及伸缩距离

臂架长度及伸缩距离根据最大作业船舶型宽和最大作业船舶舱口宽度确定，当船型较大时，需要溜筒能够覆盖舱口远端，当来船船型较小时，需要臂架缩回能够覆盖舱口近端。

3.2.4.4 溜筒长度及伸缩距离

为适应潮差水位变化，不同的船型以及船舶空载满载而引起的吃水变化，在装船机臂架端部均设置伸缩式溜筒。溜筒的伸缩行程根据臂架俯仰角度范围、码头面高程、设计水位和船舶吃水等条件确定。在高水位时，装船机在臂架上仰、溜筒全缩状态下能使溜筒越过空载船舶的舱口围板进舱装载。在低水位时，臂架下俯，溜筒全部伸出，一般要求能对接近半载的船舶舱底进行装载，且落差能满足要求。

3.2.4.5 工作机构的速度

连续式散货装船机的俯仰机构、运行机构和回转机构的传动装置形式以及设计计算要点与门座式起重机相同。部分散货装船机的技术参数见表3.2.1～表3.2.3。

表3.2.1 散货装船机主要技术参数（大连华锐重工集团股份有限公司 www.dhidcw.com）

形式		行走俯仰伸缩式	行走俯仰伸缩式	行走俯仰回转伸缩式	行走俯仰回转伸缩式	回转伸缩式
装船物料		铁矿石	铁矿石	铁矿石	煤炭	铁矿石
装船能力/t·h^{-1}		4500	5000	8000	5100	12700
最大船型（DWT）		70000	50000	80000	175000	100000
机构速度/m·min^{-1}	行走	0～25	0～30	0～30	0～30	0～30
	俯仰	5	5	5	5	5
	回转/r·min^{-1}	0.15	0.17	0.1	0.1	0.1
	伸缩	0～10	0～10	0～6	0～5	15
	输送机	198	189	276	270	330

表 3.2.2 散货装船机主要机构的工作级别（大连华锐重工集团股份有限公司 www.dhidcw.com）

主要机构	皮带机	回转机构	臂架伸缩机构	臂架俯仰机构	大车行走机构
工作级别	M8	M6	M6	M6	M6

表 3.2.3 散货装船机应用案例（大连华锐重工集团股份有限公司 www.dhidcw.com）

规格	物料	用户	规格	物料	用户
500t/h	煤	广州新沙港	4500t/h	铁矿石	宝钢马迹山港
1200t/h	煤	天津港	4500t/h	铁矿石	大连港
2000t/h	煤	华能南通	4500t/h	铁矿石	湛江港
5000t/h	煤	秦皇岛	5000t/h	铁矿石	宝钢马迹山港
5100t/h	煤	莫桑比克	8000t/h	铁矿石	马来西亚
6000t/h	煤	秦皇岛港	12000t/h	矾土	澳大利亚力拓
1000t/h	水泥	大连小野田水泥厂	12700t/h	铁矿石	澳大利亚罗伊山
1000t/h	粮食	丹东港			

3.2.5 装船机的选用

选择装船机应该确定以下参数：

（1）根据用户所需装船效率选择装船机机型大小和臂架皮带机宽度；

（2）根据码头建造形状和可操作面积确定选择固定式还是移动式装船机；

（3）根据船型大小和潮位变化选择臂架形式、铰点高度和俯仰角度；

（4）根据物料的种类选择溜筒的种类，伸缩式、固定式、是否带抛料勺；

（5）根据供料皮带机的位置，选择尾车位置、布置形式和落料溜槽布置。

以上参数确定以后就可以确定一个装船机的类型和大概的整机质量。见表 3.2.4，应用案例见表 3.2.5。

表 3.2.4 装船机设备选型参数（北方重工集团有限公司 www.nhi.com.cn）

物理特性	名称	煤、矿石等	供电方式 通讯方式	电缆卷筒、 滑触线、无线通讯
	堆积密度/$t \cdot m^{-3}$	0.65～2.5		
	粒度/mm	0～300		
	含水量/%	约 10		
	安息角/(°)	27～50		
主要指标	额定生产率/$t \cdot h^{-1}$	600～6000		
	最大外伸距/m	20～35		

表 3.2.5 装船机应用案例（北方重工集团有限公司）

设备名称	形式	规格/$t \cdot h^{-1}$	用户
装船机	回转式	4000	缅甸电厂
装船机	回转式	3000	日本

生产厂商：大连华锐重工集团股份有限公司，北方重工集团有限公司。

3.3　卸船机

3.3.1　概述

散料卸船机，从船舱内将散状物料连续地卸运到码头岸上的专用卸船机械，分为连续卸船机和桥式抓斗卸船机，主要适用于在专业化码头上接卸煤炭、矿石、化肥、粮食、建材等大宗干散货物。散料连续卸船机按完成取料、提升等工序的连续输送机为特征可分为链斗式卸船机，压带式卸船机，螺旋式卸船机，斗轮式卸船机，波形挡边带式卸船机，埋刮板式卸船机，绳斗式卸船机和气力式卸船机。其对物料的物理性能比较敏感，每一种卸船机只适用于性能相近的物料。近期快速发展起来的桥式抓斗卸船机，大量用于大型海港码头，接卸大型、特大型煤炭、矿石散料船。

3.3.2　主要特点

散料连续卸船机的主要优点：

(1) 连续卸船能力较大；

(2) 环境保护好，整机质量较小；

(3) 操作简单，容易实现自动化。

桥式抓斗卸船机的主要优点：

(1) 生产能力大，效率高；

(2) 对物料适应性强；

(3) 便于实现自动控制。

3.3.3　产品结构

桥式抓斗卸船机主要由以下机械部件组成（见图 3.3.1）：

(1) 大车行走机构；(2) 小车；(3) 抓斗；(4) 臂架俯仰机构；(5) 移动司机室、臂架俯仰控制室和第二电器控制室；(6) 漏斗；(7) 供料皮带机；(8) 原煤外落返回挡板及机构；(9) 起升、开闭及小

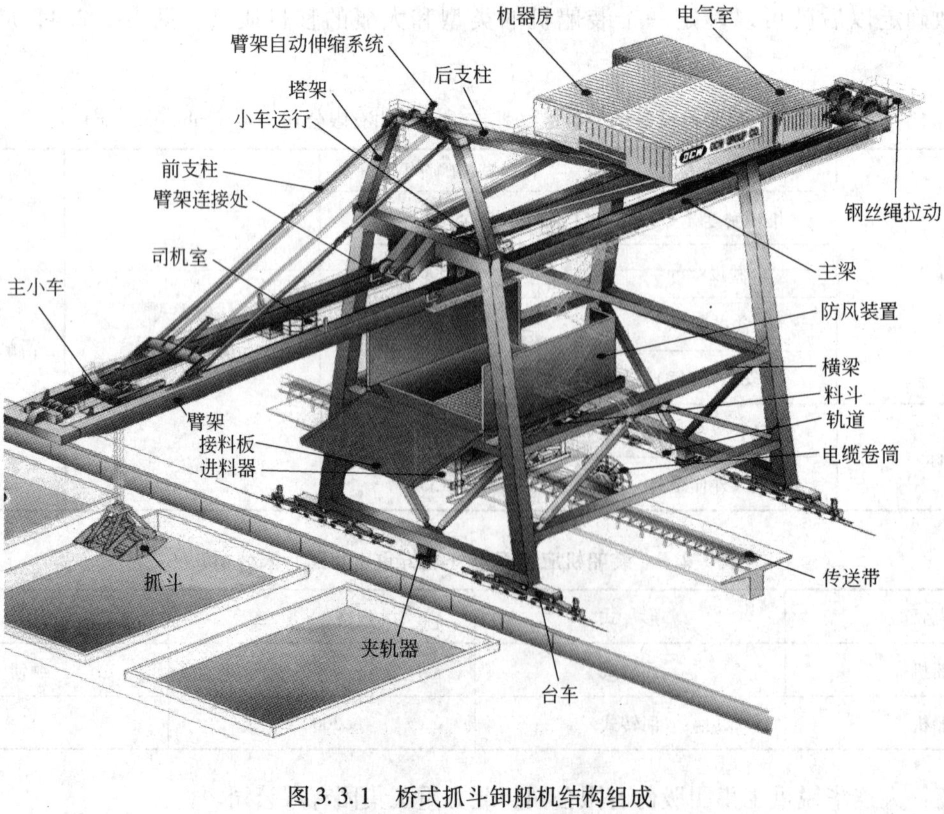

图 3.3.1　桥式抓斗卸船机结构组成

车牵引机构；（10）喷水压尘系统；（11）电梯、梯子、平台、步道；（12）动力、控制电缆卷取装置；（13）锚定、防台风系统；（14）机械、电器房；（15）托绳小车及牵引系统；（16）维修起重机。

3.3.4 主要技术性能参数与应用

主要技术性能参数与应用见表 3.3.1～表 3.3.8。

表 3.3.1 桥式抓斗卸船机选型型谱（大连华锐重工集团股份有限公司 www.dhidcw.com）

<table>
<tr><td>额定起重量/t</td><td>16</td><td>20</td><td>25</td><td>32</td><td>36</td><td>40</td><td>45</td><td>50</td><td>55</td><td>65</td><td>70</td><td>75</td></tr>
<tr><td rowspan="2">额定生产能力/t·h⁻¹</td><td colspan="2">600</td><td colspan="2">1000</td><td colspan="2">1400</td><td colspan="2">1800</td><td colspan="2">2500</td><td colspan="2">3000</td></tr>
<tr><td></td><td colspan="2">800</td><td colspan="2">1250</td><td colspan="2">1650</td><td colspan="2">2100</td><td colspan="2">2800</td><td></td></tr>
<tr><td rowspan="2">适用船型/t</td><td colspan="7">50000～75000</td><td colspan="3">200000</td><td colspan="2"></td></tr>
<tr><td>25000</td><td colspan="4">35000</td><td colspan="4">150000</td><td colspan="3">365000</td></tr>
<tr><td rowspan="2">最大外伸距/m</td><td colspan="7">30</td><td colspan="3">45</td><td colspan="2"></td></tr>
<tr><td>25</td><td colspan="4">28</td><td colspan="4">42</td><td colspan="3">48</td></tr>
<tr><td rowspan="4">大车轨距/m</td><td>10.5</td><td colspan="2">16</td><td colspan="3">22</td><td colspan="6">30</td></tr>
<tr><td colspan="4"></td><td colspan="2">24</td><td colspan="3">28</td><td colspan="3"></td></tr>
<tr><td colspan="2">14</td><td colspan="3">18</td><td colspan="3">26</td><td colspan="4"></td></tr>
<tr><td colspan="12">或根据用户码头情况确定</td></tr>
<tr><td rowspan="2">基距/m</td><td colspan="2">12</td><td colspan="2">14</td><td colspan="2">16</td><td colspan="2">17</td><td colspan="4">18</td></tr>
<tr><td colspan="12">或根据用户码头情况确定</td></tr>
<tr><td>起升高度/m</td><td colspan="12">根据用户实际情况综合考虑确定</td></tr>
</table>

表 3.3.2 卸船机应用案例（大连华锐重工集团股份有限公司 www.dhidcw.com）

序 号	产品名称	台 数	生产率/$t \cdot h^{-1}$	用 户	机 型	物 料	交货年份
1	抓斗卸船机	2	1250	福州华能电厂	自行小车	煤炭	1986
2	抓斗卸船机	2	1800	宝山钢铁公司	自行小车	煤炭、矿石	1987
3	抓斗卸船机	2	1650	北仑港电厂	主副小车	煤炭	1988
4	抓斗卸船机	2	2250	宝山钢铁公司	主副小车	矿石	1989
5	抓斗卸船机	3	500	上海吴泾电厂	自行小车	煤炭	1991
6	抓斗卸船机	2	650	中国台湾台中港	自行小车	煤炭	1992
7	抓斗卸船机	2	2100	宁波北仑港	主副小车	矿石	1995
8	抓斗卸船机	2	2250	宝钢马迹山公司	主副小车	矿石	2001
9	抓斗卸船机	1	1250	澳大利亚	四卷同差动	煤炭	2003
10	抓斗卸船机	2	1500	华润电力公司	四卷同差动	煤炭	2004
11	抓斗卸船机	2	2250	中国湛江港	四卷同差动	矿石	2004
12	抓斗卸船机	2	1800	宝山钢铁公司	四卷同差动	矿石	2005
13	抓斗卸船机	3	2500	宝钢马迹山港	四卷同差动	矿石	2006
14	抓斗卸船机	2	1800	南京龙潭港	四卷同差动	煤炭、矿石	2007
15	抓斗卸船机	2	3000	日本新日铁	自行小车	煤炭	2008
16	抓斗卸船机	3	1250	东莞	四卷同差动	煤炭	2008
17	抓斗卸船机	3	2500	印度	四卷同差动	矿石	2009
18	抓斗卸船机	1	3000	日本名古屋	自行小车	煤炭、矿石	2010
19	抓斗卸船机	6	3000	曹妃甸矿石三期	四卷同差动	矿石	2011
20	抓斗卸船机	2	2750	烟台港	四卷同差动	矿石	2012
21	抓斗卸船机	3	3500	马来西亚	四卷同差动	矿石	2012
22	抓斗卸船机	2	1000	菲律宾	四卷同差动	煤炭	2012
23	抓斗卸船机	2	3000	湛江港	四卷同差动	矿石	2012
24	抓斗卸船机	2	1800	印度	四卷同差动	煤炭	2013
25	抓斗卸船机	6	2750	沧州黄骅港	四卷同差动	矿石	2013
26	抓斗卸船机	2	2500	越南	四卷同差动	煤炭、矿石	2013
27	抓斗卸船机	2	2000	印度	四卷同差动	煤炭	2013

表 3.3.3 卸船机主要技术参数（北方重工集团有限公司 www.nhi.com.cn）

项目		参数
额定生产能力/t·h^{-1}		400~2500
抓斗最大伸距/m		水侧轨前 28 水侧轨后 18
司机室最大伸距/m		水侧轨前 22 水侧轨前 16
抓斗起升高度/m		+21/-19
俯仰角度/(°)		0~82
工作速度	起升/m·min^{-1}	100~150
	小车/m·min^{-1}	140~180
	大车/m·min^{-1}	25
	司机室/m·min^{-1}	20
	俯仰/m·min^{-1}	7
	进料胶带机/m·s^{-1}	2
	出料胶带机/m·s^{-1}	2.5
设计风速/m·s^{-1}		工作时：20 非工作时：45
设计轮压/kN		≤400

表 3.3.4 固定式卸船机主要技术参数（北方重工集团有限公司 www.nhi.com.cn）

额定生产能力/t·h^{-1}	抓斗最大伸距/m	最大起重量/t	抓斗起升高度/m		起升速度/m·s^{-1}	变幅速度/m·s^{-1}	回转速度/r·min^{-1}	回转角度/(°)	供电电源/V
18~35	100~1600	5~40	轨上：28	轨下：16	18~60	18~55	380，50	1~1.5	360

表 3.3.5 卸船机应用案例（北方重工集团有限公司 www.nhi.com.cn）

设备名称	400t/h 桥式抓斗卸船机	1750t/h 桥式抓斗卸船机
型　号	四卷筒牵引	四卷筒牵引
额定生产能力/t·h^{-1}	400	1750
用　户	印尼龙目岛	印尼兰邦电厂

表 3.3.6 固定式卸船机应用案例（北方重工集团有限公司 www.nhi.com.cn）

设 备 名 称	型　号	额定生产能力/t·h^{-1}	用　户
ZX1025 固定式卸船机	四索抓斗	250	印尼龙目岛

表 3.3.7 散装物料卸船、装车输送设备配套选型（广西百色矿山机械厂有限公司 www.baikuang.com.cn）

卸船设备型号规格	平均取料量/t·h^{-1}	最大取料量/t·h^{-1}	卸船设备组成			质量/t	总功率/kW	岸上相应配套的装车、输送设备	
			垂直管式螺旋取料机	水平管螺旋输送机	回转塔架			水平管式装车机、U 形水平螺旋输送机或空气输送斜槽等其他输送设备	斗式提升机
XCSB-100	80~100	120	LCF250Q	LC300G		18	60	LS500 或 XZ315	TGD400、NSE100、TH400G、NE150
XCSB-120	100~120	140	LCF300Q	LC350G		26	80	LS630 或 XZ400	TDG500、TH500G、NE200、NSE200
XCSB-150	130~160	180	LCF350Q	LC400G		40	110	LS800 或 XZ500	TH630G、NSE300、TGD630、NE300
XCSB-180	160~190	220	LCF400Q	LC450G		60	130	LS1000 或 XZ630	TH800G、TGD630、NE400、NSE400

卸船机系统设备工艺简图如图 3.3.2 所示。

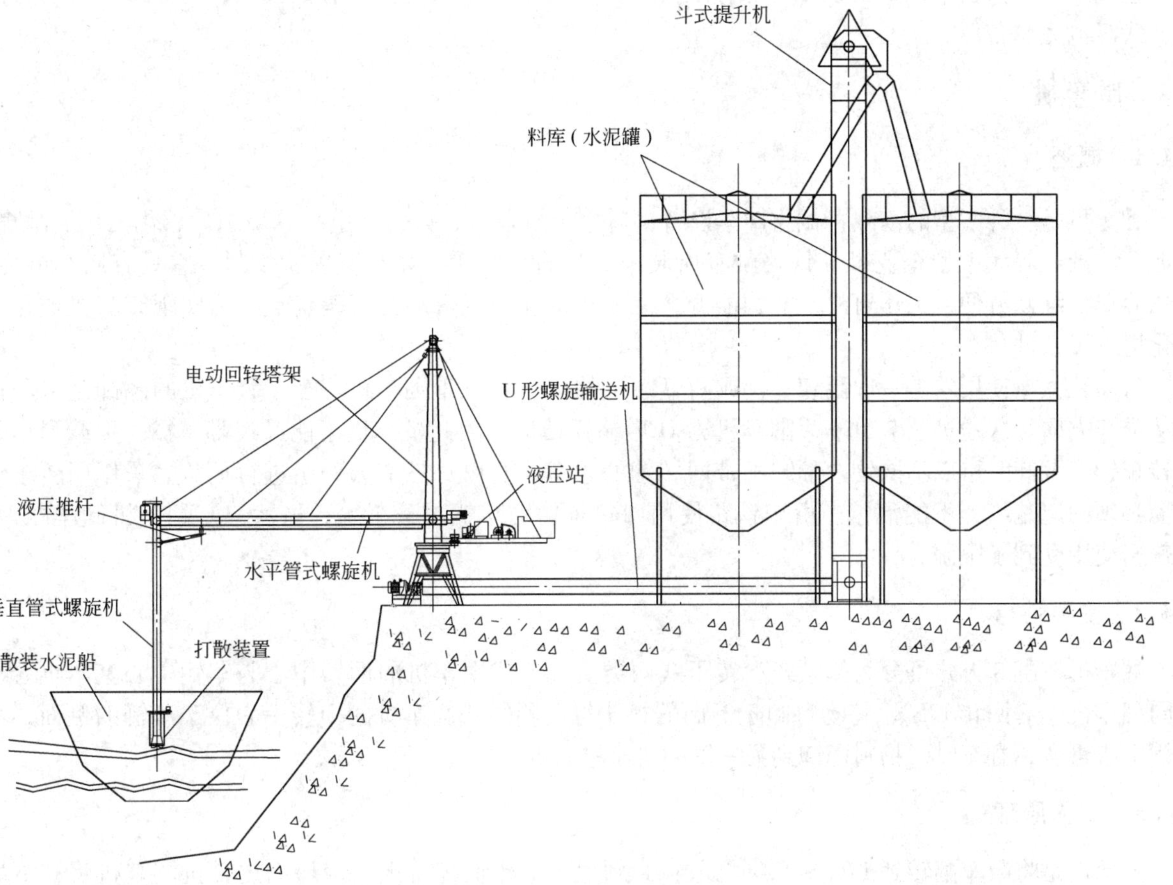

图3.3.2 卸船机系统设备工艺简图

表3.3.8 卸船机主要技术参数（武汉电力设备厂 www.wpew.com）

型号		XLJ350	XLJ500	XLJ800	XLJ1000	XLJ1250
设计生产率/$t \cdot h^{-1}$		350	500	800	1000	1250
作业方式		（浮式/岸壁式/岸壁移动式） 定机移船/定船移机				
被卸物料		煤、砂、碎石、水泥熟料、矿石				
船型（型宽×型长×型深）/m×m×m		1000t 甲板驳 10.6×55×3.5 1500t 甲板驳 13.5×75×3.5 3000t 槽型驳 16×75×4.5 5000t 槽型驳 109×17.3×7 8000DWT 型驳船 91.4×24.4×5.5 10000DWT 型驳船 100.5×24.4×5.5				
C70链斗机构	斗容/dm^3	180	180	270	320	320
	链速/$m \cdot s^{-1}$	0.594	0.5	0.5	0.5	0.54
悬臂梁升降机构	升降行程/m	6~10	6~10	6~10	6~10	6~10
	升降速度/$m \cdot min^{-1}$	10	10	10	10	10
链斗横移机构	横移速度/$m \cdot min^{-1}$	10	10	10	10	10
移船机构	进船/移机速度/$m \cdot min^{-1}$	0.4~0.8	0.4~0.8	0.4~0.8	0.4~0.8	0.4~0.8
	退船/移机速度/$m \cdot min^{-1}$	8~12	8~12	8~12	8~12	8~12
带式输送机	带宽/m	1	1.2	1.4	1.4	1.4
	带速/$m \cdot s^{-1}$	2	2	2	2.5	2.5
装机容量/kW		160	180	200	200	210

生产厂商：大连华锐重工集团股份有限公司，广西百色矿山机械厂有限公司，北方重工集团有限公司，武汉电力设备厂。

3.4 翻车机

3.4.1 概述

翻车机是一种大型的高效机械化卸车设备，适用于冶金厂、火力发电厂、烧结厂、化工厂、洗煤厂、水泥厂、港口等大中型企业翻卸铁路敞车所装载的矿石、精矿、煤炭等散状物料。它具有卸车能力高，设备简单，维修方便，工作可靠，节约能源，无损车辆和减轻劳动强度等优点，为实现卸车机械化和自动化提供了条件。

目前，大量使用的是一次翻卸一辆或两辆敞车的单车和双车翻车机。三车翻车机的翻卸是采用拨车机从进车方向每次送进三节重车，翻车机为O形端环结构，因此拨车机不能通过翻车机，重载列车采用回转车钩，翻卸时可以不摘钩。翻卸不带回转钩的重车，要以每三节为一组进行摘钩。采用回转车钩的车辆必须固定编组，不能混编。由于铁路使用回转车钩的车辆数量很少，虽然三车翻车机卸车能力大，但普遍使用受到了限制。

3.4.2 主要特点

翻车机按翻卸方式可分为侧倾式和转子式两类。转子式翻车机的回转中心与车辆中心基本重合，车辆同翻车机一起回转175°，将物料卸于下面的料斗里，侧倾式翻车机的回转中心位于车辆的侧面，不与车辆中心重合，翻车时，物料翻卸到另一侧的料斗里。

3.4.3 工作原理

其原理是将敞车翻转到170°~180°将散料卸到地下的地面皮带上，由地面皮带机翻车机将卸下的散料运送到需要的地方。

贯通式翻车机卸车系统如图3.4.1所示，翻车机卸车系统如图3.4.2所示。

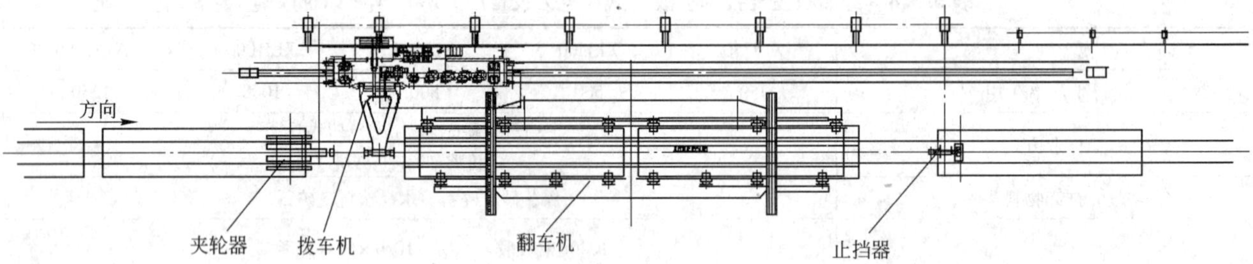

图3.4.1 贯通式翻车机卸车系统

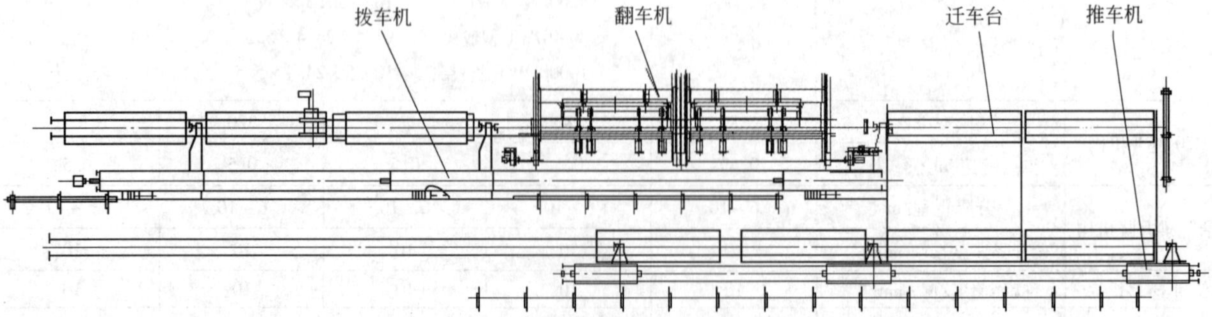

图3.4.2 翻车机卸车系统

3.4.4 主要技术性能参数与应用

主要技术性能参数与应用见表3.4.1~表3.4.9。

表 3.4.1 翻车机卸车系统的主要技术参数（大连华锐重工集团股份有限公司 www.dhidcw.com）

设备类型		翻卸质量/t	翻卸效率（循环）/h	翻卸能力/万吨·年$^{-1}$	电机容量/kW	适用车型	设备自重/t
单车翻车机	贯通式	110	30～33	500	515	C60～C70 铁路敞车，解列 C80	240
	折返式		22～25	340	667		340
双车翻车机	贯通式	2×110	30～33	670	780		470
	折返式		18～20	500	987		550
三车翻车机		3×110	13	900	2220		1200
四车翻车机		4×110	27	2500	1720	专用 C80	2000
六车翻车机		6×2	720	350	216	专用矿车	187

表 3.4.2 翻车机本体技术性能及参数（大连华锐重工集团股份有限公司 www.dhidcw.com）

设备类型		支撑点数/个	端环形式	是否带轨道衡	压车形式	驱动功率/kW	适用车型
单车翻车机	FZ1-5	2	O 形	否	垂直压车	2×45	C60～C80
	FZ1-2A	2	C 形	否	扇面压车	2×45	C60～C70 铁路敞车，解列 C80
	FZ1-2B	2	C 形	是	扇面压车	2×45	
	FZ1-10A	2	C 形	否	垂直压车	2×55	
	FZ1-10B	2	C 形	是	垂直压车	2×55	
双车翻车机	FZ2-2	2	C 形	否	扁担梁式	2×90	
	FZ2-3	3	C 形	否	扁担梁式	2×90	
	FZ2-5	2	C 形	否	垂直压车	2×90	
三车翻车机		4	C 形	否	垂直压车	3×110	
		2	O 形	否	垂直压车	2×250	不解列 C80
四车翻车机		4	O 形	否	垂直压车	8×160	不解列 C80

表 3.4.3 重车调车机技术性能及参数（大连华锐重工集团股份有限公司 www.dhidcw.com）

设备类型	大臂形式	牵引吨位/t	驱动功率/kW
ZD-4000	配重式	4000	4×75
	平衡缸式		4×75
ZD-5000	配重式	5000	5×75
	平衡缸式		5×75
ZD-6000	配重式	6000	6×75
	平衡缸式		6×75
ZD-10000	伸缩臂	10000	8×75
	伸缩臂+俯仰臂		8×75
ZD-20000	伸缩臂	20000	12×75

表 3.4.4 空车调车机技术性能及参数（大连华锐重工集团股份有限公司 www.dhidcw.com）

设备类型	大臂形式	牵引吨位/t	驱动功率/kW
KD-1200	固定臂	1200	2×55
KD-1500	固定臂	1500	2×55
KD-1800	固定臂	1800	2×55
KD-2000	固定臂	2000	2×55

表 3.4.5　迁车台技术性能及参数（大连华锐重工集团股份有限公司　www.dhidcw.com）

设备类型	额定载重/t	最大载重/t	驱动功率/kW
单车迁车台	30	110	2×7.5
双车迁车台	60	210	2×15
三车迁车台	3×20.5	3×108	6×11
六车迁车台	6×20.5	6×124	12×9.2

注：1. 以上表中所列为目前大连华锐重工集团股份有限公司现有的、技术成熟的常规设备，表中未列举的规格系列可根据用户需求进行改进，其具体设备参数按设计文件的规定。
2. 设备总重不含电机质量。
3. 表 3.4.5 中，迁车台可适用目前 C60～C80 的所有车型。

表 3.4.6　翻车机卸车系统应用案例（大连华锐重工集团股份有限公司　www.dhidcw.com）

型号规格	用　户
折返式单车翻车机卸车系统	上海大屯发电厂，内蒙古大板电厂，华阳孟津电厂，通化二道江电厂
贯通式单车翻车机卸车系统	岱海电厂，鞍本集团营口鲅鱼圈钢铁厂，本钢第二钢铁厂
折返式双车翻车机卸车系统	首钢京唐钢铁有限公司，华能九台电厂，沙钢集团安阳永兴钢厂，阳春新钢铁有限责任公司
贯通式双车翻车机卸车系统	西山煤电太原选煤厂，国华徐州发电有限公司，陕西华电榆横电厂
折返式三车翻车机卸车系统	河南龙城煤高效应用技术有限公司
贯通式三车翻车机卸车系统	秦皇岛煤四期改造工程，曹妃甸二期工程
贯通式四车翻车机卸车系统	黄骅港二期工程，黄骅港三期工程，国投曹妃甸二期工程

表 3.4.7　翻车机系统效率选型参考（武汉电力设备厂　www.wpew.com）

翻车机形式		理论效率/次·h^{-1}	实际效率/次·h^{-1}	实际卸料/t·h^{-1}	年卸料量/万吨
单　翻	贯通式布置	30	26	1820	550
	折返式布置	25	22	1540	462
双　翻	贯通式布置	30	27	3780	1134
	折返式布置	20	17	2380	720

注：计算条件：单车、双车翻车机车辆以可解列的 C70 计算；系统每天有效工作 10h，每年工作 300 天；贯通式双车翻车机配备两台调车机。

表 3.4.8　翻车机主要技术参数（武汉电力设备厂　www.wpew.com）

主要参数	单车翻车机			双车翻车机	
	侧倾式	O 形	C 形	两支点	三支点
适用车辆	C60，C61，C62，C64，C65，C70，C80				
额定翻转质量	100t			2×100t	
最大翻卸角度	175°				
翻转周期	不大于 60s				
传动方式	销齿传动/齿轮传动			齿轮传动	
压车方式	重力压车	液压压车	液压压车	液压压车	液压压车
靠车方式	平台移动靠车	液压靠车	液压靠车	液压靠车	液压靠车
驱动功率	2×110kW	2×75kW	2×45kW	2×90kW	2×90kW

表 3.4.9　翻车机主要性能参数（泰富重装集团有限公司　www.tidfore.com）

名　称		单　位	性 能 参 数
最大载重量		t	110
回转速度		r/min	1
回转角度	正常	(°)	165
	正常	(°)	175

续表 3.4.9

名称		单位	性能参数
适用车型	长	mm	11938~14038
	宽	mm	3140~3243
	高	mm	2790~3293
设备总重		t	125
外形尺寸（长×宽×高）		mm×mm×mm	20220×7730×8410

生产厂商：大连华锐重工集团股份有限公司，泰富重装集团有限公司，武汉电力设备厂。

3.5 给料机械

给料机用于把块状，颗粒状，粉状物料从贮料仓或其他贮料设备中均匀或定量的连续输送到受料设备中，是实行流水作业自动化的必备设备。

3.5.1 板式给料机

3.5.1.1 概述

重型板式给料机主要用于块状物料的喂料与运输，给料机的板宽在1000~3400mm之间，喂料能力介于500~4000t/h，处理500~1700mm大块物料，板式给料机的承载板平行于链条运行方向安装，而且两端带有拦板。由于其结构坚固，可以承受很大的压力和冲击力，能处理大块物料，可靠性高，并能保证均匀地给料，因此，它主要用于破碎机的喂料，特别适合喂料量大和仓底仓压较大及需大开口防堵的情况。

3.5.1.2 主要特点

（1）重型、中型板式给料机结构强度大，采用减震缓冲专利技术可承受料仓很大的压力及大块矿石卸入料仓的冲击载荷。

（2）槽板坚固结实，所有的履带牵引链耐磨损，免润滑。

（3）槽板下的滑道采用自润滑材料，使用简单，工作可靠。

（4）传动部分为轴端悬挂的行星齿轮减速机，由变频调速电机驱动，给料能力可大范围调节，满足破碎机工作的需要。

（5）给料机的长度由用户需要而定，最大安装倾角可达25°。

（6）给料速度根据用户需要的给料能力而定。

3.5.1.3 工作原理

物料由料仓进入导料槽落于承载板上，驱动装置带动链条及承载板运行，物料随着承载板运行从前端下料罩落入破碎机中。驱动方式有电机和液压两种，若需调节运行速度，电驱动是利用变频器改变电机转速来改变给料量的大小，液压驱动是通过控制液压泵的流量来改变给料量的大小。板式给料机在使用中应保持下料仓内始终有部分存料而不得将所喂物料直接砸到板喂机上，以使承载板损坏，板式给料机的结构见图3.5.1。

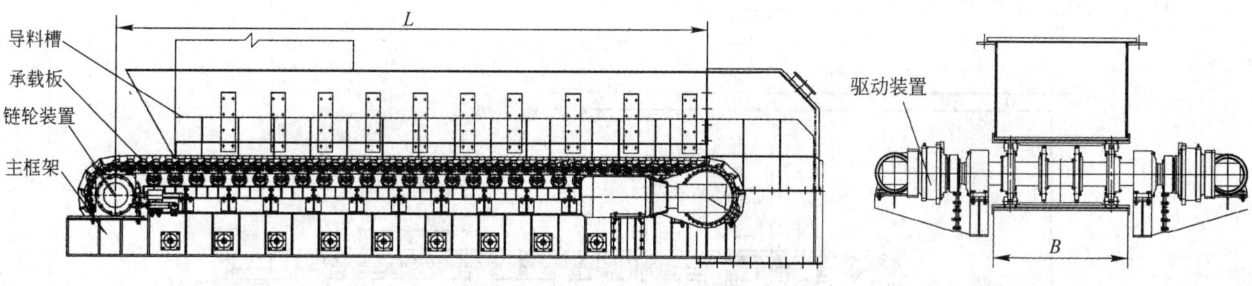

图3.5.1 板式给料机的结构

3.5.1.4 主要结构

主要由导料槽、承载板、驱动装置、链轮装置和主框架等组成。导料槽为一封闭形罩子，尾部与料仓的法兰相连接，前部为下料罩，防止撒料和粉尘外溢的作用；承载板用于承力并输送物料，适用于水平或倾角小于15°的物料输送。驱动装置由电驱动和液压驱动两种，电驱动主要由电动机、减速机、联轴器、变频器等组成；液压驱动由液压泵、液压马达和液压站组成。链轮装置包括头、尾轮及链条，承载板由紧固件固定在链条上。主框架组件支撑着其他所有部件，并通过地脚螺栓与基础相连。

3.5.1.5　板式给料机的选用原则

（1）为各种重型破碎机喂料，要求喂料速度可调。

（2）选型主要考虑最大入料粒度和生产能力，板喂机宽度最好与破碎机入料口配套，以利于物料的泻出，板式给料机的长度和角度由工艺布置确定，综合上述条件确定给料速度及装机功率。

（3）配套的料仓形状及出口要利于物料的顺利泻出。

（4）破碎系统各设备的正确匹配至关重要，板式给料机的能力应有一定的富裕量，板式给料机要有足够的宽度，以实现破碎机的正面全宽度充足喂料，充分发挥破碎机的工作效能。

3.5.1.6　主要技术性能参数

主要技术性能参数见表3.5.1～表3.5.13。

表3.5.1　重型板式给料机的主要技术参数（中信重工机械股份有限公司　www.citichmc.com）

型　号	规　格		给料速度/$m \cdot s^{-1}$	给料粒度/mm	输送能力/$m^3 \cdot h^{-1}$	电机功率/kW	质量/kg
	链板宽度/mm	中心长度/mm					
BZ1000-6	1000	6000	0.02～0.2	≤500	50	15	22000
BZ1000-8		8000					27440
BZ1000-10		10000				18.5	34310
BZ1250-8	1250	8000	0.02～0.2	≤600	100	18.5	29140
BZ1250-10		10000					33950
BZ1250-12		12000					35000
BZ1500-8	1500	8000	0.02～0.2	≤800	180	22	45400
BZ1500-10		10000					51500
BZ1500-15		15000					62215
BZ2000-10	2000	10000	0.02～0.2	≤1000	250	45	66029
BZ2000-12		12000					72530
BZ2200-10	2200	10000	0.05～0.2		350	2×30	75000
BZ2400-12	2400	12000	0.05～0.2	≤1200	1100	2×55	78500
BZ3400-8	3400	8000	0.05～0.2	≤1500	1900	2×75	89500

GBZ重型板式给料机示意图如图3.5.2所示。

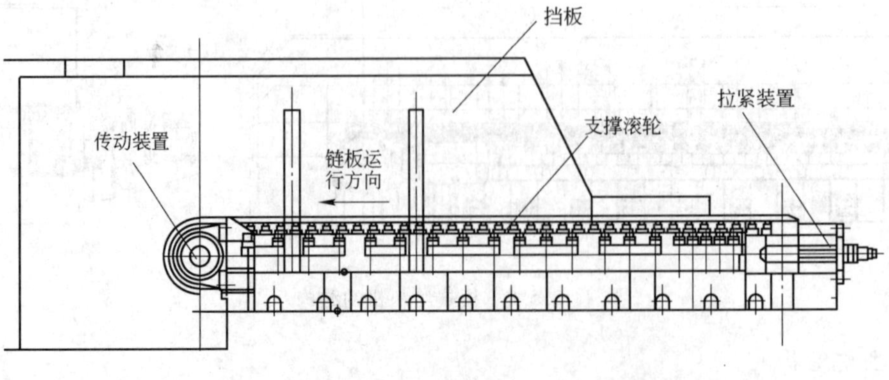

图3.5.2　GBZ重型板式给料机示意图

表 3.5.2 GBZ 重型板式给料机主要技术参数（海安万力振动机械有限公司 www.wlzd.cn）

型 号	输送槽宽度/mm	链轮中心距/mm	生产能力/$m^3 \cdot h^{-1}$	链板速度/$m \cdot s^{-1}$	最大物料粒度/mm	电机功率/kW	质量/kg
GBZ180-8	1800	8000	240	0.02～0.2	800	30～45	52000
GBZ180-9.5		9500					58000
GBZ180-10		10000					59800
GBZ180-12		12000					66500
GBZ240-4	2400	4000	400	0.02～0.2	1000	30～45	44900
GBZ240-5		5000					50900
GBZ240-5.6		5600					52600
GBZ240-10		10000					76800
GBZ240-12		12000					85500

注：可根据实际工艺布置情况选用适合的输送长度。

板式给料机的产品结构如图 3.5.3 所示。

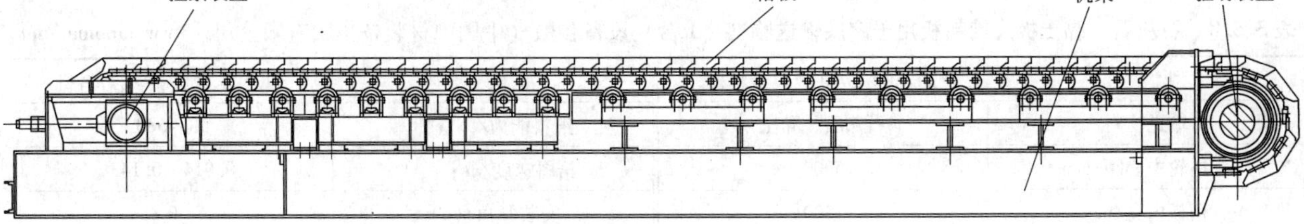

图 3.5.3 板式给料机的产品结构

表 3.5.3 板式给料机主要技术参数（中国中材装备集团有限公司 www.sinoma.cn）

型 号	BZ1500	BZ1600	BZ1800	BZ2000	BZ2200	BZ2300	BZ2400	BZ2600	B800	B1000	B1250	B1400	B1500	B1600	B1700	B1800
槽板宽度/mm	1500	1600	1800	2000	2200	2300	2400	2600	800	1000	1250	1400	1500	1600	1700	1800
给料能力/$t \cdot h^{-1}$	100～300	150～450	200～600	300～1000	500～1500	1000～2000	1200～2200	1200～2600	20～200	30～300	40～400	40～400	50～500	100～600	100～600	100～600
头尾轮中心距/mm	3600～16000	3600～16000	3600～18000	5000～20000	5000～20000	5000～20000	5000～20000	5000～20000	2400～12000	2400～12000	3600～16000	3600～16000	3600～10000	3600～10000	3600～10000	3600～10000
给料速度/$m \cdot s^{-1}$	0.04～0.12	0.04～0.12	0.03～0.09	0.04～0.12	0.04～0.14	0.04～0.14	0.04～0.14	0.04～0.14	0.014～0.138	0.014～0.138	0.01～0.19	0.014～0.138	0.014～0.138	0.014～0.138	0.014～0.138	0.014～0.138
装机功率/kW	15～30	15～30	22～45	37～75	55～90	75～110	90～132	90～160	1.1～18.5	1.1～18.5	5.5～45	5.5～45	5.5～45	5.5～55	5.5～55	5.5～55

表 3.5.4 石灰石板式给料机用于为混合破碎机喂料（1 台）设备参数（中国中材装备集团有限公司 www.sinoma.cn）

型 号	BZ2300×16000 重型板式给料机	型 号	BZ2300×16000 重型板式给料机
输送物料	石灰石和黏土	给料能力/$t \cdot h^{-1}$	400～1400
头尾轮中心距/mm	15945	给料速度/$m \cdot s^{-1}$	0.03～0.14
槽板内宽/mm	2200	安装倾角/(°)	23
最大进料粒度/mm×mm×mm	1500×1000×1000	电机功率/kW	2×55

表 3.5.5 黏土板板式给料机搭在石灰石板式给喂机之上（1 台）设备参数

（中国中材装备集团有限公司 www.sinoma.cn）

型 号	BZ1800×18000 重型板式给料机	型 号	BZ1800×18000 重型板式给料机
输送物料	黏 土	给料能力/$t \cdot h^{-1}$	100～500
头尾轮中心距/mm	18002	给料速度/$m \cdot s^{-1}$	0.01～0.09
槽板内宽/mm	1700	安装倾角/(°)	20
最大进料粒度/mm	600	电机功率/kW	55

表 3.5.6 破碎机喂料（2 台）设备参数（中国中材装备集团有限公司 www.sinoma.cn）

型号	B1250×13000 板式给料机	型号	B1250×13000 板式给料机
输送物料	石膏	给料能力/$t \cdot h^{-1}$	30~300
头尾轮中心距/mm	13043	给料速度/$m \cdot s^{-1}$	0.009~0.093
槽板内宽/mm	1000	安装倾角/(°)	0
最大进料粒度/mm	600	电机功率/kW	30

表 3.5.7 原煤、铁矿石板式给料机用于破碎机喂料（2 台）设备参数（中国中材装备集团有限公司 www.sinoma.cn）

型号	B1250×13000 板式给料机	型号	B1250×13000 板式给料机
输送物料	原煤	给料能力/$t \cdot h^{-1}$	500
头尾轮中心距/mm	13043	给料速度/$m \cdot s^{-1}$	0.016~0.228
槽板内宽/mm	1000	安装倾角/(°)	0
最大进料粒度/mm	50	电机功率/kW	55

表 3.5.8 石灰石、黏土板式给料机用于库底输送物料（1 台）设备参数（中国中材装备集团有限公司 www.sinoma.cn）

型号	B1250×5000 板式给料机	型号	B1250×5000 板式给料机
输送物料	石灰石、黏土	给料能力/$t \cdot h^{-1}$	58~580
头尾轮中心距/mm	5000	给料速度/$m \cdot s^{-1}$	0.014~0.143
槽板内宽/mm	1200	安装倾角/(°)	0
最大进料粒度/mm	80	电机功率/kW	15

表 3.5.9 板式给料机用于库底输送物料（1 台）设备参数（中国中材装备集团有限公司 www.sinoma.cn）

型号	B800×3000 板式给料机	型号	B800×3000 板式给料机
输送物料	石灰石、黏土	给料能力/$t \cdot h^{-1}$	5~50
头尾轮中心距/mm	3000	给料速度/$m \cdot s^{-1}$	0.004~0.044
槽板内宽/mm	600	安装倾角/(°)	0
最大进料粒度/mm	80	电机功率/kW	1.5

表 3.5.10 BWZ 系列重型板式给料机主要技术参数（上海世邦机器有限公司 www.shibangchina.com）

规格型号	链板宽度/mm	链板轴距/mm	最大给料粒度/mm	最大给料能力/$t \cdot h^{-1}$	装机功率/kW
BWZ1250×6	1250	6000	650	150	15
BWZ1400×8	1400	8000	750	250	18.5
BWZ1600×9	1600	9000	900	350	30
BWZ1800×9	1800	9000	1050	500	37
BWZ2000×10	2000	10000	1100	680	45
BWZ2200×10	2200	10000	1250	800	55
BWZ2400×12	2400	12000	1600	1000	2×55

表 3.5.11 BWH 系列重型板式给料机主要技术参数（上海世邦机器有限公司 www.shibangchina.com）

规格型号	链板宽度/mm	链板轴距/mm	最大给料粒度/mm	最大给料能力/$t \cdot h^{-1}$	装机功率/kW
BWH800×5	800	5000	400	100	7.5
BWH1000×6	1000	6000	450	130	7.5
BWH1200×6	1200	6000	500	180	15
BWH1400×8	1400	8000	550	280	22
BWH1600×8	1600	8000	600	400	30
BWH1800×8	1800	8000	700	600	37

表 3.5.12 重型板式给料机主要技术参数（烟台鑫海矿山机械有限公司 www. xinhaimining. com）

型 号	链板			给料粒度 /mm	生产能力 /m³·h⁻¹	电动机		外形尺寸（长×宽×高） /mm×mm×mm	质量/kg
	宽度 /mm	链轮中心距/mm	速度 /m·s⁻¹			型号	功率/kW		
GBZ120-4.5	1200	4500	0.05	≤500	100	Y160L-4	15	6983×5228×2080	31279
GBZ120-5		5000						7593×5228×2080	33427
GBZ120-5.6		5600						8183×5228×2080	34321
GBZ120-6		6000						8638×5228×2080	35900
GBZ120-8		8000				Y180L-4	22	10533×5293×2080	41342
GBZ120-8.7		8700						11383×5293×2080	43164
GBZ120-10		10000						12583×5293×2080	46962
GBZ120-12		12000						14653×5293×2080	51844
GBZ120-15		15000				Y200L-4	30	17658×5518×2080	62157
GBZ150-4	1500	4000		≤600	150	Y160L-4	15	6613×5528×2080	33197
GBZ150-6		6000				Y180L-4	22	8638×5593×2080	39257
GBZ150-7		7000						9633×5593×2080	43352
GBZ150-8		8000						10533×5593×2080	45962
GBZ150-9		9000				Y200L-4	30	11683×5668×2080	50522
GBZ150-12		12000				Y225M-4	45	14653×5888×2080	59915
GBZ180-8	1800	8000		≤800	240	Y225M-4	45	10533×6188×2080	51360
GBZ180-9.5		9500						12033×6188×2080	57397
GBZ180-10		10000						12593×6188×2080	59632
GBZ180-12		12000						14653×6188×2080	66029
GBZ240-4	2400	4000		≤1000	400	Y200L-4	30	6613×6718×2080	44780
GBZ240-5		5000						7533×6718×2080	50737
GBZ240-5.6		5600						8133×6718×2080	52447
GBZ240-10		10000				Y225M-4	45	12593×6718×2080	76373
GBZ240-12		12000						14653×6718×2080	85331

表 3.5.13 中型板式给料机主要技术参数（烟台鑫海矿山机械有限公司 www. xinhaimining. com）

型 号	链板			给料粒度 /mm	生产能力 /m³·h⁻¹	电动机		外形尺寸（长×宽×高） /mm×mm×mm	质量/kg
	宽度 /mm	链轮中心距/mm	速度 /m·s⁻¹			型号	功率/kW		
GBH80-2.2	800	2200	0.025~1.5	≤300	15~91	Y132M-4	7.5	3840×2853×1185	3722
GBH80-4		4000						5640×2826×1185	4903
GBH100-1.6	1000	1600		≤350	22~131	Y160M-6		3240×3026×1235	3561
GBH100-3		3000						4640×3114×1235	4548
GBH120-1.8	1200	1800		300~400	35~217			3440×3314×1235	3965
GBH120-2.2		2200						3840×3314×1285	4238
GBH120-2.6		2600						4240×3314×1285	4572
GBH120-3		3000						4640×3314×1285	4866
GBH120-4		4000						5640×3314×1285	5706
GBH120-4.5		4500						6140×3314×1285	6114

生产厂商：中信重工机械股份有限公司，上海世邦机器有限公司，中国中材装备集团有限公司，烟

台鑫海矿山机械有限公司，海安万力振动机械有限公司。

3.5.2 圆盘给料机

3.5.2.1 概述

圆盘给料机主要由一个回转圆盘和卸料口套筒及刮刀构成，通常圆盘直径要比排料口直径大50%～60%，适合80mm以下小粒度及黏性大的物料的进给。圆盘给料机可制成敞开式和封闭式。根据工艺要求要以座式或吊式安装。标准系列圆盘直径为630～3150mm，给料能力为2.4～220mm^3/h。圆盘给料机的主要功能是给其他设备提供均匀物料，是选矿设备不可或缺的配套产品。

3.5.2.2 主要特点

(1) 结构简单，运行可靠，调节安装方便。

(2) 装有限矩型液力偶合器，能满载启动，过载保护。

(3) 质量轻、体积小、工作可靠、寿命长、维护保养方便。

(4) 最大给料量可达1200t/h（煤）。

(5) 采用了先进的平面二次包络环面螺杆减速器设计，承载能力大，传动效率高。

(6) 侧衬板、斜衬板与底板之间留缝可调，能比较准确地控制留缝大小，大大减少了漏料。

(7) 驱动装置对称布置，并采用双推杆，使整机受力均衡，传动平稳，消除了底板往复时的扭摆现象。

(8) 底板有立向筋板，并用三道托辊支撑，保证了底板本身刚度，消除了现有往复式给料机底板工作中弯曲变形的弊病。

(9) 衬板由小块耐磨钢板拼成，这样不仅更换时轻便容易，而且可以根据实际磨损情况，有针对性地更换磨损了的衬板块，从而使材料合理利用，降低维修费。

3.5.2.3 分类与结构

本机分敞开吊式（DK）、封闭吊式（DB）、敞开座式（KR）、封闭座式（BR）。电机采用交流电机或调速电机，其中KR无调速电机。圆盘给料机上钢板盘材料有45Mn2\Mn\钢板料等。

圆盘式给料机是适用于20mm以下粉矿的给料设备。圆盘式给料机由驱动装置、给料机本体、计量用带式输送机和计量装置组成。给料机和带式输送机由一套驱动装置驱动，该驱动装置的电磁离合器具有实现给料机的开、停和兼有功能转换的作用。计量带式输送机的带速小于1m/s，为了测定带速设有速度检测装置，为了防止称量辊偏斜设有检测杆进行调整。

3.5.2.4 主要技术性能参数

主要技术性能参数见表3.5.14～表3.5.23。

表3.5.14 LXP定量圆盘给料机主要技术参数（湖南长重机器股份有限公司 www.czmc.cc）

型号	物料			圆盘直径/mm	生产能力/$m^3·h^{-1}$	圆盘转速/$r·min^{-1}$	电机功率/kW	配料秤带宽/mm	质量/t
	粒度/mm	堆密度/$t·m^{-3}$	含水量/%						
LXP16	0～80	0.5～2.5	通常≤8，雨期≤13	1600	10～100	0.6～6	4.0～11	≤650	6.2
LXP20	0～80	0.5～2.5	通常≤8，雨期≤13	2000	20～200	0.5～5	5.5～15	≤800	9.0
LXP22	0～80	0.5～2.5	通常≤8，雨期≤13	2200	25～250	0.5～5	5.5～15	≤800	9.5
LXP25	0～80	0.5～2.5	通常≤8，雨期≤13	2500	30～300	0.5～5	5.5～22	≤1000	10.5
LXP28	0～80	0.5～2.5	通常≤8，雨期≤13	2800	40～400	0.52～5.2	5.5～30	≤1200	11.9
LXP30	0～80	0.5～2.5	通常≤8，雨期≤13	3000	50～500	0.52～5.2	5.5～37	≤1200	12.8
LXP32	0～80	0.5～2.5	通常≤8，雨期≤13	3200	60～600	0.52～5.2	5.5～37	≤1400	15.0
LXP36	0～80	0.5～2.5	通常≤8，雨期≤13	3600	90～900	0.5～5	5.5～75	≤1600	15.8

ZMBR湿式圆盘结构示意图如图3.5.4所示。

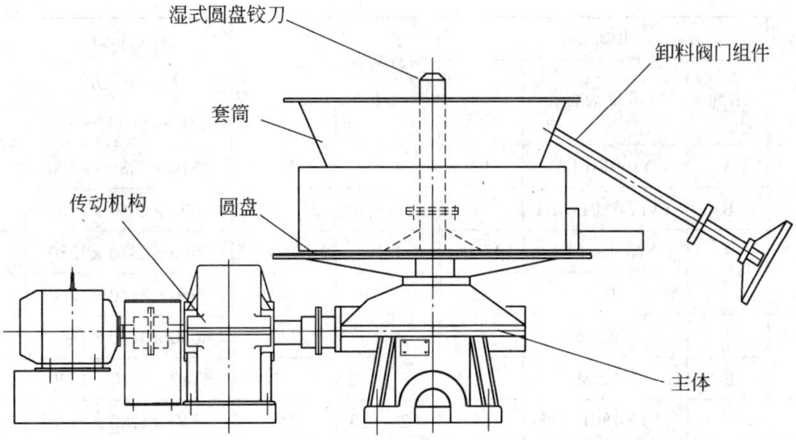

图 3.5.4 ZMBR 湿式圆盘结构示意图

(Z)MBRF 圆盘给料机如图 3.5.5 所示。

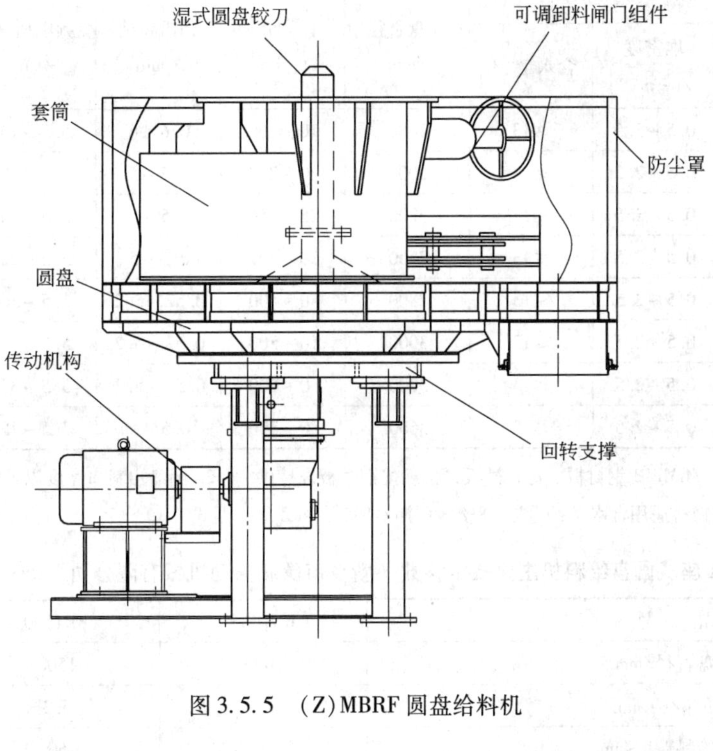

图 3.5.5 (Z)MBRF 圆盘给料机

表 3.5.15 (Z)MBR 型圆盘给料机主要技术参数（海安县万力振动机械有限公司 www.wlzd.cn）

型号	圆盘直径/mm	最大物料粒度/mm	电动机			圆盘转速/r·min^{-1}	生产率/m^3·h^{-1}	外形尺寸($L\times B\times H$)/mm×mm×mm	减速器	质量(不含电机)/kg
			类型	电机型号	功率/kW					
MBR8	800	40	A	Y132S-6B3	3.0	6.3	7.0	2000×860×920	ZS50-3，$i=63$	1050
			B	YVF2-132M2-6B3	5.5	1.6~8	1.8~9	2370×1160×920		
MBR10	1000	50	A	Y132S-6B3	3.0	6.3	13	2100×960×920	ZS50-3，$i=63$	1130
			B	YVF2-132M2-6B3	5.5	1.6~8	3.4~17	2460×1200×920		
MBR12	1250	80	A	Y132M1-6B3	4	6.3	26	2450×1490×1136	ZS65-3，$i=63$	1960
			B	YVF2-160M-6B3	7.5	1.6~8	7.0~34	2780×1450×1136		
MBR16	1600	90	A	Y160M-6B3	7.5	6.3	55	2810×1810×1136	ZS75-3，$i=63$	2520
			B	YVF2-160L-6B3	11	1.6~8	14~70	3210×1780×1136		

续表 3.5.15

型号	圆盘直径/mm	最大物料粒度/mm	电动机			圆盘转速/r·min^{-1}	生产率/m^3·h^{-1}	外形尺寸（$L\times B\times H$）/mm×mm×mm	减速器	质量（不含电机）/kg
			类型	电机型号	功率/kW					
MBR20	2000	125	A	Y160L-6B3	11	4.5	80	3310×2080×1280	ZS82.5-6，$i=90$	4790
			B	YVF2-180L-6B3	15	1.2~6.47	21~105	3670×2050×1280		
MBR25	2500	150	A	Y200L1-6B3	18.5	4.5	150	2880×2510×1280	ZS95-6，$i=90$	6140
			B	YVF2-200L2-6B3	22	1.2~6	40~210	3960×2580×1280		
MBR31	3150	150	A	Y200L2-6B3	22	3.2	220	4650×3150×1570	ZS125-9，$i=125$	13500
			B	YVF2-225M-6B3	30	0.8~4.2	56~300	5140×3110×1570		
ZMBR16	1600	90		YVF2-180L-6B3	15	1.2~6.3	55	3210×1780×1136	ZSY224-63	2850
ZMBR20	2000	125		YVF2-200L2-6B3	22	1.2~6.47	21~105	3670×2050×1260	ZSY280-63	4940
ZMBR25	2500	150		YVF2-225M-6B3	30	1.2~6	40~210	3960×2580×1260	ZS125-6，$i=90$	6390

表 3.5.16　(Z)MBRF 型圆盘给料机（海安县万力振动机械有限公司　www.wlzd.cn）

型　号	物　料			圆盘直径/mm	生产能力/t·h^{-1}	圆盘转速/r·min^{-1}	变频电机功率/kW	配料秤宽度/mm	质量/t
	粒度/mm	堆密度/t·m^{-3}	含水量/%						
(Z)MBRF16	0~80	0.5~2.5	≤13	1600	10~100	0.6~6	5.5~15	≤650	5.8
(Z)MBRF20	0~80	0.5~2.5	≤13	2000	20~200	0.5~5	5.5~22	≤850	8.4
(Z)MBRF22	0~80	0.5~2.5	≤13	2200	25~250	0.5~5	5.5~22	≤850	9.1
(Z)MBRF25	0~80	0.5~2.5	≤13	2500	30~300	0.5~5	5.5~22	≤1000	9.6
(Z)MBRF28	0~80	0.5~2.5	≤13	2800	40~400	0.52~5.2	5.5~30	≤1200	11.6
(Z)MBRF30	0~80	0.5~2.5	≤13	3000	50~500	0.52~5.2	5.5~37	≤1200	12.2
(Z)MBRF32	0~80	0.5~2.5	≤13	3200	60~600	0.52~5.2	5.5~37	≤1400	13.8
(Z)MBRF36	0~80	0.5~2.5	≤13	3600	80~850	0.5~5	5.5~75	≤1600	14.9

注：1. 料盘衬板分16Mn、ZGMn13 钢衬板、铸石衬板，常规按钢衬板设计供货。2. 圆盘出料口宽度以及底架面至圆盘盘面距离可根据现场要求作调整。3. 物料适用含水量：通常≤8%、雨期≤13%。4. Z 表示湿式。

表 3.5.17　BR 座式圆盘给料机主要技术参数（新乡市豫北振动机械有限公司　www.xxsybzd.com）

型　号			BR1000	BR1500	BR2000
圆盘直径/mm			1000	1500	2000
圆盘转速/r·min^{-1}			6.3	6.3	4.8
最大给料粒度/mm			50	50	50
给料能力/m^3·h^{-1}			13	30	80
电动机	交流传动	型　号	Y112S-6	Y160M-6	Y160L-6
		功率/kW	3	7.5	11
		电压/V	380	380	380
		转速/r·min^{-1}	940	970	970
	直流传动	型　号	Z2-51	Z2-62	Z2-720
		功率/kW	3	7.2	13
		电压/V	220	220	220
		转速/r·min^{-1}	250~1000	250~1000	250~1000
减速机		型　号	ZS50-3-Ⅰ-Ⅱ	ZS75-3-Ⅰ-Ⅱ	ZS82-5-Ⅰ-Ⅱ
		速　比	63	63	87
设备总重/kg			1400	2705	5026

表 3.5.18 座式圆盘给料机主要技术参数（新乡市豫北振动机械有限公司 www.xxsybzd.com）

型号	圆盘直径/mm	生产能力/$m^3 \cdot h^{-1}$	圆盘转数/$r \cdot min^{-1}$	最大物料粒度/mm	安装形式	减速机		电动机		质量/kg	外形尺寸（长×宽×高）/mm×mm×mm
						型号	速比	型号	功率/kW		
DK6	600	0.6~3.9	8	25	敞开吊式	5308-01	53	Y90L-6 JZTY21-6	1.1	403	855×960×925
DK8	800	1.4~7.6	8	30	敞开吊式	5308-1-0	53	Y90L-6 JZTY21-4	1.1	555	108×1089×1520
DK10	1000	2.5~16.7	7.5	40	—	5312-01	52	Y100L-6 JZTY22-4	1.5	827	1350×1350×1427
DK13	1300	4.2~27.9	6.5	50	—	5316-01	54	Y132S-6 JZTY32-4	3	1150	1735×1516×1427
DK16	1600	7~18.6	6	60	—	5319-01	62	Y132M2-6 JZTY41-4	4	2125	2115×2050×1535
DK18	1800	9.2~60	5	70	—	5322-01	62	Y132M2-6 JZTY42-4	5.5	2900	2365×2030×1963
DK20	2000	13.6~38	5	80	—	5322-01	62	Y132M2-6 JZTY42-4	5.5	3140	2620×2150×2165
DB6	600	0.6~3.9	8	25	封闭吊式	5308-01	53	Y90L-6 JZTY21-4	1.1	490	855×980×1052
DB8	800	1.1~7.6	8	30	—	5308-1-0	52	Y90L-6 JZTY21-4	1.1	597	1085×1089×1152
DB10	1000	2.5~16.7	7.5	40	—	5312-01	52	Y100L-6 JZTY22-4	1.5	906	1263×1350×1237
DB13	1300	4.2~27	6.5	50	—	5216-01	54	Y132S-6 JZTY32-4	3	1240	1516×1735×1597
KR10	1000	0~14	7.5	40	敞开座式	TZQ350	31.5	Y112M-6	2.2	740	720×1430×650
KR15	1500	0~25	7.5	55	—	TZQ400	31.5	Y132M2-6	5.5	1280	920×1750×720
KR17	1700	0~50	7.5	60	—	TZQ400-Ⅲ-1y	31.5	Y132M2-6	5.5	1320	920×1750×720
KR20	2000	0~100	7.5	80	—	TZQ500-Ⅲ-1y	31.5	Y160L-6	11	1754	1030×1965×810
BR10	1000	0~13	6.3	50	封闭吊式	ZS50-8-1Ⅱ	63	Y132S-6	3	1223	1932×1520×895
BR15	1500	0~30	6.3	50	—	ZS75-3-1Ⅱ	63	Y160M-6	7.5	2710	2841×1920×1122
BR20	2000	0~80	4.79	50	—	BR20-2	87	Y160L-6 JZTY61-4	11 15	5234	3374×2016×1122
BR25	2500	0~120	4.72	50	—	BR25-2	88.2	Y200L1-6 JZTY71-4	18.5 22	7747	3790×2500×1122
BR30	3000	180	3.1	20	—	BR30-2	128.87	Y200L2-6	22	1335	4600×2985×1420

表 3.5.19 KR 座式圆盘给料机技术参数（新乡市豫北振动机械有限公司 www.xxsybzd.com）

型号	圆盘直径/mm	最大给料粒度/mm	电机选型		圆盘转速/r·min^{-1}	生产率/m^3·h^{-1}	外形尺寸（长×宽×高）/mm×mm×mm	质量（不含电机）/kg
			型号	功率/kW				
KR10	1000	40	Y112M6	2.2	7.5	14	1752×1000×650	740
KR15	1500	55	Y112M2-6	6.6	7.5	25	2354.5×1500×720	1280
KR17	1700	60	Y112M2-6	5.5	7.5	50	2354.5×1700×720	1320
KR20	2000	80	Y160L-6	11	7.5	100	3794.5×2000×810	1754

表 3.5.20 吊式圆盘给料机主要技术参数（新乡市豫北振动机械有限公司 www.xxsybzd.com）

型号	生产能力/t·h^{-1}	最大物料粒度/mm	传动部分				质量/t
			电动机		减速机		
			型号	功率/kW	型号	速比	
DK600	0.69～3.9	<25	Y90L-6	1.1	蜗轮减速机	53	0.405
DK800	1.18～7.65	<30	Y90L-6	1.1	蜗轮减速机	53	0.5
DK1000	2.59～16.7	<40	Y100L-6	1.5	蜗轮减速机	52	0.79
DK1300	13～27.09	<50	Y132S-6	3	蜗轮减速机	54	1.11
DK1600	22.7～48.6	<60	Y132M1-6	4	蜗轮减速机	54	1.98
DK1800	28～60	<70	Y132M2-6	5.5	蜗轮减速机		2.83
DB600	0.69～3.9	<25	Y90L-6	1.1	蜗轮减速机	53	0.6
DB800	1.18～7.65	<30	Y90L-6	1.1	蜗轮减速机	53	0.8
DB1000	2.59～16.7	<40	Y100L-6	1.5	蜗轮减速机	52	0.827
DB1300	13～27.9	<50	Y132S-6	3	蜗轮减速机	54	1.24
DB1600	22.7～48.6	<60	Y132M1-6	4	蜗轮减速机	54	2.83

表 3.5.21 KR、BR 系列座式圆盘给料机技术参数（新乡市鑫威工矿机械有限公司 www.zhendongshebei.com）

型号	圆盘直径/mm	最大给料粒度/mm	电动机		圆盘转速/r·min^{-1}	给料能力/m^3·h^{-1}	长×宽×高/mm×mm×mm	质量（不含电动机）/kg
			型号	功率/kW				
KR10	1000	40	Y112M-6	2.2	7.5	14	1752×1000×650	740
KR15	1500	55	Y132M2-6	5.5	7.5	25	2354.5×1500×720	1280
KR17	1700	60	Y132M2-6	5.5	7.5	50	2354.5×1700×720	1320
KR20	2000	80	Y160L-6	11	7.5	100	2794.5×2000×810	1754
BR10	1000	50	Y132S-6	3	6.3	13	2168×1124×925	1223
BR15	1500	50	Y160M-6	7.5	6.3	50	2865.5×1720×1140	2705
BR20	2000	50	Y160L-6	11	4.8	80	3547×1965×1152	5026
			JZTY61-4	15	1.7～4.8	19～80	3863×2024×1152	5234
BR25	2500	50	Y200L1-6	18.5	4.8	120	3915×2505×1152	7333
			JZTY71-4	22	1.7～4.8	30～120	4210×2512×1152	7747
BR30	3000	50	Y200L2-6	22	3.1	180	4575.5×2950×1420	13350
			JZTY72-4	30	1.3～3.1	75～180	5052.5×2950×1420	13835

表 3.5.22 BR、KR 座式圆盘给料机主要技术参数（新乡市鑫威工矿机械有限公司 www.zhendongshebei.com）

型号			BR1000	BR1500	BR2000	KR1000	KR1500	KR2000
圆盘直径/mm			1000	1500	2000	1000	1500	2000
圆盘转速/r·min^{-1}			6.3	6.3	4.79	7.5	7.5	7.5
最大物料粒度/mm			<50	<50	<50	<50	<50	<50
给料能力/m^3·h^{-1}			13	30	80	14	25	100
电动机	交流传动	型号	Y132S-6	Y160M-6	Y160L-6	Y112M-6	Y132M2-6	Y160L-6
		功率/kW	3	7.5	11	2.2	5.5	11
		电压/V	380	380	380	380	380	380
		转速/r·min^{-1}	940	970	970	940	960	970

续表 3.5.22

型号			BR1000	BR1500	BR2000	KR1000	KR1500	KR2000
电动机	直流传动	型号	Z2-51	Z2-62	Z2-72	Z2-42	Z2-61	Z2-72
		功率/kW	3	7.5	13	2.2	3.5	13
		电压/V	220	220	220	220	220	220
		转速/r·min^{-1}	250~1000	250~1000	250~1000	250~1000	250~1000	250~1000
减速机		型号	ZS50-3	ZS75-3	ZS-82.5	JZQ350-Ⅲ	JZQ400-Ⅲ	JZQ500-Ⅲ
		速比	63	63	87	31.5	31.5	31.5
设备总重/kg			1400	2705	5026	740	1280	175

表 3.5.23 圆盘给料机技术参数（山东亿煤机械装备制造有限公司 www.yimeijixie.com）

产品规格/m	盘转速/r·min^{-1}	生产能力/t·h^{-1}	配用动力/kW	盘斜度调整范围/(°)	外形尺寸/m×m×m	总量/kg
ϕ2.2	14.25	4~8	7.5	35~55	2.8×2.75×2.58	2850
ϕ2.5	11.81	5~10	7.5	35~55	3.2×2.3×3	3250
ϕ2.8	1.21	12~16	7.5	35~55	3.4×2.6×3.1	3710
ϕ3.0	11.3	15~18	11	35~55	3.7×2.7×3.3	4350
ϕ3.2	9.6	15~20	11	35~55	3.9×2.7×3.4	5110
ϕ3.6	9.1	18~24	15	35~55	4.3×3.1×4.0	6510

生产厂商：湖南长重机器股份有限公司，新乡市鑫威工矿机械有限公司，海安万力振动机械有限公司，山东亿煤机械装备制造有限公司，新乡市豫北振动机械有限公司。

3.5.3 振动给料机

3.5.3.1 概述

振动给料机又称为振动喂料机。振动给料机在生产流程中，可把块状、颗粒状物料从贮料仓中均匀、定时、连续地给到受料装置中去，在砂石生产线中可为破碎机械连续均匀地喂料，并对物料进行粗筛分，广泛用于冶金、煤矿、选矿、建材、化工、磨料等行业的破碎、筛分联合设备中。

3.5.3.2 工作原理与结构

振动给料机是利用振动器中的偏心块旋转产生离心力，使筛箱、振动器等可动部分做强制的连续的圆或近似圆的运动。物料则随筛箱在倾斜的筛面上做连续的抛掷运动，并连续均匀地将物料送至受料口内。

振动给料机是由给料槽体、激振器、弹簧支座、传动装置等组成。槽体振动给料的振动源是激振器，激振器是由两根偏心轴（主、被动）和齿轮副组成，由电动机通过三角带驱动主动轴，再由主动轴上齿轮啮合被动轴转动，主、被动轴同时反向旋转，使槽体振动，使物料连续不断流动，达到输送物料的目的。

3.5.3.3 主要特点

给料机是一种经济技术指标先进的给料设备，和其他给料设备相比具有以下特点：（1）体积小、质量轻、结构简单；安装、维修方便，运行费用低；（2）效率高，给料能力大；（3）噪声低，若采用封闭式机身可防止粉尘污染，有利于改善工作环境；（4）耗电少，功率因数高；（5）本设备在远超共振状态下工作，因而振幅稳定，运行可靠，无冲料现象；对各种物料适应性较强；（6）加配料需调整偏心块即可方便地无级调节给料量，结构简单，喂料均匀，连续性能好，激振力可调；随时改变和控制流量，操作方便。

3.5.3.4 产品优势

（1）振动平稳，工作可靠。

（2）栅条间隙可调。

（3）耐磨件比较多。

（4）特殊栅条设计，可防止物料堵塞。

（5）防止耐磨件被小料磨损，把小料分出来，增加产量。

（6）可选装变频调速电机，调节频率，从而改变产量，便于控制给料量，无须频繁启动电机。

3.5.3.5 主要技术性能参数

主要技术性能参数见表 3.5.24~表 3.5.53。

表 3.5.24 GZG 系列同步惯性振动给料机主要技术参数（南昌矿山机械有限公司 www.nmsystems.cn）

型 号	槽形尺寸（宽×长×高）/mm×mm×mm	给料量/t·h⁻¹		最大给料粒度/mm	双振幅/mm	振动频率/r·min⁻¹	功率/kW	设备质量/kg
		0°	-10°					
GZG30-4	300×800×150	30	40	100	4	1450	2×0.25	180
GZG40-4	400×900×200	40	50	100	4		2×0.25	236
GZG50-4	500×1000×200	60	80	150	4		2×0.25	270
GZG60-4	600×1000×200	100	150	200	4		2×0.37	370
GZG70-4	700×1000×200	120	170	200	4		2×0.55	450
GZG80-4	800×1400×250	150	230	250	4		2×0.75	650
GZG90-4	900×1400×250	180	270	300	4		2×1.1	720
GZG100-4	1000×1500×250	270	380	300	4		2×1.10	860
GZG110-4	1100×1500×250	300	420	300	4		2×1.10	960
GZG125-4	1250×1750×300	450	650	350	4		2×1.50	1150
GZG130-4	1300×1750×300	450	650	350	4		2×1.50	1250
GZG150-6	1500×1800×300	720	1000	400	5	960	2×2.20	1650
GZG160-6	1600×2000×315	830	1190	400	5		2×3.0	1780
GZG180-6	1800×2000×375	950	1300	400	5		2×3.70	2350
GZG200-6	2000×2200×400	1000	1600	400	5		2×3.70	2700
GZG220-6	2200×2400×500	1500	2000	450	5		2×5.50	3500

GZT(Ⅰ)型棒条式振动给料机如图 3.5.6 所示。

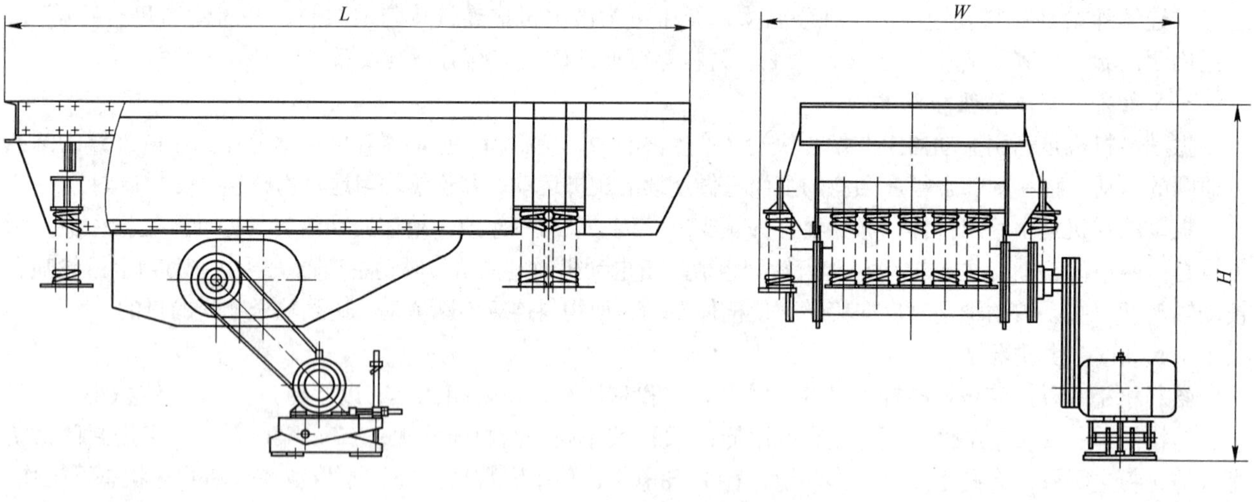

图 3.5.6 GZT(Ⅰ)型棒条式振动给料机

表 3.5.25 GZT(Ⅰ)型棒条式振动给料机主要技术参数（海安县万力振动机械有限公司 www.wlzd.cn）

型 号	最大给料粒度/mm	生产能力/t·h⁻¹	偏心轴转速/r·min⁻¹	电机功率/kW	安装倾角/(°)	机器重量(不包括电机)/kg	料槽尺寸(长×宽)/mm×mm	机器外形尺寸(长×宽×高)/mm×mm×mm
GZT(Ⅰ)-9538	500	96～160	500～800	11	0	4082	3800×960	3882×2177×2066
GZT(Ⅰ)-1142	580	120～240	500～800	15	0	4740	4200×1100	4282×2400×2150
GZT(Ⅰ)-9649	500	120～240	500～800	15	0	5351	4900×960	4957×2277×2150
GZT(Ⅰ)-1149	630	120～280	500～800	15	0	5352	4900×1100	4950×2425×2031
GZT(Ⅰ)-1159	630	200～350	500～800	22	0	6130	5900×1100	6000×2500×2150
GZT(Ⅰ)-1360	750	400～560	500～800	22	0	7800	6000×1300	6082×2580×2083

GZT(Ⅱ)型棒条式振动给料机如图 3.5.7 所示。

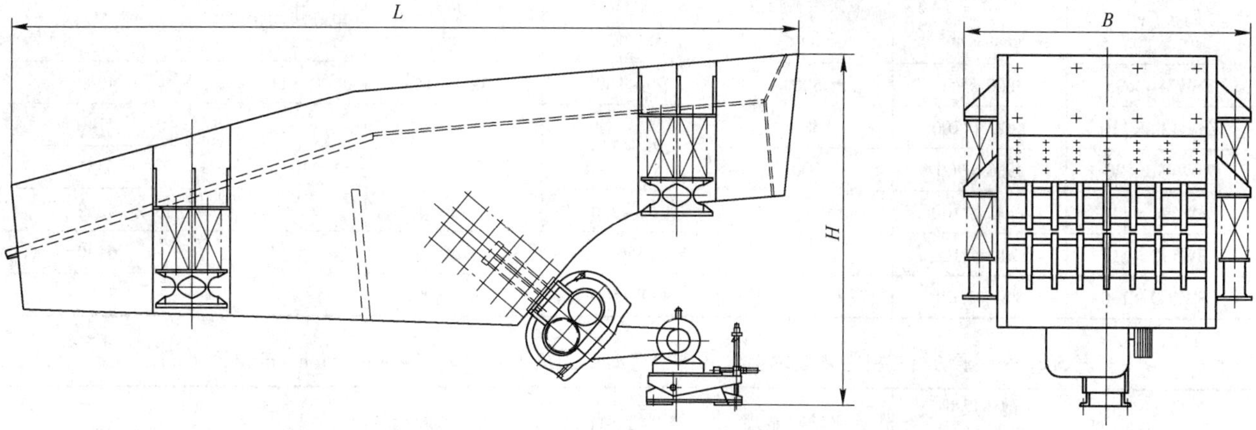

图 3.5.7 GZT(Ⅱ)型棒条式振动给料机

表 3.5.26 GZT(Ⅱ)型棒条式振动给料机主要技术参数（海安县万力振动机械有限公司 www.wlzd.cn）

型 号	工作面积/m^2		盲板倾角/(°)	棒条倾角/(°)	双振幅/mm	振动方向角/(°)	最大给料粒度/mm	生产能力/$t \cdot h^{-1}$	振动次数/次 · min^{-1}	电动机功率/kW
	盲板	棒条								
GZT(Ⅱ)0720	0.7	0.7	0	15	12	45	400	150 ~ 175	750	7.5
GZT(Ⅱ)0930	1.2	1.35	5	20	11	45	400	200 ~ 230	790	7.5
GZT(Ⅱ)1230	1.8	1.8	5	20	9	45	700	260 ~ 300	800	7.5
GZT(Ⅱ)1535	3.0	2.3	5	20	9	45	700	300 ~ 400	800	11
GZT(Ⅱ)1560	6.0	3	5	20	8	45	1000	400 ~ 600	800	22

型 号	外形尺寸（长×宽×高）/mm×mm×mm	总重/kg	最大分离件	
			外形尺寸（长×宽×高）/mm×mm×mm	质量/kg
GZT(Ⅱ)0720	3140×1420×1679	3936	2800×1420×1090	2331
GZT(Ⅱ)0930	3009×1645×2011	4359	2774×1645×1528	3390
GZT(Ⅱ)1230	3384×1949×2055	4808	3457×1949×1403	3953
GZT(Ⅱ)1535	4007×2226×1980	5994	4214×2226×1675	5490
GZT(Ⅱ)1560	6318×2295×3015	11153	6492×2295×2104	8583

注：表中所列型号为推荐型号，也可根据用户需要另行设计。

表 3.5.27 振动给料机主要技术参数（上海世邦机器有限公司 www.shibangchina.com）

型 号	料槽尺寸/mm×mm	最大进料粒度/mm	处理能力/$t \cdot h^{-1}$	偏心轴转速/$r \cdot min^{-1}$	功率/kW	电机型号	外形尺寸/mm×mm×mm
ZSW180×80	1800×800	300	30 ~ 80	970	(6 ~ 1.5)×2		2200×1100×800
ZSW200×120	2000×1200	300	80 ~ 500	970	(6 ~ 2.2)×2		2000×1200×855
ZSW300×85	3000×900	300	40 ~ 100	970	(6 ~ 2.2)×2		3050×1430×1550
ZSW380×96	3800×960	500	90 ~ 200	710	6 ~ 11	Y160L-6/11	3880×2240×1880
ZSW420×110	4200×1100	580	150 ~ 350	710	6 ~ 15	Y180L-6/15	4300×2450×2010
ZSW490×110	4900×1100	580	180 ~ 380	780	6 ~ 15	Y180L-6/15	4980×2450×2010
ZSW490×130	4900×1300	750	250 ~ 450	780	6 ~ 22	Y200L2-6/22	4980×2710×2050
ZSW600×150	6000×1500	800	600 ~ 1000	780	6 ~ 30	Y255M-6/30	6160×2919×2293

表 3.5.28 ZSW 系列振动给料机主要技术参数（烟台鑫海矿山机械有限公司 www.xinhaimining.com）

型号	料槽尺寸 /mm×mm	最大给料粒度 /mm	给料能力 /t·h⁻¹	偏心轴转速 /r·min⁻¹	电动机功率/kW	质量/kg
ZSW380×95	3800×950	500	96~160	500~714	11	4082
ZSW420×110	4200×1100	580	120~240	500~800	15	4740
ZSW490×96	4900×960	500				5351
ZSW490×110	4900×1100	630	120~280			5352
ZSW590×110	5900×1100		350	750	22	6130
ZSW600×130	600×1300	750	400~560	500~800		7800

表 3.5.29 振动给料机主要技术参数（烟台鑫海矿山机械有限公司 www.xinhaimining.com）

型号	槽体尺寸（宽×长×高）/mm×mm×mm	水平给料能力 /$m^3 \cdot h^{-1}$	$-10°$给料能力 /$m^3 \cdot h^{-1}$	最大给料粒度 /mm	功率/kW	质量/kg
Y4740100	400×1000×200	40	60	100	2×0.4	230
Y4740150	400×1500×200				2×0.75	340
Y4740200	400×2000×200					410
Y4750100	500×1000×250	60	90	120		350
Y4750150	500×1500×250				2×1.5	420
Y4750250	500×2500×250					760
Y4763150	630×1500×315	90	180	150		660
Y4763200	630×2000×315					750
Y4763250	630×2500×315					890
Y4780150	800×1500×315	120		180		650
Y4780200	800×2000×315					700
Y4780250	800×2500×315					780
Y47100150	1000×1500×315	200	200	200		900
Y47100200	1000×2000×315					1050
Y47100250	1000×2500×315				2×2.2	1250
Y47120200	1200×2000×315	280	250	250		1100
Y47120250	1200×2500×315					1250
Y47120300	1200×3000×315					1400
Y47160250	1600×2500×315	480	300	300	2×3.7	1700
Y47160300	1600×3000×315					2050

表 3.5.30 GZV 系列微型振动给料主要机技术参数（海安永恒振动机械有限公司 www.yhm.cn）

型号	生产能力 /t·h⁻¹	双振幅/mm	振动次数 /次·min⁻¹	额定电压/V	额定电流/A	有功功率/W	质量/kg
GZV0.5	0.05	1.5	3000	AC 220	0.06	3.5	5
GZV1	0.1				0.08	5	4.5
GZV1F							5.5
GZV2	0.5				0.12	8	7
GZV2F							8
GZV3	1				0.15	20	12
GZV3F							14
GZV4	2				0.2	25	18
GZV4F							21
GZV5	4				0.25	30	27
GZV5F							30
GZV6	6				0.3	50	45

GZV 系列微型振动给料机如图 3.5.8 所示。

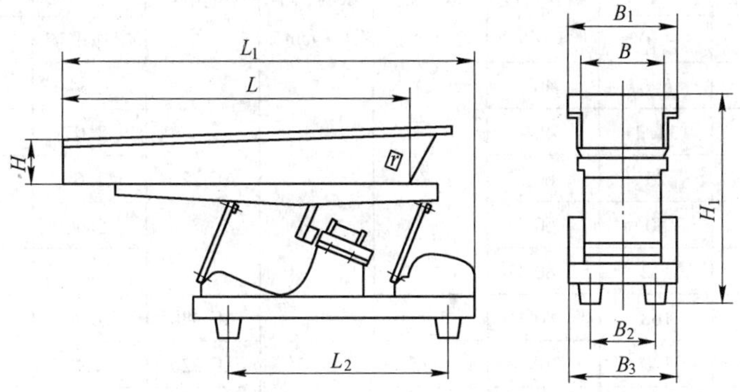

图 3.5.8 GZV 系列微型振动给料机

表 3.5.31 GZV 系列微型振动给料机尺寸参数（海安永恒振动机械有限公司 www.yhm.cn） （mm）

型号	B	B_1	B_2	B_3	L	L_1	L_2	H	H_1
GZV1	40	60	50	80	200	273	92	20	155
GZV2	60	80	50	80	300	374	95	30	168
GZV3	80	110	60	100	400	480	224	40	222
GZV4	100	130	70	120	500	568	310	50	256
GZV5	120	150	70	120	550	630	310	60	295
GZV6	200	240	120	180	600	760	440	70	300

表 3.5.32 GZ 系列电磁振动给料主要技术参数（海安永恒振动机械有限公司 www.yhm.cn）

类型	型号	生产能力/$t \cdot h^{-1}$		给料粒度 (≤)/mm	双振幅 /mm	振动频率 /次 · min^{-1}	供电电压 /V	电流/A		有功功率 /kW	质量/kg
		水平	-10°					工作电流	表示电流		
基本型	GZ1	5	7	50	1.75	3000	AC 220	1.34	1.0	0.06	77
	GZ2	10	14	50				3.0	2.3	0.15	151
	GZ3	25	35	75				4.6	3.8	0.20	233
	GZ4	50	70	100				8.4	7.0	0.45	460
	GZ5	100	140	150				12.7	10.6	0.65	668
	GZ6	150	210	200	1.5		AC 380	16.4	13.3	1.5	1271
	GZ7	250	350	300				24.6	20	2.5	1920
	GZ8	400	560	300				39.4	32	4.0	3040
	GZ9	600	840	500				47.6	38.6	5.5	3750
	GZ10	750	1050	500				39.4×2	32×2	4.0×2	6491
	GZ11	1000	1400	500				47.6×2	38.6×2	5.5×2	7680
上振型	GZ3S	25	35	75	1.75		AC 220	4.6	3.8	0.20	242
	GZ4S	50	70	100				8.4	7.0	0.45	457
	GZ5S	100	140	150				12.7	10.6	0.65	666
	GZ6S	150	210	200	1.5		AC 380	16.4	13.3	1.5	1246
	GZ7S	250	350	250				24.6	20	2.5	1963
	GZ8S	400	560	300				39.4	32	4.0	3306

续表 3.5.32

类型	型号	生产能力/t·h^{-1}		给料粒度 (≤)/mm	双振幅 /mm	振动频率 /次·min^{-1}	供电电压 /V	电流/A		有功功率 /kW	质量/kg
		水平	-10°					工作电流	表示电流		
封闭型	GZ1F	4	5.6	40	1.75	3000	AC 220	1.34	1.0	0.06	78
	GZ2F	8	11.2	40				3.0	2.3	0.15	154
	GZ3F	20	25	60				4.6	3.8	0.20	247
	GZ4F	40	50	60				8.4	7.0	0.45	464
	GZ5F	80	112	80				12.7	10.6	0.65	668
	GZ6F	120	168	80	1.5		AC 380	16.4	13.3	1.5	1278
轻槽型	GZ5Q	100	140	200	1.75		AC 220	12.7	10.6	0.65	653
	GZ6Q	150	200	250	1.5		AC 380	16.4	13.3	1.5	1326
	GZ7Q	250	350	300				24.6	20	2.5	1992
	GZ8Q	400	560	350				39.4	32	4.0	3046
平槽型	GZ5P	50	140	100	1.75		AC 220	12.7	10.6	0.65	633
	GZ6P	75	210	300	1.5		AC 380	16.4	13.3	1.5	1238
	GZ7P	125	350	350				24.6	20	2.5	1858
宽槽型	GZ5K1		200	100	1.5		AC 220	12.7×2	10.6×2	0.65×2	1212
	GZ5K2		240	100							1343
	GZ5K3		270	100							1376
	GZ5K4		300	100							1408

注：若物料湿度大于8%，粒度小于30目，产量会明显下降；黏性物料难以输送。

表 3.5.33 GZ 系列电磁振动给料机主机选型（海安永恒振动机械有限公司 www.yhm.cn）

分 类	型 号 规 格	使 用 范 围
基本型（下振型）	GZ1～GZ11	适应无特殊要求的物料输送
上振型	GZ3S～GZ8S	用于配置空间不够，振动器设在基本型180°相对位置上
封闭型	GZ1F～GZ6F	用于易碎颗粒状物料，防止粉尘飞扬
轻槽型	GZ5Q～GZ8Q	输送轻物料
平槽型	GZ5P～GZ7P	
宽槽型	GZ5K1～GZK4	适用于选煤，亦可用于向筛分设备给料

料仓下料溜嘴敞口型配置图如图 3.5.9 所示，料仓下料溜嘴封闭型配置图如图 3.5.10 所示。

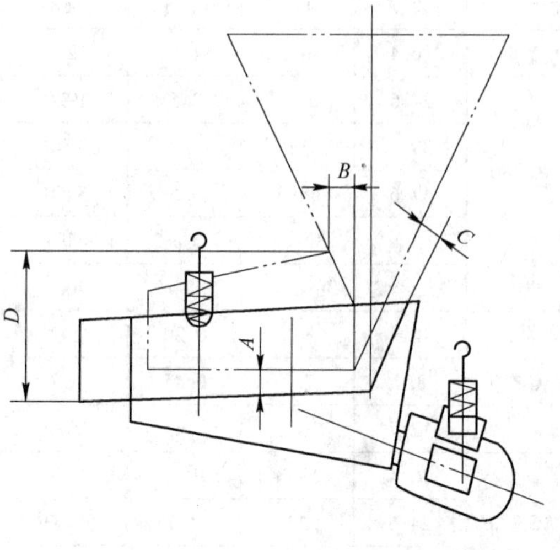

图 3.5.9 料仓下料溜嘴敞口型配置图

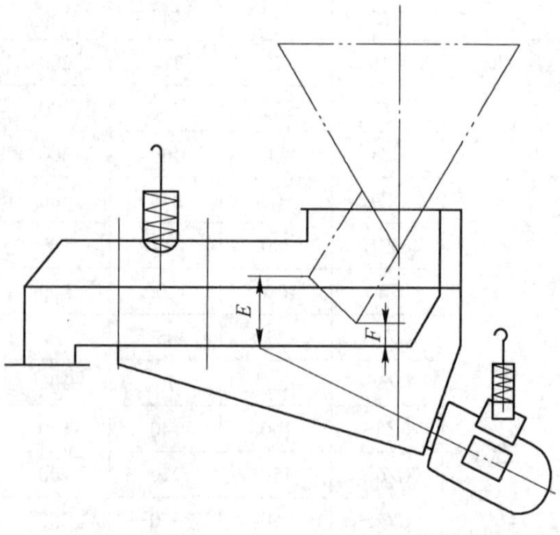

图 3.5.10 料仓下料溜嘴封闭型配置图

表 3.5.34 GZ 系列电磁振动给料机料仓下料溜嘴的配置参数（海安永恒振动机械有限公司 www.yhm.cn）

型 号	*A*	*B*	*C*	*D*	*E*	*F*
GZ1	20	<50	<20	150	70	20
GZ2	20	<65	<20	150	100	30
GZ3	20	<90	<30	250	120	40
GZ4	30	<110	<40	250	160	40
GZ5	30	<150	<40	350	200	50

表 3.5.35 GZ 系列电磁振动给料机主机基本型、轻槽型、平槽型外形尺寸参数

（海安永恒振动机械有限公司 www.yhm.cn） （mm）

形式	型号	L	L_1	L_2	L_3	H	H_1	B	B_1	B_2	B_3
基本型	GZ1	600	209	550	910	100	360	200	280	340	376
	GZ2	800	310	660	1175	120	450	300	388	458	508
	GZ3	900	311	790	1325	150	520	400	496	542	578
	GZ4	1100	413	965	1615	200	645	500	620	686	762
	GZ5	1200	463	1050	1815	250	765	700	850	761	840
	GZ6	1600	400	1470	2400	250	1030	900	720	1032	1092
	GZ7	1800	650	1465	2800	250	1130	1100	840	1257	1332
	GZ8	2200	750	1800	3300	300	1343	1300	1000	1471	1556
	GZ9	2400	800	2000	3515	300	1440	1500	1010	1676	1776
轻槽型	GZ5Q	1600	488	1414	2189	250	644	900	1042	761	1104
	GZ6Q	1800	650	1406	2610	250	1066	1100	1257	720	1192
	GZ7Q	2200	750	1738	3150	300	1240	1300	1467	840	1635
	GZ8Q	2400	800	1906	3464	300	1360	1500	1672	1000	1866
平槽型	GZ5P	1200	388	1140	1815	250	647	900	1040	761	1202
	GZ6P	1400	450	1233	2366	250	1030	1100	1232	720	1292
	GZ7P	1600	500	1440	2574	250	1089	1300	1457	840	1532

表 3.5.36 GZ 系列电磁振动给料机主机上振型外形尺寸参数（海安永恒振动机械有限公司 www.yhm.cn） （mm）

形式	型号	L	L_1	L_2	L_3	L_4	H_1	H_2	H_3	B	B_1	B_2
上振型	GZ3S	1730	1030	360	1000	100	690	340	89	400	490	518
	GZ3S	2020	1220	410	1100	120	865	400	110	500	620	586
	GZ3S	2260	1330	465	1200	120	960	420	129	700	845	761
	GZ3S	2900	1640	650	1600	150	1345	790	145	900	1020	720
	GZ3S	3230	1800	750	1800	150	1570	910	161	1100	1233	840
	GZ3S	4080	2330	850	2200	180	1980	1040	203	1300	1426	930

GZ 系列电磁振动给料机主机封闭型外形尺寸图如图 3.5.11 所示。

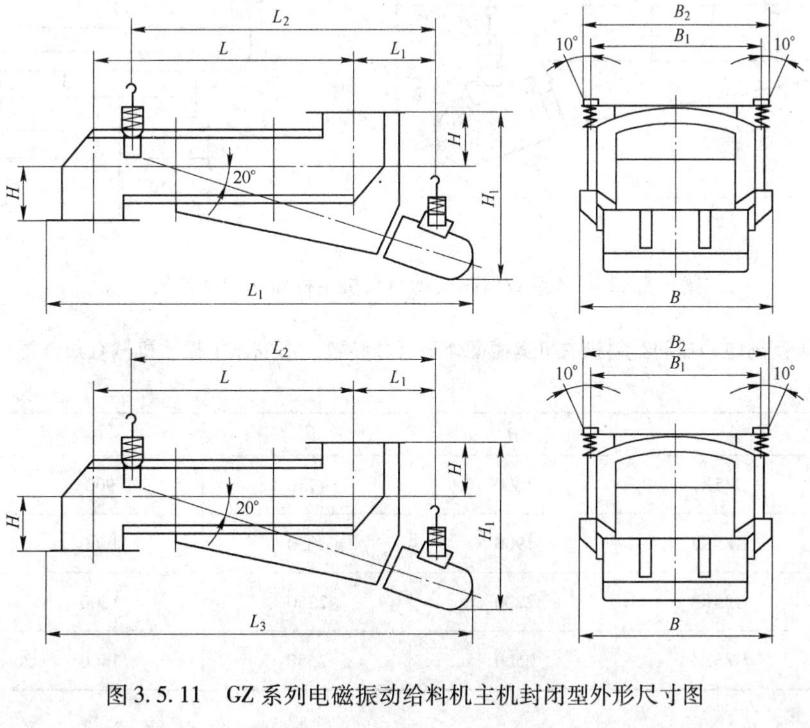

图 3.5.11 GZ 系列电磁振动给料机主机封闭型外形尺寸图

表 3.5.37　GZ 系列电磁振动给料机主机封闭型外形尺寸参数（海安永恒振动机械有限公司　www.yhm.cn）

（mm）

形式	型号	L	L_1	L_2	L_3	H_1	H	B_1	B_2	B
封闭型	GZ1F	600	246	716	1064	410	108	250	340	357
	GZ2F	800	288	903	1402	520	135	358	458	517
	GZ3F	1000	300	1082	1695	620	170	464	527	585
	GZ4F	1100	451	1306	1940	750	208	574	686	762
	GZ5F	1200	528	1483	2190	893	255	784	761	868
	GZ6F	1600	584	1684	2835	1200	265	949	720	1120

表 3.5.38　GZ 系列电磁振动给料机主机封闭性进出料口参数（海安永恒振动机械有限公司　www.yhm.cn）

（mm）

型　号	A_1	A_2	A_3	B_1	B_2	B_3	n-ϕD
GZ1F	174	2×77	120	254	3×78	200	10-ϕ7
GZ2F	224	2×99	160	346	3×112	300	10-ϕ11
GZ3F	286	2×126	200	486	3×152	400	10-ϕ11
GZ4F	318	2×139	220	598	5×112	500	10-ϕ13
GZ5F	348	2×154	240	808	6×128	700	10-ϕ13
GZ6F	388	2×174	280	1008	6×178	900	16-ϕ13

GZ 系列电磁振动给料机主机宽槽型外形尺寸图如图 3.5.12 所示。

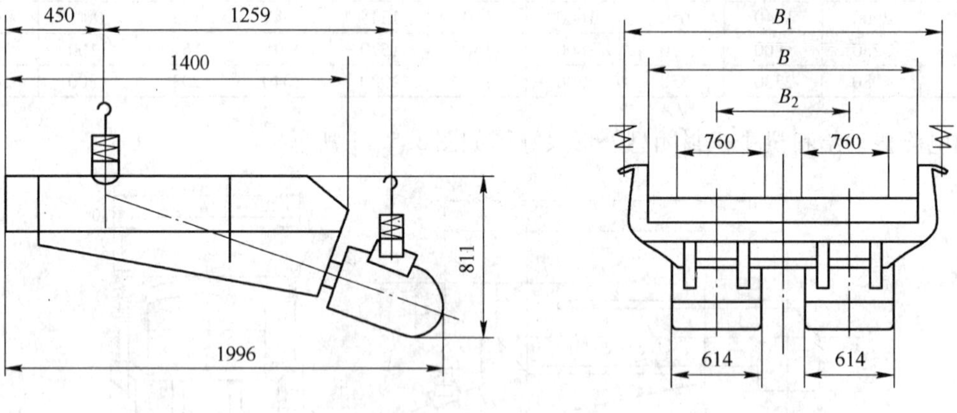

图 3.5.12　GZ 系列电磁振动给料机主机宽槽型外形尺寸图

表 3.5.39　GZ 系列电磁振动给料机主机宽槽型外形尺寸参数（海安永恒振动机械有限公司　www.yhm.cn）

（mm）

形　式	型　号	B	B_1	B_2	B_3
宽槽型	GZ5K1	1600	1750	900	1872
	GZ5K2	1900	2050	1000	2175
	GZ5K3	2200	2350	1200	2475
	GZ5K4	2500	2650	1400	2772

表 3.5.40　GZ 系列电磁振动给料机主机配套控制箱（海安永恒振动机械有限公司　www.yhm.cn）　（mm）

给料机型号	普通控制箱型号	给料机型号	普通控制箱型号
GZ1	XKZ-5G2	GZ6，GZ7	XKZ-50G3
GZ2，GZ3	XKZ-10G2	GZ8，GZ9	XKZ-200G3
GZ4，GZ5	XKZ-20G2	GZ10，GZ11	
GZ5K(1～4)	XKZ-50G2		

GZ×G 系列管式电磁振动给料机如图 3.5.13 所示。

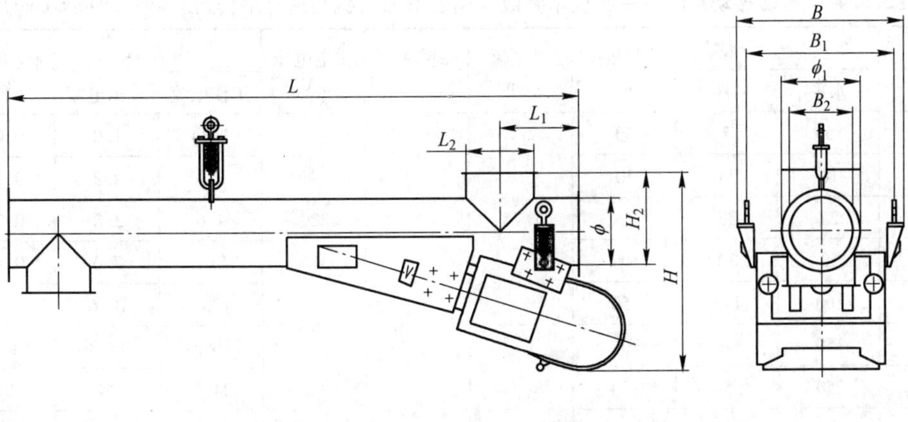

图 3.5.13　GZ×G 系列管式电磁振动给料机

表 3.5.41　GZ×G 系列管式电磁振动给料机主要技术参数（海安永恒振动机械有限公司　www.yhm.cn）

型　号	生产能力 /t·h^{-1}	最大给料粒度/mm	振动次数 /次·min^{-1}	额定电压 /V	管体直径 /mm	输送机长度 /m	配用电磁振动器 规格	配用电磁振动器 功率/kW	配用电磁振动器 长度 /m·节$^{-1}$
GZ2G	6	40	3000	220	200	2～8	DZ2	0.15	2
GZ3G	10	60			250	2～10	DZ3	0.2	2～2.5
GZ4G	15	70			300	2.5～12	DZ4	0.45	2.5～3
GZ5G	20	80			340	2.5～12	DZ5	0.65	2.5～3

表 3.5.42　GZD 振动喂料机主要技术参数（南通盛诚机械制造有限公司　www.ntscjx.com）

型　号	料槽尺寸 /mm×mm	进料粒度 /mm	给料能力 /t·h^{-1}	主轴转速 /r·min^{-1}	电机功率 /kW	槽面倾角 /(°)	质量(不包括电机)/kg	外形尺寸 /mm×mm×mm
GZD750×250	7500×2500	≤300	80	1000	1.5×2	0～10	1290	2580×1100×1400
GZD900×300	9000×3000	≤450	100	1000	3.7×2	0～10	1994	3200×1784×866
GZD1000×360	10000×3600	≤500	120	1000	5.5×2	0～10	2000	3900×1600×1500
GZD1200×420	12000×4200	≤600	200	1000	5.5×2	0～10	3100	4500×1800×1600

表 3.5.43　ZSW 振动喂料机主要技术参数（南通盛诚机械制造有限公司　www.ntscjx.com）

型　号	料槽尺寸 /mm×mm	进料粒度 /mm	给料能力 /t·h^{-1}	主轴转速 /r·min^{-1}	电机功率 /kW	槽面倾角 /(°)	主机质量 (不包括电机)/kg	外形尺寸 /mm×mm×mm
ZSW300×70	3000×700	≤500	60～120	350～800	7.5	0	3225	3075×1450×1250
ZSW380×96	3800×960	≤500	100～160	350～800	11	0	4210	3882×1684×1340
ZSW490×96	4900×960	≤500	120～200	350～800	15	0	5004	4957×1677×1365

续表 3.5.43

型　号	料槽尺寸 /mm × mm	进料粒度 /mm	给料能力 /t · h⁻¹	主轴转速 /r · min⁻¹	电机功率 /kW	槽面倾角 /(°)	主机质量 (不包括电机)/kg	外形尺寸 /mm × mm × mm
ZSW360 × 110	3600 × 1100	≤500	100 ~ 160	350 ~ 800	11	0	4321	3700 × 1805 × 1195
ZSW490 × 110	4900 × 1100	≤580	200 ~ 300	350 ~ 800	15	0	6700	4957 × 1841 × 1365
ZSW590 × 130	5900 × 1300	≤700	300 ~ 400	750	22	5	7900	4957 × 1841 × 1365
ZSW600 × 110	6000 × 1100	≤600	400 ~ 500	350 ~ 800	22	0	8200	6000 × 1841 × 1365

表 3.5.44　电磁振动给料机主要技术参数（南通盛诚机械制造有限公司　www.ntscjx.com）

类型	型号	生产能力/t · h⁻¹		给料粒度 /mm	双振幅 /mm	振动频率 /次 · min⁻¹	供电电压 /V	电流/A		有功功率 /kW	质量/kg
		水平	-10°					工作电流	表示电流		
	GZ1	5	7	50				1.34	1.0	0.06	77
	GZ2	10	14	50				3.0	2.3	0.15	151
	GZ3	25	35	75	1.75		220	4.6	3.8	0.20	233
	GZ4	50	70	100				8.4	7.0	0.45	460
	GZ5	100	140	150				12.7	10.6	0.65	668
基本型	GZ6	150	210	200				16.4	13.3	1.5	1271
	GZ7	250	350	300				24.6	20	2.5	1920
	GZ8	400	560	300	1.5		380	39.4	32	4.0	3040
	GZ9	600	840	500				47.6	38.6	5.5	3750
	GZ10	750	1050	500				39.4 × 2	32 × 2	4.0 × 2	6491
	GZ11	1000	1400	500				47.6 × 2	38.6 × 2	5.5 × 2	7680
	GZ3S	25	35	75				4.6	3.8	0.20	242
	GZ4S	50	70	100	1.75		220	8.4	7.0	0.45	457
	GZ5S	100	140	150				12.7	10.6	0.65	666
上振型	GZ6S	150	210	200				16.4	13.3	1.5	1246
	GZ7S	250	350	250	1.5		380	24.6	20	2.5	1963
	GZ8S	400	560	300		3000		39.4	32	4.0	3306
	GZ1F	4	5.6	40				1.34	1.0	0.06	78
	GZ2F	8	11.2	40				3.0	2.3	0.15	154
	GZ3F	20	28	60	1.75		220	4.6	3.8	0.20	247
封闭型	GZ4F	40	50	60				8.4	7.0	0.45	464
	GZ5F	80	112	80				12.7	10.6	0.65	668
	GZ6F	120	168	80	1.5		380	16.4	13.3	1.5	1278
	GZ5Q	100	140	200	1.75		220	12.7	10.6	0.65	653
轻槽型	GZ6Q	150	200	250				16.4	13.3	1.5	1326
	GZ7Q	250	350	300	1.5		380	24.6	20	2.5	1992
	GZ8Q	400	560	350				39.4	32	4.0	3046
	GZ5P	50	140	100	1.75		220	12.7	10.6	0.65	633
平槽型	GZ6P	75	210	300	1.5		380	16.4	13.3	1.5	1238
	GZ7P	125	350	350				24.6	20	2.5	1858
	GZ5K1		200	100							1212
宽槽型	GZ5K2		240	100	1.5		220	12.7 × 2	10.6 × 2	0.65 × 2	1343
	GZ5K3		270	100							1376
	GZ5K4		300	100							1408

表 3.5.45 GD 惯性振动给料机主要技术参数（南通盛诚机械制造有限公司 www.ntscjx.com）

型 号	直径/mm	给料量/t·h^{-1}	料仓直径/m	电机功率/kW	供电电压/V	整机质量/t
GD04PA	400	10~15	8.8~1.0	0.1	380	0.12
GD06PA	600	30~40	0.9~1.2	0.25	380	0.13
GD08PA	800	30~60	1.0~1.5	0.55	380	0.25
GD10PA	1000	40~80	1.5~2.0	0.75	380	0.38
GD12PA	1200	50~100	1.8~2.4	1.1	380	0.52
GD15PA	1500	60~120	2.2~3.0	1.5	380	0.67
GD20PA	2000	80~150	3.0~4.0	2×1.1	380	1.1
GD25PA	2500	80~150	3.6~5.0	2×1.5	380	1.65

表 3.5.46 GZGB，GZGBF 自同步惯性振动给料机主要技术参数（新乡市豫北振动机械有限公司 www.xxsybzd.com）

型 号	槽形尺寸（宽×长×高）/mm×mm×mm	生产能力/t·h^{-1}	最大给料粒度/mm	振动频率/次·min^{-1}	双振幅/mm	振动器型号	额定电压/V	额定电流/A	功率/kW	整机质量/kg
GZGB403	400×1000×200	30	60	1450	4	ZG405	380	2×0.73	2×0.25	163
GZGB503	500×1000×200	60	60			ZG405		2×0.73	2×0.25	202
GZGB633	630×1250×200	110	80			ZG410		2×1.53	2×0.55	385
GZGB703	700×1000×250	120	80			ZG415		2×1.95	2×0.75	414
GZGB803	800×1500×250	150	80			ZG415		2×1.95	2×0.75	431
GZGB903	900×1500×250	170	80			ZG415		2×1.95	2×0.75	605
GZGB1003	1000×1750×315	250	100			ZG420		2×2.71	2×1.1	813
GZGB1103	1100×1700×315	280	100			ZG420		2×2.71	2×1.1	893
GZGB1253	1250×2000×315	320	100			ZG432		2×3.51	2×1.5	1072
GZGBF705	700×1000×250	120	80	960	6	ZG612		2×1.66	2×0.75	307
GZGBF805	800×1500×250	140	80			ZG612		2×1.66	2×0.75	501
GZGBF905	900×1500×250	160	80			ZG612		2×1.66	2×0.75	577
GZGBF1005	1000×1750×315	220	100			ZG618		2×2.97	2×1.1	817
GZGBF1105	1100×1700×315	240	100			ZG618		2×1.97	2×1.1	894
GZGBF1255	1250×2000×315	270	100			ZG625		2×3.84	2×1.5	1077

表 3.5.47 GZV 微型电磁振动给料机主要技术参数（新乡市豫北振动机械有限公司 www.xxsybzd.com）

型 号	GZV1	GZV2	GZV3	GZV4	GZV5	GZV6
生产能力/t·h^{-1}	0.1	0.5	1	2	4	6
双振幅/mm	1.5					
振动频率/r·min^{-1}	3000					
供电电压/V	220					
有功功率/W	5	8	20	25	30	50
质量/kg	4	7	12	18	27	45

表 3.5.48 GZD 系列振动给料机技术参数（新乡市豫北振动机械有限公司 www.xxsybzd.com）

型 号	漏斗尺寸/mm×mm	最大进料粒度/mm	产量/t·h^{-1}	功率/kW	质量/t	外形尺寸/mm×mm×mm
GZD850×3000	850×3000	400	80~120	7.5	3895	3110×1800×1600
GZD960×3800	960×3800	500	120~210	11	3980	3850×1950×1630
GZD1100×4200	1100×4200	580	200~430	15	4170	4400×2050×1660
GZD1100×4900	1100×4900	580	280~500	15	4520	5200×2050×1700
GZD1300×4900	1300×4900	650	450~600	22	5200	5200×2350×1750

表 3.5.49 **DMA 电磁振动给料机主要技术参数**（新乡市豫北振动机械有限公司 www.xxsybzd.com）

型号	生产能力		双振幅/mm	额定电压/V	额定电流/A	有功功率/kW	振动次数/次·min^{-1}	配套控制箱	设备质量/kg
	m^3/h	t/h							
DMA2	1.5	2.5			0.25	0.03		XKZ-V	18
DMA4	3	4.9			1.0	0.06		XKZ-5G2	52
DMA8	5.5	8.8			2.3	0.15		XKZ-5G2	80
DMA16	11	16.5	1.75	AC 220	3.8	0.20	3000	XKZ-10G2	145
DMA32	22	33			7.0	0.45		XKZ-20G2	234
DMA63	43	65			10	0.65		XKZ-20G2	410
DMA125	90	138			10.0	1.50		XKZ-50G2	850
DMA250	200	320	1.5	AC 380	10.0	3.00		XKZ-50G2	1740

表 3.5.50 **DZG 电机振动给料机主要技术参数**（新乡市豫北振动机械有限公司 www.xxsybzd.com）

型号	生产能力(≤)/t·h^{-1}	给料槽尺寸/mm×mm×mm	粒度(≤)/mm	运行方式	振动电机		外形尺寸/mm			
					型号	功率/kW	L_0	L_1	H_1	B_0
DZG30-4	15	300×800×120			2.5-4	0.18×2	250	430	550	430
DZG40-4	40	40×1000×160	120		5-4	0.25×2	325	550	630	550
DZG50-4	50	500×1100×200			8-4	0.40×2	350	650	670	650
DZG60-4	85	600×1200×250	150		16-4	0.75×2	325	770	800	770
DZG70-4	100	700×1300×280	150		16-4	0.75×2	350	870	850	870
DZG80-4	200	800×1600×350	200		16-4	0.75×2	475	1000	980	1000
DZG90-4	220	900×1600×350	250		20-4	1.1×2	450	1100	980	1100
DZG100-4	240	1000×1600×350			32-4	1.5×2	450	1210	1110	1210
DZG110-4	400	1100×1800×400		连续	32-4	1.5×2	450	1340	1110	1340
DZG120-4	440	1200×2000×400	350		32-4	1.5×2	500	1440	1110	1440
DZG130-4	475	1300×2200×400			32-4	1.5×2	550	1540	1110	1540
DZG70-6	80	700×1300×280	150		20-6	1.5×2	350	870	900	870
DZG80-6	160	800×1600×300	180		30-6	2.2×2	475	1000	1020	1100
DZG90-6	240	900×1600×350	240		40-6	3.0×2	450	1100	1020	1100
DZG110-6	320	1000×1600×350			50-6	3.7×2	450	1340	1180	1340
DZG130-6	400	1300×2200×400	320		50-6	3.7×2	550	1540	1230	1540
DZG150-6	500	1500×2400×400			50-6	3.7×2	600	1680	1230	1680

表 3.5.51 **GZ 电磁振动给料机主要技术参数**（新乡市豫北振动机械有限公司 www.xxsybzd.com）

类型	型号	生产能力/t·h^{-1}		给料粒度/mm	双振幅/mm	供电电压/V	电流/A		有效功率/kW	配套控制箱型号
		水平	-10°				工作电流	表示电流		
基本型	GZ1	5	7	50			1.34	1	0.06	
	GZ2	10	14	50			3.0	2.3	0.15	XKZ-5G2
	GZ3	25	35	75	1.75	220	4.58	3.8	0.2	
	GZ4	50	70	100			8.4	7	0.45	XKZ-20G2
	GZ5	100	140	150			12.7	10.6	0.65	
	GZ6	150	210	200			16.4	13.3	1.2	
	GZ7	250	350	250			24.6	20	3	XKZ-200G3
	GZ8	400	560	300			39.4	32	4	
	GZ9	600	840	350	1.5	380	47.6	38.6	5.5	XKZ-200G3
	GZ10	750	1050	500			39.4×2	32×2	4×2	
	GZ11	1000	1400	500			47.6×2	38.6×2	5.5×2	XKZS-200G3

续表 3.5.51

类型	型号	生产能力/t·h^{-1}		给料粒度/mm	双振幅/mm	供电电压/V	电流/A		有效功率/kW	配套控制箱型号
		水平	-10°				工作电流	表示电流		
上振型	GZ3S	25	35	75	1.75	220	4.58	3.8	0.2	XKZ-5G2
	GZ4S	50	70	100			8.4	7	0.45	XKZ-20G2
	GZ5S	100	140	150			12.7	10.6	0.65	
	GZ6S	150	210	200	1.5	380	16.4	13.3	1.5	XKZ-20G3
	GZ7S	250	350	250			24.6	20	3	XKZ-100G3
	GZ8S	400	560	300			39.4	32	4	
封闭型	GZ1F	4	5.6	40	1.75	220	1.34	1	0.06	XKZ-5G2
	GZ2F	8	11.2	40			3.0	2.3	0.15	
	GZ3F	20	28	60			4.58	3.8	0.2	
	GZ4F	40	56	60			8.4	7	0.45	XKZ-20G2
	GZ5F	80	112	80			12.7	10.6	0.65	
	GZ6F	120	168	80	1.5	380	16.4	13.3	1.5	XKZ-20G3
轻槽型	GZ6Q	100	140	200	1.5	220	12.7	10.6	0.65	XKZ-20G2
	GZ7Q	150	210	250		380	16.4	13.3	1.5	XKZ-20G3
	GZ8Q	250	350	300			24.6	20	3	XKZ-100G3
	GZ5P	400	560	350			39.4	32	4	
平槽型	GZ6P	50	70	100	1.5	220	12.7	10.6	0.65	XKZ-20G2
	GZ7P	75	105			380	16.4	13.3	1.5	XKZ-20G3
	GZK1	158	175				24.6	20	3	XKZ-100G3
宽槽型	GZK2		200	100	1.5	220	127×2	10.6×2	0.65×2	XKZ-20G2
	GZK3		240							
	GZK4		270							
	GZK5		300							
圆管形	GZ1G	2		50	1.75	220	1.34	1	0.06	XKZ-5G2
	GZ2G	4		50			3.0	2.3	0.15	XKZ-5G2
	GZ3G	10		60			4.58	3.8	0.2	XKZ-5G2
	GZ4G	20		70			8.4	7	0.45	XKZ-20G2
	GZ5G	40		80			12.7	10.6	0.65	XKZ-20G2
特大型	GZ11-T		1000(煤物料密度0.85)	300	1.5	380	47.6×2	38.6×2	5.5×2	SZK00

表 3.5.52 SCG 型耐高温振动给料机主要技术参数（新乡市豫北振动机械有限公司 www.xxsybzd.com）

型号		SCG300	SCG400	SCG600	SCG800
单机输送距离/m		5~25		8~25	
输送产量/t·h^{-1}		≤15	≤25	≤40	≤60
电动功率/kW		3~7.5		5.5~15	
设备每米质量/kg		300	500	700	800
物料性质	粒度/mm	$0.5 < D < 100$		$0.5 < D < 200$	
	温度/℃	<300			
	含水量及黏性	含水量小于5%的非黏性、非易燃易爆物料			

表 3.5.53　GZ 系列电机振动给料机主要技术参数（新乡市豫北振动机械有限公司　www.xxsybzd.com）

类型	型号	生产能力/$t \cdot h^{-1}$		给料粒度/mm	双振幅/mm	供电电压/V	电流/A		有效功率/kW	配套控制箱型号
		水平	-10°				工作电流	表示电流		
基本型	GZ1	5	7	50	1.75	220	1.34	1	0.06	XKZ-5G2
	GZ2	10	14	50			3.0	2.3	0.15	
	GZ3	25	35	75			4.58	3.8	0.2	
	GZ4	50	70	100			8.4	7	0.45	XKZ-20G2
	GZ5	100	140	150			12.7	10.6	0.65	
	GZ6	150	210	200	1.5	380	16.4	13.3	1.2	XKZ-20G3
	GZ7	250	350	250			24.6	20	3	
	GZ8	400	560	300			39.4	32	4	
	GZ9	600	840	350			47.6	38.6	5.5	XKZ-200G3
	GZ10	750	1050	500			39.4×2	32×2	4×2	XKZS-200G3
	GZ11	100	1400	500			47.6×2	38.6×2	5.5×2	
上振型	GZ3S	25	35	75	1.75	220	4.58	3.8	0.2	XKZ-5G2
	GZ4S	50	70	100			8.4	7	0.45	XKZ-20G2
	GZ5S	100	140	150			12.7	10.6	0.65	
	GZ6S	150	210	200	1.5	380	16.4	13.3	1.5	XKZ-20G3
	GZ7S	250	350	250			24.6	20	3	XKZ-100G3
	GZ8S	400	560	300			39.4	32	4	
封闭型	GZ1F	4	5.6	40	1.75	220	1.34	1	0.06	XKZ-5G2
	GZ2F	8	11.2	40			3.0	2.3	0.15	
	GZ3F	20	28	60			4.58	3.8	0.2	
	GZ4F	40	56	60			8.4	7	0.45	XKZ-20G2
	GZ5F	80	112	80			12.7	10.6	0.65	
	GZ6F	120	168	80	1.5	380	16.4	13.3	1.5	XKZ-20G3

生产厂商：海安永恒振动机械有限公司，新乡市豫北振动机械有限公司，南通盛诚机械制造有限公司，海安县万力振动机械有限公司，烟台鑫海矿山机械有限公司，南昌矿山机械有限公司，上海世邦机器有限公司。

3.5.4　叶轮给料机

3.5.4.1　概述

叶轮给料机用于将上部料仓中的干燥粉状物料或小颗粒物料连续地、均匀地喂送到下一设备中去，是一种定量给料设备。

叶轮给料机广泛用于水泥、建材、化工、冶金及轻工业等部门物料系统作给料设备之用。

3.5.4.2　主要特点

（1）结构紧凑，造型美观，使用方便。

（2）运转平稳，噪声低。

3.5.4.3　工作原理

文氏管是文丘里管的简称，文丘里效应的原理则是当风吹过阻挡物时，在阻挡物的背风面上方端口附近气压相对较低，从而产生吸附作用并导致空气的流动。

叶轮给料机：膜片材质是由一层特制的织物和附着在上面一层薄薄的弹性体组成，厚度通常在 0.2 ~ 1.1mm，膜片的寿命通常在数百万次以上。

3.5.4.4 主要技术性能参数

主要技术性能参数见表 3.5.54 ~ 表 3.5.63。

表 3.5.54 叶轮给料机主要技术参数（启东市旺达工程技术研究所 www.jswangda.cn）

主要规格	DN100 ~ 600(4″ ~ 24″)		
主要材质	SS304，SS316L，WCB		
主要型号	气力输送型，重力卸料型，变量卸料型		
工作压力	常压/低压	中 压	高 压
	ATM < 0.1MPa	0.15 ~ 0.35MPa	HP > 0.35MPa
工作温度	−20 ~ 200℃	≤450℃	≤720℃
法兰连接标准	ANSIB 16.5 150LB，GB，HG，SH 由用户指定		
电气防爆等级	由用户指定		
适用介质	固体物料（粉末、颗粒物料、粉粒混合料、片状等）		

叶轮给料机外形尺寸图如图 3.5.14 所示。

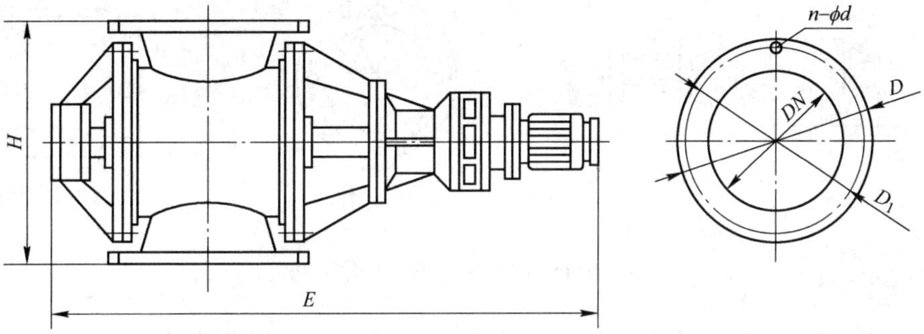

图 3.5.14 叶轮给料机外形尺寸图

表 3.5.55 叶轮给料机规格及尺寸（启东市旺达工程技术研究所 www.jswangda.cn）

型号	处理量 /$m^3 \cdot h^{-1}$	叶轮转速 /$r \cdot min^{-1}$	电机功率 /kW	D	D_1	DN	H	n-ϕd	E
WTXF-1	1	24	0.75	φ185	φ150	φ80	350	4-φ18	~1100
WTXF-2	1.5			φ205	φ170	φ100	350	4-φ18	~1100
WTXF-3	3.5			φ235	φ200	φ125	360	8-φ18	~1100
WTXF-4	4			φ260	φ225	φ150	370	8-φ18	~1100
WTXF-5	6			φ315	φ280	φ200	380	8-φ18	~1200
WTXF-6	13.5	33	1.1	φ370	φ335	φ250	470	12-φ18	~1250
WTXF-7	27			φ435	φ395	φ300	520	12-φ23	~1300
WTXF-8	37		1.5	φ485	φ445	φ350	570	12-φ23	~1400
WTXF-9	60	41	3	φ535	φ495	φ400	600	16-φ23	~1450
WTXF-10	90		4	φ640	φ600	φ500	600	16-φ23	~1500
WTXF-11	110		4	φ680	φ630	φ540	630	16-φ23	~1600
WTXF-12	150		4	φ820	φ740	φ600	740	16-φ23	~1700

叶轮给料机旋转下料阀型号含义见图 3.5.15。

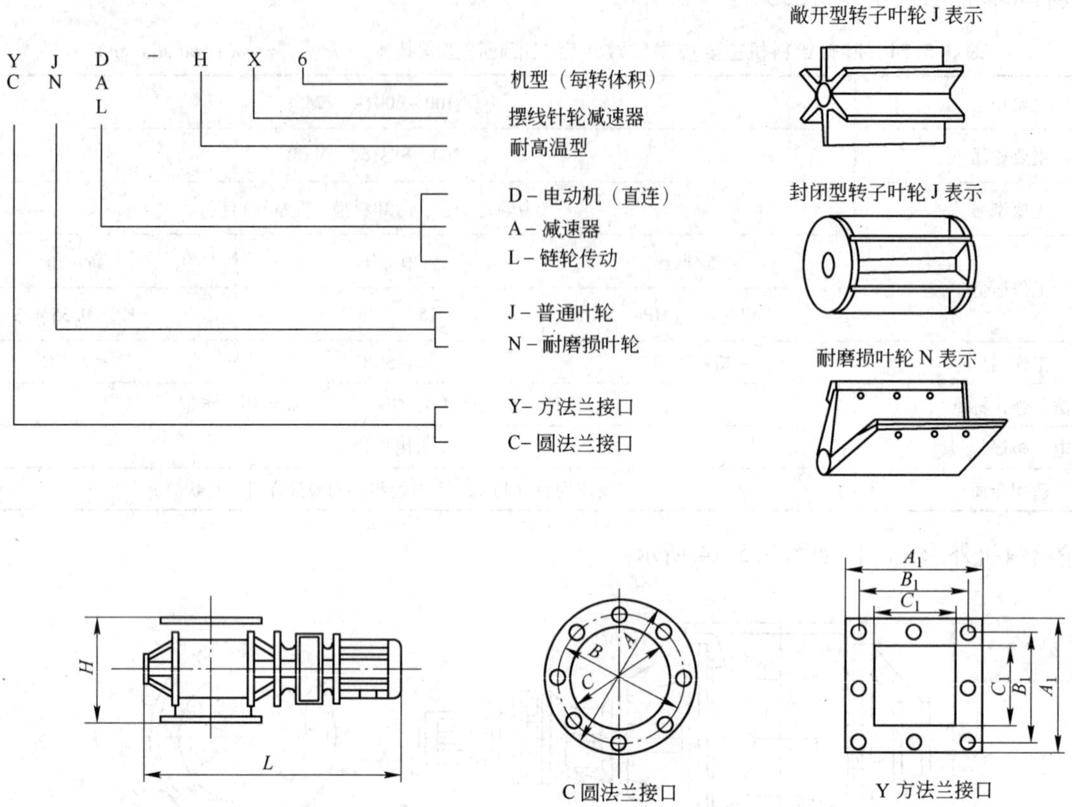

图 3.5.15　YJD-HX 型叶轮给料机

表 3.5.56　YJD-HX 型叶轮给料机主要技术参数（新乡市北方电机有限公司　www.521zds.com）

型号	每转体积/L	电机型号/功率/kW	转速/r·min⁻¹	工作温度/℃	质量/kg	安装连接尺寸/mm								
						A	*B*	*C*	A_1	B_1	C_1	*H*	*L*	孔直径
2 型	2	Y801-4/0.55	24	≤280	75	ϕ240	ϕ200	ϕ150	240	220	150	240	850	8-ϕ11
4 型	4	Y801-4/0.55	24	≤280	105	ϕ280	ϕ240	ϕ180	270	230	180	280	900	8-ϕ11
6 型	6	Y801-4/0.55	24	≤280	110	ϕ300	ϕ260	ϕ200	290	250	200	300	930	8-ϕ11
8 型	8	Y801-4/0.75	24	≤280	125	ϕ320	ϕ280	ϕ220	310	270	220	320	950	8-ϕ11
10 型	10	Y90S-4/1.1	24	≤280	135	ϕ340	ϕ300	ϕ240	330	290	240	340	1000	8-ϕ13
12 型	12	Y90S-4/1.1	24	≤280	140	ϕ360	ϕ320	ϕ260	350	310	260	360	1030	8-ϕ17
14 型	14	Y90S-4/1.1	24	≤280	160	ϕ380	ϕ340	ϕ280	370	330	280	380	1050	8-ϕ17
16 型	16	Y90S-4/1.1	24	≤280	180	ϕ400	ϕ360	ϕ300	400	350	300	400	1080	8-ϕ17
18 型	18	Y90L-4/1.5	24	≤280	195	ϕ420	ϕ380	ϕ320	420	370	320	420	1100	8-ϕ17
20 型	20	Y90L-4/1.5	24	≤280	210	ϕ440	ϕ400	ϕ340	440	390	340	440	1150	8-ϕ17
26 型	26	Y100L1-4/2.2	24	≤280	310	ϕ500	ϕ460	ϕ400	510	450	400	500	1300	12-ϕ17
30 型	30	Y100L2-4/3	24	≤280	350	ϕ560	ϕ500	ϕ440	550	495	440	560	1350	12-ϕ17
40 型	40	Y100L2-4/3	24	≤280	450	ϕ620	ϕ558	ϕ500	620	558	500	620	1500	12-ϕ17
50 型	50	Y100L2-4/3	24	≤280	500	ϕ650	ϕ600	ϕ540	650	600	540	650	1600	12-ϕ17

表 3.5.57 单级减速比和输出轴转速（新乡市北方电机有限公司 www.521zds.com）

减速比	1∶9	1∶11	1∶13	1∶17	1∶23	1∶29	1∶35	1∶43	1∶59	1∶71	1∶87
输出轴转速 /$r \cdot min^{-1}$	167	136	115	88	65	52	43	35	25	21	17
输入转速 /$r \cdot min^{-1}$	1500										

表 3.5.58 双级减速比和输出轴转速（新乡市北方电机有限公司 www.521zds.com）

减速比	1∶121	1∶187	1∶289	1∶391	1∶473	1∶595	1∶731	1∶841	1∶1003
输出轴转速/$r \cdot min^{-1}$	12.4	8	5.2	3.8	3.2	2.5	2	1.8	1.5
减速比	1∶1225	1∶1505	1∶1849	1∶2056	1∶2537	1∶3481	1∶4189	1∶5133	1∶7569
输出轴转速/$r \cdot min^{-1}$	1.2	1	0.8	0.7	0.6	0.4	0.36	0.3	0.2
输入转速/$r \cdot min^{-1}$	1500								

YCJ-H 型叶轮给料机如图 3.5.16 所示。

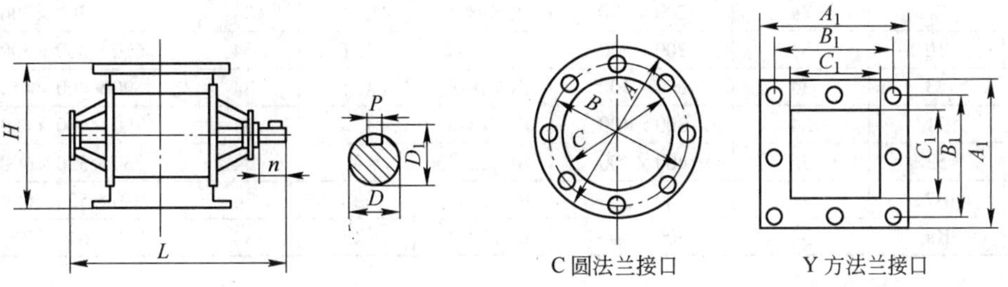

图 3.5.16 YCJ-H 型叶轮给料机

表 3.5.59 YCJ-H 型叶轮给料机主要技术参数（新乡市北方电机有限公司 www.521zds.com）

型号	每转体积/L	安装连接尺寸												
		A/mm	B/mm	C/mm	A_1 /mm×mm	B_1/mm	C_1/mm×mm	n/mm	D/mm	P/mm	D_1/mm	H/mm	L/mm	孔直径/mm
2 型	2	φ240	φ200	φ150	240×240	200	150×150	30	25	8	28	240	425	8-φ11
4 型	4	φ280	φ240	φ180	270×270	230	180×180	40	30	8	33	280	510	8-φ11
6 型	6	φ300	φ260	φ200	290×290	250	200×200	40	30	8	33	300	530	8-φ11
8 型	8	φ320	φ280	φ220	310×310	270	220×220	40	30	8	33	320	550	8-φ11
10 型	10	φ340	φ300	φ240	330×330	290	240×240	55	35	10	39	340	580	8-φ11
12 型	12	φ360	φ320	φ260	350×350	310	260×260	55	35	10	39	360	600	8-φ17
14 型	14	φ380	φ340	φ280	370×370	330	280×280	55	35	10	39	380	620	8-φ17
16 型	16	φ400	φ360	φ300	400×400	350	300×300	55	40	12	44	400	640	8-φ17
18 型	18	φ420	φ380	φ320	420×420	370	320×320	55	40	12	44	420	660	8-φ17
20 型	20	φ440	φ400	φ340	440×440	390	340×340	55	40	12	44	440	680	8-φ17
26 型	26	φ500	φ460	φ400	510×510	450	400×400	55	40	12	44	520	740	12-φ17
30 型	30	φ560	φ500	φ440	550×550	495	440×440	65	50	16	56	550	780	12-φ17
40 型	40	φ620	φ560	φ500	620×620	558	500×500	65	50	16	56	620	850	12-φ17
50 型	50	φ650	φ600	φ540	650×650	600	540×540	65	50	16	56	650	890	12-φ17

GY 系列刚性叶轮给料机如图 3.5.17 所示。

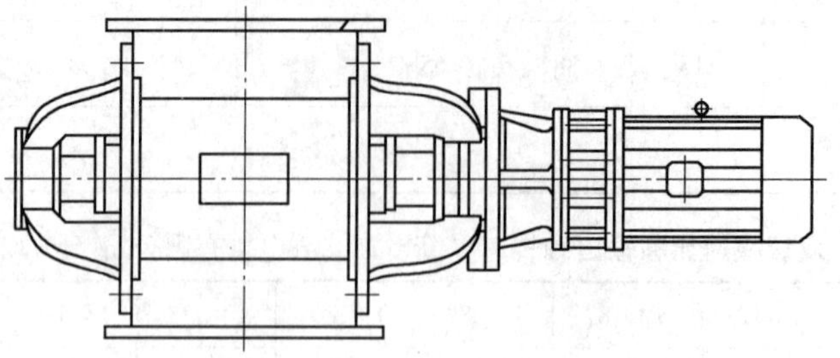

图 3.5.17 GY 系列刚性叶轮给料机

表 3.5.60 GY 系列刚性叶轮给料机主要技术参数（新乡市百盛机械有限公司 www.zgtysb.com）

型号规格	生产能力 /$m^3 \cdot h^{-1}$	叶轮转速 /$r \cdot min^{-1}$	进出料口尺寸（长×宽）/mm×mm	摆线针轮减速电动机			给料机本体外形尺寸（长×宽×高）/mm×mm×mm	质量（不含驱动装置）/kg
				型号	功率/kW	转速 /$r \cdot min^{-1}$		
GY200×200	7	34	200×200	BLY18-43	1.1	34	510×300×300	67
GY200×300	10	34	200×300	BLY18-43	1.1	34	610×300×300	77
GY300×300	23	34	300×300	BLY18-43	1.1	34	690×400×450	155
GY300×400	31	34	300×400	BLY18-43	1.5	34	790×400×450	174
GY400×400	53	34	400×400	BLY22-43	3	34	830×520×600	231
GY400×500	67	34	400×500	BLY22-43	3	34	930×520×600	268
GY500×500	106	34	500×500	BLY22-43	4	34	960×640×760	550

刚性叶轮给料机（一）如图 3.5.18 所示。

刚性叶轮给料机（二）如图 3.5.19 所示。

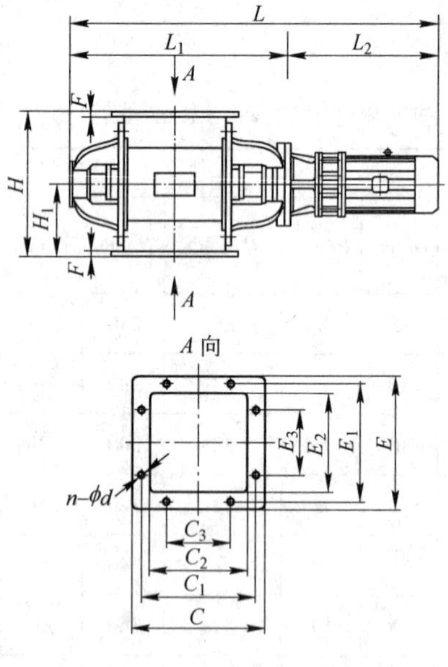

图 3.5.18 刚性叶轮给料机（一）

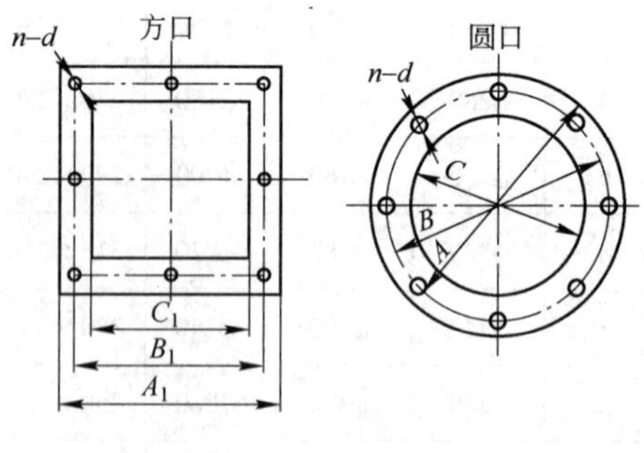

图 3.5.19 刚性叶轮给料机（二）

表 3.5.61 刚性叶轮给料机主要尺寸参数（江苏信发振动机械有限公司 www.jsxfm.com） (mm)

型 号	L	L_1	L_2	H	H_1	F	C	C_1	C_2	C_3	E	E_1	E_2	E_3	n	d
GY200×200	953	510	443	300	150	15	300	260	200	140	300	260	200	140	8	17
GY200×300	1053	610	443	300	150	15	300	260	200	140	400	360	300	200	8	17
GY300×300	1133	690	443	450	225	15	400	360	300	200	400	360	300	200	8	19
GY300×400	1258	790	468	450	225	15	400	360	300	200	520	480	400	2×150	10	19
GY400×400	1373	830	543	600	300	16	520	480	400	2×140	520	480	400	2×140	12	19
GY400×500	1473	930	543	600	300	16	520	480	400	2×140	620	580	500	3×140	14	19
GY500×500	1523	960	563	760	380	26	640	580	500	3×140	640	580	500	3×140	16	19

GY 型刚性叶轮式给料机如图 3.5.20 所示。

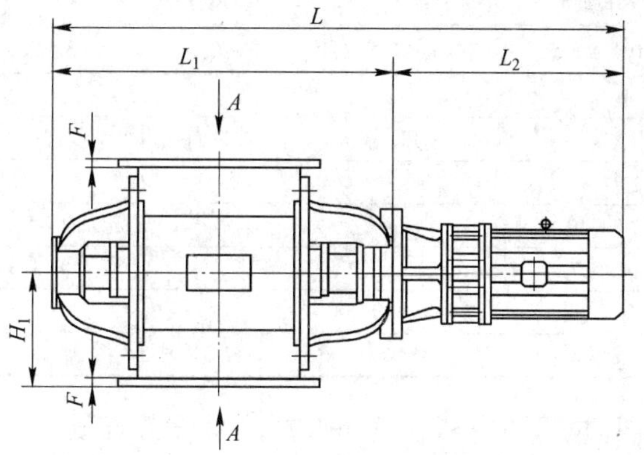

图 3.5.20 GY 型刚性叶轮式给料机

表 3.5.62 GY 型刚性叶轮式给料机主要技术参数（新乡市同鑫振动机械有限公司 www.xxtxzds.com）

型号规格	生产能力 /$m^3 \cdot h^{-1}$	叶轮转速 /$r \cdot min^{-1}$	进出料口尺寸（长×宽）/mm×mm	摆线针轮减速电动机			给料机本体外形尺寸（长×宽×高）/mm×mm×mm	质量（不含驱动装置）/kg
				型号	功率/kW	转速 /$r \cdot min^{-1}$		
GY200×200	7	34	200×200	BLY18-43	1.1	34	510×300×300	67
GY200×300	10	34	200×300	BLY18-43	1.1	34	610×300×300	77
GY300×300	23	34	300×300	BLY18-43	1.1	34	690×400×450	155
GY300×400	31	34	300×400	BLY18-43	1.5	34	790×400×450	174
GY400×400	53	34	400×400	BLY22-43	3	34	830×520×600	231
GY400×500	67	34	400×500	BLY22-43	3	34	930×520×600	268
GY500×500	106	34	500×500	BLY22-43	4	34	960×640×760	550

GF 型叶轮给料机如图 3.5.21 所示。

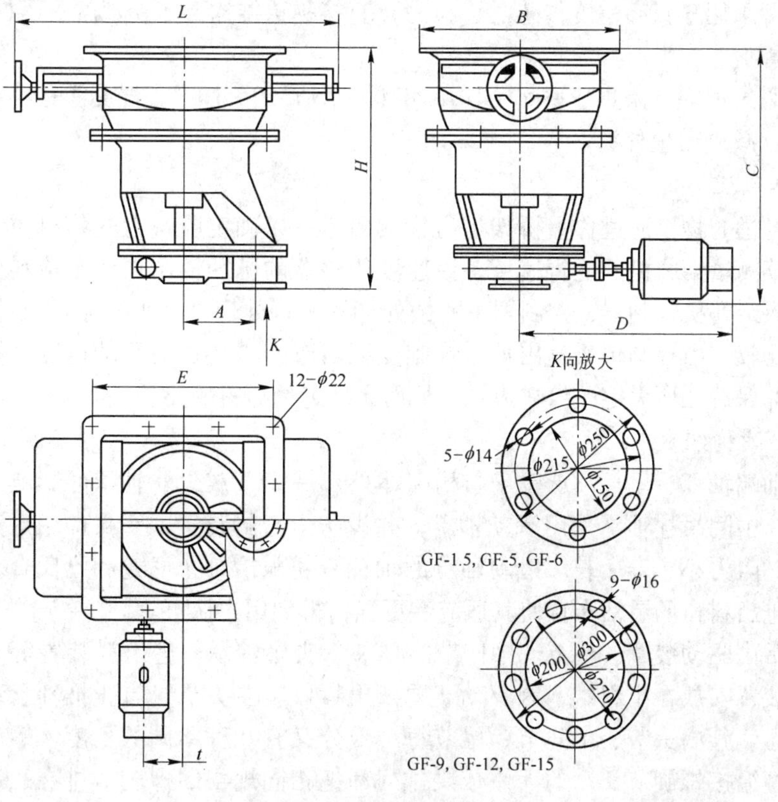

图 3.5.21 GF 型叶轮给料机

表 3.5.63　GF 型叶轮给料机技术参数（新乡市同鑫振动机械有限公司　www.xxtxzds.com）

型　号	GF-1.5	GF-3	GF-6	GF-9	GF-12	GF-15
额定处理量/$t \cdot h^{-1}$	0.5~1.5	1~3	2~6	3~9	4~12	5~15
设计选用煤粉密度/$t \cdot m^{-3}$	0.65					
叶轮直径/mm	313			386		
叶轮齿数/齿	12					
额定主轴转速/$r \cdot min^{-1}$	9~40	21~81				
传动比（i）	1∶27	1∶13.5				
外形尺寸/mm×mm×mm	807×984×1158			989×1213×1340		
总重(不含电机)/kg	354			480		

生产厂商：启东市旺达工程技术研究所，沧州普惠除尘设备有限公司，新乡市北方电机有限公司，江苏信发振动机械有限公司，新乡市百盛机械有限公司，新乡市同鑫振动机械有限公司。

3.5.5　螺旋式给料机

3.5.5.1　概述

螺旋给料机是集粉体物料稳流输送、称重计量和定量控制为一体的新一代产品，适用于建材、冶金、电力、化工等各种工业生产环境的粉体物料连续计量和配料。

螺旋给料机与其他输送设备相比，具有整机截面尺寸小、密封性能好、运行平稳可靠、控制精度高、可中间多点装料和卸料及操作安全、维修简便等优点。

3.5.5.2　主要特点

（1）专用于粉状物料的计量和控制。

（2）给料螺旋具有独特的稳流结构，在整个进料口截面上料粉均匀下沉，不易结拱，不易冲料。

（3）摆线针轮减速电机，保证了长期稳定运行。

（4）稳流螺旋采用变螺距结构和出口溢流方式，有效地解决了物料的冲料难题（产量 >60t/h 采用双管稳流）。

（5）计量螺旋秤采用 3 只高精度传感器（拉力）直接称重结构，成功地解决了杠杆称重造成的误差，使计量精度大为提高。

（6）采用数字采集模块，采集速率 50 次/s；年漂移小于 50×10^{-6}；温度漂移小于 50×10^{-6}。

（7）密封结构，减少粉尘外扬。

3.5.5.3　工作原理

螺旋给料机把经过的物料通过称重桥架进行检测质量，以确定胶带上的物料质量，装在尾部的数字式测速传感器，连续测量给料机的运行速度，该速度传感器的脉冲输出正比于给料机的速度，速度信号和质量信号一起送入给料机控制器，控制器中的微处理器进行处理，产生并显示累计量/瞬时流量。该流量与设定流量进行比较，由控制仪表输出信号控制变频器改变给料机的驱动速度，使给料机上的物料流量发生变化，接近并保持在所设定的给料流量，从而实现定量给料的要求。

3.5.5.4　主要结构组成

螺旋给料机驱动端轴承、尾部轴承置于料槽壳体外部减少了灰尘对轴承的影响，提高了螺旋给料机关键件的使用寿命。中间吊挂轴承采用滑动轴承，并设防尘密封装置，密封件用尼龙或塑料，因而密封性能好，耐磨性强，阻力小，寿命长。滑动轴承的轴瓦有粉末冶金、尼龙和巴氏合金，可根据不同需要选用，螺旋给料机进出料口的灵活布置使其适应性更强，得到用户认可。

螺旋给料机通常由驱动装置、头节、中间节、尾节、头尾轴承、进出料装置等几部分组成，如条件允许，最好将驱动装置安放在出料端，因驱动装置及出料口装在头节（有止推轴承装配）时较合理，可使螺旋处于受拉状态。其中头节、中间节、尾节每个部分又有几种不同的长度。螺旋式输送机各个螺旋节的布置次序最好遵循按螺旋节长度的大小依次排列和把相同规格的螺旋节排在一起的原则，安装时从头部开始，顺序进行。总体布置时还应注意，不要使底座和出料口布置在机壳接头的法兰处，进料口也不应布置在吊轴承上方：

（1）螺旋轴与吊轴承、头、尾轴连接均采用嵌入舌式，安装、拆卸不需轴向移动，维修方便。芯轴长、吊挂少、故障点少。

（2）采用变径结构，增大吊轴承处容积，避免吊轴承与物料接触，吊轴承寿命可达两年以上。

（3）各传动部位均采用浮动连接方式，吊轴承为万向节结构，使螺旋体，吊轴承和尾部总成形成一个整体悬浮体，在一定范围内可随输送阻力自由旋转避让，不卡料，不堵料。

（4）头尾轴承座均在壳体外，所有轴承采用多层密封和配合密封技术，轴承使用寿命长。

3.5.5.5 螺旋给料机的分类

螺旋给料机根据使用环境的要求可分为单管螺旋给料机与U形螺旋给料机两大系列，单管螺旋给料机采用密闭输送物料，密封性较好，能避免粉尘对环境的污染，改善劳动条件，具有给料稳定，可实现锁气的特性，也可消除物料的回流现象，单管螺旋给料机也可根据使用要求设计成水平输送，倾斜输送，垂直输送，可降低设备的制造成本。

3.5.5.6 主要技术性能参数

主要技术性能参数见表3.5.64和表3.5.65。

表3.5.64 LS800型螺旋给料机的主要技术参数（山东亿煤机械装备制造有限公司 www.yimeijixie.com）

螺旋直径/mm	800
螺距/mm	500
转速/$r \cdot min^{-1}$	45
输送量 $Q(\phi=0.33)/m^3 \cdot h^{-1}$	223
功率 $P(d_1=10m)/kW$	4.1、8.6、12
功率 $P(d_1=13m)/kW$	15.3、25.9、36

表3.5.65 LS500型螺旋给料机主要技术参数（山东亿煤机械装备制造有限公司 www.yimeijixie.com）

螺旋直径/mm	500
螺距/mm	400
转速/$r \cdot min^{-1}$	60
输送量 $Q(\phi=0.33)/m^3 \cdot h^{-1}$	93.1
功率 $P(d_1=10m)/kW$	4.1
功率 $P(d_1=13m)/kW$	15.3

生产厂商：山东亿煤机械装备制造有限公司。

3.5.6 波动辊式给料机

3.5.6.1 概述

波动辊式给料机是一种既具有给料功能，又具筛分功能的复合式设备，它是为了给重型破碎机连续喂料而专门设计的。适于含黏湿料的给料和预筛分作业，特别适用于硅铝质矿石破碎机配套使用。

3.5.6.2 主要特点

波动辊式给料机既具给料功能，又具筛分功能，双重功能，不多占空间，不增加设备购置费用。

给料量可以根据破碎机的负荷自动调节，充分发挥破碎机的工作效率。

本机型是前置式筛分，可以将原料中已符合要求的细料筛分出来，特别适用于大块状物料的筛分，筛孔不易被黏湿料堵塞，筛分辊下具有剔泥装置，对于黏湿物料亦能胜任。

将原料中已符合要求的泥土和细料筛分出后，提高了破碎系统的生产能力，减轻了破碎机的磨损，减少了破碎机被堵塞的概率，降低了能耗，工作更为可靠。

3.5.6.3 工作原理

波动辊式给料机是一种多辊式输送机械，各辊同向转动，从而将托在其上的矿石由一端送到另一端。

由于各辊子具有凸楞，相邻辊子间形成的空隙可以使碎料漏下。

整机分为给料段和筛分段。矿石首先喂入给料段，再进入筛分段，之后筛上物料进入破碎机进行破碎。

给料段处于受料仓之下，由7组圆形辊子组成。由于其上堆积了很厚的物料，因此它只需要以较慢的速度转动，且各辊子之间有一定的速差，即愈靠近筛分段的辊子速度愈高，愈靠近卸车点（料层也愈厚）的辊子速度愈低，从而保持了连续的料床，并且可以防止辊间空隙被料块卡死。给料段是可调速的，它采取变频方式而变速，并由破碎机的负荷大小来调节。当破碎机负荷低时，给料辊速度自动提高，而当破碎机负荷超过给定值时给料辊速度随之降低，直至停转，从而充分发挥破碎机的效率，并起到保护破碎机的作用。

筛分段由10组椭圆辊子组成，它们具有相同的转速，但相邻辊子间具有90cm的相位差，当某一组辊子椭圆长轴处于上下方时，其相邻辊子椭圆长轴则处于平卧位置。如此运转，在本区段上的物料则成上下颠簸着前进。这样混杂在料块中的泥土和碎块可加速沉落并从辊间缝隙排出。为了防止辊间缝隙被泥土糊死，辊子下面装有齿状刮泥板。

3.5.6.4　*产品结构*

波动辊式给料机主要由给料辊1、筛分辊2、给料辊的驱动装置3、筛分辊的驱动装置4、壳体5、给料辊的传动链轮组6、筛分辊的传动链轮组7等组成，主体结构剖视图如图3.5.22所示。

（1）给料辊和筛分辊。给料辊和筛分辊具有相似的结构，仅是辊套的形状不同，前者为圆柱形，后

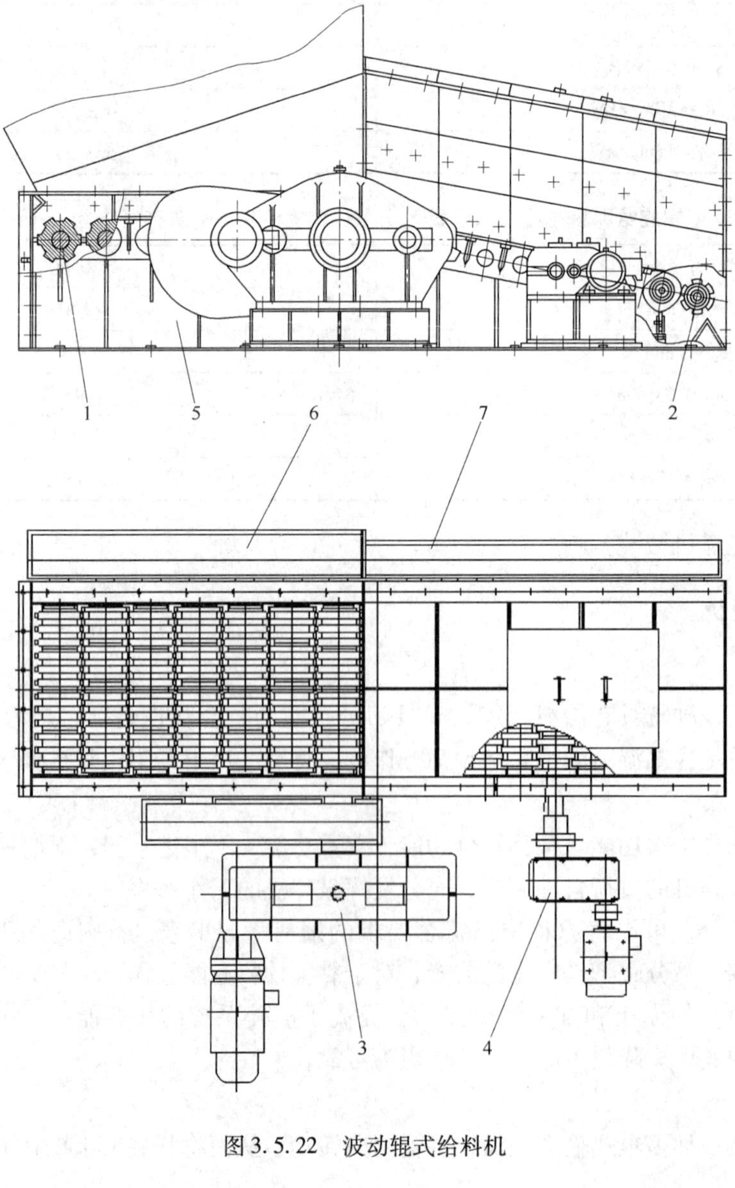

图3.5.22　波动辊式给料机

者为椭圆形或三角形。主要由轴、辊套、辊套端面的卡箍、轴承和链轮组成，轴承装在给料机壳体两侧的轴承箱中。

（2）壳体。壳体由钢板焊接为若干块，拼焊合成为箱形结构。其给料段的上部敞开，以便与受料仓相接。筛分段辊子以上部分带有封闭式导料槽，导料槽的顶部开有人孔，便于检修时进入机内。壳体内堆积矿石的部位均镶有衬板。

（3）驱动装置。驱动部分采用三环减速器减速，分右传动和左传动两种配置方式，以矿石推进方向为正前方，驱动装置在右侧时称右传动，在左侧时称左传动。

3.5.6.5 选型原则

波动辊式给料机的选用一般可从如下几个方面来考虑：

（1）如果原料中含黏湿物料量及碎料量较多可考虑选用波动辊式给料机喂料，否则可选用板式给料机喂料。

（2）波动辊式给料机兼具给料和筛分功能，如果选用其与破碎机配套，就不用再选用板式给料机了，二者选其一即可。

（3）根据破碎机的型号选择配套的波动辊式给料机规格。

3.5.6.6 应用范围

波动辊式给料机一般与硬物料反击式破碎机配套使用，在水泥行业应用广泛，在海螺、华新、天瑞、红狮、尧柏、金隅、蒙西、巢湖东亚、江西锦溪、浙江锦龙、辽源金刚、山西桃园东义、重庆腾辉地维、福建永定兴鑫、拉法基、阿曼、巴基斯坦、老挝等国内外大型水泥集团及公司都有选用。

3.5.6.7 主要技术性能参数及应用

主要技术性能参数及应用见表3.5.66～表3.5.69。

表3.5.66 波动辊式给料机的主要技术参数（中国中材装备集团有限公司 www.sinoma.cn）

型 号	WRF1554	TkWRF1552	TkWRF1252
生产能力/$t \cdot h^{-1}$	350	280～350	150～250
最大给料粒度/mm	≤600	≤600	≤600
出料粒度/mm（筛余<10%）	40～80	40～80	40～80
功率/kW	18.5+18.5	15+15	15+15
使用场合	高磨蚀性且含黏湿性物料的场合，与反击式破碎机配套使用，可将黏湿性物料筛出并给破碎机喂料		
配套反击破碎机型号	LPF4016/16	TkPF14.16H	TkPF14.12H

表3.5.67 安徽巢湖东亚2000t/d熟料水泥生产线的应用（中国中材装备集团有限公司 www.sinoma.cn）

型 号	TkWRF1252波动辊式给料机	型 号	TkWRF1252波动辊式给料机
槽体有效宽度/mm	1236	进料粒度/mm	≤600
槽体有效长度/mm	5160	出料粒度/mm	≤60（80%）
筛分面积/m^2	5.6	生产能力/$t \cdot h^{-1}$	150
输送原料	砂 岩	电机功率/kW	2×15

此项目为日产2000t/d熟料水泥生产线。砂岩原料破碎配用一台反击式破碎机，每天一班工作制，即可满足生产线的需求。

表3.5.68 和田尧柏4500t/d熟料水泥生产线的应用设备参数（中国中材装备集团有限公司 www.sinoma.cn）

型 号	TkWRF1552波动辊式给料机	型 号	TkWRF1552波动辊式给料机
槽体有效宽度/mm	1526	进料粒度/mm	砂岩、页岩≤300，铁矿石≤400
槽体有效长度/mm	5160	出料粒度/mm	≤50（90%）
筛分面积/m^2	7.9	生产能力/$t \cdot h^{-1}$	280～350
输送原料	砂岩、页岩、铁矿石	电机功率/kW	2×15

此项目为日产4500t熟料水泥生产线。三种辅助原料破碎配用同一台反击式破碎机，每天一班工作

制，即可满足生产线的需求。

表3.5.69 浙江锦龙5000t/d熟料水泥生产线的应用设备参数（中国中材装备集团有限公司 www.sinoma.cn）

型 号	TkWRF1254 波动辊式给料机	型 号	TkWRF1254 波动辊式给料机
槽体有效宽度/mm	1526	进料粒度/mm	≤600
槽体有效长度/mm	5300	出料粒度/mm	≤50（80%）
筛分面积/m^2	8	生产能力/$t \cdot h^{-1}$	350～400
输送原料	砂页岩	电机功率/kW	2×22

此项目为日产5000t熟料水泥生产线。砂页岩原料破碎配用一台反击式破碎机，每天一班工作制，即可满足生产线的需求。

生产厂商：中国中材装备集团有限公司。

3.5.7 往复式给煤机

3.5.7.1 概述

往复式给煤机不但能满足大型高产高效矿井系统的大流量输送要求，而且大大提高了设备的工作可靠性和生产的安全性，扩大了生产能力的可调节性。具有生产能力大、体积小、质量轻、便于安装、给料调节范围大等优点。该给料机一般采用吊式安装，也可落地安装。

3.5.7.2 产品组成

往复式给煤机由机架、底板（给煤槽）、传动平台、漏斗、闸门、托辊等组成。当电机开动后经弹性联轴器、减速机、曲柄连杆机构拖动倾斜5°的底板在辊上做直线往复运动，煤均匀地卸到其他设备上。

4 物流仓储设备及相关物料搬运设备

物流仓储设备主要包括巷道堆垛机、货架、搬运车、输送设备、分拣设备、提升机、搬运机器人以及计算机管理和监控系统。这些设备可以组成自动化、半自动化、机械化的商业仓库，用于堆放、存取和分拣承运物品。物流仓储设备可以分为两大类：物流设备和仓储设备。但是在现代制造业迅猛发展的今天，物流与仓储密不可分，环环相扣。

4.1 物流仓储系统

4.1.1 概述

物流系统是指由两个或两个以上的物流功能单元构成，以完成单元间物料搬运、存储、配送服务为目的。物流系统包括采购、运输、储存、流通加工、装卸、搬运、包装、销售、物流信息处理等物流环节所需的劳务、设备、材料、资源等要素，由外部环境向系统提供的过程。物流系统在一定的时间和空间里，由所需输送的物料和包括有关设备、输送工具、仓储设备、人员以及信息通信联系等若干相互制约的动态要素构成的具有特定功能的有机整体。

仓储系统指的是产品分拣或储存接收中使用的设备和运作策略的组合。

4.1.2 主要特点

（1）物流系统是一个大跨度系统，这反映在两个方面：一是地域跨度大；二是时间跨度大。

（2）物流系统稳定性较差而动态性较强。

（3）物流系统属于中间层次系统范围，本身具有可分性，可以分解成若干个子系统。

4.1.3 仓储系统主要结构

存储空间、货物、仓储设施设备、人员、作业及管理系统等要素。

4.1.4 自动化立体仓库系统设备

自动化立体仓库（AS/RS）是现代物流系统的重要组成部分；多层储存物品的高架仓库系统一般由高层货架、巷道堆垛机、机器人码垛系统、自动控制系统、监控系统、仓库管理系统及自动出入库系统组成。AS/RS系统是集取送、储存和需求预测等多功能为一体的高度的自动化、信息化的物流系统。

自动化仓库储存类型：

（1）单伸位托盘储存系统：分单立柱和双立柱两种，最大单元质量4t，最大高度40m。

（2）双伸位托盘储存系统：使用双伸位货叉，最大单元质量1.25t，堆垛机承载2.5t，最大高度35m。

（3）双货位托盘储存系统：堆垛机使用两个货叉或在伸叉方向一次取两个托盘。

（4）高密度托盘储存系统：使用穿梭板，可以和堆垛机或叉车配合使用。

（5）重力式货架托盘储存系统：货架含无动力棍子，托盘靠重力向前移动。

（6）无托盘储存系统：堆垛机直接转运电缆卷、纸卷、单元装置等。

（7）特殊尺寸和重型储存系统：单货位储存的质量可以达到20t，最大高度30m。

（8）箱式储存系统：高速轻型堆垛机直接转运塑料箱或纸箱，最大速度达360m/min。

4.1.4.1 堆垛机

A 托盘堆垛机

托盘堆垛机通过托盘存取实现货物存取。

结构形式：单立柱型和双立柱型；运行轨迹：直行型、转弯型及道岔型；天轨、地轨：方管 + 角钢；起重量：500 ~ 4000kg；使用高度：10 ~ 40m；运行速度：水平约 300m/min、垂直约 85m/min、货叉伸缩约 60m/min；调速功能：伺服、变速调速，S 形曲线加减速；认址方式：激光、条码激光、编码器 + 认证片；取电方式：滑触线及无接触取电；联网通讯：无线、红外、滑触线通讯；控制模式：手动、单机自动、联机自动；托盘识别：条码/RFID。

B　箱式堆垛机

箱式堆垛机可直接存取塑料箱、纸箱等。可实现快速拣选与发货、密集存储、无噪声操作。箱式堆垛机可按标准型配套，也可根据产品定制，包括发送站、操作及接口输送系统。

有效载荷：10 ~ 350kg 单种或多种货物；货箱尺寸：任意；整机高度：10/14/18/20m；运行速度：水平约 240/360m/min（变频，伺服）、垂直约 60/80/120/180m/min（变频，伺服）、货叉伸缩约 60/80m/min（变频）；加速度：水平 $5m/s^2$；垂直 $3m/s^2$；货叉形式：单叉、双叉、指型叉、抽屉式货叉；出入库作业：拣选式、单元式、混合式；导电方式：安全滑导线；通讯方式：无线通讯/红外通讯；定位方式：激光测距、条码带、旋转编码。

4.1.4.2　高层货架和钢制托盘

高层货架是立体仓库系统实现货物立体存放的支撑结构，主要由货架片、立柱、横梁、水平及垂直拉杆、吊梁及端部网架等组成，见表 4.1.1。

表 4.1.1　高层货架规格尺寸参数（山西东杰智能物流装备股份有限公司　www.omhgroup.com）

项　目	立柱尺寸/mm					横梁尺寸/mm					
宽　度	90	100	120	120	140	50	50	50	50	50	50
高　度	90	90	90	131/135/150	131/135/150	80	100	110	120	140	160
壁　厚	1.5 ~ 2.5	2 ~ 2.5	2 ~ 2.5	2.5 ~ 3.5	2.5 ~ 3.5	1.5	1.5	1.5	1.5	1.5	1.5

钢制托盘适合叉车作业，存取货物方便；采用自动焊接、自动喷粉涂装生产线生产，可提供标准托盘和定制非标托盘，形式多样，见表 4.1.2。

表 4.1.2　钢制托盘规格尺寸参数（山西东杰智能物流装备股份有限公司　www.omhgroup.com）

额定静载荷/kg	250、500、800、1000、1500、2000、3000、4000、5000
规格尺寸/mm × mm	1000 × 800、1000 × 1000、1200 × 1000、1200 × 1200

4.1.4.3　托盘输送机

（1）链式和辊式输送机。链式和辊式输送机是出入库系统中最常用设备，主要用于托盘等的成件输送。

单元尺寸：$L \times W \times H$(mm × mm × mm) 根据货物；表面处理：酸洗—磷化—喷塑；额定载荷：250 ~ 4000kg；输送速度：0 ~ 16m/min（变频调速）；驱动功率：0.25 ~ 3kW；通讯方式：工业 PROFIBUS-DP 网络；控制方式：PLC。

（2）辊式及链式举升台。辊式（链式）举升台由辊式（链式）输送机和升降机构组成，输送和升降独立驱动。

额定载荷：250 ~ 4000kg；输送速度：0 ~ 16m/min（变频调速）；驱动功率：0.25 ~ 3kW；升降速度：5min/r；举升功率：1.1 ~ 4kW；举升行程：40 ~ 80mm；通讯方式：工业 PROFIBUS-DP 网络；控制方式：PLC。

（3）穿梭车及穿梭板。穿梭车是一种有轨托盘搬运车，由运行机构配装链式或辊式输送机组成；分单轨和双轨穿梭车。

行走运行速度：约 180m/min（变频调速）；输送速度：约 16m/min（变频调速）；速度控制：闭环调速、网络实时控制；认址定位：激光、条码带、编码器；通讯方式：无线以太网、远红外光通讯、滑线通讯；控制方式：PLC 控制。

穿梭板是一种自带直流电源，有自救援功能，占用高度很低、具有行走和举升功能的托盘转运穿梭车；额定载荷：250～2000kg；行走速度：约180m/min；举升行程：40mm；举升速度：5min/r；按行走轮数量分：4轮和8轮穿梭车；8轮穿梭车跨越对接轨道更顺畅、平稳。

4.1.4.4 托盘码垛机

该设备主要由卡位机构与凸轮举升机构两部分组成，与输送机联用。卡位机构只作旋转运动，转角范围0°～90°；举升机构只作上下运动，举升动作从低位举升到中位然后再到高位。

额定载荷：350kg；输送速度：约16m/min(变频调速)；空托盘垛：4～10个/垛；码/拆盘速度：120p/h；控制方式：PLC。

生产厂商：山西东杰智能物流装备股份有限公司。

4.2 巷道堆垛机

4.2.1 概述

巷道式堆垛机是由叉车、桥式堆垛机演变而来的。桥式堆垛机由于桥架笨重因而运行速度受到很大的限制，它仅适用于出入库频率不高或存放长形原材料和笨重货物的仓库。巷道堆垛机的主要用途是在高层货架的巷道内来回穿梭运行，将位于巷道口的货物存入货格，或者取出货格内的货物运送到巷道口。

4.2.2 主要特点

(1) 电气控制方式有手动、半自动、单机自动及计算机控制。可任意选择一种电气控制方式。
(2) 大多数堆垛机采用变频调速，光电认址，具有调速性能好，停车准确度高的特点。
(3) 采用安全滑触式输电装置，保证供电可靠。
(4) 运用过载松绳，断绳保护装置确保工作安全。
(5) 配备移动式工作室，室内操作手柄和按钮布置合理，座椅较舒适。
(6) 堆垛机机架重量轻。抗弯、抗扭刚度高。起升导轨精度高，耐磨性好，可精确调位。
(7) 可伸缩式货叉减小了对巷道的宽度要求，提高了仓库面积的利用率。

4.2.3 产品分类、特点及用途

巷道堆垛机分类、特点及用途见表4.2.1。

表4.2.1 巷道堆垛机分类、特点及用途

项 目	类 型	特 点	用 途
按结构分类	单立柱型巷道堆垛机	(1) 机架结构是由1根立柱、上横梁和下横梁组成的1个矩形框架； (2) 结构刚度比双立柱差	适用于起重量在2t以下，起升高度在16m以下的仓库
	双立柱型巷道堆垛机	(1) 机架结构是由2根立柱、上横梁和下横梁组成的1个矩形框架； (2) 结构刚度比较好； (3) 质量比单立柱大	(1) 适用于各种起升高度的仓库； (2) 一般起重量可达5t，必要时还可以更大，可用于高速运行
按支撑方式分类	地面支撑型巷道堆垛机	(1) 支撑在地面铺设的轨道上，用下部的车轮支撑和驱动； (2) 上部导轮用来防止堆垛机倾倒； (3) 机械装置集中布置在下横梁，易保养和维修	(1) 适用于各种高度的立体库； (2) 适用于起重量较大的仓库； (3) 应用广泛
	悬挂型巷道堆垛机	(1) 在悬挂于仓库屋架下弦装设的轨道下翼沿上运行； (2) 在货架下部两侧铺设下部导轨，防止堆垛机摆动	(1) 适用于起重量和起升高度较小的小型立体仓库； (2) 使用较少； (3) 便于转巷道
	货架支撑型巷道堆垛机	(1) 支撑在货架顶部铺设的轨道上； (2) 在货架下部两侧铺设下部导轨，防止堆垛机摆动； (3) 货架应具有较大的强度和刚度	(1) 适用于起重量和起升高度较小的小型立体仓库； (2) 使用较少

续表 4.2.1

项 目	类 型	特 点	用 途
按用途分类	单元型巷道堆垛机	（1）以托盘单元或货箱单元进行出入库； （2）自动控制时，堆垛机上无司机	（1）适用于各种控制方式，应用最广； （2）可用于“货到人”式拣选作业
	拣选型巷道堆垛机	（1）在堆垛机上的操作人员从货架内的托盘单元或货物单元中取少量货物，进行出库作业； （2）堆垛机上装有司机室	（1）一般为手动或半自动控制； （2）用于“人到货”式拣选作业

4.3 货架

4.3.1 密集型货架

4.3.1.1 概述

焊接货架的整体框架结构或柱卡与横梁、立柱与地脚板连接采用焊接。

柱片、横梁和层板为插接连接，每层承载力相对 A 型有很大的提高，每层承载 300 ~ 800kg，表面采用静电喷塑，外形美观大方，高度方向各层间距可以按 50mm 节距任意调节。主要用于档案存放等场合。

（1）柱片：柱片由经过全自动冲孔、冷弯轧制的立柱及横斜撑通过防松螺栓联结。立柱上冲有双排孔，孔间距为 50mm，供横梁在挂接立柱时可在固定节距内根据用户需要调节层高。

（2）横梁：由冷轧 P 形优质管材和两只柱卡组焊而成，并配制安全销，这种结构具有刚度，强度好，重量轻，承载能力高，安全性好等优点。

（3）层板：采用优质冷轧钢板经轧制成形或折弯成形钢层板，可选配中纤板、原木板等。

4.3.1.2 型号规格

中量 A 型手动密集架如图 4.3.1 所示，中量 B 型货架规格参数见表 4.3.1。

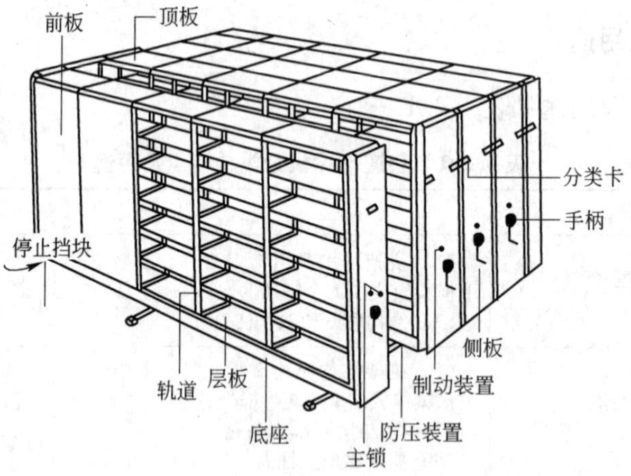

图 4.3.1 中量 A 型手动密集架

表 4.3.1 中量 B 型货架规格参数（南京源峰货架制造有限公司 www.yfrack.cn）

柱片深度/mm	柱片高度/mm	横梁长度/mm	柱片深度/mm	柱片高度/mm	横梁长度/mm
400	1800		700	3500	2000
450	2000		800	4000	2300
500	2500	1500	900	4500	2500
600	3000	1800	1000	5000	2700

生产厂商：南京源峰货架制造有限公司。

4.3.2 重力式货架

4.3.2.1 概述

重力式货架又称为自重力货架，属于重型货架，是由托盘式货架演变而来的，适用于少品种大批量同类货物的存储，空间利用率极高，重力式货架深度及层数可按需要而定。

4.3.2.2 主要特点

(1) 货物由高的一端存入，滑至低端，从低端取出。货物滑动过程中，滑道上设置有阻尼器，控制货物滑行速度保持在安全范围内。滑道出货一端设置有分离器，搬运机械可顺利取出第一板位置的货物。

(2) 货物遵循先进先出顺序。货架具有存储密度高，且具有柔性配合功能。

(3) 适用于以托盘为载体的存储作业，货物堆栈整齐，为大件重物的存储提供了较好的解决方案，仓储空间利用率在75%以上，而且只需要一个进出货通道。

(4) 重力式货架非常环保，全部采用无动力形式，无能耗，噪声低，安全可靠，可满负荷运作。

在货架的组与组之间没有作业通道，从而增加了60%的空间利用率，提高了仓储的容积率；托盘操作遵循先进先出的原则；自动储存回转；储存和拣选两个动作的分开大大提高输出量，由于是自重力使货物滑动，而且没有操作通道，所以减少了运输路线和叉车的数量。

4.3.2.3 工作原理

重力式货架又称为辊道式货架，属于仓储货架中的托盘类存储货架。重力式货架是横梁式货架衍生品之一，货架结构与横梁式货架相似，只是在横梁上安上滚筒式轨道，轨道呈3°～5°倾斜。托盘货物用叉车搬运至货架进货口，利用自重，托盘从进口自动滑行至另一端的取货口。重力式货架属于先进先出的存储方式。

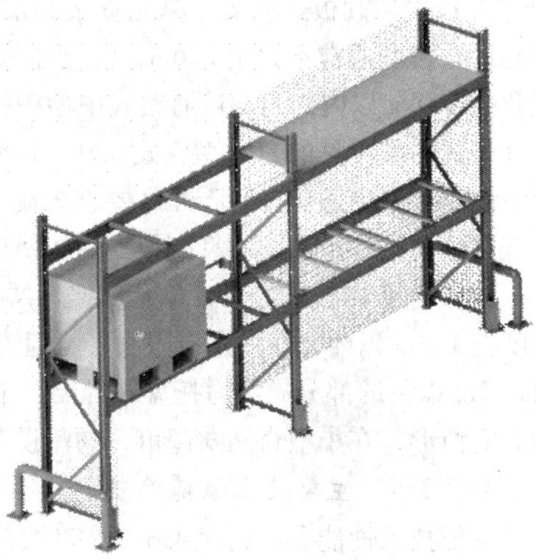

图4.3.2 重力式货架

4.3.2.4 产品结构

重力式货架由托盘式货架演变而成，采用滚筒式轨道或底轮式托盘。重型货架又称为托盘式货架，具有承重大，高度适应范围广泛，机械存取，选取效率高等特点，但空间利用率一般。

4.3.2.5 型号规格

重力式货架如图4.3.2所示，重力式货架见表4.3.2。

表4.3.2 重力式货架（江苏六维物流设备实业有限公司 www.nova-china.com）

规格（立柱）	NH1型（80型）、NH2A型（90A型）、NH2B型（90B型）、NH3型（100型）、NH4型（120型）、NH5型（140型）、NH6型（160型）等，可非标定做
横 梁	截面有矩形抱扣型和P形抱扣型
矩形抱扣型	K80、K90、K100、K110、K120、K140、K150、K160
P形抱扣型	PK95、PK115、PK135、PK155

生产厂商：江苏六维物流设备实业有限公司。

4.3.3 搁板式货架

4.3.3.1 概述

搁板式货架通常均为人工存取货方法，组装式结构，层间距平均可调，货物也常为集件或不是很重的未包装物品（便于人工存取），货架高度通常在2.5m以下，否则人工难以涉及（如辅以登高车则可设置在3m左右）。单元货架跨度（长度）不宜过长，单元货架深度（阔度）不宜过深，按其单元货架每层的载重量可分为轻、中、重型搁板式货架，层板主要为钢层板、木层板两种。

4.3.3.2 主要特点

（1）货架采用了镀铬钢丝网和支柱结构。

（2）货架可任意组合，层节距也是可以任意调节的。

（3）货架具有坚固的碳钢镀铬网格，能促进空气自由流通，保证货物的周围环境干燥通风。

（4）货架具有独特的结构，功能多样，易于装载和卸载。

搁板式货架主要材料为不锈钢网和镀锡管，也被称为不锈钢货架。

不锈钢货架适用于人工存取较轻的货物，小件物品存放多品种的塑料容器，广泛应用于电子行业、小零件仓库、档案馆、办公室、商店等。搁板式货架由于成本低，质量轻，自由组合度高，安全可靠，简单的组装、拆卸，搁板式货架可单独使用，也可以自由组合成各种货架使用，而且单层承重量相对比较大，所以受到很多仓储物流行业的青睐。

4.3.3.3 产品结构

（1）轻型搁板式货架。单元货架每层载重量不大于300kg，总承载一般不大于5000kg。单元货架跨度通常不大于2m，深度不大于1m（多为0.6m以内），高度一般在4.5m以内，罕见的为C型钢式立柱、P型梁货架结构，轻盈、美丽、调理便利，使用寿命在20年。以上主要用于寄存轻、小物品。普遍用于电子、轻工、农业、化学等行业。

（2）中型搁板式货架。单元货架每层载重量一般在200～1000kg之间，总承载一般不大于5000kg。单元货架跨度通常不大于2.6m，深度不大于1m，高度一般在3m以内。假如单元货架跨度在2m以内，层载在500kg以内，通常选有梁式中型搁板式货架较为适宜；假如单元货架跨度在2m以上，则一般只能选有梁式中型罕见的为C型钢式立柱、P型梁货架结构，层间距可调余地更大，更牢固、美丽，与环境的和谐性更好，更适于一些干净度要求较高的仓库；有梁式中型搁板式货架则产业化特色强一些，较适用于寄放金属结构产品。中型搁板式货架使用广泛，适用于各行各业。

（3）重型搁板式货架。单元货架每层载重通常在500～4000kg之间，单元货架跨度普遍在3m以内，深度在1.2m以内，高度没有限制，且通常与重型托盘式货架相联合、相并存，上面多少层替放板式，下面在2m以下的部分通常为托盘式货架，用叉车进入存取作业。主要用于一些既需要零托存取，又要整存整取的情形，在小型仓储式超市，物流设备中较为少见。

4.3.3.4 主要技术性能参数

主要技术性能参数见表4.3.3～表4.3.6。

表4.3.3 中A型货架主要技术参数（江苏六维物流设备实业有限公司 www.nova-china.com）

宽度/mm / 深度/mm	单元货架每层最大载重量/kg							
	900		1200		1500		1800	
	标准型	加强型	标准型	加强型	标准型	加强型	标准型	加强型
480	600		560		360		240	
620	600		600		380		260	340
910	600		600		600		390	510
940	600		600		600		480	
1220	600		600		600		520	
立柱规格/mm	55×50×1.5，节距 $P=50$，$H=1.5$m、1.8m、2.0m、2.4m、3m、4m、8m							

表4.3.4 NM1B型中型货架主要技术参数（江苏六维物流设备实业有限公司 www.nova-china.com）

宽度/mm / 深度/mm	单元货架每层最大载重量/kg		
	1200	1500	1800
470	300	250	250
600	350	300	250
720	350	300	250
920	450	400	400
1180	450	400	400
立柱规格/mm	55×55×1.5，节距 $P=50$，$H=1.5$m、1.8m、2.0m、2.4m、3m		

表 4.3.5 中 C 型货架主要技术参数（江苏六维物流设备实业有限公司 www.nova-china.com） （mm）

型 号	NM2 型中型横梁式货架
规 格	立柱截面规格：60×50
横梁规格	P60×40，P80×50，P110×50

表 4.3.6 NL1 型轻型货架主要技术参数（江苏六维物流设备实业有限公司 www.nova-china.com）

宽度/mm 深度/mm	单元货架每层最大载重量/kg		
	1200	1500	1800
470	300	250	250
600	350	300	250
720	350	300	250
920	450	400	400
1180	450	400	400
立柱规格/mm	55×55×1.5，节距 $P=50$，$H=1.5$m、1.8m、2.0m、2.4m、3m		

生产厂商：江苏六维物流设备实业有限公司。

4.3.4 冷库用货架

4.3.4.1 概述

冷库货架原材料采用优质 Q235 冷轧板材，由专用模具冲压制成。

喷涂材料：零部件表面处理用的喷粉采用高品质聚酯环氧性粉末材料，其耐腐蚀性、耐冷性高于国家标准（GB 1771—1991、GB 1740—1979）有关指标，处理后的零部件表面光洁、平整、涂层附着力强、外表美观。

静电喷塑工艺流程及说明：

它是高级表面涂装之一，分高光、半光、亚光三种。

固化温度。涂膜光滑、丰满。涂膜坚韧，附着力好，机械强度高，抗龟裂性好，且不回粘。耐水、耐磨、抗油、绝缘性均较好。

4.3.4.2 主要技术性能参数

主要技术性能参数见表 4.3.7 ~ 表 4.3.10。

表 4.3.7 中 A 型货架载荷主要技术参数（南京金辉仓储设备有限公司 www.jhrack.com） （kg）

宽度/mm 深度/mm	1200	1500	1800
470	300	200	150
600	350	300	200
750	350	300	250

表 4.3.8 中 B 型货架载荷主要技术参数（南京金辉仓储设备有限公司 www.jhrack.com） （kg）

宽度/mm 深度/mm	1000	1200	1500	1800	2000
400	600	650	700	750	800
500	400	450	500	550	600
600	250	250	300	300	350
700	200	230	250	300	330
800	200	200	250	280	300

表 4.3.9 轻型货架载荷主要技术参数（南京金辉仓储设备有限公司 www.jhrack.com） (kg)

深度/mm \ 宽度/mm	1000	1200	1500	1800	2000
400	600	650	700	750	800
500	400	450	500	550	600
600	250	250	300	300	350
700	200	230	250	300	330
800	200	200	250	280	300

表 4.3.10 重型货架载荷主要技术参数（南京金辉仓储设备有限公司 www.jhrack.com） (kg)

横梁截面规格/mm×mm \ 长度/mm	1500	1800	2000	2300	2500	2700	3000	3300
80×50	3000	2300	1800	1500	1200	1000	800	700
100×50	4000	4000	3000	2400	2000	1750	1400	1100
120×50	4000	4000	4000	3500	3000	2500	2000	1800
140×50	4000	4000	4000	4000	4000	3800	3000	2500

生产厂商：南京金辉仓储设备有限公司。

4.4 单元货物输送系统设备

4.4.1 概述

工厂自动化物流输送系统设备是研究工厂整体生产技术与集成系统设备能力的一体化解决方案，即，作为大规模生产中的成件输送系统设备选型，设计人员需要了解和熟悉被输送工件结构特性，认真研究产品的工艺过程规划及要求，综合比较各种输送系统设备的适应性及特点，重点解决系统输送过程中设备间的衔接、工艺操作中人机衔接等问题，重视系统设备使用中人员、设备、工件的安全性技术措施。

4.4.1.1 YTJ 普通型及 YTJZ 重型积放链式悬挂输送系统设备

YTJ 普通型及 YTJZ 重型输送系统设备适应工况范围广泛，具有多品种输送、存储、提升、爬升、线间传输等能力，输送效率高、控制能力强大，可实现与多种空中及地面输送系统设备的衔接，主要衔接设备有升降机、叉式移载机、随动举升装置、推车机等高度及纵横转移设备。YTJ 普通型积放链式悬挂输送机承载轨道为槽钢（英制槽钢为翻边型），牵引轨道为工字钢，牵引链为模锻可拆链，采用宽推杆和宽升降爪啮合。主要技术参数见表 4.4.1 和表 4.4.2。

表 4.4.1 YTJ 普通积放链式悬挂输送系统设备主要技术参数

（山西东杰智能物流装备股份有限公司 www.omhgroup.com）

YTJ 型规格型号（根据轨道与链条组合）					
单车承载	1000kg		500kg		250kg
承载轨道	16a 号	6″号	10 号	4″号	8 号
X-678	TYJ6A	YTJ6B	YTJ46A	YTJ46B	
X-458	TYJ64A	YTJ64B	YTJ4A	YTJ4B	
X-348			YTJ43A	YTJ43B	YTJ3A

YTJZ 重型是 YTJ 普通型积放链式悬挂输送机规格升级型，具有更强的单车承载能力，独特的轨道结构及控制部件。

表 4.4.2 YTJZ 重型积放链式悬挂输送系统设备主要技术参数

（山西东杰智能物流装备股份有限公司 www.omhgroup.com）

YTJZ 重型规格型号		
产 品 规 格	YTJZ6	YTJZ4
承载轨道工字钢	14 号	
牵引轨道工字钢	10 号	
单车额定承载	3000kg	
模锻可拆牵引链	X-678	X-458

本型设备独具功能：联车机构，既可使在线独立运行单车组被连为组合型车组，也可拆分组合状态运行的组合型车组为单车组独立运行；显著提高了系统设备的适应能力，做到复合性生产，提高运行效益，例：某塔机生产线，单车组运行载重6t，组合运行时载重达10t，工件外形达12m×2.8m×2.8m。

YTJ及YTJZ型系统设备得到了广泛使用，如汽车行业：一汽、二汽、上汽、北汽、广汽、长安、奇瑞、吉利等；工程机械：中联重科、徐工、临工、柳工、玉柴等产品的焊装、涂装、总装等车间生产线；冶金行业：首钢、宝钢、马钢、兰铝、包铝、贵铝等PF线生产线；国外：美国卡特彼勒、约翰迪尔、德国大众、法国cinetic、日本丰田等各种生产线系统得到应用。

4.4.1.2 YHQ型滑橇式输送系统设备

YHQ型滑橇式系统输送设备一般为地面安装型设备，包括各型滚床、链床、滑橇以及各种转向、转线、升降、移载及安全组件等装置部件设备。

输送滚床按传动机构分为：链式和带式两种输送系统设备。

滚床承载能力（滚子基本布置条件下）分：轻型800kg、中型1500kg和2500kg、重型4000kg及6000kg；系统滚床的承载能力按单滚承载能力和滚子布置密度确定，滑橇按工件、产品结构特点设计。

该系统设备在宇通客车、福田汽车、东风悦达、上汽集团、重汽集团等汽车的焊装、涂装、总装车间等输送及存储编组区广泛使用。

4.4.1.3 电动自行小车输送设备

YDX型电动自行小车输送设备有铝合金与工字钢两种轨道形式，可用作空中悬挂和地面安装两种形式。

单车承载：250kg、500kg、1000kg三个级别。

电动自行（智能）小车一般通过程序控制，自带升降葫芦；可双车组、多车组运行；外观美观、噪声小、使用环境条件要求较高。

长春一汽、天津夏利、湖南长丰、北京福田等汽车前后桥、发动机总成输送线等均使用该系统设备。

4.4.1.4 程控吊车

程控吊车通过程序控制实现工艺运行，工艺运行过程中无人操作，可与悬挂积放链、摩擦输送机、滑撬系统等多种空中及地面输送系统设备对接；程控行车实现了工件垂直入槽和出槽，并可在槽内及出槽后作前、后、左、右等摇摆动作；其优势是：承载能力强，可个性化设计，在同样的车间空间内，可实现的工艺内容多，是中等批量及大型结构件产品涂装的重要选型设备。

程控吊车按基本承载能力可分为：2t、5t、8t及10t以上级等；常用于客车车架、车身及其他大、中型工件涂装工艺，如，迪尔佳联收割机、徐工装载机、奇瑞及江铃车架、宇通客车身涂装均使用该型设备。

4.4.1.5 摩擦式输送系统设备

摩擦式输送是一种新概念输送方式，该系统设备采用小功率驱动装置沿输送线多点布置，通过沿线减速电机的轮番间歇运行，依次进行工件传递输送；系统控制采用多点分散集中控制方式实现电源自动控制、故障报警处理、自动恢复、整机启闭等功能；该设备运行速度快、柔性好，无用功耗少；摩擦驱动型式相对链传动带来的噪声和振动小。

摩擦式输送系统设备根据安装方式分为：地面支撑安装和空中悬挂式摩擦式输送系统设备；根据轨道及车组特点分为：双槽钢型和H型钢摩擦输送系统设备。

摩擦式输送单车承载能力：250kg、500kg、1000kg。

奇瑞、广州本田、东风日产、慈溪吉利等车身及车架焊装输送、存储编组区及青岛啤酒库区输送系统等均使用摩擦式输送系统设备。

4.4.1.6 大滑板输送系统设备

YHB型大滑板输送系统设备为地面安装形式，采用一组摩擦驱动装置推动线上所有滑板运行。驱动装置组中的驱动单元数量按输送线路长度及负荷而定。

YHB型滑板式摩擦输送机一般布置于工艺段，运行速度0.5~6m/min，变频可调，连续运行；也可布置在快速转运段，速度≤30m/min，变频可调，间歇运行。

YHB型大滑板具有驱动站集中、运行平稳、噪声小、无润滑等一般摩擦输送设备特点，独具宽展的操作平台，开阔的车间视野；改变滑板上工艺支架、装置和设备可适应不同产品规格的变化和升级。

YHB 型大滑板输送系统设备布置方式较灵活，通过旋转、移行等设备在同一水平面内循环；还可通过举升设备，实现在不同层面的立体循环，是较高档的输送系统设备，近年来在国内汽车总装、焊装等大型自动化生产线得到了广泛应用，如华晨宝马、慈溪吉利、奇瑞、风神等。

4.4.1.7 其他输送系统设备

工厂自动化物流输送系统设备类型繁多，其中典型输送系统设备还有：YIJ 型反向积放链式输送机、YBL 轻、重型板链式输送机、YCZ 型垂直链式输送机、YQT 浅拖式输送设备、YBG 悬挂式摆杆输送设备、YTP 通用悬挂输送设备、YTF 封闭轨积放链式悬挂输送机等各种形式和规格的输送系统设备。

作为用户企业，在开展产品工艺设计时，争取专业输送机系统集成商的技术支持，将事半功倍，不仅可以得到合理的设备选型，而且将促进工艺改善。

4.4.1.8 阳极炭块编、解组站成套设备

YQL 型阳极炭块编组站成套设备是阳极预焙车间重点设备，由生阳极编组机组和焙烧炭块解组、清理机组两部分组成。

生阳极编组机用于将水平放置的生阳极炭块编组成竖装，满足多功能天车将多组炭块夹送入焙烧室中；解组、清理机组用于将焙烧后的炭块由竖装转成水平放置，利用刮板机进行表面清理，并通过滚道输送到板式输送机入库。

本机型适应炭块：块重 800 ~ 1250kg。

外形可满足：1750mm × 740mm × 820mm 等各种规格。

编组及解组机组是相互独立的两套机组，根据工艺要求分别布置，例如：山西关铝，兰州铝业，包头铝业等铝冶炼企业的阳极炭块生产线系统。

4.4.2 床架类输送机

床架类输送机包括各种类型的辊子输送机、床架皮带输送机、积放式滚链输送机、连续托盘式提升机等多种输送机，这些输送机广泛应用于汽车行业，机械加工业，家用电器行业，轻工行业，食品行业，化工行业，分拣系统等。

4.4.2.1 辊子输送机

A 概述

辊子输送机适用于物品连续输送、积存、分拣的现代化的理想的运输机械，包括重力辊子输送机、链驱动机动辊子输送机、带驱动机动辊子输送机和积放式辊子输送机等。

B 产品特点

(1) 设备造型美观，使用方便、可靠、自动化程度高。

(2) 线路设计组合方便。

(3) 运行平稳、噪声低、操作简单、维修方便。

C 主要技术性能参数（见表 4.4.3）

表 4.4.3 辊子输送机规格和技术参数（山西东杰智能物流装备股份有限公司 www.omhgroup.com）

载荷等级	辊子参数 直径×壁厚/mm×mm	轴/mm×支	机宽/mm	辊间距/mm	轨段形式 /mm×mm×mm	标准机长/mm	弯 轨
轻 型	42×1.5	12×2	400，500，600，700，800	75，100	90×35×3	1000 2000 3000	45° 90°
中 型	60×2	12×2	400，500，600，700，800	75，100，150	90×35×3 130×35×3		
中重型	60×2	12 冷拔	400，500，600，700，800	75，100，150	90×35×3		
重 型	60×4	16	400，500，600，700，800	75，100，150	90×35×3 90×35×4.5 130×35×3 130×35×4.5		
超重型	76.3×4	20	400，500，600，700，800	100，150，200	90×35×4.5		

4.4.2.2 床架皮带输送机（轻型皮带输送机）

A 概述

床架皮带输送机是一种经济型输送设备，运用输送带的连续或间歇运动来输送各种轻型物品，广泛应用于冶金、矿山、建材、电力、化工、粮食、饲料、茶叶、烟草等行业传输物料的生产线。

B 主要特点

(1) 外形美观、工作可靠、平稳无噪声、整个长度上都可以装料和卸料。

(2) 输送能力强、输送方式灵活、动力消耗低。

(3) 能方便地实行程序化控制和自动化操作。

C 主要技术性能参数（见表4.4.4）

表4.4.4 床架皮带输送机规格和技术参数（山西东杰智能物流装备股份有限公司 www.omhgroup.com）

输送带带宽/mm	300、400、500、600、800、1000、1200，也可按用户要求选定
带速/$m\cdot s^{-1}$	0.01～1.2
物品质量/kg	不大于100

4.4.2.3 积放式滚链输送机

A 概述

积放式滚链输送机通常采用铝合金型材作为导轨，以差速链条为传输介质，电动、气动控制相结合，能够完成积放功能。广泛应用于电视机、显示器、仪器仪表、空调、燃气具、摩托车配件、汽车配件等产品的装配、调试及检测作业。

B 主要特点

(1) 输送能力大，可承载较大的载荷。

(2) 输送速度准确稳定，能保证精确的同步输送。

(3) 易于实现积放输送，可用做装配生产线或作为物料的储存输送，噪声低。

(4) 可在各种恶劣的环境（高温、粉尘）下工作，性能可靠。

(5) 采用特制铝型材制作，结构美观，噪声低，易于安装。

C 主要技术性能参数（见表4.4.5）

表4.4.5 积放式滚链输送机主要技术参数（山西东杰智能物流装备股份有限公司 www.omhgroup.com）

运行速度/$m\cdot min^{-1}$	$v=0.5\sim10$	套筒滚子链节距/mm	$t=25.4$
机高/mm	$H=600\sim1500$	差速输送链节距/mm	$P=38.1$（全钢或尼龙）
机宽/mm	$B=400\sim800$	链条中心距/mm	$a=290\sim650$
头尾轮中心距/mm	$L\leqslant30000$		
此设备尺寸可根据用户要求做适当改动			

4.4.2.4 连续托盘式提升机

A 概述

连续托盘式提升机是对物体进行提升的重要配套设备，它能与其他输送机设备组成完整的空间输送系统。当提升机进出口位置安排在同一侧进出时为C型，不同侧进出时为Z型。产品广泛用于电厂、烟草、制药、电子、食品、仓库、物流、煤矿、化工、码头等行业，受到广大用户的好评。

B 主要特点

(1) 输送率高、运行平稳、安全可靠、节能省时。

(2) 提升行程范围大，具备自动、连续、垂直输送的特点。

(3) 操作简单、运行成本低。

(4) 布置灵活，物料可以从各个方向上进出升降机，便于生产设备布局。

C 主要技术性能参数（见表4.4.6）

表4.4.6 连续托盘式提升机主要技术参数（山西东杰智能物流装备股份有限公司 www.omhgroup.com）

升降速度/m · min^{-1}	<60（链条带动方式）
输送节拍	按行程而定
最大载荷/kg	<4000

4.4.3 垂直地面链式输送机（CPC）

4.4.3.1 概述

垂直地面链式输送机可以适应高效率、大质量、多品种混线的生产需要。此设备以其独特的优势受到广大用户的认同与欢迎，并广泛应用于汽车、工程机械制造的流水线。

4.4.3.2 用途及特点

垂直地面链式输送机采用带台板单链条牵引小车的形式，主要由驱动装置、张紧装置、支撑小车、链条等部分组成。

该输送机结构简单布置灵活，小车相对线体的位置可调，可以实现工位间距的调整，从而可满足多品种混线生产。

4.4.3.3 主要技术性能参数

垂直地面链式输送机（CPC）主要技术参数见表4.4.7。

表4.4.7 垂直地面链式输送机(CPC)主要技术参数（山西东杰智能物流装备股份有限公司 www.omhgroup.com）

链条节距/mm	$t=200$、250、315
链条破断拉力/kN	$F=112$、224、350、450
链条运行速度/m · min^{-1}	$v<10$
运行方式	（1）连续运行；（2）间歇运行

4.4.4 地面浅拖式输送机

4.4.4.1 概述

地面浅拖式输送机按链条形式分滑动式和滚动式两种形式，广泛应用于汽车制造、工程机械制造的装配线，以及轻工行业物品的输送线中。

4.4.4.2 主要特点

（1）结构简单，造价低廉。

（2）能实现自动寄送，布置灵活。

（3）土建工程简单，安装方便。

4.4.4.3 主要技术性能参数

地面浅拖式输送机主要技术参数见表4.4.8。

表4.4.8 地面浅拖式输送机主要技术参数（山西东杰智能物流装备股份有限公司 www.omhgroup.com）

链条节距/mm	$t=153.2$（滚动式模锻）
链条破断拉力/N	$F=196000$
链条运行速度/m · min^{-1}	$v<15$
载重量/kg	$G<1500$

4.4.5 宽推头反向积放输送机（3in、4in、6in）

4.4.5.1 概述

该输送机是将积放式悬挂输送机倒置而形成的一种地面输送设备，除具有积放式输送机的功能外，还有其独特的优势。它广泛地应用于汽车的喷涂工艺、各种装配工艺、造型工艺等工艺生产中。

4.4.5.2 主要特点

(1) 采用特殊的异形槽钢轨道结构，使输送机运行平稳。

(2) 采用宽推杆、宽升降爪技术，简化了轨道结构，降低了链条张力。

(3) 在水平、倾斜方向上能任意设计行走轨道。

(4) 整体构造小型、简单。

(5) 安装所需时间与悬挂式输送机相比有所缩短，且输送线的变更、增设方便。

(6) 由于没有台车，不会产生由车轮引起的粉尘，特别适合于涂装线。

4.4.5.3 主要技术性能参数

宽推头反向积放输送机（3in、4in、6in）主要技术参数见表4.4.9。

表 4.4.9 宽推头反向积放输送机（3in、4in、6in）主要技术参数

（山西东杰智能物流装备股份有限公司 www.omhgroup.com）

型号	3in	4in	6in
单车承载重量/kg	250	500	1000
输送速度/m·min^{-1}	0~18	0~18	0~18
输送时最小物品间距/mm	765.5	1021	1524
最小积放长度/mm	450	800	1000
标准上下坡角度/(°)	10、15、20、25、30	10、15、20、25、30	10、15、20、25、30
标准水平转弯半径/mm	*R*1000、*R*1500	*R*1000、*R*2000	*R*1500、*R*2000
标准上下坡半径/mm	*R*2000、*R*3000	*R*3000、*R*3600	*R*4500、*R*6000

4.4.6 普通悬挂式输送机（3in、4in、6in）

4.4.6.1 概述

普通悬挂输送机是物料输送机械中最机动和最经济的一种，在大规模连续生产的行业中更是不可或缺的输送机械。

4.4.6.2 主要特点

(1) 输送机采用模锻可拆链，工字钢轨道，具有良好的空间回转性，可根据不同的工艺要求合理地布线设计。

(2) 不仅可以在普通环境下工作，还可以穿越烘道、喷漆间、有害气体区等生产区域，改善了工作人员的劳动条件。

(3) 结构简单、容易安装、维修方便、造价低。

4.4.6.3 主要技术性能参数

普通悬挂式输送机（3in、4in、6in）技术参数见表4.4.10。

表 4.4.10 普通悬挂式输送机（3in、4in、6in）技术参数（山西东杰智能物流装备股份有限公司 www.omhgroup.com）

项目	公司目前生产有3种标准型普通悬挂输送机，以适应各行业的需要
3in 普通悬挂输送机	用于轻的载荷输送，每驱动装置的链条牵引不超过900kg，一般最大可定为690kg，单车承载100kg
4in 普通悬挂输送机	用于中等载荷的输送，每驱动装置的链条牵引力不超过1600kg，一般最大可定为1150kg，单车承载200kg
6in 普通悬挂输送机	用于重载荷输送，每驱动装置的链条牵引力不超过2700kg，一般最大可定为2050kg，单车承载600kg

4.4.7 轻型积放式悬挂输送机

4.4.7.1 概述

轻型积放式悬挂输送机已被国内诸如自行车、电冰箱、电视机、洗衣机、空调器、电饭锅、电话通信器材等轻工及电子工业的厂家所采用，由于其低廉的价格，完备的功能，也同样受到汽车、拖拉机等机械制造行业的高度重视。

4.4.7.2　主要特点

（1）物品可在输送线的任何位置上积放。

（2）分支、合流动作自动进行。

（3）能自动移载，移载动作安全、方便。

（4）在水平、倾斜方向能自行设计行走轨道。

（5）输送线变更、增设方便。

4.4.7.3　主要技术性能参数

轻型积放式悬挂输送机主要技术参数见表4.4.11。

表4.4.11　轻型积放式悬挂输送机主要技术参数（山西东杰智能物流装备股份有限公司　www.omhgroup.com）

单车最大输送质量/kg	50	标准上下坡角度/(°)	30、45
最高输送速度/$m \cdot min^{-1}$	12	标准转弯半径/mm	*R*900、*R*1000
输送时最小物间距离/mm	600	标准上下坡半径/mm	*R*900
积存时最小物间距离/mm	400	牵引链条	双铰接十字链

4.4.8　轻型普通悬挂输送机（封闭轨、圆管）

4.4.8.1　概述

轻型普通悬挂输送机是一种广泛应用于轻工、食品、医药、电子等行业的理想的物流输送设备。按轨道形式的不同，分为封闭轨输送机和圆管式输送机。

4.4.8.2　主要特点

（1）双铰接链的柔性好，因而回转半径小，能够节省空间。

（2）输送链在型钢或圆管轨道里行走，作业环境安全，清洁。

（3）输送线的变更、增设方便。

（4）输送机耐磨性能好，保养费用低，维修也比较方便。

4.4.8.3　主要技术性能参数

轻型普通悬挂输送机（封闭轨、圆管）主要技术参数见表4.4.12。

表4.4.12　轻型普通悬挂输送机（封闭轨、圆管）主要技术参数

（山西东杰智能物流装备股份有限公司　www.omhgroup.com）

技 术 参 数	封闭轨轨道	圆管轨道
单车承重/kg	30～100	20
输送速度/$m \cdot min^{-1}$	≤15	≤15
最小物间距/mm	200	200
标准上、下坡/(°)	30、45、60、90	30、45、60、90
标准转弯半径/mm	*R*600、*R*900	*R*400、*R*600、*R*900
标准上下坡半径/mm	*R*600、*R*900	*R*600、*R*900
双铰接链条节距/mm	206、240、250	150
链条质量/$kg \cdot m^{-1}$	4.6	3.6

4.4.9　编组站设备

4.4.9.1　概述

编组站设备是由山西东杰智能物流装备股份有限公司开发的铝行业大型成套非标设备。该设备主要功能是对来自生阳极仓库的炭块实行编组，供多功能天车夹取送入焙烧炉，对焙烧炉出来的炭块进行清理，去除炭块表面多余焦料等；并自动对阳极炭块的合格与否进行检查，实行自动分离。

公司研制开发的编组站设备实现了一套设备满足三种以上尺寸规格炭块的使用，成功地解决了大生产规模（年产量15万吨以上）等技术难题，编组站设备的非标开发能力居国内领先水平，可承揽编组站设备的设计、制造、控制、安装、调试的交钥匙工程，给用户提供技术先进、配置合理、质量上乘的阳极编组、清理设备和完善的售后服务。

4.4.9.2 主要特点

（1）采用液压推料机直接成排编组，简化了步进式编组的结构，提高了可靠性，加快了生产节拍，提高生产率。

（2）用液压油缸替代大型回转支撑翻转机构，降低了外购件的成本，简化了设备的结构，减少了设备维护保养的工作量。

（3）采用可调式移动清理刀架可以用于不同规格的炭块生产。

（4）弹簧浮动式可调刮削力的刮削装置和可调压力的齿滚导向挤压结构，对大的粘接物能直接挤碎，减少了刀具的负载，并且由多刀同时进行清理，改善了清理效果。

4.4.9.3 主要技术性能参数

编组站设备主要技术参数见表4.4.13。

表4.4.13 编组站设备主要技术参数（山西东杰智能物流装备股份有限公司 www.omhgroup.com）

生阳极编组机组		焙烧炭块清理机组	
设备产能	60块/h	设备产能	30块/h
炭块外形尺寸	1660mm×665mm×653mm	炭块外形尺寸	1650mm×660mm×650mm

4.4.10 中药出渣车

4.4.10.1 概述

中药出渣车是由山西东杰智能物流装备股份有限公司开发的智能输送设备，它采用机电一体化技术，由可编程控制器控制，采用现场总线控制技术，可以与计算机管理系统相连，实现人机对话，对整个系统进行动态管理、检测和监控。自动化程度高，具有全封闭、干净、整洁、节能和环保等特点，是制药企业不可多得的一种出渣设备。

4.4.10.2 主要特点

（1）机电结合，自动控制，数码显示，一目了然。

（2）操作简单，只需按下按钮，系统自动完成出渣过程。

（3）运行平稳可靠，具有防爆功能。

（4）采用优质元件，寿命长，故障率低。

4.4.10.3 主要技术性能参数

YGS系列中药出渣车根据制药厂的提取罐的规格进行系列设计，按容积分六个规格，分别为0.65、1、1.5、2、2.5、3、3.5m^3 载重量为0.5～3t（见表4.4.14）。

表4.4.14 中药出渣车技术参数（山西东杰智能物流装备股份有限公司 www.omhgroup.com）

型 号	容积/m^3	A	B	C	D	E	F
YGS0.65	0.65	2453	1483	1553	1300	—	1000
YGS1.0	1.0	2563	1516	1572	1500	—	1200
YGS1.5	1.5	2741	1574	1636	1800	2285	1350
YGS2.0	2.0	2956	1646	1696	1800	2285	1350
YGS2.5	2.5	3188	1698	1755	2000	2344	1500
YGS3.0	3.0	3350	1733	1804	2000	2344	1500
YGS3.5	3.5	3350	1852	1873	2200	2580	1700

4.4.11 程控桁车

4.4.11.1 概述

程控桁车属于有轨运行的轻小型起重机，多用于机械制造、装配车间及仓库等场所对工件、货物的自动起吊、运输、装卸。近来公司在开发的各类汽车涂装生产线中，程控桁车作为前处理、电泳等部分的主要设备，越来越受到用户的欢迎。

4.4.11.2 用途及特点

(1) 具有节省投资、节省空间、工艺线路简单等特点。

(2) 是一种大跨度程控桁车，尤其适合重型卡车车架的前处理工序。

(3) 采用精确定位自动纠偏控制系统，适合大跨距、高精度要求的场合。

(4) 桁车载荷梁采用滑动方式，能按规定的程序进行摆动，完成工件的沥水工序要求。

(5) 采用 PLC 和工控机进行程序控制，实现无人操作的自动作业。

4.4.11.3 主要技术性能参数

程控桁车主要技术参数见表 4.4.15。

表 4.4.15 程控桁车主要技术参数（山西东杰智能物流装备股份有限公司 www. omhgroup. com）

起重量/kg		3000	电源/V	三相 50Hz 380
操纵形式		程控自动运行	车轮直径/mm	250
运行机构	运行速度 v/m · s^{-1}	0.42	轨道面宽/mm	40
	电动机型号	R93DV112M4BMG	跨度/mm	9000
电动机功率/kW		4	总重 W/kg	4940
输出转速 v_1/r · min^{-1}		32	端梁轮距/mm	1900
工作级别		A3		

生产厂商：山西东杰智能物流装备股份有限公司。

4.5 充填机

4.5.1 概述

充填机是将产品按预订量充填到包装容器内的机器。充填液体产品的机器通常称为灌装机。

运用范围很广泛，主要用在液体产品及小颗粒产品的灌装上，像可乐、啤酒等。

采用机械化灌装不仅可以提高劳动生产率，减少产品的损失，保证包装质量，而且可以减少生产环境与被装物料的相互污染。因此，现代化酒水生产行业一般都采用机械化灌装机。

不同的装填物料（含气液体、不含气液体、膏状体等）和不同的包装容器（瓶、罐、盒、桶、袋等），使用灌装机的品种也不尽相同。

4.5.2 分类

充填机产品分类见表 4.5.1。

表 4.5.1 充填机产品分类

序号	分类方法	形式
1	按自动化程度分	手工灌装机，半自动灌装机，全自动灌装机，灌装压盖联合机
2	按结构分	直线式灌装机，旋转式灌装机
3	按定量装置分	容杯式灌装机，液面式灌装机，转子式灌装机，柱塞式灌装机
4	按灌装阀头数分	单头灌装机，多头灌装机
5	按灌装原理分	真空灌装机，常压灌装机，反压灌装机，负压灌装机，加压灌装机
6	按供料缸结构分	单室供料灌装机，双室供料灌装机，多室供料灌装机
7	按包装容器升降结构分	滑道式升降灌装机，气动式升降灌装机，滑道气动组合升降灌装机

4.5.3 主要技术性能参数

主要技术性能参数见表4.5.2～表4.5.10。

表4.5.2 半自动大剂量包装机 MJL-1C1 主要技术参数（上海贤灵包装设备有限公司 www.xl-pack.com）

计量方式	称量式（与包装袋一并称重）	耗气/L·min⁻¹	50
给料方式	双螺旋喂料	电　源	三相380V，50～60Hz
包装质量/kg	5～50	整机功率/kW	3.9
包装精度/%	±0.2	整机质量/kg	400
包装速度/袋·min⁻¹	$A \leqslant 3$	整机体积/mm×mm×mm	4300×1300×2500
气压/MPa	0.5～0.8		

表4.5.3 半自动计量机 XJL-1A3 主要技术参数（上海贤灵包装设备有限公司 www.xl-pack.com）

计量方式	螺旋旋转充填式	电　源	三相380V，50～60Hz
螺杆直径/mm	ϕ17～46	整机功率/kW	0.95
充填质量/g	1～500（变换螺旋附件）	整机质量/kg	60
充填精度/%	±0.3～1	料箱容积/L	26
充填速度/袋·min⁻¹	20～80		

表4.5.4 全自动罐装机（小剂量）XJL-2A 主要技术参数（上海贤灵包装设备有限公司 www.xl-pack.com）

计量方式	螺旋旋转充填式	电　源	三相380V，50～60Hz
螺杆直径/mm	ϕ22～84	整机功率/kW	1.3
充填质量/g	10～5000（变换螺旋附件）	整机质量/kg	80
罐装精度/%	±0.3～1	料箱容积/L	50
充填速度/袋·min⁻¹	20～80		

表4.5.5 全自动罐装机（中剂量）主要技术参数（上海贤灵包装设备有限公司 www.xl-pack.com）

计量方式	螺旋旋转定量式(适用于小颗粒或粉剂罐装)	电　源	三相380V，50～60Hz
容器尺寸/mm	圆柱形容器 ϕ20～100，高50～200	整机功率/kW	1.5
包装质量/g	10～500（变换螺旋附件）	整机质量/kg	200
罐装精度/%	±0.3～1	料箱容积/L	26
包装速度/罐·min⁻¹	20～60		

表4.5.6 全自动灌装机（听装）XJL-2B2 主要技术参数（上海贤灵包装设备有限公司 www.xl-pack.com）

计量方式	螺旋定量称重反馈跟踪	整机功率/kW	2
容器尺寸/mm	圆柱形容器 ϕ50～180，高50～350	气压/kg·cm⁻²	6～8
充填质量/g	10～5000	气体用量/m³·min⁻¹	0.2
罐装精度/%	±0.3～1	整机质量/kg	230
罐装速度/罐·min⁻¹	20～50	整机体积/mm×mm×mm	2450×1245×2250
电　源	380V，50～60Hz	料箱容积/L	50

表4.5.7 全自动灌装机（罐装）XSQ-X4 主要技术参数（上海贤灵包装设备有限公司 www.xl-pack.com）

加工定制	是	功率/kW	3
品　牌	上海贤灵	型　号	XSQ-X4
输送能力/t·h⁻¹	2000	输送距离/m	10
类　型	负压气流输送机	质量/kg	80
适用领域	粉末物料的输送		

表 4.5.8　真空加料机技术参数（上海贤灵包装设备有限公司　www.xl-pack.com）

加工定制	是	功率/kW	0.1
品　牌	上海贤灵	型　号	XSQ-Y5
输送能力/$t \cdot h^{-1}$	5000	输送距离/m	30
类　型	气流正压密相输送	质量/kg	200
适用领域	粉末输送		

表 4.5.9　密相输送技术参数（上海贤灵包装设备有限公司　www.xl-pack.com）

加工定制	是	功率/kW	2.2
品　牌	上海贤灵	型　号	XSL-S3
输送能力/$t \cdot h^{-1}$	2～3	输送距离/m	200
类　型	螺旋输送机	质量/kg	80
适用领域	粉末输送		

表 4.5.10　全自动制袋包装机技术参数（上海贤灵包装设备有限公司　www.xl-pack.com）

计量方式	螺旋旋转充填式	气体用量	0.6MPa，0.6L/cycle
制袋尺寸/mm	宽（W）70～250，长（L）100～320	电　源	三相四线 380V，50～60Hz
包材外径/mm	≤400	整机功率/kW	5.5
包装质量/g	10～3000（充填机头单独使用并变换螺旋附件）	整机质量/kg	800
包装精度/%	±0.3～1	整机体积/mm × mm × mm	1400 × 1200 × 2600
包装速度/袋 · min^{-1}	20～60		

生产厂商：上海贤灵包装设备有限公司。

4.6　码包机

4.6.1　概述

自动码包机又称码垛机，是由油缸、滑轨、托包架、托包板、链条等组成，满包通过溜板进机，撞动接包板和降包接近开关，满包下降，接包板在复位弹簧的作用下自动复位，等待下一包进入，如此重复进行，从而实现自动码包，当包码好托包架下降到底，托包板受倒包挡铁顶托而翻倒，包堆进入拖车。本机解除了繁重的体力劳动，提高了生产效率和效益，实现了文明生产，广泛适用于粮食、水泥、化肥等行业。

4.6.2　主要技术性能参数

主要技术性能参数见表 4.6.1～表 4.6.10。

表 4.6.1　剪板机自动送料码垛机主要技术参数（石家庄金泰福特机电有限公司　www.keyiok.com）

适应垛板/mm × mm	850 × 850～1250 × 1250
最大码垛能力/包 · h^{-1}	450 或 900
适应产品	编织袋、牛皮纸袋、膜包、纸箱、塑料箱等
最大码垛高度/mm	1200（根据需求可选择 1600）
压缩空气/$m^3 \cdot min^{-1}$	0.12（6bar）
电机配置	380V/50Hz，8kW

表 4.6.2 金泰福特的大米自动码包机（石家庄金泰福特机电有限公司 www.keyiok.com）

适应垛板/mm×mm	850×850~1250×1250
最大码垛能力/包·h^{-1}	120
适应产品	编织袋、牛皮纸袋、膜包、纸箱、塑料箱等
最大码垛高度/mm	1200（根据需求可选择1600）
压缩空气/$m^3 \cdot min^{-1}$	0.12（6bar）
电机配置	380V/50Hz，8kW

表 4.6.3 JTFT-M1800 型纸箱码垛机器人技术参数（石家庄金泰福特机电有限公司 www.keyiok.com）

适应垛板/mm×mm	850×850~1250×1250
最大码垛能力/包·h^{-1}	60
适应箱类	膜包、纸箱、塑料箱等
最大码垛高度/mm	1800（根据需求可选择2200）
压缩空气/$m^3 \cdot min^{-1}$	0.12（6bar）
电机配置	380V/50Hz，4kW

表 4.6.4 JTFT-M1500 型木地板码垛机技术参数（石家庄金泰福特机电有限公司 www.keyiok.com）

适应垛板/mm×mm	850×850~1250×1250
最大码垛能力/s·次$^{-1}$	12
适应箱类	木地板、铝锭、膜包、纸箱、塑料箱等
最大码垛高度/mm	1500
压缩空气/$m^3 \cdot min^{-1}$	0.12（6bar）
电机配置	380V/50Hz，4kW

表 4.6.5 JTFTZ66 装箱机器人自动装箱机（石家庄金泰福特机电有限公司 www.keyiok.com）

适应纸箱尺寸/mm×mm×mm	100×100×100~500×500×500
装箱节拍/s·次$^{-1}$	4
适应箱类	纸箱、塑料箱等
压缩空气/$m^3 \cdot min^{-1}$	0.12（6bar）
电机配置	380V/50Hz，4kW

表 4.6.6 桥式码垛机技术参数（济南捷川自动化设备有限公司 www.jiechuan.net）

电　源		由变压器变电为3相380V（+10%，-10%），50Hz
输入输出		数字式直流24V，16进/16出，输入输出板
安全性		紧急停止，自动模式停止，测试模式停止等
物理参数	尺寸/mm×mm×mm	800×400×2000
	质量/kg	100
环境参数	环境温度/℃	-10~45
	相对湿度/%	85
操作界面	防护等级	IP54
	控制面板	控制柜上直接触屏
	操作单元	便携式示教盒，具备软按钮
	伪彩触摸式显示	

表 4.6.7 桥式码垛机控制器主要功能（济南捷川自动化设备有限公司 www.jiechuan.net）

控制轴数	4 轴
位置控制方式	相对值编码器
加减速控制	软件伺服控制
示教方式	示教盒编程示教，电脑自动计算，离线仿真
控制方式	点位运动控制，轨迹运动控制
坐标控制	三种坐标系（圆柱、夹具、用户坐标系）
用户程序编辑	具有编辑、插入、修正、删除功能
程序测试	具有不夹持产品，空运行程序以检测程序轨迹是否正确的功能
速度控制	关节、直线、圆弧速度设定
点动操作	可实现
轨迹确认	单步前进、后退、连续行进
控制命令	提供控制命令，可以在机器人程序中进行编程
快捷功能	提供快捷键，可以直接打开某个功能
报警显示	报警内容以及过往报警记录
累计运行数据显示功能	提供

表 4.6.8 TFTM50 型水泥码包机主要技术参数（济南捷川自动化设备有限公司 www.jiechuan.net）

适应垛板/mm×mm	850×850~1250×1250
最大码垛能力/包·h^{-1}	60
适应产品	编织袋、牛皮纸袋、膜包、纸箱、塑料箱等
最大码垛高度/mm	1200（根据需求可选择 1600）
压缩空气/$m^3 \cdot min^{-1}$	0.12（6bar）
电机配置	380V/50Hz，8kW

表 4.6.9 TFTMB1300 码包机主要技术参数（济南捷川自动化设备有限公司 www.jiechuan.net）

适应垛板/mm×mm	850×850~1250×1250
最大码垛能力/包·h^{-1}	60
适应箱类	牛皮纸袋、编织袋、膜包、纸箱、塑料箱等
最大码垛高度/mm	1300（根据需求可选择 2200）
压缩空气/$m^3 \cdot min^{-1}$	0.12（6bar）
电机配置	380V/50Hz，6kW

表 4.6.10 TFTM50 型化肥码包机主要技术参数（济南捷川自动化设备有限公司 www.jiechuan.net）

适应垛板/mm×mm	850×850~1250×1250
最大码垛能力/包·h^{-1}	450 或 900
适应产品	编织袋、牛皮纸袋、膜包、纸箱、塑料箱等
最大码垛高度/mm	1200（根据需求可选择 1600）
压缩空气/$m^3 \cdot min^{-1}$	0.12（6bar）
电机配置	380V/50Hz，8kW

生产厂商：石家庄金泰福特机电有限公司，济南捷川自动化设备有限公司。

5 机械式停车设备

机械式停车设备可分为升降横移类停车设备（PSH）、垂直循环类停车设备（PCX）、巷道堆垛类停车设备（PXD）、水平循环类停车设备（PSX）、多层循环类停车设备（PDX）、平面移动类停车设备（PPY）、汽车专用升降机、垂直升降类停车设备（PCS）及简易升降类停车设备（PJS）等。

5.1 简易升降类

5.1.1 概述

在机械式停车设备中，简易升降类停车设备以其美观、简捷、安全、易操作、易维护等优点，越来越多地受到用户的青睐。

5.1.2 工作原理

把停车位分成上、下二层或二层以上，借助升降机构或俯仰机构完成汽车存入或取出。

5.1.3 主要特点

(1) 速度优势。电机加链轮链条驱动方式为单侧提升、链条横向捆绑平衡，链条为开链结构。受电机输出扭矩及电机外形尺寸的影响，电机功率一般采用5.5kW，升降速度一般为2.8m/min，存取速度慢，清库时间长，设备的使用性能差。

液压驱动、钢丝绳四点同步提升，结构简单，运行的稳定性较好，且提升速度可达到5.4m/min，是传统形式的2倍。

(2) 安全优势。电机的运转没有死点，一旦防护开关失效，易发生冒顶、摔车等事故，而为了提高安全防护措施的可靠性又会造成制造成本的提高。液压驱动充分利用液压油缸自身的行程控制功能，有效解决了因限位开关失效造成的冒顶摔车事故。

(3) 环保优势。电机驱动运行时噪声大，升降过程均需启动电机。液压驱动因泵站系统均在地下，设备运行时噪声小于50dB；设备下降时无须启动电机，靠轿厢自重下落，节能效果显著。

(4) 选型原则。简易升降类停车设备平时与地面等平，不影响周边环境，中下层车位在地面以下，具有防尘、防雨、防盗等功能；尤其适用于对采光、通风、绿化等要求很高的高层高档小区。

地面层车位也可种植花草等，还可根据用户要求设计为全包装、半包装、简易包装及无包装等形式。

5.1.4 主要技术性能参数及应用

主要技术性能参数及应用见表5.1.1～表5.1.9。

表5.1.1 地坑简易升降类停车设备主要技术参数（潍坊大洋自动泊车设备有限公司 www.parkingchina.cn）

驱动方式	液压驱动	
容车规格(长×宽×高)/mm×mm×mm	D类：≤5000×1850×1550；K类：≤5000×1850×2050（一层）	
容车质量/kg	≤2000	
升降功率/kW	三层：7.5	四层：11
升降速度/m·min^{-1}	3.6	5.4
电源（AC）	三相五线380V/50Hz	

地坑简易升降类停车设备如图5.1.1所示。

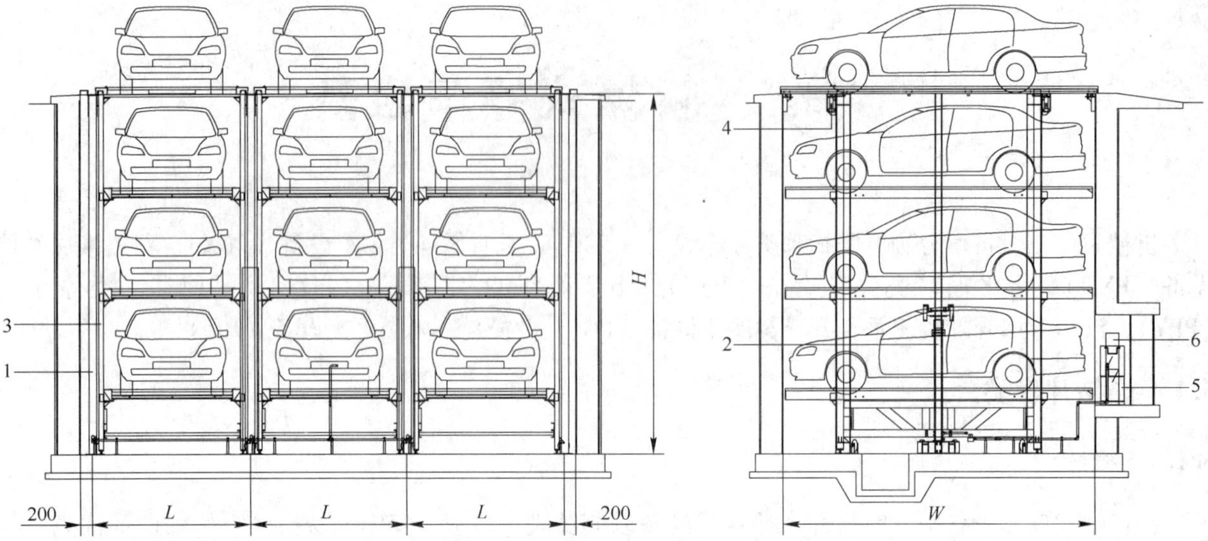

图 5.1.1　地坑简易升降类停车设备

1—钢结构框架；2—液压提升系统；3—升降轿厢；4—自落式防坠器；5—液压系统；6—电控系统

表 5.1.2　停车类尺寸（D 类车）（潍坊大洋自动泊车设备有限公司　www.parkingchina.cn）

L/mm	W/mm	H/mm	备　注
2700	5300	4200	三层
		6000	四层

天津泽天下小区升降类停车设备示意图如图 5.1.2 所示，太原幸福家园升降类停车设备示意图如图 5.1.3 所示。

图 5.1.2　天津泽天下小区升降类停车设备示意图

图 5.1.3　太原幸福家园升降类停车设备示意图

表 5.1.3　二层简易升降主要技术参数（福建敏捷机械有限公司　www.minjie-parking.com）

机型（model）		简易升降型
适停车型	长度/mm	≤5000
	宽度/mm	≤1850
	高度/mm	≤1550
	质量/kg	≤2000
驱动方式		马达油压驱动
电动机功率/kW		2.2
电　源		220/380V，50Hz
最大油压/bar		250
安全装置		防坠装置
操　作		钥匙开关或遥控

表 5.1.4 基坑三层简易升降主要技术参数（福建敏捷机械有限公司 www. minjie-parking. com）

适停车型	形　式	大型轿车（D）	特大型轿车（T）
	车辆尺寸(长×宽×高)/mm×mm×mm	5000×1850×1550	5300×1900×1550
	车重/kg	≤1700	≤2100
需求空间	单个泊位宽 A/mm	2500	2600
	车泊长 B/mm	5400	5700
	N 个泊位宽 C/mm	$N\times A+350$	$N\times A+350$
	基坑深度 D/mm	4000	4000
升降系统	驱动方式	马达链条	
	功率/kW	3.7	
	速度/m·min^{-1}	2.4	
	制动器	常闭式电磁制动器	
操作方式		按键开关	
控制方式		PLC 逻辑自动控制	
电　源		三相五线 380V/50Hz	
消防设备		CO_2 自动消防灭火系统	

表 5.1.5 简易升降全地上二层停车设备主要技术参数（杭州大中泊奥科技有限公司 www. dzboao. com）

（mm）

型　号	a	b	c	容车量
PJS2. * X-BA1	2350	3400	4700	$N\times2$
PJS2. * Z-BA1	2400	3400	5000	$N\times2$
PJS2. * D-BA1	2450	3500	5300	$N\times2$
PJS2. * D1-BA1	2500	3500	5500	$N\times2$
PJS2. * T-BA1	2500	3500	5600	$N\times2$

注：N 为列数。

简易升降全地上二层停车设备如图 5.1.4 所示。

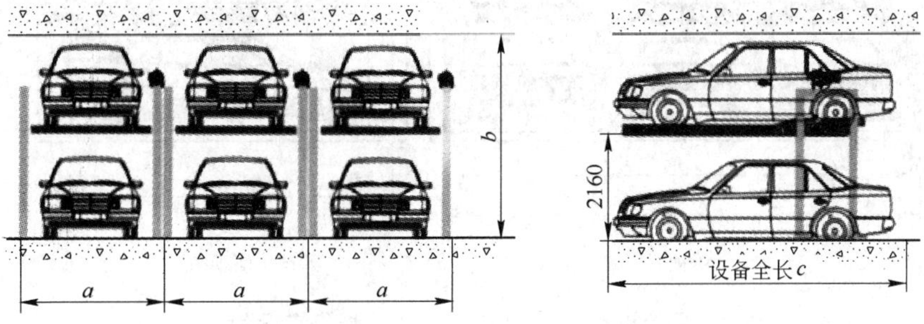

正视图　　侧视图

图 5.1.4 简易升降全地上二层停车设备

表 5.1.6 简易升降全地上二层停车设备（迷你液压式）（杭州大中泊奥科技有限公司 www. dzboao. com）

（mm）

型　号	a	b	c	容车量
PJS2. * D-BA3	2450	2700	7500	$N\times2$
	2450	2800	6500	$N\times2$
PJS2. * D1-BA3	2500	3100	6000	$N\times2$
	2500	2900	6200	$N\times2$

注：N 为列数。

简易升降全地上二层停车设备（迷你液压式）如图 5.1.5 所示。

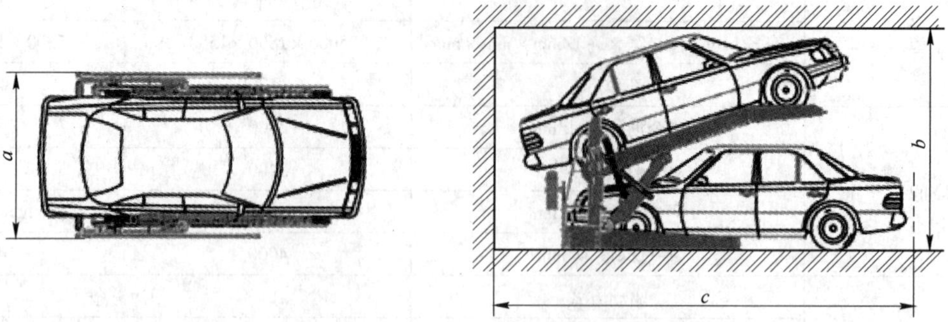

图 5.1.5 简易升降全地上二层停车设备（迷你液压式）

表 5.1.7 简易升降半地下二层停车设备（杭州大中泊奥科技有限公司 www.dzboao.com） （mm）

型 号	*a*	*b*	*c*	*d*	*e*	容车量
PJS2. * X-D1-BA1	2350	*a*×*N*+300	≥4900	≥1800	3600	*N*×2
PJS2. * Z-D1-BA1	2400	*a*×*N*+300	≥5200	≥1800	3600	*N*×2
PJS2. * D-D1-BA1	2450	*a*×*N*+300	≥5500	≥2000	3600	*N*×2
PJS2. * D12-D1-BA1	2500	*a*×*N*+300	≥5700	≥2000	3600	*N*×2
PJS2. * T-D1-BA1	2500	*a*×*N*+300	≥5800	≥2000	3600	*N*×2

注：*N* 为列数。

简易升降半地下二层停车设备如图 5.1.6 所示。

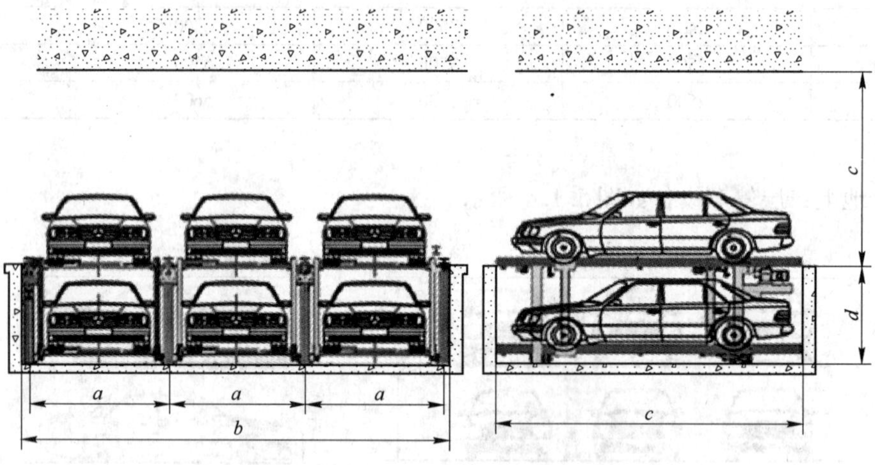

图 5.1.6 简易升降半地下二层停车设备

表 5.1.8 简易升降半地下三层停车设备（杭州大中泊奥科技有限公司 www.dzboao.com） （mm）

型 号	*a*	*b*	*c*	*d*	*e*	容车量
PJS3. * X-3D-BA1	2350	*a*×*N*+300	≥4900	≥3700	5400	*N*×3
PJS3. * Z-3D-BA1	2400	*a*×*N*+300	≥5200	≥3700	5400	*N*×3
PJS3. * D-3D-BA1	2450	*a*×*N*+300	≥5500	≥3900	5400	*N*×3
PJS3. * D1-3D-BA1	2500	*a*×*N*+300	≥5700	≥3900	5400	*N*×3
PJS3. * T-3D-BA1	2500	*a*×*N*+300	≥5800	≥3900	5400	*N*×3

注：*N* 为列数。

简易升降半地下三层停车设备如图 5.1.7 所示。

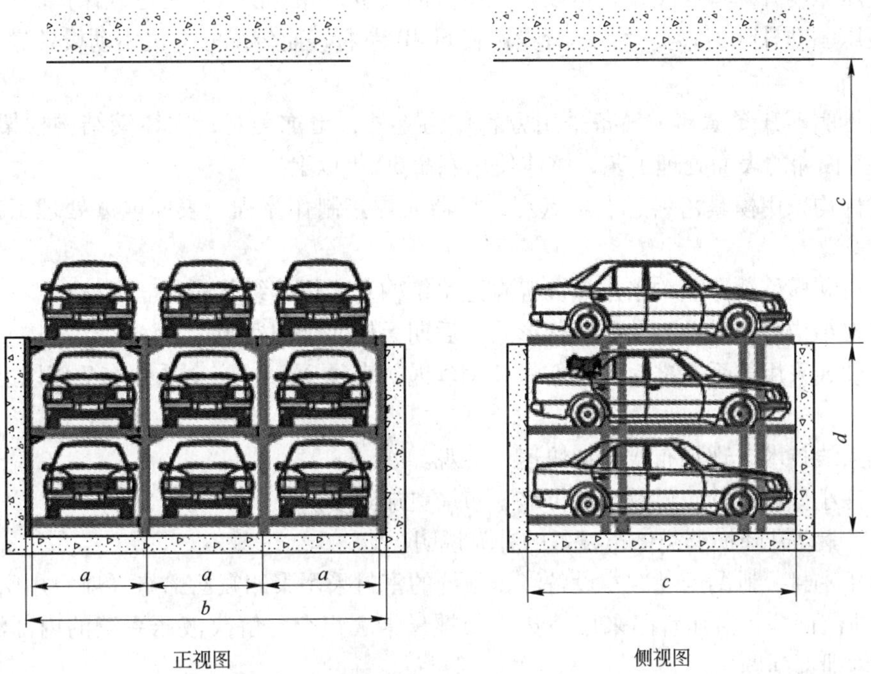

图 5.1.7 简易升降半地下三层停车设备

表 5.1.9 简易升降式-PJS 主要技术参数（深圳市中科利亨车库设备有限公司 www.lhparking.com）

项 目	说 明	备 注
场地要求	原有停车场可向下向上延伸	
库容倍数	3 倍	以 3 列 3 层为例
性能价格比	1.36	性价比较高
最大存取时间/s	60/110	
噪声/dB	<70	
停车舒适度	一般	
景观效果	良好	

生产厂商：潍坊大洋自动泊车设备有限公司，杭州大中泊奥科技有限公司，福建敏捷机械有限公司，深圳市中科利亨车库设备有限公司。

5.2 升降横移类

采用以载车板升降或横移存取车辆的停车设备，一般为准无人方式，即人离开设备后移动汽车的方式。

5.2.1 两层液压驱动升降横移类停车设备

5.2.1.1 概述

两层升降横移类停车设备，以其布置灵活、响应速度快、安全可靠等，在停车市场上占有 60% 以上的份额。

5.2.1.2 主要特点

（1）两层液压驱动升降横移类设备上升速度可达到 10.5m/min，是传统的电机驱动类停车设备的两倍。

（2）液压油缸自身的行程控制功能，可有效避免二层车位因行程开关失效造成的冒顶事故。

(3) 两层液压驱动升降横移类设备可以承载更大的负载，并提供必要的过载保护。

(4) 两层液压驱动升降横移类设备运行噪声在60dB左右，而传统的电机驱动设备噪声在65~70dB。

机械方面：

(1) 两层液压驱动升降横移类设备采用方管作为立柱，更加美观；主体钢结构框架采用抛丸除锈、喷锌后再喷涂一遍面漆的表面处理工艺，整体使用寿命30年以上。

(2) 所有附件均采用模具落料、人工点焊、机器人焊接制作流程，表面电泳处理工艺，保证焊接质量与零部件外形美观。

(3) 上载车板和横移载车板均采用热镀锌宽边梁结构，无焊接组装而成。

(4) 防坠落架结构是产品独有的防坠落形式，后期无任何维护费用。

(5) 提升钢丝绳采用德系标准6×19W+FC钢丝绳，直径9mm，安全系数在7倍以上。

电气方面：

(1) 采用集束线技术，现场布线更加快速、美观。

(2) 电气元件小型化设计，质量更加可靠，布局更加紧凑。

关于两层液压驱动升降横移类停车设备的补充说明：

(1) 关于液压密封、泄漏问题。本设备液压系统的密封采用聚四氟乙烯垫（航空用密封材料），可有效解决液压油外泄漏问题；液压管路采用精拔管与螺母卡套组合，解决液压系统的内部清洁问题，从而解决液压系统的内泄漏问题。

(2) 关于节能问题。虽然液压驱动设备泵站电机功率为4kW，而电机驱动设备电机功率为2.2kW，但是液压驱动设备的运行时间短，且下降过程靠自重下降，电机驱动设备升降都需要开启电机。综合比较，液压驱动设备节能效果显著（节约电能40%以上）。

5.2.1.3 工作原理

设备可多列布置，地面层设一空车位；地面层车位可直接存取车辆；通过横移动作，为二层车位提供升降通道；二层车位必须降落至地面层才能存取车辆。当二层车位需要存取车辆时，该车位下方到空车位间的所有地面层车位向空车位方向同时横移一个车位的距离，在该车位正下方形成一升降通道。此时，该车位便可降落至地面，实现车辆存取。

5.2.1.4 选型原则

两层液压驱动升降横移类设备结构简单，布置灵活，配套费用低，适用于地下室（不低于3.6m）和各种露天场所（见图5.2.1）。

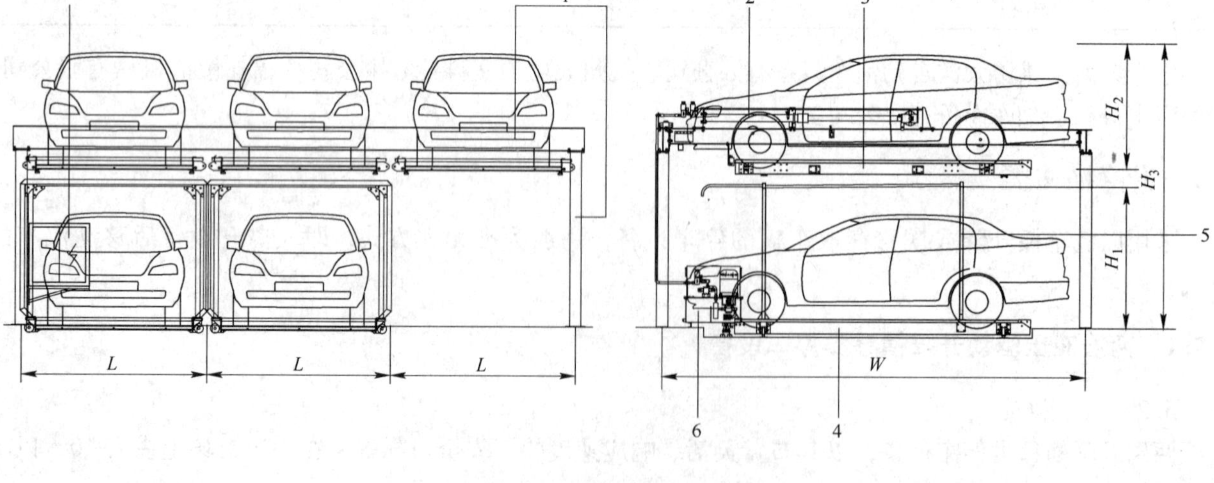

图5.2.1 两层液压驱动升降横移类停车设备

1—钢结构框架；2—液压提升系统；3—上载车板；4—横移载车板；5—防坠落架；6—液压系统；7—电控系统

5.2.1.5 主要技术性能参数与应用

主要技术性能参数与应用见表5.2.1~表5.2.7。

表 5.2.1 两层液压驱动升降横移类停车设备主要技术参数

（潍坊大洋自动泊车设备有限公司 www.parkingchina.cn）

驱动方式		液压驱动
容车规格(长×宽×高)/mm×mm×mm		D类：≤5000×1850×1550；K类：≤5000×1850×2050
容车质量/kg		≤2000
功率	升降/kW	4
	横移/kW	0.2
速度	升降/m·min^{-1}	8～12
	横移/m·min^{-1}	7.5
电源（AC）		三相五线 380V/50Hz

表 5.2.2 停车位尺寸（D类车）（潍坊大洋自动泊车设备有限公司 www.parkingchina.cn） （mm）

L	W	H_1	H_2	H_3
2450	5550	1640	1600	3600
2400		1810		3760
2350		2110		4060

应用案例如图 5.2.2、图 5.2.3 所示。

图 5.2.2 保定阳光水岸应用案例

图 5.2.3 潍坊阳光大厦应用案例

二层升降横移如图 5.2.4 所示，带基坑二层升降横移类停车设备结构图如图 5.2.5 所示。

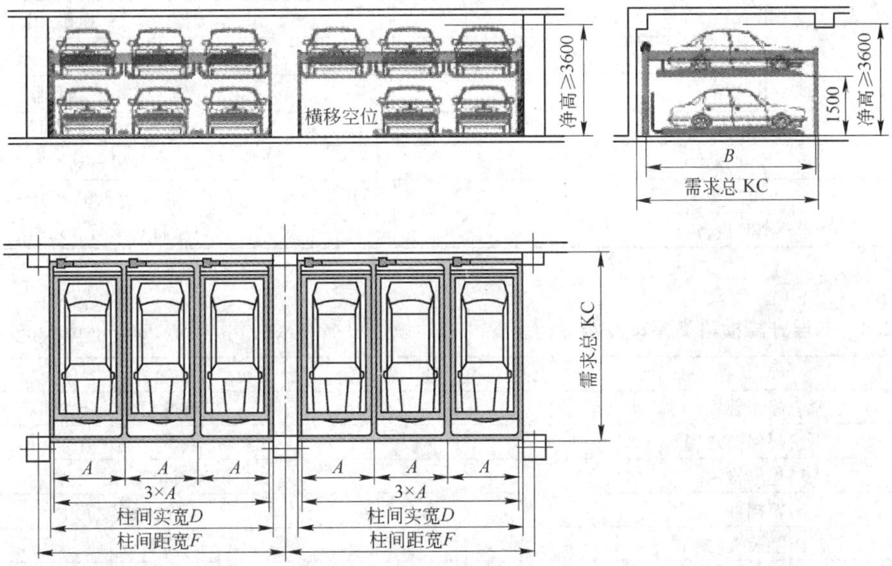

图 5.2.4 二层升降横移

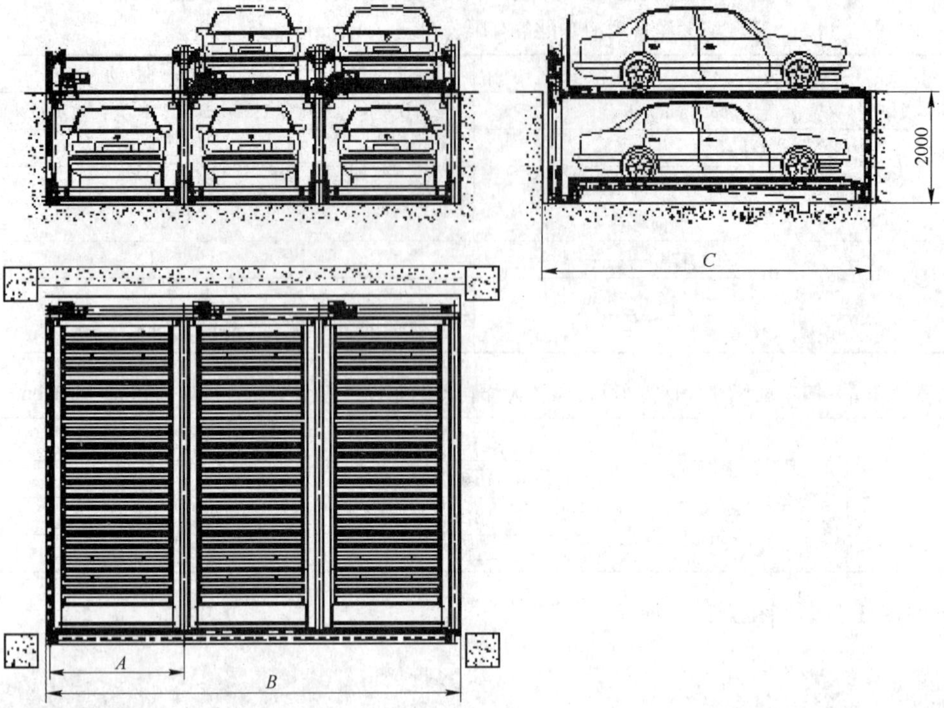

图 5.2.5　带基坑二层升降横移类停车设备结构图

表 5.2.3　二层升降横移类停车设备（福建敏捷机械有限公司　www.minjie-parking.com）

适停车型	形　式	大型轿车（D）	特大型轿车（T）
	车辆尺寸(长×宽×高)/mm×mm×mm	5000×1850×1550	5300×1900×1550
	车重/kg	≤1700	≤2100
需求空间	*A*/mm	2400	2450
	B/mm	5500	5800
	C/mm	5700	6000
	D/mm	$N\times A+150$	$N\times A+150$
	E/mm	5350	5650
	F/mm	$N\times A+750$	$N\times A+750$
	净高/mm	二层≥3600	
升降横移	驱动方式	马达链条	
	电机/kW	升降：2.2；横移：0.2	
	速度/$m\cdot min^{-1}$	升降：4.6；横移：8	
	制动器	常闭式电磁制动器	
操作方式		按键加 IC 卡操作	
控制方式		PLC 逻辑自动控制	
电　源		三相五线 380V/50Hz	
消防设备		CO_2 自动消防灭火系统	

注：*N* 为列数。

表 5.2.4　二层升降横移类停车设备案例装置（福建敏捷机械有限公司　www.minjie-parking.com）

安　全　装　置	
紧急停止装置	横移逾限保护装置
上下逾限保护装置	上下定位开关
入口光电检测	电流过负荷保护装置
车轮挡杆	安全连锁装置
防坠装置	超长检测
横移定位开关	运行中警示装置
断电制动装置	

表 5.2.5 带基坑二层升降横移类停车设备主要技术参数（福建敏捷机械有限公司 www.minjie-parking.com）

	形 式	大型轿车（D）	特大型轿车（T）
适停车型	车辆尺寸(长×宽×高)/mm×mm×mm	5000×1850×1550	5300×1900×1550
	车重/kg	≤1700	≤2100
需求空间	*A*/mm	2400	2450
	B/mm	*N*×*A*+200	*N*×*A*+200
	C/mm	5800	6100
升降横移	驱动方式	马达链条	
	电机/kW	升降：2.2；横移：0.2	
	速度/m·min^{-1}	升降：4；横移：8	
	制动器	常闭式电磁制动器	
操作方式		按键加 IC 卡操作	
控制方式		PLC 逻辑自动控制	
电 源		三相五线 380V/50Hz	
消防设备		CO_2 自动消防灭火系统	

升降横移地面二层式如图 5.2.6 所示。

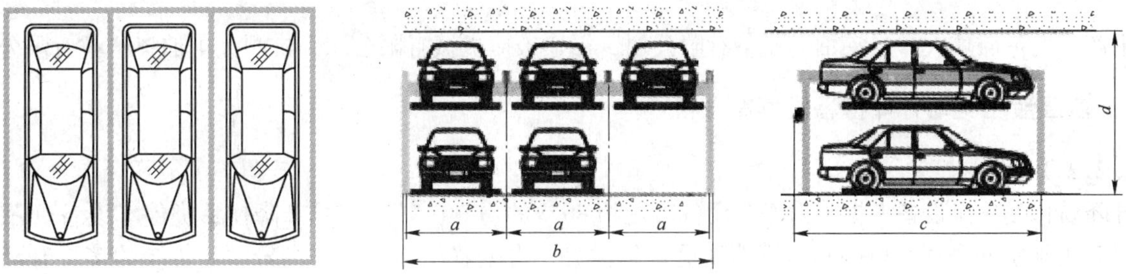

俯视图　　正视图　　侧视图

图 5.2.6 升降横移地面二层式

表 5.2.6 升降横移地面二层式（杭州大中泊奥科技有限公司 www.dzboao.com） （mm）

型 号	*a*	*b*	*c*	*d*	容车量
PSH2.*X-BA1	2250	2250×*N*+150	5100	≥3500	*N*×2-1
PSH2.*Z-BA1	2300	2300×*N*+150	5400	≥3500	*N*×2-1
PSH2.*D-BA1	2350	2350×*N*+150	5700	≥3600	*N*×2-1
PSH2.*D1-BA1	2400	2400×*N*+150	5900	≥3600	*N*×2-1
PSH2.*T-BA1	2400	2400×*N*+150	6000	≥3600	*N*×2-1
提升方式			电机链条式		
升降电机/横移电机/kW			2.2/0.2		
升降速度/m·min^{-1}			4.0~6.0		
横移速度/m·min^{-1}			8.0~10.0		
电 源			三相 380V/50Hz		
操作方式			按钮操作/IC 卡操作（选配）		

注：*N* 为列数。

升降横移二层带地坑式如图 5.2.7 所示。

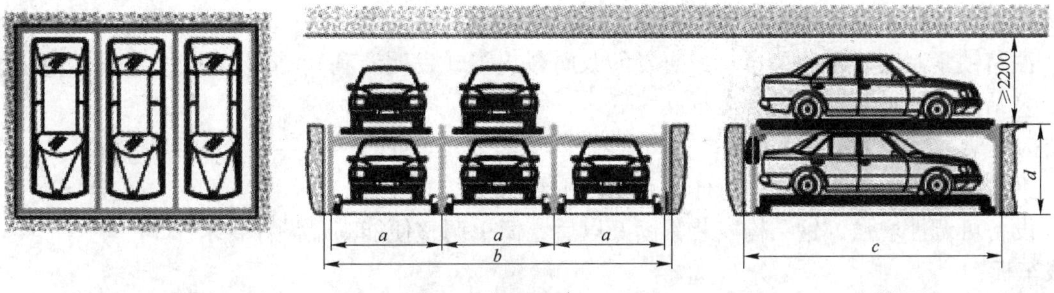

俯视图　　正视图　　侧视图

图 5.2.7 升降横移二层带地坑式

表 5.2.7 升降横移二层带地坑式主要技术参数（杭州大中泊奥科技有限公司 www.dzboao.com）（mm）

型号	a	b	c	d	容车量
PSH2. * X-D1-BA1	2250	2250 × N + 300	5200	≥1900	N × 2-1
PSH2. * Z-D1-BA1	2300	2300 × N + 300	5500	≥1900	N × 2-1
PSH2. * D-D1-BA1	2350	2350 × N + 300	5800	≥2000	N × 2-1
PSH2. * D1-D1-BA1	2400	2400 × N + 300	6000	≥2000	N × 2-1
PSH2. * T-D1-BA1	2400	2400 × N + 300	6100	≥2000	N × 2-1
提升方式			电机链条式		
升降电机/横移电机/kW			2.2/0.2		
升降速度/m · min⁻¹			4.0 ~ 6.0		
横移速度/m · min⁻¹			8.0 ~ 10.0		
电源			三相 380V/50Hz		
操作方式			按钮操作/IC 卡操作（选配）		

注：N 为列数。

生产厂商：潍坊大洋自动泊车设备有限公司，福建敏捷机械有限公司，杭州大中泊奥科技有限公司。

5.2.2 多层液压驱动升降横移类停车设备

5.2.2.1 概述

升降横移类停车设备占据国内停车设备市场约 80% 的份额，其中多层升降横移类停车设备（三至六层）以其土地空间利用率更高和运行速度更快的优势，占据着相当大的市场份额。传统的多层升降横移类停车设备以电机减速箱钢丝绳提升和电机减速箱链条提升为主，其中电机减速箱钢丝绳提升居多。电机减速箱链条提升受制于提升高度太高，循环链太长的技术局限，最高可做到四层。

同两层升降横移类停车设备一样，传统的多层电机驱动升降横移类停车设备也存在运行速度慢、清库时间长、安全可靠性低等缺点。多层液压驱动升降横移类停车设备针对以上缺点研发设计，实现较大突破。

5.2.2.2 工作原理

设备为多层多列布置，除顶层外每层设一空车位。

地面层车位可直接存取车辆；上层车位必须降落至地面层才能存取车辆。当上层车位需要存取车辆时，该车位下方到空车位间的所有下层车位向空车位方向同时横移一个车位的距离，在该车位正下方形成一升降通道。此时，该车位便可降落至地面，实现车辆存取。

5.2.2.3 主要特点

升降驱动系统：

(1) 提升速度最高可达 20m/min，而传统的多层电机驱动类停车设备约 5.6m/min，提升速度提高 5 倍，清库时间缩短 50% 以上，设备使用性能大大提高。

(2) 液压驱动系统具有液压和行程开关双重安全防护功能，比传统设备更安全可靠。

(3) 滑轮组采用新型高强度 MC 尼龙材料，不但减轻了驱动系统的重量，降低了设备运行噪声，还提高了钢丝绳的使用寿命。

(4) 油路锁紧制动器采用公司自主研发的双向截止阀（发明专利）。此装置安全可靠，简化了油路。

(5) 泵站内设消声装置，设备运行噪声低。

钢结构框架：

(1) 钢结构采用预应力结构，总体用钢量减少约 15%。

(2) 设备可调性增强，钢结构安装紧固好以后，简单调整便能满足设计要求。

上载车板：

(1) 上载车板边梁采用矩形封闭式截面结构，截面抗弯系数大。

(2) 上载车板带有导向和预应力结构。

跟踪式防坠落装置：

（1）将上层车位的防坠落架固定到下层车位的横移装置上，具有横移跟踪功能。

（2）防坠落架随车位运动，自身无任何机械动作，与传统的电磁铁防坠落装置易发生的线路故障、电磁铁损坏、安全钩打不开等技术缺陷相比，该装置具有零故障、无须维修、更加安全可靠的优点。

5.2.2.4 选型原则

多层液压驱动升降横移类停车设备，主要分布在较空旷的露天场所（如居民区的楼宇间）和车辆相对集中的公共场所等（如医院、酒店），特点是布置灵活、土地利用率较高。

多层液压驱动升降横移类停车设备如图 5.2.8 所示。

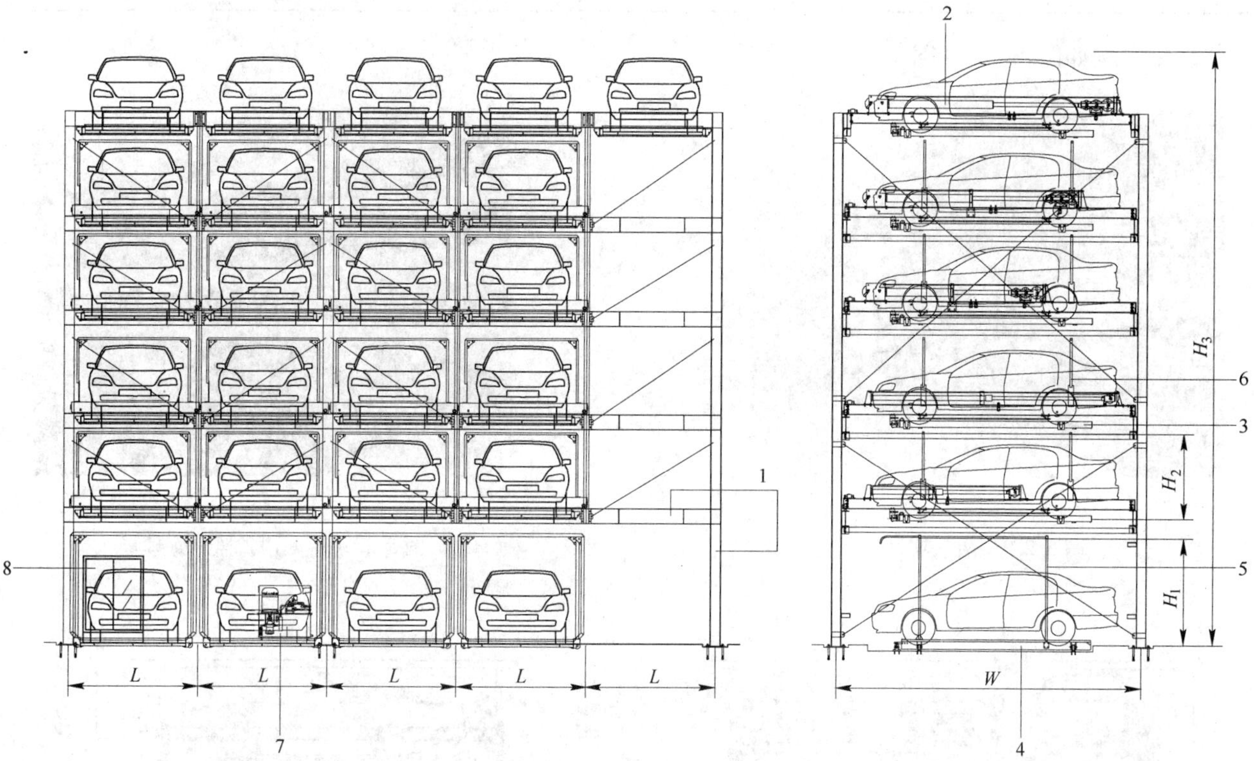

图 5.2.8 多层液压驱动升降横移类停车设备

1—钢结构框架；2—液压提升系统；3—上载车板；4—横移载车板；5—底层防坠落架；6—中层防坠落架；7—液压系统；8—电控系统

5.2.2.5 主要技术性能参数与应用

主要技术性能参数与应用见表 5.2.8 ~ 表 5.2.21。

表 5.2.8 多层液压驱动升降横移类停车设备技术参数（潍坊大洋自动泊车设备有限公司 www.parkingchina.cn）

驱动方式		液压驱动	
容车规格(长×宽×高)/mm×mm×mm		D类≤5000×1850×1550	
		K类≤5000×1850×2050	
容车质量/kg		≤2000	
功率/kW	升降	三层：4	四至六层：11
	横移	0.2	
速度/$m \cdot min^{-1}$	升降	三层：8 ~ 12	四至六层：15 ~ 20
	横移	7.5	
电源（AC）		三相380V/50Hz	

表 5.2.9　停车位尺寸（D 类车）（潍坊大洋自动泊车设备有限公司　www.parkingchina.cn）

L/mm	W/mm	H_1/mm	H_2/mm	H_3/mm	备　注
2600	6200	2110	1600	5950	三层
				7800	四层
				9830	五层
				11680	六层

应用案例如图 5.2.9 ~ 图 5.2.11 所示。

图 5.2.9　南京项目

图 5.2.10　四川省监狱管理局

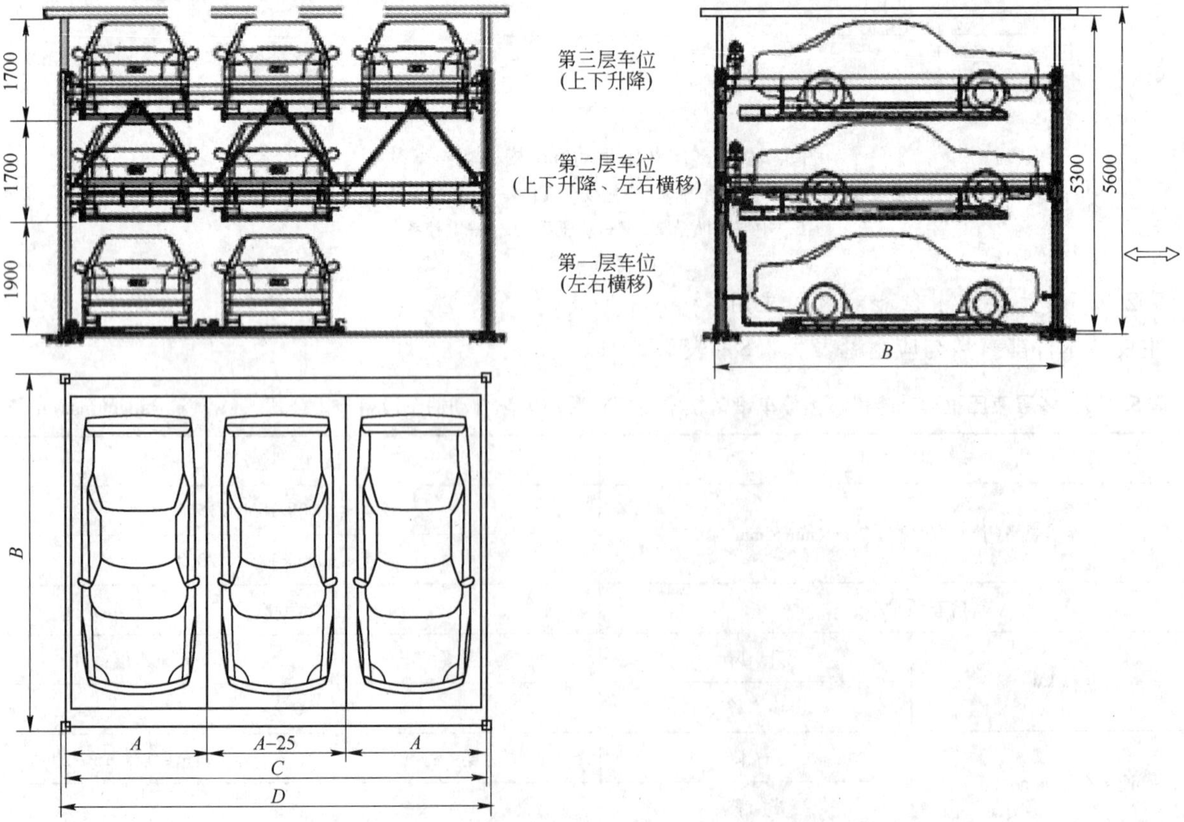

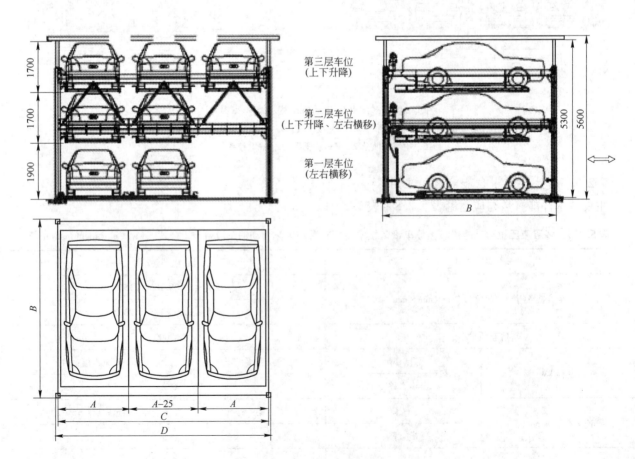

图 5.2.11　三层升降横移类停车设备

表 5.2.10 三层升降横移类停车设备主要技术参数（福建敏捷机械有限公司 www. minjie-parking. com）

适停车型	形 式	大型轿车（D）	特大型轿车（T）
	车辆尺寸(长×宽×高)/mm×mm×mm	5000×1850×1550	5300×1900×1550
	车重/kg	≤1700	≤2100
需求空间	A/mm	2475	2525
	B/mm	6000	6300
	C/mm	7400	7550
	D/mm	$N \times C + 150$	$N \times C + 150$
	净高/mm	三层≥5300	
升降横移	驱动方式	马达钢索式	
	电机/kW	升降：2.2；横移：0.2	
	速度/m·min⁻¹	升降：4.2；横移：8	
	制动器	常闭式电磁制动器	
操作方式		按键加 IC 卡操作	
控制方式		PLC 逻辑自动控制	
电 源		三相五线 380V/50Hz	
消防设备		CO_2 自动消防灭火系统	

四层升降横移类停车设备如图 5.2.12 所示。

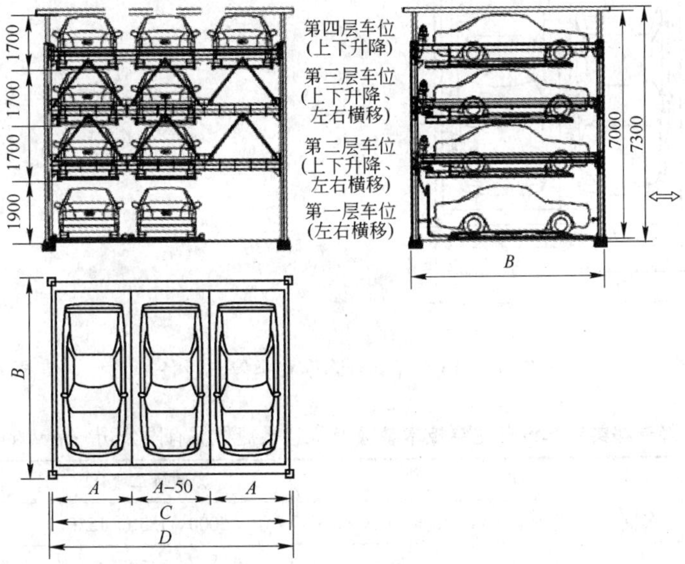

图 5.2.12 四层升降横移类停车设备

表 5.2.11 四层升降横移类停车设备技术参数（福建敏捷机械有限公司 www. minjie-parking. com）

适停车型	形 式	大型轿车（D）	特大型轿车（T）
	车辆尺寸(长×宽×高)/mm×mm×mm	5000×1850×1550	5300×1900×1550
	车重/kg	≤1700	≤2100
需求空间	A/mm	2500	2550
	B/mm	6100	6400
	C/mm	7450	7600
	D/mm	$N \times C + 200$	$N \times C + 200$
	净高/mm	四层≥7000	
升降横移	驱动方式	马达钢索式	
	电机/kW	升降：2.2；横移：0.2	
	速度/m·min⁻¹	升降：4.2；横移：8	
	制动器	常闭式电磁制动器	
操作方式		按键加 IC 卡操作	
控制方式		PLC 逻辑自动控制	
电 源		三相五线 380V/50Hz	
消防设备		CO_2 自动消防灭火系统	

注：N 为列数。

五层升降横移类停车设备如图 5. 2. 13 所示。

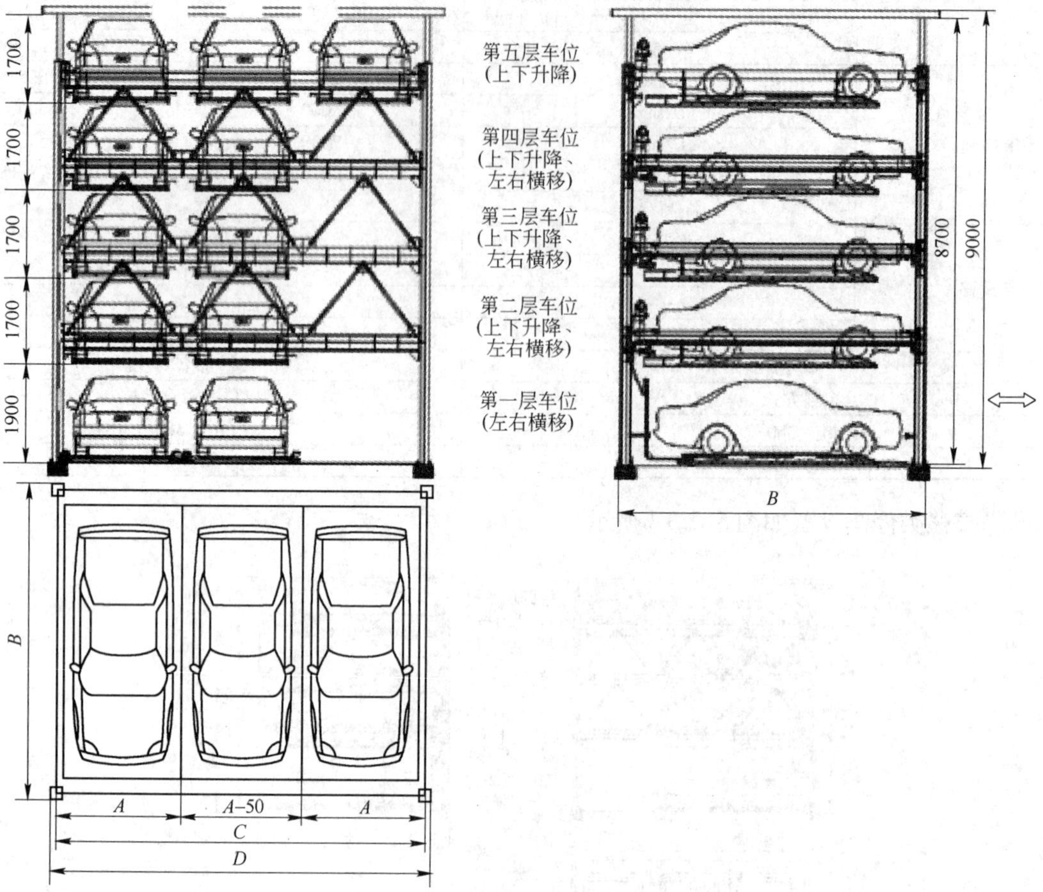

图 5. 2. 13 五层升降横移类停车设备

表 5. 2. 12 五层升降横移类停车设备主要技术参数（福建敏捷机械有限公司 www. minjie-parking. com）

适停车型	形 式	大型轿车（D）	特大型轿车（T）
	车辆尺寸(长×宽×高)/mm×mm×mm	5000×1850×1550	5300×1900×1550
	车重/kg	≤1700	≤2100
需求空间	A/mm	2500	2550
	B/mm	6100	6400
	C/mm	7450	7600
	D/mm	$N\times C+200$	$N\times C+200$
	净高/mm	五层≥8700	
升降横移	驱动方式	马达钢索式	
	电机/kW	升降：2.2；横移：0.2	
	速度/m·min^{-1}	升降：4.2；横移：8	
	制动器	常闭式电磁制动器	
操作方式		按键加 IC 卡操作	
控制方式		PLC 逻辑自动控制	
电 源		三相五线 380V/50Hz	
消防设备		CO_2 自动消防灭火系统	

注：N 为列数。

带基坑三层升降横移类停车设备如图 5. 2. 14 所示。

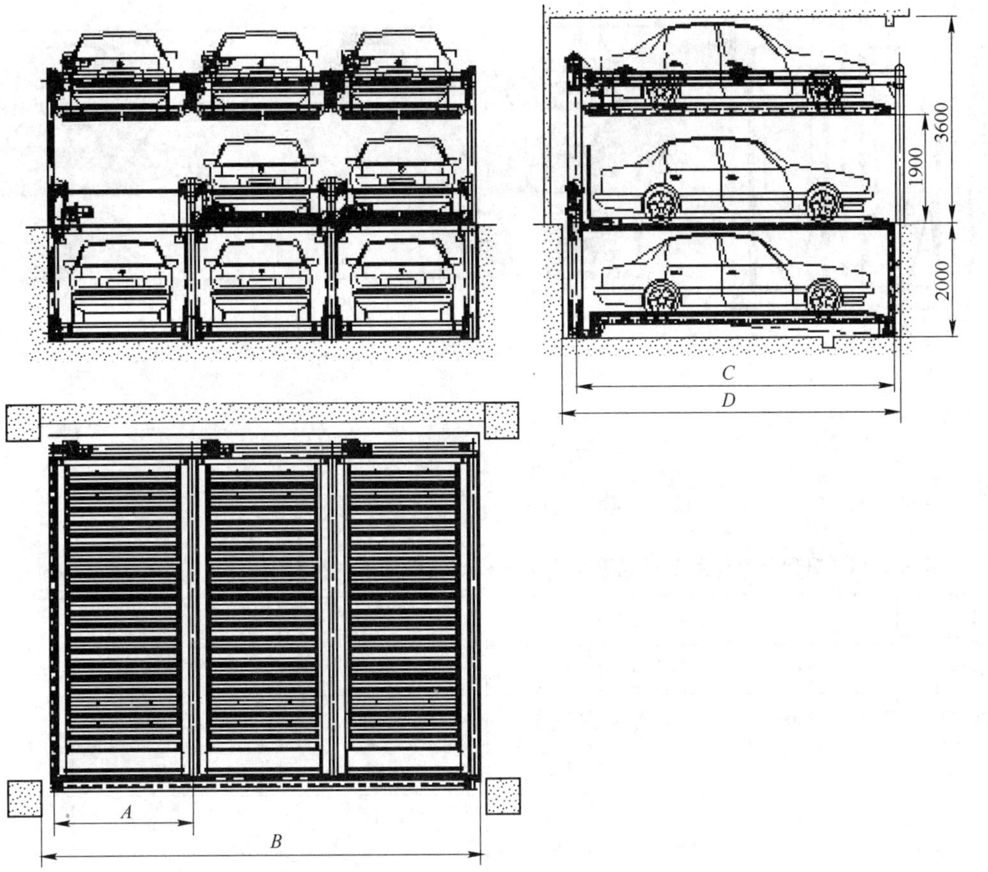

图 5.2.14 带基坑三层升降横移类停车设备

表 5.2.13 带基坑三层升降横移类停车设备主要技术参数（福建敏捷机械有限公司 www.minjie-parking.com）

	形　式	大型轿车（D）	特大型轿车（T）
适停车型	车辆尺寸(长×宽×高)/mm×mm×mm	5000×1850×1550	5300×1900×1550
	车重/kg	≤1700	≤2100
需求空间	*A*/mm	2400	2450
	B/mm	*N*×*A*+200	*N*×*A*+200
	C/mm	5700	6000
	D/mm	5800	6100
升降横移	驱动方式	马达链条	
	电机/kW	升降：2.2；横移：0.2	
	速度/m·min^{-1}	升降：4；横移：8	
	制动器	常闭式电磁制动器	
操作方式		按键加 IC 卡操作	
控制方式		PLC 逻辑自动控制	
电　源		三相五线 380V/50Hz	
消防设备		CO_2 自动消防灭火系统	

注：*N* 为列数。

升降横移地面三层式停车设备如图 5.2.15 所示。

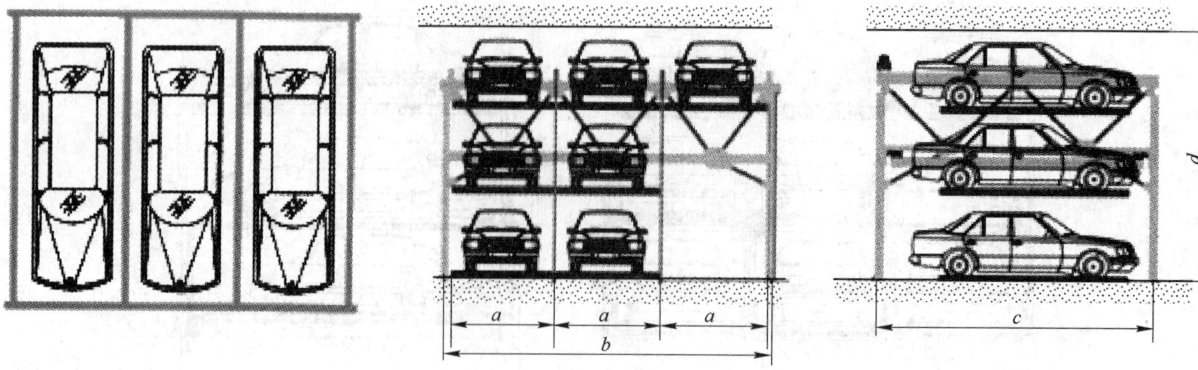

俯视图　　正视图　　侧视图

图 5.2.15　升降横移地面三层式停车设备

表 5.2.14　升降横移地面三层式停车设备（杭州大中泊奥科技有限公司　www.dzboao.com）　（mm）

型　号	*a*	*b*	*c*	*d*	容车量
PSH3. * X-BA1	2250	*a*×3+350	5590	≥5100	*N*×3-2
PSH3. * Z-BA1	2300	*a*×3+350	5890	≥5100	*N*×3-2
PSH3. * D-BA1	2350	*a*×3+350	6190	≥5100	*N*×3-2
PSH3. * D1-BA1	2400	*a*×3+350	6390	≥5300	*N*×3-2
PSH3. * T-BA1	2400	*a*×3+350	6490	≥5300	*N*×3-2
提升方式			电机链条式（可选钢丝绳式）		
升降电机/横移电机/kW			2.2/0.2		
升降速度/m·min^{-1}			4.0~6.0		
横移速度/m·min^{-1}			8.0~10.0		
电　源			三相 380V/50Hz		
操作方式			按钮操作/IC 卡操作（选配）		

升降横移地面四层式停车设备如图 5.2.16 所示。

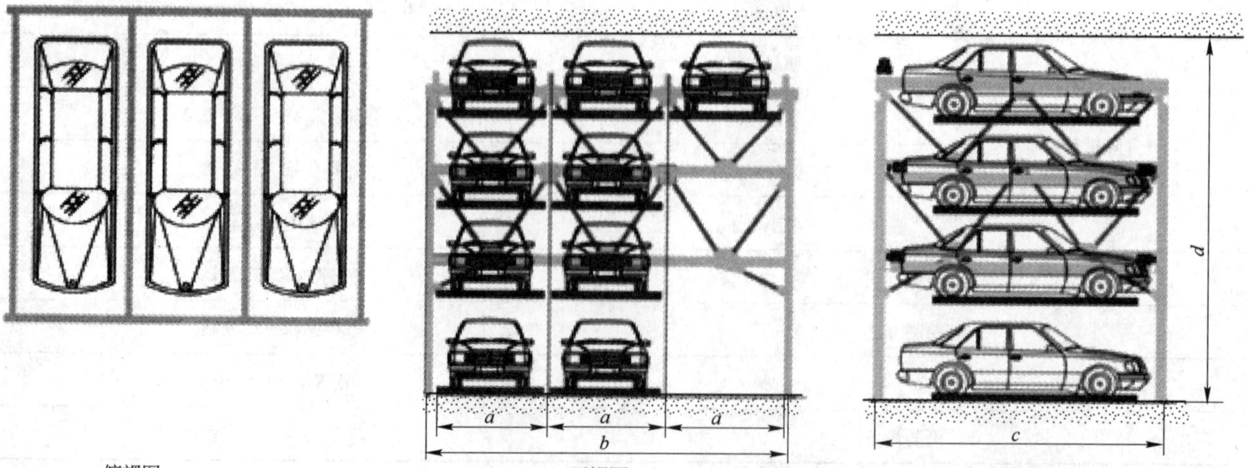

俯视图　　正视图　　侧视图

图 5.2.16　升降横移地面四层式停车设备

表 5.2.15　升降横移地面四层式停车设备（杭州大中泊奥科技有限公司　www.dzboao.com）　（mm）

型　号	a	b	c	d	容车量
PSH4. * Z-BA1	2300	2300×N+350	5890	≥6700	N×4-3
PSH4. * D-BA1	2350	2350×N+350	6190	≥7000	N×4-3
PSH4. * D1-BA1	2400	2400×N+350	6390	≥7000	N×4-3
PSH4. * T-BA1	2400	2400×N+350	6490	≥7000	N×4-3
提升方式			电机链条式（可选钢丝绳式）		
升降电机/横移电机/kW			2.2/0.2		
升降速度/m · min^{-1}			4.0~6.0		
横移速度/m · min^{-1}			8.0~10.0		
电　源			三相 380V/50Hz		
操作方式			按钮操作/IC 卡操作（选配）		

注：N 为列数。

升降横移地面五层式停车设备如图 5.2.17 所示。

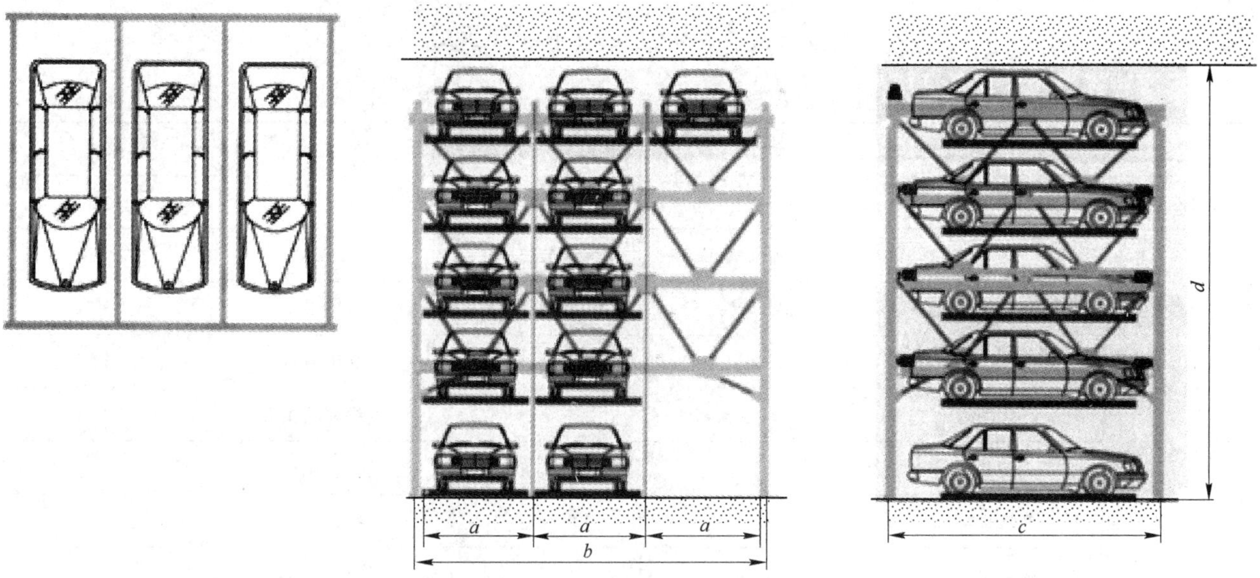

俯视图　　正视图　　侧视图

图 5.2.17　升降横移地面五层式停车设备

表 5.2.16　升降横移地面五层式停车设备（杭州大中泊奥科技有限公司　www.dzboao.com）　（mm）

型　号	a	b	c	d	容车量
PSH5. * Z-BA2	2300	2300×N+360	5815	≥8300	N×5-4
PSH5. * D-BA2	2350	2350×N+360	6115	≥8700	N×5-4
PSH5. * D1-BA2	2400	2400×N+360	6315	≥8700	N×5-4
PSH5. * T-BA2	2400	2400×N+360	6415	≥8700	N×5-4
驱动方式			电机钢丝绳式		
升降电机/横移电机/kW			2.2/0.2		
升降速度/m · min^{-1}			4.0~6.0		
横移速度/m · min^{-1}			8.0~10.0		
电　源			三相 380V/50Hz		
操作方式			按钮操作/IC 卡操作（选配）		

注：N 为列数。

升降横移地面六层式停车设备如图 5.2.18 所示。

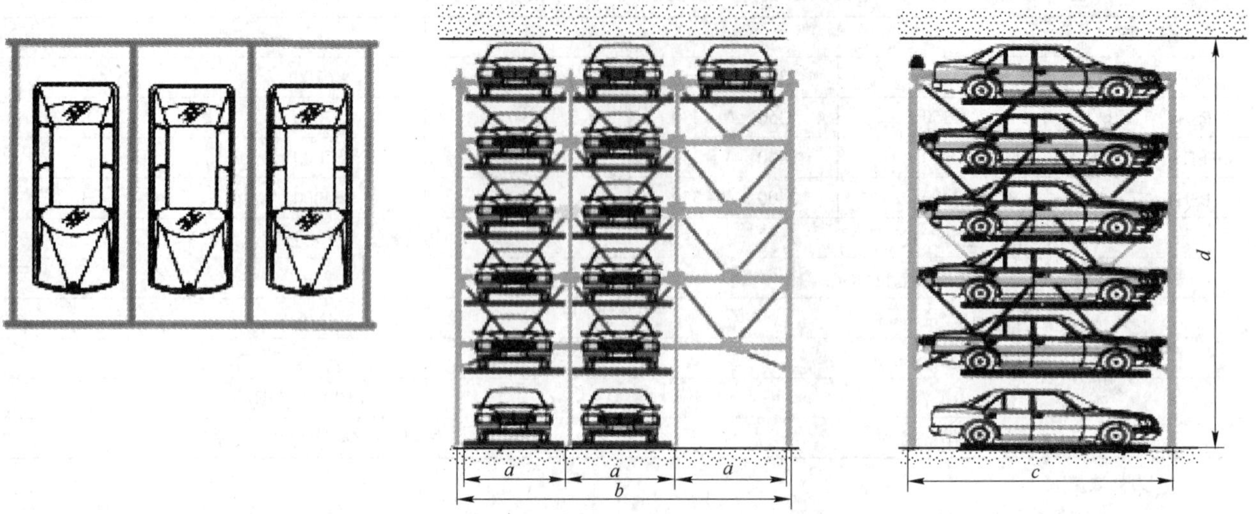

俯视图　　　　正视图　　　　侧视图

图 5.2.18　升降横移地面六层式停车设备

表 5.2.17　升降横移地面六层式停车设备（杭州大中泊奥科技有限公司　www.dzboao.com）　（mm）

型　号	*a*	*b*	*c*	*d*	容车量
PSH6. * Z-BA1	2300	2300×*N*+360	5815	≥9900	*N*×6-5
PSH6. * D-BA1	2350	2350×*N*+360	6115	≥10400	*N*×6-5
PSH6. * D1-BA1	2400	2400×*N*+360	6315	≥10400	*N*×6-5
PSH6. * T-BA1	2400	2400×*N*+360	6415	≥10400	*N*×6-5
驱动方式			电机钢丝绳式		
升降电机/横移电机/kW			2.2/0.2		
升降速度/$m \cdot min^{-1}$			4.0～6.0		
横移速度/$m \cdot min^{-1}$			8.0～10.0		
电　源			三相 380V/50Hz		
操作方式			按钮操作/IC 卡操作（选配）		

注：*N* 为列数。

升降横移三层带地坑式停车设备如图 5.2.19 所示。

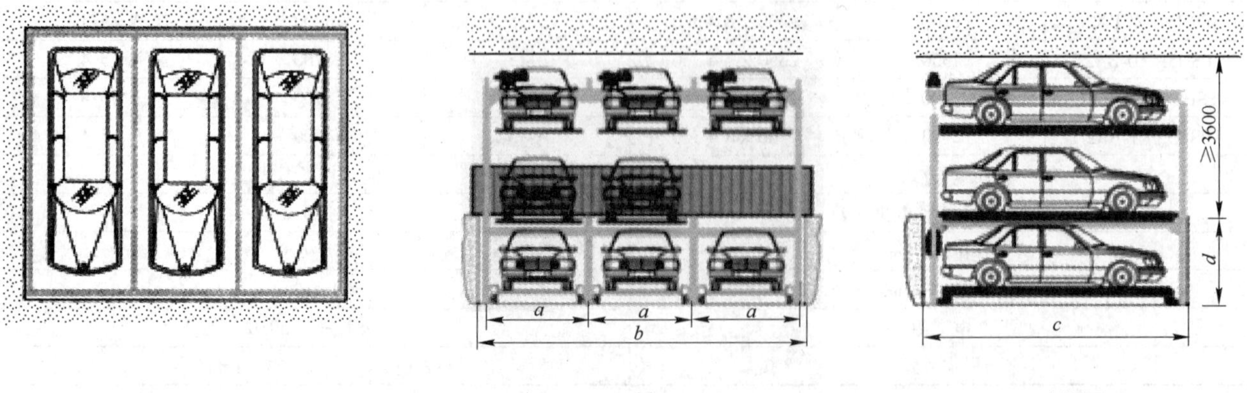

俯视图　　　　正视图　　　　侧视图

图 5.2.19　升降横移三层带地坑式停车设备

表 5.2.18 升降横移三层带地坑式停车设备（杭州大中泊奥科技有限公司 www.dzboao.com）（mm）

型 号	a	b	c	d	容车量
PSH3. * X-D1-BA1	2250	2250×N+300	5200	1900	N×3-1
PSH3. * Z-D1-BA1	2300	2300×N+300	5500	1900	N×3-1
PSH3. * D-D1-BA1	2350	2350×N+300	5800	2000	N×3-1
PSH3. * D1-D1-BA1	2400	2400×N+300	6000	2000	N×3-1
PSH3. * T-D1-BA1	2400	2400×N+300	6100	2000	N×3-1
提升方式			电机链条式		
升降电机/横移电机/kW			2.2/0.2		
升降速度/m·min^{-1}			4.0~6.0		
横移速度/m·min^{-1}			8.0~10.0		
电 源			三相380V/50Hz		
操作方式			按钮操作/IC卡操作（选配）		

注：N为列数。

升降横移四层带二层地坑式储备设备如图 5.2.20 所示。

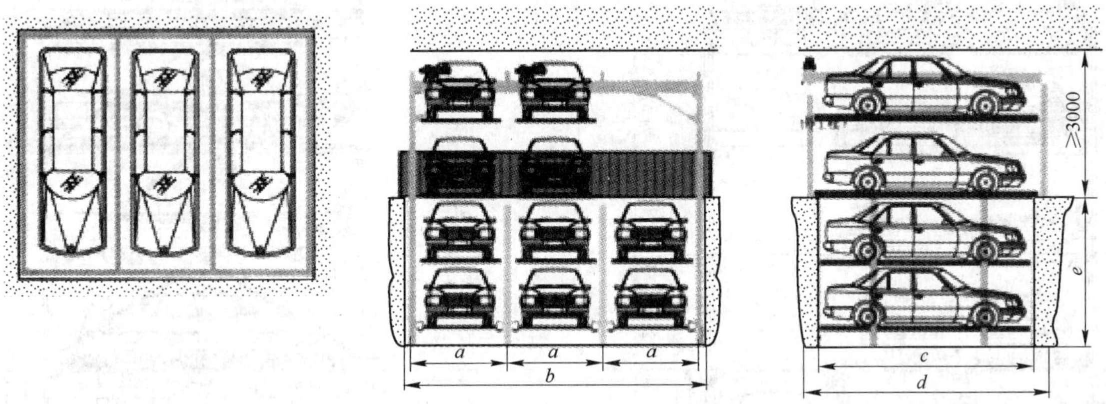

图 5.2.20 升降横移四层带二层地坑式储备设备

表 5.2.19 升降横移四层带二层地坑式停车设备（杭州大中泊奥科技有限公司 www.dzboao.com）（mm）

型 号	a	b	c	d	e	容车量
PSH4. * X-D2-BA1	2350	2350×N+300	4600	5590	3700	N×4-2
PSH4. * Z-D2-BA1	2400	2400×N+300	4900	5890	3700	N×4-2
PSH4. * D-D2-BA1	2450	2450×N+300	5200	6190	3900	N×4-2
PSH4. * D1-D2-BA1	2500	2500×N+300	5400	6390	3900	N×4-2
PSH4. * T-D2-BA1	2500	2500×N+300	5500	6490	3900	N×4-2
提升方式			电机链条式（可选钢丝绳式）			
地面升降速度/m·min^{-1}			4.0~6.0			
地坑升降速度/m·min^{-1}			2.0~3.0			
横移速度/m·min^{-1}			8.0~10.0			
升降电机/kW			地面2.2/地坑3.7			
横移电机/kW			0.2			
电 源			三相380V/50Hz			
操作方式			按钮操作/IC卡操作（选配）			

注：N为列数。

三层简易升降（地坑式）如图 5.2.21 所示。

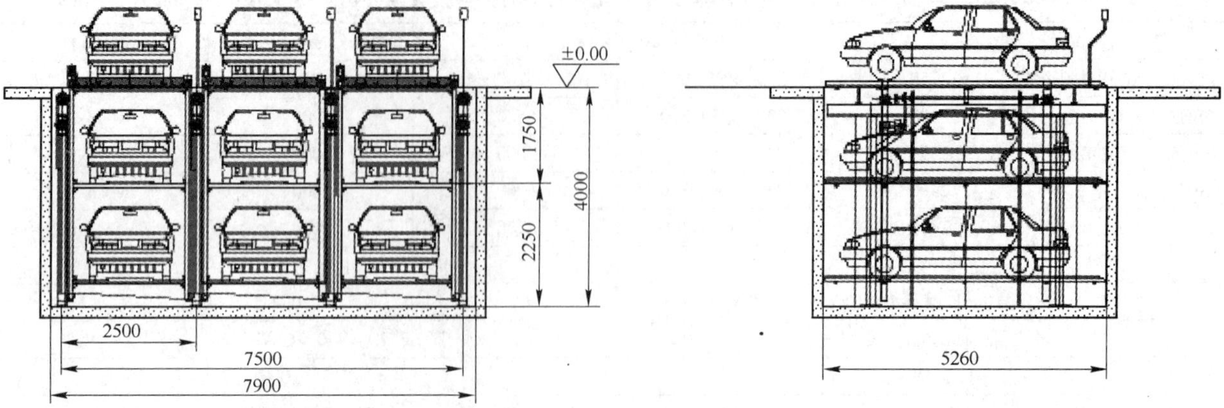

图 5. 2. 21　三层简易升降（地坑式）

五层升降横移（带地坑）如图 5. 2. 22 所示。

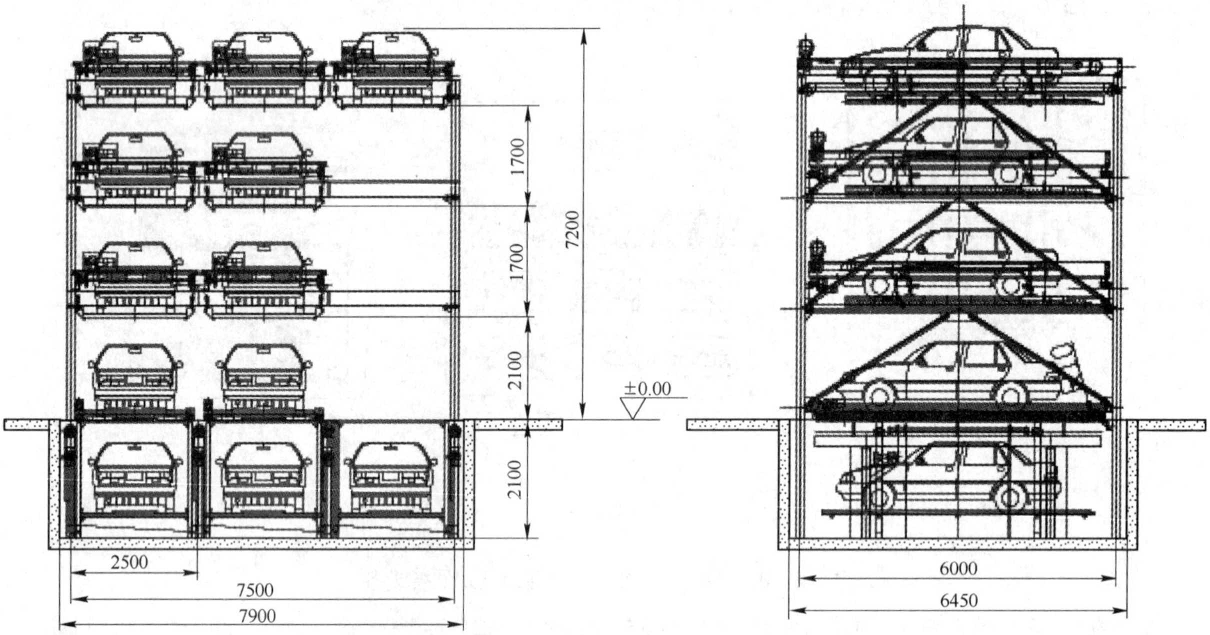

图 5. 2. 22　五层升降横移（带地坑）

六层升降横移（背靠背式）如图 5. 2. 23 所示。

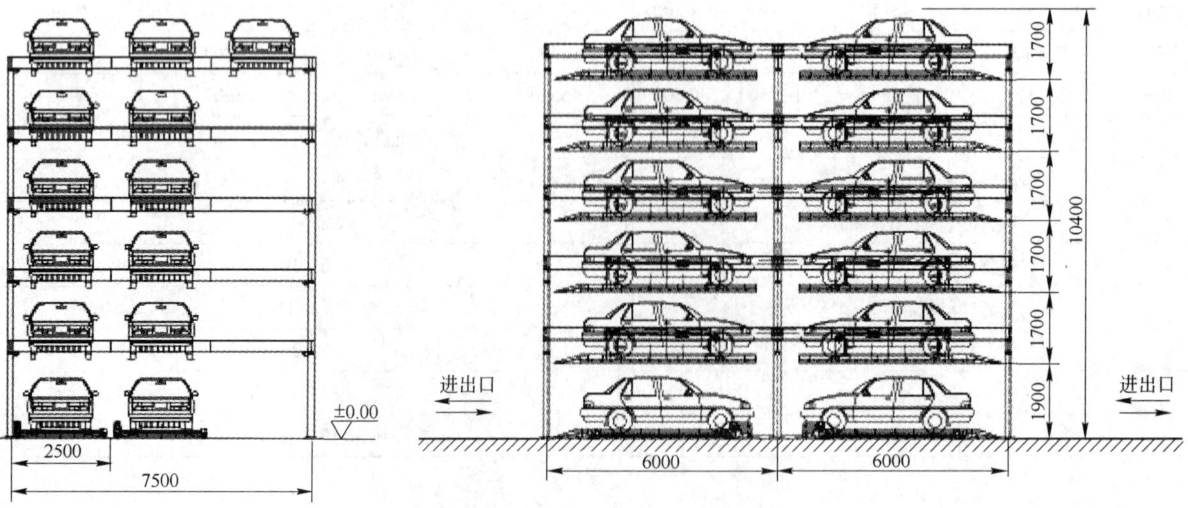

图 5. 2. 23　六层升降横移（背靠背式）

七层升降横移（双排穿越）如图 5.2.24 所示。

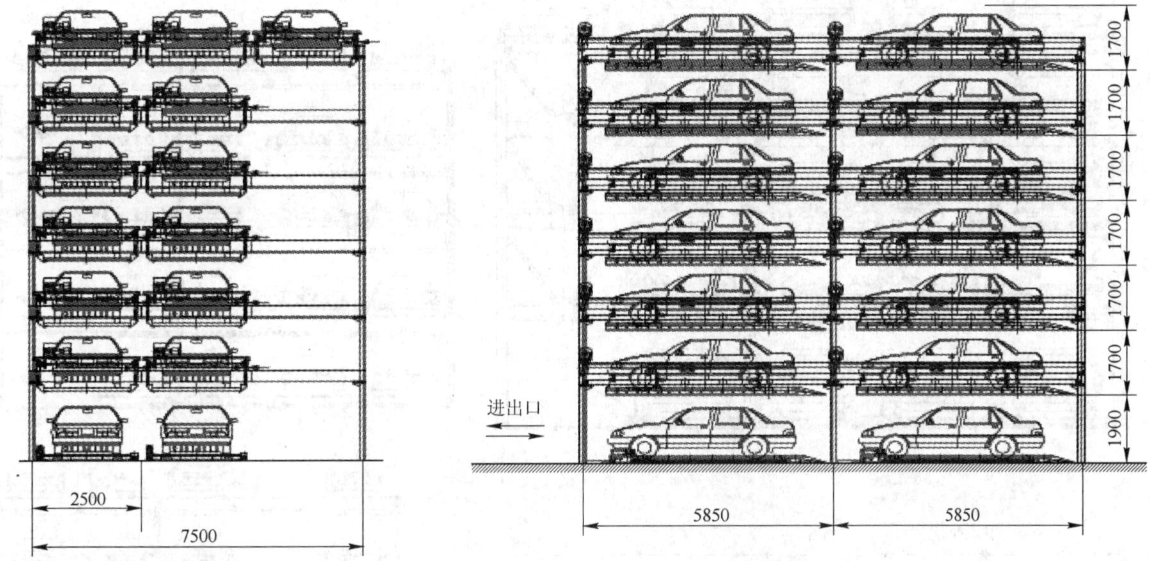

图 5.2.24　七层升降横移（双排穿越）

表 5.2.20　升降横移式停车设备主要技术参数（北京安祥通机电设备有限公司　www.bjaxt.net）

停车规格	车长/mm	≤5200
	车宽/mm	≤1850
	车高/mm	≤1550
	车重/kg	≤1800
速度/m · min^{-1}	升　降	4
	横　移	8
电机/kW	升　降	2.2～3
	横　移	0.2～0.4
传动方式	液压/链条/钢丝绳传动	
控制方式	PLC 可编程控制器/CAN 总线控制	
操作方式	手动、自动	
电　源	三相五线 380V/50Hz	
安全装置	防坠落装置、超限位保护、电机过载保护、车长检测、车轮定位	

四层升降横移（地上式）如图 5.2.25 所示。

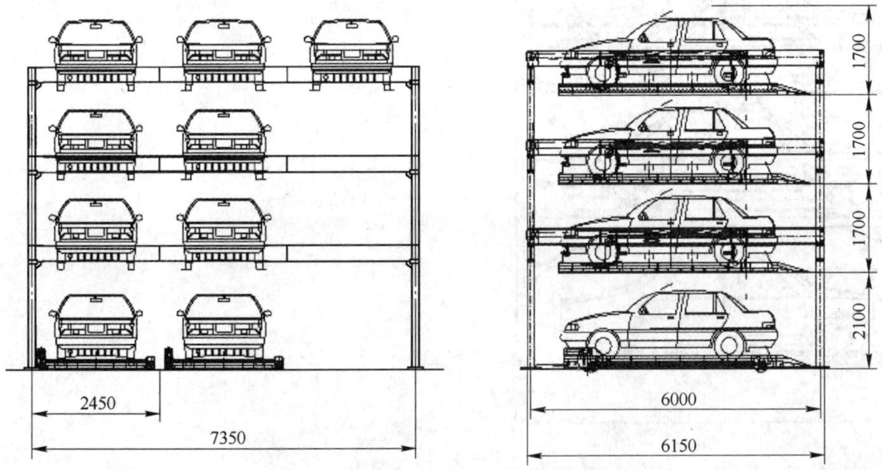

图 5.2.25　四层升降横移（地上式）

PSH5 五层升降横移类车库如图 5.2.26 所示。

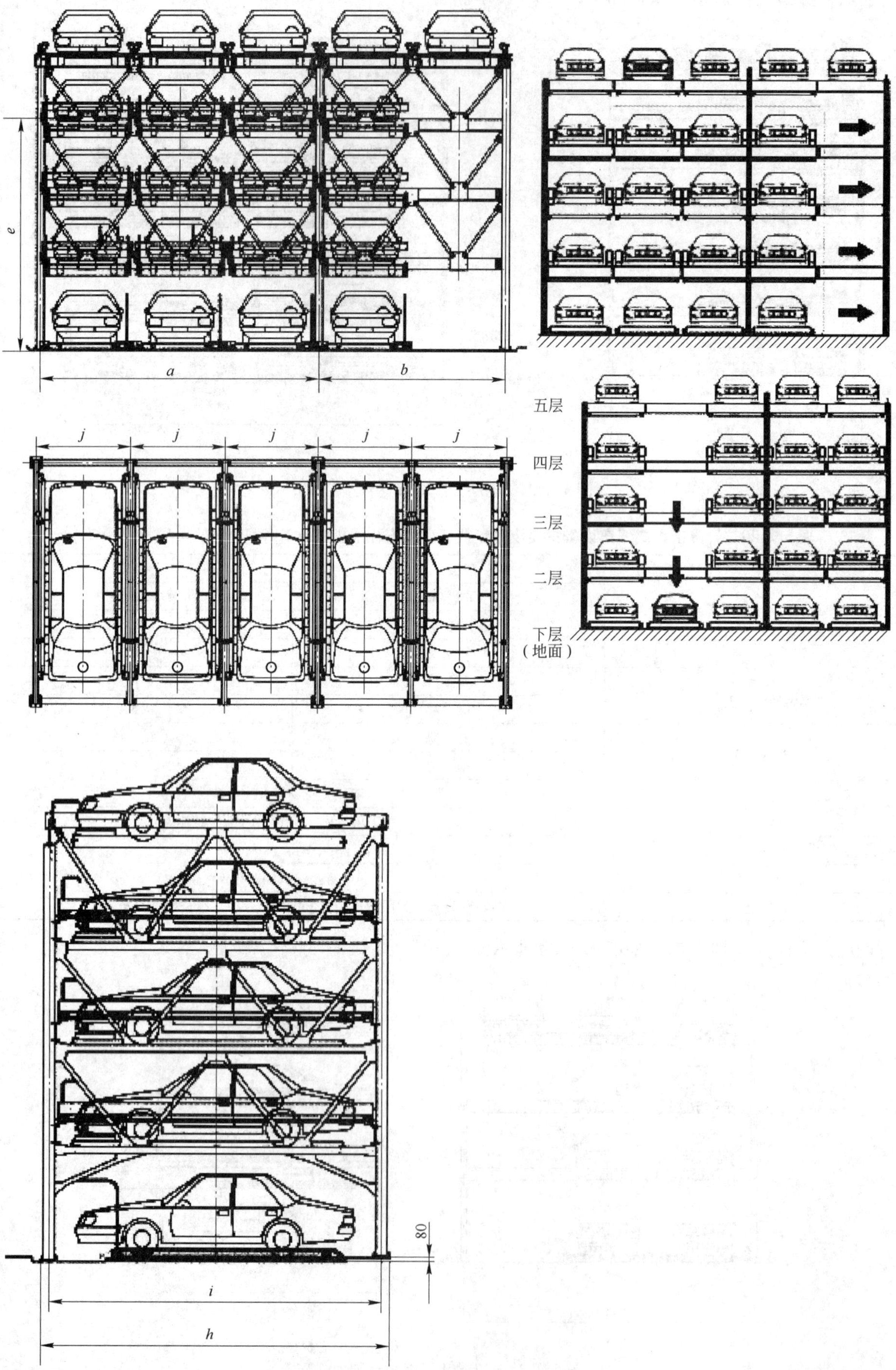

图 5.2.26　PSH5 五层升降横移类车库

表 5.2.21　PSH5 五层升降横移类车库（江苏启良停车设备有限公司　www. qiliang-parking. com）

项　目	型　号	大型车	特大型车	地面停客车
适用车辆参数	车长/mm	≤5000	≤5300	≤5000
	车宽/mm	≤1850	≤1900	≤1850
	车高/mm	≤1550	≤1550	≤2050
	车重/kg	≤2000	≤2350	≤2000
车库容量	*a*/mm	7350	7350	7350
	b/mm	4900	4900	4900
	c/mm	2000	2100	2545
	d/mm	2000	2000	2000
	e/mm	5905	5905	6305
	f/mm	7545	7545	7945
	g/mm	9000	9000	9500
	h/mm	6315	6315	6315
	i/mm	6015	6015	6015
	j/mm	2450	2450	2450
驱动方式		电机 + 钢丝绳		
控制方式		PLC		
操作方式		按钮箱、IC 卡		
电机功率/kW		横移 0.2；升降 2.2		
升降速度/$m \cdot min^{-1}$		5.6 ~ 6.5		
横移速度/$m \cdot min^{-1}$		7.2 ~ 8.9		
平均存取车时间/s		≤120		

注：采用防雨棚时，总高度另加 800 ~ 1000mm。

生产厂商：潍坊大洋自动泊车设备有限公司，北京安祥通机电设备有限公司，福建敏捷机械有限公司，江苏启良停车设备有限公司，杭州大中泊奥科技有限公司。

5.2.3 高层液压驱动升降横移类停车设备

5.2.3.1 概述

高层液压驱动升降横移类停车设备突破传统升降横移类设备两大技术瓶颈：（1）采用液压油缸大传动比结构与滑轮组增速结构解决了设备层高的问题；（2）采用液压油缸大传动比结构和液压调速技术大幅提高了升降速度，解决了存取时间长、清库时间长的问题。同时，将多项专利技术应用到设备的每个细节，保证了设备的技术领先、安全可靠性及成本优势。

5.2.3.2 主要特点

（1）本设备采用具有公司自主知识产权的核心技术：液压驱动方式（发明专利：200910259218.8）。本产品依据滑轮增速的传动原理和升降横移类设备的运行原理，使升降横移类设备的升降速度从5.6m/min提高到25m/min，大大缩短了清库时间。

（2）突破了传统升降横移类设备最高6层的限制，将升降横移类设备提高到15层，大大提高了土地利用率和空间利用率。

（3）充分发挥液压油缸自身结构具备的行程控制功能，降低了故障率，提高了安全可靠性。

（4）升降驱动系统由泵站、液压油缸、钢丝绳、液压保护系统组成，具有液压防护和钢丝绳破断防护双重功能。

（5）横移定位系统采用独有的停车设备横移定位技术（尺寸链定位技术），确保横移定位时准确可靠。

（6）钢结构框架、载车板采用预应力拉筋结构，大大减少了设备的用钢量，在降低成本的同时还加强了部件的结构。

（7）采用具有自主知识产权的新型防坠落装置，更加安全可靠，零维护。

5.2.3.3 工作原理（同多层液压驱动升降横移类停车设备）

设备为多层多列布置，除顶层外每层设一空车位；地面层车位可直接存取车辆；上层车位必须降落至地面层才能存取车辆。当上层车位需要存取车辆时，该车位下方到空车位间的所有下层车位向空车位方向同时横移一个车位的距离，在该车位正下方形成一升降通道。此时，该车位便可降落至地面，实现车辆存取。

5.2.3.4 选型原则

高层车库主要针对城市高档住宅区研发。

5.2.3.5 主要技术性能参数与应用

主要技术性能参数与应用见表5.2.22～表5.2.24。

表5.2.22 高层液压驱动升降横移类停车设备主要技术参数（潍坊大洋自动泊车设备有限公司 www.parkingchina.cn）

驱动方式		液压驱动
容车规格（长×宽×高）/mm×mm×mm		D类：≤5000×1850×1550 K类：≤5000×1850×2050
容车质量/kg		≤2000
功率/kW	升降	15
	横移	0.2
速度/m·min^{-1}	升降	20～25
	横移	7.5
电源（AC）		三相380V/50Hz

表 5.2.23 停车位尺寸（九至十二层）（潍坊大洋自动泊车设备有限公司 www.parkingchina.cn） （mm）

L	W	H_1	H_2	H_3	备 注
2750	6750	2110	1600	17600	九层
				19450	十层
				21480	十一层
				23330	十二层

表 5.2.24 停车位尺寸（七至八层）（潍坊大洋自动泊车设备有限公司 www.parkingchina.cn） （mm）

L	W	H_1	H_2	H_3	备 注
2700	6450	2110	1600	13720	七层
				15570	八层

高层液压驱动升降横移类停车设备如图 5.2.27 所示。

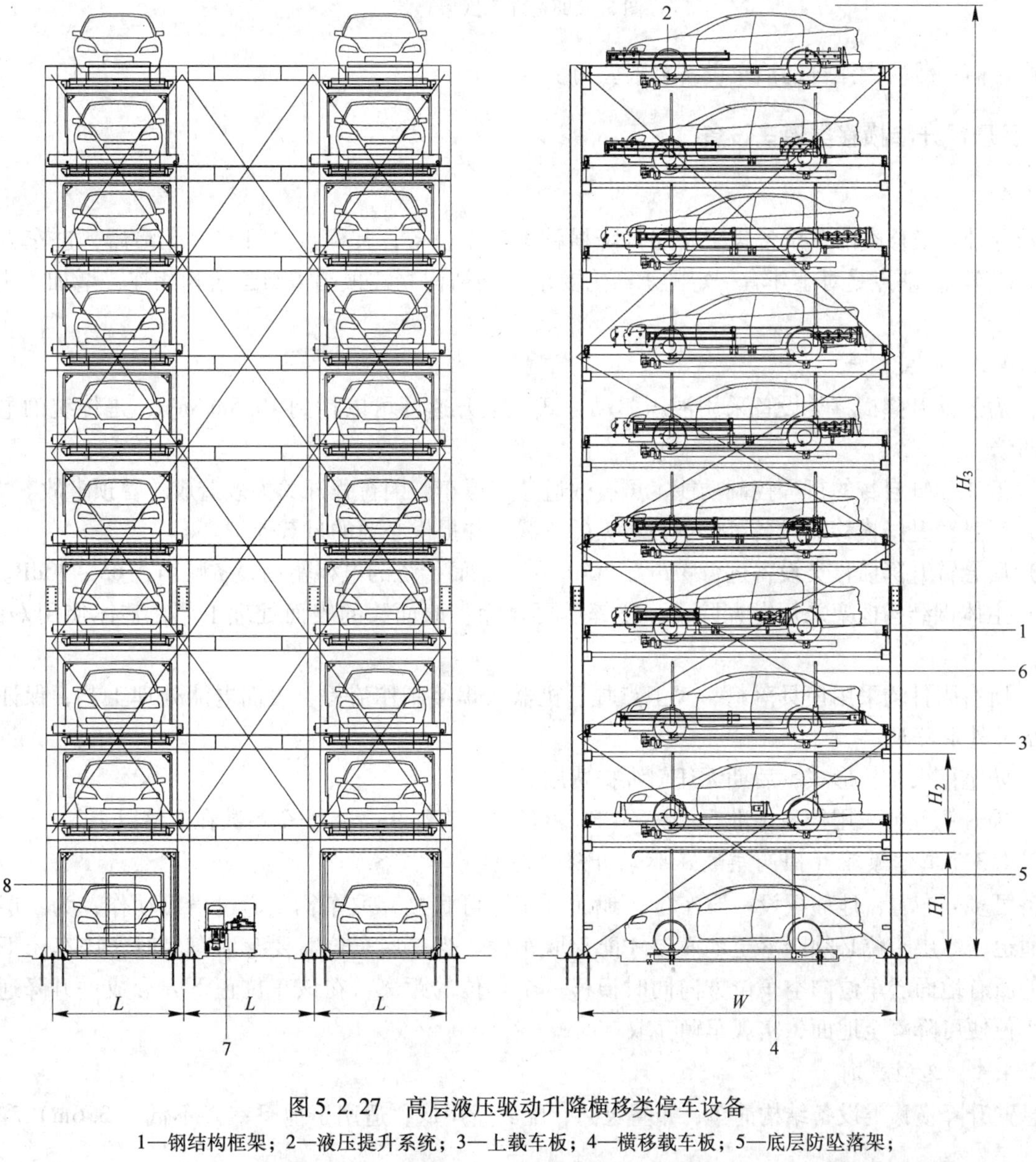

图 5.2.27 高层液压驱动升降横移类停车设备

1—钢结构框架；2—液压提升系统；3—上载车板；4—横移载车板；5—底层防坠落架；6—中层防坠落架；7—液压系统；8—电控系统

北京武警总院应用案例如图 5.2.28 所示。

图 5. 2. 28　北京武警总院

生产厂商：潍坊大洋自动泊车设备有限公司。

5. 2. 4　后悬臂升降横移类停车设备

5. 2. 4. 1　概述

后悬臂升降横移类停车设备属于两层升降横移类停车设备，其优点是进车口无障碍，进车方便（接近于地面停车），缺点是对土建有一定的承载力要求，钢结构立柱顶端需与建筑物相连，增加了现场施工难度。

5. 2. 4. 2　性能特点

（1）后悬臂升降横移类设备采用液压驱动方式，上升速度可以达到 10. 5m/min，是传统的电机驱动设备的两倍。

（2）液压油缸自身的行程控制功能，可有效避免二层车位因行程开关失效造成的冒顶事故。

（3）后悬臂升降横移类设备可以承载更大的负载，并提供必要的过载保护。

（4）后悬臂升降横移类设备运行噪声在 60dB 左右，而传统的电机驱动设备噪声在 65 ~ 70dB。

（5）主体钢结构框架采用抛丸除锈、喷锌后再喷涂一遍面漆的表面处理工艺，整体使用寿命 30 年以上。

（6）所有附件均采用模具落料、人工点焊、机器人焊接制作流程，表面电泳处理工艺，保证焊接质量与零部件外形美观。

（7）防坠落架结构形式，后期无任何维护费用。

（8）提升钢丝绳采用德系标准 6 ~ 19W + FC 钢丝绳，直径 9mm，安全系数在 7 倍以上。

5. 2. 4. 3　工作原理（同两层液压驱动升降横移类停车设备）

设备可多列布置，地面层设一空车位；地面层车位可直接存取车辆；通过横移动作，为二层车位提供升降通道；二层车位必须降落至地面层才能存取车辆。当二层车位需要存取车辆时，该车位下方到空车位间的所有地面层车位向空车位方向同时横移一个车位的距离，在该车位正下方形成一升降通道。此时，该车位便可降落至地面，实现车辆存取。

5. 2. 4. 4　选型原则

后悬臂升降横移类设备结构简单，布置灵活，配套费用低，适用于地下室（不低于 3. 6m）和各种露天场所。

5. 2. 4. 5　主要技术性能参数与应用

主要技术性能参数与应用见表 5. 2. 25 和表 5. 2. 26。

表 5.2.25 后悬臂升降横移类停车设备基本参数（潍坊大洋自动泊车设备有限公司 www.parkingchina.cn）

驱动方式		液压驱动
容车规格(长×宽×高)/mm×mm×mm		D类：≤5000×1850×1550 K类：≤5000×1850×2050
容车质量/kg		≤2000
功率/kW	升降	4
	横移	0.2
速度/$m \cdot min^{-1}$	升降	8~12
	横移	7.5
电源（AC）		三相380V/50Hz

表 5.2.26 停车位尺寸（D类车）（潍坊大洋自动泊车设备有限公司 www.parkingchina.cn） （mm）

L	W_1	W_2	H_1	H_2	H_3
2450	5280	5800	1860	1600	3600
2400					
2350			2160		3900

后悬臂升降横移类停车设备如图 5.2.29 所示。

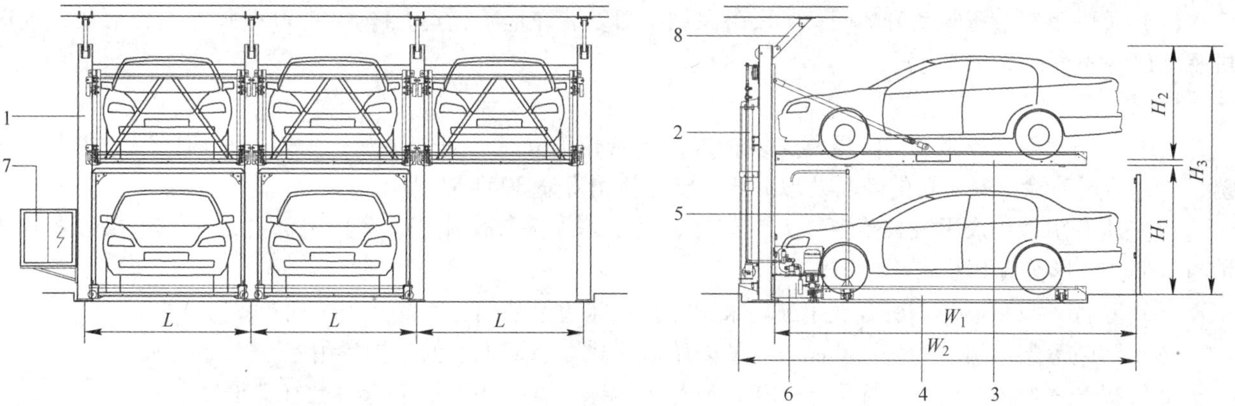

图 5.2.29 后悬臂升降横移类停车设备

1—钢结构框架；2—液压提升系统；3—上载车板；4—横移载车板；5—防坠落架；6—液压系统；7—电控系统；8—现场加固结构

应用案例如图 5.2.30 和图 5.2.31 所示。

图 5.2.30 合肥紫金山庄

图 5.2.31 上海第七人民医院

生产厂商：潍坊大洋自动泊车设备有限公司。

5.2.5 负一正二升降横移类停车设备

5.2.5.1 概述

负一正二升降横移类停车设备是两层升降横移类和两层简易升降类停车设备的延伸，有着两者共同的优点，空间利用率大幅提高。因此得到了较快的推广和发展。

5.2.5.2 工作原理

设备可多列布置，地面层设一空车位；地面层车位可直接存取车辆；通过横移动作，为二层车位和地下车位提供升降通道；二层车位和地下车位必须升降至地面层才能存取车辆。

当二层车位需要存取车辆时，该车位下方到空车位间的所有地面层车位向空车位方向同时横移一个车位的距离，在该车位正下方形成一升降通道。此时，该车位便可降落至地面，实现车辆存取。

当地下车位需要存取车辆时，该车位上方到空车位间的所有地面层车位向空车位方向同时横移一个车位的距离，在该车位正上方形成一升降通道。此时，该车位便可上升至地面，实现车辆存取。

5.2.5.3 性能特点

液压方面：

（1）由于载车板加大，故负一正二液压驱动升降横移类设备采用5.5kW电动机与柱塞泵组合，升降速度少有减小，可达到8m/min。

（2）液压油缸自身的行程控制功能，可有效避免二层车位与地下车位因行程开关失效造成的冒顶事故。

（3）地上和地下液压系统独立控制。

（4）负一正二液压驱动升降横移类设备泵站一般安装在地下，运行噪声在60分贝左右，而传统的电机驱动设备噪声在65~70分贝。

机械方面：

（1）负一正二液压驱动升降横移类设备采用方管作为立柱，更加美观；主体钢结构框架采用抛丸除锈、喷锌后再喷涂一遍面漆的表面处理工艺，整体使用寿命30年以上。

（2）所有附件均采用模具落料、人工点焊、机器人焊接制作流程，表面电泳处理工艺，保证焊接质量与零部件外形美观。

（3）除行车载车板外，所有载车板均采用热镀锌宽边梁结构，无焊接组装而成。

（4）防坠落架结构，为公司产品独有的防坠落形式，后期无任何维护费用。

（5）提升钢丝绳采用德系标准6~19W+FC钢丝绳，直径9mm，安全系数在7倍以上。

负一正二升降横移类停车设备（标准型）如图5.2.32所示。

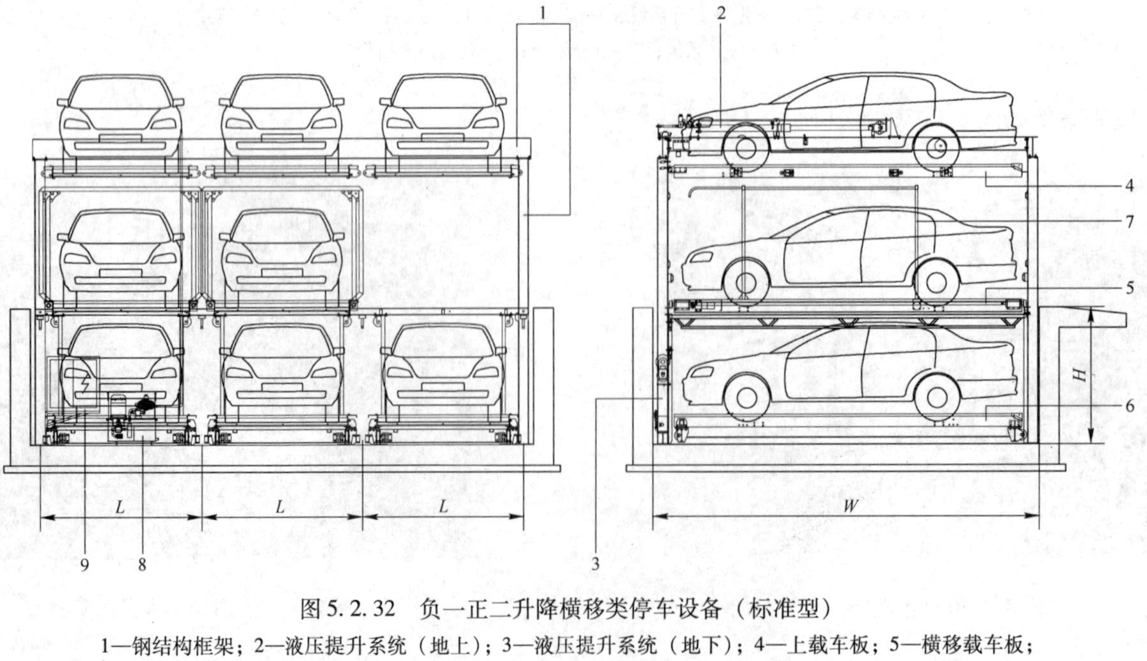

图5.2.32 负一正二升降横移类停车设备（标准型）

1—钢结构框架；2—液压提升系统（地上）；3—液压提升系统（地下）；4—上载车板；5—横移载车板；6—下载车板；7—防坠落架；8—液压系统；9—电控系统

电气方面：

（1）采用集束线技术，现场布线更加快速、美观。

（2）电气元件小型化设计，质量更加可靠，布局更加紧凑。

5.2.5.4 选型原则

负一正二液压驱动升降横移类设备与两层停车设备相同，结构简单，布置灵活，配套费用稍高一些，适用于地下室（地上高度不低于3.6m，地下深度不低于2m）和各种露天场所。

负一正二升降横移类停车设备（重列型）如图5.2.33所示。

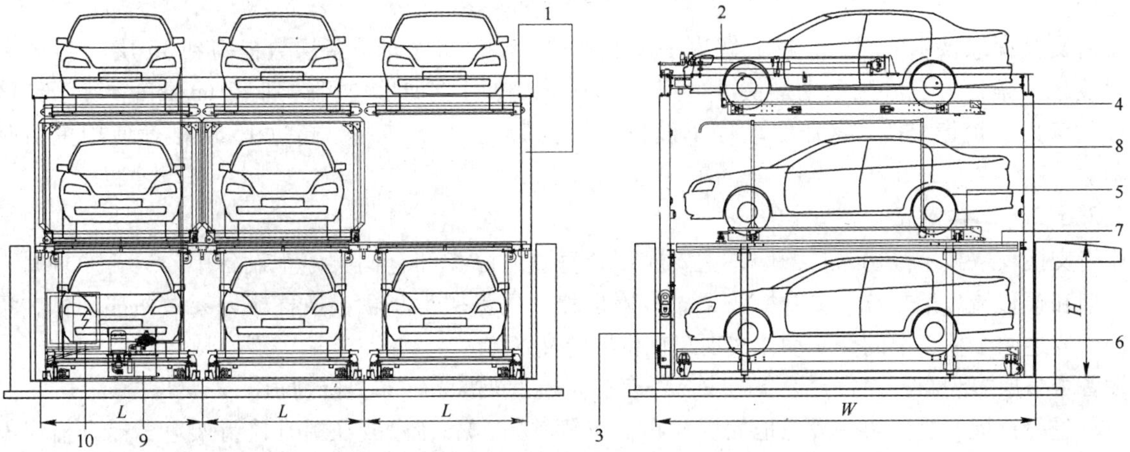

图5.2.33 负一正二升降横移类停车设备（重列型）

1—钢结构框架；2—液压提升系统（地上）；3—液压提升系统（地下）；4—上载车板；5—横移载车板；6—下载车板；7—行车载车板；8—防坠落架；9—液压系统；10—电控系统

5.2.5.5 主要技术性能参数与应用

主要技术性能参数与应用见表5.2.27和表5.2.28。

表5.2.27 负一正二升降横移类停车设备基本参数（潍坊大洋自动泊车设备有限公司 www.parkingchina.cn）

驱动方式		液压驱动
容车规格(长×宽×高)/mm×mm×mm		D类：≤5000×1850×1550；K类：≤5000×1850×2050
容车质量/kg		≤2000
功率/kW	升降	5.5
	横移	0.2
速度/m·min^{-1}	升降	8~12
	横移	7.5
电源（AC）		三相380V/50Hz

表5.2.28 停车类尺寸（D类车）（潍坊大洋自动泊车设备有限公司 www.parkingchina.cn） （mm）

L	*W*	*H*
2450	5800	2000
2400		

四川兴发房地产应用案例如图5.2.34所示。

图5.2.34 四川兴发房地产

生产厂商：潍坊大洋自动泊车设备有限公司。

5.2.6　梳齿交换式停车设备

5.2.6.1　概述

传统的液压驱动停车设备，理论上可以通过增大油缸行程和增加滑轮组数量的方法，实现停车设备层数无限增加，实际上，第一受设备钢结构前后跨距的影响，油缸的行程不能无限增大；第二滑轮组数量无限增加，液压系统压力就会增加，设备的安全性就会降低。因此，要解决层数与速度的难题，只能另觅途径。

梳齿交换存取技术的引入，彻底解决了以上难题，不仅将停车设备层数提高到35层（甚至更高），升降速度也大幅提升：液压驱动最快可达到60m/min，曳引驱动最快可达到120m/min。鉴于经济性和实用性的考虑，梳齿交换式液压驱动停车设备一般在15层以下使用，超过15层推荐使用曳引驱动停车设备。

5.2.6.2　工作原理

梳齿交换存取技术最初来自德国，主要应用于垂直升降类和仓储类停车设备中，运行原理是：有提升梳齿架和横移梳齿架之分，提升梳齿架做升降动作，负责搬运车辆，横移梳齿架做横移动作，负责承载车辆。通过两个梳齿架的交叉动作实现车辆位置的交换。

设备可多层多列布置，每台设备至少有一套提升梳齿架，有一条升降通道。

存车过程：提升梳齿架一般在地面层候车，车辆驶入，准确停放在提升梳齿架上，提升梳齿架上升至待存车位层上方，待存车位横移梳齿架横移至升降通道位置，提升梳齿架下降至地面，车辆通过交叉动作交换到待存车位，待存车位回到原位置。存车过程结束。

取车过程：待取车位带车移动至升降通道，提升梳齿架上升，通过交叉动作将车辆交换至提升梳齿架上，待取车位横移梳齿架回到原位置，提升梳齿架带车降落至地面，车辆驶出。取车过程结束。

地面层可设置汽车回转盘，正车入库，正车出库。

5.2.6.3　主要特点

（1）机械方面。本设备将梳齿交换存取技术应用于停车设备，使设备层数提高到35层；钢结构框架设计采用桁架结构，降低了用钢量，并解决了因车库长细比带来的整体稳定性不足；采用梳齿交换技术，车辆存取更加高效；地面层增设汽车回转盘，正车入库，正车出库，更加方便快捷。

（2）液压方面。本设备采用液压集中控制技术，即70个车位共用一支油缸控制，有效降低了设备成本，减少了设备的故障点，提高了设备运行的可靠性；选用30kW大功率泵站和比例阀控制油缸的伸缩动作，保证车库起停平稳，节能可靠。

（3）电气控制方面。本项目采用DeviceNET总线控制，通过提供网络数据流的能力来提供无限制的IO端口，提高了设计的弹性；改善过程数据管理，作为一个快速响应处理元的结果，提高了数据吞吐量和可重复性；减少了所需的元件，降低了安装成本；提高了设备运行的可靠性，控制线路简化，减少了故障点的存在，并具有设备级的网络诊断功能。

采用HMI（人机界面）操作。界面友好，通俗易懂，易于用户熟悉设备的操作；自动将资料储存至数据库中，以便日后查看；对设备的故障会产生警报，通知用户操作处理。

空余车位检测系统的应用，客户可以及时了解设备的容车状态，方便管理人员对整个停车场的管理。

5.2.6.4　选型原则

梳齿交换式停车设备可以安装在室内，像电梯一样；也可以安装在露天场所，最好靠近楼宇，减少风载等因素影响。

梳齿交换式停车设备如图5.2.35所示。

5.2.6.5　主要技术性能参数与应用

主要技术性能参数与应用见表5.2.29和表5.2.30。

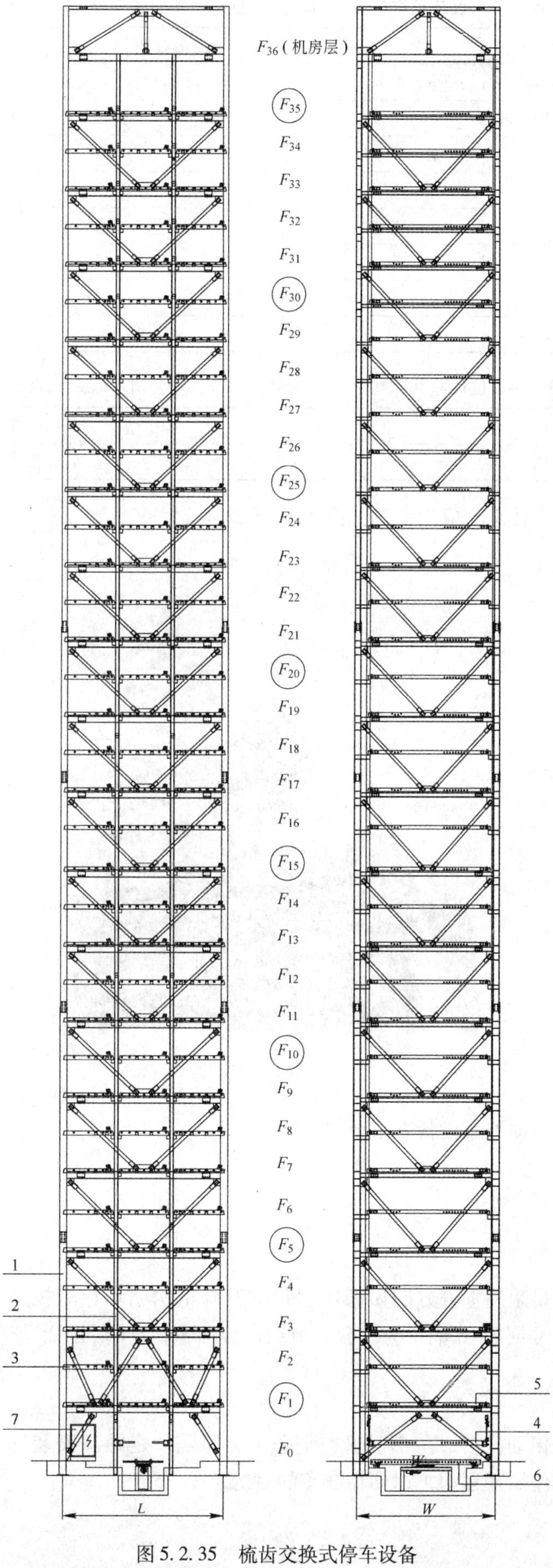

图 5.2.35 梳齿交换式停车设备

1—外钢结构框架；2—内钢结构框架；3—横移滚道梁；4—提升梳齿架；5—横移梳齿架；6—汽车回转盘；7—电控系统

表 5.2.29　**梳齿交换式停车设备基本参数**（潍坊大洋自动泊车设备有限公司　www. parkingchina. cn）

驱动方式		液压驱动	曳引驱动
容车规格(长×宽×高)/mm×mm×mm		D 类：≤5000×1850×1550；K 类：≤5000×1850×2050	
容车质量/kg		≤2000	
功率/kW	升　降	30	
	横　移	0.2	
速度/m · min⁻¹	升　降	60（max）	120（max）
	横　移	7.5	
电源（AC）		三相五线 380V/50Hz	
适用层数		10～15	15～35

表 5.2.30　**停车位尺寸**（潍坊大洋自动泊车设备有限公司　www. parkingchina. cn）　（mm）

L	*W*
7720	6700

三十五层梳齿交换式立体车库应用案例如图 5.2.36 所示。

图 5.2.36　三十五层梳齿交换式立体车库

生产厂商：潍坊大洋自动泊车设备有限公司。

5.3　垂直循环类

5.3.1　概述

垂直循环类停车设备是采用垂直方向做循环运行的升降机构驱动存车托架一起做循环运动，进而实现车辆存取的机械车库，常见 7～8 辆车为一套。节约占地面积，空间利用率较高，存取车效率中等。

5.3.2　工作原理

电机通过减速机带动传动机构，在牵引机构链条上，每隔一定距离安装一个存车托架，当电机启动时，存车托架随链条一起作循环运动，达到存取车的目的。

5.3.3　主要特点

（1）节省空间，停车位倍增，不需要多大的地方就可以建造大型停车场；

(2) 运行平稳，无震动噪声；
(3) 操作简单，维护容易，耐用性高；
(4) 运转速度快，存取车时间短；
(5) 设有安全保护装置，使用安全可靠，避免各种意外发生；
(6) 光电检测，控制车辆规格及停车数量；
(7) 设置灵活，可适用于不同客户的不同要求。

5.3.4 适用范围

垂直循环类停车设备广泛用于住宅小区、酒店、写字楼、繁华商业区。

垂直循环类停车设备图如图5.3.1所示。

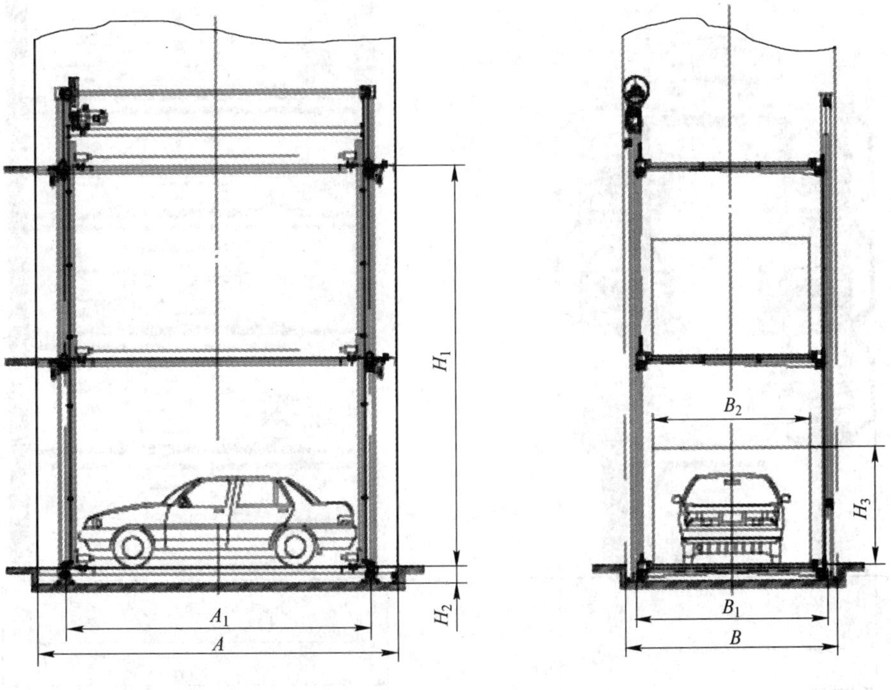

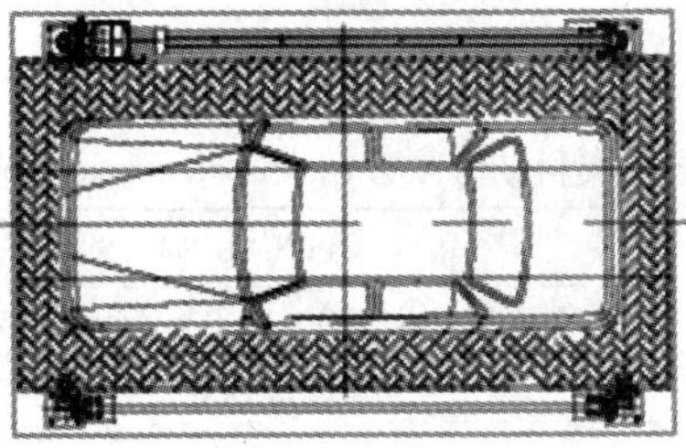

技术相关尺寸说明	单位：mm
H_1	可根据现场情况而定
H_2	300～500
H_3	2200
A	不小于5700
A_1	4000
B	不小于3500
B_1	3000～3200
B_2	2600

图5.3.1 垂直循环类停车设备

5.3.5 主要技术性能参数

主要技术性能参数见表5.3.1和表5.3.2。

表5.3.1 垂直循环类停车设备参数（北京安祥通机电设备有限公司 www.bjaxt.net）

停车规格	车长/mm	≤5200
	车宽/mm	≤1850
	车高/mm	≤1550
	车重/kg	≤1800

续表 5.3.1

速度/m · min^{-1}	升　降	4
	横　移	
电机/kW	7.5	
控制方式	PLC 可编程控制器	
操作方式	手动、自动	
电　源	三相五线 380V/50Hz	
安全装置	防坠落装置、超限位保护、电机过载保护、车长检测、车轮定位	

垂直循环结构图如图 5.3.2 所示。

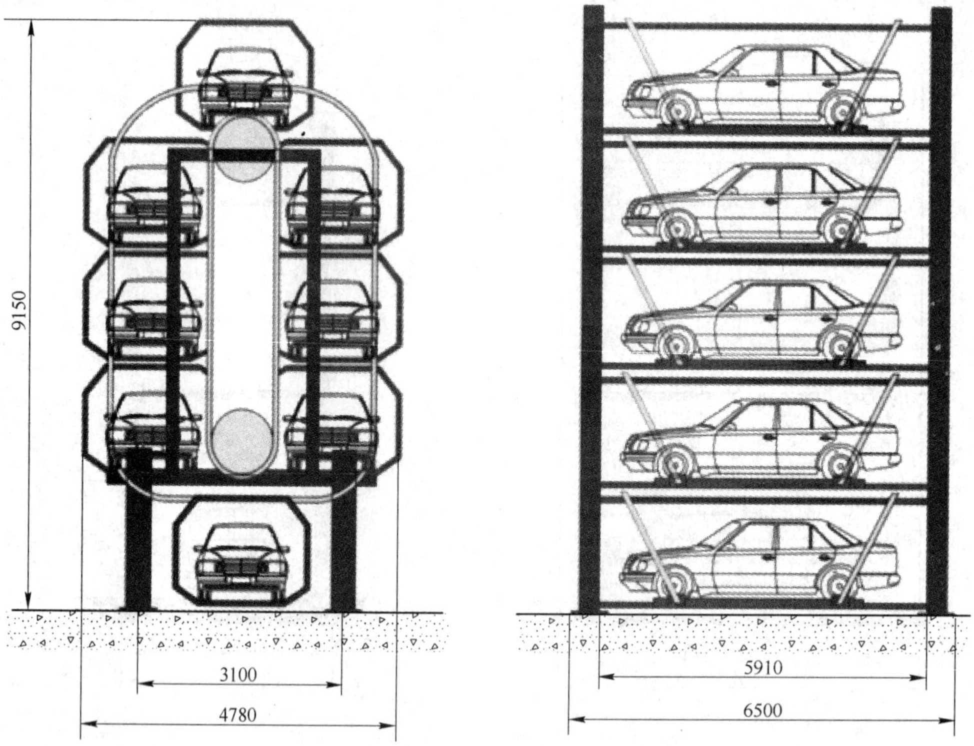

图 5.3.2　垂直循环结构图

表 5.3.2　垂直循环结构主要技术性能参数（杭州大中泊奥科技有限公司　www.dzboao.com）

型　号	PCX * D-BA
容车尺寸(长×宽×高)/mm×mm×mm	D 型：≤5300×1900×1550（2050）
容车质量/kg	≤2350
建筑净空尺寸/mm×mm×mm	6800×4880×9150 每增减两个车位，高度增减 1700mm
运行速度/m · min^{-1}	4.5
电机功率/kW	7.5
控制方式	按钮操作/IC 卡操作（选配）
电　源	380V/220V 三相 50Hz
容车数	8 个车位

生产厂商：杭州大中泊奥科技有限公司，北京安祥通机电设备有限公司。

5.4　巷道堆垛类

5.4.1　产品概述

巷道堆垛类停车设备是一种智能化程度较高的停车设备，其工作原理是将进入到巷道堆垛机的汽车，水平运输配合升降运动搬运到指定的车位。全封闭式建造，车辆的安全性好，空间利用率高。按搬运器搬运车辆方向分为纵向或横向两种基本类型，可根据现场技术优势进行组合，灵活设计。

5.4.2 工作原理

采用以巷道堆垛机或桥式起重机将进到搬运器的车辆水平且垂直移动到存车位，并用存取机构存取车辆。

5.4.3 主要特点

巷道堆垛式立体车库采用巷道堆垛机或桥式起重机将进到搬运器的车辆水平且垂直移动到存车位，并由存取机构实现车辆的有序存取，是一种自动化立体停车设备。该车库具有停车数量大、容积率较高、运行可靠等优点。设有限位开关、过载保护、光电检测、紧急停止、机械定位、漏电防护等多重安全措施。

5.4.4 适用范围

广泛应用于住宅小区、购物中心、写字楼室外、地下室及公共场所的停车场建设。更适合地域狭长，出入口少，数量多的场地，可根据车库总存容辆的大小设置多个出入口，以减少车辆出入库时间。

5.4.5 主要技术性能参数

主要技术性能参数见表 5.4.1 ~ 表 5.4.4。

仓储式停车设备如图 5.4.1 所示。

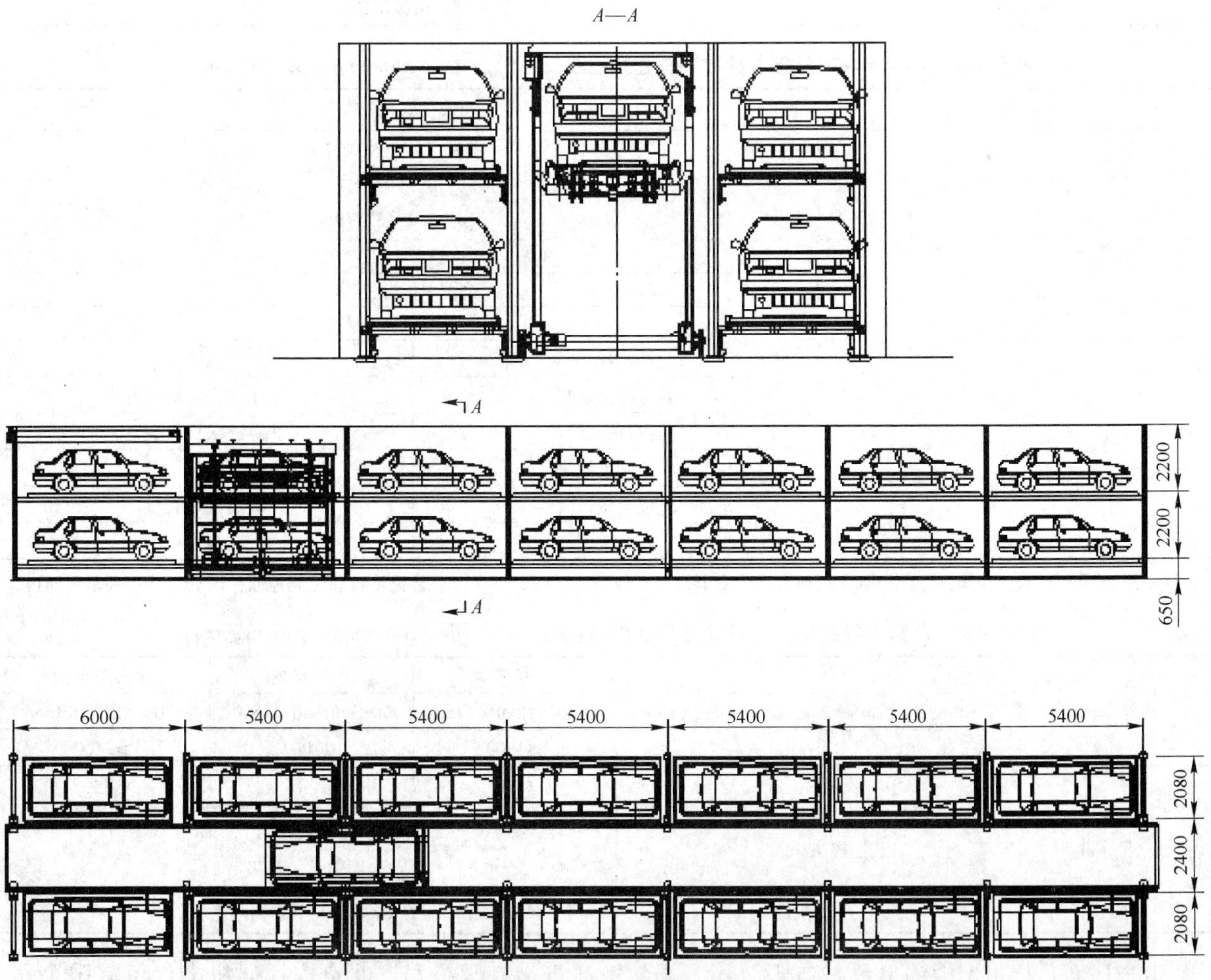

图 5.4.1 仓储式停车设备

表 5.4.1 仓储式停车设备参数（北京安祥通机电设备有限公司 www.bjaxt.net）

停车规格	车长/mm	5200
	车宽/mm	1850
	车高/mm	1550
	车重/kg	1800
速度/$m \cdot min^{-1}$	升 降	20~40
	横 移	40~60
电机功率/kW	升 降	15~40
	横 移	2.2~5.5
控制方式	PLC	
操作方式	手动、自动	
电 源	380V/50Hz	
安全装置	防坠落装置、超限位保护、电机过载保护、车长检测、车轮定位	

表 5.4.2 巷道堆垛式-PXD 主要技术参数（深圳市中科利亨车库设备有限公司 www.lhparking.com）

项 目	说 明	
容车参数	容车尺寸(长×宽×高)/mm×mm×mm	5150×1850×1550
	容车质量/kg	1700
升降速度/$m \cdot min^{-1}$	30(AC22kW×380V×4P 变频器控制)	
走行速度/$m \cdot min^{-1}$	40(AC2.2kW×380V×4P)	
移动速度/$m \cdot min^{-1}$	30(AC2.2kW×380V×4P)	
电 源	三相380V/50Hz	
安全装置	汽车位诱导灯、终点限位开关、紧急停止开关、制动装置、报警装置、防止托盘坠落装置	
操作方式	数字键、触摸屏或IC卡	

表 5.4.3 路边堆垛主要技术参数（福建敏捷机械有限公司 www.minjie-parking.com）

驱动方式	马达链条	
电机功率/kW	升降：3.7(5HP) 纵移：0.75(3/4HP) 横移：0.75(3/4HP)	
提升速度/$m \cdot min^{-1}$	升降：4.6；纵移：8.2；横移：26	
操 作	按键、IC卡操作	
控 制	PLC逻辑自动控制	
安全设备	运行中警示装置	防坠装置
	紧急停止装置	上下逾限保护装置
	电流过负荷保护	纵移逾限保护装置
	入口光电检测	上下定位开关
	纵移定位开关	断电制动装置
	超长检测	超高检测

注：全自动PLC程序控制，操作简单，只须在操作盒上按上车位号，或刷卡，存取车装置将自动降到地面，司机将车开入车台即可。

表 5.4.4 路边堆垛结构尺寸参数（福建敏捷机械有限公司 www.minjie-parking.com）

适停车辆	车 型	中型车型	大型车型	特大型车型
	车辆尺寸(长×宽×高)/mm×mm×mm	4700×1800×1450	5000×1850×1550	5300×1900×1550
	车重/kg	≤1500	1700	≥2100
需求空间	A/mm	5150	5450	5650
	层高 H/mm	轿车：1830 面包车：2370		
	总高度 L/mm	$H \times N + 2330$（N为层数）		

生产厂商：杭州大中泊奥科技有限公司，福建敏捷机械有限公司，北京安祥通机电设备有限公司，深圳市中科利亨车库设备有限公司，江苏启良停车设备有限公司。

5.5 垂直升降类

5.5.1 概述

通过提升系统升降，并通过搬运器实现横移，将汽车停放在井道两侧的停车设备。由金属结构框架、提升系统、搬运器、回转装置、出入口附属设备、控制系统、安全和检测系统组成。

5.5.2 工作原理

用提升机构将车辆或载车板升降到指定层，然后用安装在提升机构上的横移机构将车辆或载车板送入存车位；或是相反，通过横移机构将指定存车位上的车辆或载车板送入提升机构，提升机构降到车辆出入口处，打开车库门，驾驶员将车辆开走。

5.5.3 主要特点

（1）充分利用有限空间，为客户带来最大的利益，以狭小的空间，争取最多的停车空间；

（2）速度快、噪声小、低振动，符合城市环保要求；

（3）智能化控制，安全保障完善，设有出入库声光引导，车辆超长监测；灵敏可靠的限速保护和多重机械互锁，确保车辆及人员安全；

（4）立体车库可单独设置，也可设在建筑物内部，可数套并排设置；

（5）框架结构可采用混凝土或钢结构，使用多样化，给用户极大方便。

5.5.4 主要技术性能参数

主要技术性能参数见表 5.5.1 ~ 表 5.5.4。

表 5.5.1 PCS 垂直升降车库主要技术参数（江苏启良停车设备有限公司 www.qiliang-parking.com）

项 目	型 号	大型车	特大型车
适用车辆参数	车长/mm	≤5000	≤5300
	车宽/mm	≤1850	≤1900
	车高/mm	≤1550	≤1550
	车重/kg	≤2000	≤2350
车库容量	*a*/mm	6400	
	b/mm	2500	
	c/mm	1500	
	d/mm	6800	
	e/mm	2200	
	f/mm	1610（板式）	
		1760（梳齿式）	
	g/mm	2000	
	h（*N* 为层数）/mm	6425 + 1610(*N* − 1)(板式)	
		6425 + 1760(*N* − 1)(梳齿式)	
升 降	功率/kW	22	
	速度/m · min^{-1}	60 ~ 120	
横 移	功率/kW	1.1	
	速度/m · min^{-1}	20	
回转盘	功率/kW	2.2	
	速度/r · min^{-1}	3	
驱动方式		钢丝绳或链条曳引	
控制方式		PLC	
操作方式		触摸屏、IC 卡	
停车数量		20 ~ 50 车位（单库）	
停车层数		25 层	

垂直升降类立体停车设备如图 5.5.1 所示。

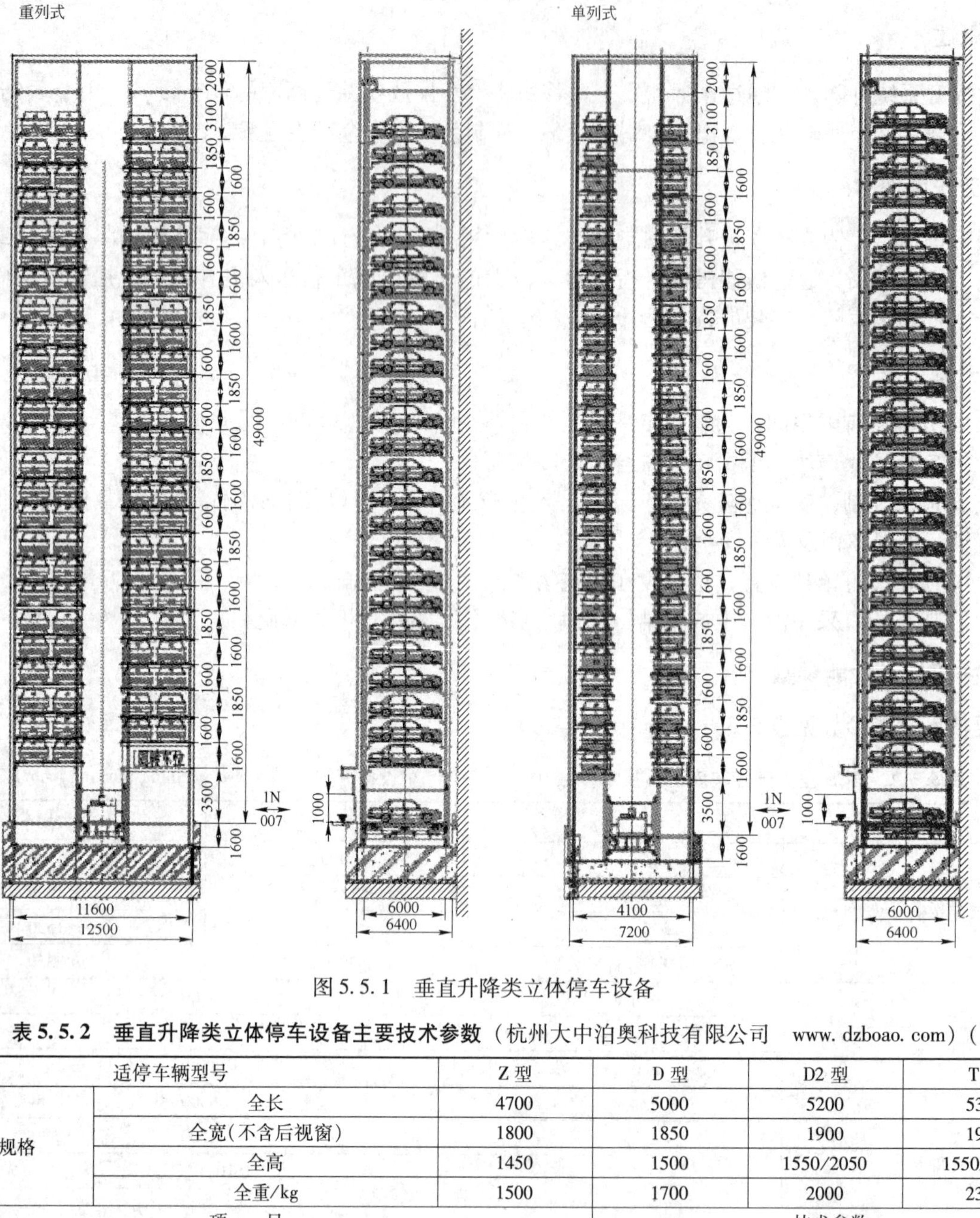

图 5.5.1 垂直升降类立体停车设备

表 5.5.2 垂直升降类立体停车设备主要技术参数（杭州大中泊奥科技有限公司 www.dzboao.com）(mm)

适停车辆型号		Z 型	D 型	D2 型	T 型
容车规格	全长	4700	5000	5200	5300
	全宽(不含后视窗)	1800	1850	1900	1900
	全高	1450	1500	1550/2050	1550/2050
	全重/kg	1500	1700	2000	2350
项　目		技术参数			
升降速度/m · min^{-1}		60 ~ 120			
电　源		三相 380V/50Hz			
操作方式		按钮操作/IC 卡操作/触摸屏操作（选配）			
车辆进出状态		前进入库，前进出库			
型　号		*a*	*b*	*d*	*e*
PCS* D-B-VA-BA 混凝土结构(90°)		7200	6300	—	—
PCS* D-A-VA-BA 混凝土结构(180°)		7200	6300	—	—
PCS* D2-B-VA-BA 混凝土结构(90°)		7200	6500	—	—
PCS* D2-A-VA-BA 混凝土结构(180°)		7200	6500	—	—
PCS* D-B-VA-BA 钢结构(90°)		—	—	7940	6700
PCS* D-A-VA-BA 钢结构(180°)		—	—	7800	6850
PCS* D2-B-VA-BA 钢结构(90°)		—	—	7940	6900
PCS* D2-A-VA-BA 钢结构(180°)		—	—	7800	7050
钢结构		c:2450 + (*N* − 1) × 1620 + 2500 + 2600			
混凝土结构(180°)		c:2450 + (*N* − 1) × 1620 + 2500 + 2300			

注：*N* 为层数。

垂直升降横移式设备图如图5.5.2所示。

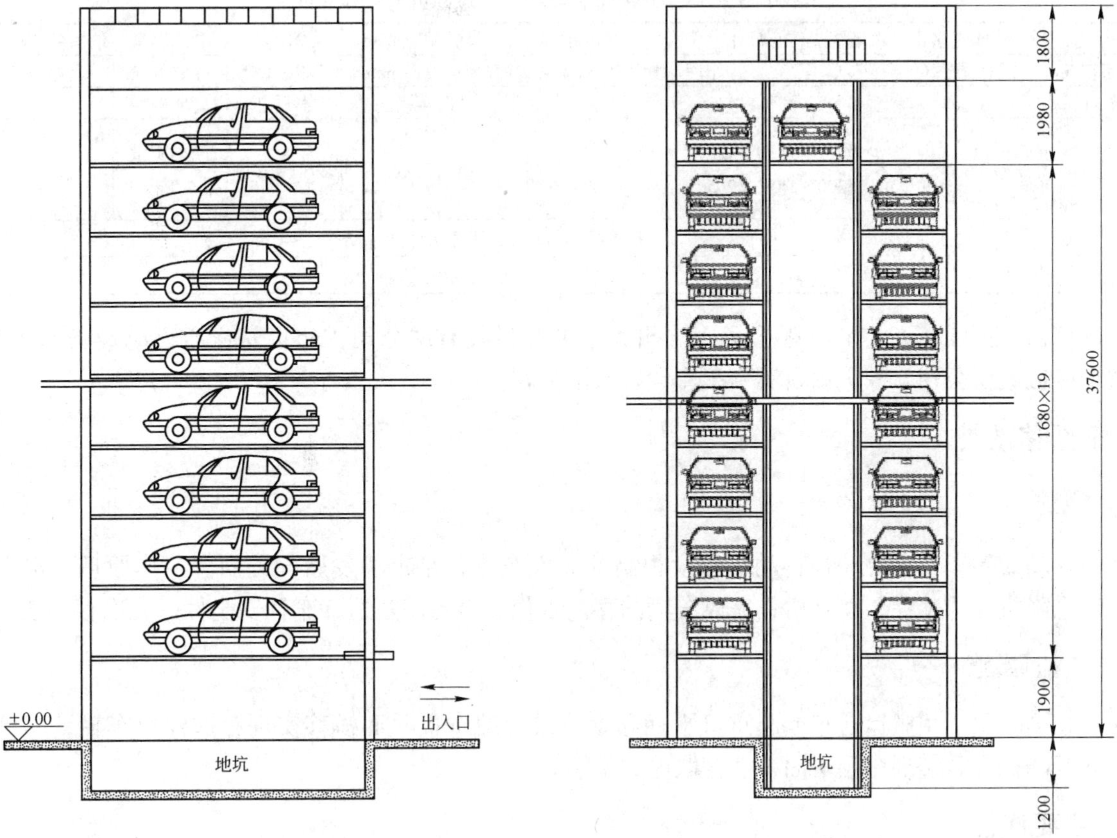

图5.5.2　垂直升降横移式设备图

表5.5.3　垂直升降横移式设备主要技术参数（北京安祥通机电设备有限公司　www.bjaxt.net）

停车规格/mm	车　长	≤5200
	车　宽	≤1850
	车　高	≤1550
	车重/kg	≤2000
速度/m·min^{-1}	升　降	60~90
电机功率/kW	升　降	20~40
	横　移	2.2
	回　转	1.5
控制方式	PLC可编程控制器	
操作方式	触摸屏或IC卡	
电　源	三相五线380V/50Hz	
安全装置	防坠落装置、超限位保护、电机过载保护、防超及紧急停运装置、车辆超高、宽、长、重检测装置	

卡式立体车库设备平面结构如图5.5.3所示。

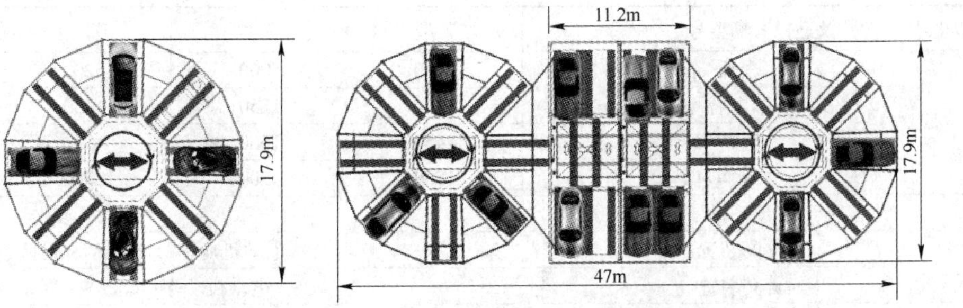

单圆塔平面结构图　　方圆组合塔平面结构图

（车库结构组合可由场地情况合理改变）

图5.5.3　平面结构

表 5.5.4 PCS 智能化多出入口塔式立体车库主要技术性能参数

（深圳中科利亨车库设备有限公司 www.lhparking.com）

名 称	智能化多出入口塔式立体车库	型号	PCS 系列	平均层高/mm	2100	电源容量	约≤45kW AC380V
占地面积/m²	约 260（圆形单塔）	车库层数	10～22 层	升降速度/m · min⁻¹	120～150	存取方向	始终向前
存取车时间/s	≤70			消防配备	水喷淋	环保	优良
适停车辆（长×宽×高）/mm×mm×mm	5300×1850×1550 5300×1850×2050			出入口数	多个出入口	停车质量/kg	≤2350
控制方式	计算机 + PLC 可编程智能化控制系统						
操作方式	非接触 IC 卡，计算机自动收费						

生产厂商：浙江巨人控股有限公司，杭州大中泊奥科技有限公司，北京安祥通机电设备有限公司，山起重型机械股份公司，深圳中科利亨车库设备有限公司。

5.6 平面移动类

5.6.1 概述

平面移动式停车设备是一种自动化程度很高的无人车库，是市场发展的方向。工作原理：水平搬运器与垂直升降机互为独立，相互协作完成车辆的存取工作。全封闭建造，车辆安全性好，取存车速度快。

5.6.2 工作原理

采用在同一层上用搬运台车或起重机平面移动，或使载车板平面横移实现存取停放车辆，亦可用搬运台车和升降机配合实现多层平面移动存取停放车辆。

5.6.3 主要特点

（1）采用先进的计算机中央控制系统，采用迅速平稳的变频调速，来实现操作；

（2）配备车型监测以及声光报警，安全可靠的机械锁紧和防坠落保护措施，让停车更安全；

（3）设备主要运动单元采用变频调速，缓解了启动和停止时所带来的冲击，避免停车时冲击力给人体带来伤害，运行平稳，安全可靠；

（4）采用全钢结构，造型美观整体结构简洁紧凑，结构动作安全迅速灵敏准确，部件组合采用装配式，便于运输和现场装配。

5.6.4 适用范围

平面移动式停车设备广泛用于住宅小区、写字楼室外、地下室及公共场所的停车场建设。

5.6.5 主要技术性能参数

主要技术性能参数见表 5.6.1 和表 5.6.2。

表 5.6.1 平面移动类容车主要技术参数（杭州大中泊奥科技有限公司 www.dzboao.com）

标准规格参数及适停车辆型号		Z 型	D 型	D2 型	T 型
容车规格	全长/mm	4700	5000	5200	5300
	全宽(不含后视窗)/mm	1800	1850	1900	1900
	全高/mm	1450	1550	1550	1550/2050
	全重/kg	1500	1700	2000	2350
项 目			技术参数		
升降装置			电动机功率：18.5kW；升降速度：50m/min		
旋转装置			电动机功率：2.2kW；旋转速度：5r/min		
行走装置 横移装置			电动机功率：0.75kW；行走、横移速度：50m/min		
存取车装置			电动机功率：0.75kW；取车速度：20m/min		
操作方式			IC 卡操作/触摸屏操作（选配）		
出入口门			两片上开式		

续表 5.6.1

型 号	*a*	*b*	*c*	*d*	*e*	*f*	*g*	*h*	*i*	*j*	*k*	*l*
PPY * Z. -BA1	3020	1810	1525	2250	12675	2975	3575	3250	1865	5940	15050	6400
PPY * D. -BA1	3070	1835	1545	2300	12925	3125	3725	3250	1865	6240	15950	6700
PPY * D2. -BA1	3120	1860	1570	2350	13175	3225	3825	3250	1865	6440	16550	6700
PPY * T. -BA1	3120	1860	1570	2350	13175	3275	3875	3250	1865	6540	16850	6700

平面移动类客车如图 5.6.1 所示，平面移动式设备图如图 5.6.2 所示。

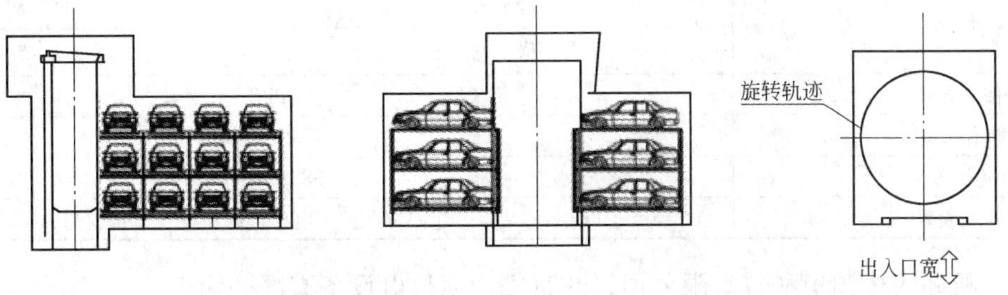

图 5.6.1 平面移动类客车

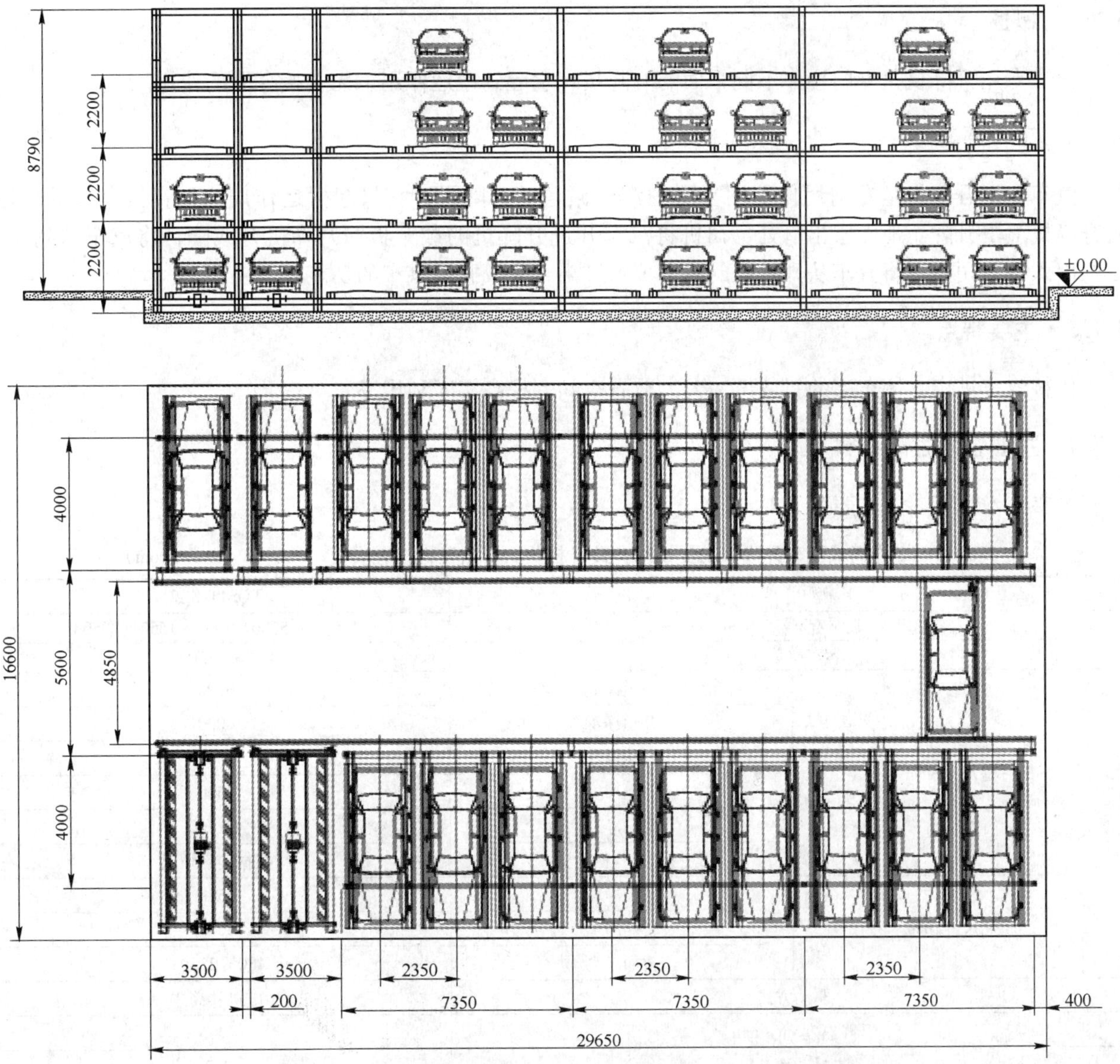

图 5.6.2 平面移动式设备图

表 5.6.2　平面移动类设备主要技术参数（北京安祥通机电设备有限公司　www.bjaxt.net）

停车规格	车长/mm	5200
	车宽/mm	1850
	车高/mm	1550
	车重/kg	1800
速度/m·min⁻¹	升　降	20～40
	横　移	40～60
电机功率/kW	升　降	15～30
	横　移	2.2～5.5
控制方式	PLC	
操作方式	手动、自动	
电　源	380V/50Hz	
安全装置	防坠落装置、超限位保护、电机过载保护、车长检测、车轮定位	

生产厂商：杭州大中泊奥科技有限公司，北京安祥通机电设备有限公司。

5.7　汽车专用升降机

5.7.1　概述

汽车专用升降机是专门用作不同平面的升降机，它起到搬运作用，无直接存取的作用。

5.7.2　工作原理

汽车专用升降机是专门用作不同平层的汽车搬运的升降机，它只起搬运作用，无直接存取的作用。将升降机上下升降至地面层出口处，司机将汽车开进升降机的载车板，升降机升或降，将汽车送到某一层的出入口，司机再将汽车从升降机的载车板上开出，完成搬运汽车的功能。

5.7.3　主要特点

代替汽车进出立体车库的斜坡道，大大节省空间，提高车库利用率。

5.7.4　主要技术性能参数

主要技术性能参数见表 5.7.1。

表 5.7.1　卷筒式汽车升降机主要技术参数（杭州大中泊奥科技有限公司　www.dzboao.com）

型　号		PQS4T-BA2
容车尺寸(长×宽×高)/mm×mm×mm		T 型：≤5300×1900×1550（2050）
容车质量/kg		≤2350
井道尺寸/mm	井道净宽	3300
	井道净深	6000
	底坑深度	1500
	门洞净宽	2500
	门洞净高	≥1800
	行　程	根据实际情况
轿厢尺寸/mm	轿厢净宽	2500
	轿厢净长	5600
	轿厢净高	1800(2250)
驱动方式		电机卷筒式
升降速度/m·min⁻¹		4～5
电机功率/kW		3.7
操作方式		按钮操作/IC 卡操作/触摸屏操作（选配）

卷筒式汽车升降机如图 5.7.1 所示。

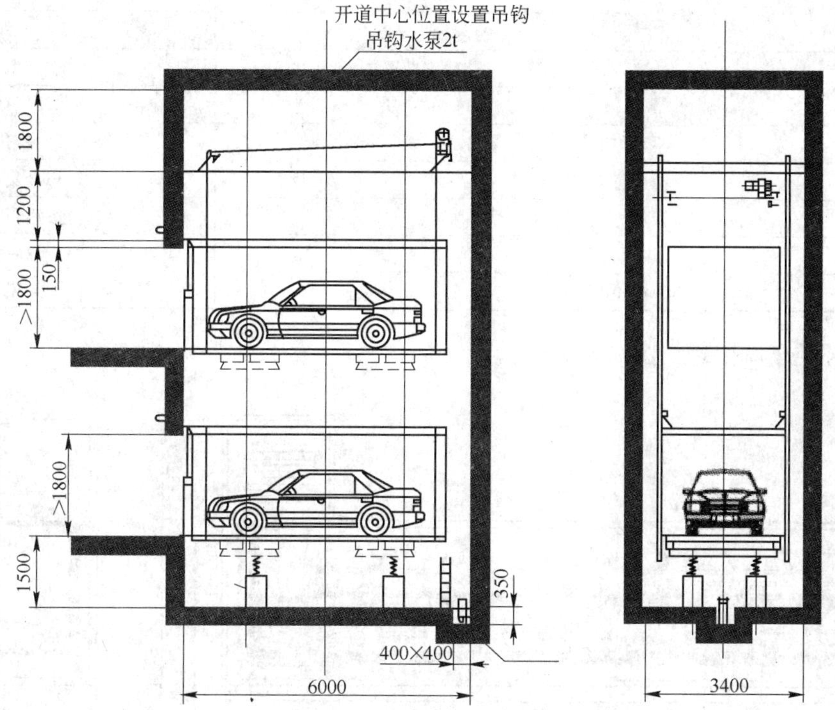

图 5.7.1　卷筒式汽车升降机

生产厂商：杭州大中泊奥科技有限公司。

5.8　多层循环类

5.8.1　概述

通过使载车板作上下水平循环运动，实现车辆多层存放的停车设备。它主要由三部分组成：

升降系统。包括升降机及相应的检测系统，实现车辆的出入和不同层面的连接。

水平循环系统。包括框架、载车板、链条、水平传动系统等，实现不同层面上的车辆在水平面上移动。

电气控制系统。包括控制柜、外部功能件及控制软件，实现自动存取车、安全检测及故障自诊断。

5.8.2　运行原理

在两侧泊位的中央设有巷道堆垛机，整个车库的运行均由堆垛机来完成。汽车停在出入库台上，堆垛机从出入库台上取走汽车后在巷道内行走并提升，将汽车运送到指定层的泊位旁，堆垛机上的存取机构将汽车从堆垛机送入泊位，取车出库过程与入库过程相反。

5.8.3　主要技术性能参数

主要技术性能参数见表 5.8.1 和表 5.8.2。

表 5.8.1　PDX 多层循环类车库主要技术参数（江苏启良停车设备有限公司　www. qiliang-parking. com）

容车规格	车长/mm	5000
	车宽/mm	1850
	车高/mm	1550
	车重/kg	2000

续表 5.8.1

升　降	功率/kW	15
	速度/m·min^{-1}	20
横　移	功率/kW	5.5
	速度/m·min^{-1}	15
驱动方式		链传动
控制方式		PLC 集中控制
操作方式		按钮箱、IC 卡
车位层数		2~5 层
单库泊位数量		<30 车位

PDX 多层循环类车库原理如图 5.8.1 所示。

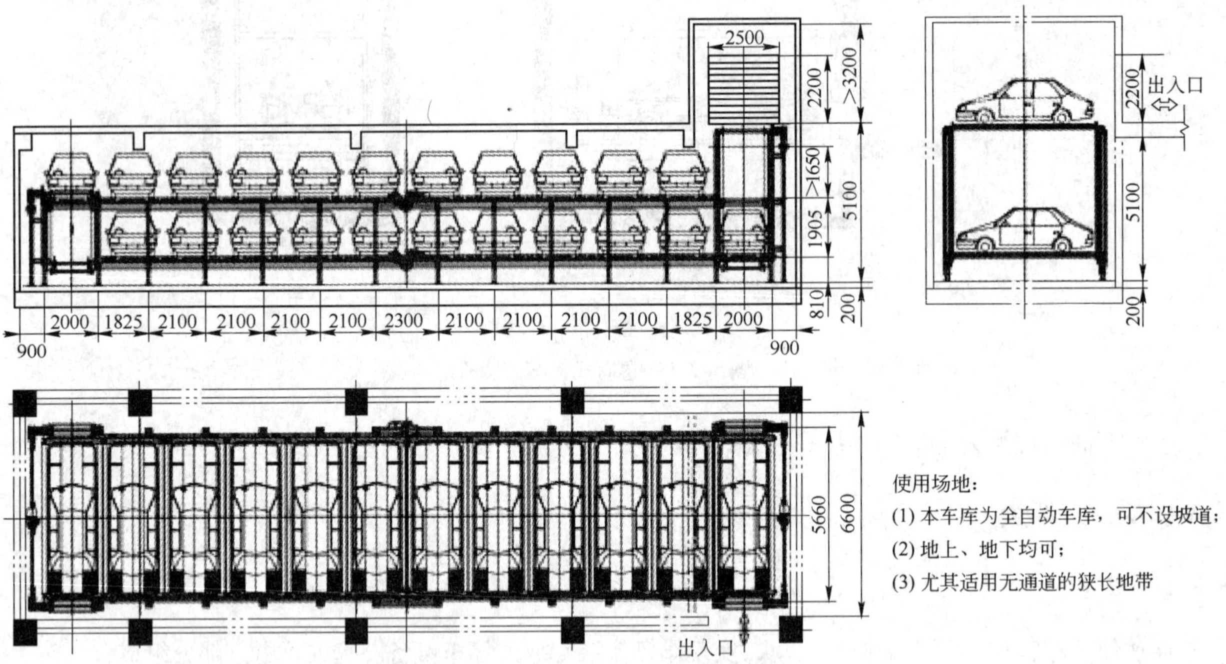

图 5.8.1　PDX 多层循环类车库原理

表 5.8.2　PDX 多层循环类车库主要技术参数（深圳市中科利亨车库设备有限公司　www.lhparking.com）

项　目	说　明	备　注
场地要求	场地窄长	场地适应性强
库容倍数	5.5 倍	以 5 列 4 层为例
性能价格比	1.14	
最大存取时间/s	60/150	
噪声/dB	<70	
停车舒适度	良好	
景观效果	良好	

生产厂商：江苏启良停车设备有限公司，深圳市中科利亨车库设备有限公司。

地址(ADD)：常熟市碧溪新区浒浦留下村

邮编(PC)：215512

电话(TEL)：0086-512-52631785

传真(FAX)：0086-512-52637785

http://www.seagullhoist.com

E-mail:info@seagullhoist.com

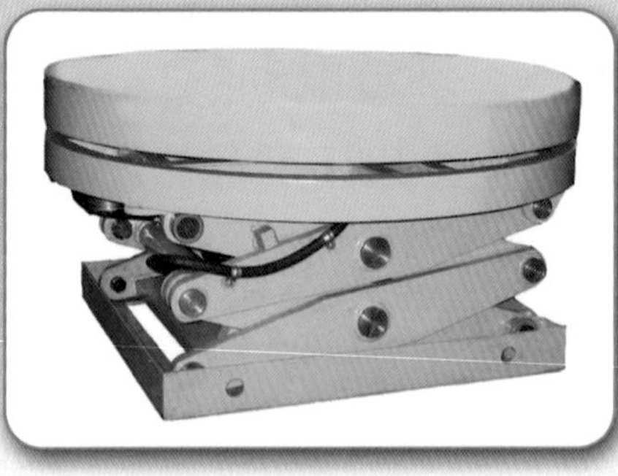

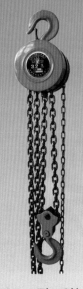

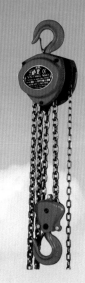

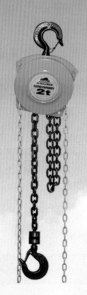

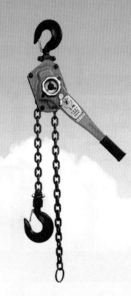

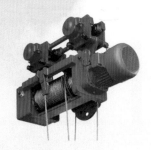

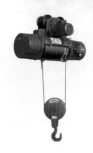

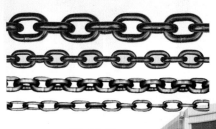

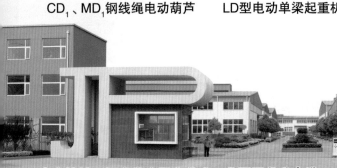

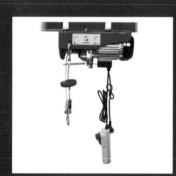

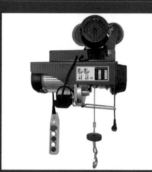

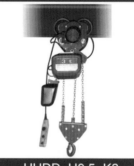

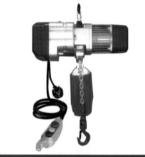

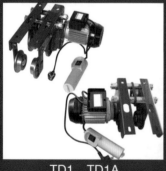

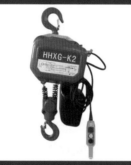

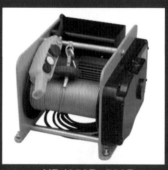

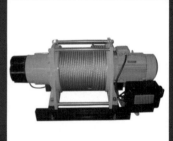

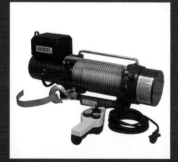

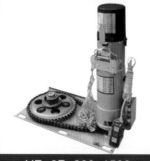

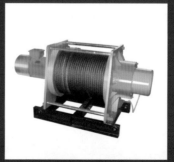

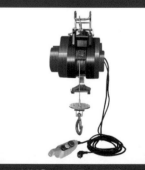

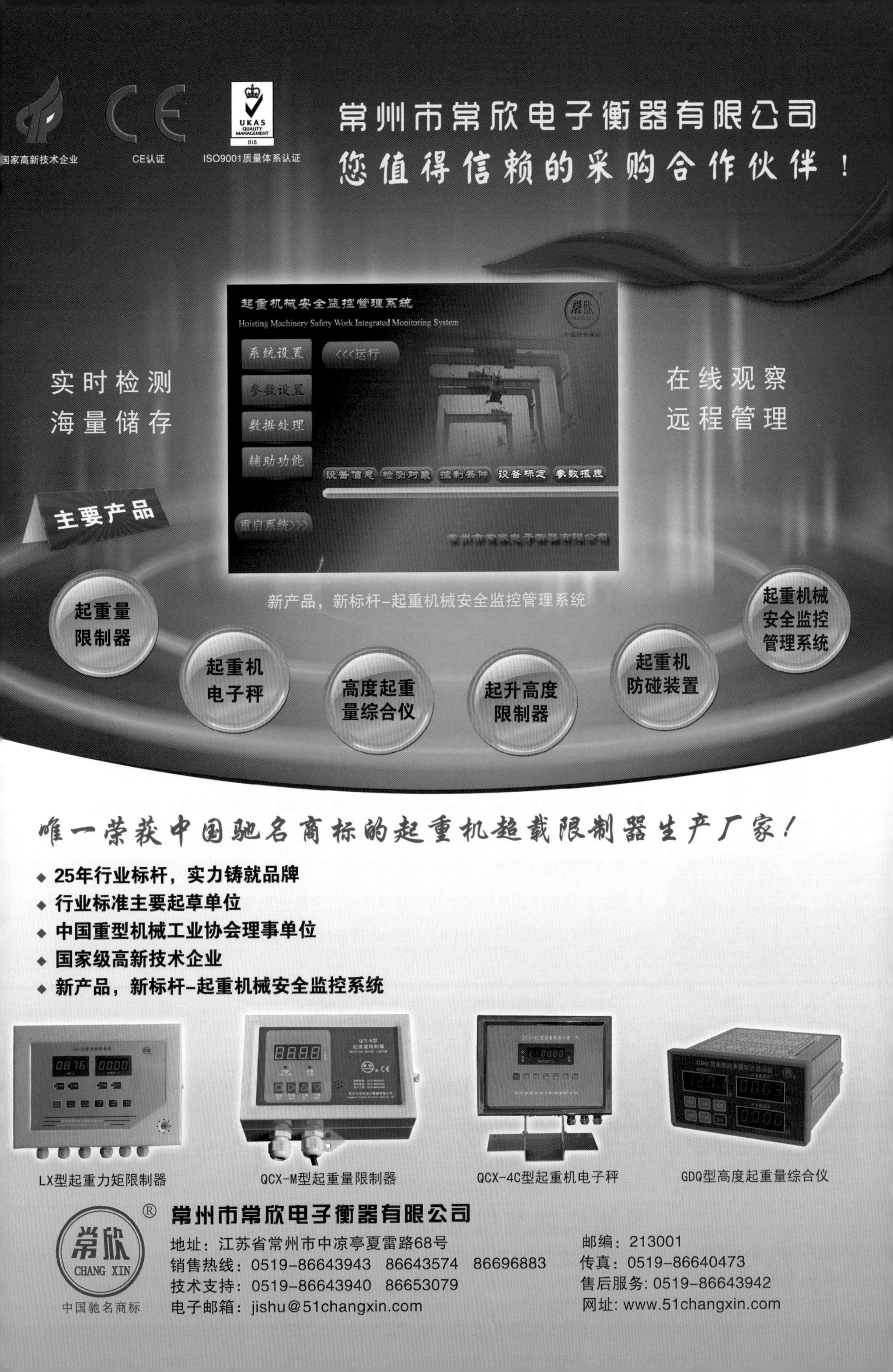
国家高新技术企业
CE认证
UKAS QUALITY MANAGEMENT 015
ISO9001质量体系认证
常州市常欣电子衡器有限公司
您值得信赖的采购合作伙伴！
起重机械安全监控管理系统
Hoisting Machinery Safety Work Integrated Monitoring System
系统设置
<<<运行
参数设置
数据处理
辅助功能
设备信息
检测对象
控制条件
设备标定
参数报表
重启系统>>>
实时检测
海量储存
在线观察
远程管理
主要产品
新产品，新标杆–起重机械安全监控管理系统
起重量限制器
起重机电子秤
高度起重量综合仪
起升高度限制器
起重机防碰装置
起重机械安全监控管理系统
唯一荣获中国驰名商标的起重机超载限制器生产厂家！
◆ 25年行业标杆，实力铸就品牌
◆ 行业标准主要起草单位
◆ 中国重型机械工业协会理事单位
◆ 国家级高新技术企业
◆ 新产品，新标杆–起重机械安全监控系统
LX型起重力矩限制器
QCX-M型起重量限制器
QCX-4C型起重机电子秤
GDQ型高度起重量综合仪
常欣 CHANG XIN ®
中国驰名商标
常州市常欣电子衡器有限公司
地址：江苏省常州市中凉亭夏雷路68号
邮编：213001
销售热线：0519-86643943 86643574 86696883
传真：0519-86640473
技术支持：0519-86643940 86653079
售后服务：0519-86643942
电子邮箱：jishu@51changxin.com
网址：www.51changxin.com

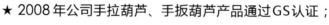

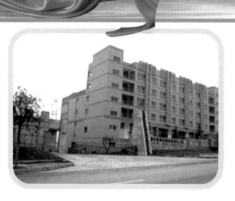

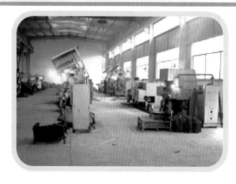

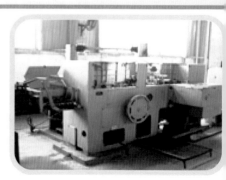

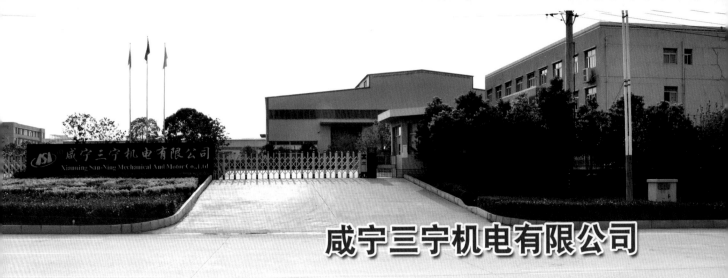

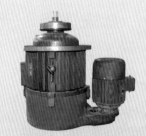

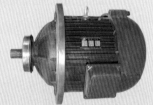

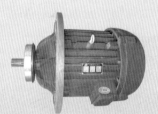

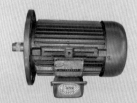

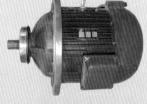

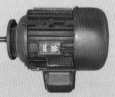

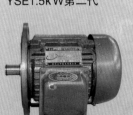

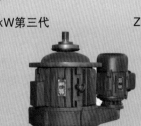

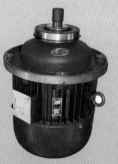

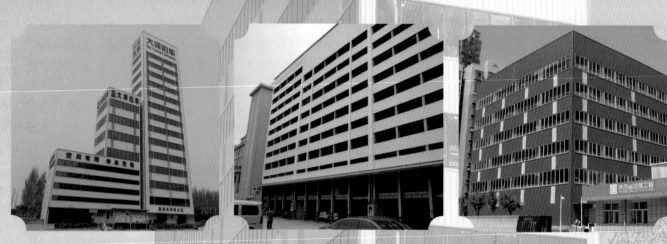

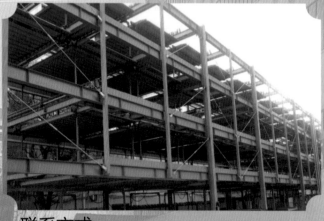

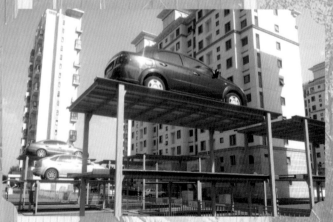

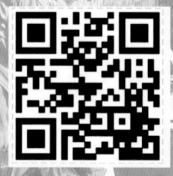

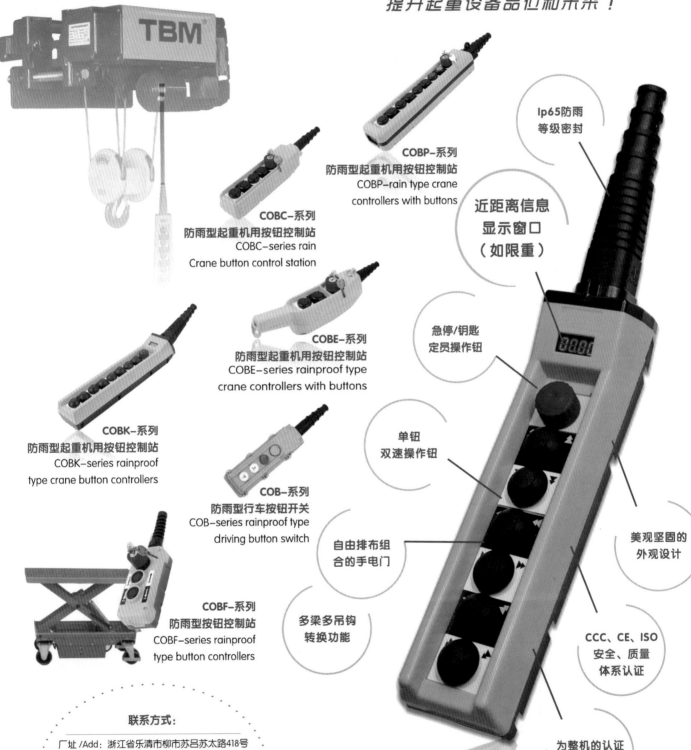

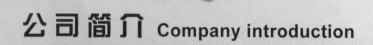

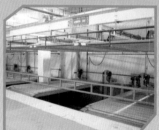

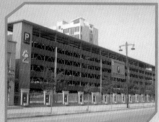

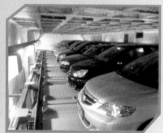

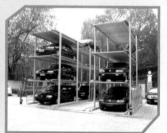

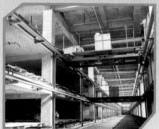

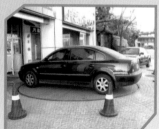

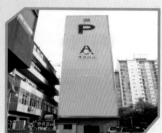

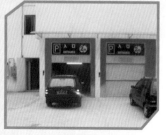

国远科技 GUOYUAN TECHNOLOGY **专注于起重机控制设备的研发、制造、销售及服务**

汇聚创新 成就未来

辽宁国远科技有限公司，中国起重机控制设备方案顶级供应商，其前身为鞍山起重控制设备有限公司。国远科技创立伊始，便专注于起重机专用控制产品的研发、制造、销售与服务。公司全面贯彻ISO9001:2000质量管理体系，2006年通过国家CCC强制性产品认证资格。

为加速公司的发展，提升管理水准，公司引入了ERP管理系统，MES生产管理系统。这两大管理系统的引入和应用，实现了生产信息管理和生产执行管理的完美融合。

为确保产品质量的安全可靠，国远全线引进数字化生产设备。德国通快精密钣金生产线、德玛吉机械加工中心、西门子SMT生产线及产品自动装配作业流水线，形成了完整的国际型数字化生产基地，主要产品有起重机专用定子调压调速控制装置、起重机专用变频器、能量回馈系统、固化接触器、起重机安全信息管理系统、制动单元、开关电源、超负荷限制器等，产品均拥有自主知识产权，产品技术达到国际先进水平。

产品应用在冶金、港口、石化等行业，客户有首钢、济钢、重钢、鞍钢、中国一重、中国二重等国内大型企业以及太原重工、大连华锐重工、河南卫华、上海起重等国内大型起重机主机制造企业，为其提供最佳起重机安全操控的设计方案，并提供设备成套生产，产品深受用户好评。

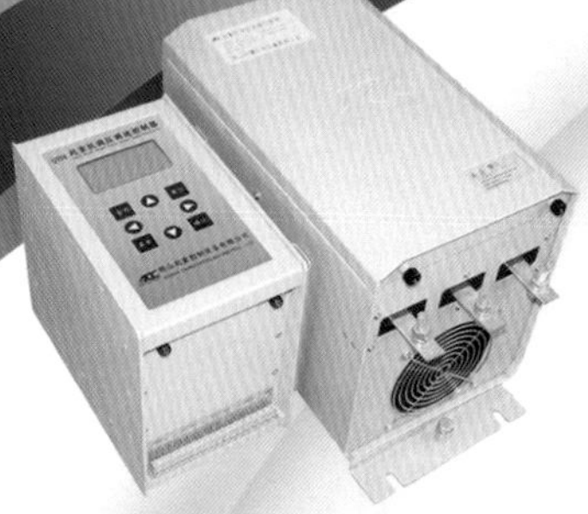

QTDJ智能起重机调速控制器（32~100A）

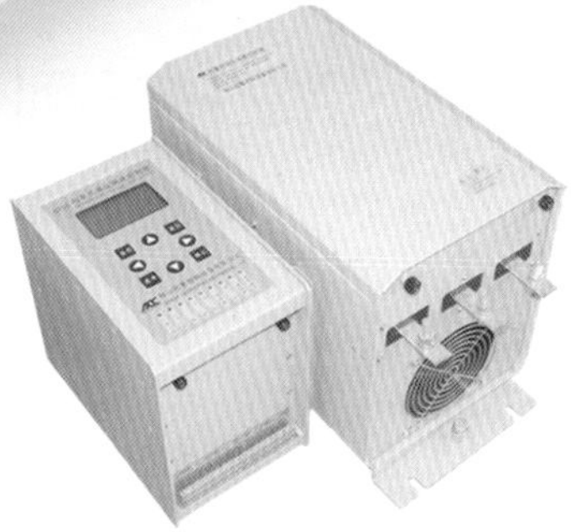

QTDJ-I智能起重机调速控制器(150~350A)

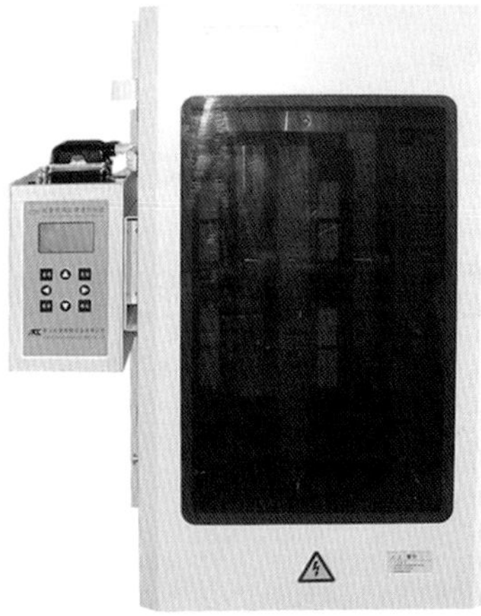

QTDJ智能起重机调速控制器（500~3000A）

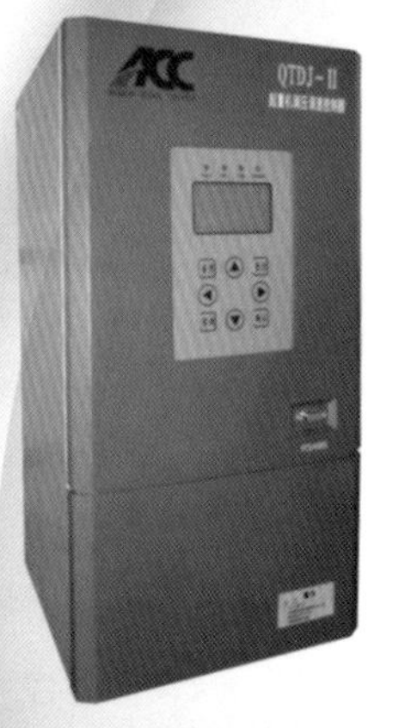

QTDJ-II智能起重机调速控制器

ACI起重机专用变频器(7.5~400kW)

ACI起重机专用变频器
（新型结构7.5~75kW）

GYI起重机专用变频器(7.5~630kW)

地址：辽宁省鞍山市千山区通海大道427号 电话：0412-5644999 传真：0412-5644000 网址：www.lnguoyuan.com

辽宁国远科技有限公司
LIAONING GUOYUAN TECHNOLOGY Co.,Ltd.

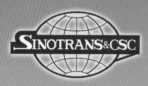

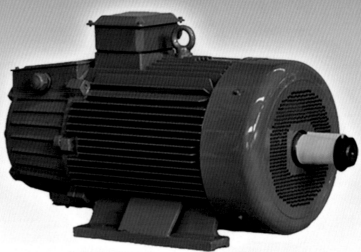

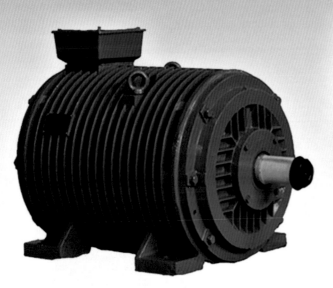

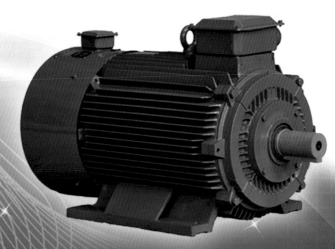

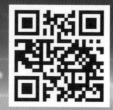

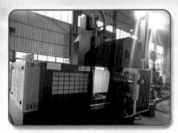

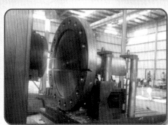

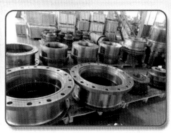

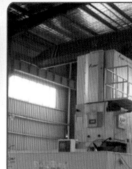

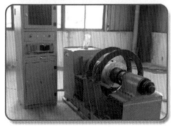

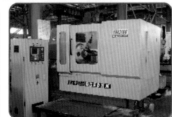

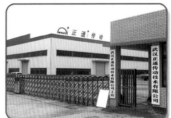

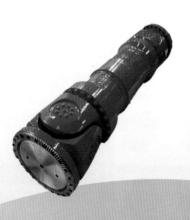

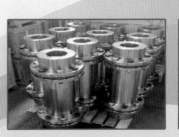

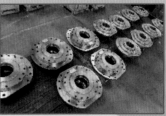

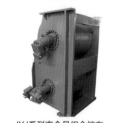

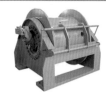

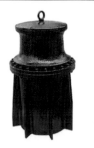

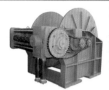

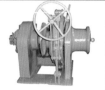

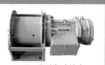

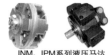

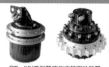

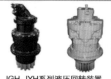

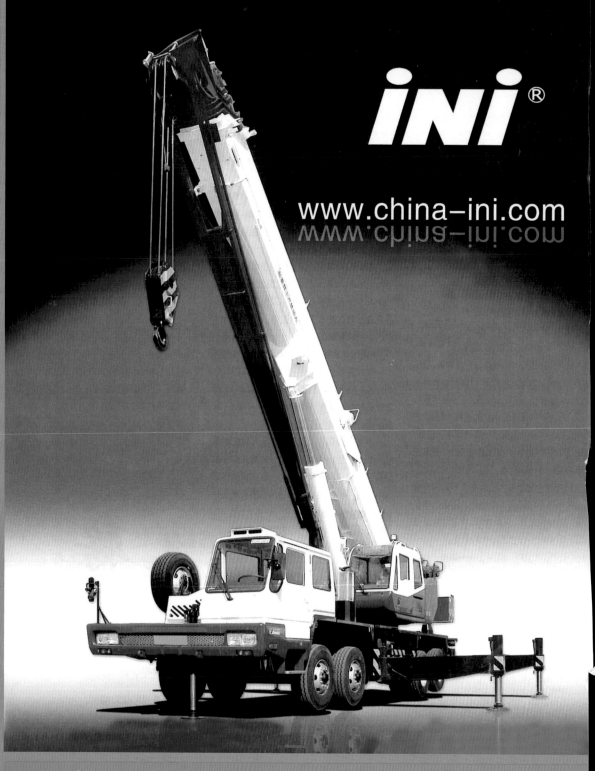

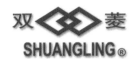

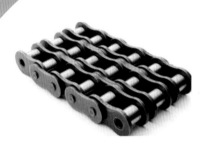

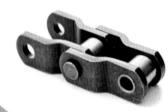

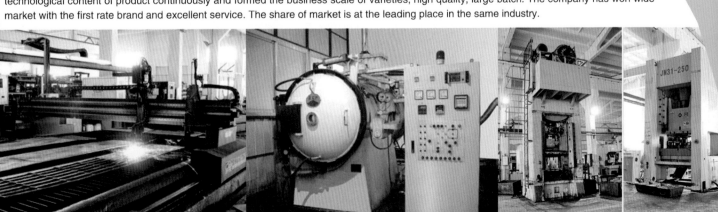

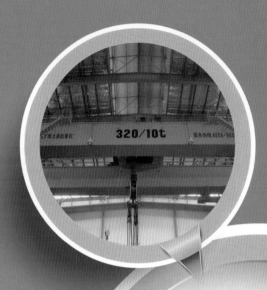

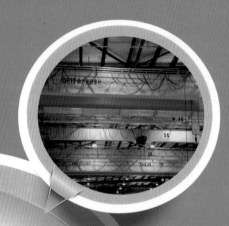

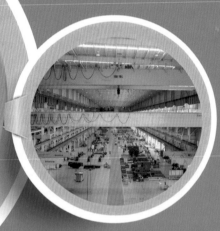

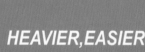

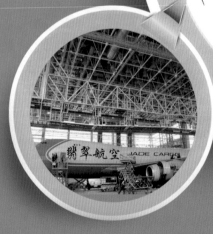